电磁兼容技术系列

電子工業出版社
Publishing House of Electronics Industry
北京•BEIJING

内 容 简 介

本书以EMC案例分析为主线，通过案例描述、分析来介绍在产品设计中的EMC技术，向读者介绍产品在设计过程中有关EMC的实用设计技术与诊断技术，减少设计人员在产品的设计与EMC问题诊断中的误区。书中所描述的EMC案例涉及结构、屏蔽与接地、滤波与抑制、电缆、布线、连接器与接口电路、旁路、去耦与储能、PCB layout，以及器件、软件与频率抖动技术等各个方面。

本书以实用为目的，以具有代表性的案例说明复杂的原理，并尽量避免拖沓冗长的理论，可作为电子产品设计部门EMC方面必备的参考书，也可作为电子和电气工程师、EMC工程师、EMC顾问人员进行EMC培训的教材或参考资料。

图书在版编目(CIP)数据

EMC电磁兼容设计与测试案例分析/郑军奇编著.—3版.—北京:电子工业出版社,2018.7
(电磁兼容技术系列)
ISBN 978-7-121-34293-6

Ⅰ.①E… Ⅱ.①郑… Ⅲ.①电磁兼容性-设计 Ⅳ.①TN03

中国版本图书馆CIP数据核字(2018)第111026号

责任编辑:牛平月(niupy@phei.com.cn)
印 刷:三河市君旺印务有限公司
装 订:三河市君旺印务有限公司
出版发行:电子工业出版社
北京市海淀区万寿路173信箱 邮编 100036
开 本:787×1092 1/16 印张:26.5 字数:678.4千字
版 次:2006年12月第1版
2018年7月第3版
印 次:2025年3月第25次印刷
定 价:98.00元

凡所购买电子工业出版社的图书,如有缺损问题,请向购买书店调换。若书店售缺,请与本社发行部联系,联系及邮购电话:(010)88254888,88258888。

质量投诉请发邮件至zlts@phei.com.cn,盗版侵权举报请发邮件至dbqq@phei.com.cn。

本书咨询联系方式:(010)88254454,niupy@phei.com.cn。

第 3 版序言

《EMC 电磁兼容设计与测试案例分析 》 自 2006 年出版，并于 2010 年改版至今，一直受到广大读者的高度关注，已经成为国内 EMC 领域的畅销书籍。《EMC 电磁兼容设计与测试案例分析》第 3 版在第 2 版已有的案例分析基础上，增加了 13 个经典案例，更新了书中涉及的政策、标准方面的相关信息，并修改了原有的缺陷，使本书的内容在 EMC 设计方法的描述上变得更为全面、精确。

2010 年出版的《EMC 电磁兼容设计与测试案例分析》（第 2 版）通过新增加的案例描述了以下 7 个重要的 EMC 设计原理与措施：

（1）EMC 测试的实质，解析标准规定的各种 EMC 测试项目的实质；

（2）电源端口滤波电路的设计方法，包括滤波电路的选择、滤波元件参数的选择；

（3）数/模混合电路的 EMC 设计方法，不但澄清了数/模混合电路与数/模电路之间的串扰问题，而且澄清了如何从系统上考虑 EMC 问题，特别是广大设计者比较疑惑的数字地与模拟地的处理问题；

（4）PCB 中地平面进行“分地”的优劣点；

（5）PCB 板边缘为何不能布置敏感线、敏感器件、时钟线或时钟器件等的原理，并给出了具体的解决与弥补措施；

（6）设计多层 PCB 板时的层叠设计与 EMC 问题；

（7）由环路引起的差模辐射量级。

而《EMC 电磁兼容设计与测试案例分析》（第 3 版）通过新案例的增加，将明确解答并解释如下 8 个重要的 EMC 设计点：

（1）PCB 板的工作地与产品金属机壳是否需要连接？

（2）PCB 板的工作地与产品金属机壳之间连接的关键点是什么？

（3）在工程中最怕的地上有干扰实际上是什么？

（4）屏蔽电缆是否需要双端接地？

（5）信号的上升沿时间对 EMI 水平有何影响？

（6）如何选择单/双向 TVS 管？

（7）如何防止浪涌和过压保护电路产生的安全隐患？

（8）产品内部 PCB 板之间的互联对产品 EMC 的性能意味着什么？

本书涉及的 EMC 设计与整改方法将更为全面，案例所涉及的产品有信息技术/音视频、电动车、工业控制、家用电器、电机、开关电源、医疗设备、汽车零部件等。本书的内容也是作者“EMC 测试与设计案例分析”培训课程的基础参考材料，“EMC 测试与设计案例分析”培训课程是国内最为经典的、实践与原理结合最好的 EMC 课程，也是作者的经典培训课程，受到企业与培训学员的高度评价。

EMC 是一门综合的、以研究寄生参数为要点的共模学科。纵观世界，到目前为止，EMC 学科仍然可认为是疑难学科。一个企业，如果掌握了 EMC 技术的精髓，那么可以认为掌握了一种提升产品质量的核心技术；一个电子电气工程师，如果掌握了 EMC 技术的精髓，那么也可以认为掌握了电子电气产品设计的关键技术。然而，虽然大部分工程人员承认 EMC 是一门共性技术，但是在实践中往往又不够重视，导致的结果是，产品设计过程存在许多对 EMC 本质问题的误解，消除这些误解才能解决不可避免的 EMC 难题。这些误解主要体现在以下方面。

1. 概念上

EMC 模型被简单化：产品由测试不通过变成通过往往会靠一些简单的措施（如加一个接地螺钉、增加一个电容等），这就会导致部分工程人员误认为产品的 EMC 性能不是被精心设计出来的，而是仅仅靠最后一两个措施就可以获得的。实际上，任何一个产品的 EMC 性能在原理上都是一个整体系统的问题，产品有多复杂，EMC 就有多复杂，只有在设计产品时全方面地考虑各种因素，才能最终获得较高的 EMC 性能，通过 EMC 测试。产品设计者一定要用系统的眼光看待每一个产品的 EMC 问题。EMC 问题是一个“过程”，而不是个别“点”。

不愿意付出就想回报高性能的 EMC 结果：成本和工艺虽然是产品在设计过程中必须要重点考虑的问题，但是无法成为阻挡提升产品 EMC 性能的借口。要知道，产品的 EMC 性能是由产品在设计过程中点点滴滴的付出而获得的。这些付出必然包括成本的付出和工艺的付出。对于企业来说，重要的不是一味地省去这些成本，而是让自己具备达到同样 EMC 效果却付出最小代价的能力。高 EMC 性能的获得，必然意味着付出。

2. 技术上

理解 EMC 的接地意义与本质：“接地”这个词在接触 EMC 之前已经进入广大电子产品设计者的视野中了，大家最熟悉的“地”就是自然界的地球。电子、电气产品为了安全，需要把产品的某个金属导体接入“大地”（称为“保护地”），即自然界的地球（通常通过建筑物或专用的接地线排接入）。对于 EMC 来讲，“接地”可以最大限度地降低产品的 EMI 辐射，也可以最大限度地减小进入产品的外界干扰。然而，需要把产品接入自然界的大地吗？如何正确理解 EMC 中的“接地”？案例 1、案例 2 和案例 16 在一定程度上给出了以上问题的答案，控制好产品 EMC 并不一定需要把产品接入自然界地球的“地”。对于 EMC 来说，“接地”是为了引导共模电流的流向。实际上，对于 EMI，EMI 骚扰源的参考点是 PCB 中工作地的某一点，为了让骚扰源通过各种途径流入“天线”（如产品中的电缆），正确的接“地”点应该为这个 PCB 中工作地的某一点，可见，这种“接地”从 EMI 骚扰的流向上看应该发生在“天线”（如电缆）之前；对于产品的大多数高频抗扰度来说，干扰源的参考点为测试时的参考接地板，正确的接“地”点应该为参考接地板。它“接地”的目的是让外部注入的共模电流不流入产品中的电路。可见，这种“接地”从干扰的流向上看，发生在产品的电路之前。产品的“接地”设计首先需要考虑的并非选择或设计“单点接地”或“多点接地”，而是考虑“接地”点的位置和“接地”的措施。如果产品具有金属外壳，则以上两种“接地”都可以借助金属外壳或其他寄生参数很好地实现。这就是金属外壳设备为什么更容易通过 EMC 测试的原因。对于非金属外壳，这两种接地相对变得更为困难，通过 EMC 测试也会变得更难。

屏蔽电缆的屏蔽层：屏蔽电缆的屏蔽层如何接地？单端接地还是双端接地一直是在工程领域中讨论的话题，工程设计者经常会碰到一些实际的案例，对于某一些产品，似乎屏蔽电缆单端接地时系统更为稳定；而对于另一些产品，屏蔽电缆采用双端接地后系统才显得更为稳定。到底如何连接，案例 19 解答了这个疑问。然而解决了屏蔽电缆屏蔽层要不要接地的问题，还必须关注屏蔽层如何接地的问题。如果屏蔽层与机壳之间的连接存在“猪尾巴”，那么就会导致屏蔽效果失效，案例 18 将解开这些奥秘。

壳体屏蔽：假设以上所说的差模辐射超标是一种现实（或产品所导致辐射超标的等效“天线”在屏蔽体内），那么很简单，只要用一个开孔不是很大的金属外壳进行屏蔽就可以解决。此时，金属外壳不需要与 PCB 板做任何连接。随着以上误解的消除，产品所导致辐射超标的等效“天线”通常也在屏蔽体外（如电缆）时，这种金属外壳“屏蔽”的必要性也逐渐下降。案例 14 是产生这种误解的一个典型案例。利用金属外壳取得更好的 EMC 性能是因为金属外壳提供了更好的“接地”路径或旁路路径，要使这种路径变得更为直接，就需要考虑 PCB 板与金属外壳之间做合理的互联。设计人员必须消除这种误解，当为产品增加“屏蔽”时，必须对此“屏蔽”所产生的后果负责。为产品设计屏蔽时，必须考虑所产生辐射等效“天线”的物理位置，如果不能将其也屏蔽在内，那么就必须考虑在 PCB 板与金属外壳之间做合理的互联，实现“屏蔽”与“旁路”的转化。

滤波：电容、电感是滤波电路的基本元件。电感会产生感抗，随频率的增大而增大；电容会产生容抗，随频率的增大而减小。当在原来的电路中串入一个电感或并联一个电容时，电感/电容所形成的分压网络会降低负载上的干扰电压。这似乎没有任何问题，或者说“多串一个电感或多并联一个电容，或多或少是有好处的”。事实上，电感、电容作为储能元件，其上的电压、电流存在相位关系，电感、电容所组成滤波网络的一种极端表现就是谐振，如 LC 滤波电路发生谐振时，干扰信号并没有被衰减，相反被放大了，这非常可怕。设计好滤波电路，就必须消除这种隐患，滤波电路的谐振点必须远离 EMC 测试频点。同样，滤波器件也并非越多越好。

浪涌与过压保护电路：浪涌与过电压在 EMC 中相对特殊，原因之一是其干扰频率相对较低（典型的干扰频率是数十千赫）；其二是干扰能力相对较大，通常具有破坏产品中元器件的能力。在保护理念上，浪涌和过压保护电路的设计相对简单，就是哪里有过电压或浪涌，就将保护器件（通常是非线性瞬态抑制保护器件）并联在出现浪涌或过电压的两端，只要选择钳位电压足够低的器件或电路就能达到保护效果。然而，电路虽然得到了的浪涌和过电压的保护，但有可能带来额外的安全隐患，导致不可预测的灾难。案例 51、案例 53、案例 55 对常见的隐患做出了解释并给出了解决方案。

前　言

在国内市场上，大部分的 EMC 书籍存在的一个共同缺陷就是设计与测试脱节。谈论 EMC 设计技术与方法需要建立在 EMC 测试原理的基础上，不仅仅是因为 EMC 设计的第一道门槛就是 EMC 测试，更重要的是在 EMC 测试的标准中给出了明确的干扰源、接收源等模型。它们都是 EMC 问题分析中不可缺少的部分。如传导骚扰测试，它的实质是 LISN 中一个电阻两端的电压，在电阻一定的情况下，传导骚扰的高低取决于流经 LISN 中这个电阻的电流。EMC 设计就是为了降低流经这个电阻的电流；又如 EFT/B 测试、BCI 测试、ESD 测试等抗扰度测试，它们是典型的共模抗扰度测试，干扰源是相对于参考接地板的共模电压，也就意味着这些干扰源的参考点是进行这些测试时的参考接地板，干扰所产生的所有干扰电流最终都要流回参考接地板，这是分析这类干扰问题的基本点。设想一下，对于以上所说的传导骚扰测试来说，如果在测试设计的产品时，骚扰电流不流过 LISN 中的那个电阻，同时，对于抗扰度测试来说，干扰电流也不经过产品电路，那么这个产品肯定是通过 EMC 测试的。因此，EMC 设计必须从 EMC 测试开始。《EMC 电磁兼容设计与测试案例分析》（第 3 版）是一本紧密结合 EMC 测试实质、EMC 设计原理及具体产品设计，来讲述 EMC 设计方法的工程参考用书。实践性与理论性的高度结合是本书的最大特点。

本书分为 7 章。其中，第 1 章描述 EMC 基础知识及 EMC 测试实质，为第 2 章~第 7 章的内容做铺垫。当读者在阅读后续章节，对一些基本概念比较模糊时可以方便查阅。第 2 章~第 7 章是案例部分，所涉及的均为 EMC 典型案例。案例描述都采用同样的格式，即包含“现象描述”“原因分析”“处理措施”“思考与启示”四部分。试图通过每个案例的分析，向设计人员介绍有关 EMC 的实用设计与诊断技术，减少在产品设计与 EMC 问题诊断中存在的误区，使产品具有良好的 EMC 性能。同时，通过案例说明 EMC 设计原理，为的是让读者更好地理解设计的由来。**“思考与启示”**部分实际上是问题的总结与相关问题的注意事项，也可以作为产品设计的 EMC 检查列表。案例分为下述 6 大类。

- **产品的结构构架、屏蔽、接地与 EMC：**对于大部分设备而言，屏蔽都是必要的。特别是随着电路工作频率的日益提高，单纯依靠线路板设计往往不能满足 EMC 标准的要求。合理的屏蔽能大大加强产品的 EMC 性能，但是不合理的屏蔽设计不但不能起到预期的效果，相反可能引入一些额外的 EMC 问题。另外，接地不单有助于解决安全问题，同样对 EMC 也相当重要，许多 EMC 问题是由不合理的接地设计引起的。因为地线电位是整个电路工作的基准电位，如果地线设计不当，则地线电位就不稳，就会导致电路故障，也有可能产生额外的 EMI 问题。接地设计的目的是要保证地线电位尽量稳定，降低地压降，从而消除干扰现象。
- **产品中的电缆、连接器、接口电路与 EMC：**电缆总是引起辐射或引入干扰的最主要通道，因为长度原因，电缆不单是“发射天线”，同时也是良好的“接收天线”。与电缆有最直接关系的就是连接器与接口电路。良好的接口电路设计不但可以使内部电路的噪声得到很好的抑制，使“发射天线”无驱动源，同样也可以滤除电缆从外界接收到的干扰信号。正确的连接器设计又给电缆与接口电路提供了一个很好的配合通道。

- **通过滤波与抑制提高产品 EMC 性能**：对于任何设备而言，滤波与抑制都是解决电磁干扰的关键技术之一。因为设备中的导线是效率很高的接收和辐射天线，因此设备产生的大部分辐射发射都是通过各种导线实现的，而外界干扰往往也是首先被导线接收到，然后串入设备的。滤波与抑制的目的就是消除导线上的这些干扰信号，防止电路中的干扰信号传到导线上，借助导线辐射，也防止导线接收到的干扰信号传入电路。
- **旁路和去耦**：当器件工作时，时钟和数据信号脚上的信号电平按规律发生变化，此时，去耦将提供给元件在时钟和数据变化期间正常工作的足够动态电压和电流。去耦是通过在信号线和电源平面间加一个低阻抗的电源来实现的。在频率升高到自谐振点之前，随着频率的提高，去耦电容的阻抗会越来越低。这样，高频噪声会有效地从信号线上泄放，余下的低频射频能量就没有什么影响了。最佳的实现效果可通过储能、旁路、去耦电容来达到。这些电容的值可通过特定的公式计算得到。另外，必须正确适当地选择电容的绝缘材料，而不是根据过去的用法和经验来随意选择。
- **PCB 设计与 EMC**：无论设备产生电磁干扰发射还是受到外界干扰的影响，或者电路之间产生相互干扰，PCB 都是问题的核心，无论是 PCB 中的器件布局，还是 PCB 中的线路布线，都会对产品整体的 EMC 性能产生本质的影响。例如，接口连接器的仿真位置将影响共模电流流经的方向，布线的路径将影响电路环路的大小。这些都是 EMC 的关键，因此设计好 PCB 对于保证设备的 EMC 性能具有重要的意义。PCB 设计的目的就是减小 PCB 上电路产生的电磁辐射和对外界干扰的敏感性，减小 PCB 上电路之间的相互影响。
- **器件、软件与频率抖动技术**：电路由器件构成，但是器件的 EMC 性能往往被忽略掉，其实器件的封装、上升沿、管退分布及器件本身的抗 ESD 能力都对器件所应用产品的 EMC 性能产生很大的影响。软件虽然不是输入 EMC 学科范畴，但是在有些情况下，利用软件提供的容错技术可以避开产品对外界干扰的影响。频率抖动技术是近年来流行的一种降低电路传导骚扰和辐射骚扰的技术，但是该技术也不是万无一失的。本书中的案例将详细说明频率抖动技术的实质及注意事项。

EMC 设计规则犹如交通法规，虽然不遵守交通法规不一定会出交通事故，但是风险必然变大。EMC 设计也是一样，有些规则不遵守或许也能在测试中过关，但是不遵守规则测试不过关的风险必然加大，所以在产品设计中有必要引入风险意识，EMC 设计的目的是最大限度地降低 EMC 测试风险，只有遵守所有 EMC“规则”的产品才是具有最低 EMC 风险的产品。本书的大部分内容来自于笔者在实际工作中碰到的 EMC 问题，每个案例都有较详细的理论分析过程，并从中得出参考经验。这些案例是笔者积累的大量 EMC 案例中的典型，每一个案例的结果都形成了一个或多个 EMC 设计规则，这是值得借鉴与参考的。由于笔者所从事产品范围的限制，也许不能包含各类电子、电器产品的 EMC 问题，同时也可能由于笔者知识的不全面性，导致出现一些描述不合理或不精确，甚至错误的地方，还望广大读者指出。

在此我要特别感谢为本书提过宝贵意见及建议的吴勤勤教授、博导，同时还要感谢深圳滨城电子的各位技术专家，及对本书提过宝贵意见的各位同人；另外也要感谢电子工业出版社的牛平月编辑及其同事。

注：鉴于 EMC 测试系统多为英文板，为方便读者阅读，本书中部分图、表未进行翻译，保持英文原版。

郑军奇

于 2018 年

目　　录

第 1 章 EMC 基础知识及 EMC 测试实质

1.1 什么是 EMC

EMC（Electro Magnetic Compatibility，电磁兼容）是指电子、电气设备或系统在预期的电磁环境中，按设计要求正常工作的能力。它是电子、电气设备或系统的一种重要的技术性能，包括以下三方面的含义。

（1）EMI（Electro Magnetic Interference，电磁干扰），即处在一定环境中的设备或系统，在正常运行时，不应产生超过相应标准所要求的电磁能量，相对应的测试项目根据产品类型及标准的不同而不同，对于民用、工科医、铁路产品，基本的 EMI 测试项目如下。

- 电源线传导骚扰（CE）测试；
- 信号、控制线传导骚扰（CE）测试；
- 辐射骚扰（RE）测试；
- 谐波电流（Harmonic）测量；
- 电压波动和闪烁（Fluctuation and Flicker）测量。

对于军用产品，基本的 EMI 测试项目如下。

- CE101 测试：15 Hz~10 kHz 电源线传导发射测试；
- CE102 测试：10 kHz~10 MHz 电源线传导发射测试；
- CE106 测试：10 kHz~40 GHz 天线端子传导发射测试；
- CE107 测试：电源线尖峰信号（时域）传导发射测试；
- RE101 测试：25 Hz~100 kHz 磁场辐射发射测试；
- RE102 测试：10 kHz~18 GHz 电场辐射发射测试；
- RE103 测试：10 kHz~40 GHz 天线谐波和乱真输出辐射发射测试。

对于汽车及车载电子、电气产品，基本的 EMI 测试项目如下。

- 汽车整车辐射发射测试；
- 车载电子、电气零部件/模块的传导骚扰测试；
- 车载电子、电气零部件/模块的辐射发射测试；
- 车载电子、电气零部件/模块的瞬态发射骚扰测试。

注：本书中，传导骚扰即为传导发射；辐射骚扰即为辐射发射。

（2）EMS（Electro Magnetic Susceptibility，电磁抗扰度）：即处在一定环境中的设备或系统，在正常运行时，设备或系统能承受相应标准规定范围内的电磁能量干扰，相对应的测试项目也根据产品类型及标准的不同而不同，对于民用、工科医、铁路产品，基本的 EMS 测试项目如下。

- 静电放电抗扰度（ESD）；
- 电快速瞬变脉冲群抗扰度（EFT）；
- 浪涌（SURGE）；
- 辐射抗扰度（RS）；
- 传导抗扰度（CS）；
- 电压跌落与中断（DIP）。

对于军用产品，基本的 EMS 测试项目如下。

- CS101 测试：25 Hz~50 kHz 电源线传导敏感度测试；
- CS103 测试：15 kHz~10 GHz 天线端子互调传导敏感度测试；
- CS104 测试：25 Hz~20 GHz 天线端子无用信号抑制传导敏感度测试；
- CS105 测试：25 Hz~20 GHz 天线端子交调传导敏感度测试；
- CS106 测试：电源尖峰信号传导敏感度测试；
- CS109 测试：50 Hz~100kHz 壳体电流传导敏感度；
- CS112 测试：静电放电敏感度；
- CS114 测试：10 kHz~400 MHz 壳体电流传导敏感度电缆束注入传导敏感度测试；
- CS115 测试：电缆束注入脉冲激励传导敏感度测试；
- CS116 测试：10 kHz~100 MHz 电缆和电源线阻尼正弦瞬变传导敏感度测试；
- RS101 测试：25 Hz~100 kHz 磁场辐射敏感度测试；
- RS103 测试：10 kHz~40 GHz 电场辐射敏感度测试；
- RS105 测试：瞬变电磁场辐射敏感度测试。

对于汽车及车载电子、电气零部件产品，基本的 EMS 测试项目如下。

- 符合 ISO 7637-1/2 标准规定的电源线传导耦合/瞬态抗扰度测试；
- 符合 ISO 7637-3 标准规定的传感器电缆与控制电缆传导耦合/瞬态抗扰度测试；
- 符合 ISO 11452-7（对应国标为 GB 17619）标准规定的射频传导抗扰度测试；
- 符合 ISO 11452-2（对应国标为 GB 17619）标准规定的辐射场抗扰度测试；
- 符合 ISO 11452-3（对应国标为 GB 17619）标准规定的横电磁波（TEM）小室的辐射场抗扰度测试；
- 符合 ISO 11452-4（对应国标为 GB 17619）标准规定的大电流注入（BCI）抗扰度测试；
- 符合 ISO 11452-5（对应国标为 GB 17619）标准规定的带状线抗扰度测试；
- 符合 ISO 11452-6（对应国标为 GB 17619）标准规定的三平板抗扰度测试；
- 符合 ISO 10605 标准的静电放电抗扰度测试。

（3）电磁环境：系统或设备的工作环境。

1.2　传导、辐射与瞬态

开空调时，室内的荧光灯会出现瞬间变暗的现象，这是因为大量电流流向空调，电压急速下降，利用同一电源的荧光灯受到影响。还有使用吸尘器时收音机会出现“啪啦，啪啦”的杂音。原因是吸尘器的马达产生的微弱（低强度高频的）电压/电流变化通过电源线传递进入收音机，以杂音的形式表现出来。这种由一个设备中产生的电压/电流通过电源线、信号线传导并影响其他设备时，将这个电压/电流的变化称为“传导干扰”。所以，为对症下药，通常采用的方法是给发生源及被干扰设备的电源线等安装滤波器，阻止传导干扰的传输。另外，当信号线上出现噪声时，将信号线改为光纤，也可隔断传输途径。

当在使用手机时，旁边的计算机显示器图像会出现抖动，这是因为手机工作时的信号通过空间以电磁场的形式传输到显示器内部电路。当摩托车从附近道路通过时，车载收音机出现杂音，这是因为摩托车点火装置的脉冲电流产生了电磁波，传到空间再传给附近的收音机天线、电路上，产生了干扰电压/电流。像这种通过空间传播，并对其他设备电路产生无用电压/电流、造成危害的干扰称为“辐射干扰”。辐射现象的产生必然存在着天线与源。由于传播途径是空间，屏蔽也是解决辐射干扰的有效方法。

如上所述，干扰的根源是电压/电流产生不必要的变化，这种变化通过导线直接传递给其他设备，造成危害，称为“传导干扰”。另外，由于电压/电流变化而产生的电磁波通过空间传播到其他设备中，在电路或导线上产生不必要的电压/电流，并造成危害的干扰称为“辐射干扰”。但是，实际上并不能这样简单区分。

例如，计算机等计算设备的骚扰源，虽然是在设备内部电路上流动的数字信号的电压/电流，但这些干扰以传导干扰的方式通过电源线或信号线泄漏，直接传递给其他设备。同时这些导线产生的电磁波以辐射干扰的形式危及附近的设备。而且计算设备本身内部电路也产生电磁波，以辐射的形式危及其他设备。

辐射干扰现象的产生总是与天线密不可分的，根据天线原理，如果导线的长度与波长相等，则容易产生电磁波。例如，数米长的电源线会产生 VHF 频带（30~300 MHz）的辐射发射。在比此频率低的频带内，因波长较长，当电源线中流过同样的电流时，不会辐射太强的电磁波。所以在 30 MHz 以下的低频带主要是传导干扰。但是，伴随着传导干扰会在电源线周围产生干扰磁场，给 AM 广播等带来干扰。另外，如前所述，由于在 VHF 宽带内电源线泄漏的干扰能转变成电磁波扩散到空间，因此辐射干扰成为比传导干扰更主要的问题。在比此更高的频率上，比电源线尺寸更小的设备内部电路会产生辐射干扰，危害其他设备。

总而言之，当设备和导线的长度比波长短时，主要问题是传导干扰，当它们的尺寸比波长长时，主要问题是辐射干扰。

环境中还存在着一些短暂的高能脉冲干扰，这些干扰对电子设备的危害很大，一般称这种干扰为瞬态干扰。瞬态干扰既可以通过电缆进入设备，也可以以宽带辐射干扰的形式对设备造成影响。例如，汽车点火系统和直流电动机电刷对收音机的干扰。产生瞬态干扰的原因主要有：雷电、静电放电、电力线上的负载通断（特别是感性负载）、核电磁脉冲等。可见瞬态干扰是指时间很短但幅度较大的电磁干扰。常见的瞬态干扰（设备需要通过测试验证抗扰度）有三种：各类电快速脉冲瞬变（EFT）、各类浪涌（SURGE）、静电放电（ESD）等。

1.3 理论基础

1.3.1 时域与频域

任何信号都可以通过傅里叶变换建立其时域与频域的关系，如下式所示：

$$H(f)=\int_0^T x(t)\,\mathrm{e}^{-\mathrm{j}2\pi\cdot f\cdot t}\,\mathrm{d}t \tag{1.1}$$

式中，$x(t)$是电信号的时域波形函数；$H(f)$是该信号的频率函数，$2\pi f=\omega$，ω是角频率；f是频率。

梯形脉冲函数的频谱如图 1.1 所示，由主瓣与无数个副瓣组成，每个副瓣虽然也有最大值，但是总的趋势是随着频率的增高而下降，上升时间为 t_r，宽度为 t 的梯形脉冲频谱峰值包含有两个转折点，一个是 $1/\pi t$，另一个是 $1/\pi t_r$。频谱幅度低频端是常数，经第一个转折点以后以−20 dB/10 倍频程下降，经第二转折点后以−40 dB/10 倍频程下降。所以当进行电路设计时在保证正常功能的情况下，尽可能增加上升时间和下降时间，有助于减小高频噪声。但是由于第一个转折点的存在，使那些即使上升沿很陡、而频率较低的周期信号也不会具有较高电平的高次谐波噪声（注：关于各次谐波的幅度估算，参考书籍《电子产品设计 EMC 风险评估》）。

周期信号由于每个取样段的频谱都是一样的，所以它的频谱呈离散形，但在各个频点上呈强度大的特点，通常被称为窄带噪声。而非周期信号，由于其每个取样段的频谱不一样，所以其频谱很宽，而且强度较弱，通常被称为宽带噪声。在一般的系统中，时钟信号为周期信号，而数据线和地址线通常为非周期信号，因此造成系统辐射发射超标的原因通常是时钟信号。时钟噪声与数据噪声频谱如图 1.2 所示。

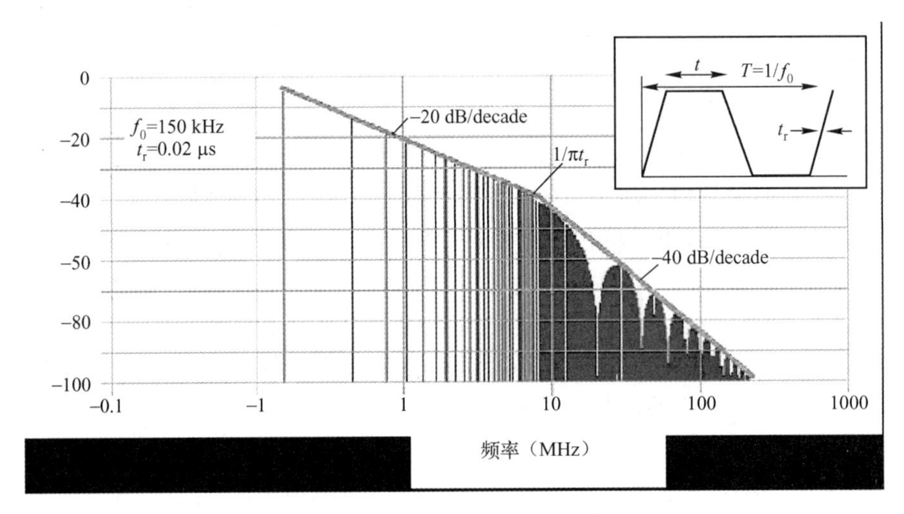

图 1.1　梯形脉冲函数的频谱

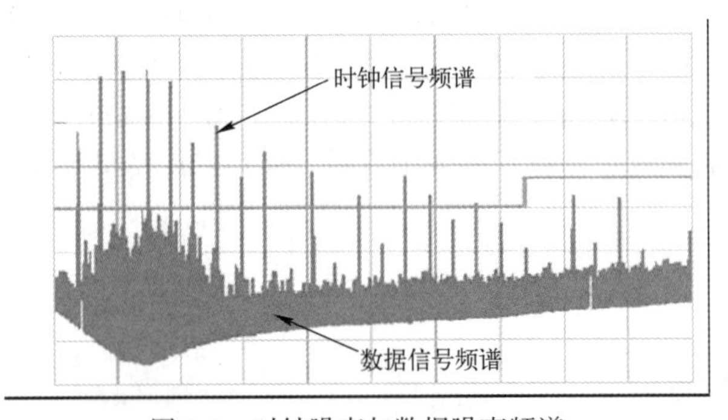

图 1.2　时钟噪声与数据噪声频谱

1.3.2　电磁骚扰单位分贝（dB）的概念

电磁骚扰通常用分贝来表示，分贝的原始定义为两个功率的比，如图 1.3 所示，dB 是两个功率值的比较值取对数后再乘以 10。

通常用 dBm 表示功率的单位，dBm 即是功率相对于 1 mW 的值，如图 1.4 所示。

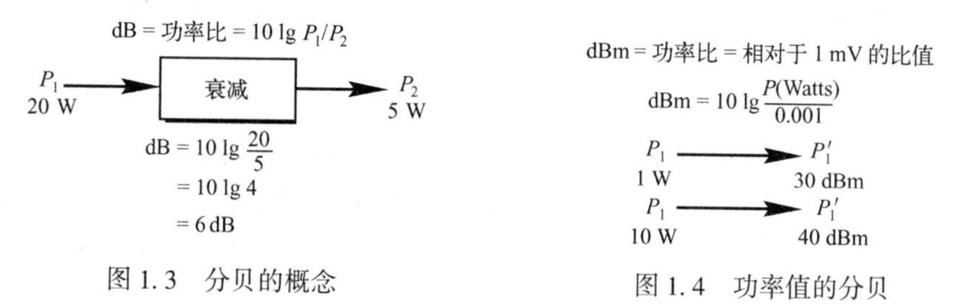

dB = 功率比 = 10 lg P_1/P_2
P_1
20 W
衰减
P_2
5 W
dB = 10 lg $\frac{20}{5}$
= 10 lg 4
= 6 dB

图 1.3　分贝的概念

dBm = 功率比 = 相对于 1 mV 的比值
dBm = 10 lg $\frac{P(\text{Watts})}{0.001}$
P_1
1 W
P_1'
30 dBm
P_1
10 W
P_1'
40 dBm

图 1.4　功率值的分贝

由功率的分贝值可以推出电压的分贝值（前提条件是：$R_1 = R_2$；通常为 50 Ω），如图 1.5所示。

在 EMC 领域中，通常用 dBμV 直接表示电压的大小，dBμV 即是电压相对于 1 μV 的值，如图 1.6 所示。

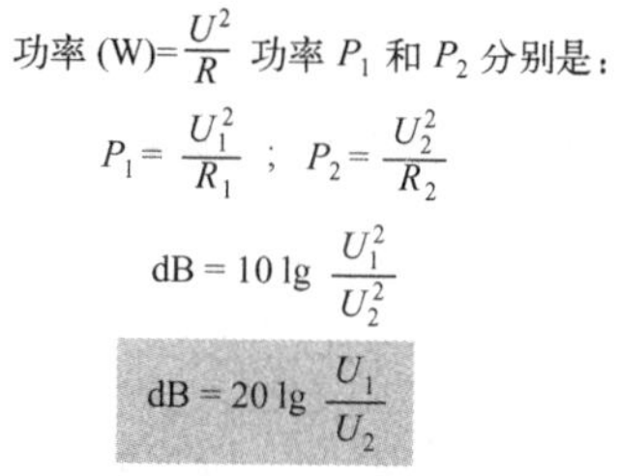

功率 (W)= $\frac{U^2}{R}$ 功率 P_1 和 P_2 分别是：
$P_1 = \frac{U_1^2}{R_1}$ ；$P_2 = \frac{U_2^2}{R_2}$
dB = 10 lg $\frac{U_1^2}{U_2^2}$
dB = 20 lg $\frac{U_1}{U_2}$

图 1.5　电压分贝的概念

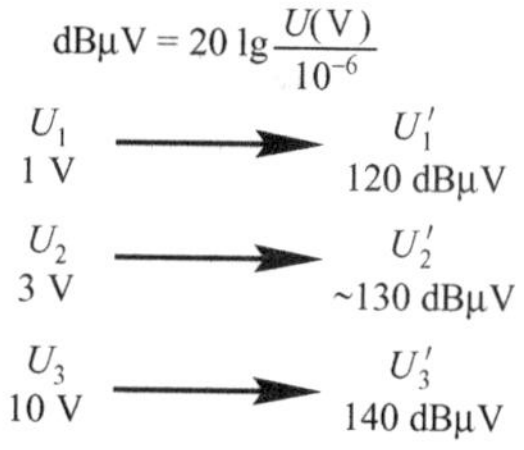

dBμV = 20 lg $\frac{U(\text{V})}{10^{-6}}$
U_1
1 V
U_1'
120 dBμV
U_2
3 V
U_2'
~130 dBμV
U_3
10 V
U_3'
140 dBμV

图 1.6　电压值的分贝

举个例子：对于辐射骚扰通常用电磁场的大小来衡量，其单位是 V/m。在 EMC 领域通常以单位 dBμV/m 表示。用天线和干扰测试仪器组合在一起测量骚扰场强的大小，干扰测量仪器测到的是天线端口的电压，此电压加上所用天线的天线系数就为被测骚扰的场强。

$$E[\text{dB}\mu\text{V/m}] = U[\text{dB}\mu\text{V}] + \text{天线系数}[\text{dB}]$$

注：不计电缆衰减。

1.3.3　正确理解分贝真正的含义

当设备的电磁骚扰不能满足有关 EMC 标准规定的限值时，就要对设备产生超标发射的原因进行分析，然后进行排除。在这个过程中，经常发现许多人经过长时间的努力，仍然没有排除故障。造成这种情况的原因是诊断工作陷入了“死循环”。这种情况可以用下面的例子说明。

假设一个系统在测试时出现了传导骚扰超标，使系统不能满足 EMC 标准 CISPR22 中对传导骚扰的 CLASS B 限值，如图 1.7 所示。经过初步分析，原因可能有 4 个，它们分别是：

（1）“变压器”问题产生的传导骚扰；

（2）电源中“开关管”产生的传导骚扰；

（3）PCB 设计缺陷产生的传导骚扰；

（4）辅助设备产生的传导骚扰。

在诊断时，首先将与变压器有关的因素去除，以减小传导骚扰，结果发现测试的结果并没有明显减小。去掉变压器有关因素后的电源端口传导骚扰的组成和水平如图 1.8所示。于是认为变压器不是导致传导骚扰超标的主要原因，将变压器的改动撤销。再对电源中的开关管进行处理，去除其对电源端口传导骚扰的不利因素，结果发现频谱仪屏幕上显示的信号（测量结果）还是没有明显减小。去掉开关管有关因素后的电源端口传导骚扰的组成和水平如图1.9所示。结果得出结论，开关管也不是主要导致电源端口传导骚扰超标的主要原因。

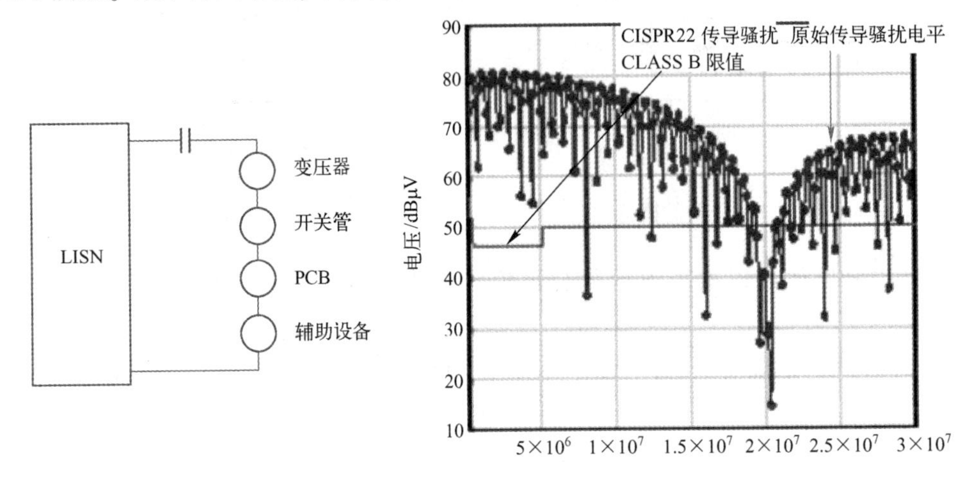

图1.7　某产品电源端口传导骚扰的组成和水平

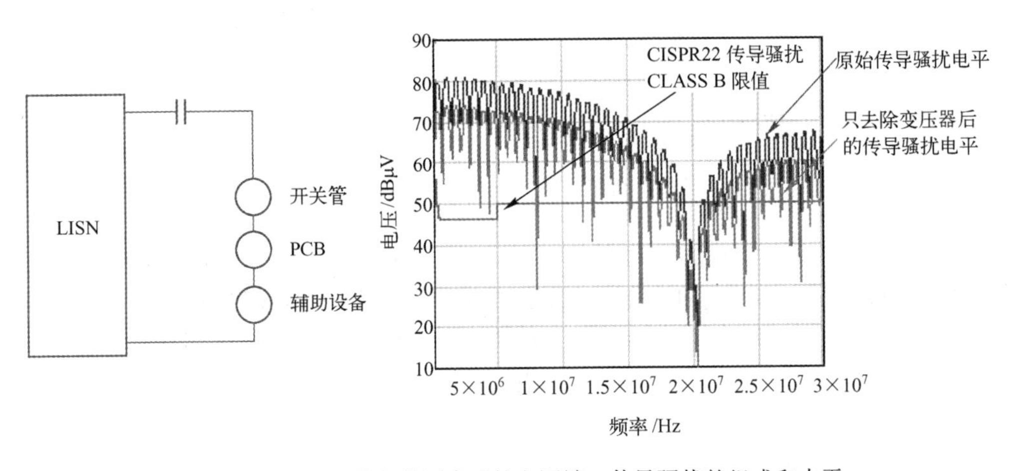

图1.8　去掉变压器有关因素后的电源端口传导骚扰的组成和水平

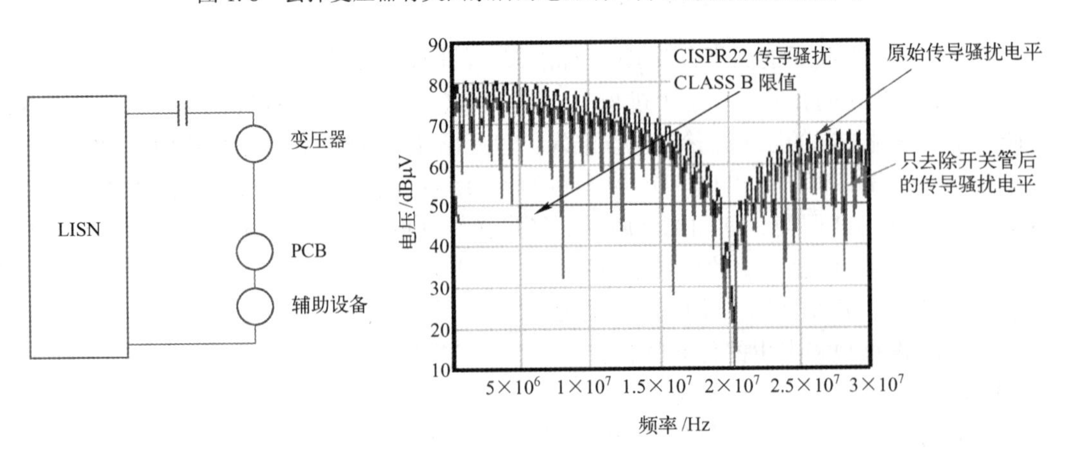

图1.9　去掉开关管有关因素后的电源端口传导骚扰的组成和水平

于是再对 PCB 进行检查。改进 PCB 中原来存在的缺陷，发现测试频谱仪屏幕上显示的信号几乎没有减小。只去掉 PCB 有关因素后的电源端口传导骚扰的组成和水平如图 1.10 所示。这样也确认"PCB"不是导致电源端口传导骚扰超标的主要原因，从变化的相对幅度看，似乎可以忽略 PCB 的因素 。

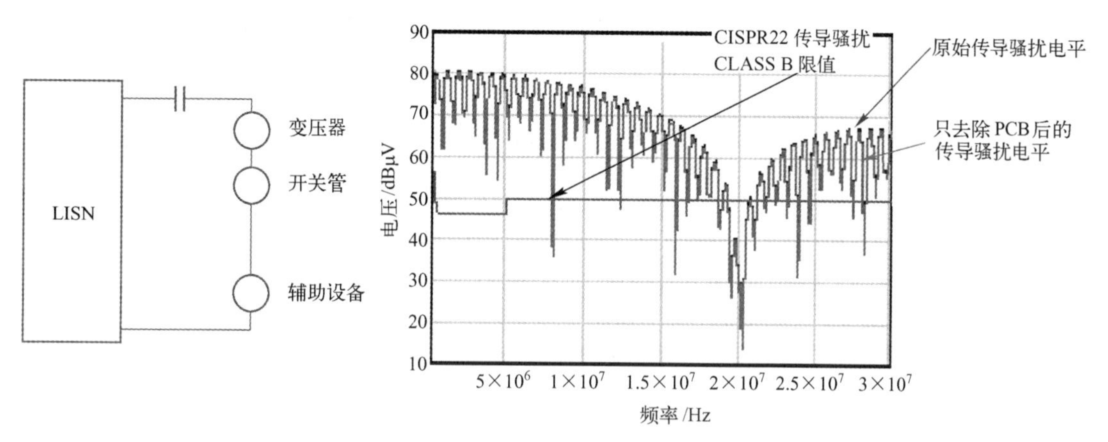

图 1.10 只去掉 PCB 有关因素后的电源端口传导骚扰的组成和水平

到此为止还未能解决这个产品的传导骚扰问题，之所以会有这个结果，是因为测试人员忽视了频谱分析仪上显示的信号幅度（测试结果）是以 dB 为单位显示的。下面看一下为什么会有这种现象。假如，因变压器问题产生的传导骚扰电平为 U_n；因电源中开关管产生的传导骚扰电平为 $0.7U_n$；因 PCB 设计缺陷产生的传导骚扰电平为 $0.1\ U_n$；因辅助设备产生的传导骚扰电平为 $0.01\ U_n$。在这种情况下，同时去掉变压器有关因素和去掉开关管有关因素后，测试结果就会有明显的改善，如图 1.11 所示。在此基础上再去掉原来认为毫无关系的 PCB 因素，结果又会有很大的改变。同时去掉变压器、开关管、PCB 有关因素后的电源端口传导骚扰的组成和水平如图 1.12 所示。

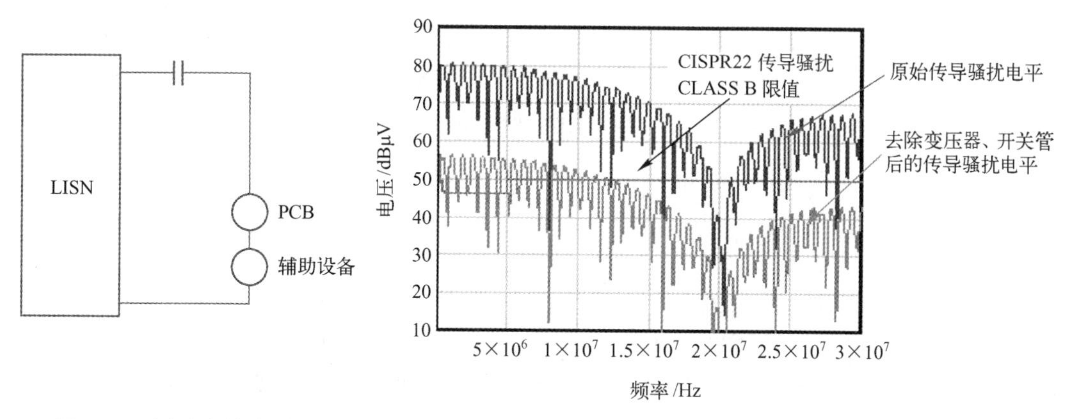

图 1.11 同时去掉变压器有关因素和去掉开关管有关因素后的电源端口传导骚扰的组成和水平

实际上，虽然 PCB 贡献值的绝对值只有 $0.1\ U_n$，并且相对于变压器、开关管产生的传导骚扰电压 U_n、$0.7\ U_n$ 来说，是一个很小的值，但是它相对于辅助设备产生的传导骚扰电平 $0.01\ U_n$ 来说，却是一个很大的值，因此，在变压器、开关管因素没有去除的情况下，PCB 因素的去除变得微不足道，而在变压器、开关管因素去除的情况下，PCB 因素的去除则变得举足轻重了。

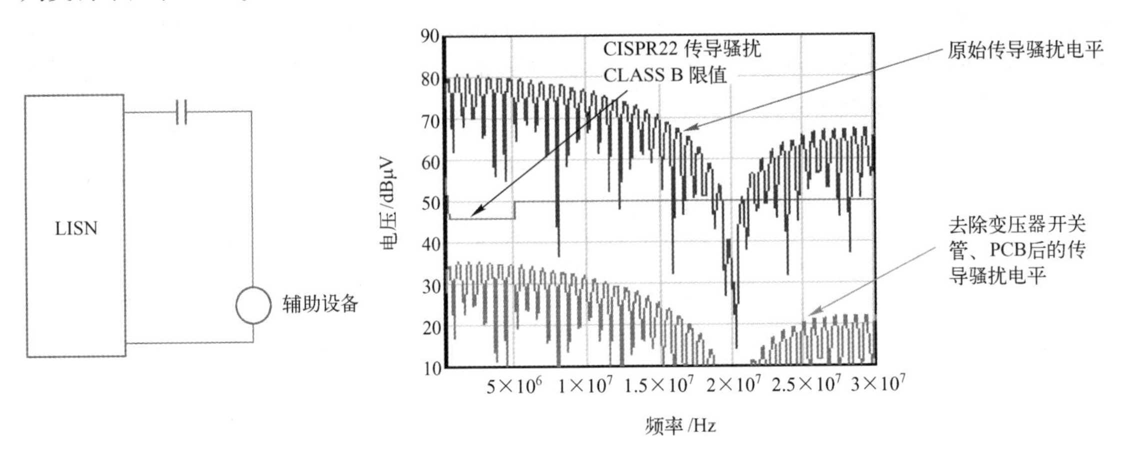

图 1.12　同时去掉变压器、开关管、PCB 有关因素后的电源端口传导骚扰的组成和水平

因此，正确的 EMI 诊断方法是，当对一个可能的骚扰源采取了抑制措施后，即使没有明显的改善，也不要将这个措施去掉，继续对可能的其他骚扰源采取措施。当采取到某个措施时，如果骚扰幅度降低很多，并能通过测试，并不一定说明这个骚扰源是主要的，而仅说明这个骚扰源相对于后几个骚扰源是量级较大的一个，并且可能是最后一个。

在前面的叙述中，假定对某个骚扰源采取措施后，这个产品中所有的骚扰源被 100%消除掉。如果这样，那么当最后一个骚扰源被消除掉后，电磁骚扰的减小应为无限大。实际上这是不可能的。在采取任何一个措施时，都不可能将骚扰源 100%消除。骚扰源去掉的程度可以是 99% 或 99.9%，甚至 99.99%以上，而决不可能是 100%，所以当最后一个骚扰源被消除掉后，尽管改善很大，但仍是有限值的。

当设备完全符合有关规定后，如果为了降低产品成本，减少不必要的器件或设计，可以将先前诊断过程中所采取的措施逐个去掉。首先应该考虑去掉的是成本较高的器件或材料，以及在正式产品上难以实现的措施。如果去掉后，产品的辐射发射并没有超标，那么就可以去掉这个措施。然后通过测试，使产品成本降到最低。

1.3.4　电场、磁场与天线

1. 电场与磁场

电场（***E*** 场）产生于两个具有不同电位的导体之间。电场的单位为 m/V。电场强度正比于导体之间的电压，反比于两导体间的距离。磁场（***H*** 场）产生于载流导体的周围。磁场的单位为 m/A。磁场正比于电流，反比于离开导体的距离。当交变电压通过网络导体产生交变电流时，会产生电磁（EM）波，***E*** 场和 ***H*** 场互为正交同时传播，如图 1.13 所示。

电磁场的传播速度由媒体决定，在自由空间等于光速（3×10^8 m/s）。在靠近辐射源时，电磁场的几何分布和强度由干扰源的特性决定，仅在远处是正交的电磁场。当干扰源的频率较高时，干扰信号的波长又比被干扰的对象结构尺寸小，或者干扰源与被干扰者之间的距离 $r\gg\lambda/2\pi$ 时，干扰信号可以被认为是辐射场即远场，它以平面电磁波的形式向外辐射电磁场能量进入被干扰对象的通路。干扰信号以泄漏和耦合的形式，以绝缘支撑物等（包括空气）

为媒介，经公共阻抗的耦合进入被干扰的线路、设备或系统。当干扰源的频率较低时，干扰信号的波长 λ 比被干扰对象的结构尺寸长，或者干扰源与干扰对象之间的距离 $r \ll \lambda/2\pi$，则干扰源可以被认为是近场，它以感应场的形式进入被干扰对象的通路。近场耦合用电路的形式来表达就是电容和电感，电容代表电场耦合关系，电感或互感代表磁场耦合关系。这样辐射干扰信号就可以通过直接传导的方式引入线路、设备或系统。图 1.14 所示的是辐射场中近场、远场、磁场、电场与波阻抗的关系图。

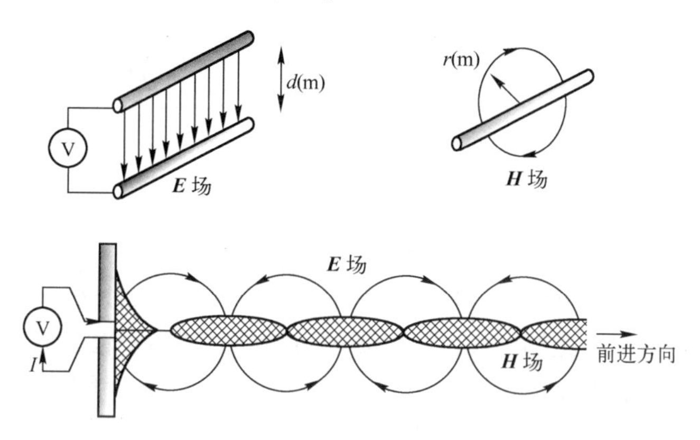

图 1.13　产生电磁（EM）波，**E** 场和 **H** 场互为正交同时传播

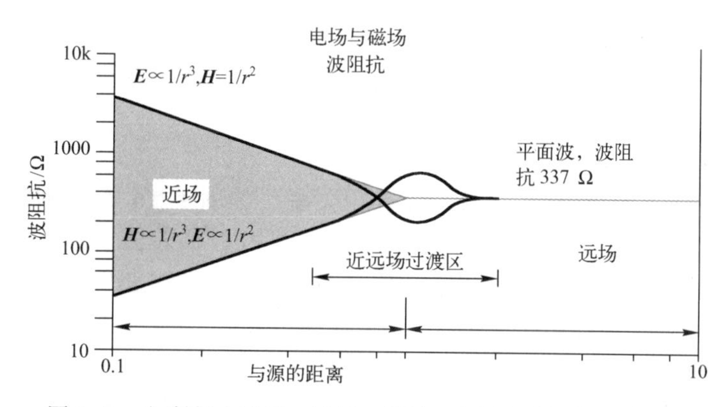

图 1.14　辐射场中近场、远场、磁场、电场与波阻抗的关系图

对于 30 MHz，平面波的转折点为 1.5 m；对于 300 MHz，平面波的转折点为150 mm；对于 900 MHz，平面波的转折点为 50 mm。

2. 天线检测信号的方法

天线具有两种转换的功能：转换电磁波为电路可以使用的电压和电流，转换电压和电流为发射到空间的电磁波。信号是通过电磁波传输到空间中的，电磁波由分别用V/m 和 A/m 来度量的电场和磁场构成。依据要检测的场的种类，天线具有特定的结构。如图 1.15（a）所示的设计用来拾取电场的天线由金属棒和金属板构成，而如图 1.15（b）所示的用来拾取磁场的天线则由线环构成。有时电子电气产品中的一部分（如电缆、长印制线等）就会因为无意识地具有这样的特性而成为天线。EMC 中一个很重要的任务就是关注并消减这些无意识的天线。当电场（V/m）碰上天线时，它沿长度方向感应一个相对于地的电压值（m · V/m = V）。与天线互连的接收机检测天线与地之间的电压。这种天线模型也可以等效为测量空间中电位的电压表的一条引线，另一条电压表引线是电路的地。

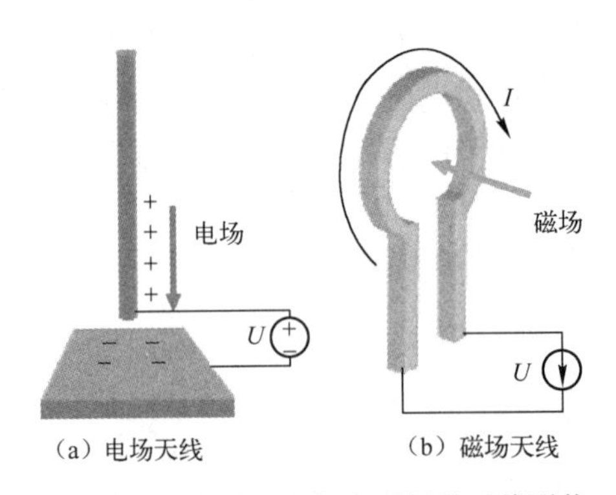

图 1.15　用来拾取电场和磁场的天线形状

3. 天线形状的重要性

一些天线由线环构成。这些天线探测磁场而不是电场，它们是磁场天线。正像流过线圈的电流可以产生穿过线圈的磁场一样，当磁场通过线圈时线圈中也会感应出电流。磁场天线的两端被固定在一个接收电路上，这样可以由环形天线引入的电流来探测磁场。磁场一般垂直于场的传播方向，所以环面应该与波传播方向平行来检测场。辐射电场的天线具有两个互相绝缘的单元。最简单的电场天线是偶极子天线，它的名字非常自然地暗示了它有两个单元。两个导体元作用类似电容器极板，只是电容板间的场是辐射到空间中，而不是被限制在两极板之间。另外，构成磁场天线的线圈类似电感，它的场被辐射到空间而不是禁锢在一个封闭的磁路中。

4. 天线的形成及对电磁场的辐射

正如前面提到的，电场天线可以与电容相关联。如图 1.16（a）所示为简单的平行板电容器，当电荷堆积在板上时，板间就会产生电场。如果板被展开并置于同一个平面，板之间的电场就会伸展到空间中。相同的情形就发生在如图 1.16（b）所示的电场偶极子天线上。天线每部分的电荷在天线两极之间会产生一个进入空间的场，偶极子天线的两臂之间具有一个固有的电容，如图 1.16（c）所示。需要有电流来给偶极子臂充电，天线上每部分的电流朝相同的方向流动，这样的电流被称为天线模电流。这个条件很特殊，因为它导致了辐射的产生。当应用到天线两极的信号振荡时，场保持不断换向并将波发送到空间中。

偶极子上的电荷和电流产生的场互相垂直。如图 1.17（a）所示，在天线上施加电压，电场 $\boldsymbol{E}$ 从正电荷方向指向负电荷方向。天线上的充电电流产生磁场 $\boldsymbol{H}$，方向为环绕着金属线并满足右手定则，如图 1.17（b）所示。上帝创造了这个规律，当电子沿着金属线移动时，就会产生环绕着金属线的磁力“风”。将右手拇指指向电流的方向，环绕在金属线上的手指方向就是磁场方向。磁场的环绕导致了天线的电感特性。天线因此是一个既具有来自于电荷分布的电容，又具有来自于电流分布的电感特性的电抗性器件。

如图 1.17（c）所示，$\boldsymbol{E}$ 和 $\boldsymbol{H}$ 场是互相垂直的。它们以互相连接循环的方式从天线散布到空间中。当天线上的信号振荡时就形成了波。横电磁（TEM）波是在 $\boldsymbol{E}$ 和 $\boldsymbol{H}$ 的相互垂直的情况下产生的。天线也可以将一个 TEM 波通过互易性的原理来转换回电流和电压，天线具有发射和接收的互补性。天线的辐射情况如图 1.18 所示。天线的电抗部分在天线周围的电场和磁场中储存能量。电抗性的功率在天线的电源和电抗性元件间进行后向和前向的交换。

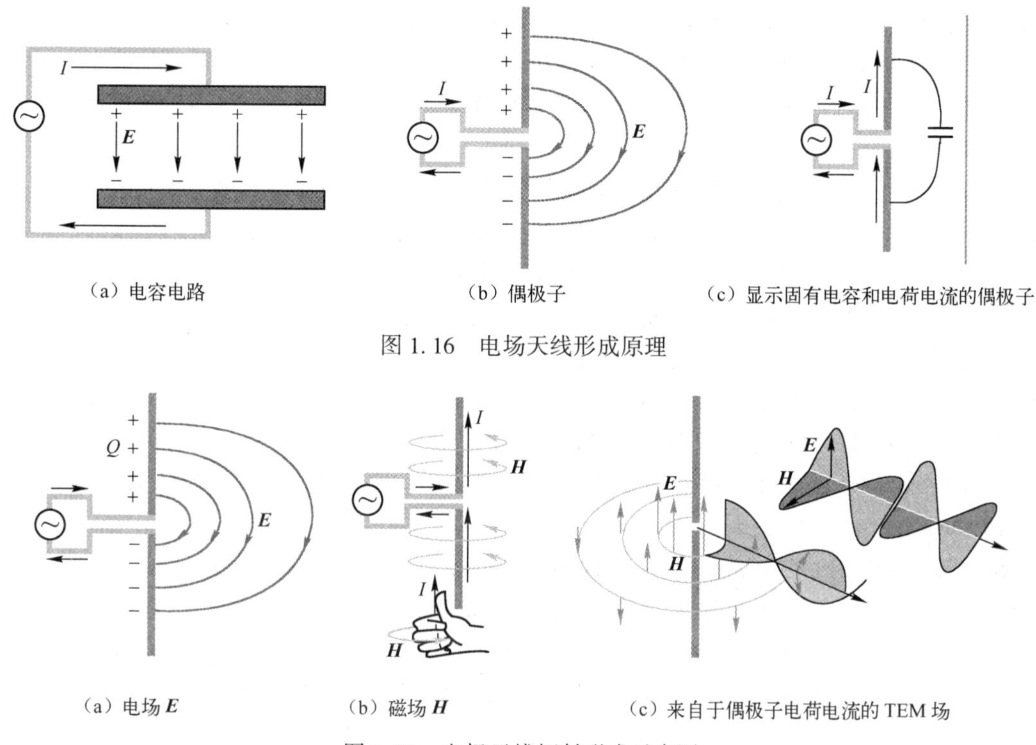

（a）电容电路　（b）偶极子　（c）显示固有电容和电荷电流的偶极子

图 1.16　电场天线形成原理

（a）电场 ***E***　（b）磁场 ***H***　（c）来自于偶极子电荷电流的 TEM 场

图 1.17　电场天线辐射形成示意图

正如在 L-C 电路中的电压和电流具有 90°的相位差，如果天线的电阻可以忽略，天线的 ***E*** 场（由电压产生）和 ***H*** 场（由电流产生）具有 90°的相位差。在一个电路中，只有当负载的阻抗有实的分量，引起电流和电压同相时，实的功率才能释放出来。这个情况也适用于天线。天线具有一些小电阻，所以存在于天线中产生消耗的实的功率成分。为了产生辐射，***E*** 场和 ***H*** 场一定是同相的，如图 1.17（c）所示。对于起电容和电感作用的天线来说，辐射是如何发生的呢？同相分量是传播延时的结果。来自于天线的波并不是在空间中的所有点同时瞬时形成，而是以光速来传播。在远离天线的距离上，这个延时就导致了同相的 ***E*** 场和 ***H*** 场成分产生。

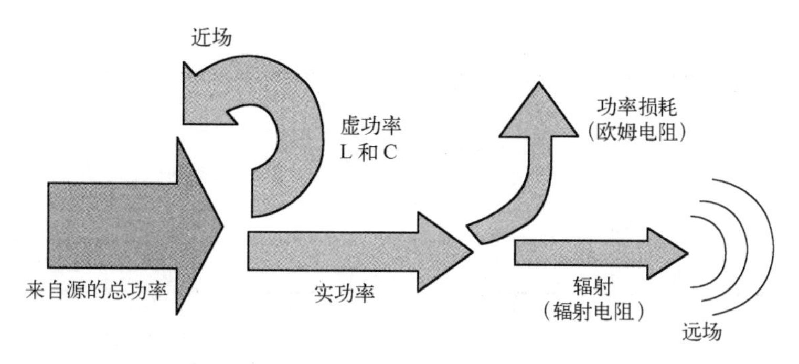

图 1.18　辐射的功率流

这样，***E*** 场和 ***H*** 场具有不同的分量，包含了场的能量储存（虚部）部分或辐射（实部）部分。虚部部分由天线的电容和电感来决定，并主要存在于近场中。实部部分由称为辐射电阻的东西来决定，它是由于传输延迟产生的，并存在于距离天线很远的远场中。接收天线（如那些在 EMC 测试中所使用的），可以被放置在距离源很近的位置，这时它们的近场效应的影响就大于远场辐射的影响。在这种情况下，接收天线和发射天线间就通过电容和互感进行耦合，这样接收天线就成了发射部分的负载。

5. 反射的重要性

当人看向一面镜子时，会联想到电磁辐射的反射效应。为什么波会从金属表面反射回来呢？这些辐射的反射结果是什么呢？反射的基础是金属表面的场边界条件。电场反射原理图如图 1.19 所示。在金属的内部，当受电场影响时，电荷会自由移动，当有时变磁场存在时会有电流产生。金属附近的电荷会引起金属表面电荷的迁移。E 场的任何切向分量都会引起电荷的移动，直至 E 场的切向分量为零。影响的结果是位于金属表面之下的等效镜像或虚电荷，如图 1.19（c）所示。镜像不是真实的，而是对实际结果有等价效果的电荷的表征。时变磁场会在理想导体中感应一个电流。电流会抵抗磁场，以使没有法向分量可以穿透金属表面。这样如图 1.19（c）所示的电流镜像就使得 ***H*** 场的法向分量在金属表面消失。镜像效应非常重要，因为天线经常在导电表面附近，如地球、汽车或飞机的金属板，电路板地平面，产品的金属外壳，EMC 测试时的参考接地板等。辐射到空间的场是来源于天线和镜像的场的总和。如果考察偶极子的 ***E*** 场，是很容易看到这种效应的。图 1.20(a) 中显示一个平行于导体的偶极子和它的镜像。当偶极子垂直于地平面时，具有反向电荷的偶极子镜像存在于它的下面，如图 1.20（b）所示。在这两个例子中，空间中一些点的场来自于偶极子和它的镜像场的总和。当场从偶极子辐射到金属体上时，如图 1.20（c）所示，反射就可以解释为从镜像传出的波。

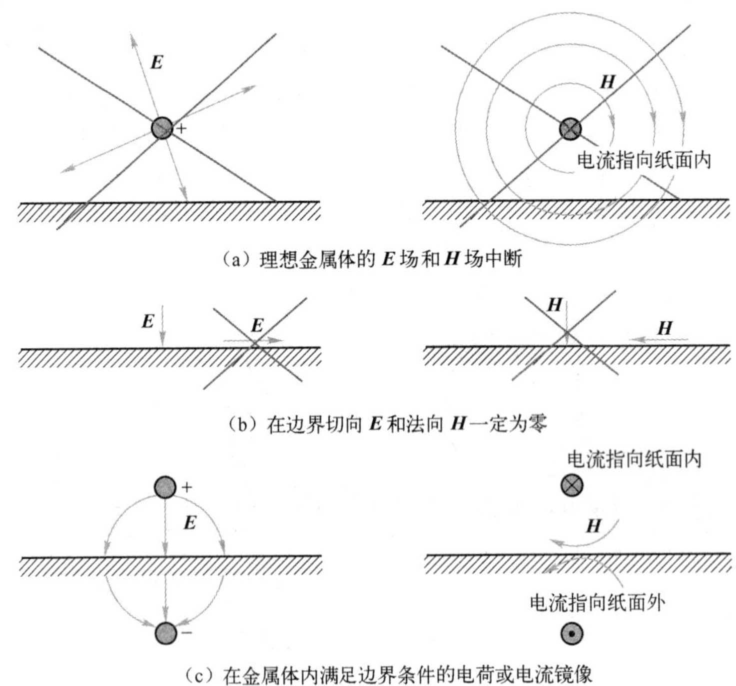

图 1.19　电场反射原理图

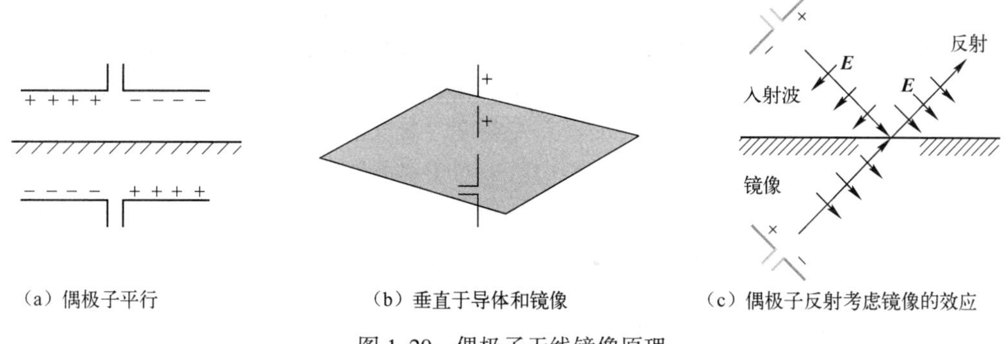

（a）偶极子平行　（b）垂直于导体和镜像　（c）偶极子反射考虑镜像的效应

图 1.20　偶极子天线镜像原理

由此原理，如图 1.21 所示的单极天线也可以等效成偶极子天线，具有一半偶极子天线长度的单极天线由于地平面镜像的作用，使其具有偶极子天线的等效长度，即偶极子天线的长度为单极天线长度的 2 倍。

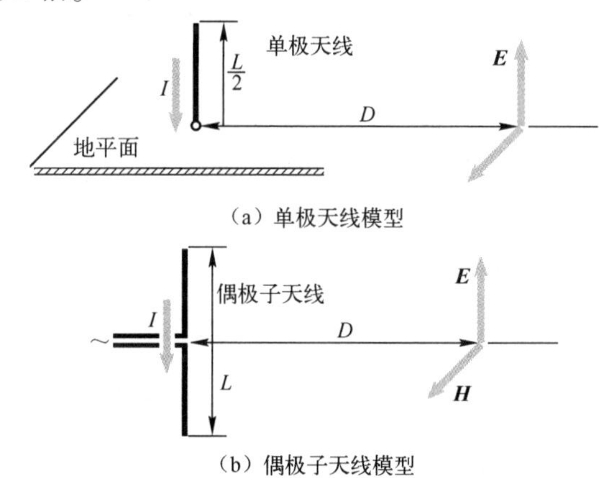

（a）单极天线模型

（b）偶极子天线模型

图 1.21　单极天线和偶极子天线辐射模型

6. 天线阻抗与频率的关系

天线阻抗是频率的函数。天线上电流和电荷的分布是随着频率的变化而变化的。偶极子上的电流一般是一个由频率确定的关于天线位置的正弦函数。由于信号的波长依赖于频率，在某个频率上天线的长度等于一个波长的几分之几。偶极子上的电流对于不同的频率分别为 1/2 和 1 倍的波长，如图 1.22（a）和图 1.22（b）所示。对于 1/2 波长的情况（单极天线为 1/4 波长），激励源上的电流是最大的，因此在这个频率上天线的输入阻抗是最小的，等于天线的电阻值（实际电阻+辐射电阻）。当天线的长度为一个波长时，源的电流为零，因此，输入阻抗为无限大。阻抗与频率的关系如图 1.22（c）所示。

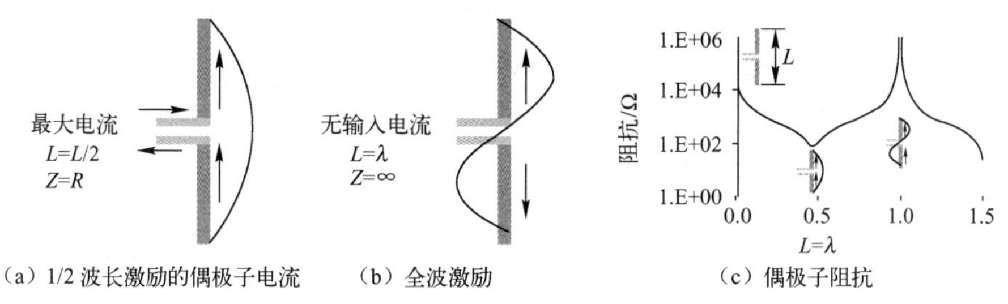

（a）1/2 波长激励的偶极子电流　（b）全波激励　（c）偶极子阻抗

图 1.22　天线阻抗与频率特性

7. 天线辐射的方向

从一个天线上辐射出的功率图，不会在所有方向上都是均匀的。天线的增益用在给定方向上的辐射功率与在所有方向上均匀的辐射时的功率密度（分布在一个球体的表面）的比值来表征。对于一个偶极子天线，大部分功率在垂直于天线轴线方向辐射，如图1.17所示。天线的方向性是在最大功率方向的增益，这个方向垂直于偶极子的轴向。增益用 dBi = 10 · log（增益）来度量。天线的三维和二维方向图也称为功率方向图、功率图或功率分布。它可视化地描述了天线在一个特定的频率范围内如何接收或发射，它通常是对远场的情况绘制。天线的辐射方向图主要受天线几何尺寸的影响，也受周围地形或其他天线的影响。有时在天线阵列中就使用多个天线来改变方向性。如图 1.23 所示，两个使用相同馈源的天线，如果间隔为 1/2 波长，就可以消除天线平面上的场。

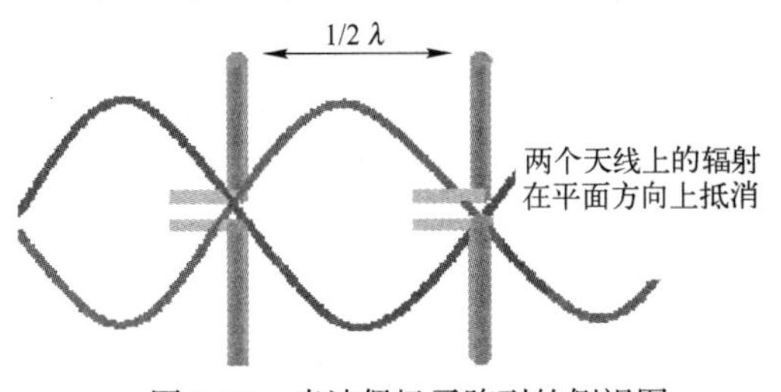

图 1.23　半波偶极子阵列的侧视图

1.3.5　RLC 电路的谐振

1. RLC 电路的串联谐振

RLC 串联谐振电路如图 1.24 所示。

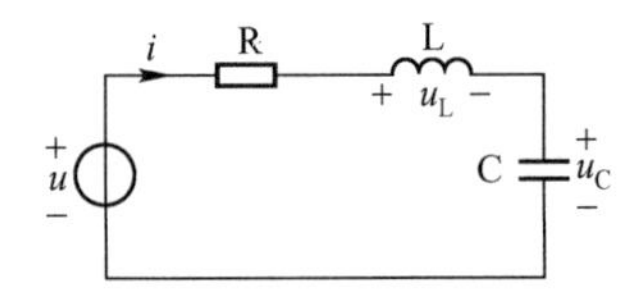

图 1.24　RLC 串联谐振电路

其交流电压 U 与交流电流 I（均为有效值）的关系可由交流欧姆定律表示为

$$I=\frac{U}{Z}=\frac{U}{\sqrt{R^2+\left(\omega L-\frac{1}{\omega C}\right)^2}} \tag{1.2}$$

电压与电流间的位相差为

$$\varphi=\operatorname{arctg}\frac{\omega L-\frac{1}{\omega C}}{R} \tag{1.3}$$

式（1.2）中，$Z=\sqrt{R^2+\left(\omega L-\frac{1}{\omega C}\right)^2}$ 称为交流电路的阻抗，$X_L=\omega L$ 称为感抗，$X_C=\frac{1}{\omega C}$ 称为容抗。角频率 $\omega=2\pi f$，f 为交流电的频率。由式（1.2）、式（1.3）可见，I 和 φ 都是角频率 ω（或 f）的函数，两式分别反映出电路的幅频关系和相频关系。只从式（1.2）出发，研究当电压 U 保持不变，且 R、L、C 固定时，电流 I 随频率 f 而变化的情况。以 I 为纵坐标，f 为横坐标，做 I–f 图，如图 1.25 所示。从图中可见，当电源频率为 f_0 时，电流 I 有一个极大值，即阻抗 Z 有一个极小值。RLC 串联电路的这种状态，称为串联谐振，f_0 称为谐振频率。由于谐振时 $\omega L-\frac{1}{\omega C}=0$，故

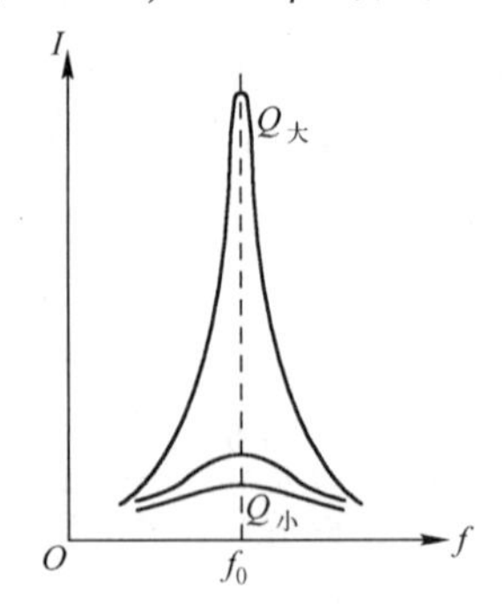

图 1.25　RLC 串联电路中的电流 I 随频率 f 变化的情况

$$f_0=\frac{\omega_0}{2\pi}=\frac{1}{2\pi\sqrt{LC}} \tag{1.4}$$

式（1.4）说明由电感 L 和电容 C 组成的电路本身具有一定的固有频率 f_0（或固有角频率 ω_0）。当外加电源的频率与电路的固有频率相同时，便发生谐振现象。从式（1.3）可知，谐振时 $\varphi=0$，即电流与电压同相位，电路呈电阻性。电感 L 与电容 C 上的电压分别为 $U_L=IX_L=\frac{U}{R}\omega_0 L$ 和 $U_C=IX_C=\frac{U}{R}\frac{1}{\omega_0 C}$，因 $\omega_0 L=\frac{1}{\omega_0 C}$，故 $U_L=U_C$。谐振电路的性能常用电路的品质因数 Q 表示，它定义为谐振时电感（或电容）的电压 U_L（或 U_C）与总电压数值之比：

$$Q=\frac{U_L}{U}=\frac{U_C}{U}=\frac{\omega_0 L}{R}=\frac{1}{R\omega_0 C} \tag{1.5}$$

可见当谐振时，电感或电容上的电压 U_L 或 U_C 是电源电压的 Q 倍。当 R 远小于 X_L（或 X_C）时，$Q\gg1$，因而电感或电容两端的电压可以比电源电压 U 大很多，故串联谐振又称为电压谐振。

图 1.24 所示的电路经常出现在滤波电路中，R 为 LC 滤波电路中的等效串联电阻，是一个很小的值，L 为滤波电感，C 为滤波电容，U 为干扰源，负载与 C 并联。这样，在 LC 滤波电路的谐振点的频率上或附近，该滤波电路表现为“放大”干扰源的作用，这是滤波电路设计时要注意的地方。另外，考虑一个电容器的实际频率特性时，电容两端的等效电路也是 LCR 的串联，只是此时设计者更关心的应该是 LCR 两端的电压，并非 C 两端的电压。因此，串联谐振还能取得更好的 EMC 效果。

【例 1.1】 如图 1.24 所示的电路，已知 $U(t)=10\sqrt{2}\cos\omega t$ V，$R=1\ \Omega$，$L=0.1$ mH，$C=0.1\ \mu$F。

求：(1) 频率 f 为何值时，电路发生谐振？

(2) 电路谐振时，U_L 和 U_C 为何值？

解：(1) 电压源的角频率应为

$$f=f_0=\frac{1}{2\pi\sqrt{LC}}=\frac{1}{2\pi\sqrt{10^{-4}\times10^{-8}}}=159(\text{kHz})$$

(2) 电路的品质因数为

$$Q=\frac{2\pi f_0 L}{R}=100$$

则

$$U_L=U_C=QU_S=100\times10(\text{V})=1000(\text{V})$$

2. RLC 电路的并联谐振

RLC 并联谐振电路如图 1.26 所示。

将电阻 R、电感 L 和电容 C 组成并联电路。它的总阻抗 Z、电流 I 与电压 U 的相位差分别为

$$Z=\frac{R^2+(\omega L)^2}{\sqrt{R^2+[\omega CR^2+\omega L(\omega^2 LC-1)]^2}} \tag{1.6}$$

$$\varphi=\arctan\left[\frac{\omega L-\omega CR^2-\omega^3 L^2 C}{R}\right] \tag{1.7}$$

式中 $\omega=2\pi f$。

由式（1.6）可得，总电流及总电阻随频率变化的关系曲线如图 1.27 所示。图中的极大值对应于 $[\omega L-\omega CR^2-\omega^3 L^2 C]=0$ 的状态，这时 Z 最大，I 最小，$\varphi=0$，电路呈电阻性。这

一状态称为并联谐振，其谐振频率为

$$f=\frac{\omega}{2\pi}=\frac{1}{2\pi\sqrt{LC}}\sqrt{1-\frac{CR^2}{L}}=f_0\sqrt{1-\frac{CR^2}{L}} \tag{1.8}$$

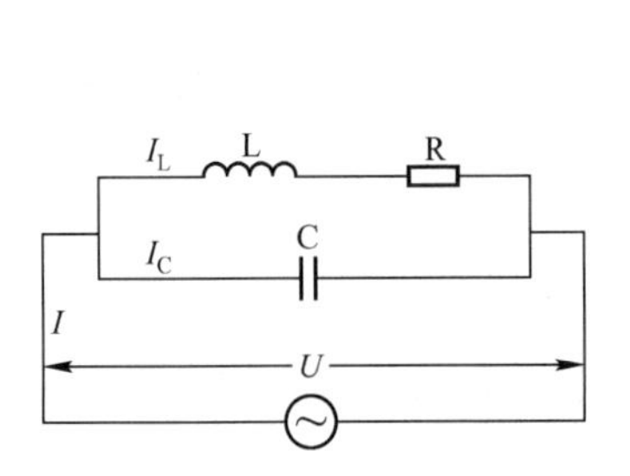

图 1.26　RLC 并联谐振电路

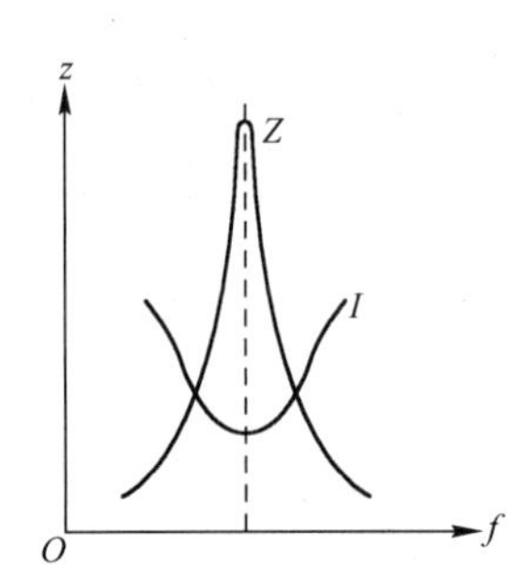

图 1.27　RLC 并联谐振电路中的电流及总电阻随频率变化的关系

f_0 为串联时的谐振频率，当$(CR^2)/L\ll 1$ 而可略去时，$f=f_0$。和串联谐振电路一样，电路的品质因数 Q 越大，电路的选择性越好。在谐振时，两分支电路与电流 I_L 和 I_C 近似相等，且等于总电流 I 的 Q 倍，故并联谐振也称为电流谐振。

在高频的情况下，产品中的电感都要考虑其电感两端的寄生电容及电感的等效串联电阻，此时，电感的等效模型就是如图 1.26 所示的 RLC 并联谐振网络。此时，电感能取得较好的 EMC 效果。

【例 1.2】 图 1.26 所示的是电感线圈和电容器并联的电路模型。已知 $R=1\ \Omega$，$L=0.1\ \text{mH}$，$C=0.01\ \mu\text{F}$。试求电路的谐振角频率和谐振时的阻抗。

解：根据其相量模型写出驱动点函数

$$Y(\text{j}\omega)=\text{j}\omega C+\frac{1}{R+\text{j}\omega L}$$

$$=\frac{R}{R^2+(\omega L)^2}+\text{j}\left[\omega C-\frac{\omega L}{R^2+(\omega L)^2}\right]$$

$$Y(\text{j}\omega)=\frac{R}{R^2+(\omega L)^2}+\text{j}\left[\omega C+\frac{\omega L}{R^2+(\omega L)^2}\right]$$

令上式虚部为零，即

$$\omega C-\frac{\omega L}{R^2+(\omega L)^2}=0$$

求得

$$\omega_0=\frac{1}{\sqrt{LC}}\sqrt{1-\frac{CR^2}{L}}=\frac{1}{\sqrt{LC}}\sqrt{1-\frac{1}{Q^2}}$$

式中 $Q=\frac{1}{R}\sqrt{\frac{L}{C}}$是 RLC 串联电路的品质因数。

当 $Q\gg 1$ 时

$$\omega_0=\frac{1}{\sqrt{LC}}$$

代入数值得

$$\omega_0=\frac{1}{\sqrt{10^{-4}\times 10^{-8}}}\sqrt{1-\frac{10^{-8}}{10^{-4}}}(\text{rad/s})=10^6(\text{rad/s})$$

谐振时的阻抗　$$Z(\mathrm{j}\omega_0)=\frac{1}{Y(\mathrm{j}\omega_0)}=R+\frac{(\omega_0 L)^2}{R}=R(1+Q^2)$$

当 $\omega_0 L \gg R$ 时　$$Z(\mathrm{j}\omega_0)=\frac{(\omega_0 L)^2}{R}=(10^6\times10^{-4})^2\Omega=10(\mathrm{k}\Omega)$$

1.4　EMC 意义上的共模和差模

电压电流的变化通过导线传输时有两种形态，即共模和差模。设备的电源线，信号线等的通信线，与其他设备或外围设备相互交换的通信线路，至少有两根导线，这两根导线作为往返线路输送电力或信号。但在这两根导线之外通常还有第三个导体，这就是“地”。干扰电压和电流分为两种：一种是两根导线分别作为往返线路传输；另一种是两根导线作为去路，地作为返回路传输。前者称为差模，后者称为共模。如图 1.28 所示，电源、信号源及其负载通过两根导线连接。流过一边导线的电流与另一边导线的电流幅度相同，方向相反。

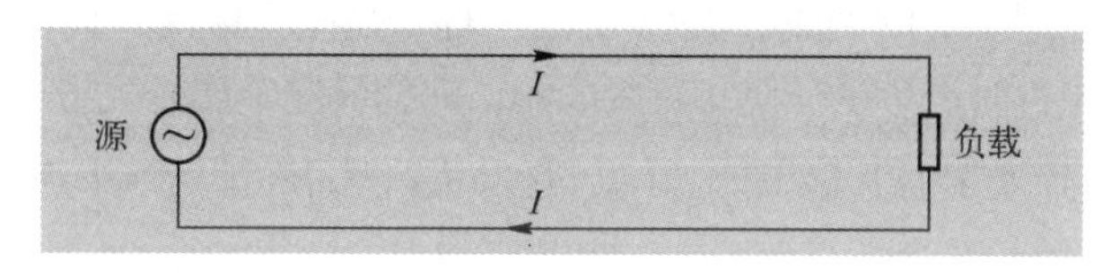

图 1.28　差模信号

实际上，干扰源并不一定连接在两根导线之间。由于噪声源有各种形态，所以也有在两根导线与地之间的电压。其结果是流过两根导线的干扰电流幅度不同。如图 1.29 所示，在加在两线之间的干扰电压的驱动下，两根导线上有幅度相同但方向相反的电流（差模电流）。但如果同时在两根导线与地之间加上干扰电压，两根导线就会流过幅度和方向都相同的电流，这些电流（共模）合在一起经地流向相反方向。一根导线上的差模干扰电流与共模干扰同向，因此相加；另一根导线上的差模噪声与共模噪声反向，因此相减。所以，流经两根导线的电流具有不同的幅度。

考虑一下对地线的电压。如图 1.29 所示，对于差模电压，一根导线上的电压为 $U_1=U_C+U_{\mathrm{II}}$，而另一根导线上的电压为 $U_2=U_C-U_{\mathrm{II}}$，因而是平衡的。但共模电压两根导线上相同。所以当两种模式同时存在时，两根导线对地线的电压也不同。

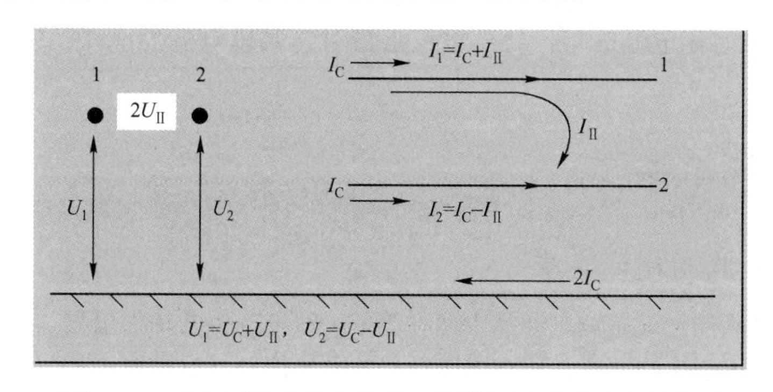

图 1.29　对地电压/电流与差模、共模电压/电流之间的关系

因此，当两根导线对地线电压或电流不同时，可通过下列方法求出两种模式的成分：

$$U_N=(U_1-U_2)/2\quad U_C=(U_1+U_2)/2$$
$$I_N=(I_1-I_2)/2\quad I_C=(I_1+I_2)/2$$

在实际的电路中，共模干扰与差模干扰不断相互转换，两根导线终端与地线之间存在着阻抗（这个阻抗应该考虑分布参数的影响）。这两根导线的阻抗一旦不平衡，在终端就会出现模式的相互转换。即通过导线传递的一种模式在终端反射时，其中一部分会变换成另一种模式。另外，通常两根导线之间的间隔较小，导线与地线导体之间距离较大。所以若考虑导线辐射的干扰，与差模电流产生的辐射相比，共模电流辐射的强度更大。

再来看一下产品中存在哪些共模或差模信号。置于 EMC 测试环境当中的电子产品，通常由 PCB、外壳（非金属外壳可以忽略）、电缆等组成，如图 1.30 所示，图中的参考接地板为高频 EMC 测试必备。U_{AC}是正常工作电压信号，是差模电压；U_{BD}是正常工作电压信号，是差模电压；U_{CD}存在于 PCB 的工作地之间，是共模电压；U_{DE}存在于 PCB 的工作地与金属外壳之间，是共模电压；U_{EF}存在于金属外壳与参考接地板之间，是共模电压；U_{FH}存在于参考接地板与电缆之间，是共模电压；U_{EH}存在于金属外壳与电缆之间，是共模电压；电流 I_{AB}在 PCB 内部流动，是正常工作信号，是差模电流；I_{DC}是 I_{AB}的回流，大小与 I_{AB}一样，是差模电流，而 I_{CD}是由于 I_{DC}（I_{AB}的回流）在 PCB 工作地上流过时产生的压降 U_{CD}造成的，它会流向金属外壳或参考接地板，再从电缆或其他导体返回，是一种典型的共模电流。I_{DE}、I_{EH}、I_{EF}、I_{FH}都是共模电流。

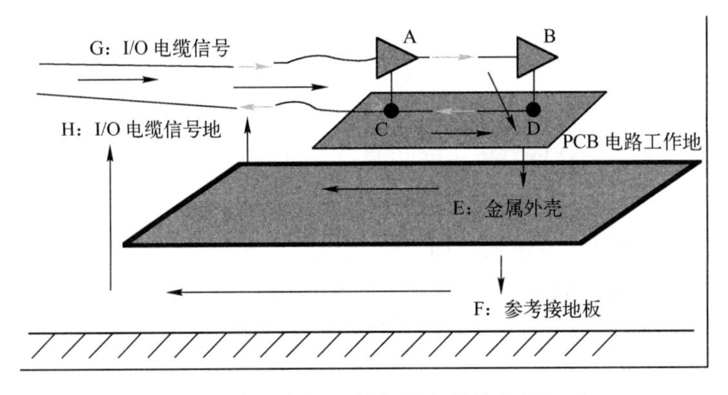

图 1.30　产品中的差模信号和共模信号组成

由此可见，对于一个产品来说，其上的共模电流总是流向参考接地板或金属外壳，它是一种“非期望”的电流信号；差模电流总是在产品的 PCB 内部流动或在 PCB 之间流动，它是一种“期望”的有用电流信号。共模电压是指引起共模电流的电压，差模电压是指引起差模电流的电压。

1.5　EMC 测试实质

1.5.1　辐射发射测试实质

辐射发射测试实质上就是测试产品中两种等效天线所产生的辐射信号。第一种是等效天线信号环路，这种辐射产生的源头是环路中流动着的电流信号（这种电流信号通常为正常工作信号，是一种差模信号，如时钟信号及其谐波），如图 1.31 所示。如果面积为 S 的环路中流动着电流强度为 I、频率为 f 的信号，那么在自由空间中，距环路 D 处所产生的辐射强度为

$$E=1.3SIf^2/D \tag{1.9}$$

式中，E 为电场强度（μV/m）；S 为环路面积（cm^2）；I 为电流强度（A）；f 为信号频率（MHz）；D 为距离（m）。

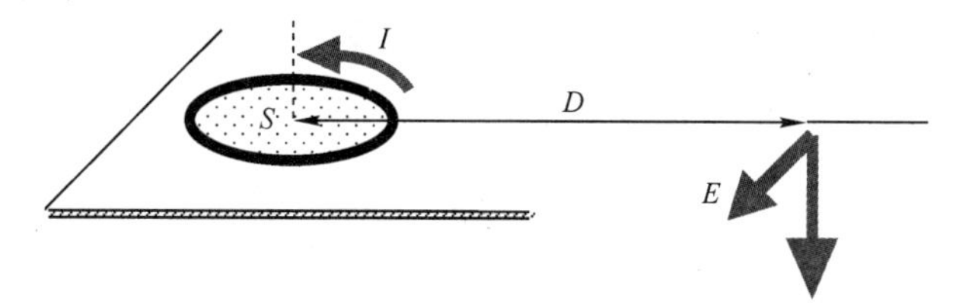

图 1.31　环路成为等效辐射天线

电子产品中任何信号的传递都存在环路。如果信号是交变的，那么信号所在的环路都会产生辐射。当产品中信号的电流大小、频率确定后，信号环路产生的辐射强度与环路面积有关。因此，控制信号环路的面积是研究 EMC 问题的一个重要的课题。

产品中产生无意辐射的另一种等效天线模型是单极天线（见图 1.21（a）），或对称偶极子天线（见图 1.21（b）），这些被等效成单极天线或对称偶极子天线的导体通常是产品中的电缆或其他尺寸较长的导体。这种辐射产生的源头是电缆或其他尺寸较长的导体中（等效天线）流动着的共模电流信号。它通常不是电缆或长尺寸导体中的有用工作信号，而是一种寄生的"无用"信号，研究这种产生共模辐射的共模电流大小是研究辐射发射问题的重点。如图 1.21 所示，如果在天线上流动着电流强度为 I、频率为 F 的信号，那么，在距天线 D 处所产生的辐射强度为：

当 $F \geqslant 30$ MHz，$D \geqslant 1$ m 并且 $L<\lambda/2$ 时，

$$E \approx 0.63ILf/D \tag{1.10}$$

当 $L \geqslant \lambda/2$ 时，

$$E \approx 60 \times I/D \tag{1.11}$$

式（1.10）和式（1.11）中，E 为电场强度（μV/m）；I 为电流强度（μA）；f 为信号频率（MHz）；D 为距离（m）；L 为电缆长度（m）。

在电子产品中，除了产品功能电路原理图所表述的信息外，还存在非常多的未知信息，如信号线与信号线之间的寄生电容、寄生互感，信号线与参考地之间的寄生电容，信号线的引线电感等。这些参数都是频率相关参数，而且值都很小，在直流或低频情况下，通常被设计者忽略。但是在辐射发射所考虑的高频范围内，这些参数将会产生越来越重要的影响。也正是这些原因，使得产品中的这些等效天线（电缆或长尺寸导体）上寄生着一种非期望的共模电流，它的电流强度很小（通常在 mA 级以下或 μA 级），但却是产生产品辐射发射的主要原因（这种共模电流的产生原理将在以后的章节中进行描述）。从式（1.11）还可以看出，当产品中等效天线的长度大于天线中信号频率波长的 1/2 时，天线产生的辐射强度只与天线上共模电流的大小有关。可见，研究产品中电缆或长尺寸导体中的共模电流大小，对于控制产品的辐射发射具有极其重要的意义。

通过大量的实践证明，大部分产品中的辐射发射问题产生于产品中这种等效的单极天线或偶极子天线，特别是随着多层 PCB 技术的广泛应用，信号的环路面积被控制得越来越小，正常工作信号环路所产生的辐射越来越有限。如案例 29 就是如何消除环路辐射的实例。相反，等效单极天线或偶极子天线所产生的辐射随着产品的复杂化，越来越成为当今工程师们所关注的重点。

对于军标和汽车电子相关产品的辐射发射测试，标准会要求在试验台上铺设参考接地

板，并把 EUT 及其电缆（等效辐射发射天线）放置在离该参考接地板 5 cm 高的绝缘支架上，如附录中的图 B.3 和图 B.6 所示，这块参考接地板将对辐射发射结果产生很大的影响。在理论上，当 EUT 中成为辐射发射等效天线的电缆放置在离参考接地平面 h 的高度时（见图 1.32），随着 h 的不同，辐射强度也不同。

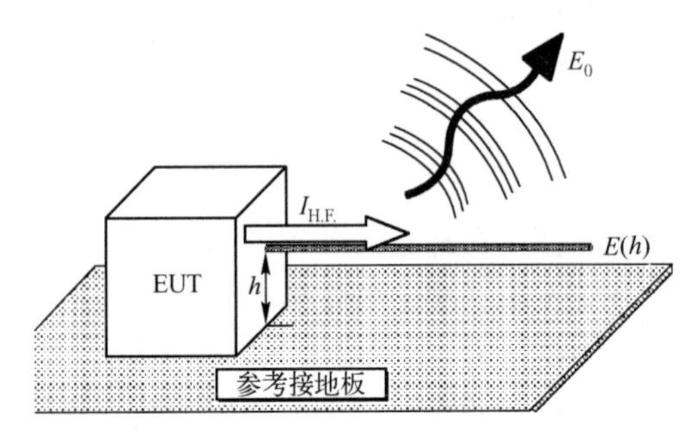

图 1.32　置于参考接地板上的电缆辐射发射被参考接地板衰减

当 $h \leqslant \lambda/10$ 时，

$$E(h) \approx E_0 \times 10 \times h/\lambda \tag{1.12}$$

当 $h > \lambda/10$ 时，

$$0 \leqslant E(h) \leqslant 2E_0 \tag{1.13}$$

式（1.12）和式（1.13）中，h 为辐射发射等效天线的电缆离参考接地平面的高度（m）；E_0 为辐射发射等效天线的电缆在自由空间中的辐射强度(V/m)；$E(h)$ 为辐射发射等效天线的电缆放置在离参考接地平面 h 高度时向空间的辐射强度（V/m）；λ 为波长（m）。

根据单极天线和偶极子天线辐射模型的辐射原理，既然形成单极天线和偶极子天线辐射的原因是天线上的共模电流（对应到产品中就是电缆上或长尺寸导体上的共模电流），那么在军标和汽车电子相关标准中规定的辐射发射测试条件下，某些被测产品中等效天线上同样大小的共模电流，在同等测试距离的情况下，将比其他标准规定的辐射发射测试条件下所测得的辐射发射更低。CISPR25 标准中规定了辐射发射限值，产品中等效单极天线和偶极子天线产生辐射发射所需要的共模电流大小与标中规定的限值的关系见表 1-1。

表 1-1　CISPR25 标准中规定的辐射发射限值与产品中等效单极天线和偶极子天线产生辐射发射所需要的共模电流大小的关系

等级	30~54 MHz（5.6 m<L<10 m）				70 MHz~1 GHz（0.5 m<L<4.3 m）(600 MHz 以上不适用)			
	标准值 (@1 m) dBμV/m	线性标准值 $E(h)$ (@1 m) μV/m	存在地平面影响时的等效值 E_0(@1 m) μV/m	$I_{COM}=E_0/60$ ($D=1$) μA	标准值 (@1 m) dBμV/m	线性标准值 (@1 m) μV/m	存在地平面影响时的等效值 (@1 m) μV/m	$I_{COM}=E_0/60$ ($D=1$) μA
1	46	200	2240~4000	37~67	36	83.3	83.3~716	1.4~12
2	40	100	1140~2000	19~34	30	41.6	41.6~358	0.7~6
3	34	50	570~1000	9.5~17	24	20.8	20.8~179	0.35~3
4	28	25	285~500	4.75~8.5	18	10.4	10.4~89.5	0.17~1.5
5	22	12.5	142.5~250	2.4~4.8	12	5.2	5.2~44.7	0.09~0.75

$E_0=60I_{COM}/D$；$D=1$ m
$F_{max}=600$ MHz，$\lambda_{max}=0.5$ m 时，$h \leqslant \lambda/10$，$h=0.05$ m
h 为电缆距离参考接地板的高度

EN55022 或 CISPR22 标准中规定的辐射发射限值与产品中等效单极天线和偶极子天线产生辐射发射所需要的共模电流大小的关系见表 1-2。

表 1-2　EN55022 或 CISPR22 标准中规定的辐射发射限值与产品中等效单极天线和偶极子天线产生辐射发射所需要的共模电流大小的关系

	37.5~230 MHz（1.3 m<λ<10 m）				230 MHz~1 GHz（0.3 m<λ<1.3 m）			
等级	标准值（@10 m）dBμV/m	线性标准值 $E(h)$（@10 m）μV/m	存在地平面影响时的等效值 E_0（@10 m）μV/m	$I_{COM}=E_0/60$（$D=10$）μA	标准值（@10 m）dBμV/m	线性标准值（@10 m）μV/m	存在地平面影响时的等效值（@10 m）μV/m	$I_{COM}=E_0/60$（$D=10$ m）μA
B	30	32	16	2.7	37	72	36	6
A	40	100	50	8.3	47	225	112.5	18.75
$E_0=60I_{COM}/D$；$D=10$ m 在 37.5 MHz 以上 $h>\lambda/10$ 都成立，$0\leqslant E(h)\leqslant 2E_0$ h 为电缆距离参考接地板高度，台式设备在 EN55022 或 CISPR22 标准中规定为 0.8 m								

1.5.2　传导骚扰测试实质

LISN 是电源端口传导骚扰测试的关键设备，从图 1.33 中可以看出，接收机接于 LISN 中的 1 kΩ 电阻与地之间，当接收机与 LISN 进行互连后，接收机信号输入口本身的阻抗 50 Ω 与 LISN 中的 1 kΩ 电阻处于并联状态，其等效阻抗接近于 50 Ω，由此也可以看出，电源端口传导骚扰的实质就是测试 50 Ω 阻抗（这个阻抗由 LISN 中的 1 kΩ 的电阻与接收机的输入阻抗并联而成）两端的电压。当阻抗 50 Ω 一定时，电源端口传导骚扰的实质也可以理解为流过这个 50 Ω 阻抗的电流的大小。在实际产品中有两种电流会流过这个 50 Ω 的阻抗，一种是图 1.33 中的 I_{DM}，另一种是图 1.33 中的 I_{CM}。无论是 I_{DM} 还是 I_{CM}，都会在接收机中显示出测试值，而接收机本身无法判断由是哪种电流引起的传导骚扰。这需要设计者去控制与分析。控制产品中的骚扰电流不流过 LISN 和接收机并联组成的 50 Ω 阻抗是解决电源端口传导骚扰问题的关键。通过大量的实践证明，大部分的电源端口传导骚扰问题产生于 I_{CM}，它是一种共模电流，分析其路径和大小有着极其重要的意义。

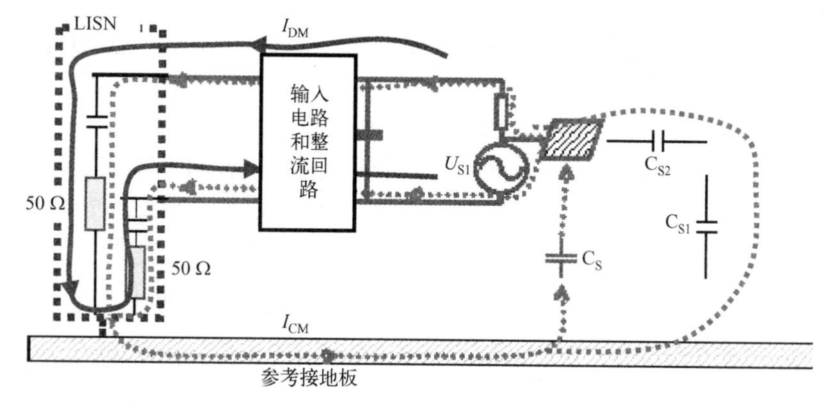

图 1.33　引起电源端口传导骚扰的电流

电流探头是信号端口传导骚扰测试的关键设备。图1.34是信号端口传导骚扰测试配置图，从图1.34中可以明确看到电流探头实质上测试的就是EUT电缆上的共模电流。当然与单极天线或偶极子天线模型产生辐射发射一样，引起信号端口传导骚扰的共模电流通常不是信号端口上的正常工作电流信号，而是一些“无意”的共模电流。可见，信号端口传导骚扰测试实质上与辐射发射测试中因产品中的电缆或长尺寸导体产生的等效单极天线或偶极子天线模型而产生的辐射发射是一致的，只是频段上不一样而已。

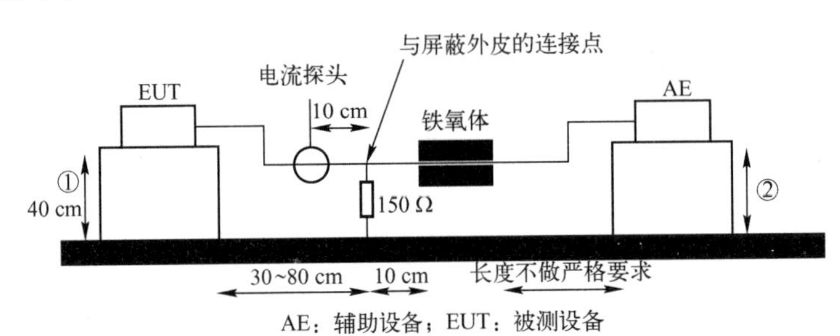

图1.34　信号端口传导骚扰测试配置图

1.5.3　ESD抗扰度测试实质

从ESD测试配置描述可以看出，在进行ESD测试时，需要将静电枪的接地线接至参考接地板（参考接地板接安全地），EUT放置于参考接地板之上（通过台面或0.1 m高的支架），静电放电枪头指向EUT中各种可能会被手触摸到的部位或水平耦合板和垂直耦合板，这就决定了ESD测试是一种以共模为主的抗扰度测试，因为ESD电流最终总要流向参考接地板。

ESD干扰原理可以从两方面来考虑。首先，当静电放电现象发生在EUT中的被测部位时，ESD放电电流也将产生，分析这些ESD放电电流的路径和电流大小具有极其重要的意义。值得注意的是，ESD接触放电电流波形的上升沿时间会在1 ns以下，这意味着ESD是一种高频现象。ESD放电电流路径与大小不但由EUT的内部实际连接关系（这部分连接主要在电路原理图中体现）决定，而且还会受这种分布参数的影响。图1.35表达了某一产品进行ESD测试时的ESD放电电流分布路径。图1.35中的C_{P1}、C_{P2}、C_{P3}分别是放电点与内部电路之间的寄生电容、电缆与参考接地板之间的寄生电容和EUT壳体与参考接地板之间的寄生电容。这些电容的大小都会影响各条路径上的ESD电流大小。设想一下，如果有一条ESD电流路径包含了产品的内部工作电路，那么该产品在进行ESD测试时受ESD的影响就会很大；反之则产品更容易通过ESD测试。可见，如果产品的设计能避免ESD共模电流流过产品内部电路，那么这个产品的抗ESD干扰的设计是成功的，ESD抗扰度测试实质上包含了一个瞬态共模电流（ESD电流）流过产品（瞬态共模电流干扰正常工作电路的原理，请参考1.5.5节的描述）。

其次，ESD测试时所产生的ESD电流还伴随着瞬态磁场，当这种时变的磁环经过电路中的任何一个环路时，该环路中都会产生感应电动势，从而影响环路中的正常工作电路。例如，某电路的环路面积$S=2\ \text{cm}^2$，该环路离ESD测试电流距离$D=50\ \text{cm}$，ESD测试时的最大瞬态电流峰值 $I=30$ A，那么距离 ESD 瞬态电流 50 cm 处的磁场可以根据式（1.14）算得：

$$H=I/(2\pi D)=30/(2\pi\times0.5)\approx 10\ \text{A/m} \tag{1.14}$$

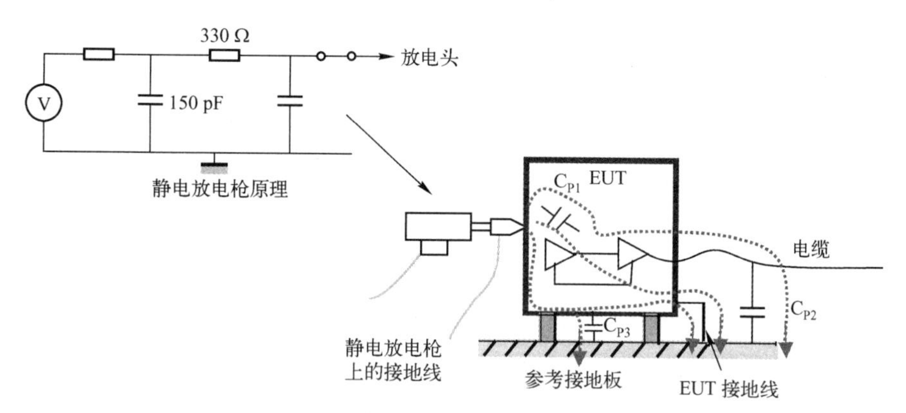

图 1.35　某一产品进行 ESD 测试时的 ESD 放电电流分布路径

面积为 S 的环路中感应处的瞬态电压为 U 可以根据式（1.15）算得：

$$U=S\times\mu_0\times\Delta H/\Delta t \tag{1.15}$$

$$U=0.0002\times4\pi\times10^{-7}\times10/1\times10^{-9}\approx2.5\ \text{V}$$

式中，$\Delta t=1$ ns，为 ESD 电流的上升沿时间；μ_0 为空气中的磁导率。从计算结果看，2.5 V 与电路中的正常工作电压相比，这是一个危险的干扰电压。

1.5.4　辐射抗扰度测试实质

辐射抗扰度测试实质上是与辐射发射测试相反的一个测试过程。在 PCB 中，信号从源驱动端出发，传输到负载端，再从负载端将信号回流传回至源端，形成信号电流的闭环，即每个信号的传送都包含着一个环路。当外界的电磁场穿过此环路时，就会在这个环路中产生感应电压，如图 1.36 所示。

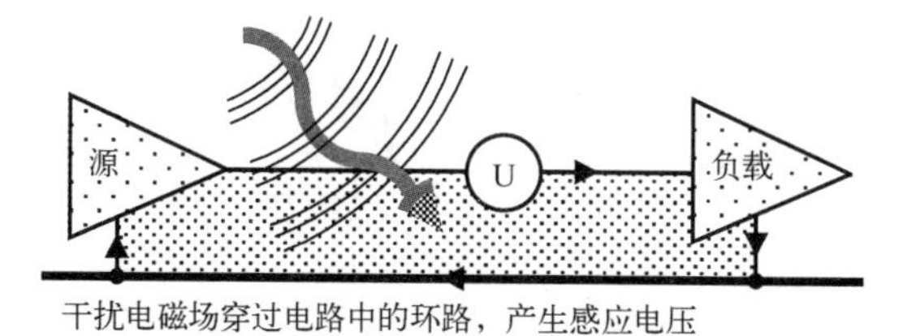

图 1.36　磁通量穿过环路产生感应电压

单线（单匝）回路中对通过其磁场的感应电压可以根据式（1.15）计算。由于

$$\Delta B=\mu_0\Delta H, \tag{1.16}$$

则式（1.15）又可以转化为式（1.17）：

$$U=S\cdot\Delta B/\Delta t \tag{1.17}$$

式（1.16）和式（1.17）中，U 为感应电压（V）；H 为磁场强度（Am^{-1}）；B 为磁感应强度（T）；μ_0 为自由空间磁导率，$\mu_0=4\pi\cdot10^{-7}\ \text{Hm}^{-1}$；$S$ 为回路面积（m^2）。

平面波穿过环路时，环路中也会产生感应电压，其计算公式如下：

$$U=S\times E\times F/48 \tag{1.18}$$

式中，U 为感应电压（V）；S 为回路面积（m^2）；E 为电场强度（V/m）；F 为电场的频率（MHz）。

例如，在一个 PCB 中存在一个回路面积为 20 cm^2 的电路，当该电路在电场强度为 30 V/m的电磁场中进行辐射抗扰度测试时，在 150 MHz 频点上，该回路中产生的感应电压 U_1 可以通过式（1.18）计算：

$$U_1 = SEF/48 = 0.0020 \times 30 \times 150/48 \approx 200\ (\text{mV})$$

这就是辐射抗扰度测试时，产品中的电路受干扰的原因之一。但是从以上计算结果可以发现这个干扰电压并不高。实践中也发现按照这种原理所产生的干扰现象并不常见。更常见的是另一种现象，即与辐射发射测试实质中单极天线或对称偶极子天线模型所对应的相反过程。当 EUT 处于辐射抗扰度测试环境中时，EUT 中的电缆或其他长尺寸导体都会成为接收电磁场的天线，这些电缆或长尺寸导体端口都会感应出电压。同时，电缆或长尺寸导体上会感应出电流，感应出的电压通常是共模电压，这种感应出的电流通常是共模电流。例如，一个电缆长度为 L 的 EUT 置于自由空间中，自由空间的电场强度为 E_0，并当 $L \leqslant \lambda/4$ 时，电缆上感应出的共模电流 I：

$$I \approx \frac{E_0 L^2 F}{120} \tag{1.19}$$

当 $L \leqslant \lambda/2$ 时，

$$I \approx \frac{1250 E_0}{F} \tag{1.20}$$

式（1.19）和式（1.20）中，I 为感应电流（mA）；E_0为自由空间的电场强度（V/m）；F 为频率（MHz）；L 为等效为偶极子天线的电缆长度（或等效为单极天线的两倍长度）；λ 为波长（m）。

与辐射发射一样，当 EUT 中成为接收等效天线的电缆放置在离参考接地平面 h 的高度时，(如图 1.37 所示)，同样也有：

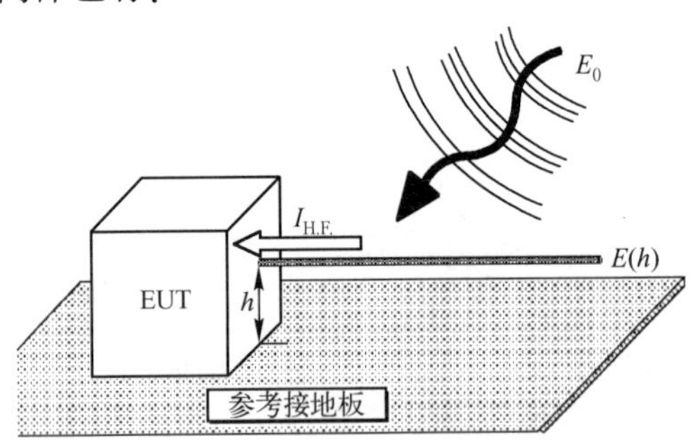

图 1.37　电缆在电磁场中感应出共模电流

当 $h \leqslant \lambda/10$ 时，

$$E(h) \approx E_0 \times 10 \times h/\lambda \tag{1.21}$$

当 $h > \lambda/10$ 时，

$$0 \leqslant E(h) \leqslant 2E_0 \tag{1.22}$$

式（1.21）和式（1.22）中，h 为辐射发射等效天线的电缆放置在离参考接地平面 h 的高度（m）；E_0 为自由空间中的电场强度（V/m）；$E(h)$ 为被地平面衰减后的等效电场强度（V/m）；λ 为波长（m）。

这也就意味着产品中的信号线、信号电缆越靠近机柜壁或参考接地板，其所受到的辐射影响就越小。

电缆上感应出的共模电流将会沿着电缆及电缆所在的端口注入到产品中，包括内部电路中，这种共模电流干扰正常工作电路的原理与其他瞬态共模电流干扰电路的原理一样，请参考 1.5.5 节的描述。

1.5.5　共模传导性抗扰度测试实质

以共模为主的传导性抗扰度测试有很多，如 IEC61000-4-6 或 ISO11452-7 标准规定的传导抗扰度测试；标准 IEC61000-4-4 规定的电快速瞬变脉冲群（EFT/B）测试；标准 IEC61000-4-5 规定的线对地浪涌测试；标准 ISO11452-4 规定的 BCI 测试、国军标 GJB 152A 中规定的 CS109、CS114、CS115、CS116 测试。其中标准 IEC61000-4-4 规定的 EFT/B 和 ISO11452-4 规定的 BCI 测试是最典型的共模抗扰度测试。

这种共模抗扰度测试以共模电压的形式把干扰叠加到被测产品的各种电源端口和信号端口上，并以共模电流的形式注入到被测产品的内部电路中（产品的机械结构构架对 EFT/B 共模电流的路径与大小起着决定性的作用，这部分内容可以参考书籍《电子产品设计 EMC 风险评估》），或直接以共模电流的形式注入到被测产品的内部电路中，共模电流在产品内部传输的过程中，会转化成差模电压并干扰内部电路正常工作电压（产品电路中的工作电压是差模电压）。对于单端传输信号，如图 1.38 所示，当同时注入到信号线和 GND 地线上的共模干扰信号进入电路时，在 IC_1 的信号的端口处，由于 S_1 与 GND 所对应的阻抗不一样（S_1 较高，GND 较低），共模干扰信号会转化成差模信号，差模信号存在于 S_1 与 GND 之间。这样，干扰首先会对 IC_1 的输入口产生干扰。滤波电容 C 的存在，使 IC_1 的第一级输入受到保护，即在 IC_1 的输入信号端口和地之间的差模干扰被 C 滤除或旁路（如果没有 C 的存在，可能干扰就会直接影响 IC_1 的输入信号），然后，大部分会沿着 PCB 中的低阻抗地层从一端流向另一端，后一级的干扰将会在干扰电流流过地系统时产生（当然这里忽略了串扰的因素，串扰的存在将使干扰电流的路径复杂化，因此串扰的控制在 EMC 设计中也是非常重要的一步）。其中，图 1.38 中的 Z_{0V} 表示 PCB 中两个集成电路之间的地阻抗，U_S 表示集成电路 IC_1 向集成电路 IC_2 传递的信号电压。

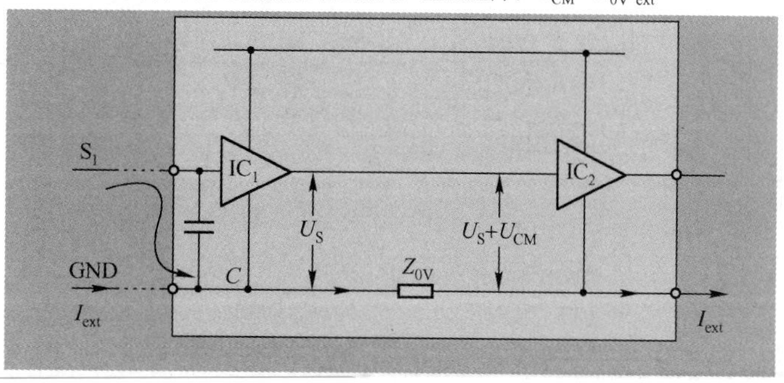

图 1.38　共模干扰电流流过地阻抗时产生的压降

共模干扰电流流过地阻抗 Z_{0V} 时，Z_{0V} 的两端就会产生压降 $U_{CM} \approx Z_{0V} I_{ext}$。该压降对

于集成电路 IC_2 来说相当于在 IC_1 传递给它的电压信号 U_S 上又叠加了一个干扰信号 U_{CM}。这样，IC_2 实际上接受到的信号为 U_S+U_{CM}，这就是干扰。干扰电压的大小不但与共模瞬态干扰的电流大小有关，还与地阻抗 Z_{0V} 的大小有关。当干扰电流一定时，干扰电压 U_{CM} 的大小由 Z_{0V} 决定。也就是说，PCB 中的地线或地平面阻抗与电路的瞬态抗干扰能力有直接关系。例如，一个完整（无过孔、无裂缝）的地平面，在100 MHz的频率时，只有 3.7 mΩ 的阻抗。即使有 100 A 的瞬态电流流过 3.7 mΩ 的阻抗，也只会产生 0.37 V 的压降，这对于 3.3 V 的 TTL 电平的电路来说，是可以承受的，因为 3.3 V 的 TTL 电平总是要在 0.8 V 以上的电压下才会发生逻辑转换，这已经是具有相当的抗干扰能力了。又如，流过电快速瞬变脉冲群干扰的地平面存在 1 cm 的裂缝，那么这个裂缝将会有 1 nH 的电感，这样当有 100 A 的电快速瞬变脉冲群共模电流流过时，产生的压降：

$$V=|L\times \mathrm{d}I/\mathrm{d}t|=1\ \mathrm{nH}\times 100\ \mathrm{A}/5\ \mathrm{ns}=20\ \mathrm{V}$$

20 V 的压降对 3.3 V 电平的 TTL 电路来说是非常危险的，可见 PCB 中地阻抗对抗干扰能力的重要性。实践证明，对于 3.3 V 的 TTL 电平逻辑电路来说，共模干扰电流在地平面上的压降小于 0.4 V 时将是安全的；如果大于 2.0 V 将是危险的。对于 2.5 V 的 TTL 电平逻辑电路，这些电压将会更低一点，从这个意识上，3.3 V TTL 电平的电路比 2.5 V 电平的 TTL 电路具有更高的抗干扰能力。

对于差分传输信号，当共模电流 I_{CM} 流过地平面时，必然会在地平面的阻抗 Z_{0V} 两端产生压降。当共模电流 I_{CM} 一定时，地平面阻抗越大，压降越大。像单端信号被干扰的原理一样，这个压降犹如施加在差分线的一根信号线与参考地之间，即图 1.39 中所示的 U_{CM1}、U_{CM2}、U_{CM3}、U_{CM4}。由于差分线对的一根线与参考地之间的阻抗 Z_1、Z_2，接收器与发送器的输入/输出阻抗 Z_{S1}、Z_{S2}，总是不一样的（由于寄生参考的影响，实际布线中不可能做到两根差分线对的对地阻抗一样），从而造成 U_{CM1}、U_{CM2}、U_{CM3}、U_{CM4} 的值也不相等，差异部分即转化为差模干扰电压 U_{diff}，对差分信号电路产生干扰。可见，对于差分电路来说，地平面的阻抗也同样重要。同时，PCB 布线时，保证差分线对的各种寄生参数平衡一致也很重要。

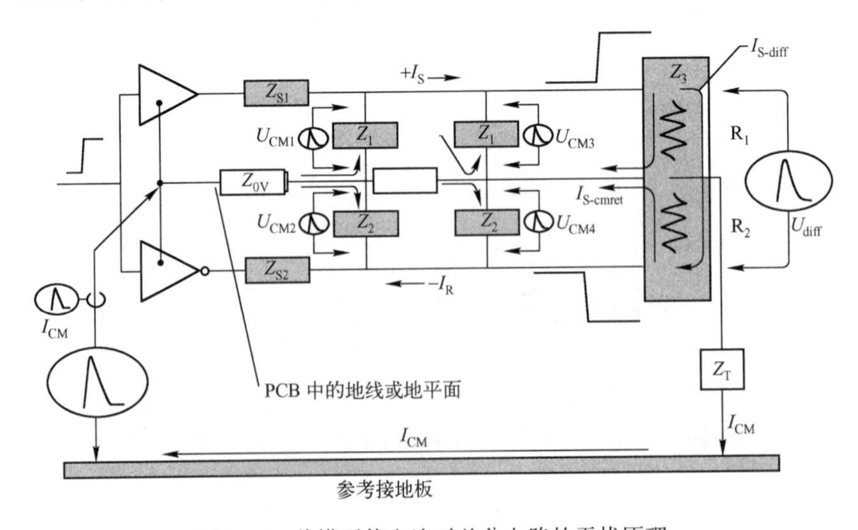

图 1.39　共模干扰电流对差分电路的干扰原理

1.5.6　差模传导性抗扰度测试实质

在EMC的相关测试标准中，低频的传导性抗扰度测试通常以差模为主，如国军标GJB 152A中规定的CS101、CS106测试，IEC61000-4-5标准规定的线对线浪涌测试，以及ISO7637-2标准中规定的对于那些不直接安装的车架上的产品（外壳不接参考地产品）所进行的P1、P2a、P2b、P4、P5a、P5b脉冲的抗扰度测试。

差模传导性抗扰度测试原理非常简单，测试时，差模干扰电压直接叠加在正常工作电路上，然后观察电路工作是否正常。由于单一的差模传导性抗扰度测试通常都是低频的测试，而且都是针对瞬态干扰的抗扰度测试，因此传递干扰路径的分析也比较容易，因为较小的寄生参数不会对低频信号传输产生较大的影响。

1.5.7　差模共模混合的传导性抗扰度测试实质

差模共模混合的传导性抗扰度测试主要是指，在传导性抗扰度测试中，既要进行差模测试，又要进行共模测试；或在差模过程中既有共模的干扰直接注入到产品被测端口上，又有差模的干扰直接注入到产品被测端口上的传导性抗扰度测试。

汽车电子相关标准ISO7637-2中规定的P3a、P3b脉冲的抗扰度测试典型的是差模共模混合的传导性抗扰度测试，不管产品是否直接安装的车架上，干扰都会通过接地线或EUT、电缆与参考地之间的寄生电容回到参考接地板上。因此，这种测试都是两种干扰直接注入到被测产品的端口上的。ISO7637-2标准中规定的对于那些直接安装的车架上的产品（外壳接参考地产品）所进行的P1、P2a、P2b、P4、P5a、P5b脉冲的抗扰度测试也是一种差模共模混合的传导性抗扰度测试。因为，虽然干扰源是低频的，但是由于被测产品与参考接地板之间的接地线存在，必然导致干扰电流流向参考接地板（测试中干扰源的负端与参考接地板互连）。

另外，对于IEC61000-4-5标准中规定的浪涌测试来说，由于存在线对线测试与线对地测试的区分，总体来讲它是一种差模共模混合的传导性抗扰度测试。浪涌测试是一项低频EMC测试，这由微秒级的浪涌测试波形上升时间决定。从频域上看，它的大部分能量分布在数十千赫，然而这是一项大能量的抗扰度测试，对于被测设备来说，其端口被注入浪涌干扰信号时，不但会发生系统工作的误动作，还很有可能出现器件损坏。浪涌测试还对共模（线对地）和差模测试做了明确的区分，干扰的实质就是将浪涌信号叠加于被测产品中的正常工作信号上。由于频率较低，该项目的测试问题分析也相对比较容易，不需要考虑太多的寄生参数，如寄生电容。如果用软件仿真，也可以获得与实际较接近的结果。

第 2 章 产品的结构构架、屏蔽、接地与 EMC

2.1 概论

2.1.1 产品的结构构架与 EMC

结构是产品的重要组成部分，结构不能单独成为 EMC 问题的来源，但却是解决 EMC 问题的重要途径。电磁场屏蔽、良好的接地系统以及耦合的避免都要借助于良好的结构设计。

对于 EMC 来说，结构设计包含着一个系统层面设计的概念，也包含结构形态设计的概念。在一个产品的 EMC 设计中，屏蔽设计、接地设计、滤波设计等都不能独立存在。信号输入/输出接口的位置、各种电路在产品中的分布、电缆的布置、接地点的位置选择都对 EMC 产生重要的影响。总的来说，结构的 EMC 设计要尽量避免共模干扰电流流过敏感电路或高阻抗的接地路径，结构设计要避免额外的容性耦合或感性耦合，结构设计要注意良好的、低阻抗的瞬态干扰泄放路径。一个有 EMC 问题的产品构架设计例子如图 2.1 所示。

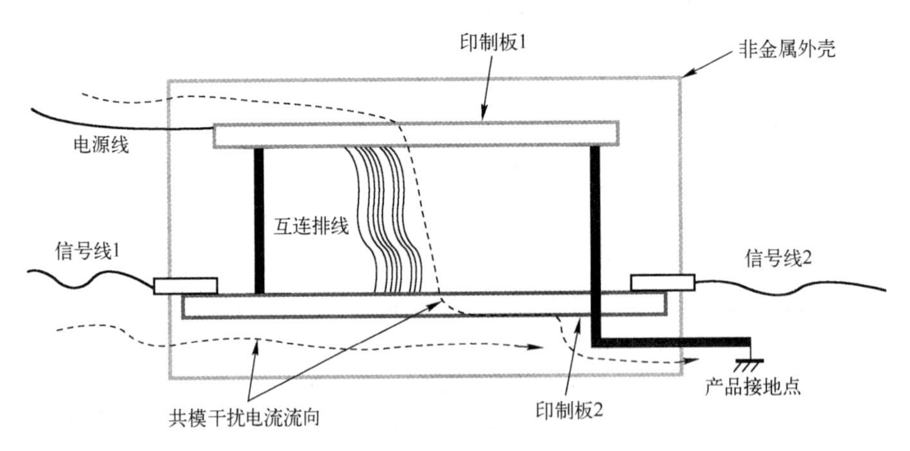

图 2.1 一个有 EMC 问题的产品构架设计例子

从 EMC 的角度去看，存在严重的 EMC 问题：首先，接地点远离电源输入口，必然导致较长的接地路径，接地效果大大降低。其次，产品接地点远离电源输入线和信号线 1，必然导致当干扰电流施加在电源输入线和信号线 1 上时，使共模电流流经整体 PCB 中的电路和互连排线，互连排线有着较高的阻抗，必然大大加大 EMC 的风险。如果某种原因使得这种结构不能改变，就得花大力气解决共模电流流过路径中低阻抗问题、滤波问题及环路问题等。良好的 PCB 地平面设计是必需的；合理的滤波也是必需的；在排线处设计一个低阻抗的金属平面也是必需的。再次，信号线 1 和信号线 2 分别在 PCB 的两端，典型的信号线 1

上 EFT/B 测试将使共模电流由信号线 1 经过印制板 2、信号线 2 与参考接地板之间的分布电容处入地（分布电容 50 pF/m），如图 2.2 所示，或接地点处入地。这种情况下，印制板 2 必须有良好的地平面设计，无过孔、无缝隙。

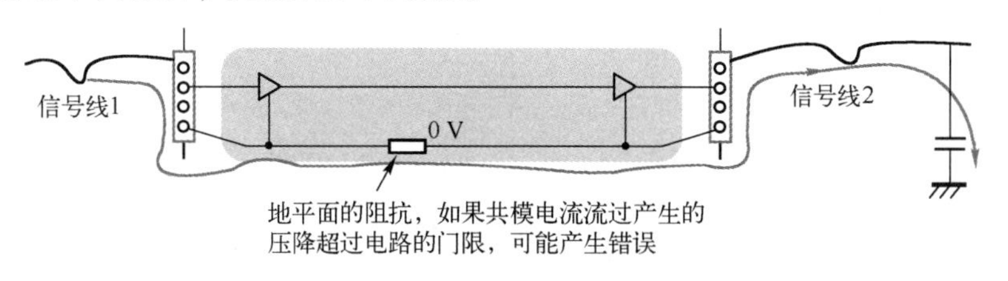

图 2.2　共模电流流向示意图

良好的结构设计，首先要给出一个 EMC 较好结构构架。对于图 2.1 的例子，将信号线和电源线、接地点集中到一个 PCB 中会更好一点。如果信号线也采用屏蔽线，额外的金属接地平面也是必要的。

2.1.2　产品的屏蔽与 EMC

屏蔽就是对两个空间区域之间进行金属的隔离，以控制电场、磁场和电磁波由一个区域对另一个区域的感应和辐射。用屏蔽体将元器件、电路、组合件、电缆或整个系统的干扰源包围起来，防止干扰电磁场向外扩散；用屏蔽体将接收电路、设备或系统包围起来，防止它们受到外界电磁场的影响。因为屏蔽体对来自导线、电缆、元器件、电路或系统等外部的干扰电磁波和内部电磁波均起着吸收能量（涡流损耗）、反射能量（电磁波在屏蔽体上的界面反射）和抵消能量（电磁感应在屏蔽层上产生反向电磁场，可抵消部分干扰电磁波）的作用，所以屏蔽体具有减弱干扰的功能。在大多数的产品应用中，利用反射原理来进行屏蔽的占多数。图 2.3 分别以场的概念和传输线原理的概念表示其工作原理。

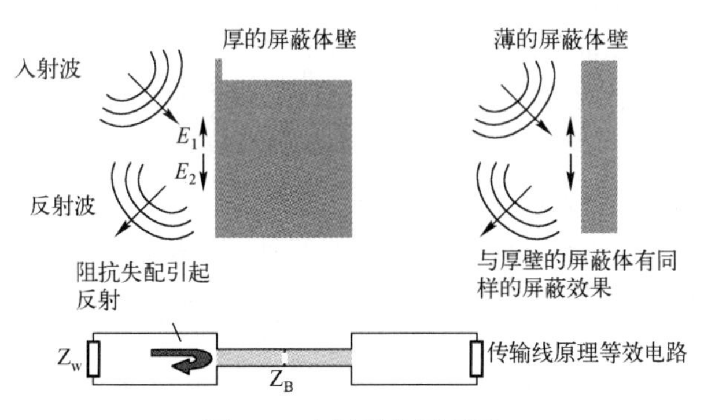

图 2.3　电场屏蔽原理图

屏蔽设计往往与搭接联系在一起。搭接是在两金属表面之间构造一个低阻抗的电气连接。当两边的结构体不能完成很好的搭接时，通常需要通过密封衬垫来弥补。这些密封衬垫包括导电橡胶、金属丝网条、指形簧片、螺旋管、多重导电橡胶、导电布衬垫等。选择使用什么种类电磁密封衬垫时，要考虑四个因素：屏蔽效能要求、有无环境密封要求、安装结构要求、成本要求。不同衬垫材料的特点比较见表 2-1。

表 2-1　不同衬垫材料的特点比较

衬垫种类	优　点	缺　点	适用场合
导电橡胶	同时具有环境密封和电磁密封作用 高频屏蔽效能高	需要的压力大 价格高	需要环境密封和较高屏蔽效能的场合
金属丝网条	成本低 不易损坏	高频屏蔽效能低，不适合 1 GHz 以上的场合 没有环境密封作用	干扰频率在 1 GHz 以下的场合
指形簧片	屏蔽效能高 允许滑动接触 形变范围大	价格高 没有环境密封作用	有滑动接触的场合 屏蔽性能要求较高的场合
螺旋管	屏蔽效能高 价格低 复合型能同时提供环境密封和电磁密封	过量压缩时容易损坏	屏蔽性能要求高的场合 有良好压缩限位的场合 需要环境密封和很高屏蔽效能的场合
多重导电橡胶	弹性好 价格低 可以提供环境密封	表层导电层较薄，在反复摩擦的场合容易脱落	需要环境密封和一般屏蔽性能的场合 不能提供较大压力的场合
导电布衬垫	柔软，需要压力小 价格低	湿热环境中容易损坏	不能提供较大压力的场合

可见，屏蔽设计的关键是电连续性。有着最优化电连续性的屏蔽体是一全封闭的单一金属壳体。但是在实际应用中，往往有散热孔、出线孔、可动导体等，因此如何合理地设计散热孔、出线孔、可动部件间的搭接成为屏蔽设计的要点。只有在孔缝尺寸、信号波长、传播方向、搭接阻抗之间进行合理地协调，才能设计出好的屏蔽体。

2.1.3　产品的接地与 EMC

接地是电子设备的一个很重要问题。接地的目的如下。

（1）接地使整个电路系统中的所有单元电路都有一个公共的参考零电位，也就是各个电路的地之间没有电位差，保证电路系统能稳定工作。

（2）防止外界电磁场的干扰。机壳接地为瞬态干扰提供了泄放通道，也可使因静电感应而积累在机壳上的大量电荷通过大地泄放。否则，这些电荷形成的高压可能引起设备内部的火花放电而造成干扰。另外，对于电路的屏蔽体，若选择合适的接地，也可获得良好的屏蔽效果。

（3）保证安全工作。当发生直接雷电的电磁感应时，可避免电子设备毁坏；当工频交流电源的输入电压因绝缘不良或其他原因直接与机壳相通时，可避免操作人员触电。此外，很多医疗设备都与患者的人体直接相连，当机壳带有 110 V 或 220 V 电压时，将发生致命危险。

（4）减小流过产品中 PCB 板的共振干扰电流，同时避免产品内部的高频 EMI 信号流向产品中的等效发射天线。

因此，接地是抑制噪声、防止干扰的主要方法。接地可以理解为一个等电位点或等电位面，是电路或系统的基准电位，但不一定为大地电位。为了防止雷击可能造成的损坏和保护工作人员的人身安全，电子设备的机壳和机房的金属构件等，必须与大地相连接，而且接地电阻一般要很小，不能超过规定值。

大多数产品都要求接地。虽然接地可以是真正接地、隔离或浮地，但接地结构必须存在。接地经常与为信号提供电流的回路相混淆。实际中，部分接地问题与 PCB 有关。这些问题归结为在模拟及数字电路之间提供参考连接及在 PCB 的地层和金属外壳之间提供高频连接。

接地，尽管是 EMC 设计中最重要的方面，但是这个问题并不容易直观理解，而且通常也很难建模或分析，因为有许多无法控制的因素影响，导致很多工程师对此不理解。其实每个电路最终都要有一个参考接地源，这是无法选择的事实，电路设计之初就应该首先考虑到接地设计。接地是使不希望的噪声、干扰极小化并对电路进行隔离划分的一个重要方法。适当应用 PCB 的接地方法及电缆屏蔽将避免许多噪声问题。设计良好的接地系统的一个优点就是以很低的成本防止不希望有的干扰及发射。还有，接地这个词对不同领域的技术人员有不同的含义，本书中接地是一个比较广泛的概念。对逻辑电路，它指逻辑电路和元件的参考电平，这个地也可以不连接到大地电位上，作为逻辑电压参考地，其电位差的典型值必须小于毫伏级，如图 2.2 所示的例子中，如果工作电平是 3.3 V 的 TTL 电平，共模电流流过的接地平面引起的压降大于 0.4 V，就可能存在 EMC 测试通不过的危险；还有高速数字电路中的地平面不完整，如图 2.4 所示，与地相连的电缆，由于被地平面上的噪声驱动，就会产生 EMI 问题。对系统和结构，接地是指连接电路的金属外盒或机架。对 EMC 测试，它是参考接地平面。

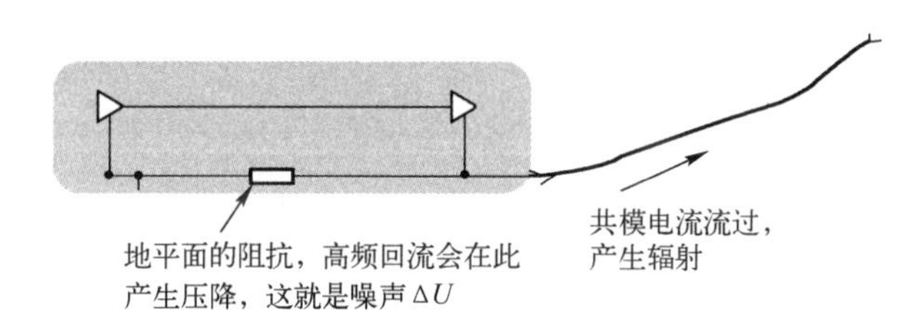

图 2.4　地平面不完整产生 EMI 问题

当讨论接地电流时，必须牢记以下基本概念。

（1）一旦电流流过有限的阻抗，就会产生一定的电压降。像在欧姆定律中阐述的那样，在实际的电路中，从来没有 0 V 电位，电压或电流的单位可能在微伏或微安级的范围内，但一定存在一个较小的有限值。

（2）电流总是返回其源。回路可能有许多不同的路径，每条路径上的电流幅值不同，这与该路径的阻抗有关。不希望某些电流在其中某条路径上流动，因为该路径可能没有采取抑制措施。

当设计一个产品时，在设计期间就考虑到接地是最经济的办法。一个设计良好的接地系统，不仅能从 PCB，而且能从系统的角度防止辐射和进行敏感度防护。在设计阶段，若没有认真考虑接地系统，或在对另一个不同产品进行设计时没有重新设计其接地系统，就意味着该系统在 EMC 方面有可能失败。

2.2　相关案例分析

2.2.1　案例 1：PCB 工作地与金属壳体到底应该关系如何

【现象描述】

某金属外壳的汽车零部件产品，壳体内部只存在一块 PCB，在进行 50 mA 的 BCI 测试时，发现：

（1）PCB 的工作地与产品金属壳体无任何连接时，测试无法通过。

（2）PCB 的工作地与产品金属壳体在 PCB 连接器附近连接时，测试通过。

（3）PCB 的工作地与产品金属壳体在 PCB 中的远离连接器附近连接时，测试又通过。

【原因分析】

用图 2.5～图 2.7 可以解释以上测试现象，其中图 2.5 是 PCB 的工作地与产品金属壳体无任何连接时的干扰电流分析图；图 2.6 是 PCB 的工作地与产品金属壳体在 PCB 连接器附近连接时的干扰电流分析图；图 2.7 是 PCB 的工作地与产品金属壳体在 PCB 远离连接器处连接时的干扰电流分析图。

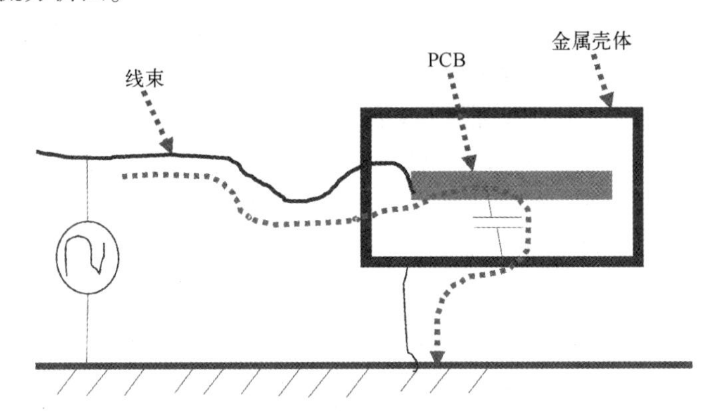

图 2.5　PCB 的工作地与产品金属壳体无任何连接时的干扰电流分析图

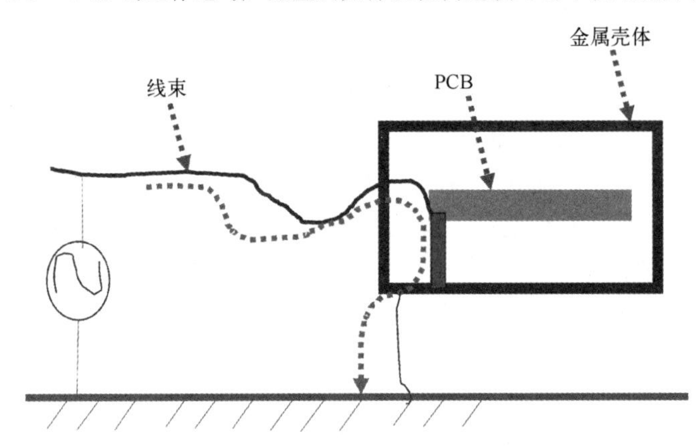

图 2.6　PCB 的工作地与产品金属壳体在 PCB 连接器附近连接时的干扰电流分析图

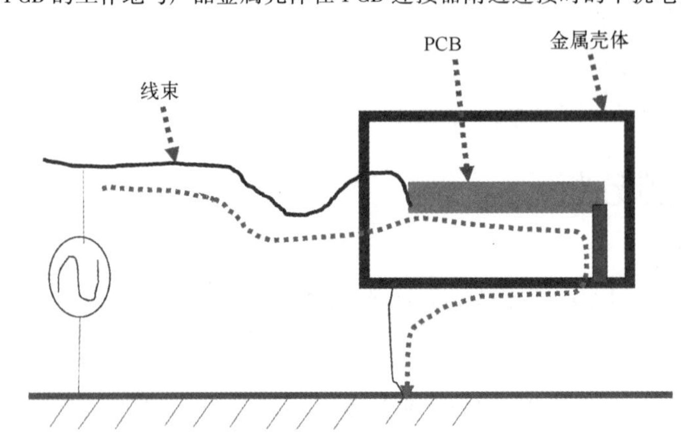

图 2.7　PCB 的工作地与产品金属壳体在 PCB 远离连接器处连接时的干扰电流分析图

在PCB的工作地与产品金属壳体无任何连接的情况下，当干扰从电缆注入时，干扰电流经过PCB、PCB与金属壳体的寄生电容、金属壳体、金属壳体的接地线传递到参考接地板；在PCB的工作地与产品金属壳体在PCB连接器附近连接的情况下，当干扰从电缆注入时，干扰电流经过PCB与金属壳体互联导体在没有进入PCB之前直接进入金属壳体，再由金属壳体传递到参考接地板，PCB中几乎无干扰电流流过；在PCB板的工作地与产品金属壳体在PCB远离连接器处连接的情况下，当干扰从电缆注入时，干扰电流经过整个PCB板，再从PCB与金属壳体互联导体进入金属壳体，接着由金属壳体传递到参考接地板，PCB中流过较大的干扰电流，而且电流比PCB与金属壳体不连接时的更大，于是就实现了以上描述的测试现象。

【处理措施】

将PCB的工作地与产品金属壳体在靠近连接器处互联。

【思考与启示】

（1）PCB的工作地与产品金属壳体之间并非只有是否连接的问题，连接在哪里更为重要。

（2）对产品的PCB进行接地设计时，最佳方案为PCB的工作地与产品金属壳体直接相连，但是位置必须靠近电缆出口处（即PCB连接器的附近）。

（3）有些产品的PCB工作地无法与产品金属壳体直接互联（如非安全工作电压电路、隔离电路等），可采用电容实现PCB的工作地与产品金属壳体之间的高频相连；同时，被测产品若有上升沿时间大于微秒级的浪涌或频率低于1 MHz的共模干扰测试要求，电容两端还需要并联瞬态抑制保护器件，如压敏电阻、TVS管等。

2.2.2　案例2：接地方式如此重要

【现象描述】

某金属外壳的产品，产品构架示意图如图2.8所示。其中，PCB只有一个工作地，PCB的工作地与产品金属壳体无任何连接。

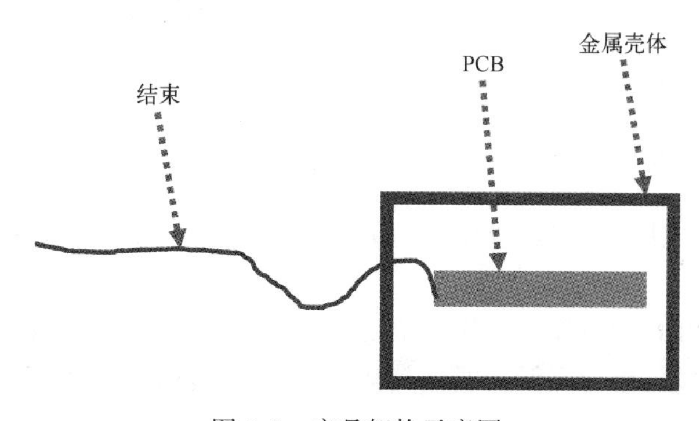

图2.8　产品架构示意图

该产品按CISPR22标准进行辐射发射测量时，测试结果如图2.9所示。由测试图可以看到，该产品在频率73.77 MHz处的辐射发射值超过了限值线。

按照案例1中的结论，为获取产品良好的EMC结果，产品设计时，建议将PCB板的工作地在PCB的连接器附近处直接或通过电容接至金属壳体。于是，测试时尝试了将PCB的连接器附近处直接接至金属外壳。PCB工作地与产品金属壳体连接后的产品构架示意图如

图 2. 10 所示。

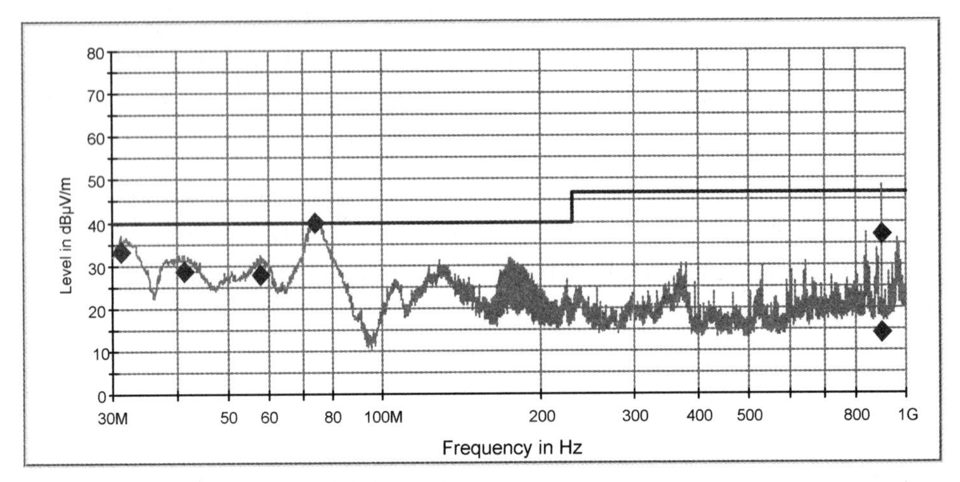

频率 (MHz)	准峰值 (dBμV/m)	带宽 (kHz)	高度 (cm)	极化	角度 (deg)	余量 (dB)	限值 (dBμV/m)
31.091250	33.3	120.000	100.0	V	–106.0	6.7	40.0
41.397500	28.6	120.000	100.0	V	9.0	11.4	40.0
58.130000	27.9	120.000	200.0	V	131.0	12.1	40.0
73.771250	40.3	120.000	400.0	V	116.0	-0.3	40.0
898.271250	37.1	120.000	400.0	V	–180.0	9.9	47.0
900.696250	14.2	120.000	100.0	V	–180.0	32.8	47.0

图 2. 9　产品原始辐射发射测试频谱图

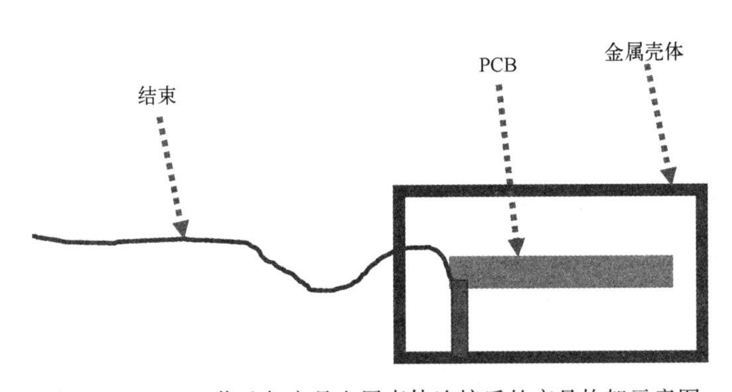

图 2. 10　PCB 工作地与产品金属壳体连接后的产品构架示意图

按图 2. 10 示意修改后，继续对产品按 CISPR22 标准进行辐射发射测量，得到如图 2. 11 所示的测试结果。

从测试结果看，PCB 的工作地在靠近 PCB 的连接器附近直接接至产品金属壳体时虽然导致 73. 77 MHz 频率处的辐射降低，但是其他很多频段的测试结果更差了。难道案例 1 中的结论是错误的吗？

【原因分析】

PCB 的工作地在 PCB 的连接器附近直接接至产品金属壳体可以有效降低由于 PCB 中的高频 EMI 信号传递到外部的线束而产生的辐射，其原理如图 2. 12 所示。图 2. 12 中，当 PCB 的工作地在电缆接口处与外壳相连时，产生的 I_{COM2} 电流可以旁路本来要流入线束的共模电流 I_{COM1}，从而降低产品因线束成为等效发射天线而引起的辐射发射。

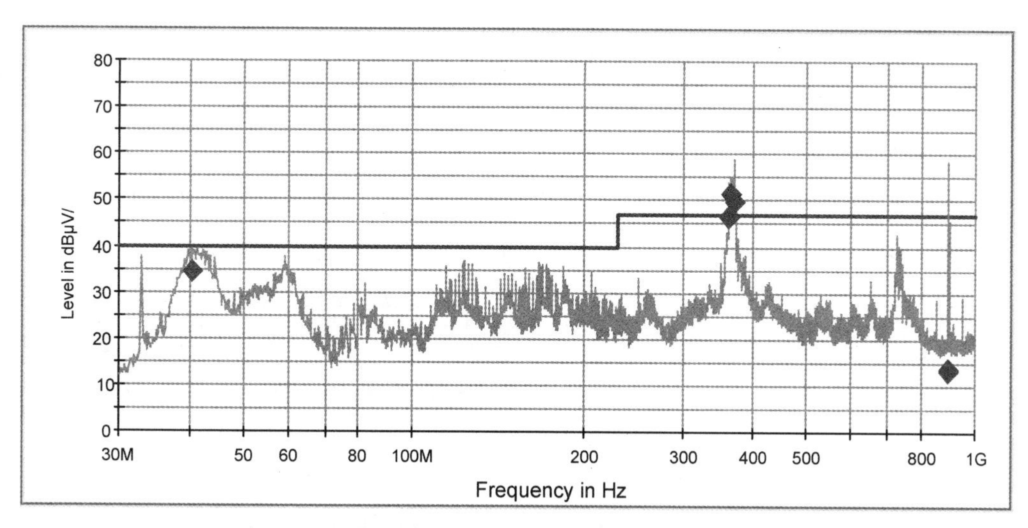

频率 (MHz)	准峰值 (dBμV/m)	带宽 (kHz)	高度 (cm)	极化	角度 (deg)	余量 (dB)	限值 (dBμV/m)
40.427500	34.5	120.000	200.0	V	-70.0	5.5	40.0
362.346250	46.3	120.000	400.0	V	129.0	0.7	47.0
363.558750	51.6	120.000	100.0	V	-54.0	-4.6	47.0
369.015000	49.8	120.000	200.0	V	97.0	-2.8	47.0
891.481250	13.5	120.000	400.0	V	-180.0	33.5	47.0
892.693750	13.1	120.000	100.0	V	-47.0	33.9	47.0

图 2.11　产品中 PCB 工作地与外壳连接后辐射发射测试频谱图

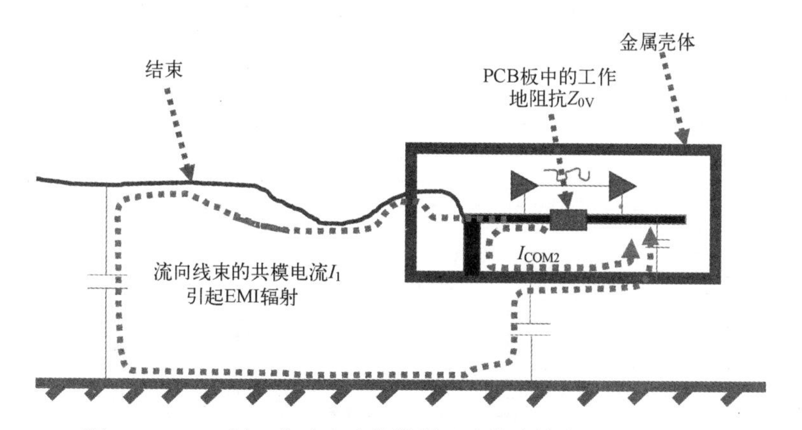

图 2.12　PCB 板工作地在连接器附近连接壳体降低辐射的原理

然而，应注意的是，PCB 与外壳的连接除了要选择特定的位置外（即靠近电缆出口处或连接器附近），还要考虑连接的方式，并非只是电器上的联通即可。图 2.13 所示的是 PCB 的工作地与产品金属壳体连接方式存在问题时的分析原理图。由图 2.13 可知，当 PCB 的工作地与壳体连接导体存在较大的寄生电感时（如 10cm 的导线，产生约100 nH的寄生电感），I_{COM2}所在的回路存在 LC 串联谐振，谐振频率由 LC 参数决定。谐振时，一方面 I_{COM2}达到最大，另一方面电感 L_p和电容 C_{P1}两端的电压达到最高。正因为谐振时 L_p两端的电压达到最大值，引起流经线束的共模电流 I_{COM1} 也达到最高，谐振频率点上的辐射也达到最高值。这就是为何 PCB 的工作地与产品金属壳体互联后反而使得产品的辐射在某些频点上变高的原因。

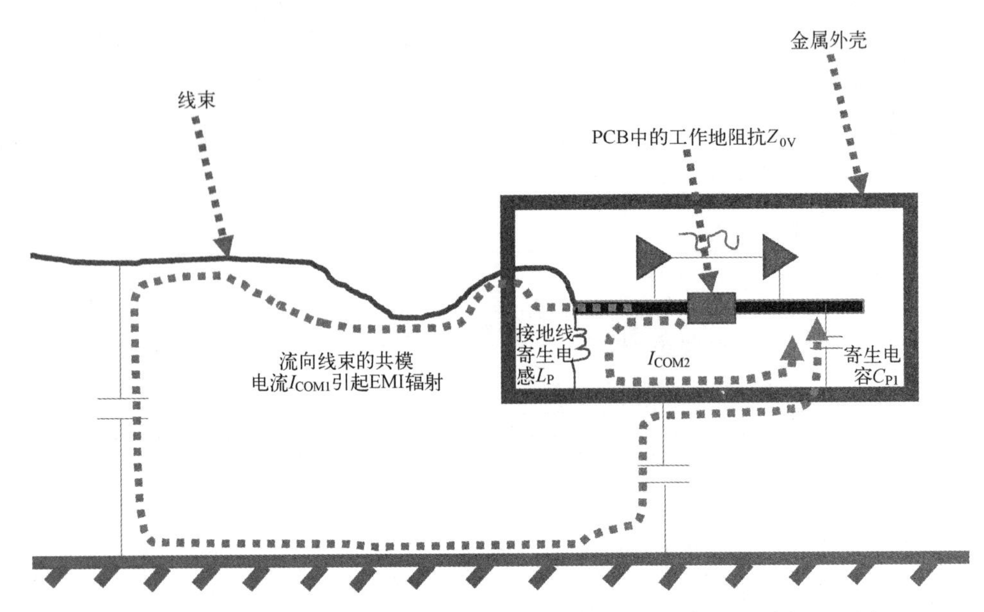

图 2.13　PCB 的工作地与产品金属壳体连接方式存在问题时的分析原理图

【处理措施】

因为以上问题是接地线的引线电感与寄生电容串联谐振引起的，所以消除谐振或将谐振点频率保持在测试频段范围之外，就可以有效解决此问题。将 PCB 工作地与产品金属壳体之间的互连线改为一片长宽比小于 3 的金属片，就可以有效发挥接地的作用，降低产品的辐射发射。PCB 的工作地与产品金属壳体之间的互连线改为金属片后的辐射发射测试频谱图如图 2.14所示，测试通过。

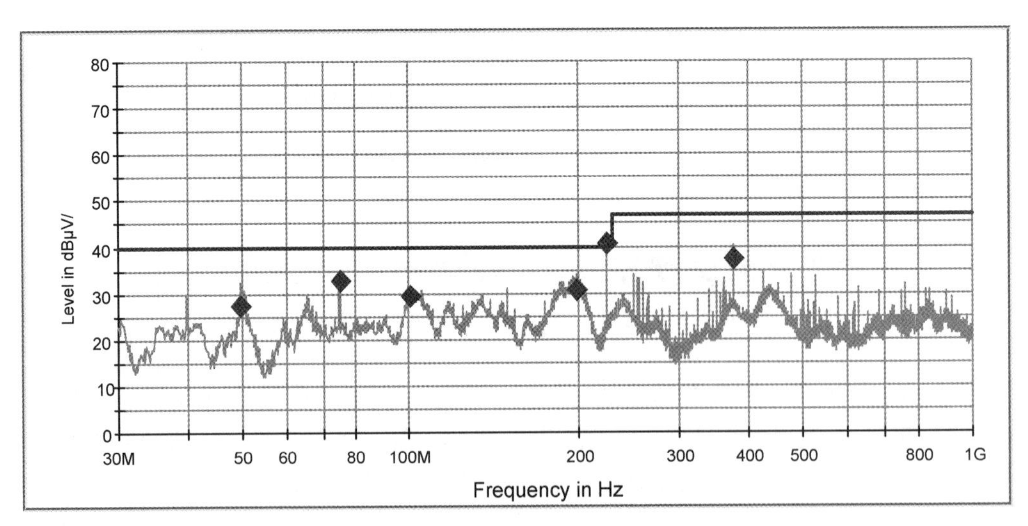

图 2.14　PCB 的工作地与产品金属壳体之间的互连线改为金属片后的辐射发射测试频谱图

【思考与启示】

（1）对产品的 PCB 进行接地设计时，一方面应强调 PCB 的接地点位置要靠近电缆出口处（即 PCB 连接器的附近），另一方面也要强调 PCB 工作地的接地方式。原理上，PCB 与壳体之间需要在测试频段范围内形成等电位的互连。

（2）PCB 与产品金属壳体之间需要在测试频段范围内的不等电位的互连，会引起个别谐振频点的测试风险，用导线来实现 PCB 的工作地与产品金属壳体之间的互联可以认为 PCB 的接地没有完成。

（3）所谓的等电位互连，就是实现在 EMC 的测试频段范围内 PCB 的工作地与产品金属壳体之间形成较低的阻抗（包括寄生电感感抗和电阻），以下两种方式可认为实现了等电位互连。

- PCB 的工作地平面与产品金属壳体平面之间直接采用有意搭接（如将 PCB 的地平面与壳体的金属表面用螺钉锁紧后，实现两者之间非常紧密的电接触；再如 PCB 的工作地平面与壳体平面之间填充导电性材料）。
- PCB 的工作地平面与产品金属壳体平面之间采用第三导体实现互连，同时要求第三互连导体长宽比小于 3，第三互连导体与 PCB 工作地平面及金属壳体之间的搭接采用有意搭接的方式。

2.2.3　案例 3：传导骚扰与接地

【现象描述】

某产品在进行传导骚扰测试时的配置图如图 2.15 所示。

图 2.15 所示配置下的传导骚扰测试结果如图 2.16 所示。由测试结果频谱曲线可知，该产品电源端口的传导骚扰不能通过 CLASS B 限值线的要求。

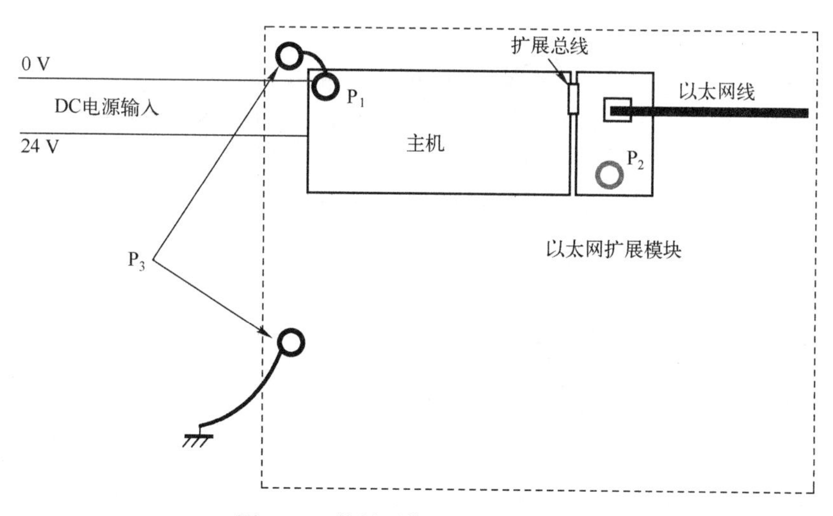

图 2.15　传导骚扰测试时的配置图

注：图中虚线框体部分为金属架，它与主机及以太网模块一起构成 EUT。EUT 通过机架接地。BASE 与 Ethernet Module 均通过 24 V 电源供电。

P_1：主机的 0 V 点，用来接地，进行 EMC 测试时将 P_1 接至金属架。

P_2：以太网模块的保护接地点，在以太网模块内部，该点与 0 V 通过电容相连，测试时将该点未接至金属架。

P_3：分别是金属架中的三点，由于这三点都是在同一金属板中，彼此之间的阻抗近似为零，所以在电路原理上近似为同一点。

扩展总线：是主机与以太网模块的互连总线，通过总线将主机的 0 V 与以太网模块的 0V 相连。

测试中发现，将图 2.16 所示的接地方式改变成图 2.17 所示的方式，即将 P_2 点接至 P_1 点。再进行测试，结果如图 2.18 所示，测试通过。

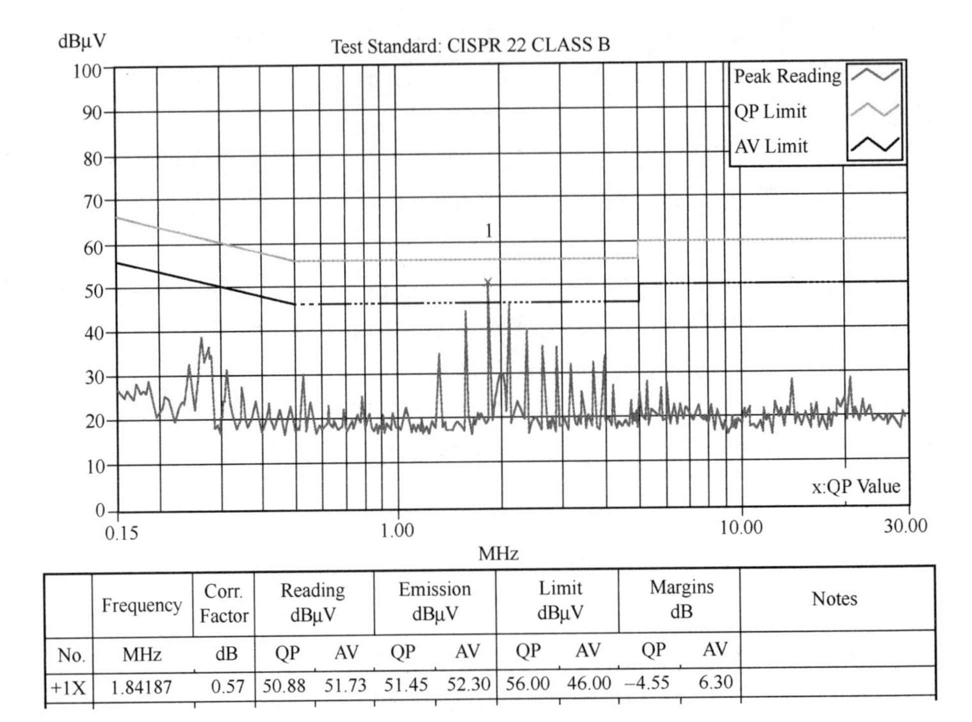

No.	Frequency MHz	Corr. Factor dB	Reading dBμV QP	Reading dBμV AV	Emission dBμV QP	Emission dBμV AV	Limit dBμV QP	Limit dBμV AV	Margins dB QP	Margins dB AV	Notes
+1X	1.84187	0.57	50.88	51.73	51.45	52.30	56.00	46.00	-4.55	6.30	

图 2.16　图 2.15 所示配置下的传导骚扰测试结果

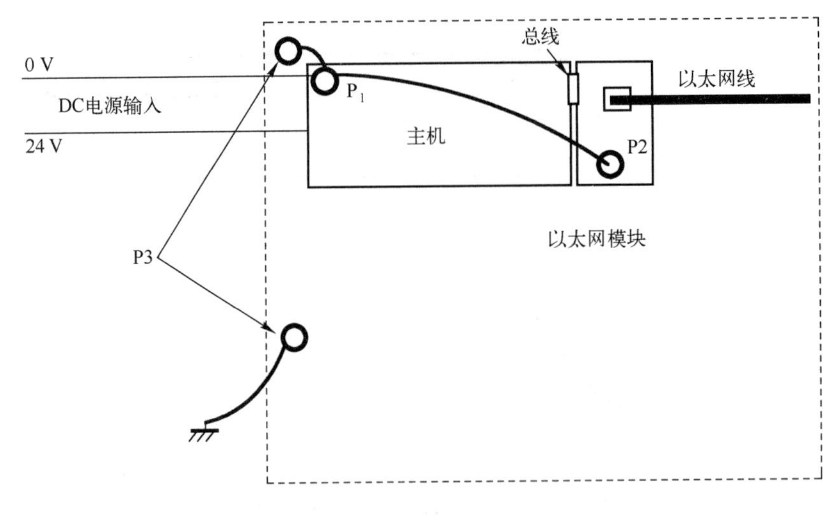

图 2.17　通过的测试配置图

【原因分析】

首先看一下电源端口的传导骚扰测试是如何进行的，图 2.19（a）、（b）可以说明进行传导骚扰测试原理。

图 2.19（a）是电源口传导骚扰测试时，被测设备（EUT）、线性阻抗稳定网络（LISN）、接收机（Receiver）之间的连接关系。图 2.19（b）中箭头线表示传导骚扰的电流，它在 50 Ω 电阻上产生的压降就是所测量到的传导骚扰电压结果。图 2.19（b）中左图是差模传导骚扰的情况，右图是共模传导骚扰的情况。

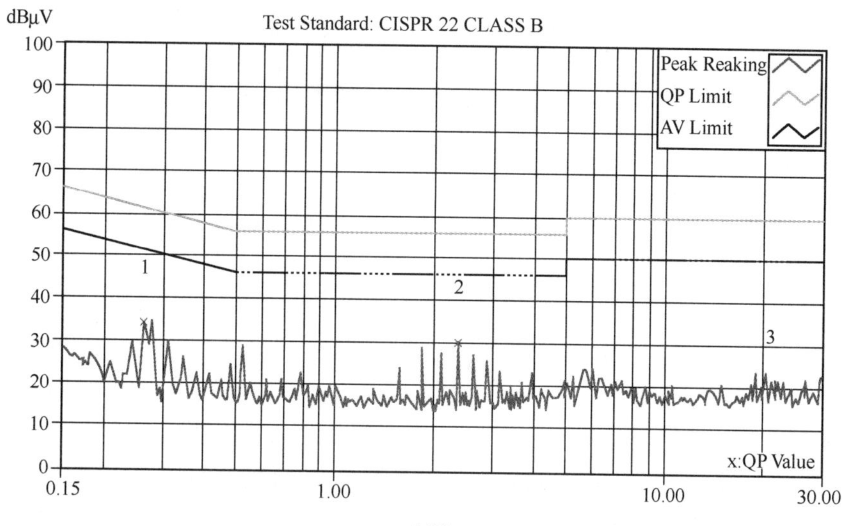

	Frequency	Corr. Factor	Reading dBμV		Emission dBμV		Limit dBμV		Margins dB		Notes
No.	MHz	dB	QP	AV	QP	AV	QP	AV	QP	AV	
1	0.26231	0.80	31.94	32.75	32.74	33.55	61.36	51.36	–28.62	–17.81	
+2	2.36905	0.56	28.79	29.45	29.35	30.01	56.00	46.00	–26.65	–15.99	
3	20.36162	1.16	17.42	15.31	18.58	16.47	60.00	50.00	–41.42	–33.53	

图 2.18　通过的测试结果

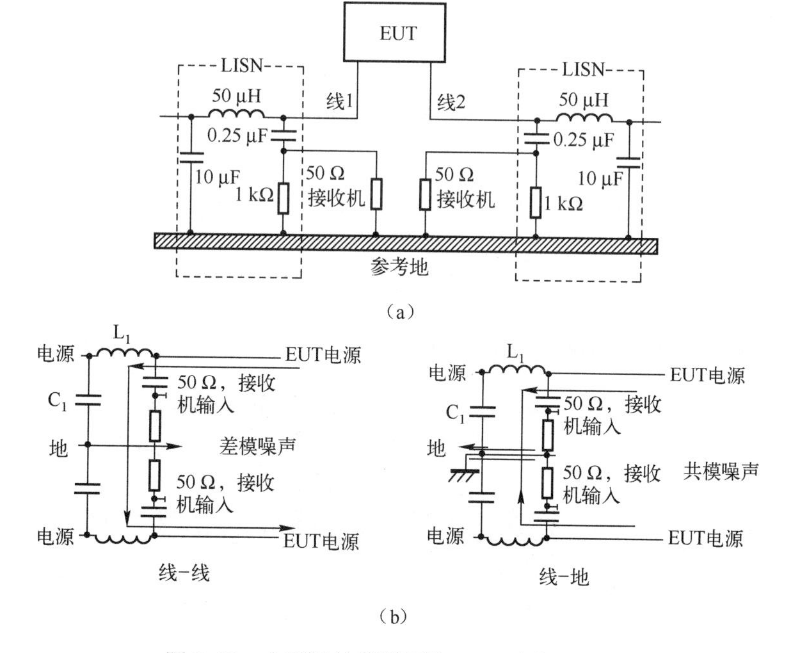

图 2.19　电源阻抗模拟网络 LISN 内部原理图

本案例中的 EUT 在传导骚扰测试未能通过的连接方式下的拓扑图，如图 2.20 所示。

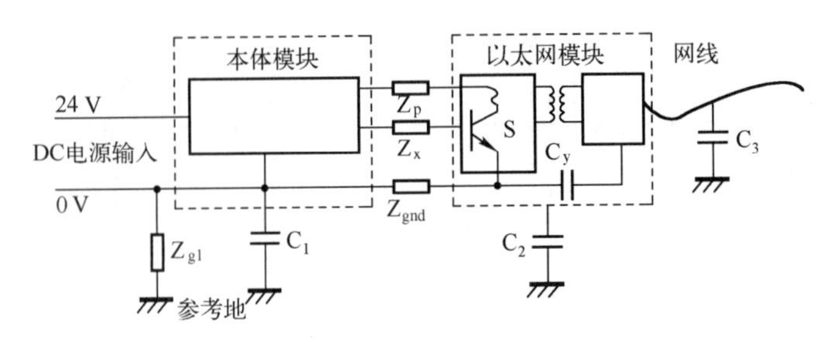

图 2.20　未能通过的拓扑图

图 2.20 中，C_1，C_2，C_3 分别是主机、以太网模块、以太网线对与参考地之间的分布电容；C_y 是 PCB 中跨接在 0 V 地与以太网模块接地端子之间的旁路电容；Z_p是主机 24 V 与以太网模块 24 V 互连接插件的阻抗；Z_x是主机总线与以太网模块总线互连接插件的阻抗；Z_{gnd}是主机 0 V 与以太网模块 0 V 互连接插件的阻抗及 0 V 平面的阻抗；Z_{g1}代表 EUT 中两个接地端子与参考地之间的接地阻抗；S 代表以太网模块中的开关电源，即传导骚扰测试中的主导干扰源，开关电源中的功率开关管在导通时流过较大的脉冲电流，这个电流在0 V上还会产生共模噪声。例如，正激型、推挽型和桥式变换器的输入电流波形在阻性负载时近似为矩形波，其中含有丰富的高次谐波分量。另外，功率开关管在截止期间，高频变压器绕组漏感引起的电流突变，也会产生骚扰。

在共模的情况下，0 V 上共模噪声所导致的传导骚扰原理图如图 2.21 所示。

图 2.21 中圆形符号为 0 V 上的共模噪声，箭头线表明了传导骚扰电流的流向，该电流的大小直接决定测试是否通过。虚线中的部分表示 LISN。

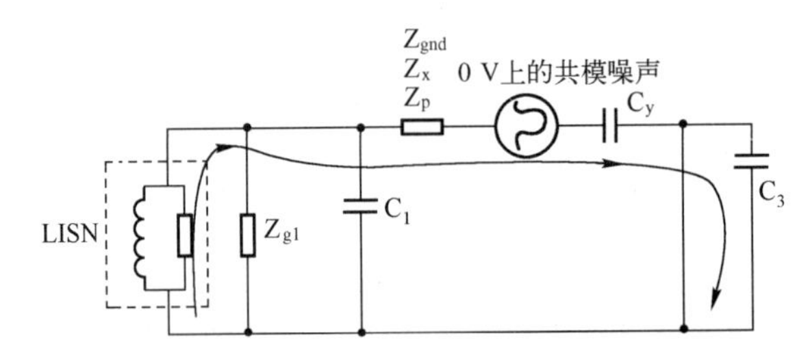

图 2.21　未能通过的共模简易原理图

再来看 EUT 在传导骚扰测试能通过时的连接方式，它的 EMC 拓扑图如图 2.22 所示。

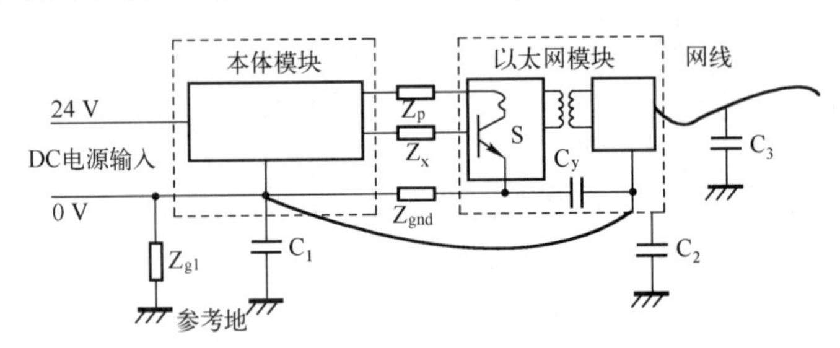

图 2.22　能通过的 EMC 拓扑图

直接连接在 C_1 与 C_2 之间的线就是以太网模块中接地端子与主机的 0 V 之间的互连线。在共模的情况下，也可以将图 2.22 转化成简易原理图，如图 2.23 所示。

比较一下图 2.23 与图 2.20 的差别，可以看出，C_y 接至主机的 0 V 后，提供了一个低阻抗的路径，使得共模电流一部分被旁路掉，从而减小了流入 LISN 的电流，最终使测试通过。

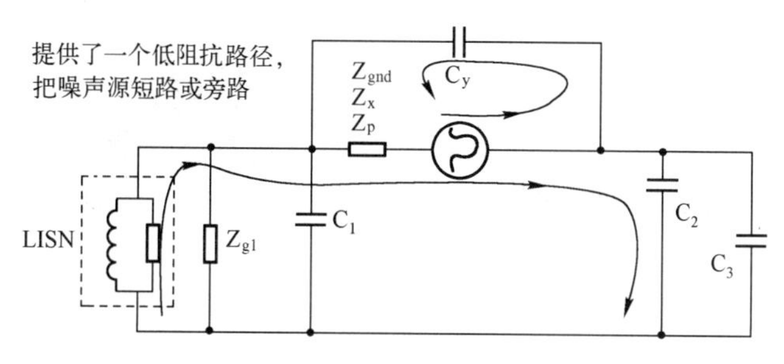

图 2.23　能通过的共模电流简易原理图

【处理措施】

从以上的分析可以得出以下主要解决方式，可供其他类似产品参考：

需要在产品内部提供一个能够使 0 V 和以太网模块的接地之间进行等电位连接的结构件，该结构件要保证具有较低的阻抗，这也是 EUT 系统可以采用单个接地点的前提。

【思考与启示】

（1）接地对 EMC 来说很重要，一个接地的产品将大大降低 EMC 测试失败的风险。

（2）对于有多个接地点的 EUT 来说，各个接地点之间的等电位连接对 EMC 非常重要。

（3）解决传导骚扰问题的目标不是为了将骚扰引入地，而是通过接地来减小流入 LISN 的电流。

2.2.4　案例 4：传导骚扰测试中应该注意的接地环路

【现象描述】

某信息技术设备有外接信号电缆及供电电源线。电源口传导测试时，EUT 接地线就近接参考接地板，测试配置图如图 2.24 所示，测试结果如图 2.25 所示。由图 2.25 可知，该产品的电源口的传导骚扰不能满足图中所示限值的要求，需要分析产生传导骚扰过高的原因。

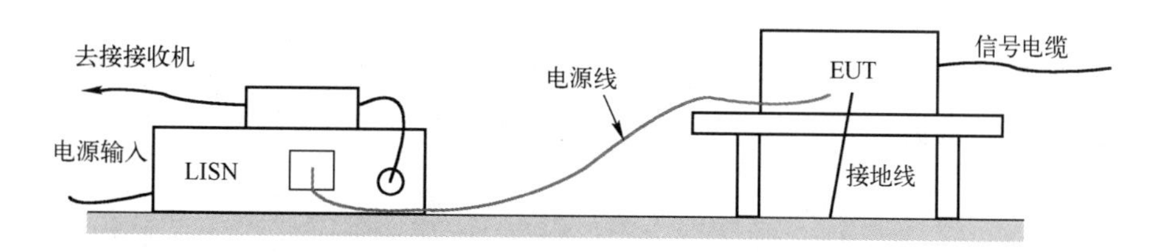

图 2.24　EUT 接地线就近接参考接地板时的传导测试配置图

【原因分析】

关于电源口传导骚扰测试的原理，可以参考案例 3 中的描述。图 2.24 所示的测试配置图可以用图 2.26 表示其原理。

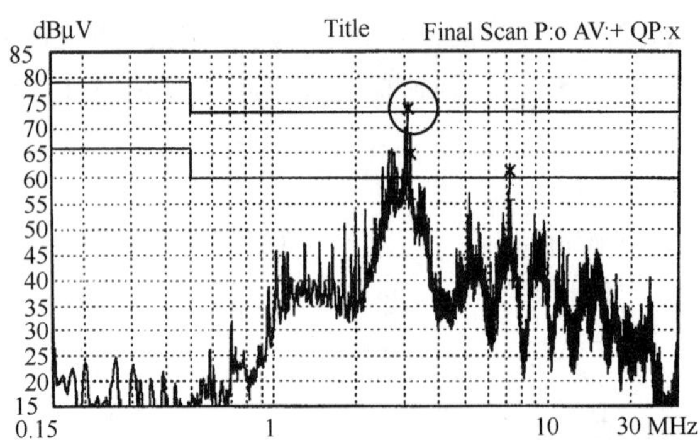

图 2.25　初始传导骚扰测试频谱图

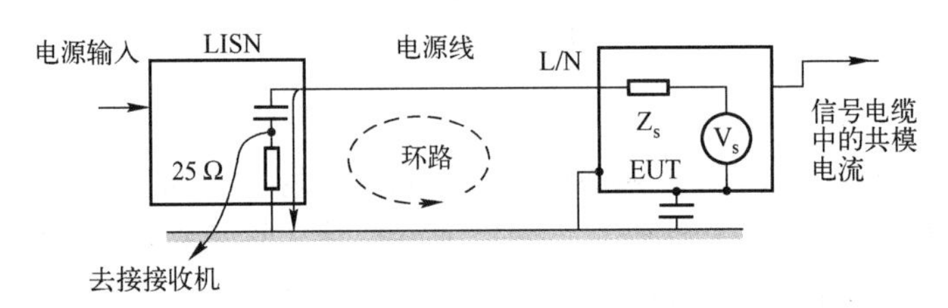

图 2.26　EUT 接地线直接接地板时的原理图

图 2.26 所示为电源口传导骚扰测试时，被测设备（EUT）、线性阻抗稳定网络（LISN）、接收机之间的连接关系。图 2.26 中箭头线表示共模传导骚扰的电流，它在 25 Ω、两个 50 Ω 电阻并联电阻上产生的压降就是所测量到的共模传导骚扰电压结果（差模传导骚扰与本案例无关，不在图 2.26 中示出）。由图 2.26 可知，在该测试配置的情况下，电源线、LISN、EUT、EUT 接地线及参考接地板之间形成了一个较大的环路（见图 2.26 中虚线）。关于环路在 EMC 中的意义已经在本书其他案例中提及（如案例 29、77 等）。

根据电磁理论，环路既可以成为辐射必要条件中的天线，也可以成为接收干扰的环路接收天线。当环路中的磁通发生变化时，将在环路中感应出电流，其大小与闭环面积成正比，而且对于特定大小的环路，环路接收天线将在特定的频率上产生谐振。当图 2.26中的大环路有感应电流时，必定增大流过 LISN 中 25 Ω 电阻的电流，即 LISN 检测到更大的传导骚扰。

传导骚扰测试在屏蔽室中进行。环路接收的干扰是从哪里来的呢？实际是来自 EUT 通过其壳体和信号电缆产生的辐射，如图 2.27 所示（测试中已经排除外界及辅助设备的影响）。

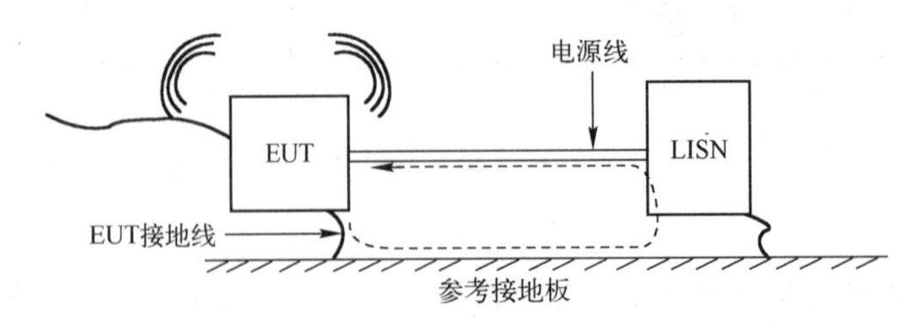

图 2.27　传导测试时，电缆及壳体产生辐射的示意图

测试过程中，改变接地线的连接方式，即将 EUT 接地线接至 LISN 的接地端，同时接地线与电源线以较近的距离（小于 5 mm）平行布线（见图 2. 28），电源线、LISN、EUT、EUT 接地线及参考接地板之间形成的环路面积大大减小，而且电源线、LISN、EUT、EUT 对地寄生电容及参考接地板之间形成的环路，其阻抗较大不会感应出较大的电流（也就是不是主要部分）。改变连接方式后再进行测试，测试结果如图 2. 29 所示，测试通过，证实了以上分析的正确性。

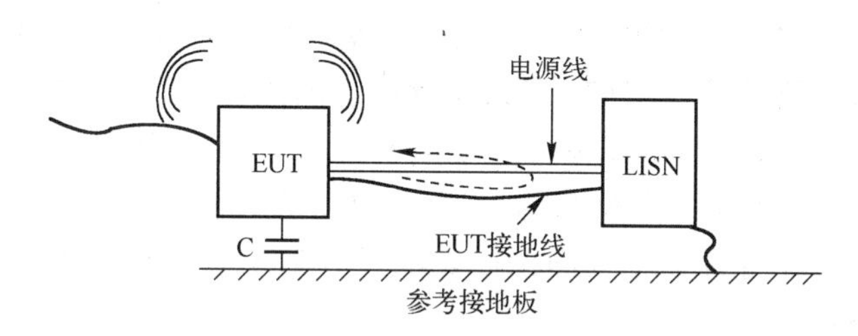

图 2. 28　将 EUT 接地线接至 LISN 的接地端的示意图

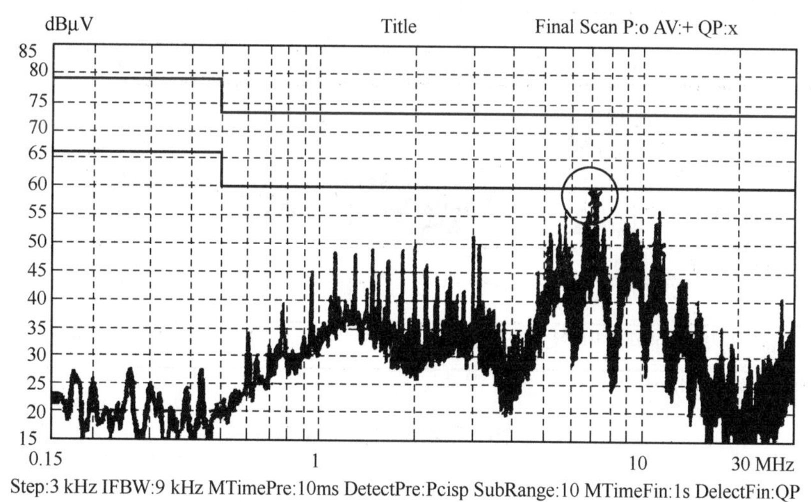

图 2. 29　将 EUT 接地线接至 LISN 的接地端后的测试结果

【处理措施】

本案例并非纯粹意义上的设计问题，而是由于测试配置引起的，因此，将 EUT 接地线接至 LISN 的接地端，同时接地线与电源线以较近的距离（小于 5 mm）平行布线，减小环路面积，是最好的解决方式。

【思考与启示】

（1）本案例涉及的接地问题是传导骚扰测试中常见的问题，也是很值得注意的问题。传导测试时，一定要将接地线与电源线一起布线，不能按“就近接地”的方式，以免造成较大的环路，接受意外的骚扰。

（2）对于本身低频（150 kHz～30 MHz）辐射较大的产品，如带有信号电缆的产品，测试时要特别注意电源线、LISN、EUT、EUT 接地线及参考接地板之间形成的环路。

（3）本案例中的问题，在不改变接地环路面积大小的情况下，可以通过其他方式（如电源口的滤波）解决。因为测试到的结果总是综合的结果，剔除所有因素中的某一部分都有可能使结果符合测试的要求，但是不合理的测试布置是最需要剔除的。

2.2.5 案例5：屏蔽体外的辐射从哪里来

【现象描述】

某设备，采用模块和背板结构，每个模块都有连接器，当模块插入到背板上时，模块上的连接器与背板上相对应的连接器进行连接，这也是模块与背板仅有的连接之处，每个模块进行一定的屏蔽设计，背板也进行了屏蔽设计，背板用来固定每个模块及每个模块之间的信号连接。在进行辐射发射测试时，发现辐射超过该产品标准中规定的限值，超标频点是350 MHz，测试频谱图如图2.30所示，图中限值线用粗线标出。用磁场型近场探头定位测试（用磁场型近场探头检查金属外壳产品缝隙泄漏是一种非常有效而经济的方式，上海凌世电子有限公司研发并生产的这种近场探头组是一种经济而有效的选择），确认是一模块与设备背板之间的接插处辐射泄漏导致，该频率点的源头是模块内部PCB中的50 MHz晶振。

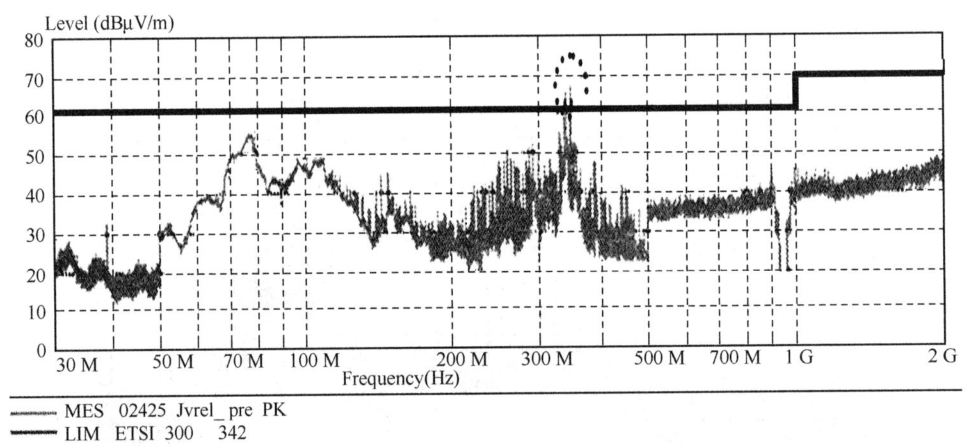

图2.30 辐射发射测试频谱图

【原因分析】

该设备由于要在室外工作，因此需要做防水处理，包括模块与背板的连接之处，采用防水的橡胶垫圈将两者之间连接密封。由于防水垫圈是非导电的，因此存在的“缝隙”成为辐射的可能。拆下模块后，给模块单独上电，用近场探头进行测量，发现模块与背板的连接器处有350 MHz的辐射。因为PCB已经做了处理（图2.31所示PCB中的无阻焊线的右侧有屏蔽金属罩），这样晶振壳体直接通过空间辐射的路径已经被屏蔽罩隔绝，唯一辐射的可能是连接器J1与其相连的PCB布线，它们很有可能耦合到了来自晶振或时钟印制线的噪声，相当于成为被噪声驱动的辐射天线。后又检查了模块，其中有连接器的那块PCB布局如图2.31所示。

从该PCB的布局及布线看，存在如下问题。

（1）晶振下表层PCB未做局部地平面敷铜处理。在晶振和时钟电路下面的局部地平面可以为晶振及相关电路内部产生的共模RF电流提供通路，从而使RF发射最小。为了承受流到局部地平面的共模RF电流，需要将局部地平面与系统中的其他地平面多点相连，即将顶层局部地平面与系统内部地平面相连的过孔提供了到地的低阻抗。

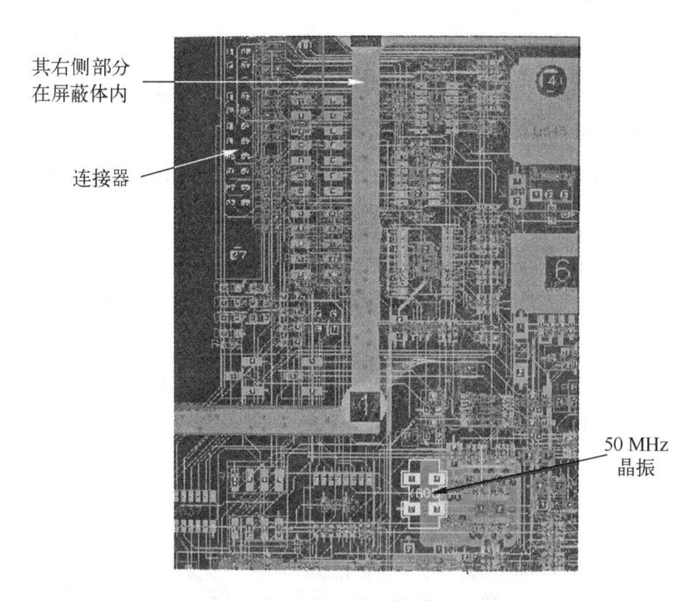

图 2.31　有连接器的那块 PCB 布局

(2) 传输到连接器的布线很多从 50 MHz 晶振底下穿过，不仅破坏局部地平面的作用，而且必然将 50 MHz 晶振产生的噪声通过容性耦合的方式耦合到穿过它下面的信号线，使这些信号线带有共模电压噪声，而这些信号线又延伸出 PCB 上的屏蔽体，将噪声带出屏蔽体。这是一种典型的共模辐射模型，原理如图 2.32 所示。

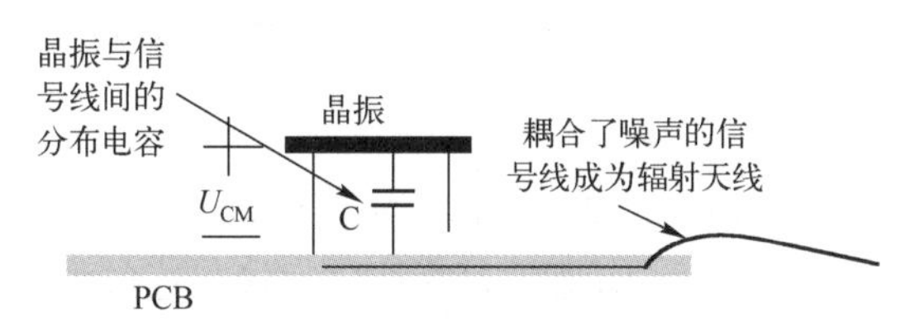

图 2.32　耦合引起的电压驱动的共模辐射原理

(3) 晶振的位置离接口太近。

可见，形成辐射的两个必要条件已经形成了，即驱动源和天线。与接口连接的信号线与晶振之间的耦合形成了驱动电压；与接口相连的信号线或 PCB 地层成为了被驱动的辐射天线。

【处理措施】

为解决以上的辐射问题，可以采用以下三种方法。

(1) 将所有与辐射相关的部分（包括天线和驱动源）进行屏蔽，即改进原来屏蔽的缺陷，将模块与背板之间的防水垫圈改成导电的密封圈，实现整机屏蔽的完整性。

(2) 降低驱动电压，即在 PCB 上进行处理，减小晶振与那些与接口连接器相连的信号线。这需要调整 50 MHz 晶振的位置及周边布线，将晶振尽量往板内移，将晶振底下的布线避开，并保持离晶振有 300 mil 以上的距离，晶振底下的 PCB 表层做敷铜处理，并且保证晶振底下的地平面完整。

注意：晶振底下保证地平面完整的原因是，多层板技术在本产品中的应用使有着完整地平面的信号的回流信号与信号本身方向相反、大小相等，能很好地相互抵消，可保证其良好的信号完整性和 EMC 特性。但是，当地平面不完整时，回流路径中的电流与信号本身的电流不能相互抵消（实际上这种电流不平衡是不可避免的），必然产生一小部分大小相等、方向相同的共模电流，尤其是晶振这样的高噪声器件。共模电压沿着附近的参考平面，耦合的小电压信号激励连接的外围结构，使之成为一个辐射天线。图 2.33 所示的是布在多层板外层（参考平面）上的印制线共模辐射等效模型。

从高频角度考虑，参考平面相当于回流导体，可能有高频交流电压。差模电流 I_{DM} 在印制线下面的参考平面上会产生一个共模电压降 U_{CM}，如图 2.33 所示。这个电压激励大的外围结构，产生共模电流 I_{CM}。

（3）取消辐射的天线。这一措施显然很难实现，引线信号与接口连接器之间的连接不可避免。

经过以上（1）、（2）的处理后，用近场探头在连接器附近再进行测试，发现 350 MHz 频点的辐射明显减小，幅度在 10 dB 以上。

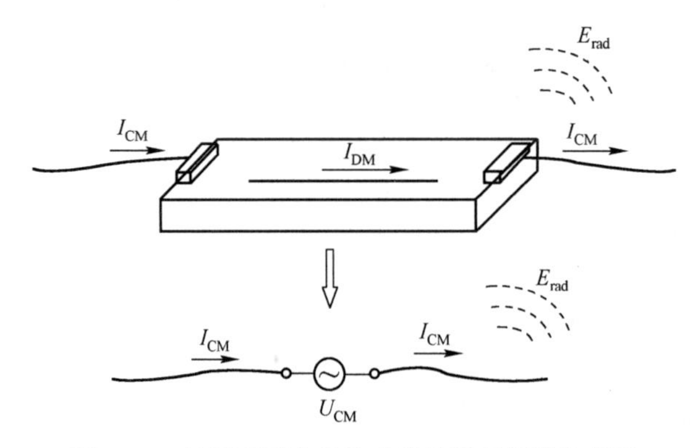

图 2.33　地平面不完整造成的共模辐射等效模型

【思考与启示】

（1）防水与屏蔽要统一，不要为了防水而忽视了屏蔽的完整性。

（2）晶振底下不能布信号线，特别是与对外接口直接相连的信号。

（3）在晶振和时钟电路下面的局部地平面可以为晶振及相关电路内部产生的共模 RF 电流提供通路，从而使 RF 发射最小。

2.2.6　案例 6：“悬空”金属与辐射

【现象描述】

某产品提供 24 个 10/100 Mb/s 的以太网口，同时设有两个扩展槽，在实际组网中根据需要配置不同的扣板。在进行辐射发射测试时，扩展槽位配置为长距离千兆位光接口（LC 接口）进行测试。这时所有 24FE 电接口电缆自环，LC 光接口也自环。测试结果发现高频有几个频点（625 MHz、687.5 MHz、812.5 MHz、875 MHz）超标，不能满足 CLASS B 限值线要求，测试频谱图如图 2.34 所示。

【原因分析】

屏蔽系统设备的辐射发射问题，一般与电源线、信号电缆、结构屏蔽泄漏三个方面有关。但由于如此高频的辐射，一般不会是电源线的辐射（一般电源线的辐射小于230 MHz），而只可能是电缆与结构屏蔽泄漏，因此基于此思路做以下定位。

首先怀疑是 24 根百兆网线带来的辐射，但是把网线拔去后再进行测试，发现超标频点只是稍降了一点点。

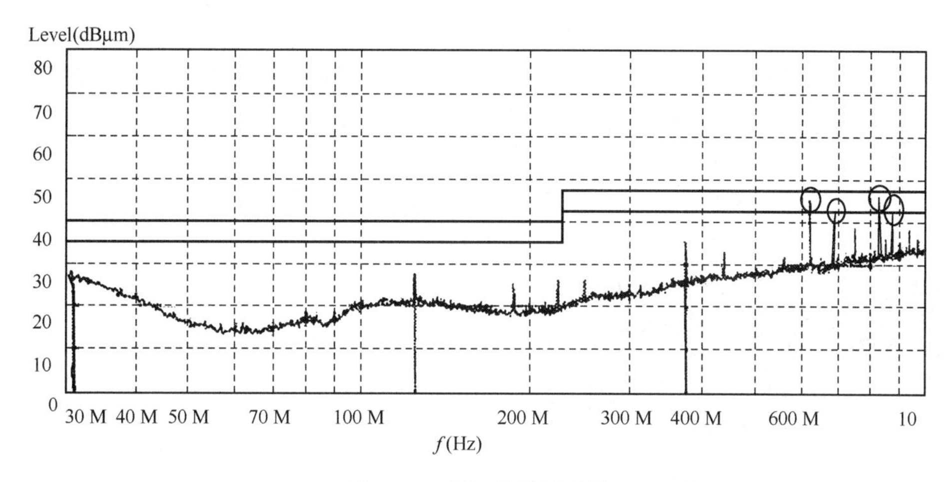

图 2. 34　最初的测试结果

接着用近场探头对设备进行扫描，发现扩展槽扣板两边的辐射很大，定位频点，发现就是那些超标的频点。于是怀疑扣板面板与机柜的接触不好，打开察看，发现扣板面板上下各有一条簧片，与机框结构接触良好，只是两旁没有簧片，但是由于有螺钉固定，缝隙长度也不会超过 1. 5 cm，如图 2. 35、图 2. 36 所示。

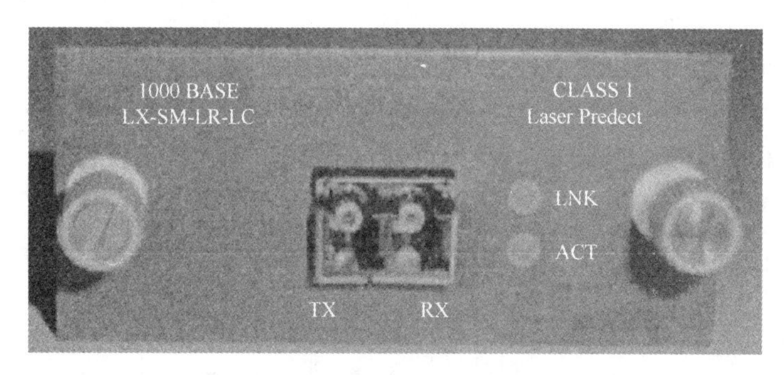

图 2. 35　扣板正面实物图

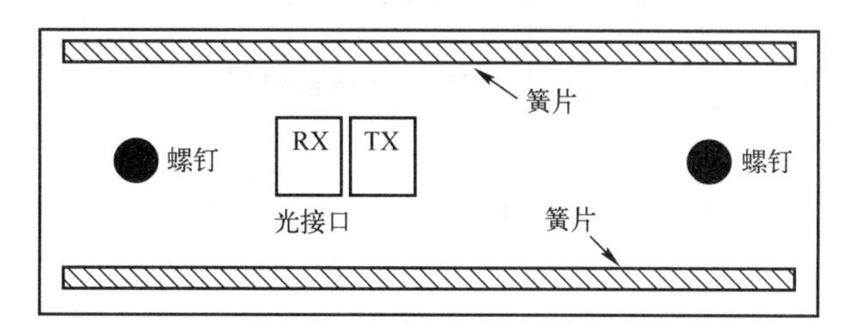

图 2. 36　扣板背视示意图

难道很短的缝隙也会造成 1 GHz 以下频率有较大的泄漏吗？试着用导电铜箔封闭了缝隙，用近场探头测试，果然扣板面板两边的辐射消失了。本以为解决了问题，再将设备搬进实验室进行测试，结果发现超标频点依然存在，幅度也几乎没有下降（这时设备上的电缆也只有光纤与电源线）。只好再次用近场探头进行扫描测试，为了使定位更准确，选用环路面积更小的探头，偶然中发现光纤出口辐射较大。仔细看了光纤出口，拉手条出口不过是一个 1 cm×1 cm 见方的小孔，而且周边还有屏蔽壳，光纤使用 LC 接头，如图 2. 37 所示。

一直认为光纤出口小，而且光纤传输的是光信号，不会有辐射。再仔细检查才发现光纤接头里面有一根金属加强筋，约 3 cm 长，悬空（没有与任何金属体相连）。而光模块接口的 TX 发射端也是金属的，虽然光纤插入时两个金属之间没有直接接触，但由于距离较近，会有高频噪声通过容性耦合的方式耦合到光纤的加强筋上，使得金属加强筋与内部噪声源之间存在驱动关系，加强筋成为了一根单极天线。单极天线在共模电压的驱动下造成了辐射。又是一例共模电压驱动的辐射案例，原理如图 2. 38 所示。

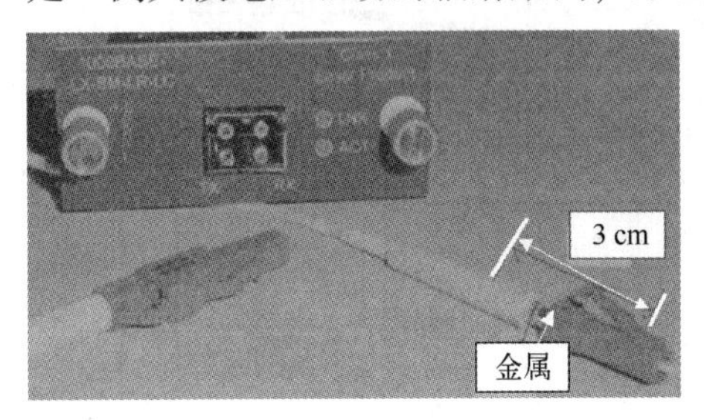

图 2. 37　LC 光纤和光模块面板接口

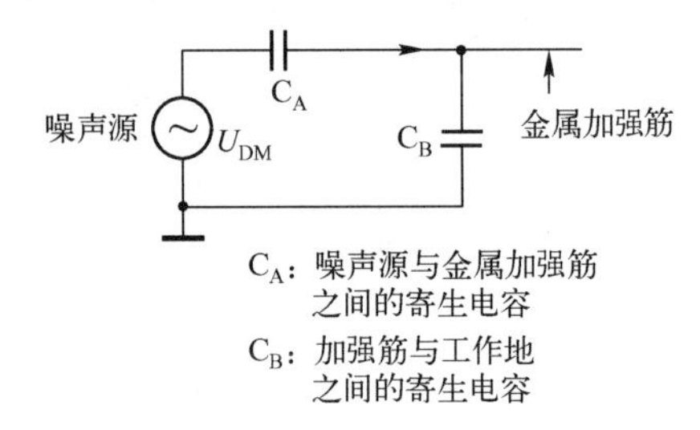

图 2. 38　悬空金属引起的共模辐射原理

图 2. 38 中的 U_{DM} 是驱动源；同时金属加强筋又是“辐射天线”。

【处理措施】

（1）取消金属加强筋。

（2）将金属加强筋与接口板面板金属部分进行良好搭接，即旁路 U_{DM}。

由于取消金属加强筋会产生光纤使用方面的问题，因此在实际操作中采用了第二种方式。修改后再进行测试，结果如图 2. 39 所示。

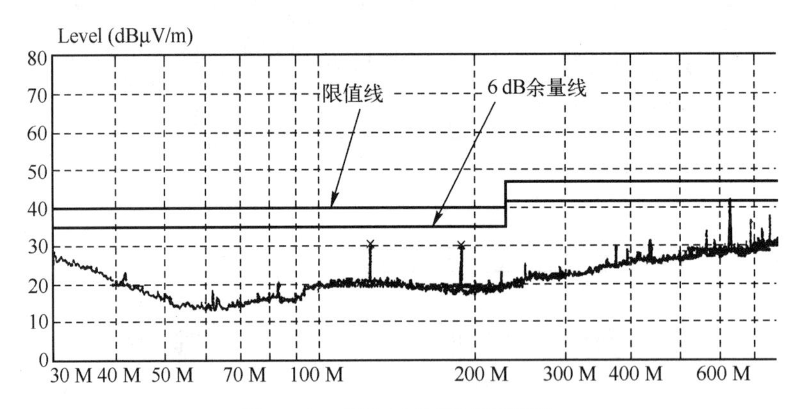

图 2. 39　修改后的测试频谱图

【思考与启示】

（1）近场辐射大，不一定远场辐射也大，这主要与辐射天线的效率及路径有关。

（2）避免悬空金属存在。悬空金属将造成在噪声源与悬空金属之间较高的共模电压，并在此共模电压的驱动下悬空金属将造成较强的辐射。特别是大面积的金属分布电容大，容易产生电场耦合。任何金属构件如果存在电位差，就可能产生共模辐射，必须把它们良好地就近接地。散热片、金属屏蔽罩、金属支架、PCB 上没被利用的金属面都应该接地。

（3）PCB 上的集成电路芯片上有时有些闲置的门电路引脚，这些引脚相当于小天线，可以接收或发射干扰，所以应该把它们就近接回流地或电源线。

（4）另外，改变共模源在天线上的位置，减小寄生电容 C_A 也是可行的方法。

2.2.7　案例 7：伸出屏蔽体的“悬空”螺柱造成的辐射

【现象描述】

某通信产品在辐射发射测试时，高频段 891 MHz 处的辐射超过裕量限值线，裕量不足 5 dB。测试结果如图 2.40 所示（363 MHz 的辐射也超标，是线缆造成的，未在此案例中总结）。

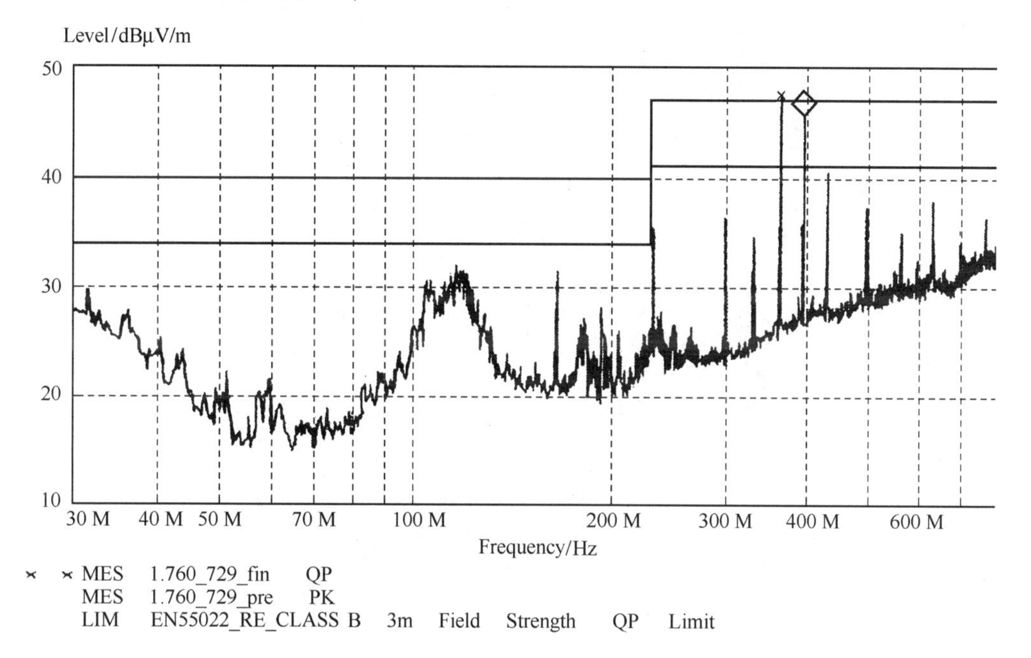

MEASUREMENT RESULT:"1760_729_fin QP"

7/29/02　5:01 PM

Frequency	Level	Transd	Limit	Margin	Height	Azimuth
Polarisation						
MHz	dBV/m	dB	BV/m	dB	cm	deg
891.000000	44.20	4.9	47.0	2.8	147.0	0.00

图 2.40　未通过的测试频谱图

【原因分析】

用近场探头对机壳面板、接口连接器、机箱缝隙等处进行探测，发现 891 MHz 频点，只在机箱上部散热器处的一小块区域发现 891 MHz 频点的辐射较大。打开机箱观察，该区域的机壳内部结构如图 2.41、图 2.42 所示。

机壳的紧固螺柱上有一金属螺柱，金属螺柱与机壳上盖板和机壳底板都以塑料螺柱连接，形成一悬浮螺柱，并伸出屏蔽体外，长度约 5 cm。这一悬浮螺柱被 PCB 上的33 MHz 的时钟驱动，形成辐射天线（891=33×27）。观察机壳剖视图，如图 2.43 所示。

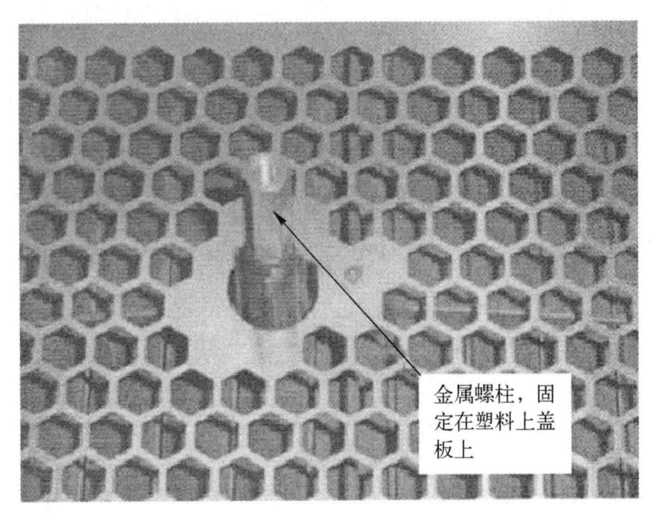

图 2. 41　机壳上盖板

注：图中网状结构为屏蔽体，其底下的部分为塑料上盖板。

图 2. 42　机壳底板

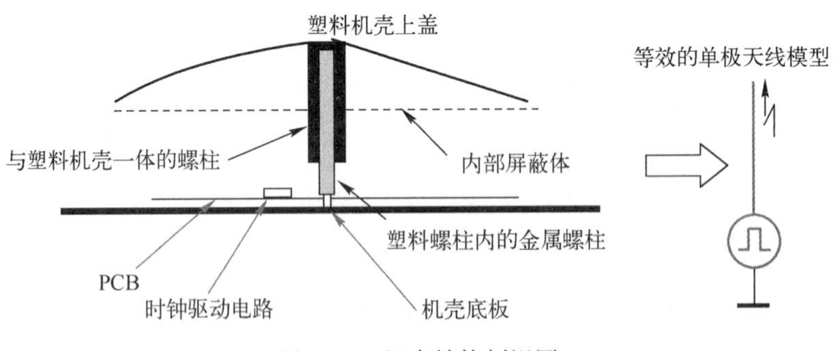

图 2. 43　机壳结构剖视图

机壳最外面为塑料材质，内部为金属网状的屏蔽体（见图 2. 41），屏蔽体中有直径为 5 mm 的散热孔，与机壳一体的塑料螺柱穿过屏蔽壳，金属螺柱固定在塑料螺柱中，并伸出屏蔽壳外，以保证机壳承受一定的压力，并且结构件无任何电连接。图 2. 43 同时也给出了形成辐射的等效原理图，实际上，金属螺柱成了辐射源为电场的单极天线，时钟驱动电路与金属螺柱之间的耦合电压成为共模辐射的电压驱动源。高频下，该螺柱中将在共模电压源的驱动下通过共模电流，用在整个单极天线长度上的流动来实现电荷的变化，并转化成电磁场能量进行辐射。

【处理措施】

对策测试中，用铜箔将螺柱接地（即与屏蔽体接在一起），进行测试，测试可以通过。测试结果如图 2.44 所示。

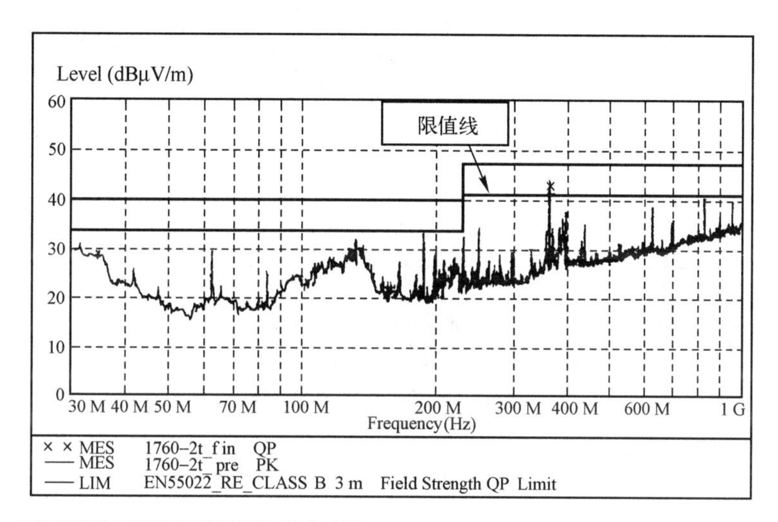

MEASUREMENT RESULT:"1760−2T_fin QP"

8/13/02　7:51 PM

Frequency	Level	Transd	Limit	Margin	Height	Azimuth	Polarisation	
MHz	dBV/m		dB	dBV/m		dB	cm	deg
363.000000	42.10		−2.0	47.0		4.9	101.0	266.00

图 2.44　对策后的测试频谱图

确定 891 MHz 的辐射确实与该螺柱有关，但是该方法在实际操作中不可行，因为需要将螺柱接到屏蔽体上，如果用焊接的方式，可加工性不好。

因此，确定尝试用两种解决方案：

（1）将金属螺柱改为塑料螺柱，但是结构强度上要进行进一步验证。

（2）将金属螺柱内缩，金属螺柱伸出了屏蔽体，等于破坏了屏蔽体的屏蔽完整性，将螺柱缩回屏蔽体内（见图 2.45），可以保证屏蔽体的完整性，同时也不影响结构的强度。

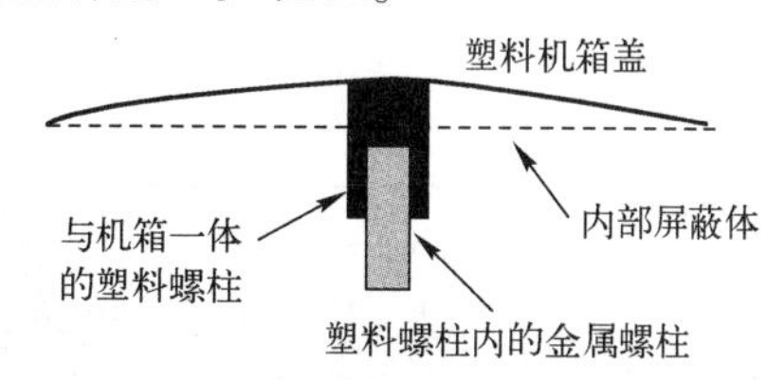

图 2.45　螺柱缩回屏蔽体内的示意图

两种方案经过 EMC 测试验证，都可以满足要求，但是由于第一种机械强度不足而不能采用，因此最终选用第二种方案，其测试结果如图 2.46 所示。

【思考与启示】

（1）避免悬空金属件的存在，“悬空”金属一定要接地或接“0 V”处理。

（2）悬空金属会成为辐射的天线，即使不能成为天线也会成为很好的耦合通道。

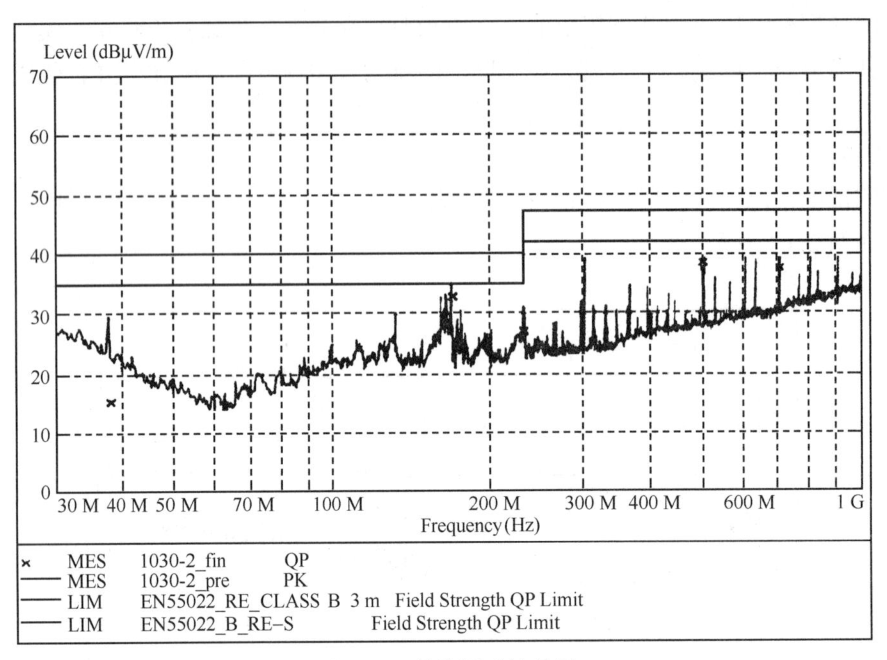

图 2.46　最终测试结果图

2.2.8　案例 8：屏蔽材料的压缩量与屏蔽性能

【现象描述】

某居住环境使用的产品，辐射发射要求符合 EN55022 的 CLASS B 限值。测试时发现在 120 MHz 附近有多个频点超标。图 2.47 是最初超标的频谱图。

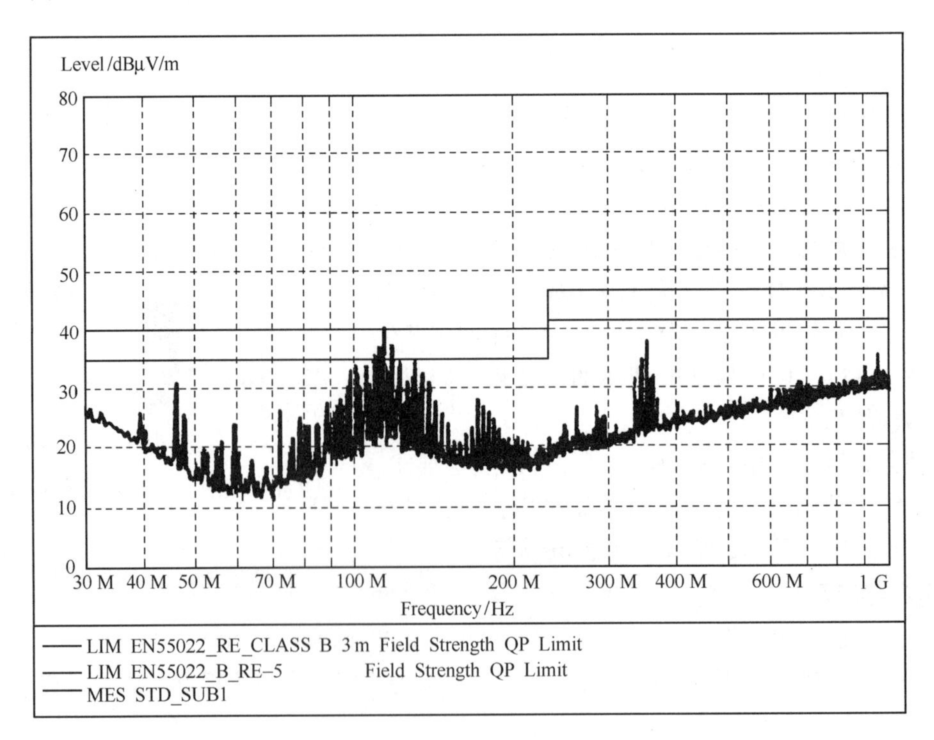

图 2.47　最初超标的频谱图

【原因分析】

为确认是否是电缆引起的辐射，拔去所有的外接电缆，辐射结果没有明显变化，依然超标。该产品采用屏蔽结构，所示必定是缝隙辐射造成的。对于缝隙天线造成的辐射用近场探头去定位是最为合适的了。在用近场探头探测的过程中发现，该产品中模块安装处（如图 2.48所示）的辐射最大。

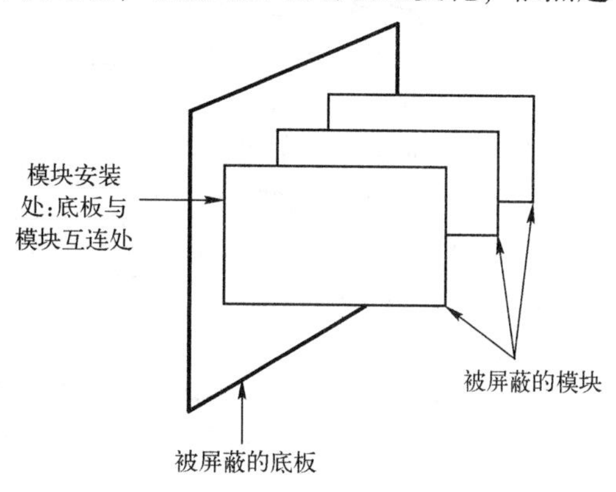

图 2.48　产品结构示意图

在产品设计之初，模块与底板的连接器处已经用导电胶条进行了屏蔽处理，并与底板的金属部分之间采用“360°”的搭接，使模块的屏蔽体与底板的屏蔽体连成一个良好的整体。那为什么用近场探头还能测到很大的辐射呢，肯定是因为导电胶条与模块屏蔽体或导电胶条与底板屏蔽体之间的“360°”搭接并不是很理想，存在阻抗不连续或结构意义上的缝隙。定位中改用一种较厚的导电橡胶后，测试通过，说明原先用的导电橡胶由于厚度不够导致导电胶条与模块屏蔽体或导电胶条与底板屏蔽体之间的压力不够，从而使导电胶压缩量不够。搭接点压力与阻抗的关系如图 2.49 所示。从图中可以看到，在压力较小的情况下，搭接点之间不能紧密接触，虽然肉眼不能看出有缝隙存在或阻抗不连续（用万用表量也许会是很低的电阻），但是放大后存在缝隙或高频下（如 100 MHz）在导电橡胶和模块屏蔽体的接触点上存在较大的阻抗。这样，当搭接点之间有共模电流流过或感应电流流过时，由于其间阻抗较大，会产生压降，这个压降驱动成为天线的缝隙，于是辐射就形成了。

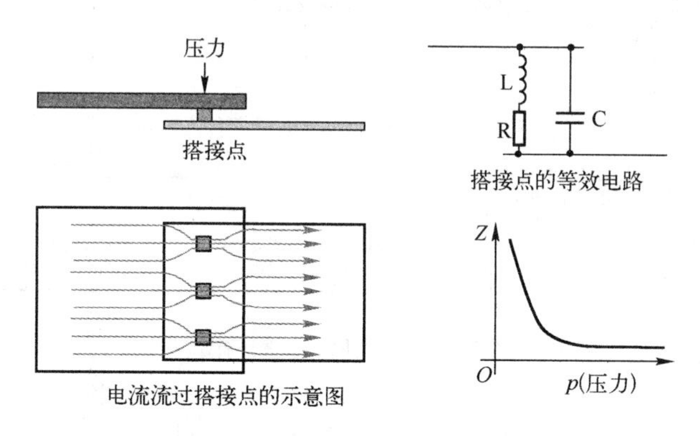

图 2.49　搭接点压力与阻抗的关系

图 2.50 所示的是该产品底板与模块的安装关系细节。

【处理措施】

根据分析及定位中的试验结果可知，用较厚的导电橡胶代替原来的导电橡胶，使导电橡胶的压缩量增加，可以满足测试要求。另外，还可以采用不更换导电橡胶，直接增加压缩量的办法，即将底板中的 PCB 垫高，如图 2.51 所示，同样可以增加导电橡胶的压缩量，使导电橡胶与模块屏蔽体真正意义上的“360°”搭接，保证电连续性。更改后的测试结果如

图 2. 52所示，结果良好。

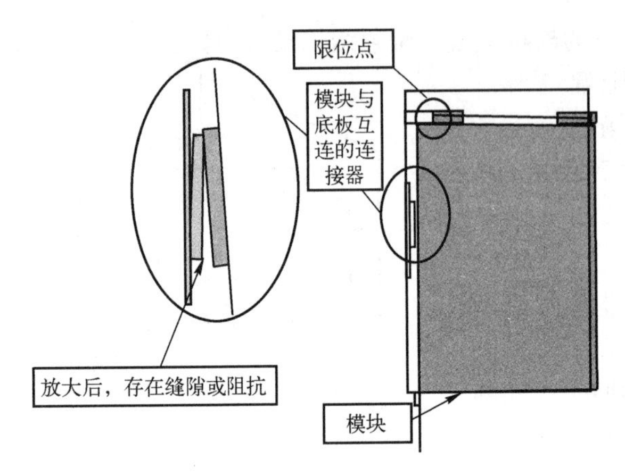

图 2. 50　底板与模块的安装关系细节

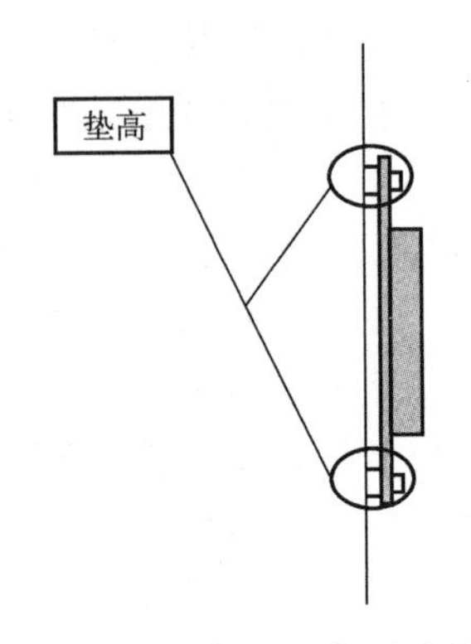

图 2. 51　垫高 PCB 板示意图

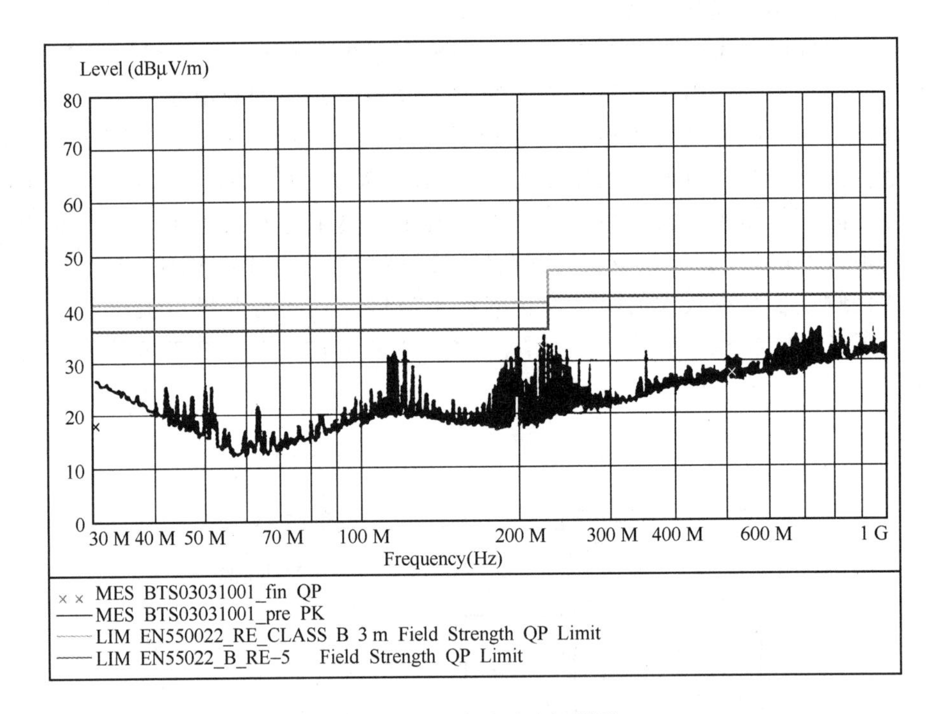

图 2. 52　更改后测试频谱图

【思考与启示】

（1）使用导电橡胶、衬垫之类的屏蔽材料时，不但要保证接触面上的良好导电性（接触面去除所有漆），而且还要保证一定的压缩量，但是要注意导电橡胶、衬垫的压缩限位问题，任何衬垫受到过量压缩时，都会损坏。衬垫损坏后，弹性变得很差，失去有效的密封作用。

（2）使用导电橡胶、村垫之类的屏蔽材料时，要注意接触面的清洁，并防止衬垫的腐蚀。否则，接触面的导电性降低，屏蔽效能降低。衬垫与屏蔽体基体之间发生电化学腐蚀一个必要条件是潮气和腐蚀性气体。因此，防止腐蚀的一个方法是用一层环境密封将电磁密封衬垫与环境隔离开。

（3）缝隙也是天线。

（4）通常，搭接点之间的电阻小于 2 mΩ，并且整个预期的等电位系统的任何两点间的电阻小于 25 mΩ，可以认为是一个 EMC 观点上搭接良好的等电位系统。

2.2.9　案例 9：开关电源中变压器初、次级线圈之间的屏蔽层对 EMI 的作用有多大

【现象描述】

某开关电源外形如图 2.53 所示。

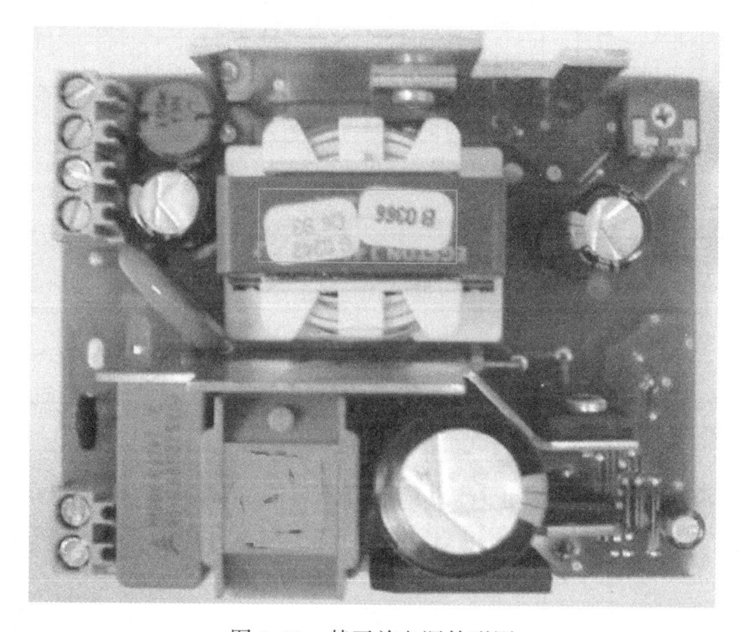

图 2.53　某开关电源外形图

图 2.53 中变压器采用屏蔽设计，屏蔽层位于初级线圈与次级线圈之间，并且屏蔽层通过导线接至初级线圈的 0 V，如图 2.54 所示。

图 2.54　变压器内部结构示意图

此电源的辐射发射与传导骚扰测试结果如图 2.55、图 2.56 所示。

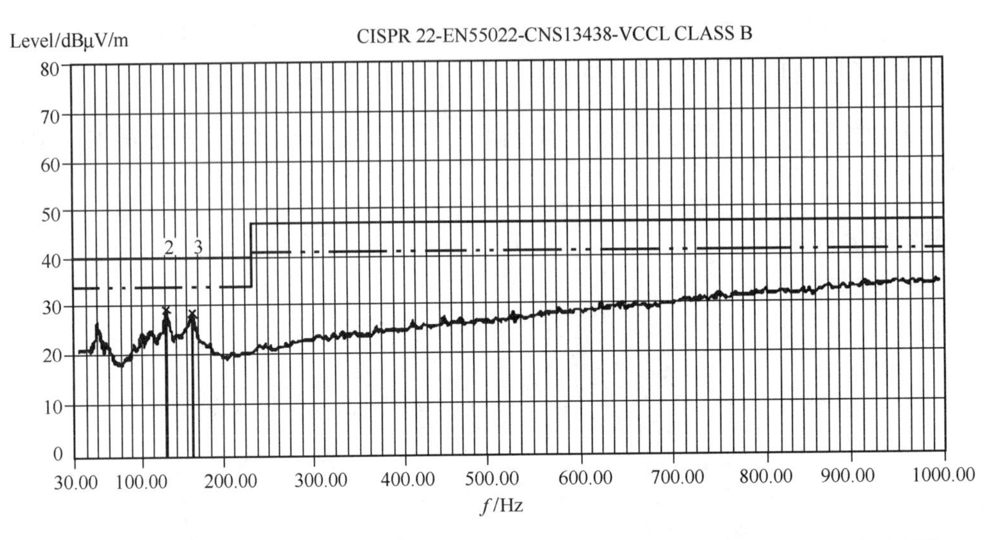

No.	Frequency MHz	Factor dB	Reading dBμV/m	Emission dBμV/m	Limit dBμV/m	Margin dB	Tower cm	Table deg
1	129. 43	15. 33	13. 38	28. 70	40. 00	−11. 30	100	19
2	129. 43	15. 33	13. 38	28. 70	40. 00	−11. 30	100	19
3	160. 95	16. 98	11. 05	28. 02	40. 00	−11. 98	100	19

图 2. 55　使用屏蔽隔离变压器时的辐射发射测试结果

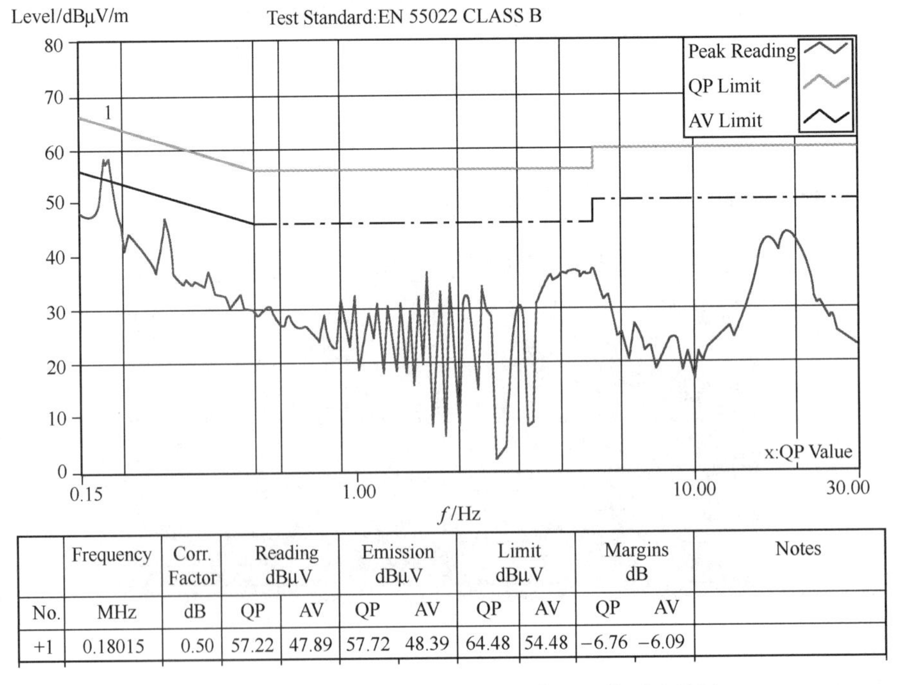

	Frequency	Corr. Factor	Reading dBμV		Emission dBμV		Limit dBμV		Margins dB		Notes
No.	MHz	dB	QP	AV	QP	AV	QP	AV	QP	AV	
+1	0.18015	0.50	57.22	47.89	57.72	48.39	64.48	54.48	-6.76	-6.09	

图 2. 56　使用屏蔽隔离变压器时的传导骚扰测试结果

从以上测试数据可以看出，该开关电源能满足 EN55022 标准中规定的 CLASS B 的要求。将该电源的变压器改成非屏蔽的变压器，即取消初级线圈与次级线圈之间的屏蔽铜箔后，再进行辐射发射与传导骚扰测试，结果分别如图 2.57、图 2.58 所示。

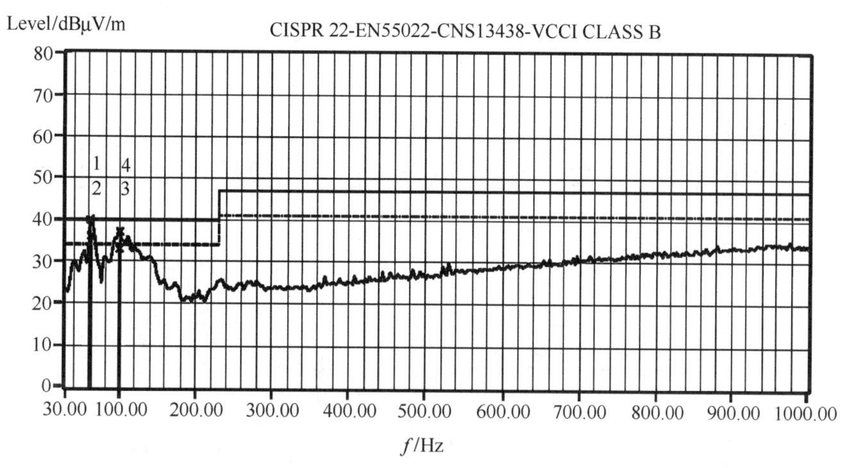

No.	Frequency MHz	Factor dB	Reading dBμV/m	Emission dBμV/m	Limit dBμV/m	Margin dB	Tower cm	Table deg
1	61.52	14.51	25.43	39.93	40.00	-0.07	—	—
2	62.42	14.34	21.73	36.07	40.00	-3.93	97	18
3	99.90	12.55	20.49	33.04	40.00	-6.96	97	106
4	100.33	12.59	24.53	37.13	40.00	-2.87	—	—

图 2.57　使用非屏蔽变压器时的辐射发射测试结果

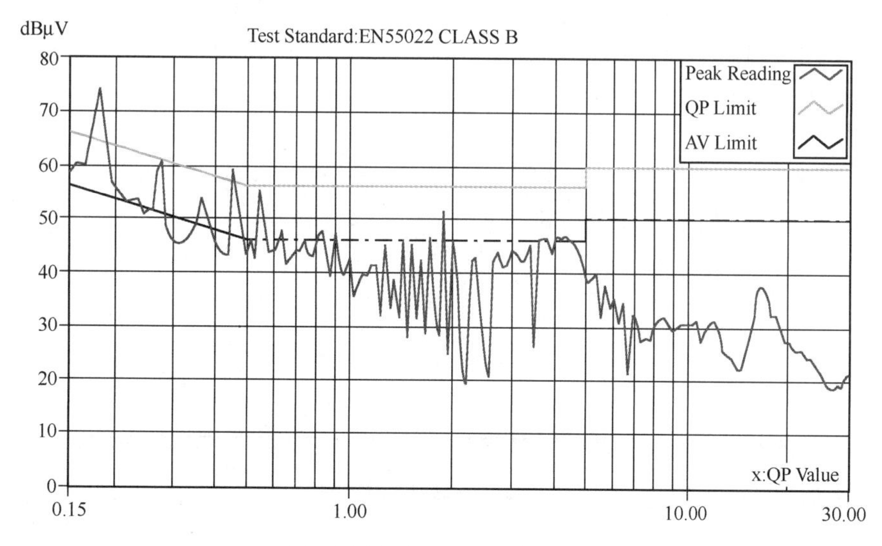

图 2.58　使用非屏蔽变压器时的传导骚扰测试结果

从测试结果可以明显看出，使用非屏蔽变压器，在传导骚扰与辐射发射的项目上均不能达到 EN55022 标准中规定的 CLASS B 要求。

【原因分析】

对开关电源来说，开关电路产生的电磁骚扰是开关电源的主要骚扰源之一。开关电路是开关电源的核心，主要由开关管和高频变压器组成。它产生的 dU/dt 是具有较大幅度的脉冲，频带较宽且谐波丰富。其骚扰传递示意图如图 2.59 所示。

这种脉冲骚扰产生的主要原因有以下两个方面。

（1）开关管负载为高频变压器初级线圈，是感性负载。在开关管导通瞬间，初级线圈产生很大的涌流，并在初级线圈的两端出现较高的浪涌尖峰电压；在开关管断开瞬间，由于初级线圈的漏磁通，致使一部分能量没有从一次线圈传输到二次线圈，储藏在电感中的这部分能量将和集电极电路中的电容、电阻形成带有尖峰的衰减振荡，叠加在关断电压上，形成关断电压尖峰。这种电源电压中断会产生与初级线圈接通时一样的磁化冲击电流瞬变，这个噪声会传导到输入/输出端，形成传导骚扰。

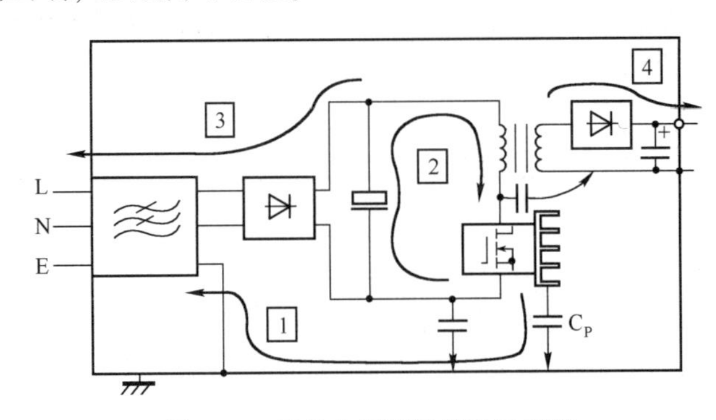

图 2.59　开关电源骚扰传递示意图

（2）脉冲变压器初级线圈，开关管和滤波电容构成的高频开关电流环路可能会产生较大的空间辐射，形成辐射骚扰。如果电容滤波容量不足或高频特性不好，电容上的高频阻抗会使高频电流以差模方式传导到交流电源中形成传导骚扰。同时变压器的初、次级之间存在分布电容，使得初级回路中产生的骚扰向次级回路传递，如图 2.60 所示，一方面加大骚扰传递环路，另一方面将有更多的电流流入 LISN，从而进一步恶化其 EMI 特性。

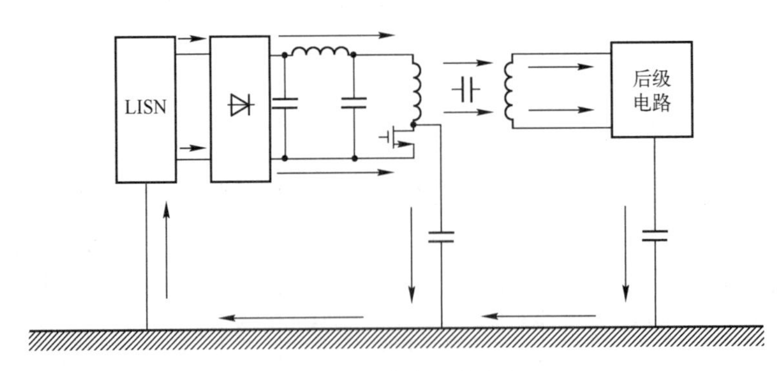

图 2.60　骚扰传递方向图

图 2.60 的等效电路如图 2.61 所示。

在变压器中增加屏蔽层，并与初级回路的 0 V 相接后，如图 2.62 所示，相当于截断骚扰向后传递的路径。从等效电路（见图 2.63）上看是将骚扰源封闭在了较小的环路内，从而抑制传导发射骚扰与辐射发射骚扰（注：图 2.62 中的 A 点即为等效电路图 2.63 中的 A 点）。

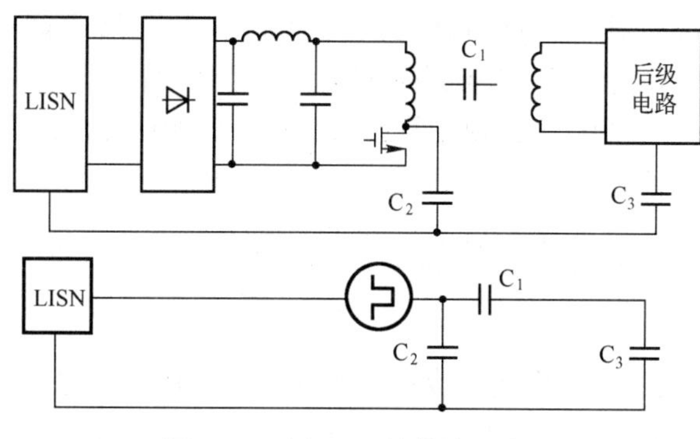

图 2.61　图 2.60 的等效电路图

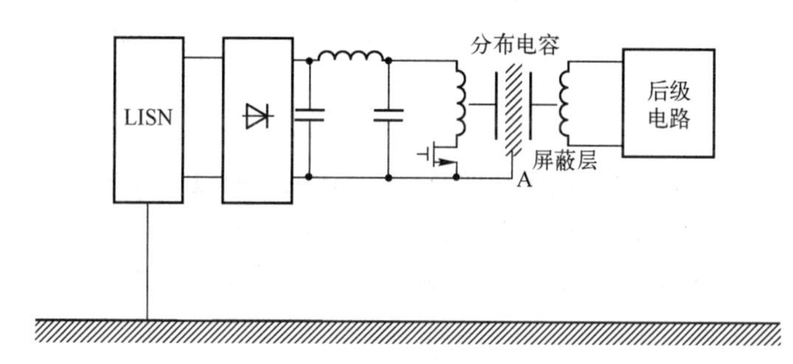

图 2.62　变压器屏蔽层接地在原理图中的位置

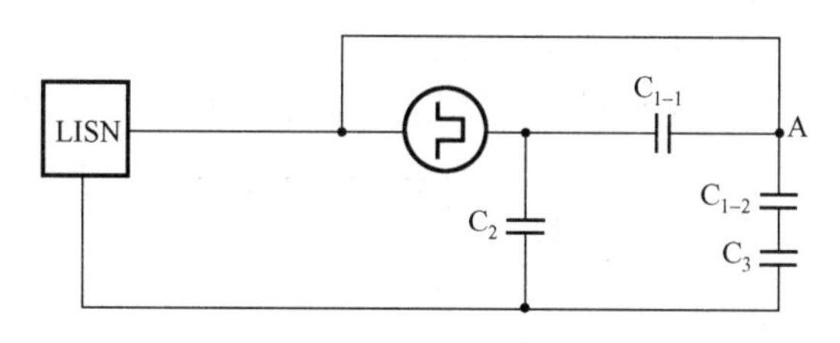

图 2.63　图 2.62 的等效电路图

【处理措施】

开关电源变压器初级的共模噪声向次级噪声传递是开关电源产品 EMI 问题的一个主要原因，为截断这种传递的路径，需要在绕制变压器时，在初级与次级之间加上屏蔽层，并接至直流地上或直流的高压端。小成本将带来大的收获。

为了保证发挥屏蔽层良好的隔离作用，屏蔽层与直流地或直流的高压端连接要保证“零阻抗”，这是屏蔽效果好坏的关键。实践证明，具有长宽比小于 5，且没有任何缝隙，通孔的单一金属导体具有极低的阻抗。

【思考与启示】

(1) 在变压器中采用屏蔽技术，可以有效地抑制开关电源中共模噪声向后一级电路传输。这种屏蔽并非一般意义上的电磁屏蔽，而是一种静电屏蔽，屏蔽层要求接地（或接 0 V，或接另一极）；电磁屏蔽用的导体原则上可以不接地，但对于静电屏蔽来说，不接地的屏蔽导体会产生所谓“负静电屏蔽”效应。

(2) 类似这种屏蔽技术在开关电源中还有一种应用，如功率开关管和输出二极管通常有较大的功率损耗，为了散热往往需要安装散热器或直接安装在电源底板上。器件安装时需要导热性能好的绝缘片进行绝缘，这就使器件与底板和散热器之间产生了分布电容，即图 2.59中的 C_P，开关电源的底板是交流电源的地线，因而通过器件与底板之间的分布电容将电磁骚扰耦合到交流输入端产生共模干扰，解决这个问题的办法是在两层绝缘片之间夹一层屏蔽片，并把屏蔽片接到直流地上，割断 RF 骚扰向输入电网传播的途径。

2.2.10 案例 10：金属外壳接触不良与系统复位

【现象描述】

在对某产品进行静电放电抗扰度试验时，当对某接口 PCB（纯模拟电路）中的 DB 连接器外壳进行静电放电（-4 kV 接触放电）时，与该 PCB 相连（通过母板）的 PCB 出现复位现象。后检查该板的 DB 连接器，发现 DB 连接器的外壳没有与金属面板形成良好的连接，用导电胶将 DB 连接器外壳与金属面板连接后，再进行测试（-6 kV 接触放电），工作一切正常。

【原因分析】

静电放电是一种高能量，宽频谱的电磁骚扰。它主要通过两种途径来干扰被测设备：一种是直接能量，主要是瞬间接触的大电流造成内部电路的误动作或损坏；另一种是空间耦合。由于 ESD 的前沿时间很短，约 0.7 ns，其频谱范围可以达到数百兆赫，稍微长一点的导线都可能形成有效的耦合。

在试验中，仔细检查发现，PCB 的金属面板与 DB 连接器外壳之间的接触并不是很良好，DB 连接器外壳没有与金属面板做固定的电连接，两者之间明显有很大的缝隙，用电路的眼光去看该缝隙就是一个阻抗，所以在阻抗存在的情况下，在外壳上的静电放电电流（如图 2.64 中虚线 B 所示）就会在阻抗上产生较高的压降 ΔU，如图 2.64 所示。

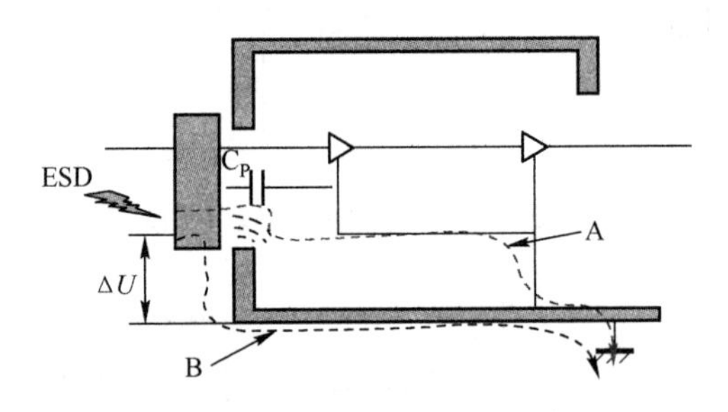

图 2.64　ESD 分析原理示意图 1

由于 DB 连接器外壳及机壳与内部电路的地平面、信号线之间都存在分布电容，其中与 PCB 中地平面之间的分布电容最大，如图 2.64 中 C_P 所示，该分布电容在静电放电高频干扰的情况下是不容忽略的。在 ΔU 存在的情况下，必然导致一部分静电放电电流经分布电容 C_P 流向地平面，最后流向大地，如图 2.64 中虚线 A 所示（注：本产品电路工作地与外壳地在某处相连，其实即使不连，也会通过分布电容流向大地，所以采用断开电路工作地与外壳地的方式来解决此问题是不可行的）。

实际上，工作地平面也并不是很完整（完整的、无过孔的地平面阻抗可以认为是 3 MΩ），存在一定的阻抗，如存在过孔、过孔造成的缝隙等，如图 2.65 所示。当电流流经工作地平面时，由于阻抗的存在，就会出现压降 ΔU_1，就是这个 ΔU_1 造成了对电路的干扰（更详细的分析可以参考案例 60）。

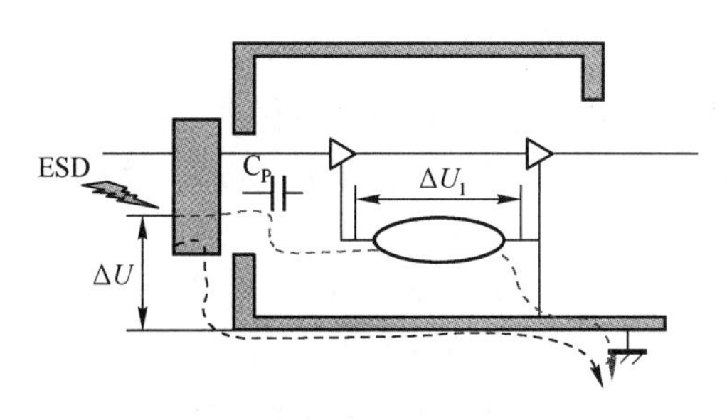

图 2.65　ESD 分析原理示意图 2

还有一点值得注意，图 2.64 中 ΔU 的存在也给辐射的产生提供了可能，通过空间直接影响内部信号线。

通过以上分析，对于本案例表面上也可以这样理解：干扰信号很难较快地泄放，这时就通过 DB 连接器外壳耦合到该 PCB 的电路上，由于该 PCB 由一些变压器和一些模拟器件构成，所以在测试时不存在复位死机等现象，而与其相近（连接在同一背板上）的数字电路板，当耦合到静电放电引起的干扰时，出现以上所描述的异常现象。用导电胶将 DB 连接器外壳与金属面板连接后，一方面由于静电干扰信号有就近泄放的特点，在静电放电时，静电干扰很快通过机柜被泄放到大地上，静电干扰根本没有机会进入 PCB 内部；另一方面用导电铜胶带直接将 DB 连接器外壳与该板的金属面板连接后，使机柜有了更好的屏蔽效果，在静电泄放过程中产生的电磁场被屏蔽在机柜外部，从而保护了 PCB，使得 PCB 保持正常的工作状态。

【处理措施】

为了保证 DB 连接器与金属面板良好的电气连接，将 DB 连接器通过螺钉固定在金属面板上面，使 DB 连接器与金属面板紧密连接，则 DB 连接器外壳与该板金属面板两者之间具有良好的电连续性。这样不仅能提高整机的屏蔽效能，还能使静电骚扰电流通过金属面板及机框很快地泄放掉，问题得到了解决。

【思考与启示】

防止静电干扰直接耦合进 PCB 的一个有效方法是将静电干扰信号用接地金属体直接导引至地。因此在放电点与接地点之间若不是导电整体（通过机械连接）的情况下，就要特别注意其连接处的电连续性。

2.2.11　案例 11：静电放电与螺钉

【现象描述】

在对某型号的路由器进行 ESD 测试的过程中，发现仅对路由器施加±4 kV 的静电放电干扰就会使路由器死机。仔细检查该设备就发现了问题的所在，路由器的 WAN 口上的螺钉没有上，而且机壳内部部分地方有绝缘漆，这使得机壳间不能保持较好的电连续性，进而造成路由器对 ESD 干扰敏感。

【原因分析】

静电放电时，通常通过以下 4 种方式影响电子设备：

（1）初始的电场能容性耦合到表面积较大的网络上，并在离 ESD 电弧 100 mm 处产生高达数千伏每米的高电场。

（2）电弧注入的电荷、电流可以产生以下的损坏和故障：① 穿透元器件的内部薄绝缘层，损毁 MOSFET 和 CMOS 的元器件栅极；② CMOS 器件中的触发器锁死；③ 短路反偏的 PN 结；④ 短路正向偏置的 PN 结；⑤ 熔化有源器件内部的焊接线或铝线。

（3）电流会导致导体上产生电压脉冲（$U=L\mathrm{d}i/\mathrm{d}t$），这些导体可能是电源、地或信号线，这些电压脉冲将进入与这些网络相连的每一个元器件。

（4）电弧会产生一个频率范围在 1～500 MHz 的强磁场，并感性耦合到邻近的每个布线环路中，在离 ESD 电弧 100 mm 远处的地方产生高达数十安每米的磁场。电弧辐射的电磁场会耦合到长的信号线上，这些信号线起到了接收天线的作用。

对于本案例出现问题的解释，完全可以参考案例 10，只是这里出现的是螺钉而非 DB 连接器。

【处理措施】

去除绝缘漆，使静电泄放通道保持良好的电连续性。实践证明，具有长宽比小于 5，且没有任何缝隙、通孔的单一金属导体具有良好的电连续性。

【思考与启示】

（1）接地导体的电连续性设计对提高系统的抗 ESD 能力极为重要。

（2）ESD 定位中，在金属搭接点测试中出现问题，首先要检查搭接是否良好。

（3）喷漆导致电连续性不好是结构设计、工艺处理中 EMC 的常见问题。从这方面来讲，产品良好的 EMC 特性，不仅是设计出来的，还包括工艺、生产、流程等。

2.2.12　案例 12：怎样接地才有利于 EMC

【现象描述】

某产品的结构如图 2.66 所示。

在进行电源端口±2 kV、信号端口±1 kV 的电快速瞬变脉冲群（EFT/B）测试时发现，当 P_1、P_2、P_3 同时接地时，测试均不能通过；当只有 P_1 接地时，电源口的 EFT/B 测试可以通过，信号电缆 1 与信号电缆 2 测试均不能通过；当 P_1、P_2 接地、P_3 不接地时，电源口与信号电缆 1（屏蔽电缆）的 EFT/B 测试可以通过，但是信号电缆 2（屏蔽电缆）的 EFT/B 测试不能通过；当 P_1、P_3 接地、P_2 不接地时，电源口与信号电缆 2 的 EFT/B 测试可以通过，但是信号电缆 3 的 EFT/B 测试不能通过；当 P_1、P_2、P_3 都接地时，所有端口的 EFT/B 测试不能通过。

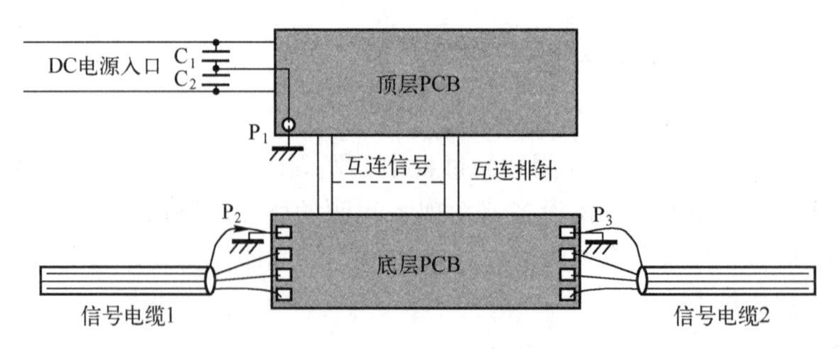

图 2.66　产品大致结构图

从以上结果看，没有一种接地方式可以让产品所有端口的 EFT/B 测试通过。

【原因分析】

要分析原因，先大致看看 EFT/B 信号干扰测试的特点与实质。EFT/B（电快速瞬变脉冲群），由电路中的感性负载断开时产生。其特点是不是单个脉冲，而是一连串的脉冲，图 1.12所示的是电快速瞬变脉冲群波形，而且其单个脉冲波形前沿 t_r 可达 5 ns，半宽 T 可达 50 ns，这就注定了脉冲群干扰具有极其丰富的谐波成分。幅度较大的谐波频率至少可以达到 $1/\pi t_r$，即可以达到约 60 MHz，电源线、EUT、信号线与参考接地板之间均有寄生电容存在。这些寄生电容的存在给 EFT/B 干扰提供了高频的注入路径。因此，试验时 EFT/B 干扰电流会以共模的形式通过各种寄生电容注入到电路的各个部位，如图 2.67 所示，对电路产生较大的影响。

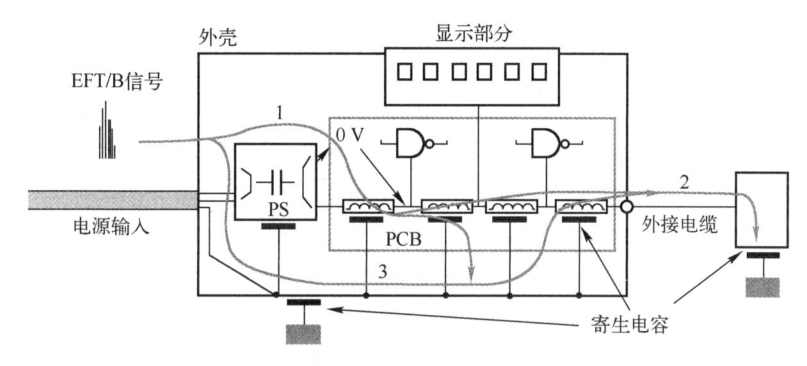

图 2.67　EFT/B 干扰影响设备电路

一连串的脉冲可以在电路的输入端产生累计效应，使干扰电平的幅度最终超过电路的噪声门限。从这个机理上看，脉冲串的周期越短，对电路的影响越大。当脉冲串中的每个脉冲相距很近时，电路的输入电容没有足够的时间放电，就又开始新的充电，容易达到较高的电平。当这个电平足以影响电路正常工作时，系统就表现出受到干扰。

实际上在 EFT/B 试验中，整个试验的原理图如图 2.68 所示。

图 2.68 中，EFT 为干扰源，测试时，干扰源分别施加在 DC 电源口、signal cable1 上与 signal cable2 上；C_1、C_2 是 EUT 电源输入口的 Y 电容；C_3、C_4 是信号电缆对参考地的分布电容；P_1、P_2、P_3 分别是三个可以接地的接地点；顶层 PCB 与底层 PCB 分别是这个 EUT 中的放置在上面的 PCB 和放置在下面的 PCB，两板信号之间通过排针互连。$Z_1 \sim Z_n$ 表示信号排针的阻抗；Z_{g1}表示地排针的阻抗；Z_{g2}表示 P_2、P_3 之间互连 PCB 印制布线的阻抗。

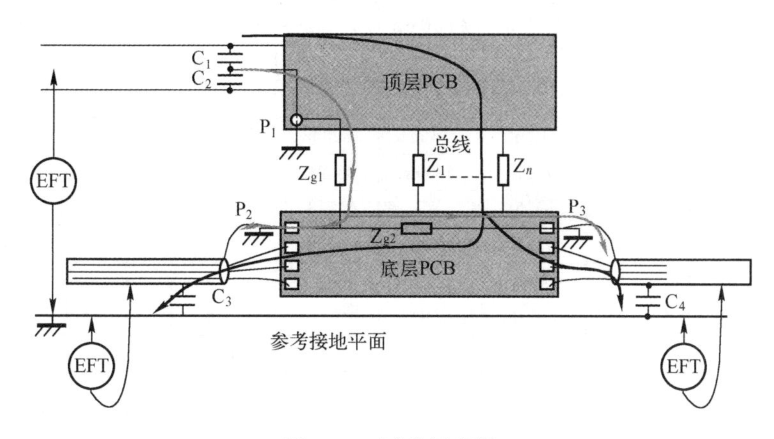

图 2.68　试验原理图

EFT/B 干扰造成设备失效的机理是利用干扰信号对设备线路结电容的充电，在上面的能量积累到一定程度之后，就可能引起线路（乃至系统）出错。这个结电容充电的过程也就是 EFT/B 干扰的共模电流流过 EUT 的过程，流过 EUT 的共模电流的大小和时间直接决定了 EFT/B 试验结果。

图 2.68 中的箭头线表示试验时共模电流的流向，由此可见，在 EFT/B 的干扰源的远端接地会促进 EFT/B 共模电流流过 EUT 内部电路，当共模电流流过内部电路时，电流流经的阻抗是决定干扰影响度的关键。如果阻抗较大，则会有较大的压降产生，即 EUT 会受到较大的干扰；如果阻抗较小则反之。在本产品中，上、下板之间通过排针互连显然高频下阻抗较大（一般一个 PCB 上的接插件，有 520 μH 的分布电感；一个双列直插的 24 引脚集成电路插座，引入 4~18 μH 的分布电感）。三个接地点之间也只是通过较窄的 PCB 布线互连，阻抗也较大。从这方面来说，该 EUT 一方面需要单点接地来减小共模电流流过 EUT 内部电路。另一方面，从阻抗分析及试验现象上看，三个接地点之间存在区别，或者说三个接地点之间存在较大的阻抗，这样一来需要通过一定的方法来降低三个接地点之间的阻抗，以使共模电流流过时，压降较小，这对试验成功也非常有利。

关于地线的阻抗问题再做以下补充说明：

谈到因地线阻抗引起的地线上各点之间的电位差能够造成电路的误动作，许多人觉得不可思议。用欧姆表测量地线的电阻时，地线的电阻往往在毫欧姆级，电流流过这么小的电阻时怎么会产生这么大的电压降，导致电路工作的异常。

要搞清这个问题，首先要区分开导线的电阻与阻抗两个不同的概念。电阻指的是在直流状态下导线对电流呈现的阻抗，而阻抗指的是交流状态下导线对电流的阻抗，这个阻抗主要是由导线的电感引起的。任何导线都有电感，当频率较高时，导线的阻抗远大于直流电阻，表 2-2 给出的数据说明了这个问题。在实际电路中，干扰的信号往往是脉冲信号，脉冲信号包含丰富的高频成分，因此会在地线上产生较大的电压。对于数字电路而言，干扰的频率是很高的，因此地线阻抗对数字电路的影响是十分可观的。

表 2-2　导线的阻抗 Ω

频率/Hz	$D=0.65$		$D=0.27$		$D=0.065$		$D=0.04$	
	$L=10$ cm	$L=1$ m	$L=10$ cm	$L=1$ m	$L=10$ cm	$L=1$ m	$L=10$ cm	$L=1$ m
10	51.4 μ	517 μ	327 m	3.28 m	5.29 m	52.9 m	13.3 m	133 m
1 k	429 μ	7.14 m	632 μ	8.91 m	5.34 m	53.9 m	14 m	144 m
100 k	42.6 m	712 m	54 m	828 m	71.6 m	1.0	90.3 m	1.07
1 M	426 m	7.12	540 m	8.28	714 m	10	783 m	10.6
5 M	2.13	35.5	2.7	41.3	3.57	50	3.86	53
10 M	4.26	71.2	5.4	82.8	7.14	100	7.7	106
50 M	21.3	356	27	414	35.7	500	38.5	530
100 M	42.6		54		71.4		77	
150 M	63.9		81		107		115	

注：D 为导线直径；L 为导线长度。

如果将 10 Hz 时的阻抗近似认为是直流电阻，可以看出当频率达到 10 MHz 时，对于1 m 长的线，它的阻抗是直流电阻的 1000 倍至 10 万倍。因此对于射频电流，当电流流过地线时，电压降是很大的。

从表 2-2 还可以看出，增加导线的直径对于减小直流电阻是十分有效的，但对于减小交流阻抗的作用很有限。而在 EMC 中，人们最关心的是交流阻抗。为了减小交流阻抗，常常采用平面的方式，就像 PCB 中设置完整的地平面或电源平面那样，而且尽量减少过孔、缝隙等，当然也可以用金属结构件来作为不完整地平面的补充，以降低地平面阻抗。一般可以认为完整的、无过孔的地平面上任何两点间在 100 MHz 的频率时，阻抗可以认为是 3 mΩ，在这种地平面下，对于 TTL 电路至少可以承受 600 A 的脉冲电流（即 600 A 电流流过是产生 1.8 V 的压降），而电快速瞬变的最大电流在 4 kV 以下也只有 80 A（受电快速瞬变脉冲群发生器 50 Ω 内阻的限制）。在实际应用中，地平面往往会出现过孔或由过孔造成的缝隙、开槽，如图 2.69 所示。

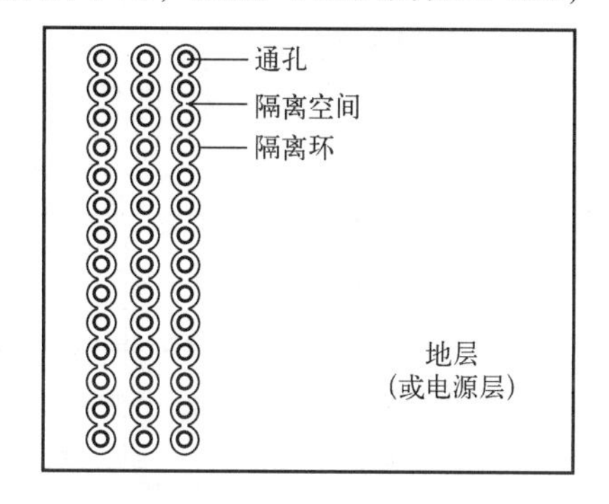

图 2.69　地平面出现槽的实例

每 1 cm 长的缝隙就会造成 10 nH 电感，那么当有 80 A电流流过时就会产生压降：

$$U = L\mathrm{d}I/\mathrm{d}t = 160\ \mathrm{V}$$

式中，L 为缝隙造成的电感，这里假设 1 cm 长的缝隙就会造成 10 nH；$\mathrm{d}I$ 为快速瞬变脉冲造成的电流，这里假设最大 80 A；$\mathrm{d}t$ 为快速瞬变脉冲造成的电流的上升沿时间，这里取 5 ns。

160 V 显然对 TTL 电路来说是个非常危险的电压，此时必须通过接地、滤波、金属平面等方式来解决电快速瞬变干扰问题。可见，具有完整的地平面对提高抗干扰能力的重要性，尤其对于不接地的设备来讲，完整的地平面显得更为重要。

【处理措施】

从以上的分析可以得出以下主要解决方式：

（1）将多个接地点改成单个接地点，即图 2.68 中的 P_2、P_3 仅接电缆的屏蔽层，取消试验并在实际使用时接参考地的接地线，仅保留 P_1 用来试验和实际使用时接地。

（2）用一块金属片将 P_1、P_2、P_3 连接在一起，而且保证 P_1、P_2、P_3 的任何两点间的长宽比小于 3，即保证很低的阻抗。

经过以上两点改进后，再进行试验，测试通过。电源端口通过±2 kV 测试，信号端口通过±1 kV 测试。

【思考与启示】

（1）在高频的 EMC 范畴中，多点接地时的各个接地点之间的等电位连接对 EMC 非常重要，确认等电位连接的可靠方式是确认任何两点间的导体连接部分长宽比小于 5（长宽比小于 3 将取得更好的效果）。

（2）相对于 EFT/B 干扰源的远端接地对 EUT 的抗干扰能力是不利的，这样必然促进干扰的共模电流流过电路的地平面。

（3）接地平面的完整不但对 EMS 有很重要的作用，同样对 EMI 也很重要。

（4）有关接地系统所关心的重要领域包括：

- 通过对高频元件的仔细布局，减小电流环路的面积或使其极小化。
- 对 PCB 或系统分区时，使高带宽的噪声电路与低频电路分开。
- 设计 PCB 或系统时，使干扰电流不通过公共的接地回路影响其他电路。

- 仔细选择接地点以使环路电流、接地阻抗及电路的转移阻抗最小。
- 把通过接地系统的电流考虑为注入或从电路中流出的噪声。
- 把非常敏感（低噪声容限）的电路连接到一稳定的接地参考源上，敏感电路所在区域的地平面阻抗最小。

2.2.13　案例 13：散热器形状影响电源端口传导发射

【现象描述】

某充电器在电源端口的传导骚扰测试结果如图 2.70 所示。

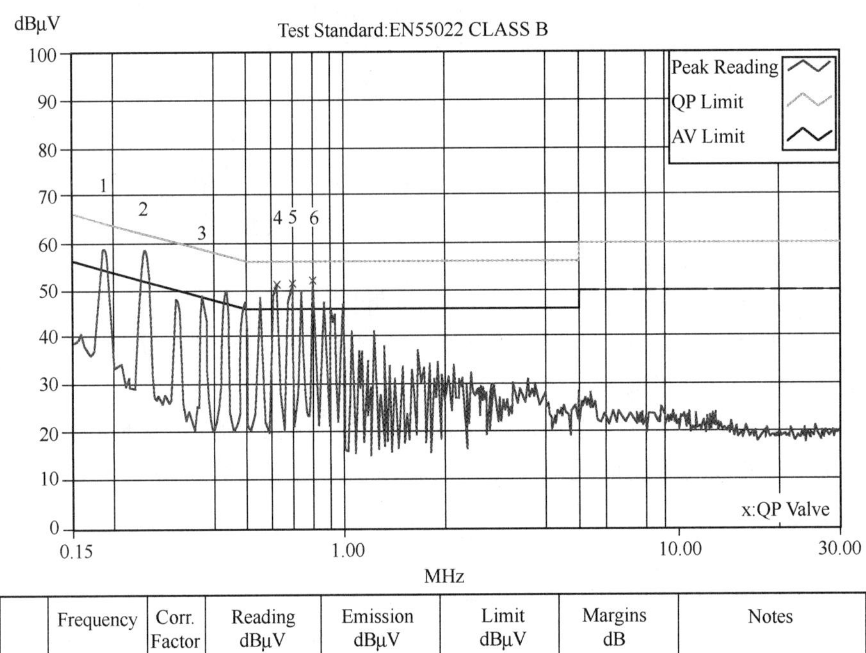

	Frequency	Corr. Factor	Reading dBμV		Emission dBμV		Limit dBμV		Margins dB		Notes
No.	MHz	dB	QP	AV	QP	AV	QP	AV	QP	AV	
1	0.18516	0.50	57.23	51.45	57.73	51.95	64.25	54.25	−6.52	−2.30	
2X	0.24766	0.50	53.78	51.79	54.28	52.29	61.84	51.84	−7.56	0.45	
3	0.36875	0.50	47.96	43.32	48.46	43.82	58.53	48.53	−10.07	−4.71	
+4X	0.62734	0.50	51.26	46.14	51.76	46.64	56.00	46.00	−4.24	0.64	
5	0.69766	0.50	51.43	42.82	51.93	43.32	56.00	46.00	−4.07	−2.68	
6	0.81016	0.50	51.22	43.89	51.72	44.39	56.00	46.00	−4.28	−1.61	

图 2.70　传导发射测试结果

可见，该充电器的电源端口不能达到 EN55022 标准中规定的 CLASS B 限值的要求。

【原因分析】

前面的章节中已经对开关电源的 EMC 实质有所描述，即对开关电源来说，开关电路（主要由开关管和高频变压器组成）产生的电磁骚扰是开关电源的主要骚扰源之一。开关电路产生的是脉冲信号，这种脉冲骚扰产生的主要原因是开关管负载为高频变压器初级线圈，是感性负载。在开关管导通瞬间，初级线圈产生很大的涌流，并在初级线圈的两端出现较高的浪涌尖峰电压；在开关管断开瞬间，由于初级线圈的漏磁通，致使一部分能量没有从初级线圈传输到次级线圈，储藏在电感中的这部分能量将和集电极电路中的电容、电阻形成带有尖峰的衰减振荡，叠加在关断电压上，形成关断电压尖峰。这种电源电压中断会产生与初级线圈接通时一样的磁化冲击电流瞬变，这个噪声会传导到输入/输出端，形成传导骚扰，重者有可能击穿开关管。

为便于分析，在本案例中，把这种脉冲信号适当简化，用图 2.71 所示的脉冲信号表示，脉冲信号的基频为 150 kHz，并且图 2.71 也示出了该周期脉冲信号的频谱包络曲线。如果根据傅里叶级数展开的方法，可用式（2.1）计算出信号所有各次谐波的电平。可见，开关电路产生的脉冲信号是由很多不同频率分量的信号组成的。

$$A_n = 2U_0\, t_W/T \qquad \{\sin(n\, F_0 T)/(n\, f_0 T)\} \qquad \{\sin(n\, F_0 t_r)/(n\, f_0 t_r)\} \qquad (2.1)$$
$$n = 1, 2, 3, \cdots$$

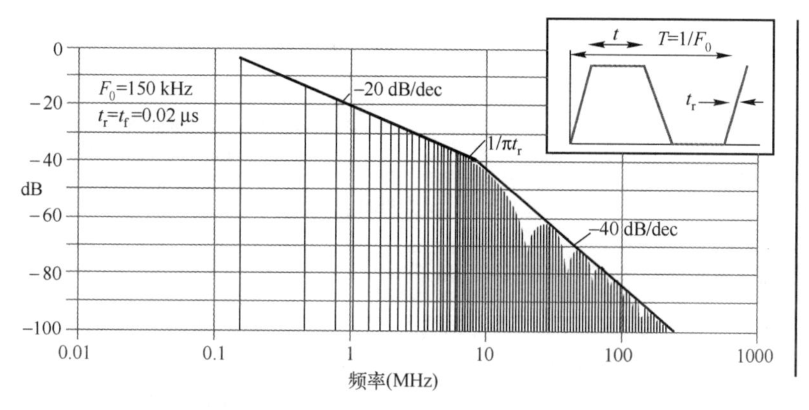

图 2.71　开关电源产生的脉冲信号及频谱

式中，A_n 为脉冲中第 n 次谐波的电平；F_0 为脉冲信号的基频；U_0 为脉冲的电平；T 为脉冲串的周期；t_W 为脉冲宽度；t_r 为脉冲的上升时间。

虽然开关电源具有各式各样的电路形式，但它们的核心部分都是一个高电压、大电流的受控脉冲信号源。假定某 PWM 开关电源脉冲信号的主要参数为：$U_o = 500$ V，$T = 2\times10^{-5}$ s，$t_W = 10^{-5}$ s，$t_r = 0.4\times10^{-6}$ s，则其谐波电平如图 2.72 所示。

图 2.72 中开关电源内脉冲信号产生的谐波电平，对于其他电子设备来说就是 EMI 信号，这些谐波电平可以从对电源线的传导骚扰（频率范围为 0.15~30 MHz）和辐射发射（频率范围为 30~1000 MHz）的测量中反映出来。在图中，基波电平约 160 dBμV，500 MHz 对应的电平约 30 dBμV，所以，要把开关电源的 EMI 电平都控制在标准规定的限值内，是有一定难度的。

既然开关电路是开关电源的核心，而且它产生的 dU/dt 具有较大辐度的脉冲，频带较宽且谐波丰富。这是很难改变的事实，但是它的传输路径是可控的。所以，对于开关电源来说，控制骚扰的传输路径也是开关电源 EMC 设计的一个重要部分。

图 2.72　开关电源的谐波电平

功率开关管是开关电源中形成前面所述脉冲信号的关键器件，它通常有较大的功率损耗，为了散热往往需要安装散热器并与开关管的漏极（集电极）相连（即使不直接相连也会通过分布电容耦合），在这种情况下，散热器也成为了开关电源核心骚扰源中的一部分，图 2.73 举例说明了散热器对 EMI 的影响。散热器面积较大的特点，使散热器表面很容易与其他相对应的 PCB 印制线、器件、电源线、地平面等形成较大的寄生电容，而成为传导骚扰的“祸源”。在 EMC 考虑的频率范围内，千万不要小看这些很小的寄生电容，以图 2.73（a）所示的情况为例，若 $C_{S1}=0.1\ \text{pF}$（很小的一个电容值），$U_{S1}=300\ \text{V}$；当频率为 150 kHz 时，LISN 测试到的传导骚扰电压为 1400 μV，这一值已经远远超过了标准 EN55022 中规定的 CLASS B 的限值要求了（150 kHz 时为 630 μV）。再以图 2.73（b）所示的情况为例，若 $C_{S2}=0.1\ \text{pF}$，$U_{S2}=300\ \text{V}$；当频率为150 kHz时，LISN 测试到的传导骚扰电压为 700 μV，这一值也超过了标准 EN55022 中规定的 CLASS B 的限值要求了。

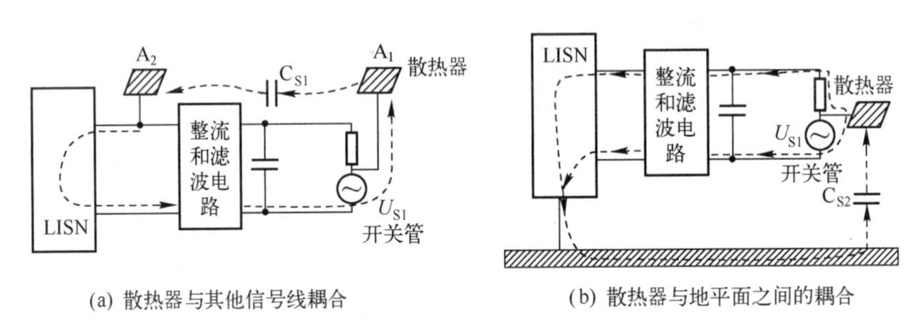

(a) 散热器与其他信号线耦合　　(b) 散热器与地平面之间的耦合

图 2.73　散热器引起的耦合

* 注：平面间耦合电容 C_S 可以估算如下：

$$C_S=C_i+C_p$$

C_i(固有电容，单位为 pF) = 35 · D(平面对角线长度，单位为 m)

C_p(平面电容，单位为 pF) = 9 · $S(\text{m}^2)/H$ (两个平面之间的距离，单位为 m)

例：两块金属板面积均为 10 cm×20 cm ，则 $D=0.22\ \text{m}$；$S=0.02\ \text{m}^2$；

其间距离 $H=10\ \text{cm}$；

得到，$C_i=35\times0.22=7.7\ \text{pF}$；$C_p=9\times0.02/0.1=1.8\ \text{pF}$

平面间耦合电容 $C_S=9.5\ \text{pF}$

在开关电源的设计中，为了防止散热器成为悬空的金属片，避免形成不必要的耦合或成为单极发射天线，同时将噪声旁路在较小的低阻抗环路中，所以一般开关电源设计中需要将散热片进行接地或接 0 V 处理。

在本案例所述的充电器中，散热器虽然已经进行了接 0 V 处理，但是发现散热器的形状较大，并延伸到电源输入口，如图 2.74 所示，其中右边浅色部分为散热器金属片覆盖到的地方。

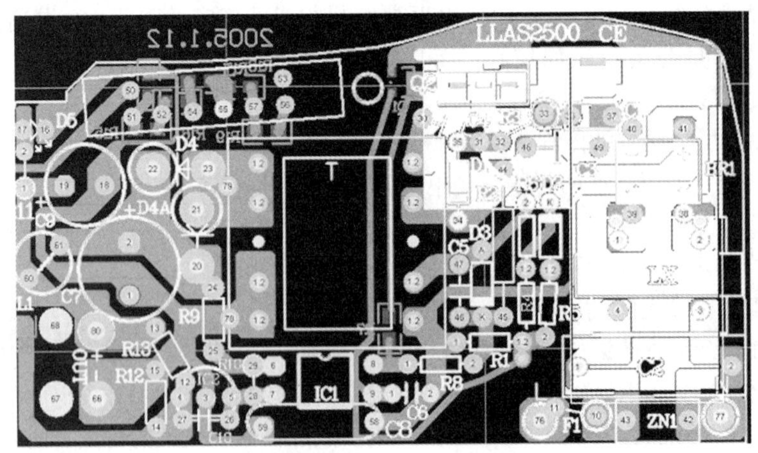

图 2.74　开关电源器件布局图

可见，电源输入电路上的滤波器件共模电感 L_X、滤波电容等，均与散热片有较近的距离，因此寄生电容较大，或者说耦合较大。图 2.75 是散热片与电源输入电路之间的寄生电容噪声耦合原理图。

由图 2.75 可知，骚扰源通过散热器与前极电路的容性耦合，直接跨过了一些本来应该起作用的滤波器件，使得滤波器件电感、电容等失去了本来应该有的作用，因此测试结果较差。

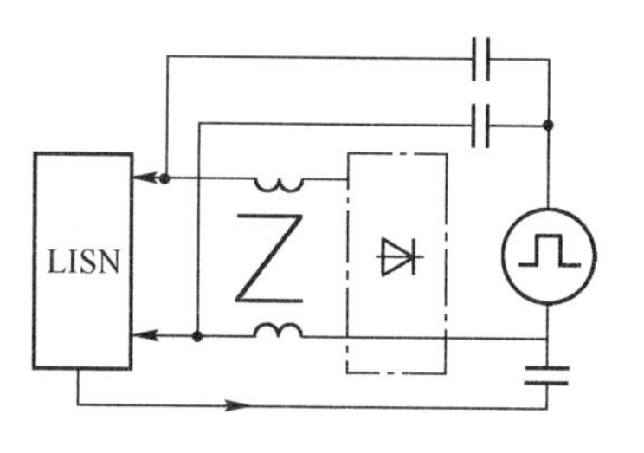

图 2.75　噪声耦合原理图

【处理措施】

通过以上分析，将散热器的形状做了适当修改，以切断干扰源与前级电路的容性耦合途径，修改安装后的俯视图如图 2.76所示。

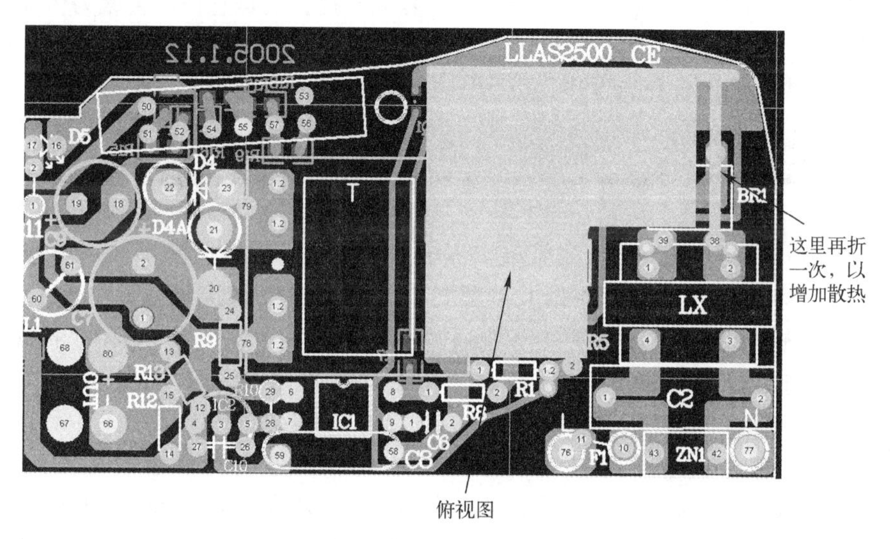

图 2.76　修改安装后的俯视图

此次安装的散热片并没有与共模电感 L_X、电容 C_2 等滤波器件形成较大的容性耦合。修改后，再进行测试，修改后的传导发射测试频谱图如图 2.77 所示。

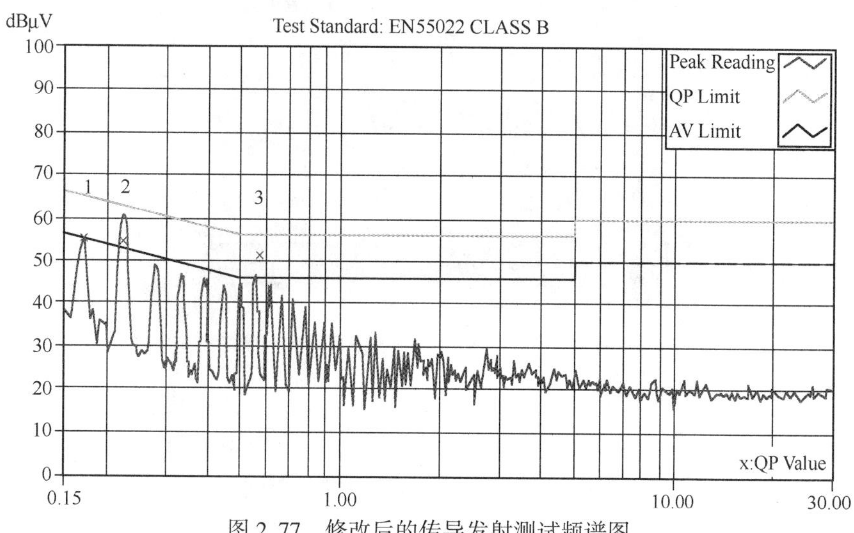

图 2.77　修改后的传导发射测试频谱图

MHz

	Frequency	Corr. Factor	Reading dBμV		Emission dBμV		Limit dBμV		Margins dB		Notes
No.	MHz	dB	QP	AV	QP	AV	QP	AV	QP	AV	
1	0.16953	0.50	52.20	44.05	52.70	44.55	64.98	54.98	-12.28	-10.43	
2	0.22422	0.50	53.89	46.24	54.39	46.74	62.66	52.66	-8.27	-5.92	
+3	0.58516	0.50	50.95	44.32	51.45	44.82	56.00	46.00	-4.55	-1.18	

图 2.77　修改后的传导发射测试频谱图（续）

由图 2.77 中的曲线和测试数据可知，测试通过。

【思考与启示】

散热片虽然不是电子器件，本身不会产生信号或干扰，但是它往往会成为传播信号或干扰的收发器，特别是在开关电源的设计中，散热片的设计对 EMC 测试结果会产生很大的影响，合理设计散热片形状与安装方法，也是开关电源设计工程师需要考虑的。

2.2.14　案例 14：金属外壳屏蔽反而导致 EMI 测试失败

【现象描述】

如图 2.78 所示的一个采用金属外壳“屏蔽”的 AC/DC 电源产品（“屏蔽”外壳上盖板没有在图中示出，“屏蔽”外壳上盖板与下盖板通过螺钉接触良好，螺钉之间间距为5 cm）在进行辐射发射测试时发现不能通过，测试中还发现，将电源的金属“屏蔽”外壳去除后，测试反而能通过。采用金属“屏蔽”外壳时的辐射发射测试结果频谱图和不采用金属“屏蔽”外壳时的辐射发射测试结果频谱图分别如图 2.79 和图 2.80 所示。从图 2.79 和图 2.80 测试数据和曲线可以看出，两者的测试结果相差较大。采用金属“屏蔽”外壳时的辐射发射水平远高于不用金属外壳时的辐射发射水平，这似乎与电磁场屏蔽理论相违背。

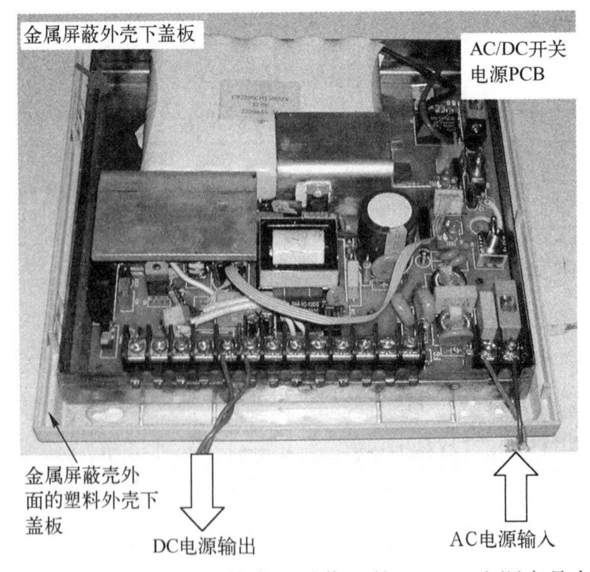

图 2.78　一个采用金属外壳“屏蔽”的 AC/DC 电源产品实图

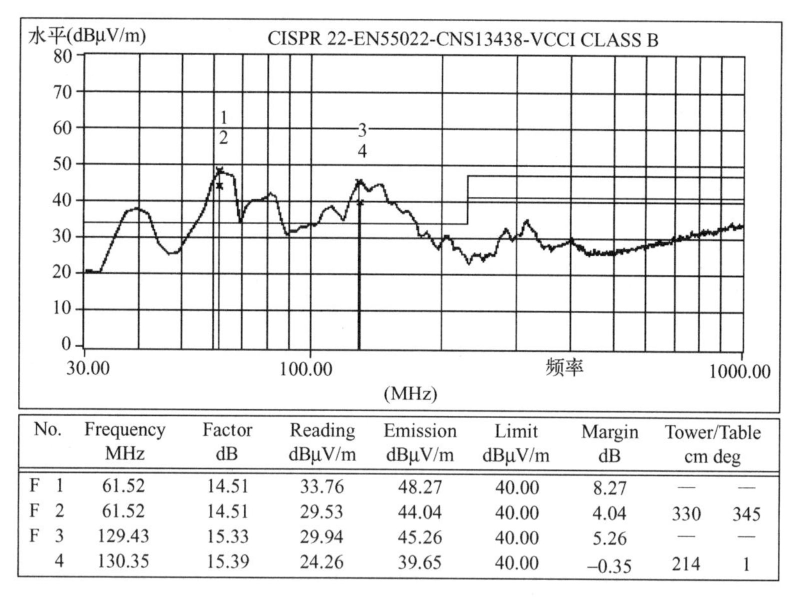

No.	Frequency MHz	Factor dB	Reading dBμV/m	Emission dBμV/m	Limit dBμV/m	Margin dB	Tower/Table cm	deg
F 1	61.52	14.51	33.76	48.27	40.00	8.27	—	—
F 2	61.52	14.51	29.53	44.04	40.00	4.04	330	345
F 3	129.43	15.33	29.94	45.26	40.00	5.26	—	—
4	130.35	15.39	24.26	39.65	40.00	−0.35	214	1

图 2.79　采用金属“屏蔽”外壳时的辐射发射测试结果频谱图

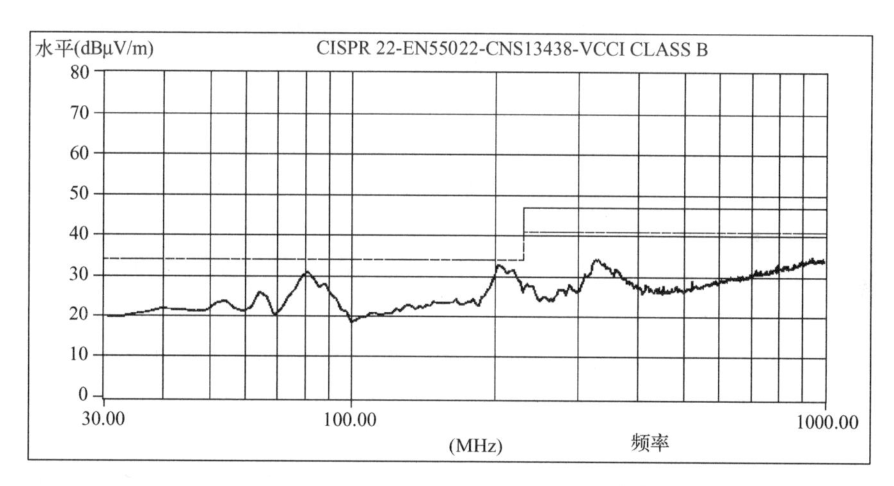

图 2.80　不采用金属“屏蔽”外壳时的辐射发射测试结果频谱图

【原因分析】

屏蔽是对两个空间区域之间进行金属的隔离，以控制电场、磁场和电磁波由一个区域对另一个区域的感应和辐射。具体来讲，就是用屏蔽体将元部件、电路、组合件、电缆或整个系统的干扰源包围起来，防止干扰电磁场向外扩散；用屏蔽体将接收电路、设备或系统包围起来，防止它们受到外界电磁场的影响。因为屏蔽体对来自导线、电缆、元部件、电路或系统等外部的干扰电磁波和内部电磁波均起着吸收能量（涡流损耗）、反射能量（电磁波在屏蔽体上的界面反射）和抵消能量（电磁感应在屏蔽层上产生反向电磁场，可抵消部分干扰电磁波）的作用，所以屏蔽体具有减弱辐射发射骚扰的功能。

实际上，屏蔽按机理可分为磁场屏蔽、电磁场屏蔽和电场屏蔽。

电路的周围，磁场产生于大电流、小电压的电路信号，磁场的传播可以看成电路之间的互感而导致的耦合，磁场屏蔽主要是依靠高导磁材料所具有的低磁阻，对磁通起着分路的作用，使得屏蔽体内部的磁场大为减弱。屏蔽体设计中一般需要选用高导磁材料，如坡莫合金；增加屏蔽体的厚度；被屏蔽的物体不要安排在紧靠屏蔽体的位置上，以尽量减小通过被屏蔽物体体内的磁通；注意屏蔽体的结构设计，凡接缝、通风孔等均可能增加屏蔽体的磁阻，从而降低屏蔽效果。

电磁场是电场与磁场交替进行传播的电磁波，电磁场屏蔽是利用屏蔽体阻止电磁场在空间传播的一种措施。当电磁波到达屏蔽体表面时，由于空气与金属的交界面上阻抗不连续，对入射波产生了反射。这种反射不要求屏蔽材料必须有一定的厚度，只要求交界面上阻抗的不连续；未被表面反射掉而进入屏蔽体的能量，在屏蔽体内向前传播的过程中，被屏蔽材料所衰减。也就是所谓的吸收；在屏蔽体内尚未衰减掉的剩余能量，传到材料的另一表面时，遇到金属-空气阻抗不连续的交界面，会形成再次反射，并重新返回屏蔽体内；在两个金属的交界面上可能有多次反射出现。

电路周围的电场产生于小电流、大电压的电路信号，它可以看成寄生电容形成的耦合，电场屏蔽就是改变原来的耦合关系，使原来的电场不能到达另一端。

从以上屏蔽原理来看，本案例产品所需的屏蔽是电场屏蔽或电磁场屏蔽（因为辐射发射测试是电场），这样，似乎本案例的电源屏蔽设计并没有出现问题，屏蔽壳体已经将 PCB 及 PCB 上的所有电路都封闭在金属屏蔽壳之内。但是，设计者忽略了一点：本案例产品在电波暗室里所测到的电磁辐射，其等效辐射发射天线并非是产品中的某个器件或 PCB 上的某根印制线，而是该电源的输入/输出电缆（如大于 1 m），因为只有电缆长度才能与所辐射频率的波长比拟，电缆才是直接产生辐射的“天线”，实践和理论都表明，只要这种电缆上在辐射发射测试的频率范围内流动着十几微安的共模电流时，该电缆的辐射发射就会超过标准规定的辐射限值。本案例中屏蔽外壳没有出现设计者意想中的效果，说明这个屏蔽外壳的增加并没有减小输入/输出电缆上流动的共模电流。去除“屏蔽”外壳后辐射发射测试可以通过，说明屏蔽外壳的增加，不但没有减小输入/输出电缆上流动的共模电流，而且还增加了输入/输出电缆上流动的共模电流。

可见，要通过屏蔽来降低该电源产品的辐射发射，可以采用下述两种方法。

方法一：用金属屏蔽壳和屏蔽电缆将 PCB 和所有输入/输出电缆屏蔽起来，同时屏蔽电缆屏蔽层，和 PCB 的屏蔽外壳良好搭接。

方法二：借助 PCB 上的屏蔽外壳，通过合理连接降低输入/输出电缆上流动的共模电流，最终降低电缆所产生的辐射发射。

显然方法一是不可行的，对于电源产品，其输入/输出电缆一般不采用屏蔽电缆。因此，只能采用方法二，即借助于 PCB 上的屏蔽外壳，通过合理连接降低输入/输出电缆上流动的共模电流，最终降低电缆所产生的辐射发射。这其实也是一种电场屏蔽的方式，即将 PCB 内部产生的电场屏蔽在金属外壳之内。如果电场耦合到参考接地板或输入/输出电缆就意味着屏蔽设计的失败。

由前面分析可知，小型开关电源形成辐射发射的等效发射天线是电源的输入/输出电缆，而导致电缆辐射的原因是因为电缆上存在共模电流。这种共模电流主要是由两种原因造成的。第一种共模电流是由于开关电源的初级 du/dt 电路与参考接地板之间的容性耦合造成的，即如图 2.81 所示的 I_1；第二种共模电流是由于开关电源的初级 du/dt 电路与次级电路、次级电路与参考接地板之间的容性耦合造成的，即图 2.81 所示的 I_2。如果没有额外的路径，这两种共模电流流入参考接地板之后，将流回开关电源的输入电缆。

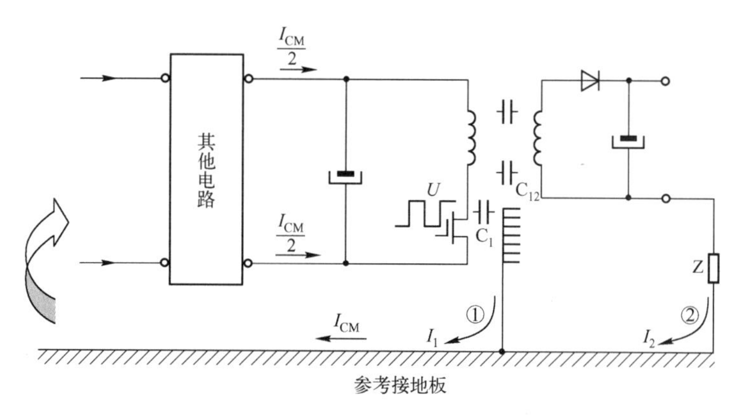

图 2.81　开关电源输入电缆上共模电流产生的原理图

如果存在共模滤波电容，这两种共模电流将被滤波电路中的共模滤波 C_{Y1}、C_{Y2}电容在共模电流流入开关电源输入电缆之前旁路或分流（如图 2.82 所示），从而可以减小流入开关电源输入电缆的共模电流 I_{cable}（电源输入端存在共模电感时，共模电流 I_{cable}将被进一步减小），最终降低辐射发射。

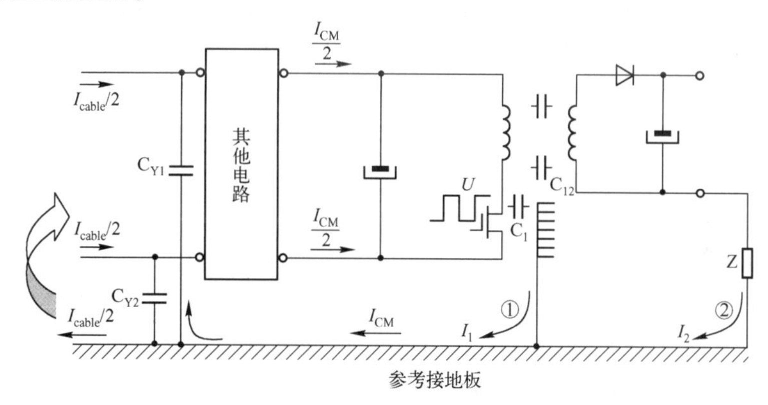

图 2.82　共模滤波电容旁路共模电流流入电缆

由此可见，当开关电源采用金属屏蔽外壳时，由于开关电源的 du/dt 源与金属屏蔽外壳之间总是要先于参考接地板产生容性耦合，因此，只要开关电源中的电路与金属外壳连接得当，就可以防止（如图 2.82 所示）共模电流 I_1、I_2 流入参考接地板，并防止共模电流流入开关电源的输入电缆，从而降低辐射发射。图 2.83 所示的是金属外壳防止共模电流流入参考接地板的原理示意图。

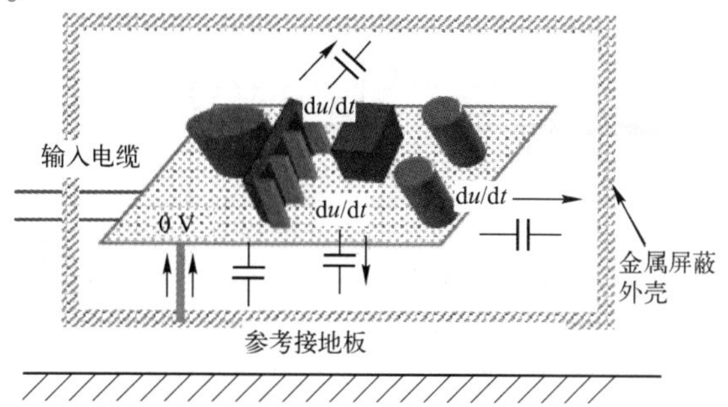

图 2.83　金属外壳防止共模电流流入参考接地板的原理示意图

再来看看图 2.84 所示的情况，在金属屏蔽外壳与开关电源的 PCB 之间无任何连接的情况下，流入开关电源输入电缆的共模电流并没有减小。

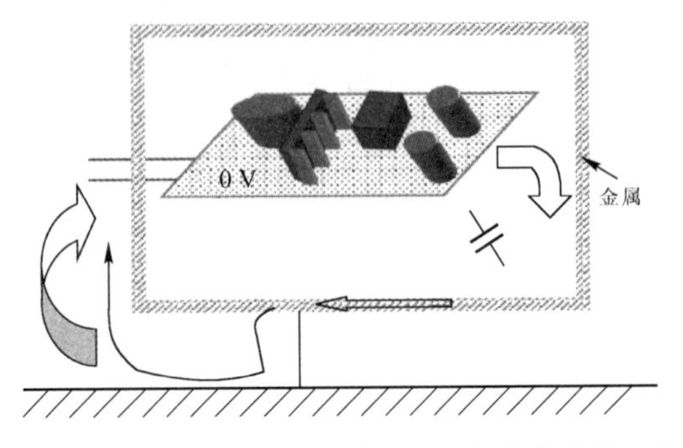

图 2.84　金属外壳并没有减小流入电缆的共模电流

不仅如此，再仔细分析一下图 2.84 所示的情况，金属屏蔽外壳的增加，还使开关电源内部电路噪声的耦合关系发生了什么变化。以开关电源 PCB 中开关信号所在点（高 $\mathrm{d}U/\mathrm{d}t$）与开关输入电源线之间的耦合关系为例，在无金属屏蔽外壳时，其间耦合关系原理如图 2.85所示，在这种情况下，只要 PCB 布局布线合理，图 2.85 中开关电源 PCB 中开关信号所在点与开关电源输入电源线之间的寄生电容 C_{S1}，C_{S2} 均比较小（一般在零点几皮法）；而当存在金属外壳时，由于金属板的存在，使开关电源 PCB 中开关信号所在点（高 $\mathrm{d}U/\mathrm{d}t$）与开关电源输入电源线之间的寄生电容等于图 2.86C'_{S1} 与 C'_{S2} 的串联。由于开关电源 PCB 中开关信号所在点（高 $\mathrm{d}U/\mathrm{d}t$）与开关电源输入电源线到金属板的距离（几厘米）要比到参考接地板的距离（约 1 m）近很多，使得 C'_{S1}、C'_{S2} 要远远大于 C_{S1}、C_{S2}。即开关电源 PCB 中开关信号所在点（高 $\mathrm{d}U/\mathrm{d}t$）与开关电源输入电源线之间的耦合大大加重，流入电源输入线的共模电流大大增加，辐射也大大增加。这就是本案例中出现金属屏蔽外壳反而导致辐射发射测试失败的原因。当金属外壳与 PCB 中的0 V相连后，虽然图 2.86 所示的寄生电容 C'_{S1}、C'_{S2} 依然存在，但是 C'_{S1}、C'_{S2} 互连点上的电位为零，导致来自于 C'_{S1} 的共模电流不会继续往 C'_{S2} 流动，从而减小了流向开关电源输入电缆的共模电流，降低了辐射发射。

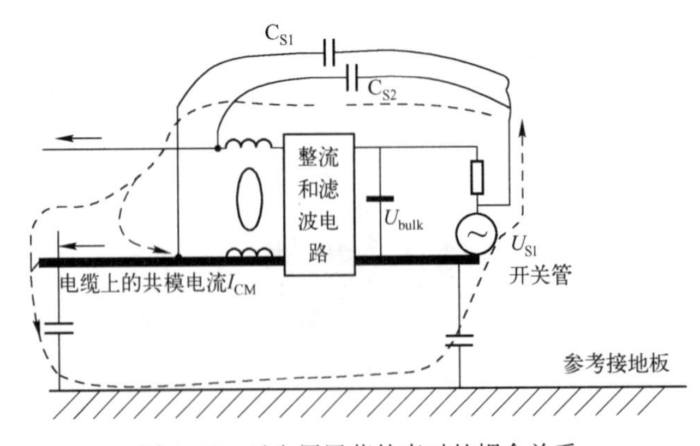

图 2.85　无金属屏蔽外壳时的耦合关系

【处理措施】

经过以上的分析，本案例中金属外壳的存在反而导致辐射发射失败的主要原因是金属外壳没有与 PCB 中的工作地做任何连接（直接连接或通过电容连接），要充分发挥金属外壳的作用至少应做如下连接：

（1）将电源输入滤波电容 C 接至金属外壳，位置在 C 电容附近，C 电容置于整流桥后侧，效果将更好，DC/DC 开关电源可以将初级的 0 V 直接与金属外壳相连；

（2）将电源输出的工作地通过 C 电容直接接至金属外壳，如图 2. 87 所示。

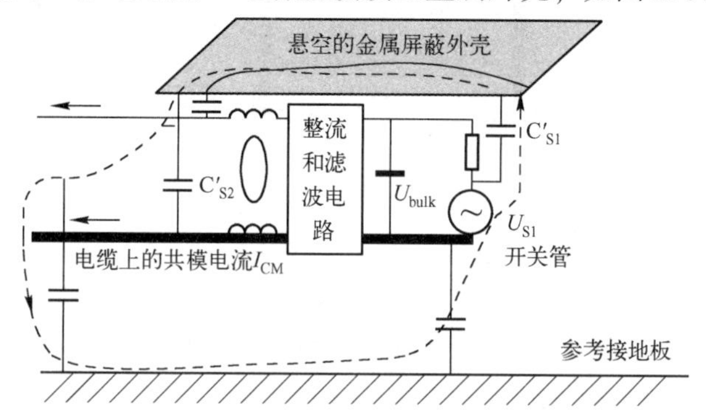

图 2. 86　有金属屏蔽外壳时的耦合关系

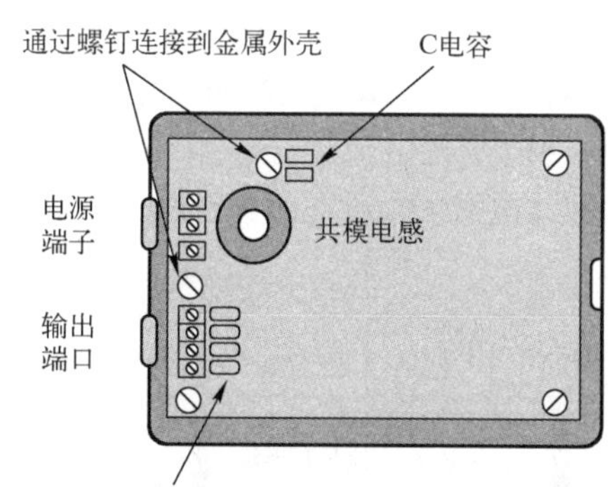

图 2. 87　开关电源 PCB 与金属外壳之间的连接

【思考与启示】

金属外壳并不是“保险”的，金属外壳与 PCB 中工作地之间的连接和连接位置的选择很重要，随意增加金属外壳反而可能恶化产品的 EMC 性能；

降低电缆辐射发射的目标是降低流过电缆的共模电流，而不是一味的“接地”；

分析共模电流是分析产品 EMC 的重要手段，产品屏蔽的目的是为了让共模电流不流到电缆或 LISN；

产品进行屏蔽设计时，一定要考虑电缆的存在。

2. 2. 15　案例 15：PCB 工作地与金属外壳直接相连是否会导致 ESD 干扰进入电路

【现象描述】

一个车载电子设备，基本构架如图 2. 88 所示，尺寸约为 20 mm×20 mm×10 mm。从

图 2.88 中可以看出，该产品采用金属外壳，内部有两块 PCB，这两块 PCB 通过螺柱固定在金属外壳上，其中螺柱与 PCB 中的电路或工作地之间无任何连接，PCB 之间采用排线互连信号，PCB2 上还有一个 I/O 连接器，与其互连的是一电缆束，电缆中有电源信号、输入/输出信号和其他控制信号。

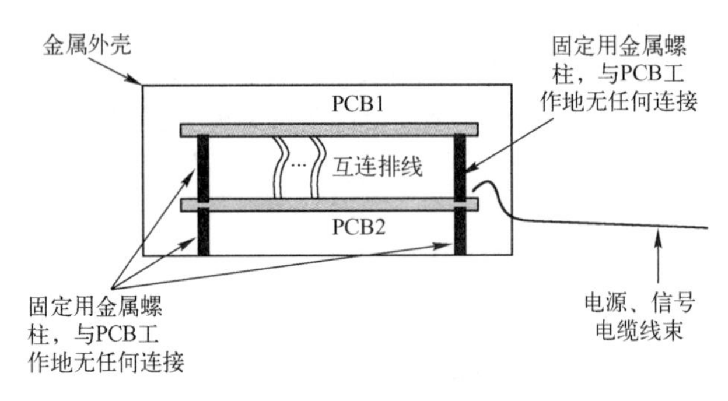

图 2.88　产品构架示意图

该产品按照 ISO10605 标准规定的测试配置进行接触放电测试时，发现测试电压只要高于±2 kV，就会出现系统错误现象。

【原因分析】

该产品在构架设计上存在一个比较明显的 EMC 缺陷。这个缺陷在哪里，通过对该产品进行 ESD 干扰路径分析就可以看出。图 2.89 就是静电放电点在金属外壳上的 ESD 共模干扰路径分析图，其中有两条 ESD 共模干扰电流路径，第一条用粗箭头表示（电流 I_{CM1}所在的路径）；第二条用细箭头线表示（电流 I_{CM2}所在的路径）。

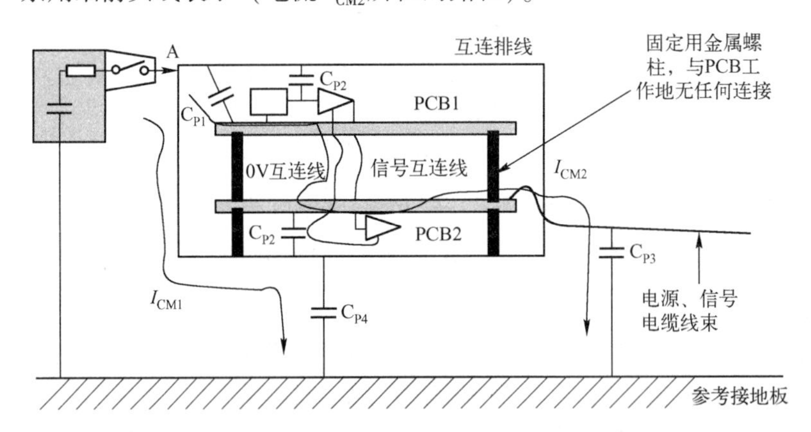

图 2.89　静电放电点在金属外壳上时，ESD 共模干扰路径分析图

图 2.89 中第二条路径（电流 I_{CM2}所在路径）是经过 PCB1 、PCB1 与 PCB2 之间的互连排线、PCB 及电缆的 ESD 共模干扰电流。这是一条“非期望”的 ESD 电流干扰路径。这条路径中的 ESD 干扰电流越大，就意味着产品受到的干扰就越大。为了帮助理解，可以做如下解释。

图 2.90 是图 2.89 的简化等效电路图（分析共模电流干扰路径时，可暂时忽略 ESD 共模干扰电流路径上引线产生的寄生电感、电阻等参数）。

C_{P1}是产品金属外壳与 PCB1 地平面之间的寄生电容（产品金属外壳与 PCB1 中的元器件、印制线、地平面、电源平面都会产生寄生电容，其中产品金属外壳与地平面、电源平面

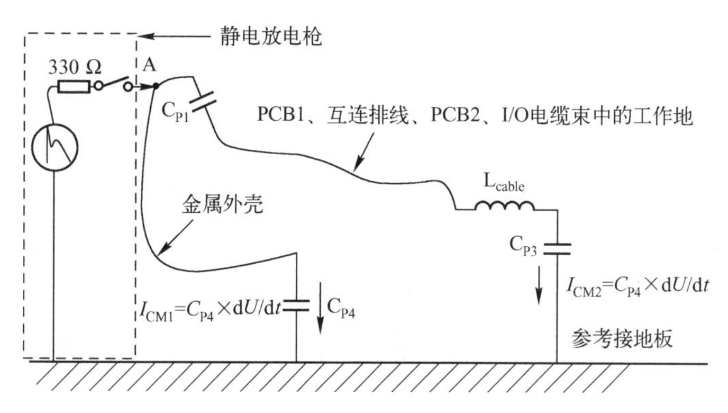

图 2.90　图 2.89 的简化等效电路图

的寄生电容最大），如 10 pF，C_{P3}是产品电缆线束与参考接地板之间的寄生电容，测试中电缆线束放置在参考接地平面上，并且离参考接地平面 25 mm，此电容可以估算为 60 pF/m（ISO10605 标准规定电缆放置要求），本案例中电缆线束为 2 m，C_{P3}可以估算为 120 pF。C_{P4}为产品金属外壳与参考接地板之间的寄生电容，测试中该产品放置在参考接地平面上，之间用相对介电常数小于 1.4 的绝缘物隔离，绝缘物的高度为 25 mm，此电容约为 30 pF(注：平面间耦合电容估算参考本章案例 13)。

C_{P2}是 PCB2 与金属外壳之间的寄生电容，在原理图上 C_{P2}与 C_{P4}串联后与 C_{P3}是并联，而且 $C_{P2} \ll C_{P3}$，因此可以忽略不计。这样就可以看出 ESD 放电点“A”点相对于参考接地平面的电压不等于零（金属外壳良好接参考接地板时，“A”点相对于参考接地平面的电压接近于零），如 4 kV 接触放电测试时 A 点瞬态电压为 1 kV，于是就造成了共模电流 I_{CM2}：

$$I_{CM2}=C_{p1}\times dU/dt=10\ pF\times 1\ kV/1\ ns=10\ A$$

注：在 ESD 干扰电流的频率下，电缆 L_{cable}和 C_{P4}造成的等效特性阻抗约为 150 Ω 要远小于 C_{P1}的容抗。

实际上，对于 ESD 共模干扰电流 I_{CM2}也可以这样理解：静电放电发生时，由于金属外壳上的放电点与参考接地板之间不可能做到等电位（接地产品会好一些），使得 A 点的电位不为零，最终导致向 PCB1 、PCB1 与 PCB2 之间的互连线、PCB2 及电缆注入一个 ESD 干扰共模电流 I_{CM2}。I_{CM2}主要流经 PCB1 中的 0 V 工作地，PCB1 与 PCB2 之间的互连线上的 0 V 工作地 、PCB2 中的 0 V 工作地，以及电缆束上的 0 V 工作地（因为 0 V 工作地所在的路径阻抗最小）。这个 ESD 干扰共模电流 Icm^2，是由一个相对于参考接地板的共模 ESD 电压造成的，它还不是直接影响电路工作的电流，因为它是共模电流，而产品内部电路之间传递的是电压信号，而且这种传递的电压信号发生在芯片或电路端口与 0 V 工作地之间，即是差模的电压信号。要使这种共模电流或共模电压影响产品中以差模电压传递的电路信号正常工作，就必须发生转化。图 2.91 是 ESD 共模瞬态电流流过互连连接器时的公共阻抗耦合原理。它给出了这种转化的原理，图 2.91 中 U_0 是 PCB1 与 PCB2 之间传递的正常工作电压信号，当没有 ESD 共模干扰电流流过互连排线时，U_0 正常地从 PCB1 传递到 PCB2。但是，当 ESD 共模电流流过其中的 0 V 地时，由于 PCB1 与 PCB2 之间的互连线实际存在寄生电感 L（约 10 nH/cm），ESD 共模电流就会在其两端感应出电压，这个电压 $\Delta U_{Z0V}=|L_{0V}\times dI_{CM2}/dt|$。本案例中 PCB1 与 PCB2 之间的排线长约 10 cm，寄生电感估算为 100 nH，$\Delta U_{Z0V}=|LdI_{CM2}/dt|=100\ nH\times 4\ A/1\ ns=400\ V$。这个电压已经远远超过了电路本身的电压噪声容限。因此，

本案例描述的测试现象就发生了。

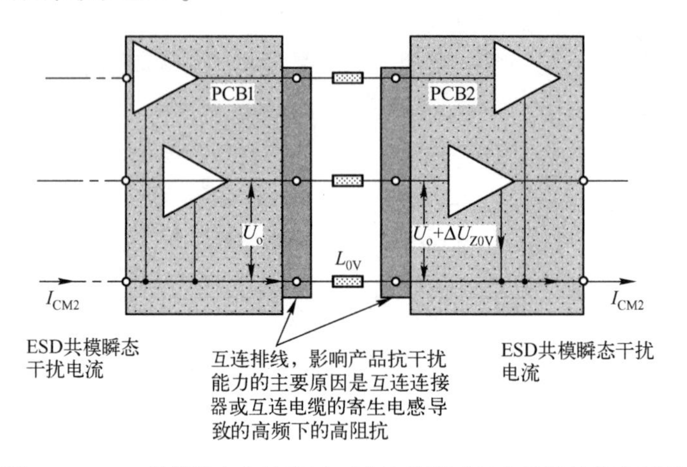

图 2.91　ESD 共模瞬态电流流过互连连接器时的公共阻抗耦合原理

但是，图 2.89 所示的共模干扰电流大小，可以通过构架的设计改变而改变，图 2.92 给出了一种从构架上的解决方案，这种方案也是最可靠、最有效的解决方案。改变主要是在 PCB 的 0 V 工作地与金属外壳的互连关系和互连点、互连方式的选择上。如图 2.92 所示，如果金属外壳的 A 点到 D 点之间具有较好的完整性（如 A、D 之间的金属平面长宽比小于 3，并且之间无任何过孔或开槽，此时 100 MHz 频率下阻抗小于 11 mΩ，300 MHz 频率下阻抗小于 20 mΩ），那么就可以使 A 点（金属外壳与 PCB1 互连的螺柱安装处）、B 点（PCB1 螺柱安装处）、C 点（PCB2 螺柱安装处）、D 点（金属外壳与 PCB2 互连的螺柱安装处）之间保持等电位（ABCD 之间的电位差在 ESD 干扰瞬态电流经过时不会超过 400 mV）。这样的结果导致 PCB1、PCB1 与 PCB2 之间的互连排线、PCB2 之间无 ESD 共模干扰瞬态电流流过，PCB1、PCB1 与 PCB2 之间的互连排线及 PCB2 中的电路也不受 ESD 共模干扰瞬态电流的影响，当然测试也可以很顺利通过。

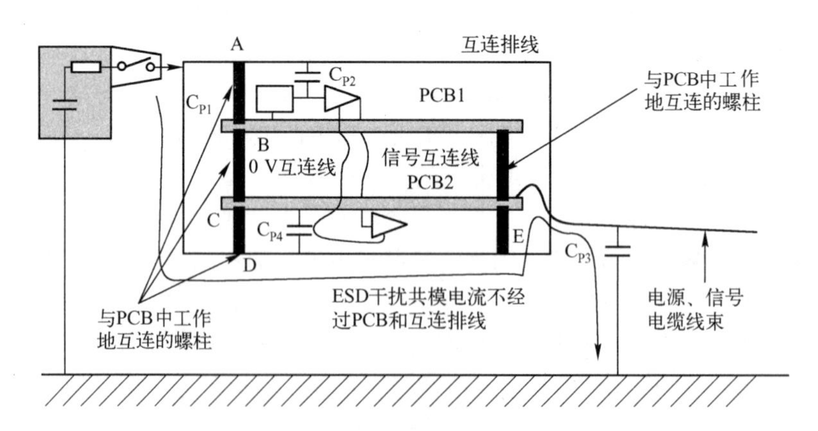

图 2.92　改变 PCB 与金属外壳连接后的 ESD 干扰电流路径分析图

对于图 2.92 所示构架设计的改进，有两点非常重要：

（1）PCB 工作地与金属外壳之间互连位置。

（2）PCB 工作地与金属外壳之间互连时所形成的搭接阻抗。

对于 PCB 工作地与金属外壳之间互连位置的选择，请看如图 2.93 所示的设计，它与

图 2.92所示的设计相比，仅电缆束附近缺少 PCB2 工作地与金属外壳的互连。但此时 ESD 共模电流将流经整个 PCB2，PCB2 会受到较大的 ESD 干扰。

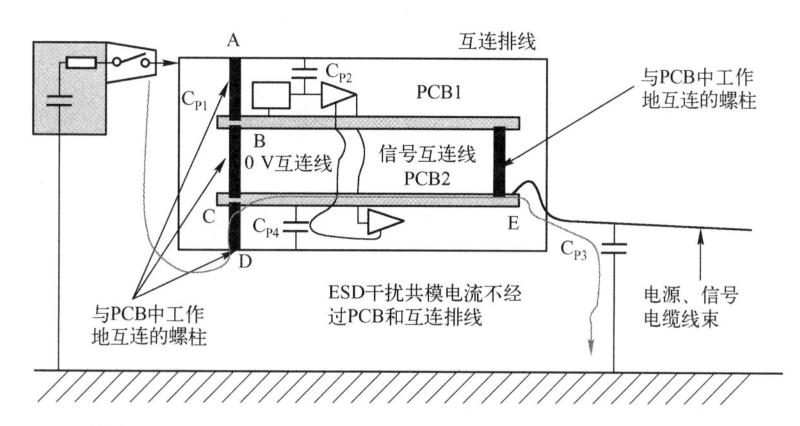

图 2.93　电缆束附近的 PCB 工作地与金属外壳无连接时的 ESD 干扰电流路径分析图

对于 PCB 工作地与金属外壳之间互连时所形成的搭接阻抗问题，请看如图 2.94 所示的 PCB2 与 J 金属外壳存在高阻抗连接时的 ESD 干扰电流路径分析图。在图 2.94 所示的设计中，由于 PCB2 中的 E 点与金属外壳搭接不良，导致剩余在金属外壳上的共模电压继续经过 C_{P4}点或 C、D 点之间的螺柱，进入 PCB2，从而使 PCB2 受到严重的 ESD 干扰。可以想象，如果 PCB1 工作地与 PCB2 工作地之间的螺柱连接也不良好的情况下，ESD 共模干扰电流还会进入 PCB1 和 PCB1 与 PCB2 之间的互连排线，干扰将更为严重。

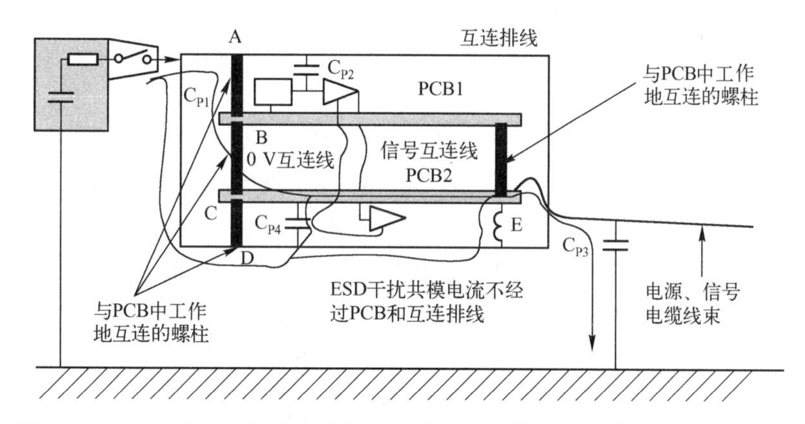

图 2.94　PCB2 与 J 金属外壳存在高阻抗连接时的 ESD 干扰电流路径分析图

图 2.95 所示的是一种最简单的 PCB 工作地与金属外壳互连的情况，在这种情况下，只要 AB 点之间，E 点与金属外壳之间连接良好，阻抗较低，就可以取得明显的 EMC 性能改善。因为，此时几乎没有 ESD 共模电流流过 PCB1 中的工作地、PCB1 与 PCB2 之间的互连排线及 PCB2 中的工作地，产品中的核心电路没有受到干扰。

可见，PCB 工作地与金属外壳之间的互连点的首选在于产品中 I/O 电缆附近，其他地方增加的 PCB 工作地与金属外壳之间的互连点一定要使金属外壳与 PCB 之间的互连排线形式并联。如果这种并联还能取得更小的环路（两个并联支路之间），那么效果将会更好。互连体优先采用具有长宽比小于 5 的金属件，互连方式优先采用螺钉、焊接、铆接、簧片等“有意”连接。如果因某些原因（如避免低频地环路干扰、安全原因等）不能将

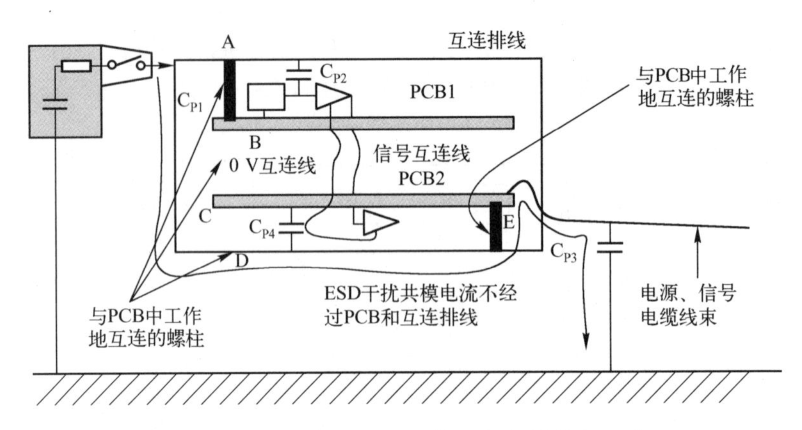

图 2.95　最简单的 PCB 工作地与金属外壳互连

PCB 的工作地与金属外壳做直接互连时，也可以采用通过电容互连，典型电容值为 1～10 nF。

【处理措施】

按以上分析，并按图 2.92 所示的设计改变产品的构架。

【思考与启示】

PCB 中的工作地与金属外壳之间只要互连正确并不会导致外部的干扰进入 PCB，相反，由于金属外壳的低阻抗特性，会把本来要流入 PCB 的干扰旁路在金属外壳上。

PCB 工作地与金属外壳互连时，金属外壳在互连点之间的阻抗一定要低于互连点、PCB 工作地或者互连排线之间的阻抗。

本节所描述的是一个抗扰度测试的案例，其实不仅是抗扰度问题，对于 EMI 也是一样。看如下估算实例。

假设图 2.89 中的 PCB1 和 PCB2 都是带有完整地（0 V）平面的多层板，互连排线长为 10 cm。则每根线的寄生电感 $L\approx 100$ nH（按 10 cm 长度估算，且 10 nH/cm），插针中定义成“地”的针数为 10 个，通过连接器的是一个电压为 3.3 V，频率为 10 MHz 的方波信号，该信号线的特性阻抗为 100 Ω。PCB2 上的电缆束长度在 3 m 以上。则：

方波信号在 30 MHz 处谐波（3 次谐波）电压幅度为 U：$U=0.7$ V，

信号在 30 MHz 谐波处的电流 I：

$$I=U/Z=0.7/100=7\ (\text{mA})$$

10 个地针并联产生的寄生电感 L：$L\approx 100\ \text{nH}/10=10$ nH。30 MHz 谐波信号回流在地针中产生的共模压降 U_{CM}：$U_{CM}=L2\pi FI=10\ \text{nH}\times 2\times\pi\times 30\ \text{MHz}\times 7\ \text{mA}\approx 12.4$ mV

PCB2 上的电缆对地共模特性阻抗 Z_{cable}：

$$Z_{cable}\approx 150\ \Omega$$

PCB2 上的电缆在 30 MHz 频点上的实际共模电流 I_{CM}：

$$I_{CM}=U_{CM}/Z_{cable}=12.4\ \text{mV}/150\ \Omega=0.083\ \text{mA}$$

可以估算在频率 30 MHz 处，该产品的辐射发射限值将远远超过 EN55025、CISPR25 或 EN55022 标准中规定的辐射发射限制要求（一般要小于 0.003 mA）。

采用如图 2.92 所示的连接后，一方面共模压降 U_{CM} 被金属外壳短路；另一方面本来要流入电缆的共模电流也被金属外壳旁路，使辐射发射测试可以顺利通过。

2.2.16 案例16：是地上有干扰吗

【现象描述】

某设备与变频器进行互联，并在设备的安装现场与该设备进行了接地处理，但是在现场应用中，发现只要变频器一工作，该设备就无法正常运行。解决问题过程中还发现，如果将该设备的接地线断开，则该设备就能在变频器工作时维持正常的运行状态。

【原因分析】

设备在接地后出现异常，而在不接地时能正常工作，是一种常见的干扰现象。通常结论是：地上有干扰；地“不干净”；变频器的干扰通过地传递到了其他与其相连或相邻的设备。真是如此吗？

图2.96所示的是设备接地时变频器信号干扰设备干扰电流分析图，图中介绍了这种常见干扰现象的原理。

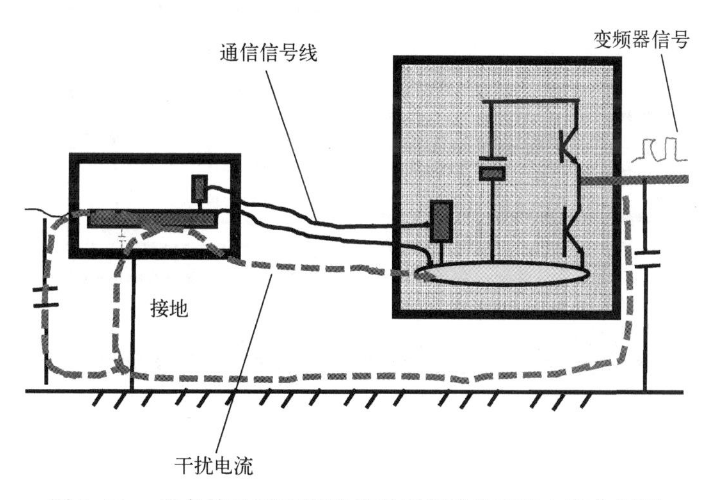

图2.96 设备接地时变频器信号干扰设备干扰电流分析图

由图2.96可知，当变频器工作时，由于变频器的PWM输出电缆与大地之间存在较大的寄生电容，导致PWM信号电流流入大地，然而这种电流需要返回到变频器的电路内部，于是就沿着与变频器互联设备的接地线、互联设备的电缆与大地之间的寄生电容、设备内部的PCB板，通过设备与变频器之间的互联电缆返回到变频器内部。整个干扰信号的传递路径，设备的PCB处于其中，因此，设备的电流受到了干扰。

设备不接地时变频器信号干扰设备干扰电流分析图如图2.97所示，此时，设备接地线断开后，变频器的干扰电流只能通过变频器互联的设备壳体与大地之间的寄生电容流入设备内部，此时整个回路的阻抗变高，导致干扰电流变小，最终异常消失。

【处理措施】

从以上现象来看，似乎设备就不能接地了，其实不然。这种用断开设备接地来暂时消除干扰的方式，会带来其他EMC问题隐患，如设备遭受静电/放电时，由于设备外壳没有与大地相连，会导致壳体上存在较高的共模电压，最终导致较大的ESD电流流入产品内部。实际上，设备壳体接地并没有错误，错误在于设备内部设计的接地方案存在缺陷。图2.98所示的接地方案将更好地解决本案例中的问题，使设备在各种干扰条件下始终处于正常工作状态。

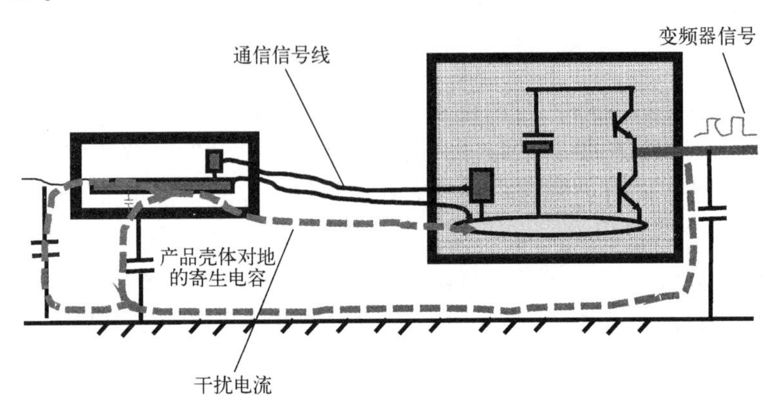

图 2.97　设备不接地时变频器信号干扰设备干扰电流分析图

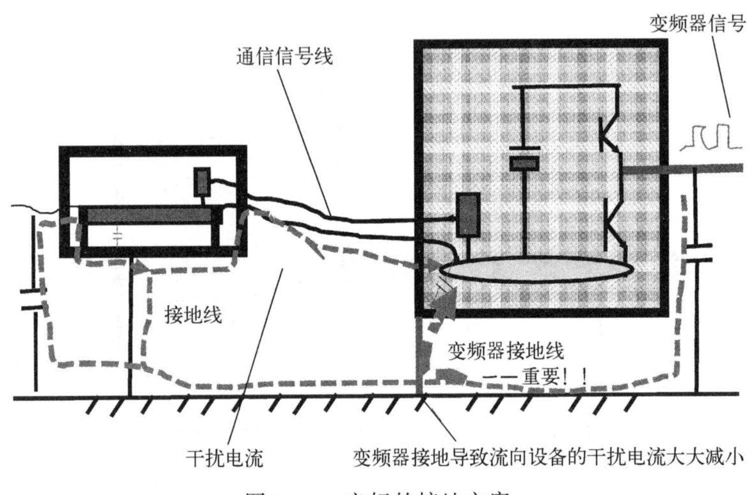

图 2.98　良好的接地方案

【思考与启示】

（1）地线端口干扰降低并非证明地上存在干扰，只能证明此干扰与地有关。

（2）EMC问题是个系统问题，只有分析出干扰传递路径才能看出问题所在，而不是聚焦在那些能改变干扰结果的个别点上。

（3）变频器产品由于将产品内部周期性PWM信号引出产品壳体外部，通常会对其他设备造成较大的干扰并造成EMI测试问题，为降低流入其他设备或变频器产品本身电缆中的干扰电流或EMI电流，变频器的壳体接地变得更为重要。

第 3 章 产品中电缆、连接器、接口电路与 EMC

3.1 概论

3.1.1 电缆是系统的最薄弱环节

EMC 辐射发射测试完全合格的设备通过电缆连接起来后，系统就不再合格了。这是电缆辐射的作用。实践表明，按照屏蔽设计规范设计的屏蔽机箱一般很容易达到 60~80 dB 的屏蔽效能，但往往由于电缆处置不当，容易造成系统产生严重的 EMC 问题。90%的 EMC 问题是由电缆造成的。这是因为电缆是高效的电磁波接收天线和辐射天线，同时也是干扰传导的良好通道。

电缆产生的辐射尤其严重。电缆之所以会辐射电磁波，是因为电缆端口处有共模电压存在，电缆在这个共模电压的驱动下，如同一根单极天线，如图 3.1 所示。

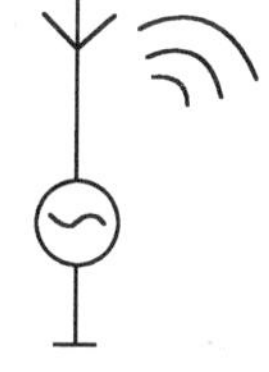

图 3.1 电缆共模辐射模型

它产生的电场辐射为

$$E = 12.6 \times 10^{-7}(f\,I\,L)(1/r) \tag{3.1}$$

式中，I 为电缆中由于共模电压驱动而产生的共模电流强度；L 为电缆的长度；f 为共模信号的频率；r 为观测点到辐射源的距离。要减小电缆的辐射，可以减小高频共模电流强度，缩短电缆长度。电缆的长度往往不能随意减小，控制电缆共模辐射的最好方法是减小高频共模电流的幅度，因为高频共模电流的辐射效率很高，是造成电缆超标辐射的主要因素。

使用屏蔽电缆也许能够解决电缆辐射的问题，但是在使用屏蔽电缆的情况下，屏蔽层合理接地是解决电缆 EMC 问题的关键。“Pigtail”、不正确的接地点选择等问题都将使屏蔽线出现 EMC 问题。

另外，电缆的布置也会对产品 EMC 产生重大影响，电缆之间的耦合、电缆布线形成的环路都是电缆 EMC 设计的重要部分。

3.1.2 接口电路是解决电缆辐射问题的重要手段

减小电缆上共模高频电流的一个有效方法是合理设计电缆端口的接口电路或在电缆的端口处使用低通滤波器或抑制电路，滤除电缆上的高频共模电流，如图 3.2 所示。可见，滤波电路对 EMI 的重要性，对于抗扰度问题也是一样。

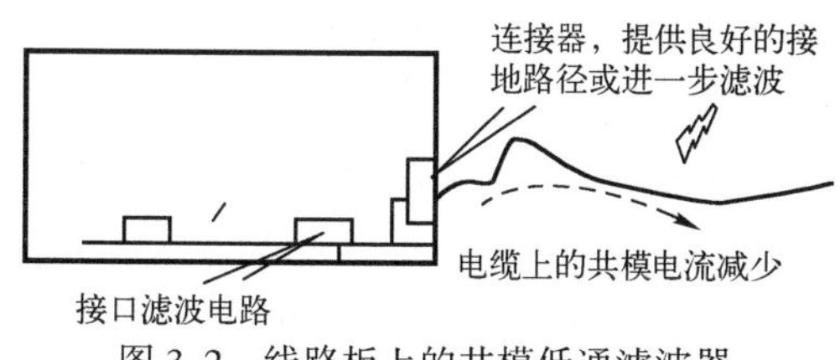

图 3.2 线路板上的共模低通滤波器

接口电路与电缆在电路上直接相连，接口电路是否进行了有效的 EMC 设计，直接关系到整机系统是否能通过 EMC 测试。接口电路的 EMC 设计包括接口电路的滤波电路设计和接口电路的保护设计。接口电路滤波设计的目的是减小系统通过接口及电缆对外产生的辐射，抑制外界辐射和传导噪声对整机系统的干扰；接口保护电路设计的目的是使电路可以承受一定的过电压、过电流冲击。

接口滤波电路和防护电路设计应遵循下面的基本设计原则。

（1）滤波和防护电路对接口信号质量的影响满足要求。

（2）滤波和防护电路应根据实际需要设计，不能简单复制。

（3）需要同时进行滤波电路和防护电路时，应保证先防护后滤波的原则。

（4）接口芯片，包括相应的滤波、防护、隔离器件等，应尽可能沿信号流方向成直线放置在接口连接器处。

（5）接口信号的滤波、防护、隔离器件等尽可能靠近接口连接器处，相应的信号连接线必须尽可能短（符合工艺要求条件下的最短距离）。

（6）接口变压器要就近放置在连接器附近，通常在对应的接口连接器 3 cm 以内。

（7）模拟信号接口和数字信号接口、低速逻辑信号接口和高速逻辑信号接口等（以敏感和干扰发射程度来区分），它们之间要间隔一定距离放置。当连接器之间存在相互干扰的可能时，必须采取隔离、屏蔽等措施。

（8）同一接口连接器里存在不同类型的信号时，必须用地针隔离这些信号，特别是对于一些比较敏感的信号。

（9）接口信号线布线的线宽应始终一致。对于高速信号线，如果走线有需要弯曲的地方，则应采用圆弧平滑弯曲布线。

（10）禁止在差分线和信号回线之间走其他信号线，差分线对应的部分应平行、就近、同层布线，且布线的长度应尽可能一致。

（11）当接口信号线较长时（从驱动、接收器到接口连接器超过 2.5 cm），应按传输线布线方法，使布线满足规定的特性阻抗。

（12）所有的信号布线都不能跨平面布线，除非已经过隔离滤波器。

（13）接口信号线和接口芯片，必须遵守供应厂商或标准的要求进行阻抗匹配、滤波、隔离、防护等。

（14）所有信号都要进行滤波处理，只要有一根信号线上有频率较高的共模电流，它就会耦合到同一个连接器上的其他导线上，造成辐射。

3.1.3　连接器是接口电路与电缆之间的通道

连接器的主要作用是给电缆或接口电路提供一个良好的互连，并保证接地良好。选用一个不好的连接器也许会将前级滤波电路的效果毁于一旦，连接器要考虑阻抗匹配、针定义、接地接触特性等。连接器的选择也要考虑 ESD 问题，如果是塑料封装的连接器，就要保证表面缝隙到内部金属导体之间有足够的空气间隙。

有时安装在电路板上的接口滤波电路有一个问题就是经过滤波电路后的信号线在机箱内较长，容易再次感应干扰信号，形成新的共模电流，导致电缆辐射。再次感应的信号有两个来源，一个是机箱内的电磁波会感应到电缆上，另一个是滤波电路前的干扰信号会通过寄生电容直接耦合到电缆端口上。解决这个问题的方法是尽量减小滤波后暴露在机箱内的导线长度。带有滤波功能的连接器是解决这个问题的理想器件。滤波连接器的每个插针上有一个低通滤波器，能够将插针上的共模电流滤掉。这些滤波连接器往往在外形和尺寸上与普通连接器相同，可以直接替代普通连接器。由于连接器安装在电缆进入机箱的端口处，因此滤波后的导线不会再感应上干扰信号，如图3.3所示。

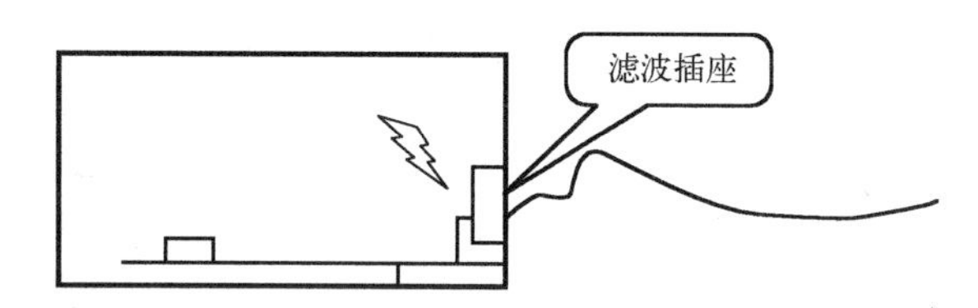

图3.3　滤波连接器能够防止滤波后的导线再次感应干扰

如果选择了带滤波的连接器，就要保证滤波连接器有良好的接地特性。特别是对于含有旁路电容的滤波连接器（大部分都含有），由于信号线中的大部分干扰被旁路到地上，因此在滤波器与地的接触点上会有较大的干扰电流流过。如果滤波器与地的接触阻抗较大，会在这个阻抗上产生较大的电压降，导致严重的EMC问题。

以下几点是选择连接器的基本原则。

（1）接口信号连接器建议选用带屏蔽外壳的连接器，尤其是高频信号连接器。

（2）连接器的金属外壳应与机壳保持良好的电连续性，对于能够360°环绕的连接器，则必须360°环绕连接，而且通常连接阻抗要小于1 mΩ。.

（3）对于不能进行360°环绕连接的连接器，则建议采用外壳四周有向上簧片的连接器，而且簧片必须有足够的尺寸和性能（弹性），以保持与机壳间有良好的电连接。

（4）滤波连接器对产品的EMC性能往往有很大的帮助，但其成本比较高，通常在采用板内滤波、电缆屏蔽等方法能解决问题的情况下，就不采用滤波连接器。滤波连接器通常用在一些特殊的情况下，如严格的军标要求、恶劣工业环境的小批量应用及一些特殊情况下的运用等（如结构尺寸限制等）。

（5）屏蔽线的屏蔽层要尽可能与接插件外壳保持360°的连接。对于做不到这一点的接口，通常有其他对应的措施来保证接口的EMC性能。

（6）如果连接器安装在线路板上，并且通过线路板上的地线与机箱相连，则要注意为连接器提供一个干净的地，这个地与线路板上的信号地分开，仅通过一点连接，并且要与机箱保持良好的搭接。

3.1.4　PCB之间的互连是产品EMC的最薄弱环节

EMI问题常常因为高速、高边沿信号的互连而变得更为复杂，因此互连的过程通常伴随着串扰和地参考电平的分离，一个没有屏蔽或良好地平面的互连连接器，其信号线之间的串扰要远比多层PCB中信号线之间的串扰大；互连连接器针脚的寄生电感造成的不同子系统之间的地阻抗，及其带来的“0 V”参考点之间的压差也要远比PCB中的大（由于在各种不同结构的“0 V”参考点（地）之间会产生压降，作为一个常用的参考电压，这个压降有一定的限制。这种压降在同一个PCB上要比在不同的PCB上容易控制得多，因为通过电缆连接这种物理结构对外界有更高的感应）。因此在设计一个有互连的产品之前，作为设计者，应该要自问一下：“这个产品的功能不用互连可以实现吗？能把这些需要互连的子系统集中到一块PCB中吗？”使用一个子系统（PCB）比用电缆把几个小的PCB连到一起组成的系统更可取。

在已经决定采用互连的产品系统中，互连连接器中信号之间的串扰和互连地（“0 V”）阻抗，将是 EMC 设计的重点。

（1）如果地针较少，那么信号的 RF 回路较大，产生较大的差模辐射（尽管有时候差模辐射并不是导致产品辐射超标的主要因素）。

（2）如果不能保证每个信号线旁都至少有一个地针，那么不同信号之间容性耦合和感性耦合引起的串扰也将加剧。

（3）如果地针较少，其地针引起的总体等效寄生电感也较大，RF 回流将产生较高的共模压降，即在两块被互连的 PCB 之间就会有高频 RF 电压存在（除非有其他额外措施），高频 RF 电压在设备间就会产生共模电流，引起电流驱动模式的共模辐射，加重产品系统整体辐射和传导发射。

（4）即使地针足够，解决的往往也只是互连信号之间的串扰问题。如图 3.4 插板结构产品互连示意图所示。这种产品的机械结构架构中，通常高速总线位于背板中，并与插板互连。如果没有额外的改进措施，那么插板与背板之间形成的共模电压 U_{CM} 将是该产品形成 EMI 问题的主要原因，互连导致的共模辐射原理图如图 3.5 所示。

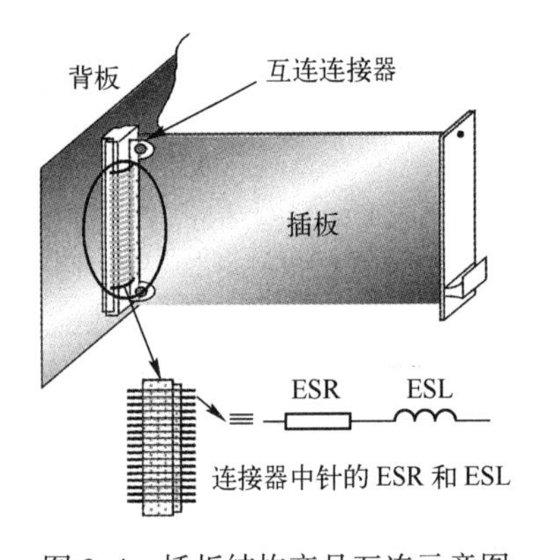

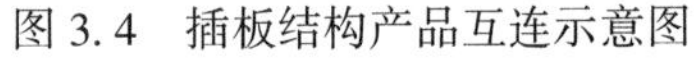

图 3.4　插板结构产品互连示意图

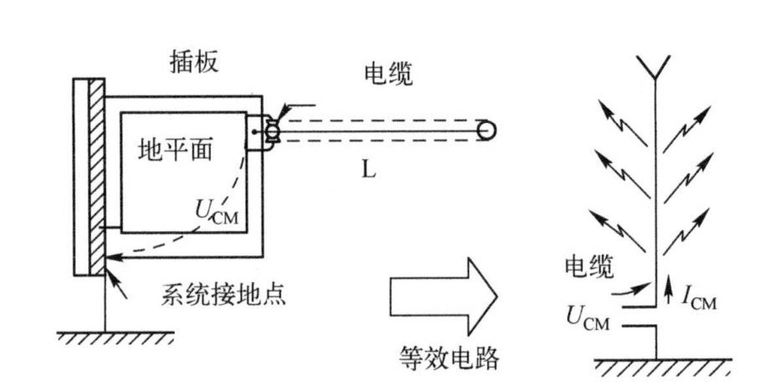

图 3.5　互连导致的共模辐射原理图

产品内部互连连接器或互连电缆也是影响产品抗干扰能力的主要原因。因为互连连接器或互连电缆的寄生电感会导致在高频下的高阻抗。当进行类似 BCI、EFT/B、ESD 抗扰度测试时，测试时产生的共模瞬态干扰电流会流过互连连接器中或互连电缆的地（“0 V”）线，由于互连连接器或互连电缆中地线的阻抗，必然会在互连连接器中的地线上产生共模压降，如果互连连接器或互连电缆中地线两端的压降 ΔU_{Z0V} 超过了互连连接器或互连电缆两端电路的噪声容限，就会产生错误（原理如图 2.83 所示）。

因此，进行产品设计时，避免互连连接器或互连电缆中有共模干扰电流流过是解决产品内部互连 EMC 抗扰度问题的第一步。当产品机械构架不能避免共模干扰电流流过互连连接器或互连电缆时，产品内部互连设计应该考虑如下 3 点。

（1）有共模瞬态干扰电流流过互连连接器和互连电缆时，建议采用金属外壳的互连连接器，电缆采用屏蔽电缆，而且连接器的金属外壳与电缆的屏蔽层在电缆的两端进行 360°搭接，并将互连信号中的“0 V”工作地与连接器的金属外壳在 PCB 的信号输入/输出端直接互连。在不能直接互连时，通过旁路电容互连。对于接地设备，要将金属板接大地。这样做的目的是为了引导共模瞬态干扰电流从互连连接器的外壳和电缆的屏蔽层流过，避免共模干扰电流流过互连连接器和互连电缆中的高阻抗线缆而产生瞬态压降。

(2) 如果只采用非金属外壳互连连接器和非屏蔽电缆（如非屏蔽带状电缆），那么建议采用一块额外的金属板连接在互连连接器和非屏蔽电缆的两端（也可借助于产品现有金属壳体，如图 5.20 所示），并将互连信号中的“0 V”工作地与金属板在 PCB 的信号输入/输出端直接互连。在不能直接互连时，通过旁路电容互连。对于接地设备，要将金属板接大地。

(3) 在 (1)、(2) 所述方式都不可行的情况下，必须将所有互连的设备进行滤波处理。

3.2 相关案例

3.2.1 案例 17：由电缆布线造成的辐射超标

【现象描述】

对某产品进行辐射发射测试，发现其不能满足要求，具体现象是 100～230 MHz 频段内出现严重超标，最大点超过 ClassB 限值 20 dB 之多。测试频谱如图 3.6 所示。

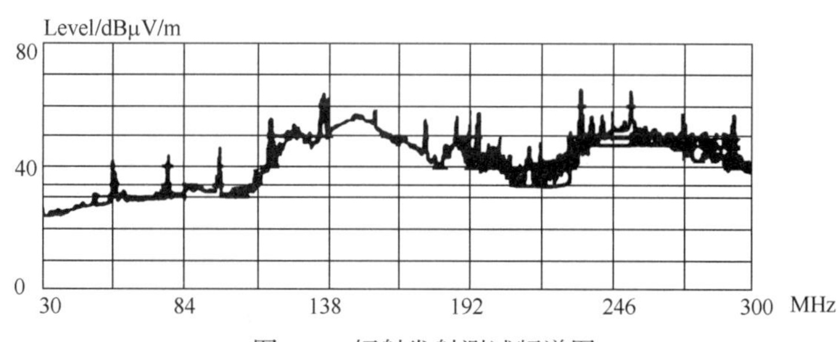

图 3.6　辐射发射测试频谱图

【原因分析】

经过检查发现，该设备的直流供电电源线，布置如图 3.7 所示，即直流电源线从电源连接器、电源滤波器进入设备后，分为两路，经过一段很长的距离后再接到内部连接器。可见，两根直流电源线（-48 V 线与 0 V）之间形成了一个较大的环路，如图 3.7 箭头线所示。

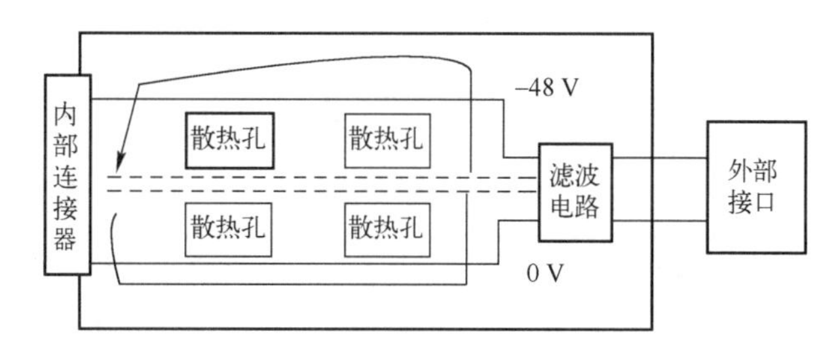

图 3.7　直流电源线布置图

根据电磁理论以及麦克斯韦方程，磁场由电流和电场产生。变化的电场会产生磁场，根据右手定律，电流流过导体或环路时也会产生磁场，如图 3.8 所示。

可见，电流和环路是形成辐射的重要条件。在本案例中，正、负电源线分开布线形成了一个比较大的环路，电源线中流动的电源噪声是辐射驱动的。如果闭环较小（远小于所关心

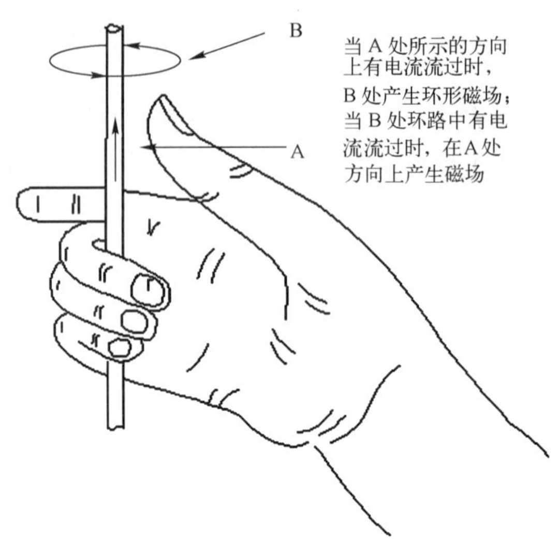

图 3.8　右手定律

的信号或频率的波长），则场强与闭环面积成正比。闭环越大，天线终端观察到的频率越低。对于一个特定的物理尺寸，天线将在特定的频率上产生谐振。

环形天线产生的差模辐射，远区辐射场的电场强度与回路面积呈线性变化关系。闭合回路的面积越大，差模电流所产生的辐射就越严重。另外，同样面积的闭合回路，如果回路形状发生变化，不再是正方形结构，其产生的辐射干扰效果一样会随着变化，甚至产生相当大的差异。频率增高，相同结构的闭合回路产生的辐射干扰跟着增强，并且随着频率增高差模电流的辐射能量逐渐向环路的正面转移。更为重要的是，随着闭合回路由正方形逐渐变化为越来越狭长的矩形，差模电流所产生的辐射干扰显著减小。也就是说，即使闭合回路的面积相同，适当地改变其形状，使之越来越狭长，同样可以减小相同强度的差模电流的辐射干扰。闭合回路上流过的差模电流产生的辐射发射在各个极化方向上的分布是不同的。

辐射的极化分量主要集中于环路正面的两侧，而本案例中的散热孔正好位于环路的正上方，也就是环路辐射最强的方向上。

鉴于以上仿真分析，本案例中造成的辐射应该也是很容易理解的。

【处理措施】

根据以上分析结果，要解决此问题，只要将地线与电源线从散热孔中间布线（如图 3.7中虚线所示），使电源线的环路面积与原来相比使电源线的环路面积大大减小，经过测试，在 111～165 MHz 辐射发射降低近 20 dBμV/m，如图 3.9 所示。

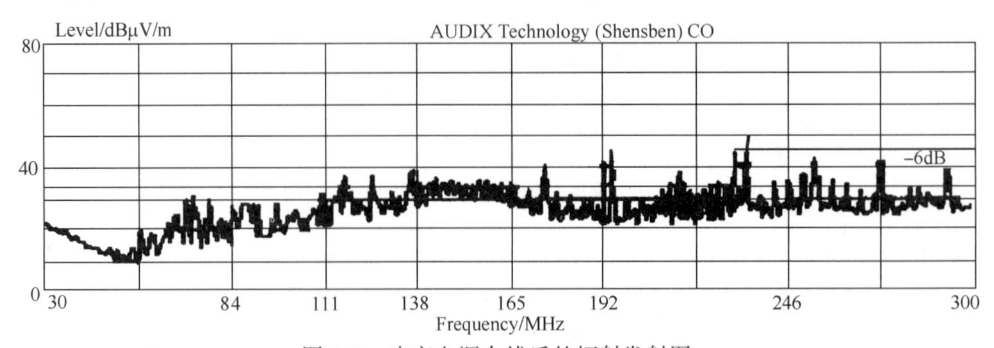

图 3.9　改变电源布线后的辐射发射图

【思考与启示】

（1）控制环路面积是降低辐射的必要手段，不但PCB布线时要尽量减小环路面积，电缆的布置中也要注意电流环路的大小。

（2）通过改变闭合回路的形状，使之尽量狭长，也可以有效地减小差模电流的辐射干扰水平。

（3）根据差模电流在各个极化方向上的辐射水平的不同，尽量使邻近电缆环路、PCB上的印制线或元器件在较大辐射水平的极化方向上有最小的电长度，这样可以保证它们耦合到较少的电磁能量。

（4）在对机箱内部的电缆进行布线设计时，确保电缆在较大辐射水平的极化方向上的长度最小，从而使电缆耦合到的电磁能量最少。

（5）确定得到最小的机箱对外辐射效果的通风窗或观察窗的位置和结构。通风窗或观察窗应尽可能安装在辐射水平较低的位置。如果通风窗或观察窗是由矩形孔构成的，还应该考虑辐射场在窗口位置的各个方向的极化水平，尽量使矩形孔的长边不在辐射水平最大的极化方向上，以便使从机箱辐射出去的电磁能量最少。

3.2.2　案例18：屏蔽电缆的“Pigtail”有多大影响

【现象描述】

某工业控制产品，其信号输出端口使用屏蔽电缆，对该产品进行辐射发射测试时发现，辐射虽然在CLASS B限值线下但是裕量不足，测试频谱图如图3.10所示。考虑到测试的不确定度，需要做一些改进，使测试结果离限值线有大于6 dB的裕量。

经过初步定位，去掉信号输出电缆后辐射很低，满足CLASS B要求，并有6 dB以上的裕量。

【原因分析】

从测试结果可知，辐射较高的频点集中在150～230 MHz之间，又由于该产品的尺寸较小，只有电缆的长度与较高辐射频点的波长可以比拟，因此该产品辐射较高肯定与电缆有关。从EMI的角度理解，电缆中增加屏蔽层，相当于给电缆内导体产生共模电流时提供了一条回流路径，使得内导体的共模电流与屏蔽层回流产生的磁场方向相反，大小相等，相互抵消，最终降低辐射。

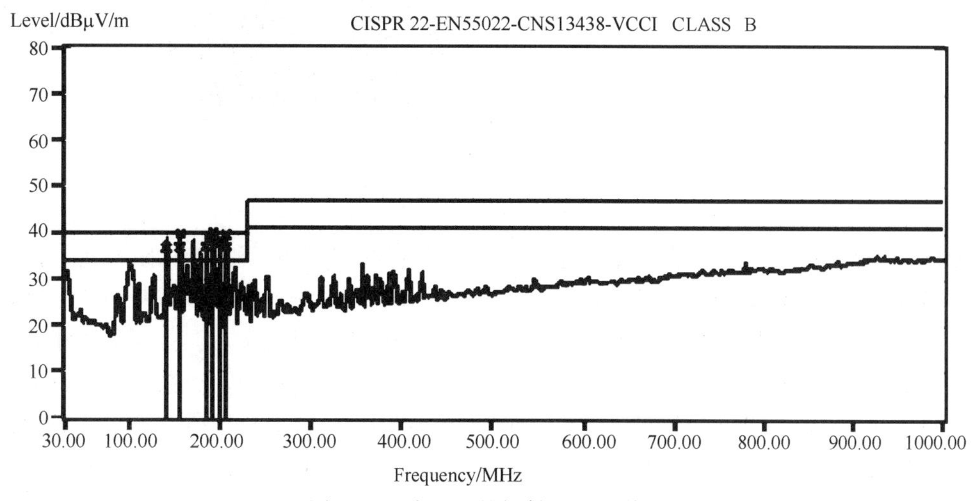

图3.10　未通过的辐射测试频谱图

No.		Frequency MHz	Factor dB	Reading dBμV/m	Emission dBμV/m	Limit dBμV/m	Margin dB	Tower cm	Table deg
	1	140. 06	16. 22	20. 42	36. 64	40. 00	-3. 36	237	40
	2	154. 81	17. 02	19. 74	36. 76	40. 00	-3. 24	176	19
	3	156. 10	17. 03	22. 74	39. 77	40. 00	-0. 23	—	—
	4	184. 29	14. 12	22. 80	36. 92	40. 00	-3. 08	164	0
	5	191. 66	13. 36	24. 66	38. 02	40. 00	-1. 98	144	13
* F	6	192. 47	13. 32	26. 77	40. 09	40. 00	0. 09	—	—
	7	199. 03	13. 00	24. 89	37. 89	40. 00	-2. 11	100	349
	8	206. 41	13. 06	23. 82	36. 88	40. 00	-3. 12	99	0
	9	207. 03	13. 07	26. 44	39. 51	40. 00	-0. 49	—	—

图 3. 10　未通过的辐射测试频谱图（续）

本案例中屏蔽电缆的连接方式，如图 3. 11 所示。由图 3. 11 可知，该产品使用屏蔽电缆，但是电缆的屏蔽层在接近产品信号端口的地方拧成“Pigtail”（猪尾巴）状，长约 10 cm。“Pigtail”是屏蔽电缆设计与使用时常见的 EMC 问题。图 3. 12 可以解释“Pigtail”产生 EMC 问题的原理及其对产品带来的影响。由图 3. 12 可知，“Pigtail”的存在犹如一个共模电压 ΔU，并且 ΔU 驱动着与“Pigtail”直接相连的信号线屏蔽层，形成辐射。

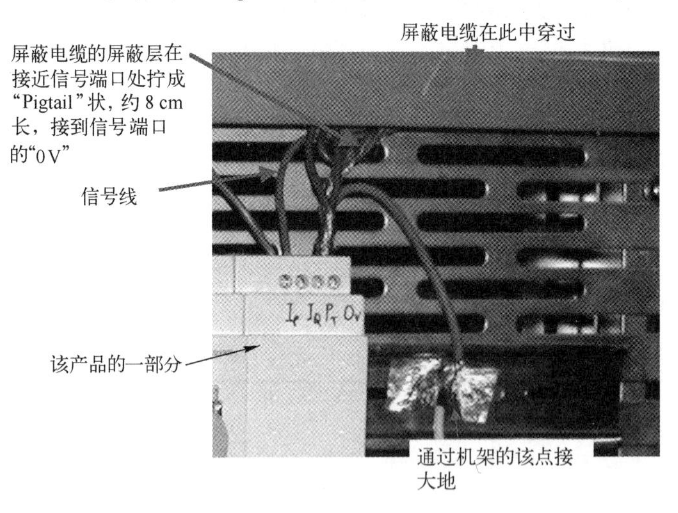

图 3. 11　信号端电缆连接方式

要进一步解释“Pigtail”的原理，可以从转移阻抗的概念来解释。转移阻抗为在屏蔽电缆上注入射频电流时，中心导体上的电压与这个电流的比值。对于给定的频率，较低的 Z_T，意味着当在屏蔽电缆上注入射频电流时，中心导体上只会产生较低的电压，即对外界干扰具有较高屏蔽效果，同样也说明中心导体上有电压时，屏蔽电缆上感应的电流也会较小，即对中心导体产生的骚扰具有较高的屏蔽效果。如果一屏蔽电缆的 Z_T 在整个频率段上值仅为数毫欧，那么这根电缆的屏蔽效果是比较好的。同时，具有较低的转移阻抗的屏蔽电缆也意味着具有较好的屏蔽外接干扰的能力和屏蔽本身辐射发射的能力。然而“Pigtail”的存在，相当于在屏蔽层

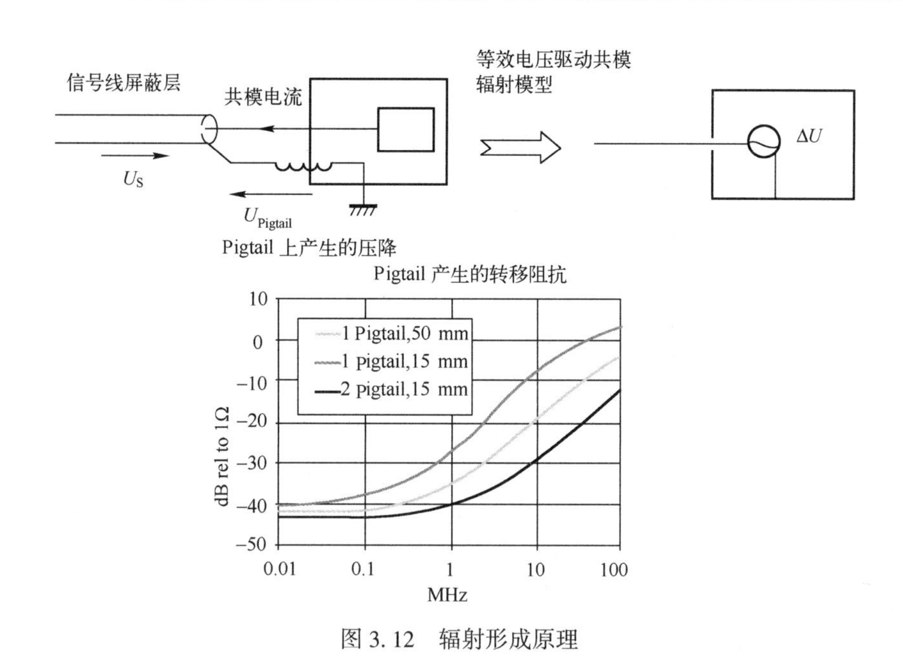

图 3.12　辐射形成原理

上串联了一个数十纳亨的电感，它能够在接口的电缆屏蔽层上因屏蔽层电流的作用而产生一个共模电压。随着频率的增大，“Pigtail”连接的等效转移阻抗也将迅速增大，这样会使屏蔽电缆全然失去屏蔽效果。图 3.12 表示有“Pigtail”的屏蔽电缆形成辐射的原理，“Pigtail”的存在造成了较大的阻抗，形成了一个较大的压降 $U_{Pigtail}$，该压降成为辐射的驱动，屏蔽层变成了天线。

【处理措施】

将“Pigtail”缩短为 1 cm 后，测试结果如图 3.13 所示。

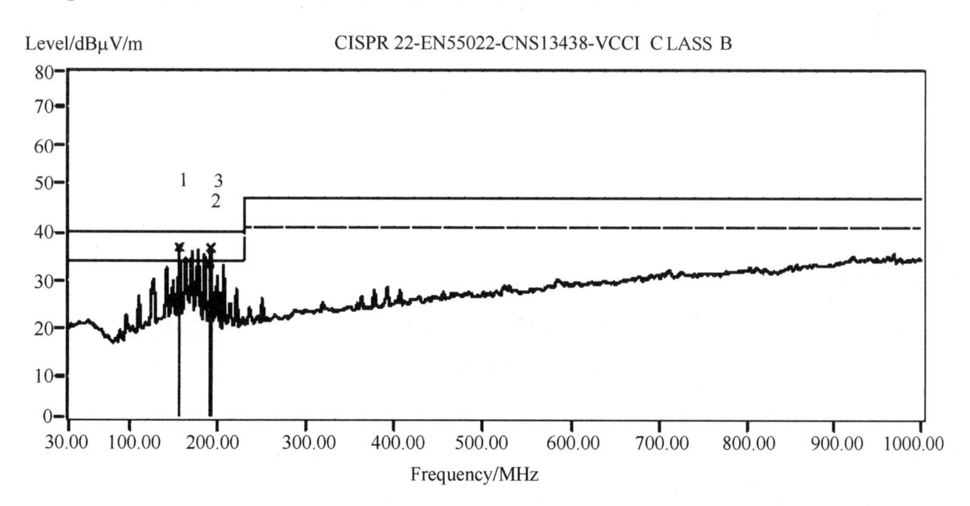

No.		Frequency MHz	Factor dB	Reading dBμV/m	Emission dBμV/m	Limit dBμV/m	Margin dB	Tower cm	Table deg
*	1	156.10	17.03	19.73	36.76	40.00	-3.24	—	—
	2	191.67	13.36	20.00	33.36	40.00	-6.64	129	190
	3	192.47	13.32	23.26	36.58	40.00	-3.42	—	—

图 3.13　修改后的测试结果

【思考与启示】

（1）屏蔽电缆的屏蔽层一定要 360°搭接处理。

（2）如果从风险的概念来评估，据经验，30 MHz 以上的频率下，屏蔽层电缆具有零长度的“Pigtail”，则没有风险；1 cm 长度的“Pigtail”存在 30%风险；3 cm 长度的“Pigtail”存在 50%风险；5 cm 长度的“Pigtail”存在 70%风险。

（3）所有电缆受其寄生电阻、电容、电感影响。先看下面几个简单的例子。可以帮助读者有个感性的认识：

- 直径 1 mm 的导线，在 160 MHz 时，其电阻是直流状态时的 50 倍还要多，这是趋肤效应的结果，迫使 67%的电流在该频率处流动于导体最外层 5 μm 厚度范围内。
- 长度为 25 mm，直径为 1 mm 的导线具有约 1 pF 的寄生电容。这听起来似乎微不足道，但在 176 MHz 时呈现大约 1 kΩ 的负载作用。若这根 25 mm 长的导线在自由空间中，由理想的峰-峰电压为 5 V、频率为 16 MHz 的方波信号驱动，则在 16 MHz 的 11 次谐波处，仅驱动这根导线就有 0.45 mA 的共模电流，这是一个导致辐射发射失败的危险电流。
- 连接器中的引脚长度约为 10 mm，直径为 1 mm，这根导体具有约 10 nH 的自感。这听起来也是微不足道的，但当通过它向母板总线传输 16 MHz 的方波信号时，若驱动电流为 40 mA，则连接器件上的电压跌落约 40 mV，足以引起严重的信号完整性和或 EMC 方面的问题。
- 1 m 长的导线具有约 1 μH 的电感，把它用于设备接地，便会影响浪涌保护器和滤波器的效果。
- 滤波器的 100 mm 长的地线的自感可达 100 nH，当频率超过 5 MHz 时，会导致滤波器失效。
- 经验数据：对于直径在 2 mm 以下的导线，其寄生电容和电感分别是：1 pF/英寸和 1 nH/毫米（这里没有统一单位，但这样更容易记忆）。其简单的阻抗计算关系式为

$$Z_{\mathrm{C}} = \frac{1}{2\pi fC} \qquad Z_{\mathrm{L}} = 2\pi fL$$

3.2.3　案例 19：屏蔽电缆屏蔽层是双端接地还是单端接地

【现象描述】

某系统由两个产品互联组成，两个产品之间的互联信号电缆采用屏蔽电缆，在某现场应用中，发现屏蔽电缆双端接地后，系统会出现异常，而断开屏蔽电缆屏蔽层的一端接地后，发现异常消失。

【原因分析】

屏蔽电缆的屏蔽层如何接地？单端接地还是双端接地一直是工程领域讨论的话题，工程设计者经常会碰到一些实际的案例，对于某些产品似乎屏蔽电缆单端接地时系统更为稳定，而某些产品的屏蔽电缆采用双端接地后系统才显得更为稳定。

对于本案例的问题，经过分析后可以得出如图 3.14 所示的原理。图中屏蔽电缆互联于两个具有金属外壳的产品之间，屏蔽电缆左侧接产品 1 的壳体，屏蔽电缆的右侧与产品 2 的壳体不连接，当干扰从产品 1 左侧的电缆注入时，图中显示了主要的干扰电流路径。干扰电流越大，产品 1 中 PCB 板受到的干扰越大。屏蔽电缆的右侧接产品 2 的金属壳体时，会使

图中显示的共模干扰电流变大，于是产品 1 就出现故障。这就是本案中出现屏蔽电缆双端接地后，系统会出现异常，而断开屏蔽电缆屏蔽层的一端接地后，异常消失的原因。

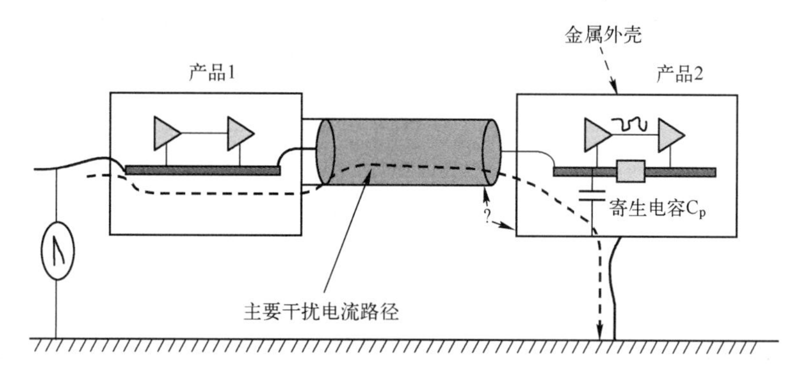

图 3.14　干扰分析原理图

【处理措施】

从以上现象与原理分析，似乎屏蔽电缆只能采用单端接地的方式，但是事实并非如此。图 3.14 只是分析了一种干扰情况，即干扰从产品 1 的左侧电缆注入，此时，屏蔽电缆右侧不与产品 2 的壳体连接，会降低产品 1 所受到的干扰。实际应用中，干扰会从各种途径进入产品，图 3.15 所示的是屏蔽层右侧不接壳体干扰从屏蔽电缆注入时的干扰原理分析图。由图 3.15 可知，当共模干扰电平注入屏蔽电缆屏蔽层时，屏蔽电缆的屏蔽层在靠近产品 2 侧处的电位马上抬高，然而，此时屏蔽电缆内导体中的电位并没有同步抬高，于是位于屏蔽电缆屏蔽层与内导体之间的寄生电容 C_C 两端出现了可变的电位差，导致干扰电流从屏蔽层进入屏蔽电缆内导体，从而沿着电缆流入 PCB 板，形成图 3.15 中虚线箭头线表示的干扰电流。

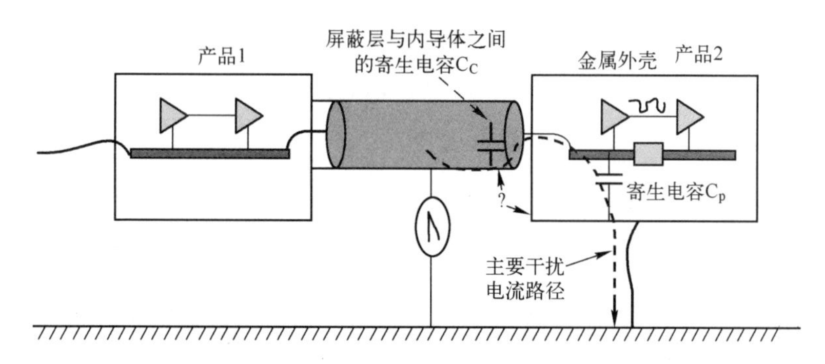

图 3.15　屏蔽层右侧不接壳体干扰从屏蔽电缆注入时的干扰原理分析图

如图 3.16 所示，如果将屏蔽电缆右侧的屏蔽层接至产品 2 的壳体，那么当共模干扰电平注入屏蔽电缆屏蔽层时，屏蔽电缆的屏蔽层在靠近产品 2 侧处的电位与产品 2 壳体的电位同步抬高，最终，干扰电流无法进入产品 2 的内部（即从屏蔽电缆屏蔽层沿着 C_C 进入屏蔽电缆内的导体，流向 PCB 的电流被图 3.16 中虚线箭头表示的电流旁路），产品 2 内部电路得到保护。

由此可见，屏蔽电缆的另一侧也需要接壳体。然而，按本案例“原因分析”部分的描述，屏蔽电缆右侧的屏蔽层接壳体后会增加流过产品 1 中 PCB 的干扰电流，此问题如何解决，这就需要用系统的眼光去看待整个产品系统的 EMC 问题，图 3.17 所示的是整个产品系

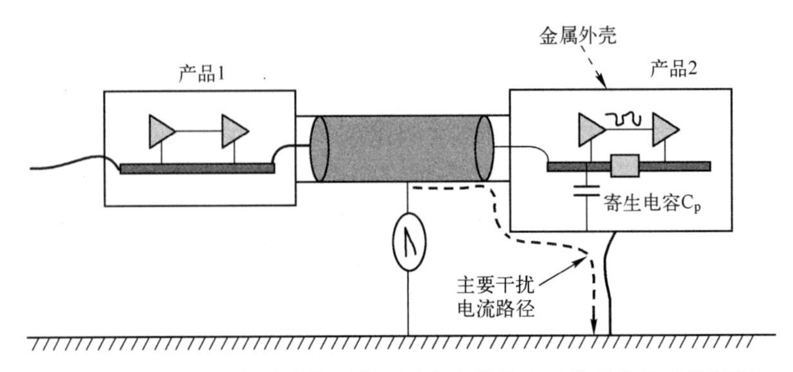

图 3.16　屏蔽层右侧接壳体干扰从屏蔽电缆注入时的干扰原理分析图

统的完整 EMC 设计解决方案原理图，图中给出了完整的 EMC 设计解决方案。最终的解决方案是改变产品 1 中 PCB 板工作地与金属壳体之间的互联关系，将 PCB 的工作地在电缆出/入口的附近与金属壳体实现等电位互联（等电位互联要求见本书案例 2）。PCB 的工作地在电缆出/入口附近与金属壳体实现等电位互联后，由产品 1 左侧电缆进入的干扰电流将被旁路在产品 1 金属壳体的外侧，干扰电流不再流向产品 1 的 PCB 板，屏蔽电缆右侧屏蔽层接产品 2 的壳体也将不是问题，整个系统的 EMC 问题得到完美解决。

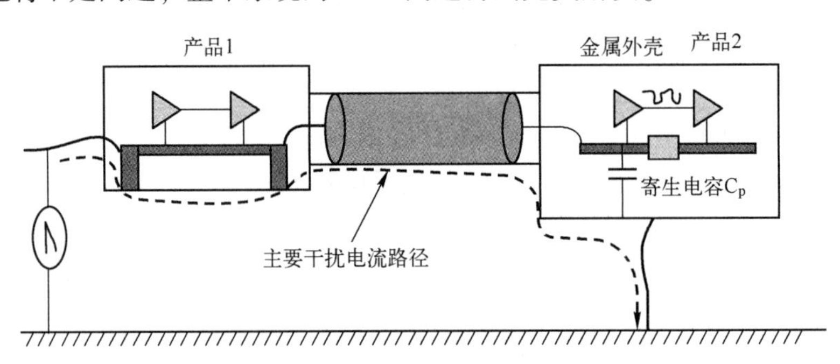

图 3.17　整个产品系统的完整 EMC 设计解决方案原理图

【思考与启示】

（1）EMC 问题是一个系统问题，应该从整体进行全局分析，而不是仅仅关注个别点，因此，产品中某一地方设计改动后 EMC 结果发生改变，不能证明此 EMC 结果就是这个改动造成的，只能证明此结果与其有关。

（2）屏蔽电缆的屏蔽层应该双端接地，除非与屏蔽电缆互联的产品既不怕干扰也不会产生 EMI 骚扰（如无源传感器），屏蔽电缆屏蔽层应该接被连接产品的金属壳体，如果被连接产品是塑料壳体，则屏蔽层应该接被连接 PCB 板的工作地。

（3）一根屏蔽电缆有两端，可以理解为屏蔽电缆左侧的接地是为了左侧的产品，右侧的接地是为了右侧的产品。

3.2.4　案例 20：为何屏蔽电缆接地就会导致测试无法通过

【现象描述】

某产品存在电源线和信号线，信号线是屏蔽电缆，按图 3.18 所示的方式布置和连接并进行 4 kV 的 EFT/B 测试时，发现测试无法通过。测试现象表明产品中的扩展模块部分的电路出现异常，然而，测试时如果将信号线屏蔽电缆的屏蔽层接地断开，测试可以通过。

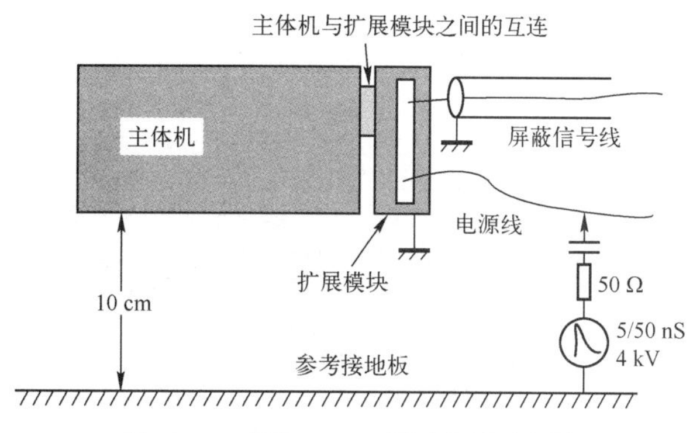

图 3. 18　产品 EFT/B 测试布置示意图

【原因分析】

基于 EFT/B 测试的原理，对产品中的扩展模块进行 EFT/B 测试时的干扰电流分析，形成的扩展模块 PCB 干扰电流分析图如图 3. 19 所示。虽然，该产品的电源端口进行了接地处理，但是接地总不是理想的 0 欧姆阻抗接地，因此，EFT/B 干扰电流除了会通过产品中的接地端子流入参考接地板之外，还会有电流通过 PCB 板流向信号电缆，并通过信号电缆屏蔽的接地线流入参考接地板。正是因为有电流通过了 PCB 板，导致 PCB 板中的电流出现干扰异常。

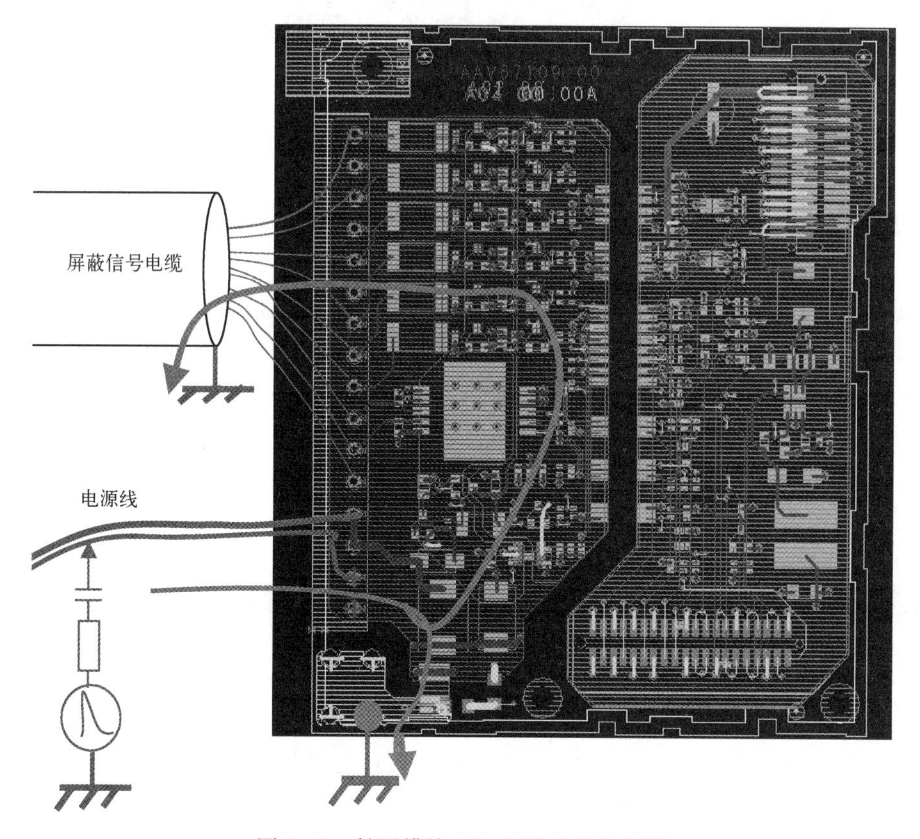

图 3. 19　扩展模块 PCB 干扰电流分析图

当信号线屏蔽层的接地线断开时，信号电缆对地的阻抗主要由信号电缆与参考接地板之间的寄生电容（即图 3.20 中的 C_p）形成，阻抗变大，因此，流过 PCB 的干扰电流会变小，最终导致测试通过。

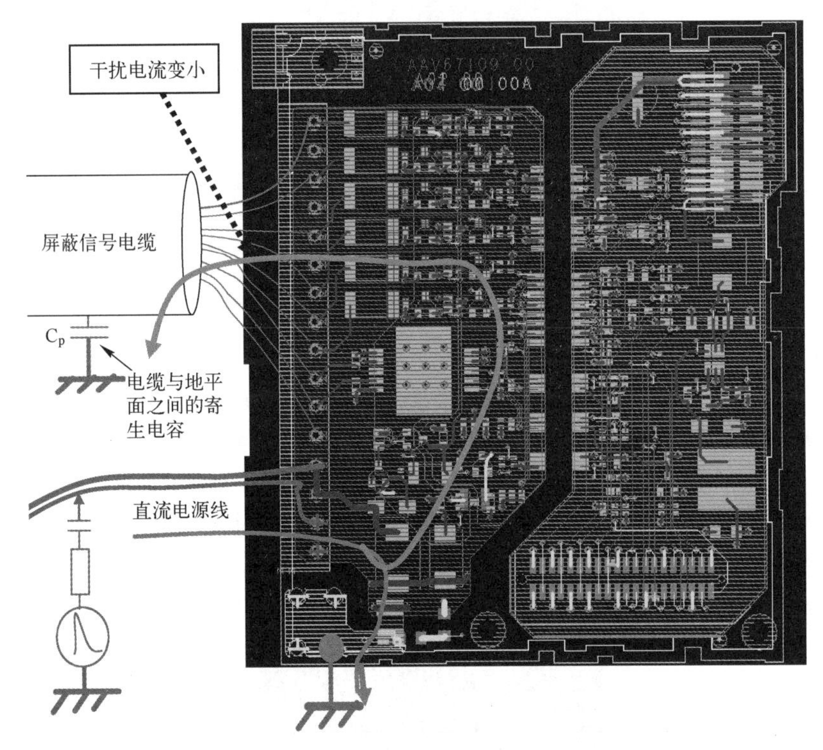

图 3.20　信号线屏蔽电缆接地断开后的干扰电流分析图

【处理措施】

由于产品需要在信号电缆屏蔽层接地时通过 EFT/B 测试，因此，在没有其他额外可以改变流过 PCB 板电流的措施的条件下，只能分析 PCB 板的设计，以提高 PCB 板中电路的抗干扰电流能力。据分析，当干扰电流流过 PCB 板时，对 PCB 内部电路造成干扰的主要机理是 PCB 板中的地阻抗过高而导致的公共阻抗耦合。共模干扰电流经过信号输入接口电路时的干扰分析原理图如图 3.21 所示。因此，在无法改变 PCB 地阻抗的情况下，可对地阻抗较高区域的信号线进行滤波处理，以消除因地阻抗过高而导致出现公共阻抗从而引起干扰电平。具体措施是在图 3.21 中的光耦器件信号输入端口并联 1nf 滤波电容。

【思考与启示】

（1）接地点的位置是决定共模干扰电流流向的重要因素。

（2）如果接地点选择在产品对于被测试 I/O 端口的远端，那将不利于这个产品的 EMC 性能。

（3）不需要进行 EMC 测试的 I/O 端口，只要其对参考接地板存在容性耦合或该端口接地，那么端口的信号也需要进行滤波处理。

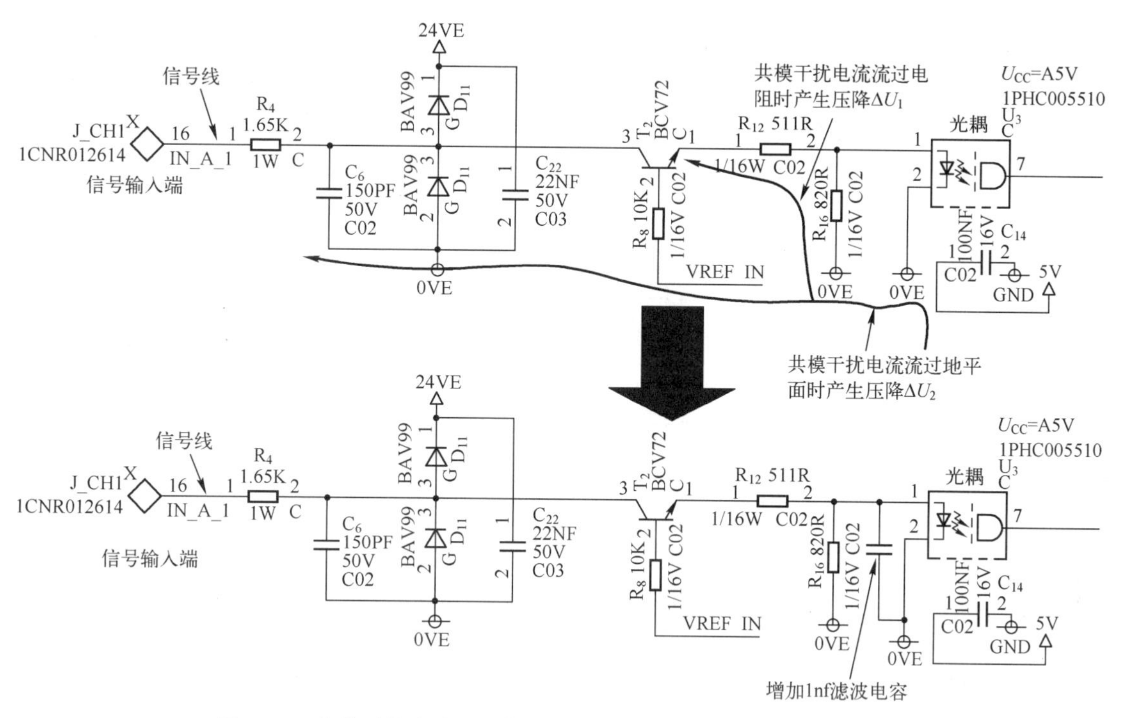

图 3.21　共模干扰电流经过信号输入接口电路时的干扰分析原理图

3.2.5　案例21：接地线接出来的辐射

【现象描述】

对某产品进行辐射发射测试时，发现其不能满足要求，具体现象是30~300 MHz频段内出现严重超标，最大辐射点的幅度超过CLASS B限值线20 dB之多。频谱图如图3.22所示。

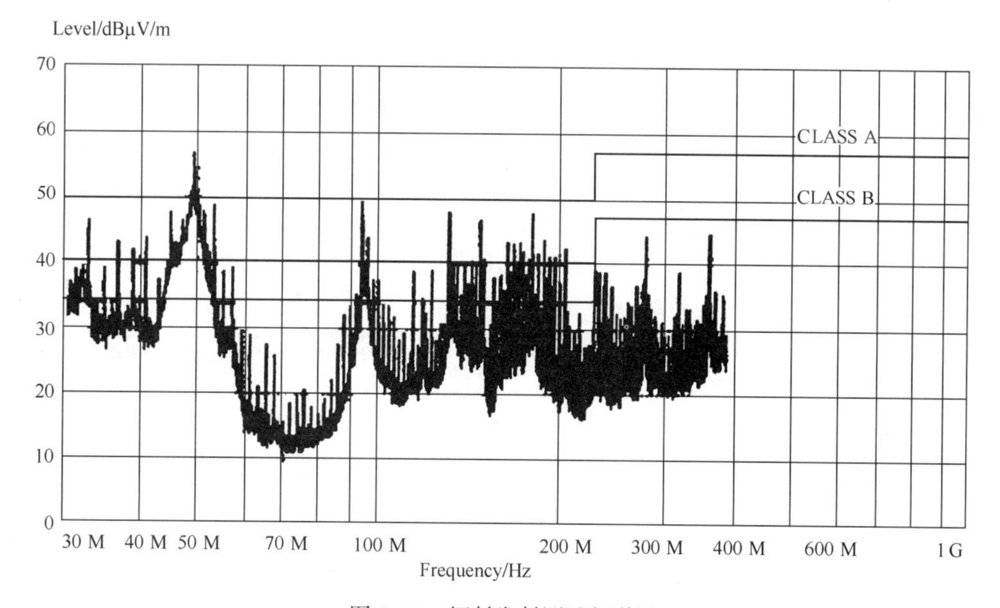

图 3.22　辐射发射测试频谱图

【原因分析】

经过检查发现，该设备的直流供电电源线布线情况如图 3.23 所示，即直流电源线（包括 0 V 与 48 V 线）和接地线从金属外壳进入设备后，连接到接线端子。接地线从 A 点引出屏蔽壳体，再由 A 点接至外壳的 G 点，然后由 A 点接出一根整机系统的接地线接系统保护地（图中黑粗曲线）。

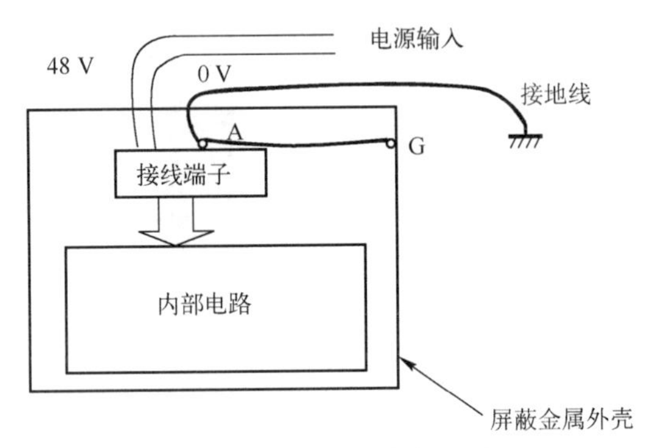

图 3.23　内部线缆布置图

关于共模辐射问题，已经在其他案例中有所描述，构成共模辐射要有两个必要条件：

- 共模驱动源，如两个金属体之间存在的 RF 电位差。
- 共模天线，如一极是设备的外部接线端；另一极是设备内部 PCB 的地线等。

在本案例中，实际上已经有了构成共模辐射的必要条件，如图 3.24 所示。

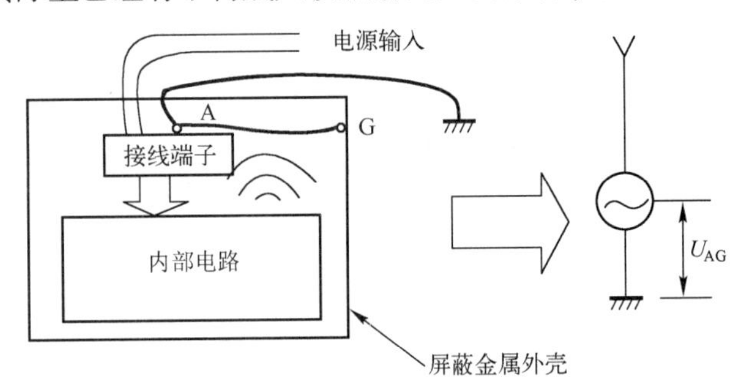

图 3.24　共模辐射形成说明图

由于 AG 之间的连线（图 3.24 中的黑粗线）在设备的内部，而设备内部的工作电路是充满噪声的，线缆 AG 与内部电路的噪声源之间存在容性耦合或感性耦合，这样线缆 AG 实际上已经不是纯意义上的“接地线”了，它拾取噪声后成了一条被“污染”的线，线两端存在共模压降 U_{AG}。图 3.24 中右边的图是形成共模辐射的等效图，存在共模电压 U_{AG}的线缆是共模驱动源，整机系统接地线（图 3.24 中黑粗线）是被驱动的辐射天线。

【处理措施】

从分析可知，要解决共模辐射的问题，可以从形成共模辐射的两个必要条件入手。既然本案例中线缆 AG 是驱动源，较长接地线是天线，那么只要将其中一部分取消或将两者的关联关系断开，就可以解决共模辐射问题。图 3.25、图 3.26 分别示出了两种解决方案，图 3.25所示的方法断开了共模噪声源与天线之间的关联关系，由于 G 点的电位是零，接地线不被噪声源 U_{AG}所驱动，所以不能形成辐射。图 3.26 所示的方法是减小驱动源电压的方法，将 AG 之间的连线改成很短的线相连，使 $U_{AG}=0$，从而降低辐射。

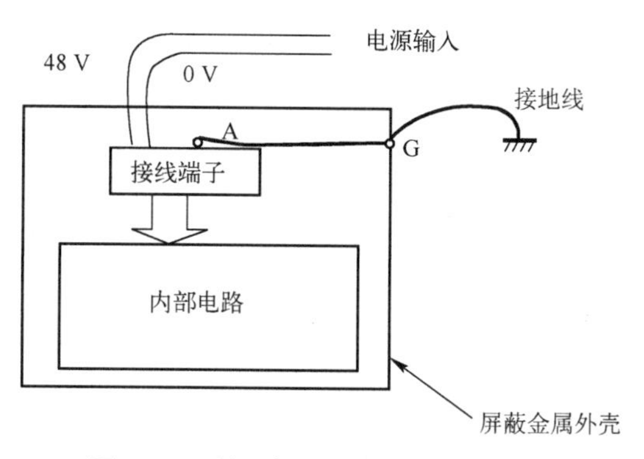

图3.25　利用断开驱动源与天线之间关联关系的解决方案示意图

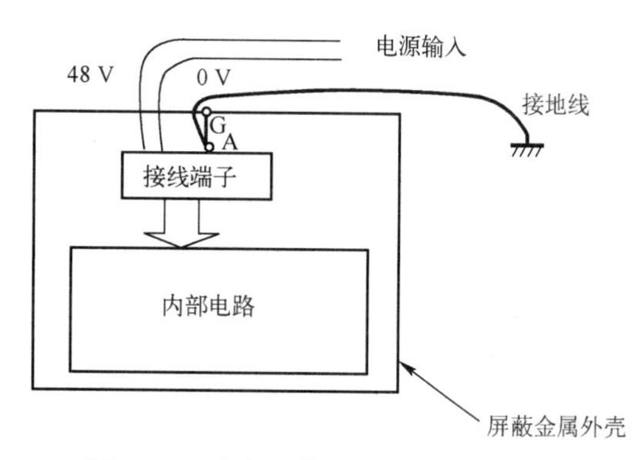

图3.26　减小驱动源电压的方法示意图

图3.27所示的是采用断开驱动源与天线之间关联关系的解决方案后（即将接地线接至机柜处），重新测试的结果。从图中可以看出，低端辐射大幅度降低，整机辐射发射在CLASS B限值线下6 dB。

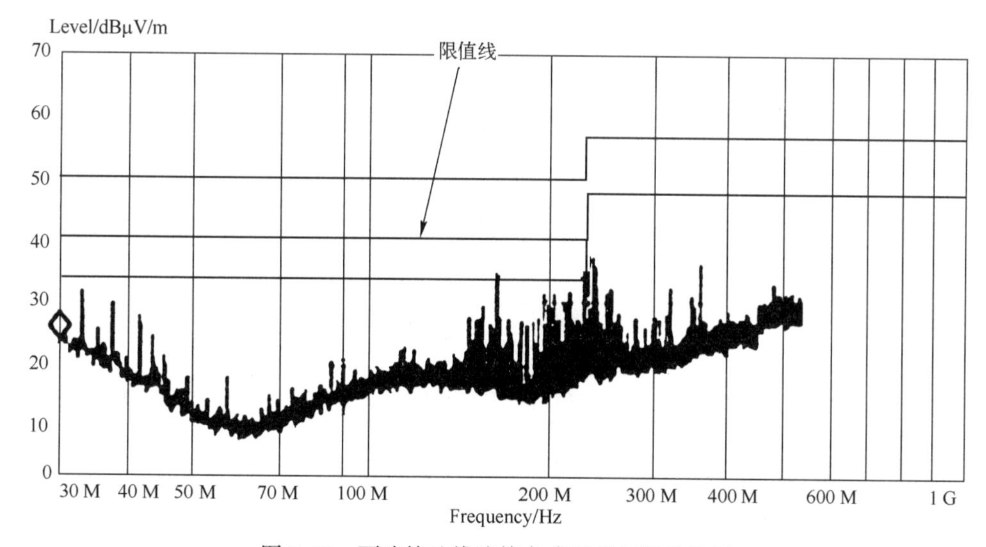

图3.27　更改接地线连接方式后的辐射发射图

【思考与启示】

(1) EMC设计三要素为屏蔽、滤波、接地，接地最为关键，接地不正确将造成滤波和屏蔽性能降低。

(2) 对于具有整机屏蔽设计的设备，接地点应与屏蔽体相连，而且要保证屏蔽体与接地点等电位。

(3) 解决电缆辐射问题可以先从两个形成辐射的必要条件入手。

3.2.6　案例22：使用屏蔽线一定优于非屏蔽线吗

【现象描述】

某产品使用以太网通信接口，以太网电缆使用屏蔽网线，进行辐射发射测试时发现超标（CLASS B），并发现该辐射超标与以太网线有关。相关测试频谱图如图3.28所示。从图3.28中可以看出，150 MHz频点已经超过CLASS B限值。将以太网线改成非屏蔽的普通以太网线后，意外地发现测试可以通过 CLASS B 限值要求，并且还有一定的裕量。使用非屏蔽线后辐射发射频谱图如图 3. 29 所示。

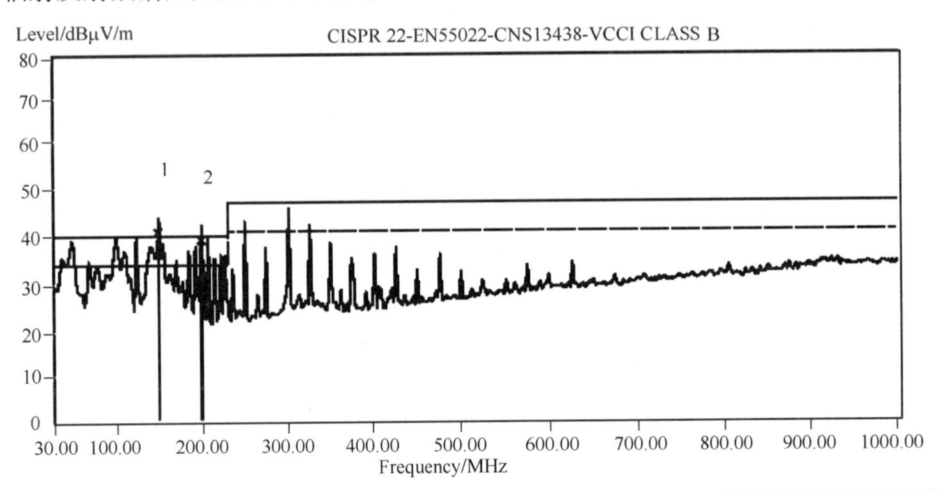

No.		Frequency MHz	Factor dB	Reading dBμV/m	Emission dBμV/m	Limit dBμV/m	Margin dB	Tower cm	Table deg
* F	1	150. 01	16. 97	23. 79	40. 76	40. 00	0. 76	99	235
	2	199. 06	13. 00	26. 22	39. 21	40. 00	-0. 79	99	271

图 3. 28　使用屏蔽线的辐射发射频谱图

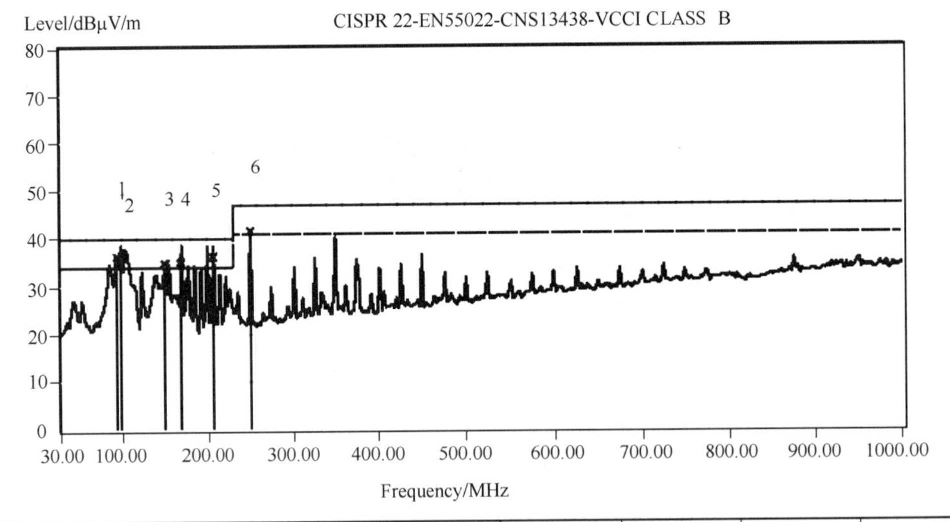

No.		Frequency MHz	Factor dB	Reading dBμV/m	Emission dBμV/m	Limit dBμV/m	Margin dB	Tower cm	Table deg
*	1	95. 47	12. 20	24. 06	36. 26	40. 00	-3. 74	—	—
	2	100. 01	12. 56	22. 30	34. 86	40. 00	-5. 14	218	232
	3	151. 25	16. 98	17. 77	34. 76	40. 00	-5. 24	—	—
	4	169. 57	16. 15	18. 88	35. 03	40. 00	-4. 97	173	213
	5	206. 43	13. 06	23. 16	36. 22	40. 00	-3. 78	179	230
	6	250. 68	14. 83	26. 77	41. 60	47. 00	-5. 40	—	—

图 3. 29　使用非屏蔽线后辐射发射频谱图

一般认为，屏蔽电缆中的屏蔽层，具有隔离电缆内部信号向外辐射传输的作用，在 EMI 测试中占一定的优势。因此许多产品在设计时，考虑到 EMC 性能，也会适当牺牲一点成本而选择屏蔽电缆。但是本案例中为何会为出现“吃力不讨好”的现象呢？

【原因分析】

首先看一下该产品以太网通信接口部分的布局情况，图 3.30 是以太网通信接口部分的布局图。

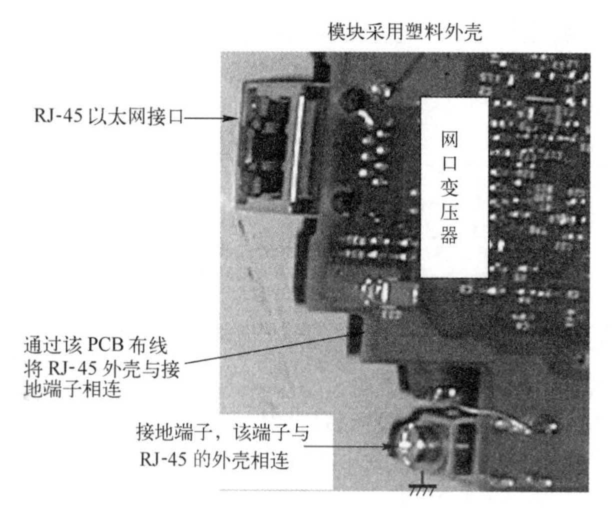

图 3.30　以太网通信接口部分的布局图

以太网通信接口采用网络变压器，RJ- 45 头外壳到接地端子之间的 PCB 布线，约 6 cm 长，见图 3.30 中的粗线。可以看出，图 3.30 约 6 cm 接地线存在一定的问题，原因是在高频下并不是很粗的 6 cm 的 PCB 布线已经具有较高的阻抗。但是由于产品结构的限制，还是不得不用这种做法。

图 3.31 表示本案例产品辐射的形成原理。

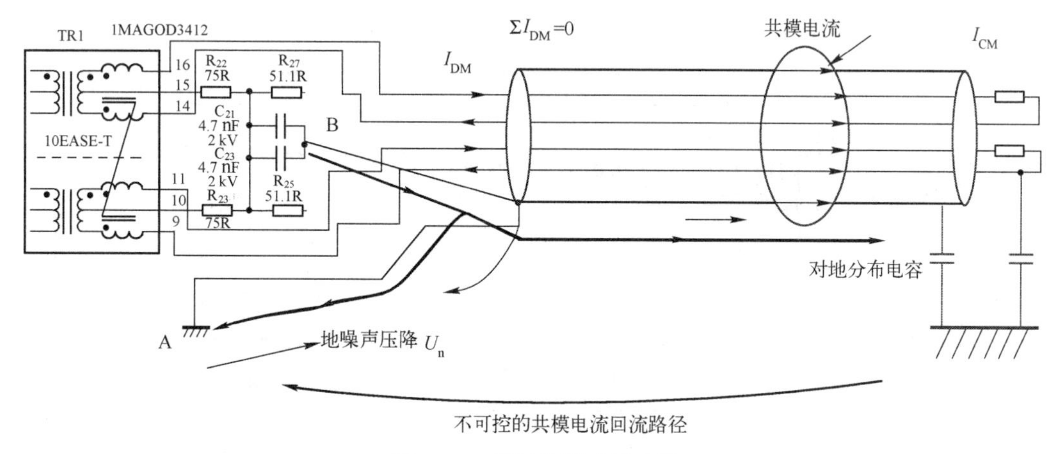

图 3.31　辐射的形成原理图

图中共模电流 I_{CM} 的大小决定了辐射发射的大小。共模电流一部分是以太网信号线传输及耦合不平衡转换而来，还有一部分是通过与变压器中心抽头相连的 RC 共模抑制电路而来，图 3.31 粗箭头线表示了共模电流的流经方向，共模电流的大小又被共模压降 U_n 控制着

（U_n 是由屏蔽电缆接地阻抗引起的）。因此 U_n 也在一定程度上决定了辐射发射测试的成败，电缆屏蔽层上的共模电流 $I_{CM}=U_n/150$，假如屏蔽电缆对地的阻抗为 150 Ω。

在该案例的产品中，以太网连接器 RJ-45 受产品结构形状的限制使其外壳的接地路径所产生的接地阻抗较高，屏蔽电缆屏蔽层或 RJ-45 连接器金属外壳不能很好地接地，导致接地阻抗较大。当以太网接口电路的网口变压器和相关共模抑制电路（C_{21}、R_{22}等）进行共模抑制产生的共模电流流过 RJ-45 外壳的接地线（即图 3.31 所示的 AB 之间的连线）时，在接地线上产生较高的压降 U_n，而以太网接口屏蔽电缆在 U_n 的驱动下，最后导致以太网电缆的屏蔽层上流过较大的共模电流，流过共模电流的屏蔽层成为了辐射的载体——“天线”。这是一个典型的共模电压驱动辐射天线的模型，图 3.32 是共模电压驱动产生辐射的原理图。

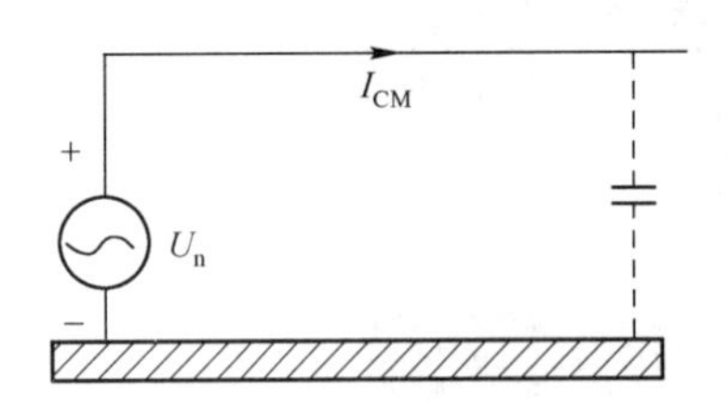

图 3.32　共模电压驱动产生辐射的原理图

将屏蔽电缆改成非屏蔽的普通电缆后，虽然共模电压 U_n 依然存在，但是辐射的载体“天线”就不存在了，所以辐射降低了。

【处理措施】

有以下三种方式可以改进该辐射问题。

（1）取消“发射天线”：在不能改进接地效果的情况下，将屏蔽电缆改成非屏蔽电缆。

（2）截断共模电流路径：断开 C_{21}、C_{23}与地的连接。

（3）降低接地阻抗，降低共模电压 U_n：用金属片代替 PCB 中的屏蔽层接地线。

（4）本产品最后采用的是“截断共模电流路径：断开 C_{21}、C_{23}与地的连接”的方式，即断开 C_{21}、C_{23}与屏蔽电缆屏蔽层的直接连接，将 C_{21}、C_{23}接至网口变压器的内侧的工作地（数字地），修改后的测试结果如图 3.33 所示。

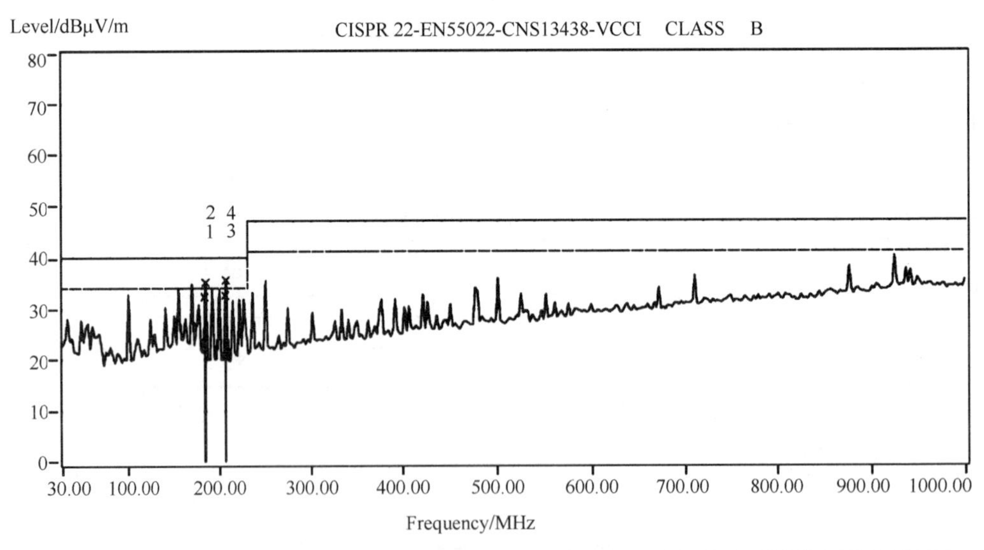

No.		Frequency MHz	Factor dB	Reading dBμV/m	Emission dBμV/m	Limit dBμV/m	Margin dB	Tower cm	Table deg
	1	184.18	14.14	18.16	32.30	40.00	-7.70	100	22
	2	185.20	14.02	21.10	35.12	40.00	-4.88	—	—
	3	206.28	13.06	19.56	32.62	40.00	-7.38	99	90
*	4	207.03	13.07	22.52	35.59	40.00	-4.41	—	—

图 3.33　修改后的测试结果

【思考与启示】

试图用屏蔽电缆来改善产品 EMC 特性，一定要保证屏蔽电缆接地良好，否则可能事倍功半。

以太网是一种高速接口电路，很多带有以太网线的产品在 EMC 测试时，就是因为以太网线导致辐射测试失败。除了电缆接地和选用带有屏蔽的接口连接器外，以太网接口电路的设计也是很重要的一部分。以下是笔者对 10 M/100 M 以太网接口电路的 EMC 设计的总结，供读者参考。

（1）原理设计

图 3.34 所示的是常用的以太网接口电路图。该部分电路用于完成阻抗的匹配与 EMI 的抑制。

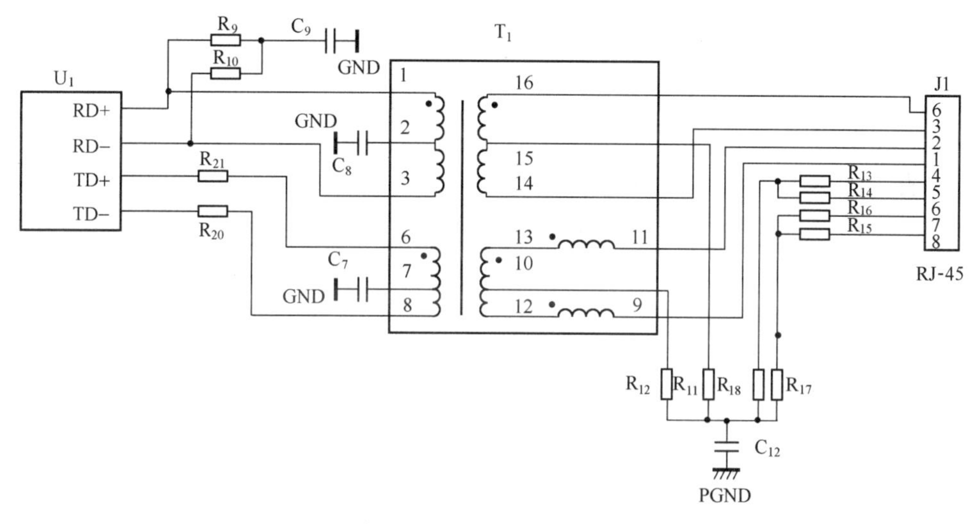

图 3.34　以太网接口电路图

注：该电路的变压器只在发送端集成了共模线圈，而接收端没有集成共模线圈；如果变压器没有集成共模线圈，则需要外接共模扼流圈；当然也可以选用发送端和接收端都集成了共模线圈的网口变压器，如 H1012 等。选用集成了共模线圈的网口变压器时，下面介绍的 PCB 布局布线方法仍然适用。

其中，R_9、R_{10}是接收端差模匹配电阻，通过中间电容接地提供共模阻抗匹配，兼具共模滤波效果，使得外部共模干扰信号不会进入接收电路；R_{20}、R_{21}是发射端驱动电阻；变压器次级中心抽头通过电容 C_7、C_8 接地，可以滤除电路内部产生的以及外部引入的共模干扰；变压器本身提供低频隔离、滤波的作用；初级端由电阻、电容组成的电路是专用的 Bob Smith 电路，以起到差模、共模阻抗匹配的作用，通过电容接地还可以滤除共模干扰，该电路可以提供 10 dB 的 EMI 衰减；RJ- 45 未用引脚通过电阻、电容组成的阻抗匹配网络接地以免产生干扰。用于接口芯片及晶振电源去耦的磁珠要具有 100 Ω（100 MHz）或更高的阻抗特性。

（2）PCB 布局

- 变压器在板上的放置方向应该使初级、次级电路完全隔离开。
- 变压器与 RJ- 45 之间的距离 L_1，接口芯片与变压器的距离 L_2，应控制在 1 英寸内。当布局限制时，应优先保证变压器与 RJ- 45 之间的距离在 1 英寸内。
- 接口芯片的放置方向应使其接收端正对变压器，以保持接口芯片固有的 A/D 隔离，同时由于路径最短化可以容易做到平衡布线，减少干扰信号向板内耦合的同时，防止共模电流向差模电流转化，从而影响接收端的信号完整性。

- 接收端差模/共模匹配电阻、电容靠近接口芯片放置，两个电阻对称放置，在共有节点中心位置接出电容；发送端串阻靠近接口芯片放置。
- 变压器次级共模滤波电容靠近变压器；Bob Smith 电路靠近 RJ-45。
- 图 3.35 中 A 区域电路靠近接口芯片放置，B 区域的电路靠近网口变压器放置。

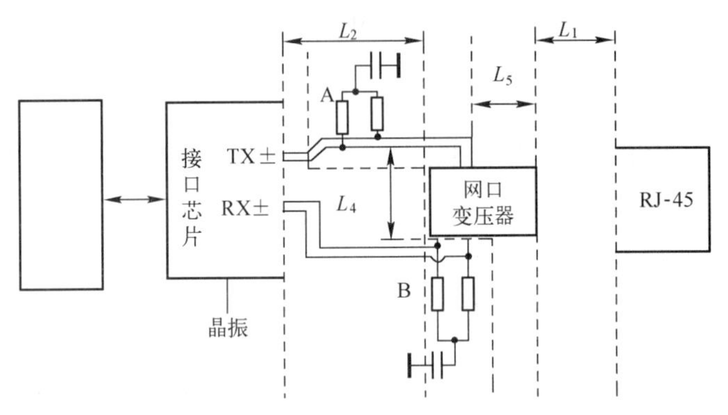

图 3.35　接口电路 PCB 布局

- 信号线 TX+和 TX-（RX+ 和 RX-）之间的距离要保持在 2 cm 之内。

(3) PCB 布线

- PGND 的分割线通过变压器体正下方，分割线宽应在 100 mil 以上，见图 3.35 中的 L_5，并保证输入/输出线有很好的隔离，见图 3.36 中 L_4，隔离可以采用图 3.37 中所示的铺 GND 的方式。

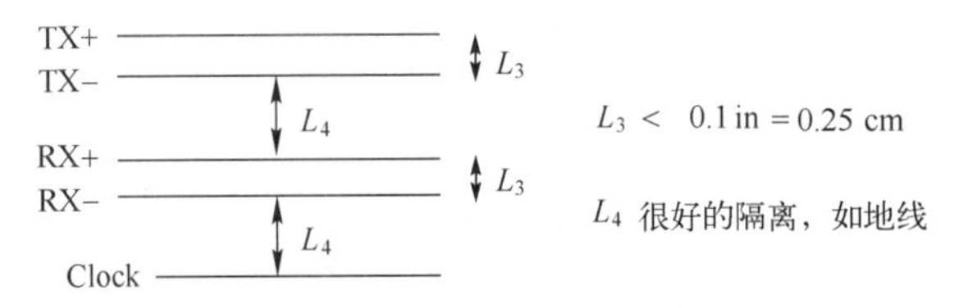

图 3.36　PCB 布线

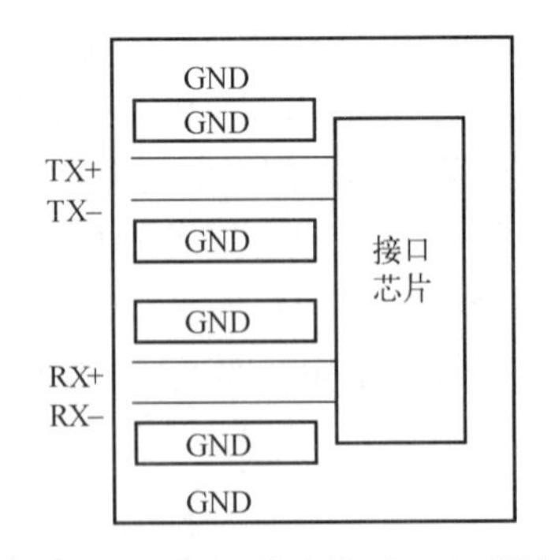

图 3.37　输入/输出线用 GND 隔离

- 除了 PGND 层外，对网口变压器初级边下的所有平面层进行挖空处理，如图 3.38 中右边 J1 方框区域所示（图 3.38 是一个具有良好以太网接口电路 EMC 设计的 PCB 图）。建议此区域内 PGND 层的焊盘及过孔设置应满足：反焊盘（Anti Relief）、热焊盘（Thermal Relief）直径比正常焊盘（Regular Pad）大 70 mil 以上。

- 最优先处理的关键信号线是 TX+和 TX-（RX+ 和 RX-），如图 3.38 中高亮的标有 TPI、TPO 字样的网络；TX+和 TX-（RX+ 和 RX-）应以差分形式布线，平衡对称是最重要的，以提高接收端性能，防止发送端辐射发射；差分线间距不超过100 mil（图 3.36 所示的 L_3）；紧邻地平面布线，推荐直接在顶层不打过孔直连，顶层下第二层为地平面；附近不能有其他高速信号线，特别是数字信号；布线宽度推荐为20 mil，提高抗干扰能力（空间足够时，考虑在旁边布保护地线，保护地线必须每隔一段距离要有接地过孔）。
- 接口芯片推荐的数字电源和模拟电源必须分开，如图 3.38 所示。每一个模拟电源引脚处布置一个高频电容；模拟电源在电源层分割，见图 3.38 中左边矩形框区域；分割宽度为 50 mil；数字电源不能扩展到 TX+和 TX-（RX+ 和 RX-）信号附近。
- 电流偏置电阻（图 3.38 中 R_{19}）附近不能有其他高速信号穿过。
- 变压器与 RJ-45 之间的接收、发送信号线的处理方式与次级的印制线 TX+和 TX-（RX+和 RX-）处理方式一致。
- Bob Smith 电路布线加粗，电阻和电容节点网络（图 3.38 中白色高亮网络）的处理方式是在布线层敷铜，见图 3.38中所示的白色高亮铜皮。
- TX+和 TX-印制线最好没有过孔，RX+和 RX-印制线布在与元件的同一层。

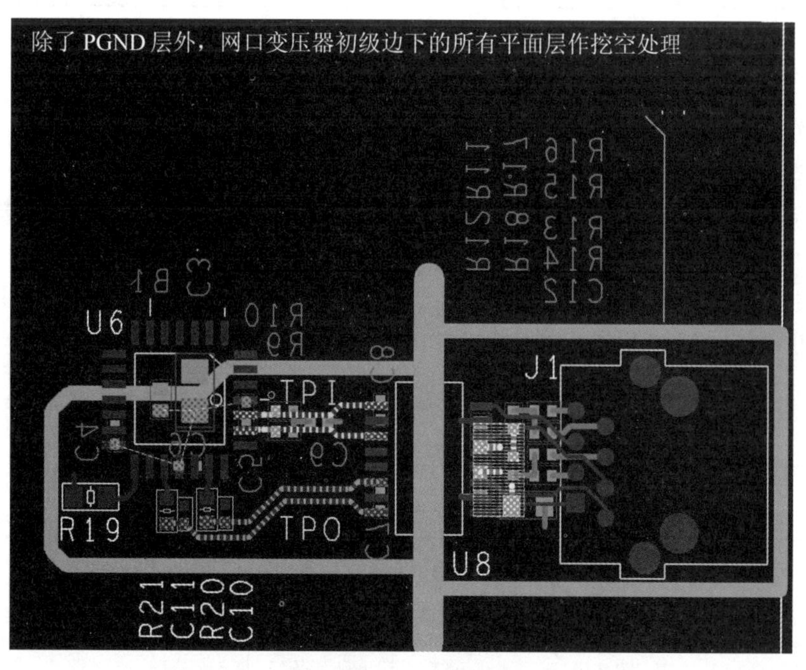

图 3.38　网口布局图

3.2.7　案例 23：塑料外壳连接器与金属外壳连接器对 ESD 的影响

【现象描述】

对某一采用金属外壳的多媒体产品进行 ESD 测试过程中，对音频接口进行 2 kV 的静电测试时，很容易使监视器上出现马赛克和图像凝固现象，测试失败。

【原因分析】

经过观察发现，音频接口的外壳是塑胶壳，而音频信号线的接头又靠外，所以静电干扰信号可以通过音频信号线直接耦合到 PCB 上，进而使设备运行异常。

由前面关于静电放电干扰的特性介绍可知，静电是一种高压能量的泄放，静电放电测试时，静电干扰信号有就近相对低电位导体泄放的特点，使用塑胶外壳的音频头时，音频信号线是离静电放电枪头最近的导体，静电干扰信号只有就近泄放到音频信号线上，如此高电压的静电信号通过信号线传输到设备内部，必然造成设备的运行异常或损坏，如图 3. 39 所示。

如果静电放电点不发生在信号线上，那估计情况会好很多。为了使设备能在静电放电测试中顺利通过，最好的办法就是让静电放电能量从良好的接地路径放走，而使设备内部的任何电路、器件和信号不受静电能量的直接干扰。对于本设备来讲，要达到此目的，就要改变在音频接口处放电时静电放电能量的泄放路径。采用金属外壳的音频接口连接器并将连接器外壳接地，可以很好地改变静电放电路径，如图 3. 40 所示。

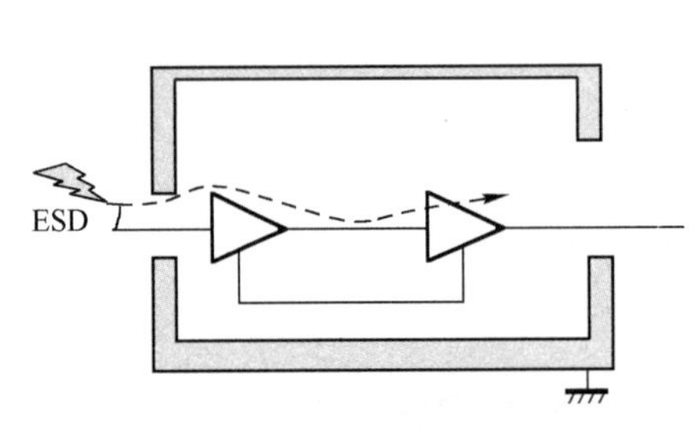

图 3. 39　静电失效原理

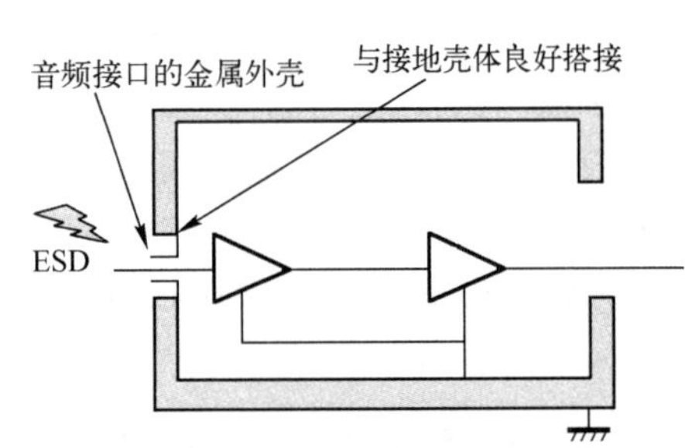

图 3. 40　采用金属外壳连接器

作为良好的抗静电放电干扰设计，有必要做一些补充说明。在图 3. 41 所示的电路中，当静电放电点在设备的金属外壳上时，由于金属外壳本身存在不良搭接及孔缝，当静电放电电流流经不良搭接及孔缝时，必然产生压降 ΔU，此压降对接地的电路产生直接的影响，即使是不接地的内部电路（即没有图 3. 41 中的粗线），也会因为容性耦合对电路产生影响（即此时红线部分连接被寄生电容代替）。同时，如果孔缝尺寸与静电放电信号频率的波长可以比拟，也会成为缝隙天线而发射静电放电电流的电磁能量。

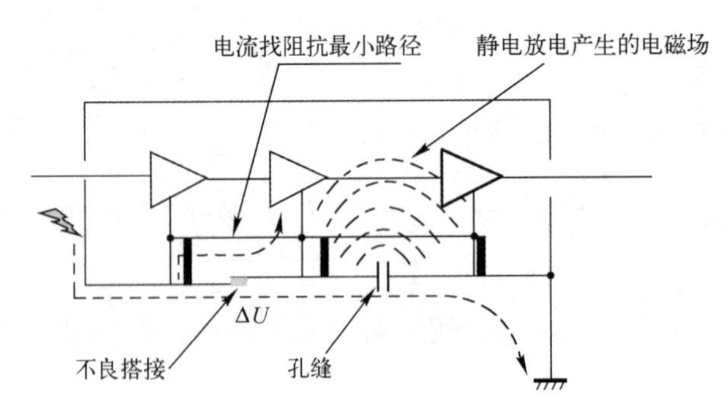

图 3. 41　静电电流引起的辐射

因此，作为静电放电的泄放路径来说，必须保持低阻抗。否则，可能有电弧通过电子线路形成的更低阻抗的通路。高频时由于趋肤效应，阻抗会有所增加，可以通过增加表面积来缓解这一问题。什么是 EMC 中的低阻抗呢？实践证明，具有长宽比小于 3 的完整（没有缝隙、没有开孔）金属平面可以很好地满足静电放电泄放。

【处理措施】

利用静电放电干扰信号就近泄放的特点，改变静电泄放路径，将原塑胶外壳的音频接口连接器，改成带金属外壳的音频连接器，并使金属外壳和机壳保持良好的电连续性，使静电放电干扰从音频连接器外壳——机壳流向大地，从而保护了音频接口中的信号。经过测试，采用金属外壳音频连接器的该多媒体设备抗静电放电干扰能力达空气放电±8 kV、接触放电±6 kV，本案例所述问题得到解决。

【思考与启示】

（1）对于设备的信号连接器接口，连接器件的选择及结构的设计要避免静电放电干扰信号直接耦合到信号线中。

（2）在连接器的选用中，如果塑胶外壳不能达到所要求的空气放电绝缘距离的要求，就必须采用带有金属外壳的连接器，并在结构设计时，使该连接器外壳有良好的接地特性。

3.2.8　案例24：塑料外壳连接器选型与ESD

【现象描述】

某工业产品（见图3.42）需要通过±8 kV的ESD空气放电测试。该产品的连接器采用塑料外壳，在连接器的位置需要进行空气放电。测试过程中发现塑料外壳的连接器会出现空气放电现象，并且产品出现错误现象，导致测试失败。

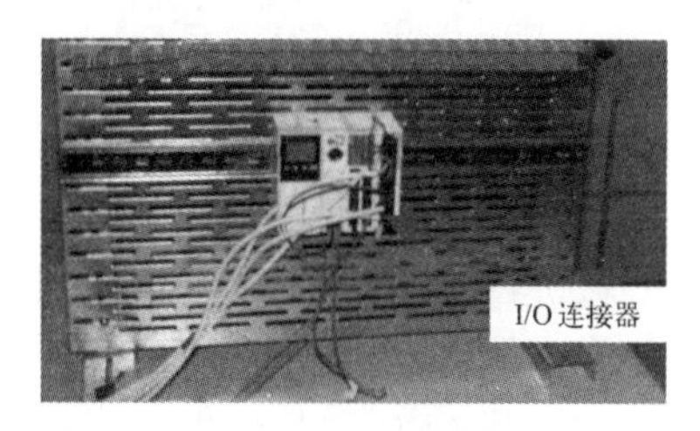

图3.42　产品正视图

【原因分析】

进行空气放电测试时，放电电极的圆形放电头应尽可能快地接近并触及受试设备（不要造成机械损伤）。每次放电之后，应将静电放电发生器的放电电极从受试设备移开，然后重新触发发生器，进行新的单次放电，这个程序应当重复至放电完成为止。

对于空气放电测试来说，其实质上是一个带电物体接近一个电位不相等的导体或接地导体时，带电物体上的电荷会通过另一个导体或接地导体泄放，这就是空气静电放电现象。当放电现象发生时，由于静电放电波形具有很高的幅度和很短上升沿，这样就会产生强度大、频谱宽的电磁场，对被放电的电子设备、线路或器件造成电磁干扰。上升沿的长度取决于放电路径的电感。图1.8所示的放电电流波形是人体放电时产生的波形，根据傅里叶变换，上升沿为1 ns的脉冲，带宽达到300 MHz。

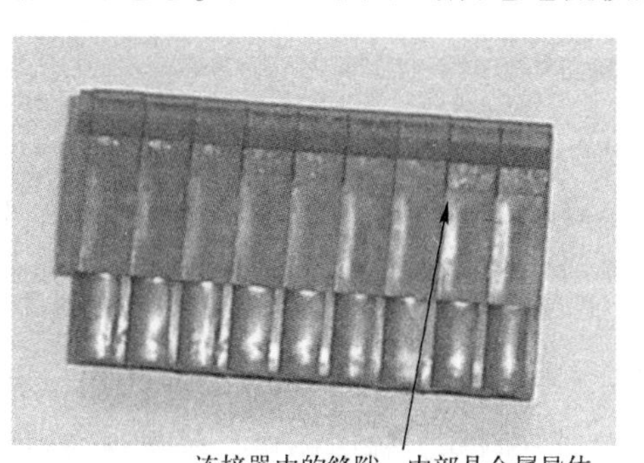

图3.43　连接器图

对于本案例中测试的产品来说，当放电电极的圆形放电头很快接近并接触测试点（连接器的塑料表面）时，如果接触点周边一定的空气击穿距离范围内（如8 kV时，为6 mm）存在较低电位的导体或接地导体，就会出现放电现象。研究测试中所用的连接器之后，发现此连接器外塑料表面到其内部导体之间的距离小于3 mm，如图3.43所示。

随着放电现象的发生，产生的干扰也随之对

内部电路产生影响。也许有些产品中发生此类的放电现象不一定使测试失败，但是不得不说这是一种极大的风险。

【处理措施】

根据分析，重选连接器，使新选的连接器表面到内部导体之间的距离在 6 mm 以上。

【思考与启示】

对于塑料外壳的产品或连接器件选型时也要注意，塑料结构件表面缝隙到内部导体之间的空气距离是否足够来防止 ESD 击穿。任何空气空间的存在可以使 ESD 向电子设备的内部金属导体或电路产生 ESD 电弧。要利用距离保护内部电路，以下几种方式可以帮助建立一个击穿电压大于测试电压的抗 ESD 环境。

（1）确保电子设备与下列各项之间的路径长度超过一定的距离，如 8 kV 空气静电放电，要求有6 mm 以上的距离。

- 包括接缝、通风口和安装孔在内任何用户能够接触到的点（在电压一定的情况下，电弧通过介质的表面比通过空气传播得更远）。
- 任何用户可以接触到的未接地金属，如紧固件、开关、操纵杆和指示器。

（2）将电子设备装在机箱凹槽或槽口处来增加接缝处的路径长度。

（3）在机箱内用聚酯薄膜带来覆盖接缝及安装孔，这样延伸了接缝/过孔的边缘，增加了路径长度。

（4）用金属帽或屏蔽塑料防尘盖罩住未使用或很少使用的连接器。

（5）使用带塑料轴的开关和操纵杆，将塑料手柄/套子放在上面来增加路径长度。避免使用带金属固定螺钉的手柄。

（6）将 LED 和其他指示器装在设备内孔里，并用带子或盖子将它们盖起来，从而延伸孔的边沿或使用导管来增加路径长度。

（7）延伸薄膜键盘边界使之超出金属线足够的距离（如 8 kV 空气静电放电需要 6 mm 以上的距离）。

（8）将散热器靠近机箱接缝，通风口或安装孔的金属部件上的边和拐角要做成圆弧形状，以免出现尖端放电。

（9）塑料机箱中，靠近电子设备或不接地的金属紧固件不能突出在机箱中。

- 在触摸橡胶键盘上，确保布线紧凑并且延伸橡胶片以增加路径长度。
- 在薄膜键盘电路层周围涂上黏合剂或密封剂。
- 在机箱箱体接合处，要使用耐高压硅树脂或垫圈实现密闭、防 ESD、防水和防尘。

3.2.9　案例 25：当屏蔽电缆屏蔽层不接地时

【现象描述】

对某产品进行辐射发射测试时，发现其不能满足要求，具体现象是从 700 MHz 开始出现大量的 50 MHz 高次谐波辐射超标，频谱图如图 3.44 所示。

【原因分析】

由于超标频率集中在高端，首先怀疑是结构屏蔽不好，有泄漏。从机壳面板上可以看到有几处缝隙比较宽，打开机壳，用导电铜箔在缝隙处将其封住。再次测试，结果没有改善，高次谐波依然超标。怀疑是结构上还有没被发现的隐蔽的泄漏缝隙，但经仔细检查后确认没有。

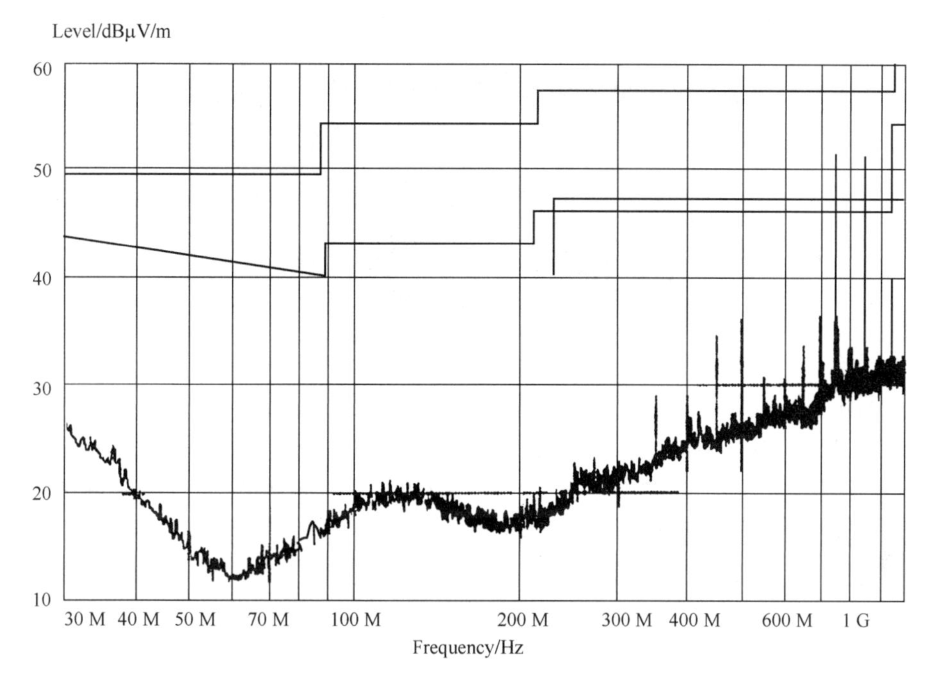

图 3.44　辐射发射测试频谱图

拔去设备所有电缆，仅留电源与接地线。再次测试，测试结果相当好，所有辐射较高的辐射频点都消失了，这说明结构屏蔽没有问题，50 MHz 高次谐波的辐射是电缆带出来的。

再来介绍一下该设备的接口，该设备有四个接口，其中 485 接口两个，使用 DB 连接器；告警输出接口一个，也使用 DB 连接器；以太网口一个，采用屏蔽 RJ- 45 连接器，且带有金属簧片与机壳进行搭接。按照产品的配置，所有接口线缆都是屏蔽线。

将电缆挨个测试，结果是只要网线插上，辐射发射结果就超标，其他电缆对辐射发射几乎没有影响（考虑到分贝值是一个相对值，测试过程中尝试了各线缆插拔的先后次序）。为了证实网线是否是屏蔽线，将网线切开，证实是编织层加铜箔包裹的屏蔽线，并且屏蔽层的编织度也比较高，应该在 80%以上，实践证明具有 80%以上编制度的屏蔽电缆具有较好的屏蔽效果。再想到屏蔽层的接地问题，因为没有很好接地的屏蔽层很容易成为被共模电流或共模电压驱动的天线。带着猜测，将机壳打开，网口上方机壳处已经有折边，可观察到簧片和结构良好的搭接（见图 3.45），用万用表测试机壳与网口连接器之间的直流电阻，在毫欧级，说明接口接地没有问题。

为了对比这根屏蔽以太网线究竟有多大的作用，随便找了一根非屏蔽的普通网线插上测试，结果 700 MHz 以上频率的辐射信号反而略有降低。再将屏蔽网线插上，进行测试，仍然是刚才的结果。根据经验，还是认为屏蔽网线的屏蔽层接地存在问题。有一种可能是屏蔽层没有 360°与 RJ- 45 连接器连接。将网线插上后，用万用表测试机壳到网线屏蔽层的电阻，竟然是开路的。这样问题基本上明确了，这根看起来很不错的屏蔽网线，其实“徒有虚名”。替换成其他连接良好的以太网线后，测试结果良好，高端的辐射频点均消失。证明了如果网线的屏蔽层没有和机壳良好搭接，不但不能起到应有的屏蔽作用，反而将产生更大的辐射，此时屏蔽层也成为了辐射天线。

图 3.45　以太网口布置图

信号线与屏蔽层之间紧密耦合，分布电容很大，700 MHz 以上的谐波通过分布将信号耦合到屏蔽层（驱动电压），屏蔽层通过和“大地”之间的分布电容将信号送回到源（产生共模电流）。这个是电压驱动的共模辐射，屏蔽层在此时相当于单极天线。从测试结果来看，未接地的屏蔽层还是响应频带较窄且增益特性较高的天线。

【处理措施】

将以太网屏蔽线的屏蔽层与 RJ-45 连接器形成 360°搭接。

【思考与启示】

（1）这个案例提醒的教训是：对外购的物品一定要在测试前仔细检查。

（2）屏蔽电缆接地是最重要的，不要认为有屏蔽层总比没有好，有良好的屏蔽层，但是没有良好接地的电缆，也许还不如一根普通的非屏蔽电缆。

（3）电缆的辐射主要是由共模电流引起的，在进行正式辐射发射测试之前，能通过测流过电缆的共模电流，来预测设备能否通过最终的辐射发射测试，提高电波暗室测试的通过率这将给企业节约大量费用。表 1-1 给出了通过测试电缆上的共模电流来评估电缆辐射是否符合 Cispr25 标准中规定的 CLASS A 限值的风险的方法，表 1-2给出了通过测试电缆上的共模电流来评估电缆辐射是否符合 EN55022 标准中规定的限值的风险的方法。

表 1-1、表 1-2 中的共模电流用电流探头与频谱仪测试得到，测试连接图如图 3.46 所示。电流探头如上海凌世电子有限公司生产的 LEP613（价格约 10000 元人民币）测试时频谱仪的分辨率带宽建议设置为 120 kHz，频谱仪状态设置为“MAX HOLD”，测试中电流探头在电缆上慢慢移动以便测试到最大点。

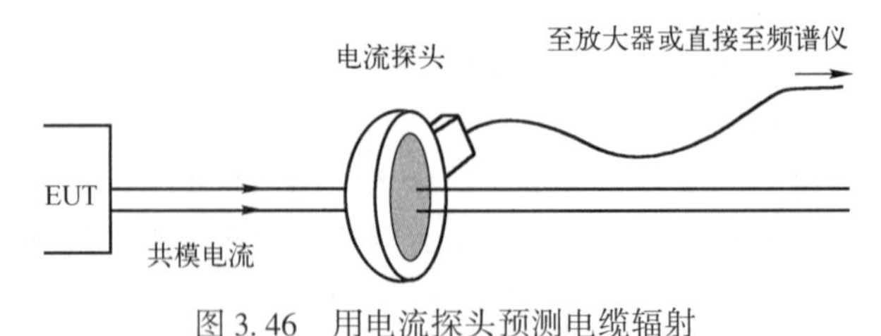

图 3.46　用电流探头预测电缆辐射

3.2.10　案例 26：数码相机辐射骚扰引发的两个 EMC 设计问题

【现象描述】

某款数码相机有一 USB 接口，外壳是塑料材质，内部控制电路印制板是双面板。进行辐射骚扰测试时，该数码相机的 USB 接口与计算机相连，并进行数据通信以模拟实际工作情况。

3 m 法半电波暗室中的测试结果如图 3. 47 和图 3. 48 所示。图 3. 47 为辐射骚扰测试接收天线水平极化时的测试频谱图，图 3. 48 为辐射骚扰测试接收天线垂直极化时的测试频谱图。

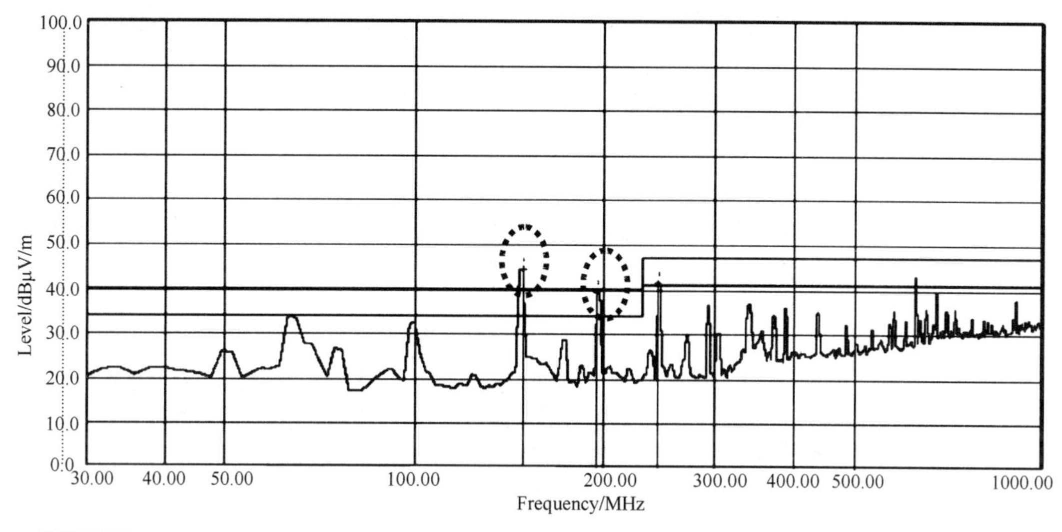

	Fing	Mark	Freg (MHz)	Meesure Level (dB)	Reeding Level (dBμV)	Over Limint (dBμV/m)	Limit (dBμV/m)	Probe Factor (dB/m)	Cable Loss (dB)	Amo Factor (dB)	Ant Pos (cm)	Table Pos (dea)	Type
1	X		148.340	44.500	35.710	4.500	40.000	8.390	0.400	0.000	0.000	0.000	
2	1		194.900	39.620	28.250	–0.380	40.000	10.570	0.800	0.000	0.000	0.000	
3	1		243.400	41.420	27.980	–5.580	47.000	12.640	0.800	0.000	0.000	0.000	

图 3. 47　辐射骚扰测试接收天线水平极化时的测试频谱图

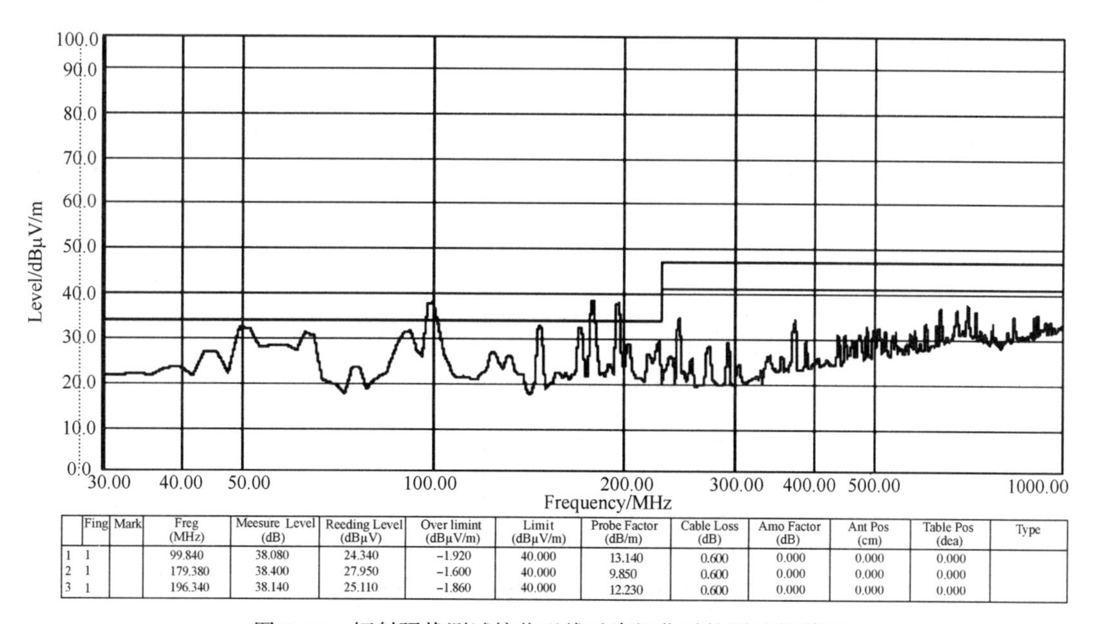

	Fing	Mark	Freg (MHz)	Meesure Level (dB)	Reeding Level (dBμV)	Over limint (dBμV/m)	Limit (dBμV/m)	Probe Factor (dB/m)	Cable Loss (dB)	Amo Factor (dB)	Ant Pos (cm)	Table Pos (dea)	Type
1	1		99.840	38.080	24.340	–1.920	40.000	13.140	0.600	0.000	0.000	0.000	
2	1		179.380	38.400	27.950	–1.600	40.000	9.850	0.600	0.000	0.000	0.000	
3	1		196.340	38.140	25.110	–1.860	40.000	12.230	0.600	0.000	0.000	0.000	

图 3. 48　辐射骚扰测试接收天线垂直极化时的测试频谱图

从图 3. 47 和图 3. 48 中可以看出，该数码相机在辐射接收天线水平极化的情况下，有一点（频率为 148. 34 MHz）超过了 EN55022 标准中规定的 CLASS B 限值线的要求，还有一点（频率为 194. 9 MHz）只有 0. 38 dB 的裕量。该数码相机在辐射接收天线在垂直极化的情况下，也有几点只有很小的裕量。

【原因分析】

USB 接口能提供双向、实时的数据传输，具有即插即用、可热插拔和价格低廉等优点，目前已成为计算机和数码相机等信息电子产品连接外围设备的首选接口。时下流行的USB 2.0具有高达480 Mb/s的传输速率，并与传输速率为12 Mb/s的全速USB 1.1和传输速率为1.5 Mb/s的低速USB 1.0完全兼容。这使得数字图像器、扫描仪、视频会议摄像机等消费类产品可以与计算机进行高速、高性能的数据传输。另外值得一提的是，USB 2.0的加强版USB OTG可以实现没有主机时设备与设备之间的数据传输。例如，数码相机可以直接与打印机连接并打印照片，PDA可以与其他品牌的PDA进行数据传输或文件交换。

USB接口的传输速率很高，周期信号及信号的谐波会通过传输电缆产生辐射骚扰。另外控制芯片和接口芯片在产生信号时，芯片的地与电源之间也会随信号的摆动，产生噪声（如案例58中所描述的那样）。因此，通常用以下四种方法来抑制USB接口的EMI噪声，如图3.49所示。

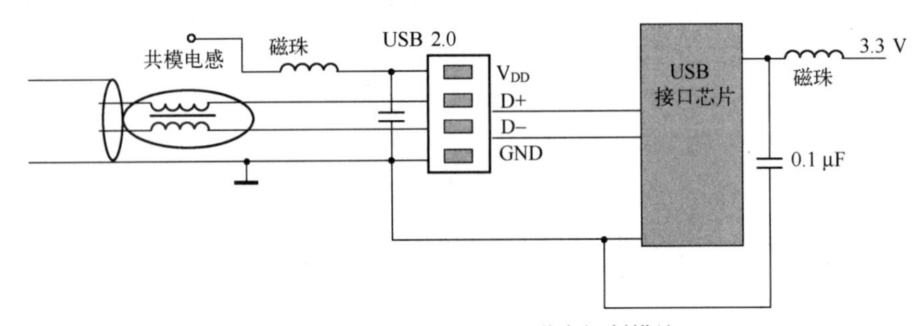

图3.49　USB接口的EMI噪声抑制措施

（1）USB接口电缆会采用屏蔽电缆。

（2）在USB接口电缆上套上铁氧体磁环。

（3）而差分线对上则串联一个共模电感。共模电感由两根导线同方向绕在磁芯材料上，当共模电流通过时，共模电感会因磁通量叠加而产生高阻抗；当差模电流通过时，共模电感因磁通量互相抵消而产生较小阻抗。如某型号为SDCW2012-2-900的共模电感在100 MHz的差模阻抗仅为4.6 Ω，如图3.50所示。

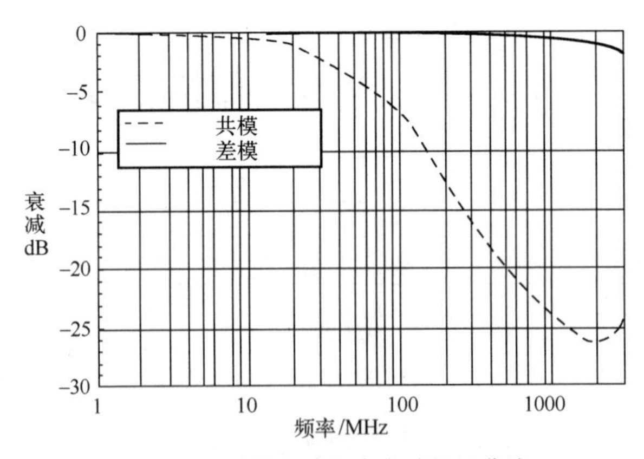

图3.50　共模电感频率衰减特性曲线

从图3.50所示的衰减特性也能看出，在USB接口电路中的共模电感对差分信号不会造成影响，主要是针对共模电流进行选择性的衰减。

（4）USB接口电路和控制电路电源良好的去耦也是降低USB接口电路EMI噪声的重要部分。

检查本案例中的数码相机，首先发现，数码相机侧的 USB 屏蔽电缆的屏蔽层与 USB 接口金属连接器采用的是“Pigtail”的连接方式，即屏蔽层在靠近金属连接器时，拧成一股长约 3 cm 的线，再焊接在金属连接器上。这是一个明显的连接缺陷，如案例 18 中描述的那样。然而“Pigtail”的存在，相当于在屏蔽层上串联了一个数十纳亨的电感，它能够在接口的电缆屏蔽层上因屏蔽层电流的作用而产生一个共模电压。随着频率的增大，“Pigtail”连接的等效转移阻抗也将迅速增大，这样不但会使屏蔽电缆完全失去屏蔽效果，还可能产生额外的骚扰。

改变数码相机中屏蔽电缆与金属连接器的连接方式，即将屏蔽电缆屏蔽层与连接器金属外壳进行环形 360°搭接。更改后辐射骚扰测试接收天线水平极化时的测试频谱图和更改后辐射骚扰测试接收天线垂直极化时的测试频谱图分别如图 3. 51 和图 3. 52 所示。

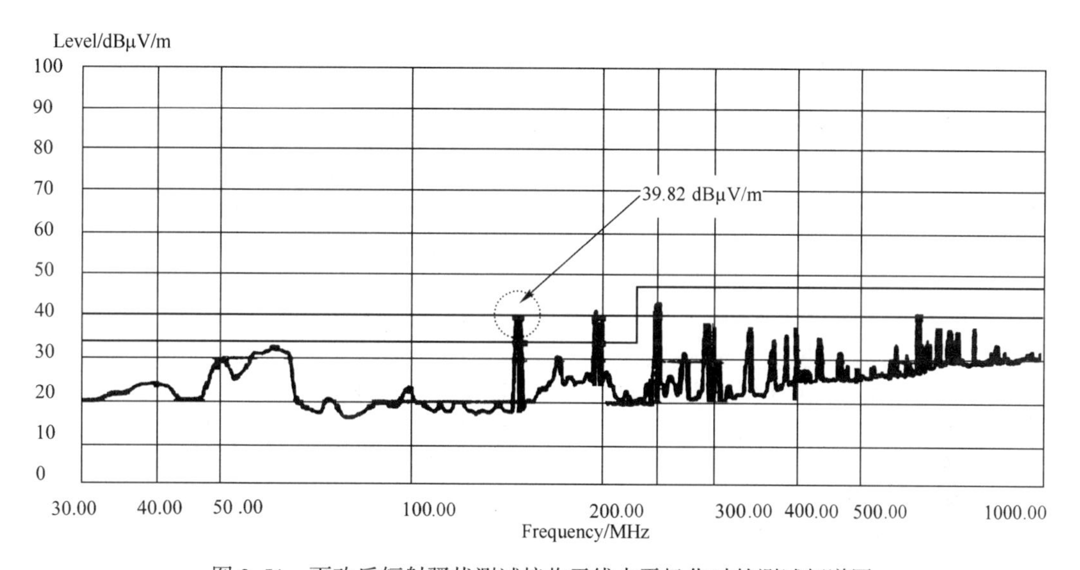

图 3. 51　更改后辐射骚扰测试接收天线水平极化时的测试频谱图

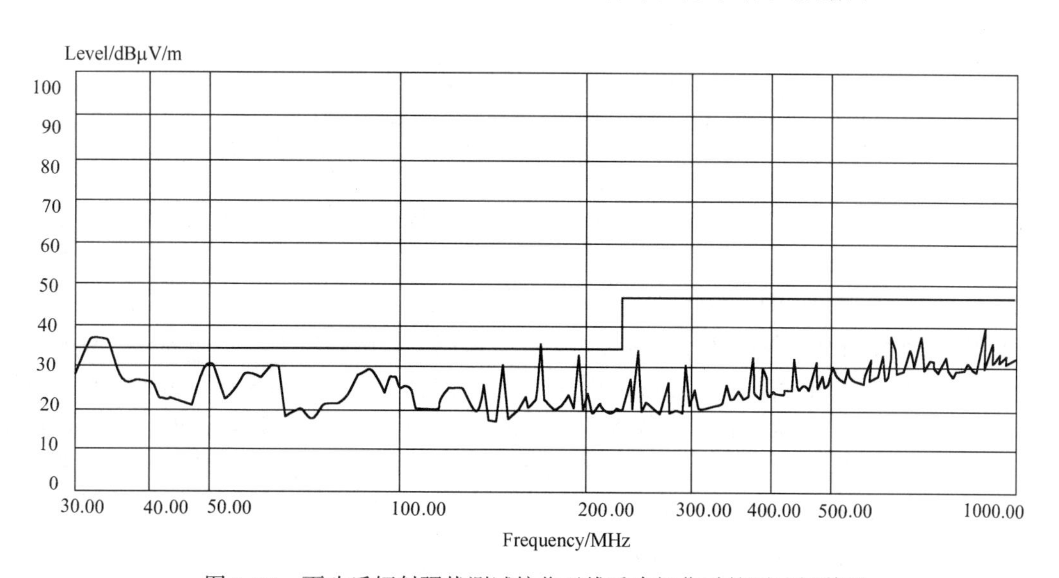

图 3. 52　更改后辐射骚扰测试接收天线垂直极化时的测试频谱图

可见，在 148. 34 MHz 的频率处，辐射下降了近 4. 5 dB，但是离限值线的余量较小。

进一步检查数码相机中印制电路板的电路原理，发现控制芯片的电源采用磁珠与电容进行去耦，其中去耦电容 C_{28}的电容值为 0. 1 μF，如图 3. 53 所示。

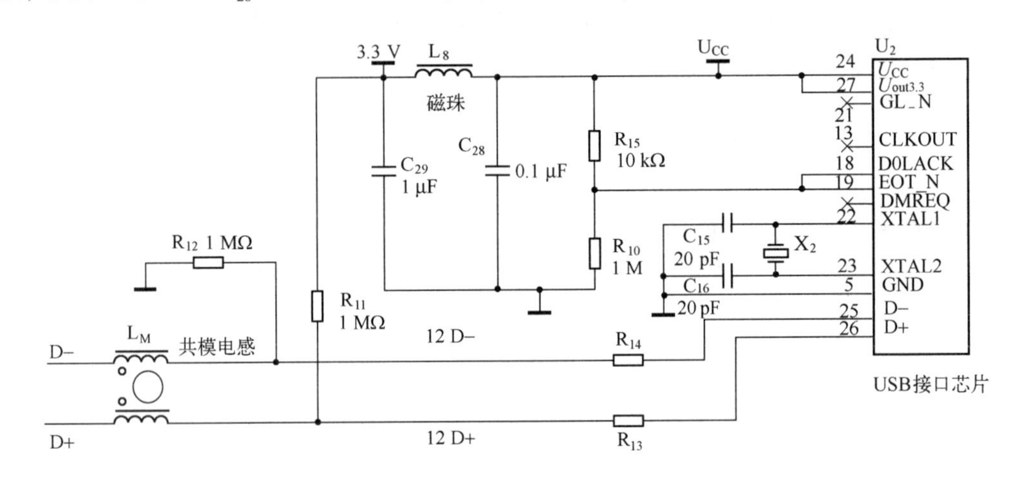

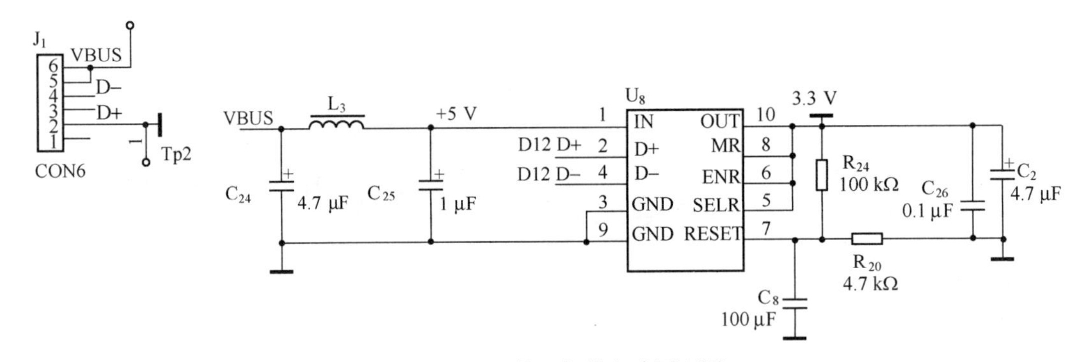

图 3. 53　USB 接口部分电路原理图

实际上 0. 1 μF 的贴片电容并不能很好地为 100 MHz 以上的频率去耦，原因主要在于两个方面：一是电容本身存在寄生电感；二是去耦电流回路上存在的电感。对于一个理想的电源来说，其阻抗为零，在平面任何一点的电位都是保持恒定的（等于系统供给电压），然而实际的情况并非如此，而是存在很大的噪声，甚至有可能影响系统的正常工作，去耦电容就是为了降低电源阻抗，保证器件附近的电源稳定在波动较小的范围内。关于去耦电容及为什么要进行去耦，已经在案例 58 中及 5. 1 节中有所描述，0. 1 μF 的陶瓷贴片电容的谐振点一般在十几兆赫兹，也就是说，0. 1 μF 的陶瓷贴片电容，只能在十几兆赫兹频率附近使电源的阻抗保持在较低的水平，这个频率离本案例中数码相机的辐射超标频率点有一定的距离。图 3. 54 给出了接口芯片电源采用 0. 1 μF 去耦电容时，在频率148. 34 MHz点上辐射较高的原因。图 3. 54 中箭头表示高频噪声（148. 34 MHz 未被 0. 1 μF 电容很好地去耦的噪声）向电源传输，又由于在该频率点上，电源阻抗较高，电源与地之间产生较高的压降。这样，相当于在电源与地之间形成了一个 148. 34 MHz 的电压源，又由于数码相机是一个浮地系统，与地相连的电缆屏蔽层成了辐射的天线。

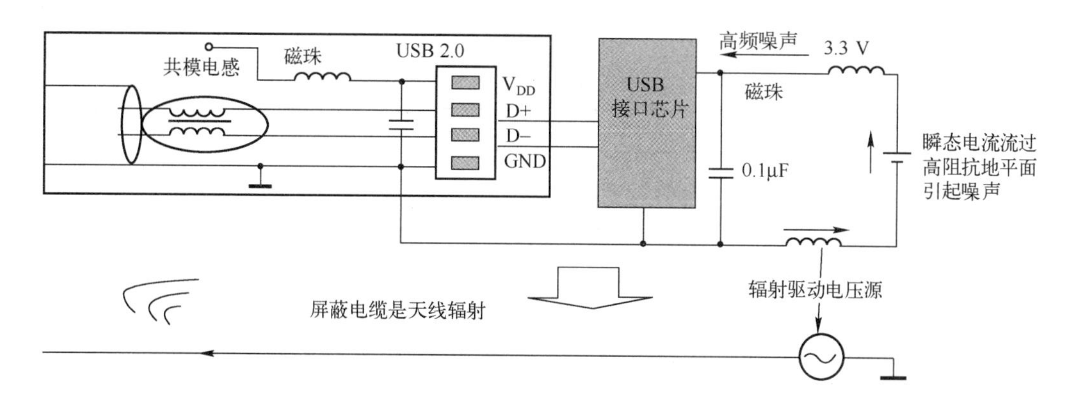

图 3.54　去耦不良形成辐射原理

查阅电容的频率-阻抗特性，得知约 1000 pF 的贴片电容，在保证最短的引线电感时（引线电感较长，会使该电容失效），由于 1000 pF 的电容的自谐振频率约 150 MHz，因此可以很好地对高频噪声进行抑制，如图 3.55 所示，相当于引起辐射驱动电压源的电流被 1000 pF 旁路，最终使噪声源的电压幅度降低，所示辐射骚扰自然也降低。

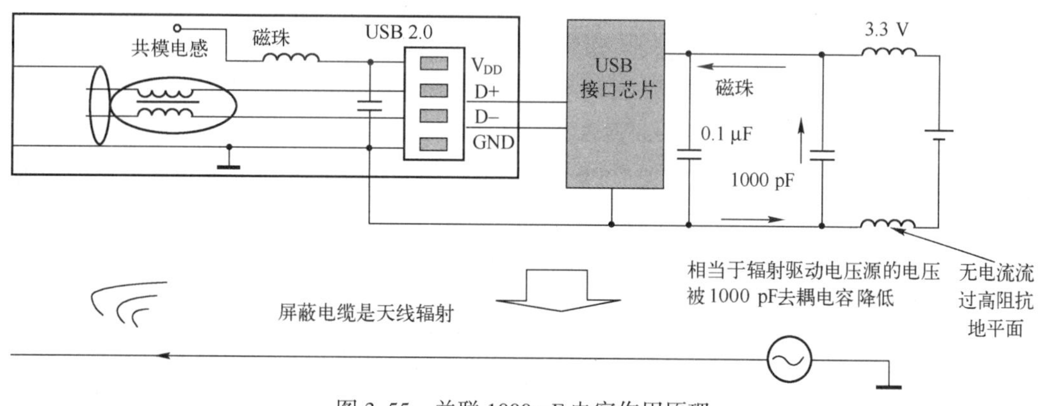

图 3.55　并联 1000 pF 电容作用原理

按照原理分析，尝试用 1000 pF 并联在 USB 接口芯片的电源引脚上，即与 0.1 μF 去耦电容并联。再进行测试，测试结果如图 3.56 和图 3.57 所示，测试通过，证实了上述分析的正确性。

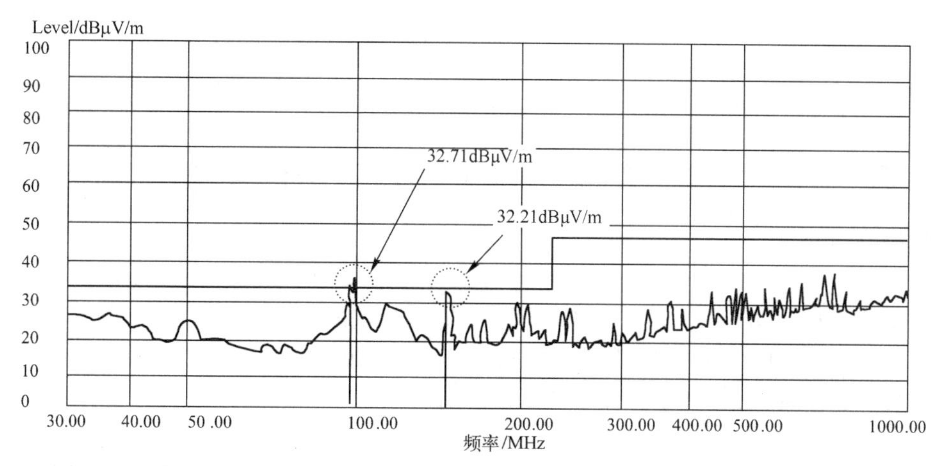

图 3.56　并联 1000 pF 去耦电容后辐射骚扰测试接收天线水平极化时的测试频谱图

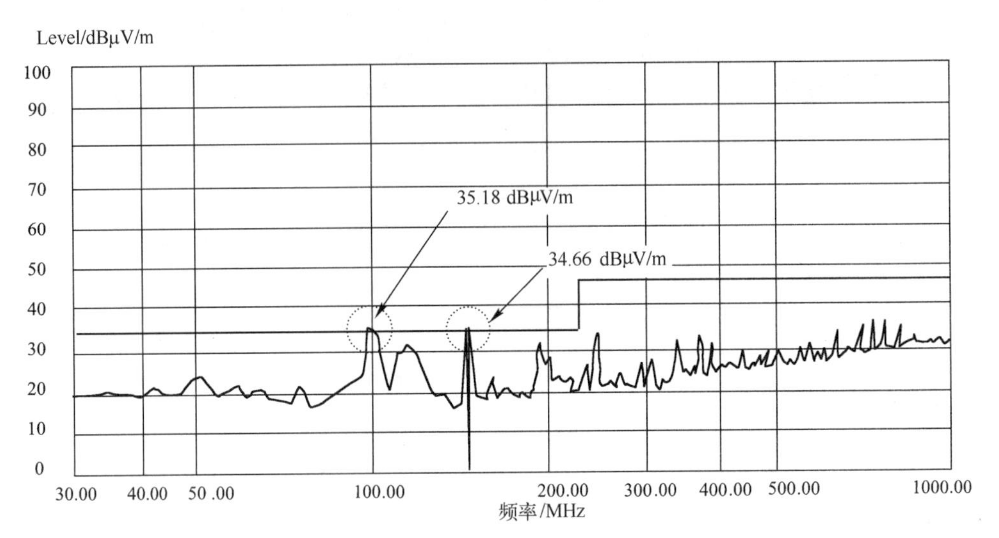

图 3.57　并联 1000 pF 去耦电容后辐射骚扰测试接收天线垂直极化时的测试频谱图

【处理措施】

（1）改变屏蔽电缆屏蔽层与金属连接器的连接方式，取消原来的“Pigtail”，实现 360°搭接。

（2）为接口芯片的电源引脚增加 1000 pF 的电源去耦电容，并在 PCB 布局上靠近电源引脚放置。

【思考与启示】

（1）屏蔽电缆的屏蔽层与连接器的连接很重要，一定要保证 360°搭接。

（2）电源去耦电容的选择要考虑被去耦器件的工作频率及其产生的谐波，不要什么器件都用 0.1 μF 的电容，一般器件的工作主频在 20 MHz 以下的建议用 0.1 μF 的去耦电容，20 MHz以上的器件用 0.01 μF 的去耦电容，也可以尝试采用大小并联电容的组合去耦方式，如 0.1 μF 电容与 1000 pF 的电容并联，以取得较宽频带的去耦效果，但还是要注意大小电容容值应相差 100 倍以上。

（3）电源去耦对降低电源阻抗、降低电源噪声和地噪声有很大的帮助，由此对辐射骚扰抑制也有很大的帮助，特别是接口电路电源去耦，因为接口电路附近的电缆就是辐射的天线。

（4）对于浮地设备来说，电源的去耦、电源和地的完整性对 EMC 来说显得更加重要。

3.2.11　案例 27：为什么 PCB 互连排线对 EMC 那么重要

【现象描述】

某工业产品是一个控制器，由主机和扩展模块组成，主机和扩展模块上都带有 I/O 电缆，I/O 电缆都属于非屏蔽电缆，图 3.58 所示的是该产品 EMC 测试配置示意图。

该产品的辐射发射的测试结果如图 3.59 和图 3.60 所示，其中图 3.59 是辐射发射水平极化频谱图；图 3.60 是辐射发射垂直极化频谱图。

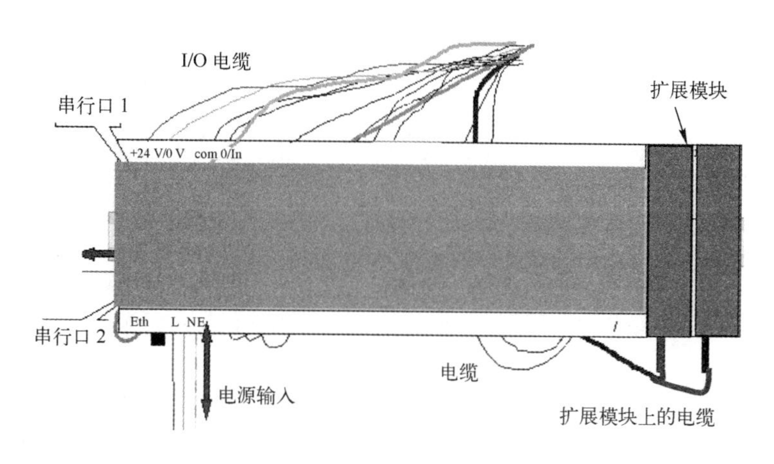

图 3.58　产品 EMC 测试配置示意图

由图 3.59 和图 3.60 所示的频谱图可以看出，该产品不能通过标准 EN55022 中规定的 CLASS A 辐射发射限值要求，超标频点分别是 177.56 MHz 和 30 MHz。测试中还发现，如果去掉扩展模块，主机能够通过标准 EN55022 中规定的 CLASS A 辐射发射限值要求。

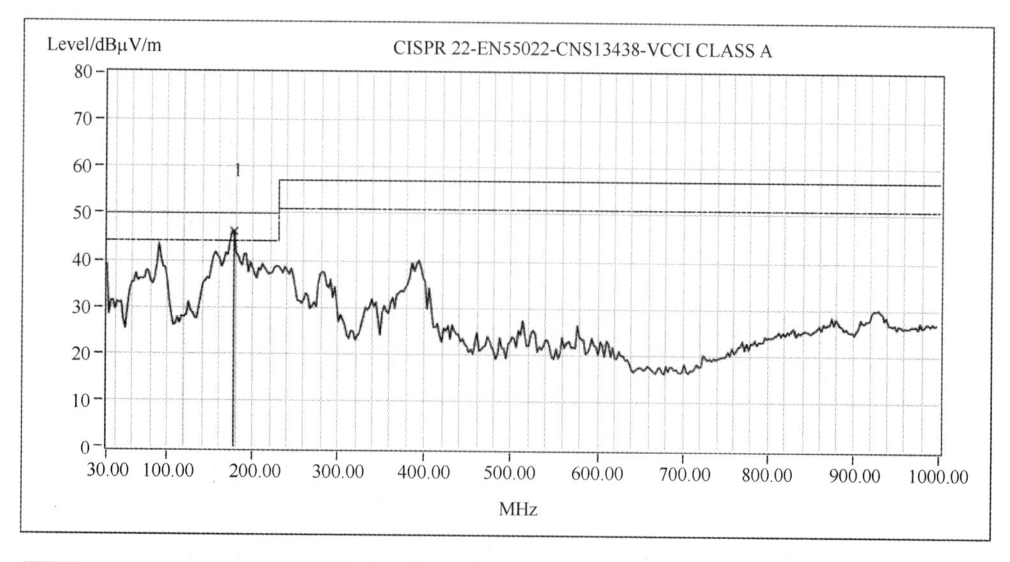

	No.	Frequency MHz	Factor dB	Reading dBμV/m	Emission dBμV/m	Limit dBμV/m	Margin dB	Tower/Table cm	deg
*	1	177.56	−23.57	69.61	46.04	50.00	−3.96	—	—

图 3.59　辐射发射水平极化频谱图

同时，对该产品扩展模块上的 I/O 电缆进行 IEC61000-4-4 标准规定的 EFT/B 测试时，发现只要测试电压超过±1 kV，该产品就会出现误动作现象。

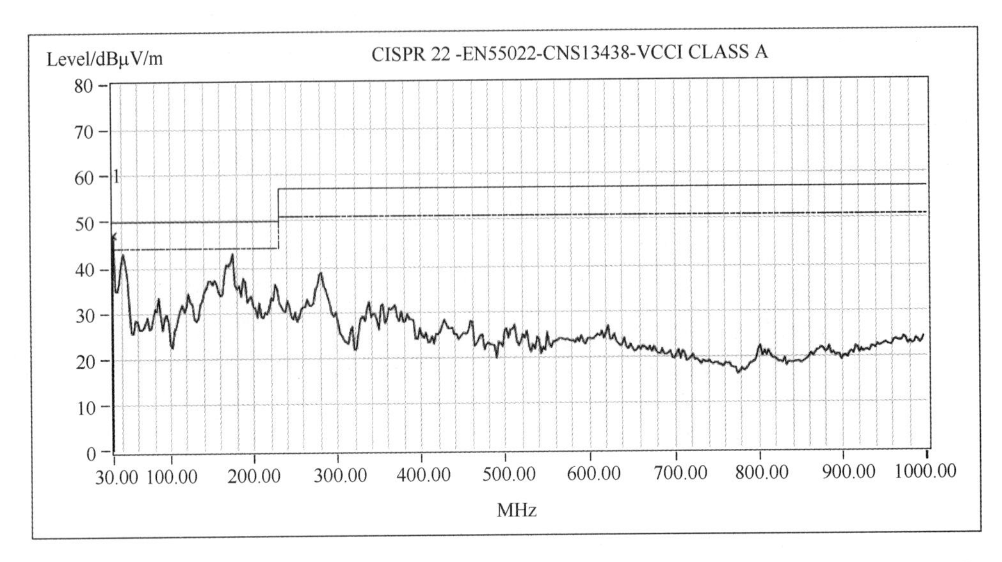

	No.	Frequency MHz	Factor dB	Reading dBμV/m	Emission dBμV/m	Limit dBμV/m	Margin dB	Tower/Table cm	deg
*	1	30.00	−20.15	67.10	46.95	50.00	−3.05	—	—

图 3.60　辐射发射垂直极化频谱图

【原因分析】

根据测试结果，判断主机本身能否通过辐射发射测试，而且扩展模块 I/O 端口的 EFT/B 测试等级也只有± 1 kV，因此问题一般会出在扩展模块上，或者扩展模块与主机的互连线上。分析扩展模块及扩展模块与主机的互连设计发现，主机中的 PCB 和扩展中的 PCB 之间是通过一根普通的扁平电缆实现互连的，扁平电缆中信号分别是：地、地、信号、信号、信号、信号、地、信号、地、电源。互连电缆中信号的最高频率约为3 MHz，而且该信号的上升沿小于 1 ns。图 3.61 所示的是主机中的 PCB 和扩展中的 PCB 互连部分的实物照片。

图 3.61　主机中的 PCB 和扩展中的 PCB 互连部分的实物照片

由此可以发现一个很重要的EMC设计问题，即主机和扩展模块之间互连电缆采用图3.61所示的扁平电缆。图3.62所示的是辐射发射产生原理图，图3.63所示的是EFT/B抗扰度测试问题原理图。从图3.63中可以看到，辐射发射问题是由于PCB1中的工作地与PCB2中的工作地互连线阻抗 Z_{gnd} 较大，长度约为10 cm。长度约为10 cm的普通电缆，其寄生电感约为150 nH（假设导线直径为0.65 mm，在177 MHz的频率下，它的阻抗约为100 Ω；在30 MHz的频率下，它的阻抗约为15 Ω），在高频时，该寄生电感是该连接线缆阻抗的主导因素。因此当互连信号的回流流过此地信号电缆时，将产生 $\Delta U=|L\mathrm{d}I/\mathrm{d}t|$ 的压降，这是一个典型的电流驱动模式的共模辐射发射。

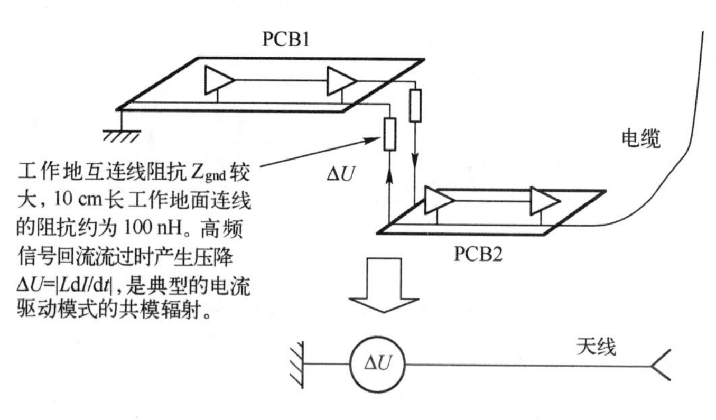

图3.62　辐射产生原理图

由图3.63可以明显地看到，由于该产品的接地点在主机的左侧，则当在扩展的I/O电缆上注入EFT/B共模干扰时，共模电流必将通过主机和扩展的部分最终流向地。由于主机中PCB1上的工作地与扩展中的PCB2互连线阻抗 Z_{gnd} 较大，长度约为10 cm，当注入到扩展I/O电缆上的共模干扰电流流过时产生压降 $\Delta U=|L\mathrm{d}I/\mathrm{d}t|$，当 ΔU 超过器件的噪声承受能力时，就产生干扰。（由公式 $\Delta U=|L\mathrm{d}I/\mathrm{d}t|$ 可知，即使是1A的EFT/B瞬态共模电流流过，其 $\Delta U=|L\mathrm{d}I/\mathrm{d}t|=150\ \mathrm{nH}\times1\ \mathrm{A}/5\ \mathrm{ns}=30\ \mathrm{V}$。）

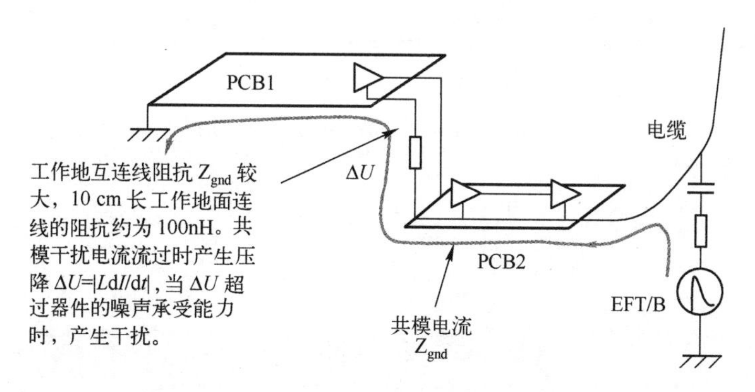

图3.63　EFT/B抗扰度测试问题产生原理图

【处理措施】

由以上分析可以看出，降低PCB1和PCB2之间的信号中的地阻抗 Z_{gnd}，就可以解决此问题。实际产品应用中将此线互连改成PCB互连，即将原来PCB1和PCB2之间的电缆线改用PCB互连，并采用4层板，以保证具有较完整的地平面，此PCB各层的布置图如图3.64~图3.68所示。

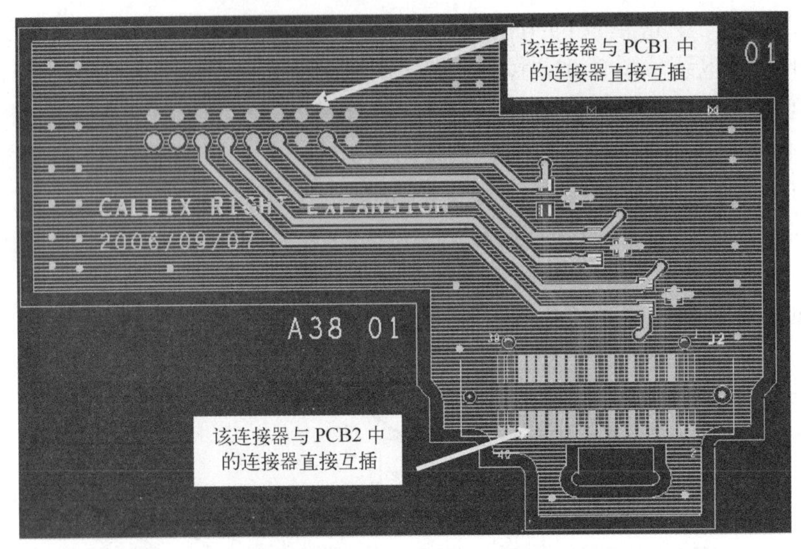

图 3.64　PCB 布置全局图

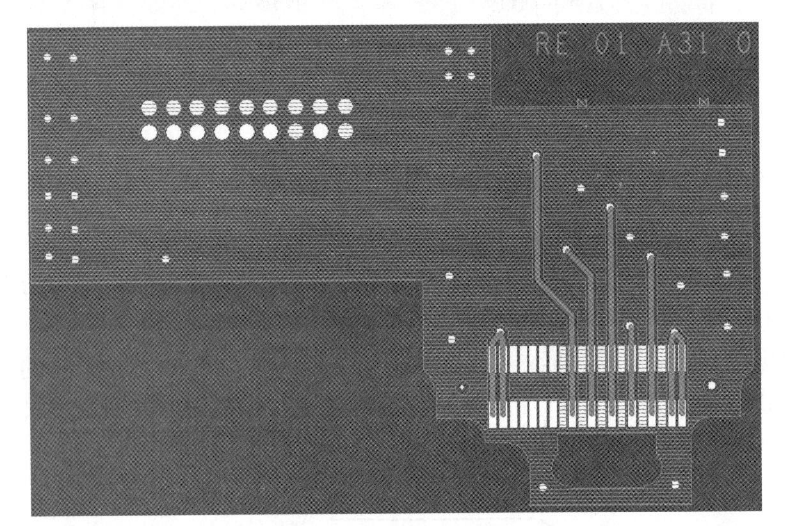

图 3.65　顶层 PCB 布置图

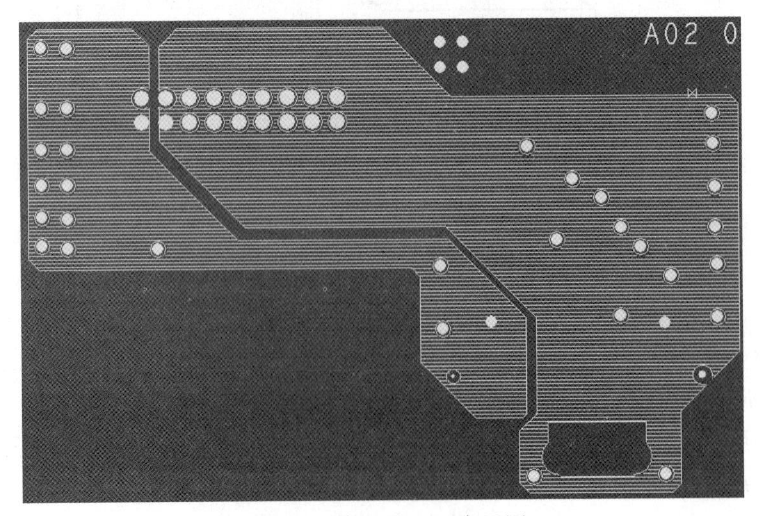

图 3.66　第二层 PCB 布置图

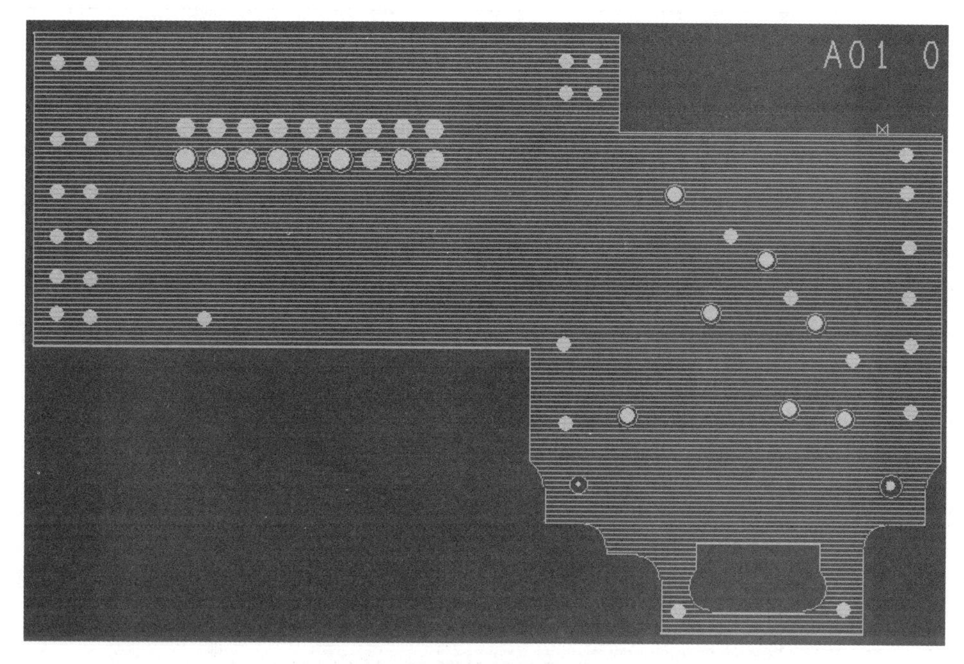

图3.67　第三层PCB布置图

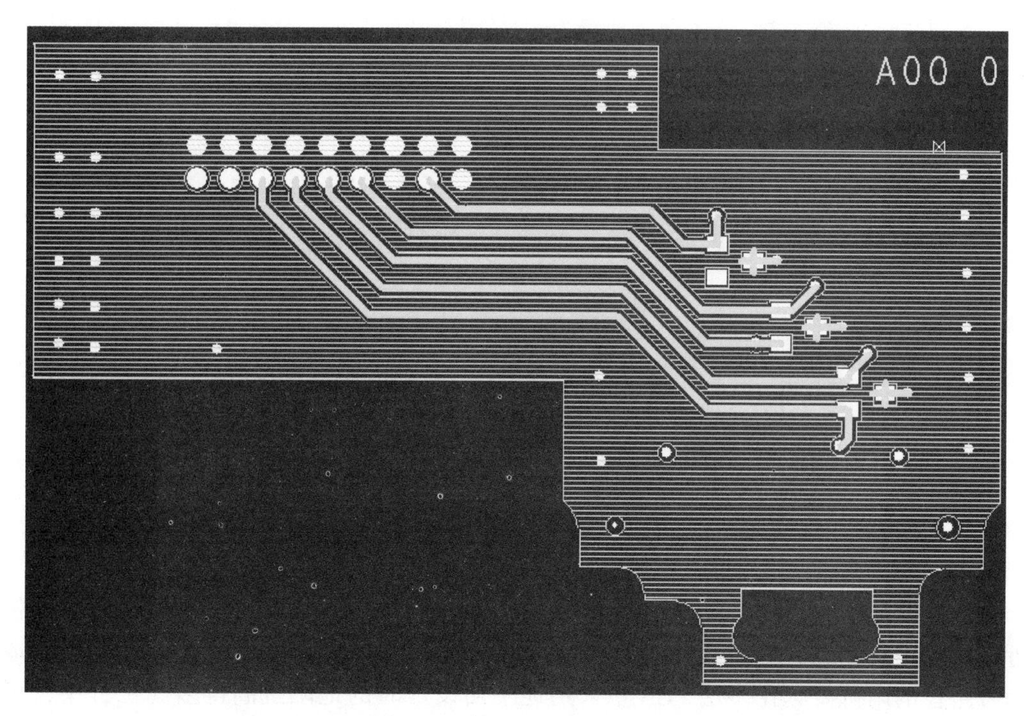

图3.68　第四层PCB布置图

采用以上所述的PCB连接后，在该产品同样的配置条件下，测得辐射发射结果如图3.69和图3.70所示。信号电缆端口抗EFT/B瞬态干扰的能力也从原来的±1 kV提高到±2 kV。

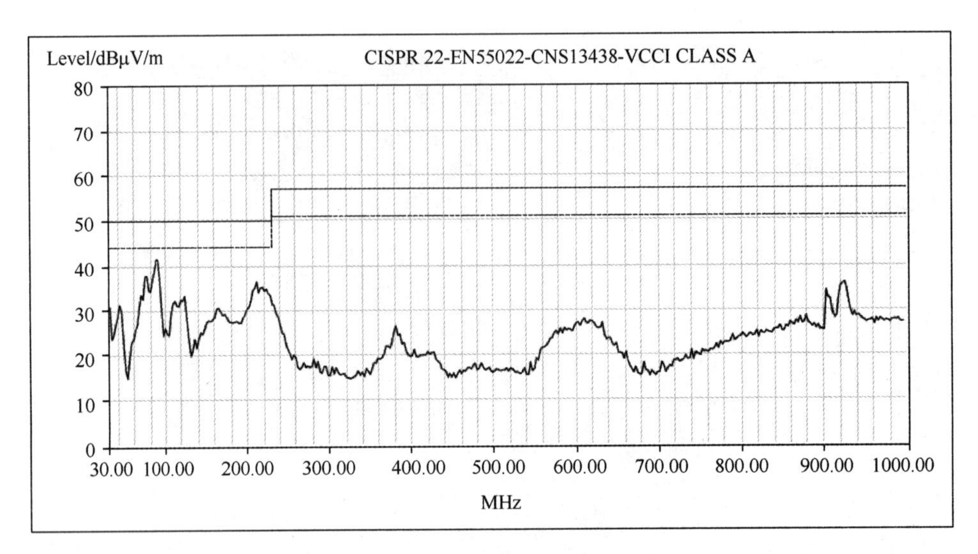

图 3.69　修改后的水平极化测试频谱图

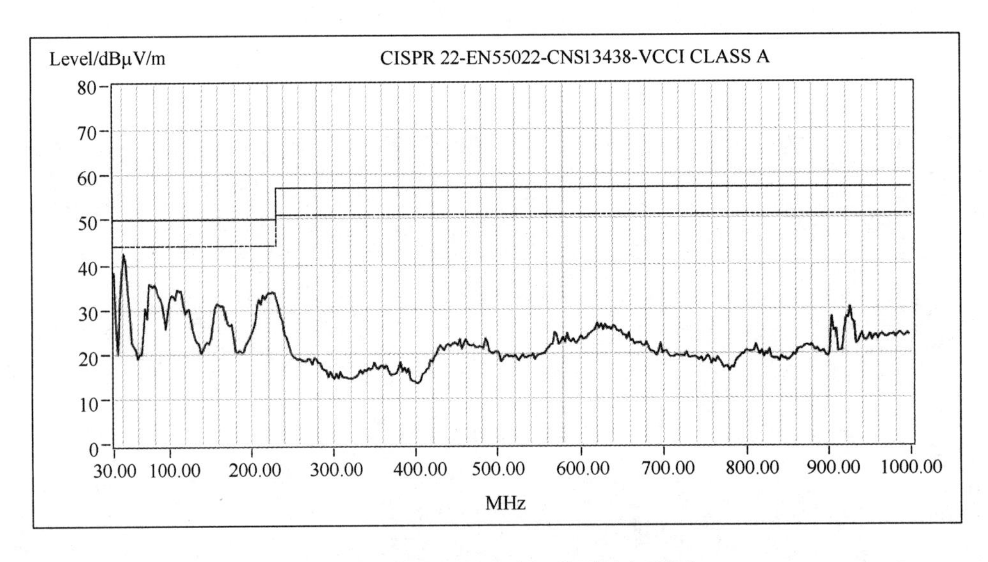

图 3.70　修改后的垂直极化测试频谱图

【思考与启示】

在产品设计中，经常会发生不同 PCB 之间互连的情况。互连时，不但不同信号相互靠近，引发串扰问题，更重要的而且也容易被广大工程人员忽略的是，连接器中的地互连信号路径的阻抗要远比多层 PCB 中采用地平面设计时的地阻抗高得多（工程中，可以用 10 nH/cm 来估算连接器中每个信号针的寄生电感）。这样，就像 PCB 中一样，当有外界的共模干扰电流流过时，互连在连接器之间的电路就会受到干扰；当互连在连接器之间的电路信号的回流流过高阻抗的地互连信号路径时，就会产生共模的 EMI 问题。

关注产品中 PCB 之间的互连线，它是产品中 EMC 问题的瓶颈点，产品构架设计时避免共模电流流过产品中 PCB 之间的互连线才是解决此问题的最好办法。

3.2.12　案例 28：PCB 板间的信号互联是产品 EMC 最薄弱的环节

【现象描述】

被测产品实物图如图 3.71 所示，在进行 8 kV 空气放电至图 3.71 所示的磁头，LCD 及按键三个区域时，出现异常（恢复到启动后找不到 BOOT 的状态，拔电重启后正常）。

图 3.71　被测产品实物图

【原因分析】

产品的内部结构如图 3.72 所示。

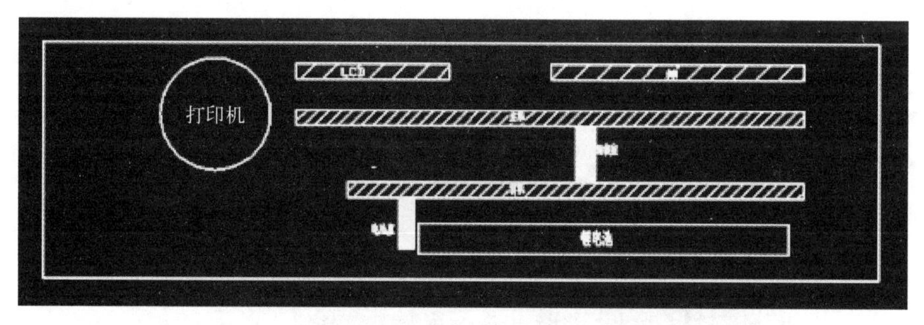

图 3.72　被测产品内部结构图

本产品为塑料外壳产品，在进行空气放电时，静电放电枪头与产品塑料外表面接触时，因为内部导体与塑料表面存在缝隙并且绝缘间距不够，会导致击穿使静电放电的电流进入产品内部电路。具体击穿时的 ESD 电流分析图如图 3.73 所示。

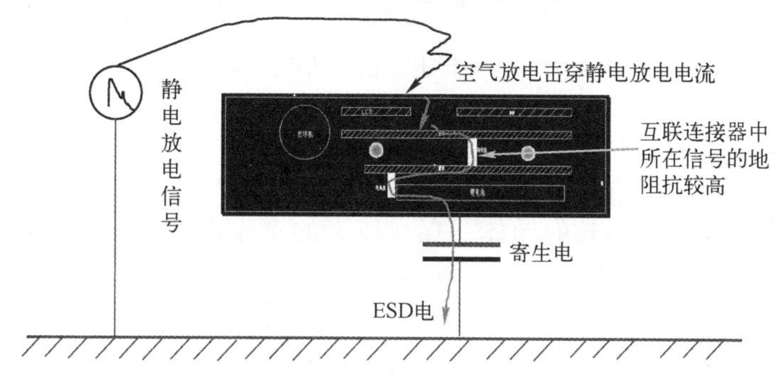

图 3.73　ESD 电流分析图

该产品内部为两块 PCB（主板 & 辅板）组成的层叠结构，两板之间仅有一个 32 pin 连接器（7 个 pin 为 GND pin）进行连接，由于连接器中的排针存在寄生电感，在 ESD 瞬态高频情况下，连接器的排针表现为高阻抗，当 ESD 电流经过此连接器时，导致较高的电位差，这个电位差最终叠加在连接器中的正常工作电平上使得信号出错。

【处理措施】

为了避免连接器中的信号不受 ESD 干扰，有两种思路：第一种是避免 ESD 电流经过 PCB 板之间的互联连接器；第二种是对连接器中所有的信号线进行滤波处理。本案例采用第一种方法，即在两块 PCB 板之间增加两处导电泡棉，当产品安装到位后，可使得导电泡棉实现两块 PCB 的工作地的互联，导电泡棉的安装位置见图 3.74 中标识处，增加导电泡棉后的产品实物图如图 3.75 所示。

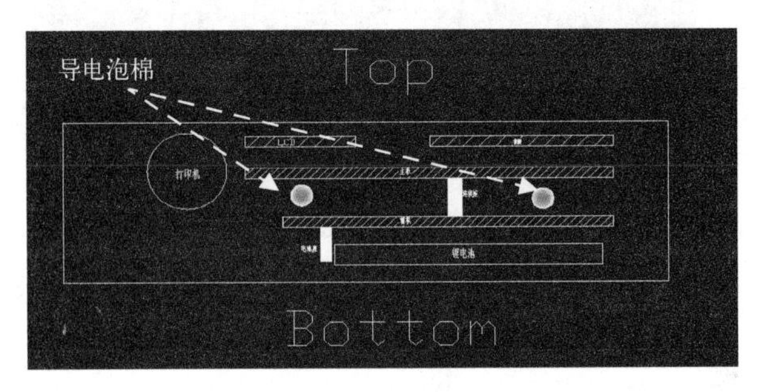

图 3.74　导电泡棉安装示意图

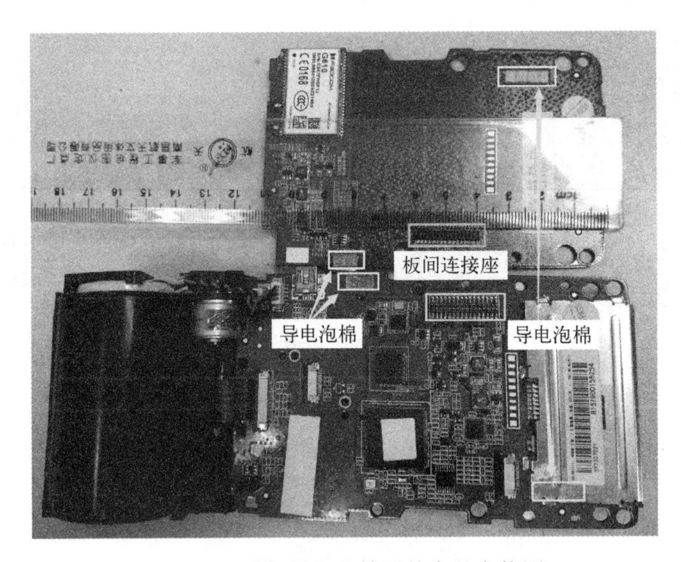

图 3.75　增加导电泡棉后的产品实物图

安装导电泡棉后，通过 8 kV 的空气放电测试。

【思考与启示】

（1）连接器中的导体是细长的导体，存在较大的寄生电感，用连接器来实现互联，在高频的情况下，意味着这是一种高阻抗的互联；

（2）产品内部 PCB 板间的互联是产品 EMC 问题的最薄弱环节，产品设计时应该避免各种干扰电流流过互联连接器，如果不能避免干扰电流流过互联连接器，则需要对连接器中的所有信号或电源进行滤波处理，如每个信号线与工作地之间并联约 1 nf 的滤波电容；

（3）案例中的导电泡棉只是一种实现两块 PCB 板工作地互联的方法，也可用其他低阻抗的互联措施来代替，如用长宽比较小的金属面实现两块 PCB 板的地互联。

3.2.13　案例 29：环路引起的辐射发射超标

【现象描述】

某民用产品的辐射发射测试结果如图 3.76 所示。

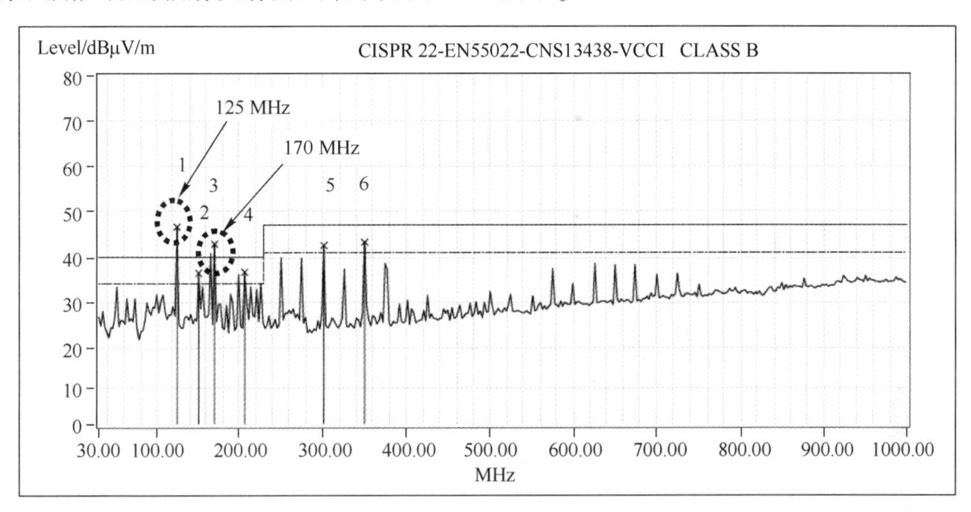

图 3.76　某民用产品的辐射发射测试结果

从图 3.76 所示的频谱图可以看出，该产品的辐射发射超标频点为 125 MHz 和 170 MHz。

【原因分析】

该产品构架如图 3.77 所示，产品主要由两块 PCB 、一个 PCB 互连连接器和一根通信电缆组成，产品中的 PCB1 与 PCB2 之间采用连接器互连，连接器中所传输信号的最高频率为 25 MHz，电平为 2.5 V，工作电流约为 25 mA；连接器中的针间距为 2 mm，连接器长度为 2 cm；因此，连接器中的信号针与其回流针所组成的环路面积为 0.4 cm^2。对于高速信号来说这似乎是一个不小的环路，根据电磁场的基本原理，电流流过环路就会产生一定的磁场，交变电流流过环路就会产生可变的磁场，并引起电磁场辐射，这是非常简单的原理。由此可见，此环路会产生一定的辐射，这是本产品设计的一个缺陷，这种环路在自由空间中产生的辐射强度可以用式（1.9）或图 3.78 中的公式来计算。

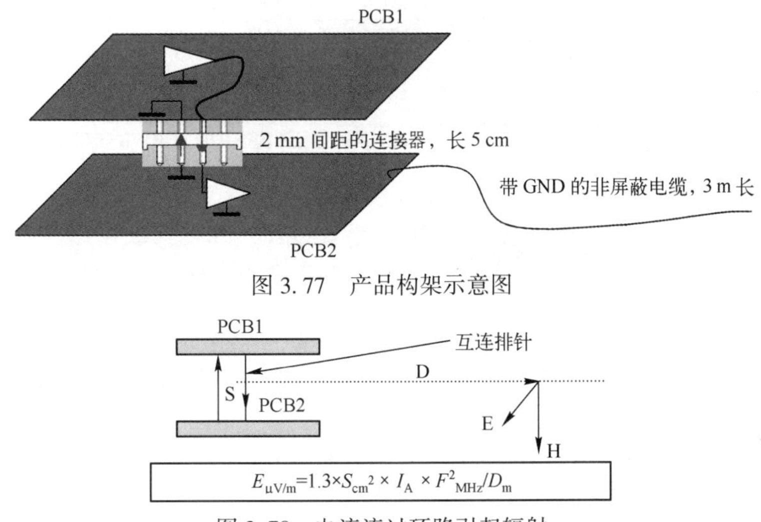

图 3.77　产品构架示意图

图 3.78　电流流过环路引起辐射

式中，$E_{\mu V/m}$为自由空间中离环路距离为D_m处的电场强度，单位为 μV/m（$D_m > 48 / F_{MHz}$）；D_m为距离环路的距离，单位为 m；F_{MHz}：为环路中电流的频率，单位为 MHz；S_{cm^2}为环路面积，单位为 cm^2；I_A 为环路中的电流大小，单位为 A。

根据本产品的一些基本信息，可以得到 25 MHz（矩形波）频率工作信号电流在125 MHz 处的谐波电流有效值 I_{5A}为：

$$I_{5A} = 0.45 \times 25\ \text{mA}/5 = 2.25\ (\text{mA})$$

在 170 MHz 处的谐波电流有效值 I_{7A}为：

$$I_{7A} = 0.45 \times 25\ \text{mA}/7 = 1.60\ (\text{mA})$$

注：谐波电流大小的计算方法参考书籍《电子产品设计 EMC 风险评估》第 1 章。

再计算此环路在 125 MHz 和 170 MHz 频率下，距离环路 3 m（3 m 法辐射发射测试距离）处所产生的差模辐射分别如下：

125 MHz 处的辐射发射强度：

$$\begin{aligned} E_{5\mu V/m} &= 1.3 \times S_{cm^2} \times I_A \times F_{MHz} \times F_{MHz} / D_m \\ &= 1.3 \times 0.4 \times 0.00225 \times 125 \times 125/3 = 18.2\ (\mu V/m) \end{aligned}$$

18.2 μV/m 转成分贝值为 25.2 dBμV/m。

170 MHz 处的辐射发射强度：

$$\begin{aligned} E_{7\mu V/m} &= 1.3 \times S_{cm^2} \times I_A \times F_{MHz} \times F_{MHz} / D_m \\ &= 1.3 \times 0.4 \times 0.0016 \times 170 \times 170/3 = 24\ (\mu V/m) \end{aligned}$$

24 μV/m 转成分贝值为 27.6 dBμV/m。

从以上计算结果可知，即使考虑到辐射发射测试时实验室地面反射电磁波的叠加效应，这种环路引起的辐射也没有超过该产品相关标准所规定的限值（3 m 处为 40 dBμV/m）。可见，这种长为 2 cm，间距为 2 mm 的连接器直接传输 25 MHz 的矩形波信号虽然是个 EMC 设计缺陷，但是它造成的辐射发射并没有超标。

那是什么原因造成的辐射超标呢，与这个环路有关吗？其实除了以上环路引起的差模辐射之外，还有另一种辐射发射更值得关注，那就是共模辐射，这种共模辐射产生的原理图如图 3.79 所示。

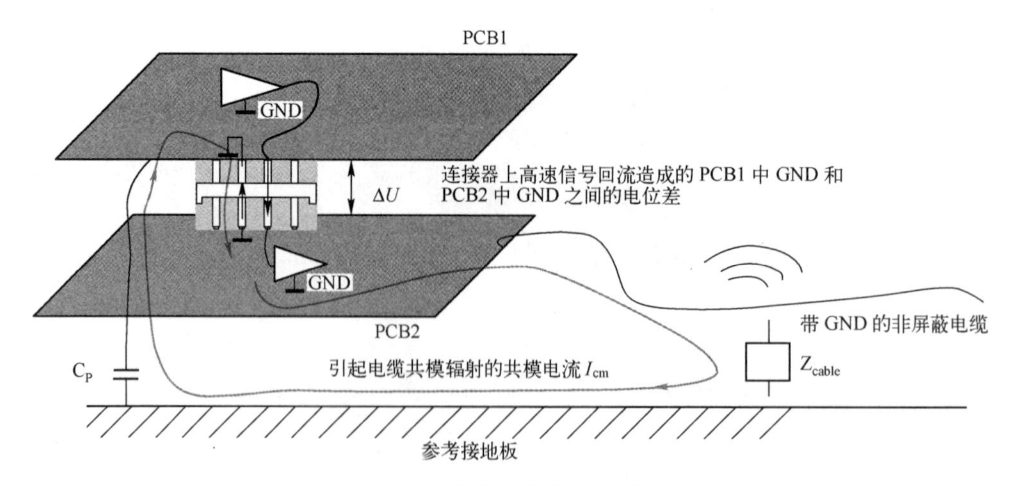

图 3.79　共模辐射产生的原理

图 3.79 中 ΔU 是 PCB1 中 GND 和 PCB2 中 GND 之间的电位差，这种电位差是由连接器上 25 MHz 矩形波高速信号回流造成的。它的值可以用 $\Delta U = 2\pi FLI$ 来计算，其中 F 是电流信号的频率，本案例中具体为 25 MHz 矩形波的 5 次谐波频率和 7 次谐波频率，分别为 $F_5 = 125$ MHz 和 $F_7 = 170$ MHz；L 是 2 cm 长连接器每个针的寄生电感，约为 20 nH（估算值为 10 nH/cm）；I 为 25 MHz 矩形波的 5 次谐波电流和 7 次谐波电流，分别为 $I_5 = 2.25$ mA 和 $I_7 = 1.6$ mA；这样，在 125 MHz 和 170 MHz 频率下，PCB1 和 PCB2 GND 之间的电位差 ΔU_5 和 ΔU_7 分别为：

$\Delta U_5 = 2\pi F_5 L I_5 = 2\pi \times 125\ \text{MHz} \times 20\ \text{nH} \times 2.25\ \text{mA} \approx 35\ \text{mV}$；

$\Delta U_7 = 2\pi F_7 L I_7 = 2\pi \times 170\ \text{MHz} \times 20\ \text{nH} \times 1.60\ \text{mA} \approx 34\ \text{mV}$。

ΔU_5，ΔU_7 通过 PCB1，PCB2 中的 GND、电缆、电缆对参考地之间的特性阻抗 Z_{cable}（由电缆的寄生电感和电感对参考地之间的寄生电容形成）和 PCB1 中 GND 平面与参考接地板之间的寄生电容 C_P 形成了一个共模电流路径，该路径中的共模电流流过了电缆，电缆较长时，具有天线的特性（电缆长度与信号波长可以比拟）。其中 C_P 的大小取决于 PCB1 中 GND 平面的大小和 PCB1 到参考接地板之间的距离，本案例中 PCB1 的 GND 平面尺寸约为 10 cm×8 cm，PCB1 到参考接地板之间的距离为民用产品辐射发射测试标准中规定的距离，约为 0.8 m，这样可以估算出 C_P 约为 3 pF。

Z_{cable}约为 150 ~250 Ω，它由电缆的寄生电感 L_{cable}和电缆对参考地之间的寄生电容 C_{cable}所决定，且 $Z_{\text{cable}} = (L_{\text{cable}}/C_{\text{cable}})^{0.5}$（其中 $L_{\text{cable}} \approx 1\ \mu\text{H/m}$，$C_{\text{cable}}$在 20~50 pF/m之间，与电缆的布置有关）。这样，在 125 MHz 和 170 MHz 频率下，流过电缆的共模电流 $I_{5\text{cm}}$和 $I_{7\text{cm}}$分别约为：

$I_{5\text{cm}} = 2\pi \times F_5 \times C_P \times \Delta U_5 = 2\pi \times 125\ \text{MHz} \times 3\ \text{pF} \times 35\ \text{mV} \approx 82\ \mu\text{A}$；

$I_{5\text{cm}} = 2\pi \times F_7 \times C_P \times \Delta U_7 = 2\pi \times 170\ \text{MHz} \times 3\ \text{pF} \times 34\ \text{mV} \approx 112\ \mu\text{A}$。

注：Z_{cable}、C_P 的具体估算方法请参考《电子产品设计 EMC 风险评估》第 2 章。

根据电磁场理论，当电缆的长度大于电缆上共模电流信号频率所在波长的一半时，其电缆在自由空间中所形成的共模辐射强度为 E_{CM}可根据式（1.11）$E_{\text{CM}} = 60 \cdot I_{\text{cm}}/D_{\text{m}}$来计算。式中，$E_{\text{cm}}$为距离电缆 D_{m} 处电缆所造成的辐射电场强度，单位为 μV/m；I_{cm}为电缆中的共模电流大小，单位为 μA；D_{m} 为距离电缆的距离，单位为 m。

在 125 MHz 和 170 MHz 频率下，电缆在 3 m 处所产生的共模辐射电场强度 $E_{5\text{cm}}$和 $E_{7\text{cm}}$分别为：

$E_{5\text{cm}} = 60 \times I_{5\text{cm}}/D_{\text{m}} = 60 \times 82\ \mu\text{A}/3\text{m} \approx 1640\ \mu\text{V/m}$；

$E_{7\text{cm}} = 60 \times I_{7\text{cm}}/D_{\text{m}} = 60 \times 112\ \mu\text{A}/3\text{m} \approx 2240\ \mu\text{V/m}$。

1640 μV/m 转成分贝值为 64 dBμV/m，1640 μV/m 转成分贝值为 67 dBμV/m，已经远远超过了该产品相关标准所规定的限值。

【处理措施】

根据产品共模辐射原理，解决该产品辐射发射的问题，主要是降低共模辐射，该产品中共模辐射又跟 PCB1 与 PCB2 之间的连接器阻抗和 PCB1 中 GND 平面与参考接地板之间的寄生电容 C_P有很大的关系。因此，解决思路也可以从这两点出发：

（1）减小 PCB1 与 PCB2 之间 GND 互连阻抗，如增加 GND 针的数量（值得注意的是，阻抗并非随 GND 针增加而线性增加），或用一块长宽比较小的金属板与 GND 地针并联。

（2）减小 PCB1 中 GND 平面与参考接地板之间的寄生电容 C_P，如增加地针，给产品增加金属外壳等。

【思考与启示】

- 不要过分强调差模辐射，而忽略了更为重要的共模辐射。
- 200 MHz 以下的频率，1 cm^2 以下的环路，对于数字信号，基本上不会产生差模辐射问题。如果此时出现产品辐射发射超标，可关注共模辐射问题。
- 对于辐射抗扰度测试情况，通常更多的问题在于电缆在测试电场中所接收到的共模电流流入产品内部电路而影响电路正常工作，除非是电平更低（如小于1 mV）的模拟电路；
- 1 cm^2 以下的环路，在 ESD 抗扰度测试中不能被忽略。

3.2.14　案例 30：注意产品内部的互连和布线

【现象描述】

某微型计算机的辐射发射测试结果如图 3.80 所示。从测试结果看测试不能通过 EN55022 标准规定的 CLASS B 限值要求。

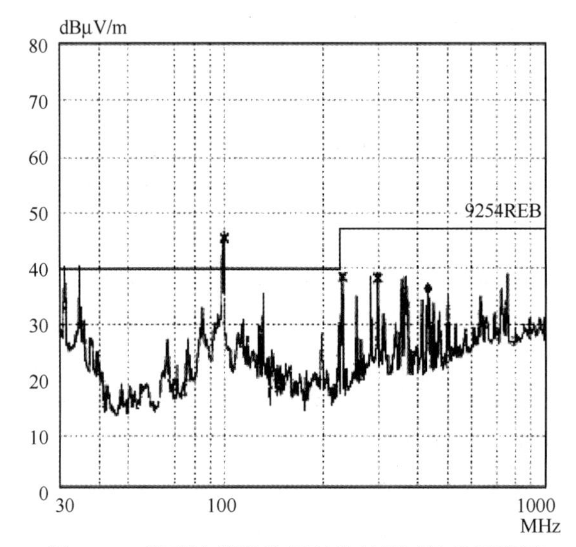

图 3.80　微型计算机的辐射发射测试结果频谱图

【原因分析】

微型计算机一般由主板、电源、机箱组成，作为微型计算机的生产厂家，很多情况下只设计主板，电源和机箱通常都是外购的。如果把主板、电源、机箱三个部件（微型计算机的主要组成因素）分开来考虑 EMC 问题，那么就要对各个部件分别提出 EMC 要求，如电源需要采用具有 3C 认证的电源；机箱采用具有一定屏蔽效能的机箱。三个 EMC 性能比较好的部件（主板、电源、机箱）组成一个微型计算机系统后，微型计算机系统的整体 EMC 性能是不是也肯定好呢？这是不一定的。因为还有一个因素对微型计算机系统的整体 EMC 性能非常重要，它就是各个部件之间的互连和布线。

本案例的问题实际上就是由于各个部件之间的互连和布线缺陷导致的。请看图 3.81 及图 3.81中的描述（图 3.81 是微型计算机内部布线示意图）。注意图 3.81 中主板上的一根信号线引至机箱的接口处（USB 插口、耳机插口、麦克风插口）的布线情况，它存在两个 EMC 缺陷：

（1）电源线与信号线捆在一起，导致电源上的噪声向信号线（USB、耳机、麦克风线）传递。

（2）信号线（USB、耳机、麦克风线）从主板引向机箱接口时，横跨过整个主板，并且离主板表面的距离较近（约 2 cm），导致主板上的高频噪声也向信号线（USB、耳机、麦克风线）传递。

受到电源上的噪声和主板高频噪声“污染”的 USB、耳机、麦克风线在 EMC 测试时继续引向机箱的屏蔽体外，最终导致辐射发射超标。

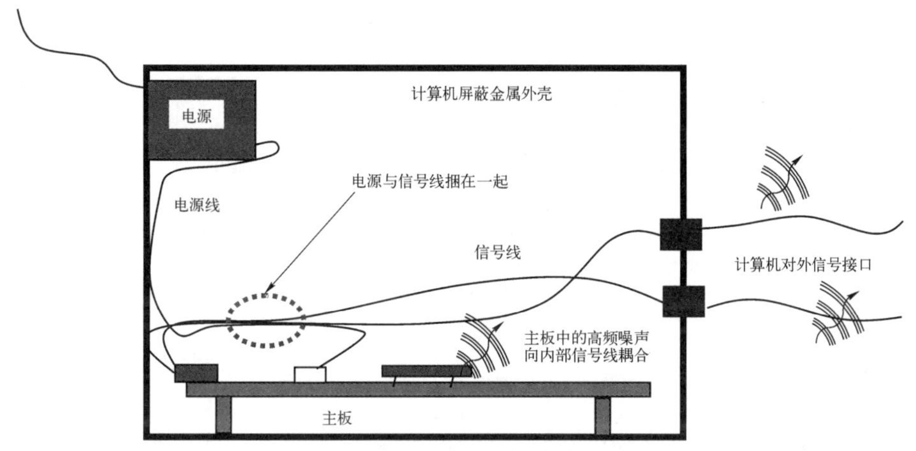

图 3.81　微型计算机内部布线示意图

【处理措施】

按照以上分析，将信号线（USB、耳机、麦克风线）沿机箱壁单独布线（沿机箱壁布线会衰减线之间的耦合和线的辐射），而不与电源线捆在一起，也不跨于主板上方。修改布线后辐射发射测试结果如图 3.82 所示。

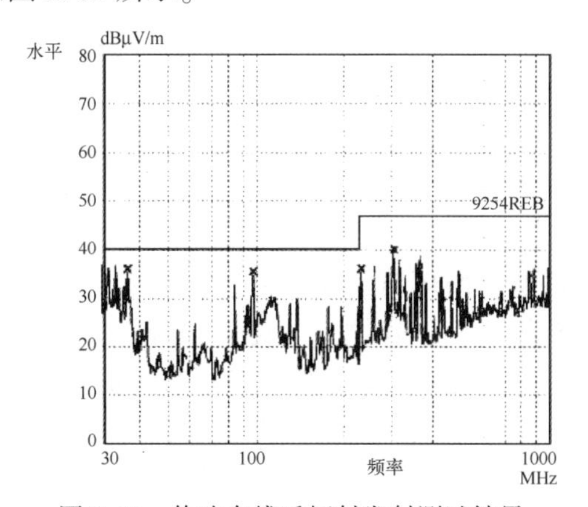

图 3.82　修改布线后辐射发射测试结果

【思考与启示】

对于系统级产品设计，不但要控制好组成系统的各个部件各自的 EMC 性能，还要处理好各个部件之间的互连和布线问题，两者缺一不可。

3.2.15　案例 31：信号线与电源线混合布线的结果

【现象描述】

某直流放大器产品，在进行电源端口的电压为 1 kV 的 EFT/B 测试时，放大器出现饱和现象而失效。

【原因分析】

该直流放大器安装在一块 PCB 上，为了安装方便，整块 PCB 通过一条电缆与其他电路模块连接起来，如图 3.83 所示。这样，放大器的输入/输出信号线、电源线、地线被捆在一起，布置在一根电缆中。

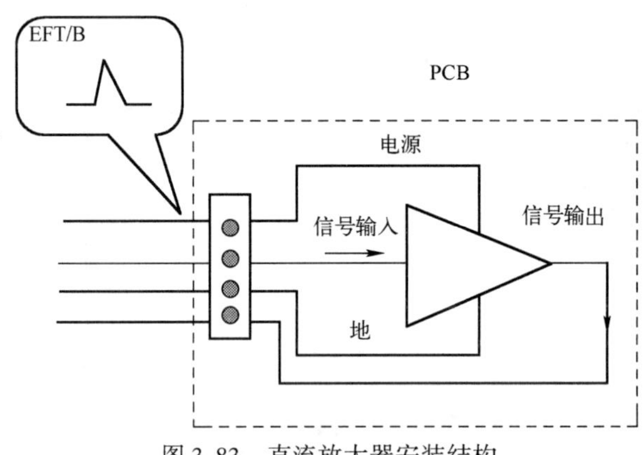

图 3.83　直流放大器安装结构

根据磁场感应原理，导体中流动的交流电流 I_L 会产生磁场，这个磁场将与邻近的导体耦合，在其上感应出电压（如图 3.84 所示）。受害导体中感应电压由式（3.2）计算

$$U = -M\mathrm{d}I_L/\mathrm{d}t \tag{3.2}$$

式中 M 是互感（H）。

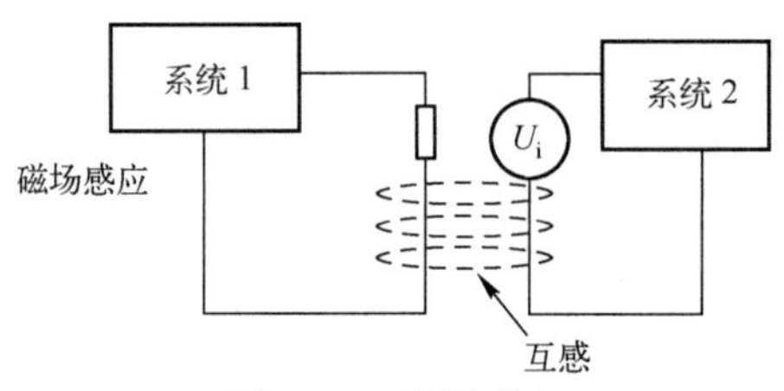

图 3.84　磁场感应

M 取决于骚扰源和受害电路的环路面积、方向、距离，以及两者之间有无磁屏蔽。通常靠近的短导线之间的互感在 0.1～3 H 之间。磁场耦合的等效电路相当于电压源串接在受害者的电路中。值得注意的是，通常两个电路之间有无直接连接对耦合没有影响，并且无论两个电路对地是隔离的还是连接的，感应电压都是相同的。

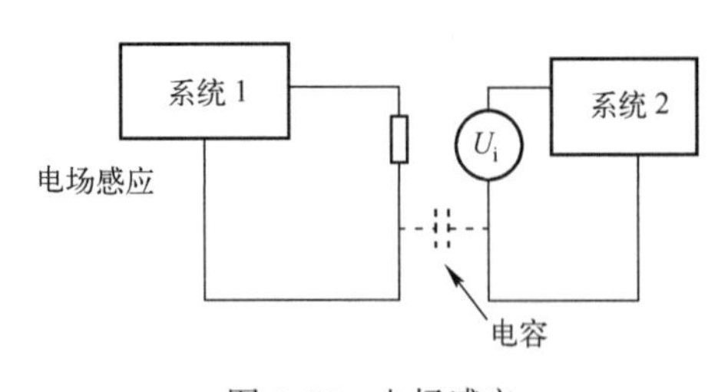

图 3.85　电场感应

同时，导体上的交流电压 U_L 产生电场，这个电场与邻近的导体耦合，并在其上感应出电压（见图 3.85）。在受害导体上感应的电压由式（3.3）计算

$$U = C \times Z_i \times \mathrm{d}U_L/\mathrm{d}t \tag{3.3}$$

式中，C 为线间寄生电容；Z_i 为受害电路的对地阻抗。

这里假设线间寄生电容阻抗大大高于电路阻抗。噪声似乎是从电流源注入的，其值为 $C\times\mathrm{d}U_L/\mathrm{d}t$。$C$ 的值与导体之间距离、有效面积及有无电屏蔽材料有关。典型例子是两个平行绝缘导线，间隔 0.1 英寸时，其寄生电容大约为每米 50 pF；未屏蔽的中等功率电源变压器的初、次级间寄生电容为100~1000 pF。

寄生电容和互感都受骚扰源和受害导体之间的物理距离的影响。图3.86表示在给出了自由空间中两平行导线之间的距离对其线间寄生电容的影响，以及对地平面（为每个电源提供回流通路）上两导体的互感的影响。

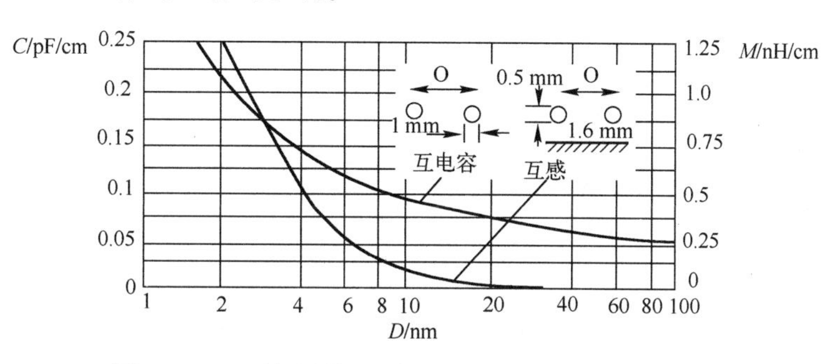

图3.86　两平行导线之间的距离对其寄生电容的影响

该放大器产品，由于放大器的输入/输出信号线、电缆线、地线在一根电缆中，而电缆较长，因此导线之间的互感和线间寄生电容较大。

EFT/ B测试时，由于EFT/ B信号的高频成分较多，干扰能量会通过导线之间的互感和线间寄生电容耦合到放大器的输入端。尽管这个放大器是直流放大器，但设计者并没有限制放大器的带宽，结果放大器对耦合到输入端的高频信号进行了放大。由于放大器的输入线与输出线之间也有较大的互感和寄生电容，因此放大后的输出信号又被耦合到输入信号线上，结果形成正反馈，导致放大器饱和。图3.87所示为寄生电容使放大器饱和的原理。

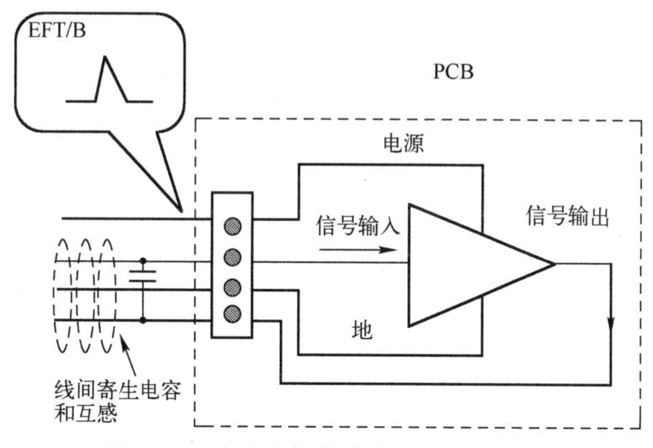

图3.87　寄生电容使放大器饱和的原理

【处理措施】

解决这个问题可以有两个方案。首先可以将导线分开，减小导线之间的互感和寄生电容，特别是将电源线与放大器的输入/输出线分开，并将放大器的输入/输出线也分开，这样可以避免试验脉冲的能量耦合进入放大器的输入端。

另一个办法是压缩放大器的频带，使放大器对耦合进输入端的高频信号没有响应。因为，既然是直流放大器，就应该使放大器仅对直流附近的信号有放大作用，对高频信号没有放大作用。

但是考虑到产品实际现状，将导线分开会影响使用的方便性，只能通过一条电缆将放大器接入系统。如果更换一个带宽较窄的放大器，虽然可以解决这个问题，但是更换器件，可能会导致产品研发的周期变长。因此为了解决这个问题，应在放大器的外围安装滤波器件，压缩放大器的带宽，使放大器对耦合进输入端的高频信号没有响应。频率较低的信号耦合效率较低，不会造成放大器饱和的问题。采取措施后的电路如图 3.88 所示。在放大器的输入端安装一个低通放大器，这样相当于压缩了放大器的带宽。采取这个措施后，放大器顺利通过了 EFT/B ±1 kV 测试。

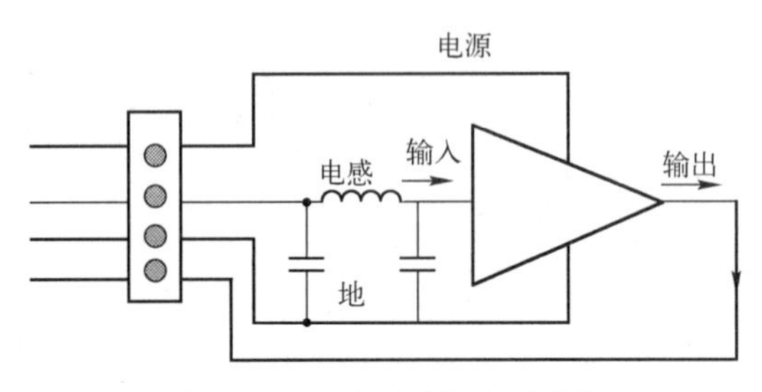

图 3.88　改造后的放大器电路

【思考与启示】

（1）在进行放大器电路设计时，在保证功能的前提下，尽量压缩电路的带宽，不要使用超过需要的带宽。

（2）在进行产品布线设计时，要考虑不同信号线之间的耦合与串扰问题。

3.2.16　案例 32：电源滤波器安装要注意什么

【现象描述】

某产品在交流电源端口进行传导骚扰测试时，发现不通过。从电源端口的传导骚扰频谱图（见图 3.89）可以看出，13 MHz、21 MHz 附近的传导骚扰较严重，并超标。

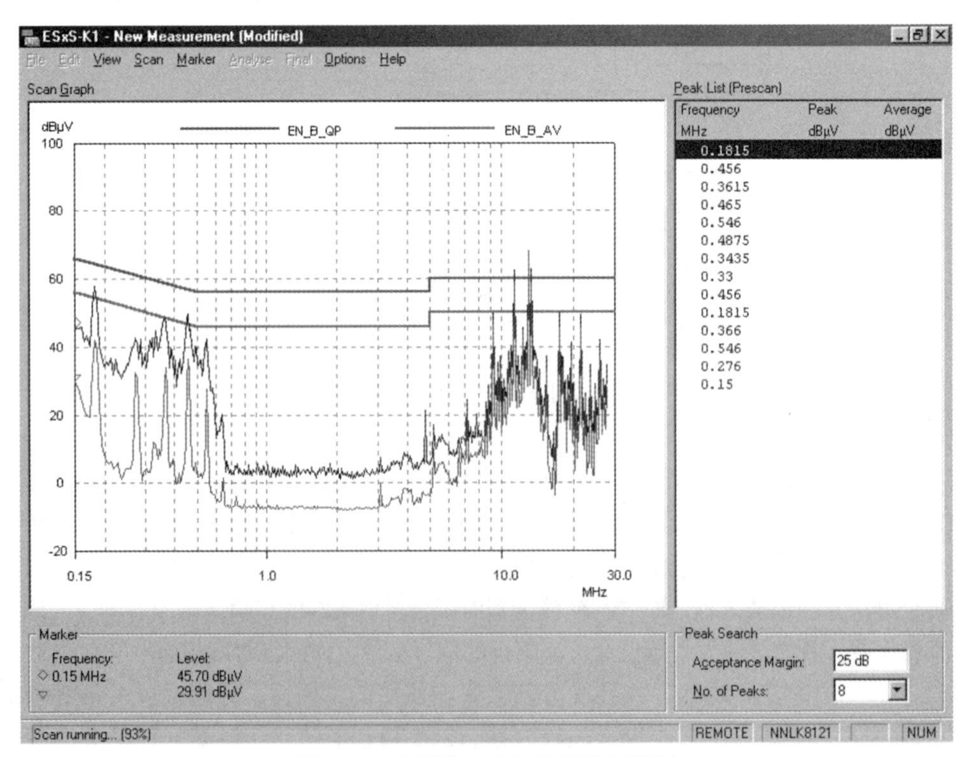

图 3.89　电源端口的传导骚扰频谱图

【原因分析】

该产品采用结构屏蔽体设计，电源端口用电源滤波器做了滤波处理，结构原理框图如图3.90所示。

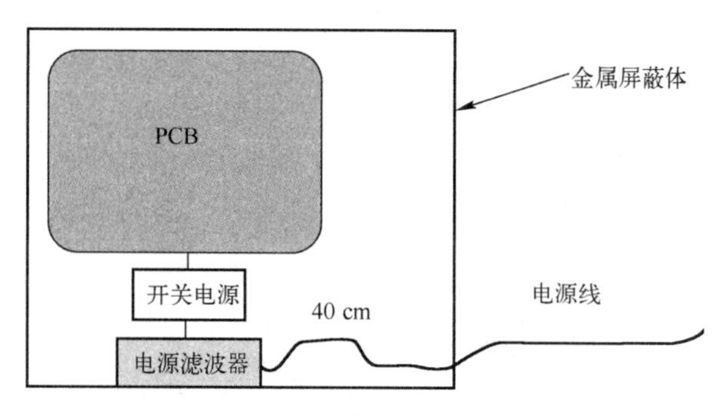

图3.90　结构原理框图

滤波是抑制干扰和骚扰的一种有效措施，尤其是对开关电源EMI信号的传导骚扰和辐射骚扰非常有效。任何电源线上传导骚扰信号，均可用差模和共模信号来表示。差模骚扰在两导线之间传输，属于对称性骚扰；共模骚扰在导线与地（机壳）之间传输，属于非对称性骚扰。在一般情况下，差模骚扰幅度小，频率低，所造成的骚扰较小；共模骚扰幅度大，频率高，还可以通过导线产生辐射，所造成的骚扰较大。因此，要削弱传导骚扰，就要把骚扰信号控制在有关EMC标准规定的极限电平以下，最有效的方法就是在开关电源输入和输出电路中加装电源滤波器。选择适当的去耦电路或网络结构较为简单的电源滤波器，就可得到满意的效果。电源滤波器内部电路的工作原理见4.1.1节。

电源滤波器是具有互易性的，所以在实际使用中，电源滤波器既可以滤除电源端口来自于外界的干扰，也能滤除来自产品内部的骚扰。为达到有效抑制干扰与骚扰信号的目的，必须根据电源滤波器两端将要连接的干扰与骚扰信号源阻抗和负载阻抗来选择该电源滤波器的网络结构和参数。当电源滤波器两端阻抗都处于失配状态时，即图3.91中$Z_s \neq Z_{in}$、$Z_L \neq Z_{out}$时，干扰和骚扰信号会在其输入和输出端产生反射，增加对干扰与骚扰信号的衰减。其信号的衰减A与反射Γ的关系为

$$A = -10\lg(1 - |\Gamma|2)$$

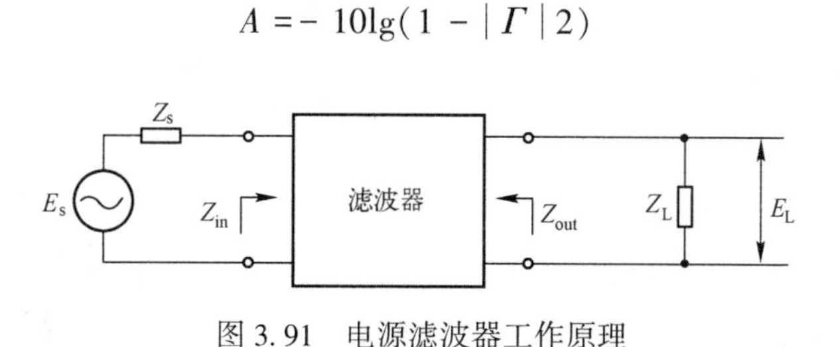

图3.91　电源滤波器工作原理

产品中设计电源滤波器的目的就是要在网络结构符合最大失配的原则下，尽可能合理选择元件参数，使干扰信号和骚扰信号衰减最大。

既然电源滤波器是利用阻抗都处于失配状态时将传递在电源滤波器电路中的干扰信号或骚扰信号进行反射的原理进行工作的，那么若要电源滤波器起到预期的作用，就一定要保证

干扰信号或骚扰信号在电源滤波器电路中传输，也就是说电源滤波器在使用时，特别是在高频下，一定要避免干扰信号或骚扰信号通过空间，越过电源滤波器继续传输。本案例产品中，实际上存在着高频的干扰和骚扰信号越过电源滤波器的可能性，骚扰信号越过电源滤波器继续传输，如图 3.92 所示。

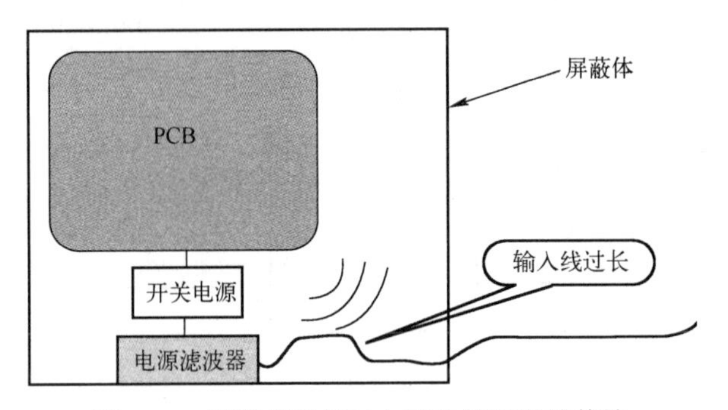

图 3.92　骚扰信号越过电源滤波器继续传输

由图 3.92 可见，电源线进入产品的屏蔽体后，传送到电源滤波器还有一段较长的距离（约 40 cm），来自 PCB 或开关电源中的高频信号通过空间传输会耦合（容性耦合和感性耦合）到这段线上，使电源滤波器无法达到预期的效果。实际产品中存在 13 MHz和21 MHz 时钟发生电路，而且在 PCB 中布线较广，辐射也会较强。如果想使电源滤波器在高频获得极佳的滤波性能，就必须解决高频的辐射骚扰通过空间与电源输入线的耦合问题。将电源滤波器安装在屏蔽体的电源线入口处，如图 3.93 所示，可以避免骚扰通过空间与电源输入线耦合。

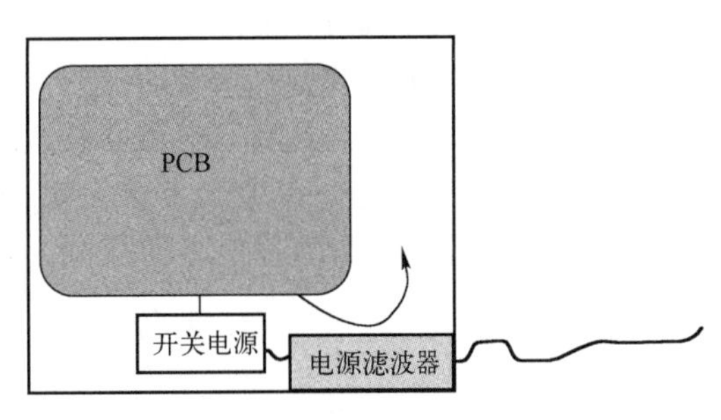

图 3.93　电源滤波器安装在屏蔽体的电源线入口处

在如图 3.93 所示安装的情况下，由于产品使用的是屏蔽结构，电源滤波器输入线和电源线（图 3.93 中电源滤波器右侧的电源线）都在屏蔽体之外，同时电源滤波器也采用屏蔽结构并与产品结构体有良好的搭接，因此来自产品内部的辐射骚扰信号不会耦合到电源滤波器的内部电路和电源滤波器输入电源线上，即使辐射骚扰信号耦合在电源滤波器与开关电源之间的连线上，也会被电源滤波器滤除。

【处理措施】

按照以上分析，将电源滤波器移至电源线入口处，如图 3.93 所示，再进行测试，结果如图 3.94 所示，可见 10~20 MHz 之间原来超限值的传导骚扰降低了 20 dB 以上，证实了分析的正确性。

作为参考，解决本案例问题，还可以采取的另一种方式是将电源滤波器及图 3.90 所示的 40 cm 的电源线进行屏蔽处理，即内部子屏蔽体，以隔断内部的骚扰信号与电源滤波器电源线之间的耦合，如图 3.95 所示。

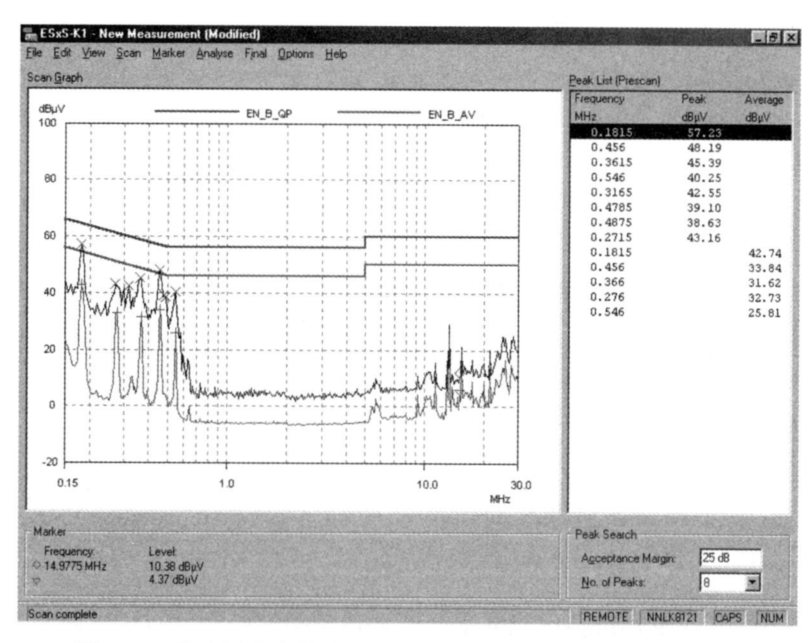

图 3.94 将电源滤波器移至电源线入口处后的传导骚扰测试结果

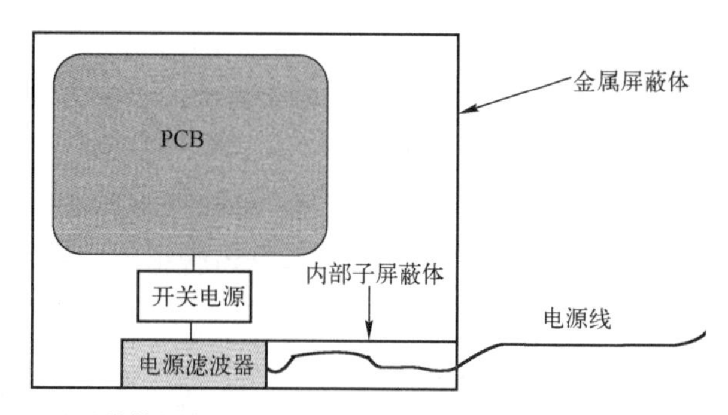

图 3.95 子屏蔽体隔断内部的骚扰信号与电源滤波器电源线之间的耦合

【思考与启示】

(1) 选择适合产品干扰与骚扰特性的电源滤波器固然重要，但是做好电源滤波器两端的布线更为重要。

(2) 对于电源滤波器的安装，一定要注意电源滤波器输入/输出信号的隔离，这个隔离的意思不仅包含电源滤波器两端的线缆的隔离，还包含电源滤波器两侧所有电路的隔离。

(3) 信号滤波器也与电源滤波器一样，安装时一定要注意信号滤波器输入/输出信号的隔离。

第4章

通过滤波与抑制提高产品EMC性能

4.1 概论

4.1.1 滤波器及滤波器件

1. 电阻

电阻是PCB上最常使用的器件。电阻也有EMI使用的限制。对于频域要求存在的限制决定于使用的电阻材料（化合碳、薄膜碳、云母及线绕等）。由于线绕附加存在电感，所以线绕电阻并不适合高频应用。薄膜电阻包含一些电感，但由于引脚电感较低，所以有时也可用于高频场合。

电阻的整体特性与封装尺寸和寄生电容有关。电阻的两端之间存在电容。对极高频设计，特别是GHz频率时，寄生电容将产生破坏性作用。对于多数应用，电阻引脚引线比引脚间的寄生电容更重要。

对于电阻，主要关心其可能受到的过电压应力。对电阻施加ESD就属于这种情况。如果是表面贴装电阻，将会观察到电弧放电；如果是有引脚电阻，ESD将遇到高阻抗路径，电阻隐藏的感性和容性特性将阻止ESD进入电路。

2. 电容

电容通常用于电源总线的去耦、滤波、旁路和稳压。在自谐振频率以下，电容保持电容性。在自谐振频率以上，电容呈现电感性。可用公式 $X_C=1/2\pi fC$ 来描述。其中，X_C 是容抗，单位为欧姆（Ω）；f 是频率，单位为赫兹（Hz）；C 是电容，单位为法拉（F）。10 μF的电解电容在10 kHz时的容抗是1.6 Ω，100 MHz时，减小到160 μΩ，所以在100 MHz时就存在短路的条件，这对EMI有利。然而，电解电容较高的ESL和ESR参数限制了它在1 MHz以下频率的应用。另外，电容在使用时的引线电感也是需要考虑的重要方面。总之，电容引脚导线的寄生电感使得电容在自谐振频率以上时像电感一样起作用，而不再起它本该起的电容作用。

3. 电感与共模电感

电感也常用来控制EMI。随着频率的增加，电感的感抗线性增加。这可用公式 $X_L=2\pi fL$ 来描述。例如，理想的10 mH电感在10 kHz时的感抗是628 Ω，在100 MHz时，增加为6.2 MΩ，看起来像开路。假如想要通过100 MHz的信号，则对于信号质量来说是有很大困难的。就像电容一样，电感的绕线间的寄生电容限制了其应用频率，使其应用频率不会无限高。

共模电感（Common Mode Choke）也称为共模扼流圈。为什么共模电感能防共模EMI？要弄清楚这点，需要从共模电感的结构开始分析。

图 4.1 是共模电感的原理图及磁场分布。L_a 和 L_b 就是共模电感线圈。这两个线圈绕在同一铁芯上，匝数和相位都相同（绕制反向）。这样，当电路中的正常电流流经共模电感时，电流因在同相位绕制的电感线圈中产生反向的磁场而相互抵消。此时，正常信号电流主要受线圈电阻（和少量因漏感造成的阻尼）的影响。当有共模电流流经线圈时，由于共模电流的同向性，会在线圈内产生同向的磁场而增大线圈的感抗，使线圈表现为高阻抗，产生较强的阻尼效果，以此衰减共模电流，达到滤波的目的。

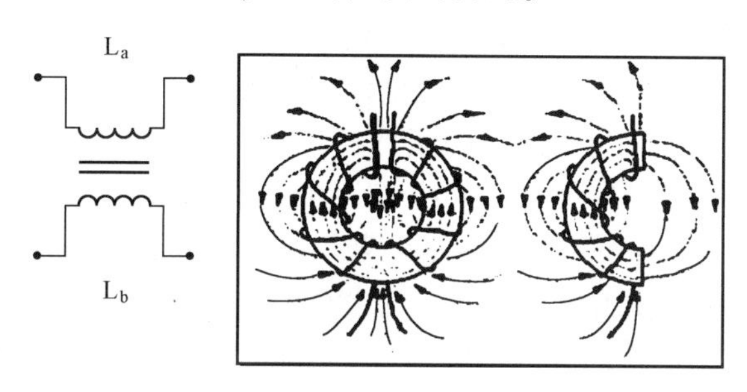

图 4.1 共模环形磁芯中差模磁路示意图

事实上，将这个共模电感一端接干扰源，另一端接被干扰设备，并通常与电容一起使用，构成低通滤波器，可以使线路上的共模 EMI 信号被控制在很低的电平上。该电路既可以抑制外部的 EMI 信号传入，又可以衰减线路自身工作时产生的 EMI 信号，能有效地降低 EMI 的强度。

对理想的电感模型而言，当线圈绕完后，所有磁通都集中在线圈的中心。但在通常情况下，环形线圈不会绕满一周或绕制不紧密，这样会引起磁通的泄漏。共模电感有两个绕组，其间有相当大的间隙，这样就会产生磁通泄漏，并形成差模电感。因此，共模电感一般也具有一定的差模干扰衰减能力。

在滤波器的设计中，漏感是可以被利用的。如在普通的滤波器中仅安装一个共模电感，则利用共模电感的漏感产生适量的差模电感，可起到对差模电流的抑制作用。有时，还要人为增加共模扼流圈的漏电感，以提高差模的电感量，达到更好的滤波效果。

4. 铁氧体磁珠和磁环

当电感不能用于高频时，该如何办？使用铁氧体磁珠或磁环是个办法。铁氧体材料是铁磁或者铁镍的合金。这种材料有很高的高频磁导率和高频阻抗，同时线绕间电容最小。铁氧体磁珠通常用于高频场合。低频时，电感小，线损小；高频时，其基本上是电抗性的，且与频率有关，如图 4.2 所示。实际上，铁氧体磁珠是 RF 能量的高频衰减器。

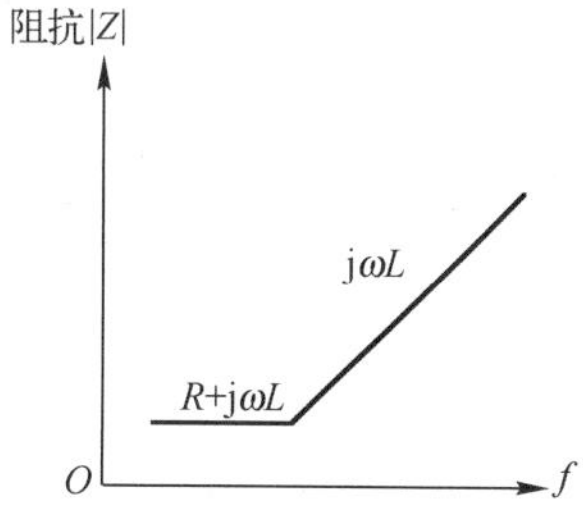

阻抗|Z|　jωL　R+jωL　O　f

图 4.2 铁氧体磁珠高频特性

铁氧体磁性材料可用化学分子式 MFe_2O_4 表示。式中，M 代表锰、镍、锌、铜等二价金属离子。铁氧体是通过烧结这些金属化合物的混合物制造出来的。其主要特点是电阻率远大于金属磁性材料。这就抑制了涡流的产生，使铁氧体磁性材料应用于高频领域。首先，按照预定的配方比例，把高纯、粉状的氧化物（如 Fe_2O_4、Mn_3O_4、ZnO、NiO 等）混合均匀，再经过煅烧、粉碎、造粒和模压成型，在高温（1000～1400℃）下进行烧结。烧结出的铁氧体制品通过机械加工获得成品尺寸。不同的用途要选择不同的铁氧体材料。按照不同的适用频率范围，铁氧体分为中低频段（20～150 kHz）、中高频段（100～500 kHz）

及超高频段（500 kHz~1 MHz）。

事实上，用电感和电阻的并联能更好地解释铁氧体磁珠。低频时，电感将电阻短路；高频时，感抗很高，电流只能流经电阻。根据抑制干扰频率的不同，选择不同磁导率的铁氧体材料。铁氧体材料的磁导率越高，低频阻抗越大，高频阻抗越小。另外，一般磁导率高的铁氧体材料介电常数较高，当导体穿过时，形成的寄生电容较大，这也降低了高频阻抗。

铁氧体磁环的尺寸确定：磁环的内外径差越大，轴向越长，阻抗越大。但内径一定要包紧导线。因此，要获得大的衰减，应尽量使用体积较大的磁环。

共模扼流圈的匝数：增加穿过磁环的匝数可以增加低频的阻抗，但是由于寄生电容增加，高频的阻抗会减小，所以盲目增加匝数来增加衰减量是一个常见的错误。当需要抑制的干扰频带较宽时，可在两个磁环上绕不同的匝数。例如，某设备有两个超标辐射频率点，一个为40 MHz，另一个为900 MHz。经检查，确定是由于电缆的共模辐射所致。在电缆上套一个磁环（1/2 匝），900 MHz 的超标辐射频率点干扰明显减小，不再超标，但是40 MHz 的仍然超标。将电缆在磁环上绕3 匝，40 MHz 的干扰减小，不再超标，但900 MHz 的超标。这是由于增加电缆上的铁氧体磁环个数可以增加低频的阻抗，但高频的阻抗会减小。而出现这个现象的原因是寄生电容增加的缘故。由于铁氧体磁环的效果取决于原来共模环路的阻抗，原来回路的阻抗越低，磁环的效果越明显。因此当原来的电缆两端安装了电容式滤波器时，其阻抗很低，磁环的效果更明显。

铁氧体磁珠属于“能耗型设备”。它以热的形式消耗高频能量。这只能用电阻的特性而不是电感的特性来解释。

5. 滤波器

滤波器是一种二端口网络。它具有选择频率的特性，即可以让某些频率顺利通过，而对其他频率则加以阻拦。电源线滤波器的基本电路如图4.3所示。

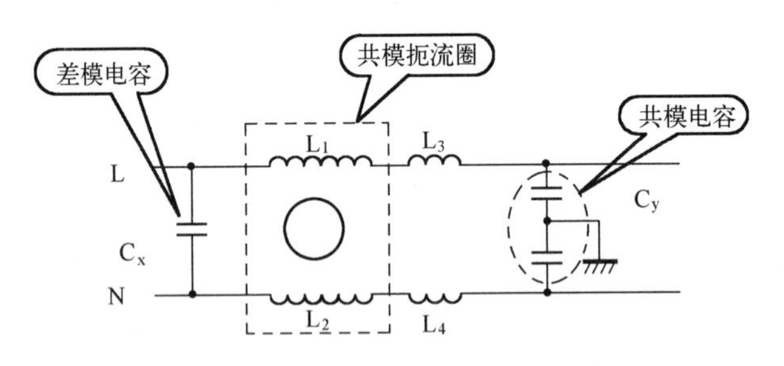

图4.3　电源线滤波器的基本电路

滤波器是由电感、电容、共模电感元件构成的无源低通网络。其中，L_1 和 L_2 可组成共模电感；共模扼流圈的电感量范围为1 mH 到数十毫亨，取决于要滤除的干扰的频率，频率越低，需要的电感量越大；L_3、L_4 是由独立的差模抑制电感与 C_x 一起组合成的差模滤波。如果把该滤波器一端接入干扰源，负载端接被干扰设备，那么 L_1 和 C_y，L_2 和 C_y 就分别构成L—E 和N—E 两对独立端口间的低通滤波器，用来抑制电源线上存在的共模EMI信号，使其受到衰减，并被控制到很低的电平上。其中，C_y 电容值不能过大，否则会超过安全标准中对漏电流（3.5 mA）的限制要求，一般在10000 pF 以下。医疗设备中对漏电流的要求更严。在医疗设备中，这个电容的容量更小，甚至不用。共模滤波网络结构等效电路如

图 4.4 所示，由 L_{CM} 和 C_y 组成。其中共模电感由于种种原因，如磁环的材料不可能做到绝对均匀，两个线圈的绕制也不可能完全对称等，使得 L_1 和 L_2 的电感量是不相等的（有时，人为增加共模扼流圈的漏电感，以提高差模电感量），故（L_1-L_2）形成差模电感 L_{DM}，与 L_3、L_4 形成的独立差模抑制电感及 C_x 电容器又组成 L—N 独立端口间的低通滤波器，用来抑制电源线上存在的差模 EMI 信号。

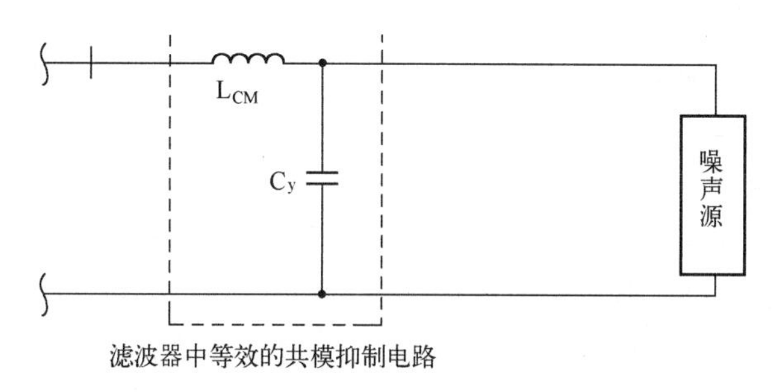

图 4.4　共模滤波网络结构等效电路

图 4.5 所示的是滤波器差模 EMI 信号滤波网络结构等效电路。L_{DM} 是差模电感，包含由共模线圈形成的差模电感和独立的差模抑制电感；C_{LL} 是图 4.3 中的 C_x 电容。其数值的选择使滤波网络与负载构成失配状态。

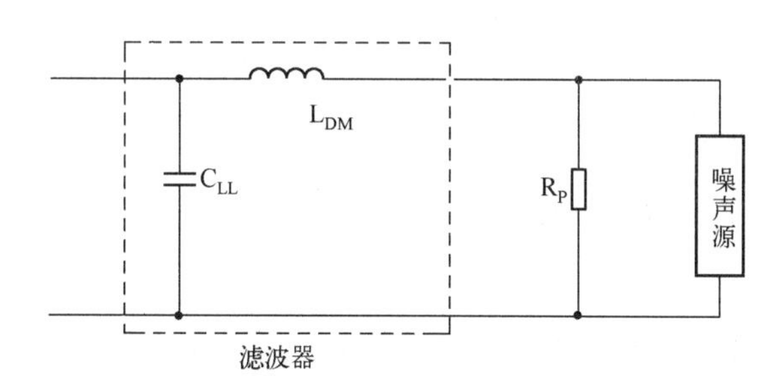

图 4.5　差模滤波网络结构等效电路

例如，电源滤波器，当它被安装在系统中后，既能有效抑制电子设备外部的干扰信号传入设备，又能大大衰减设备本身工作时产生的传向电网的骚扰信号。

图 4.3 所示的是无源网络。它具有互易性，产品中只要选择适当的滤波器，并采取良好的安装、接地、布线，就可得到满意的效果。如产品中加装电源滤波器后，既能有效地抑制电子设备外部的干扰信号传入设备，如 EFT/B 等瞬态干扰信号，又能大大衰减设备本身工作时产生的传向电网的骚扰信号，如对开关电源产品的传导骚扰和辐射骚扰，应把骚扰信号控制在有关 EMC 标准规定的极限电平以下。

在一般的滤波器中，共模扼流圈的作用主要是滤除低频共模干扰。高频时，由于寄生电容的存在，共模扼流圈对干扰的抑制作用逐渐减小或效果变得不确定，主要依靠共模滤波电容。医疗设备由于受到漏电流的限制，有时不使用共模滤波电容，这时需提高扼流圈的高频特性。

基本电路对干扰的滤波效果很有限，仅用在要求较低的场合。要提高滤波器的效果，可在基本电路的基础上增加一些器件，下面列举一些常用电路。

（1）强化差模滤波方法，如给共模扼流圈串联两只差模扼流圈，增大差模电感；在共模滤波电容的右边增加两只差模扼流圈，同时在差模电感的右边增加一只差模滤波电容。

（2）强化共模滤波方法，在共模滤波电容右边增加一只共模扼流圈，对共模干扰构成 T 形滤波。

（3）强化共模和差模滤波方法，在共模扼流圈右边增加一只共模扼流圈，再加一只差模电容，说明，在一般情况下不使用增加共模滤波电容的方法增强共模滤波效果，防止接地不良时出现滤波效果更差的问题。

电源线滤波器是为了满足 EMC 要求而常用的器件。现在市场上电源线滤波器的种类繁多，如何选择滤波器确实是一个头疼的问题。其中插入损耗对于滤波器而言是最重要的指标。由于电源线上既有共模干扰也有差模干扰，因此滤波器的插入损耗也分为共模插入损耗和差模插入损耗。插入损耗越大越好。理想的电源线滤波器应该对交流电频率以外所有频率的信号有较大的衰减，即插入损耗的有效频率范围应覆盖可能存在干扰的整个频率范围。但几乎所有的电源线滤波器手册都仅给出 30 MHz 以下频率范围内的衰减特性。这是因为 EMC 标准中对传导发射的限制仅到 30 MHz（军标仅到 10 MHz），并且大部分滤波器的实际性能在超过 30 MHz 时开始变差，但在实际应用中，滤波器的高频特性是十分重要的。电源线滤波器的高频特性差的主要原因有两个：一个是内部寄生参数造成的空间耦合；另一个是滤波器件的不理想性。因此，改善高频特性的方法也从这两个方面着手。

（1）内部结构：滤波器的连线要按照电路结构向一个方向布置，在空间允许的条件下，电感与电容之间保持一定的距离，必要时可设置一些隔离板，以减小空间耦合。

（2）滤波器件：电感要控制寄生电容。必要时，可使用多个电感串联的方式。差模滤波电容的引线要尽量短，共模电容的引线也要尽量短。

4.1.2 防浪涌电路中的元器件

1. 气体放电管

气体放电管是一种开关型保护器件。图 4.6 所示的是气体放电管的原理图符号。

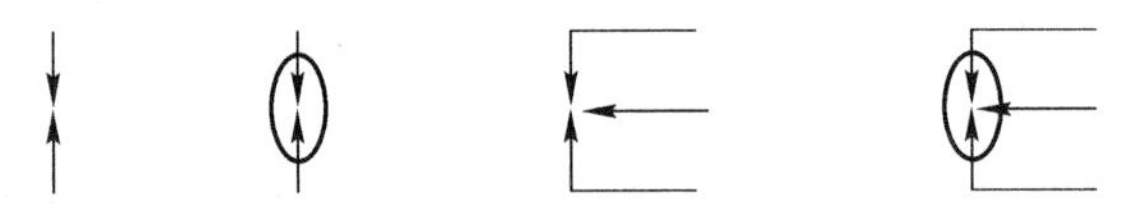

图 4.6 气体放电管的原理图符号

气体放电管的工作原理是气体放电。当两极间的电压足够大时，极间间隙将被放电击穿，由原来的绝缘状态转化为导电状态，类似短路。导电状态下两极间维持的电压很低，一般为 20~50 V，因此可以起到保护后级电路的效果。气体放电管的主要指标有响应时间、直流击穿电压、冲击击穿电压、通流容量、绝缘电阻、极间电容及续流遮断时间。

气体放电管的响应时间可以达到数百纳秒以至数秒，在保护器件中是最慢的。当线缆上的雷击过电压使防雷器中的气体放电管击穿短路时，初始的击穿电压基本为气体放电管的冲击击穿电压，一般在 600 V 以上。放电管击穿导通后，两极间维持电压下降到 20~50 V。另外，气体放电管的通流量比压敏电阻和 TVS 管要大。气体放电管与 TVS 等保护器件合用时应使大部分的过电流通过气体放电管泄放，因此气体放电管一般用于保护电路的最前级，其后级的保护电路由压敏电阻或 TVS 管组成。这两种器件的响应时间很快，对后级电路的保护效果更好。气体放电管的绝缘电阻非常高，可以达到千兆欧姆的量级。极间电容的值非常小，一般在 5 pF 以下。极间漏电流非常小，为 nA 级。因此气体放电管并接在线路上对线路基本不会构成什么影响。

气体放电管的续流遮断是设计电路需要重点考虑的一个问题。如前所述，气体放电管在导电状态下续流维持电压一般为 20~50 V。在直流电源电路中应用时，如果两线间电压超过 15 V，则不可以在两线间直接应用放电管。在 50 Hz 交流电源电路中使用时，虽然交流电压有过零点，可以实现气体放电管的续流遮断，但气体放电管类的器件在经过多次导电击穿后，其续流遮断能力将大大降低，长期使用后，在交流电路的过零点也不能实现续流遮断。因此，在交流电源电路的相线对保护地线、中线对保护地线单独使用气体放电管是不合适的。在以上的线对之间使用气体放电管时需要与压敏电阻串联。在交流电源电路的相线对中线的保护中基本不使用气体放电管。

在防雷电路的设计中，应注重气体放电管的直流击穿电压、冲击击穿电压、通流容量等参数值的选取。设置在普通交流线路上的放电管，要求它在线路正常运行电压及其允许的波动范围内不能动作，则它的直流放电电压应满足：$\min(u_{fdc}) \geq 1.8U_P$。式中，$u_{fdc}$ 为直流击穿电压；$\min(u_{fdc})$ 为直流击穿电压的最小值；U_P 为线路正常运行电压的峰值。

气体放电管主要可应用在交流电源口相线、中线的对地保护，直流电源口的工作地和保护地之间的保护，信号口中线对地的保护，射频信号馈线芯线对屏蔽层的保护。

气体放电管的失效模式在多数情况下为开路，因电路设计原因或其他因素导致放电管长期处于短路状态而被烧坏时，也可引起短路的失效模式。气体放电管使用寿命相对较短，经多次冲击后性能会下降。因此，由气体放电管构成的防雷器长时间使用后存在维护及更换的问题。

2. 压敏电阻

图 4.7　压敏电阻的原理图符号

压敏电阻是一种限压型保护器件。图 4.7 是压敏电阻的原理图符号。利用压敏电阻的非线性特性，当过电压出现在压敏电阻的两极间时，压敏电阻可以将电压钳位到一个相对固定的电压值，从而实现对后级电路的保护。压敏电阻的主要参数有压敏电压、通流容量、结电容及响应时间等。

压敏电阻的响应时间为 ns 级，比空气放电管快，比 TVS 管稍慢一些，一般情况下用于电子电路的过电压保护时，其响应速度可以满足要求。压敏电阻的结电容一般在数百到数千纳法的数量级，在很多情况下不宜直接应用在高频信号线路的保护中。应用在交流电路的保护中时，因为其结电容较大，会增加漏电流，所以在设计保护电路时需要充分考虑。压敏电阻的通流容量较大，但比气体放电管小。

压敏电阻的压敏电压（U_B）、通流容量是电路设计时应重点考虑的。在直流回路中，应当有 U_B 为（1.8~2）U_{dc}。式中，U_{dc} 为回路中的直流工作电压。在交流回路中，应当有 U_B 为（2.2~2.5）U_{ac}。式中，U_{ac} 为回路中的交流工作电压。上述取值原则主要是为了保证压敏电阻在电源电路中应用时，有适当的安全裕度。在信号回路中时，应当有 U_B 为（1.2~1.5）U_{max}。式中，U_{max} 为信号回路的峰值电压。压敏电阻的通流容量应根据防雷电路的设计指标来定。一般而言，压敏电阻能够承受两次电流冲击而不损坏的通流值应大于防雷电路的设计通流量。

压敏电阻主要可用于直流电源、交流电源、低频信号线路、带馈电的天馈线路。压敏电阻的失效模式主要是短路，当通过的过电流太大时，也可能造成因阀片被炸裂而开路。压敏电阻使用寿命较短，经多次冲击后性能会下降。因此，由压敏电阻构成的防雷器长时间使用后存在维护及更换的问题。

3. 电压钳位型瞬态抑制二极管（TVS）

TVS 是一种限压保护器件。图 4.8 所示的是采用几种封装形式的 TVS 原理图。其作用与压敏电阻很类似。也是利用器件的非线性特性将过电压钳位到一个较低的电压值实现对后级电路的保护的。TVS 的主要参数有反向击穿电压、最大钳位电压、瞬间功率、结电容及响应时间等。

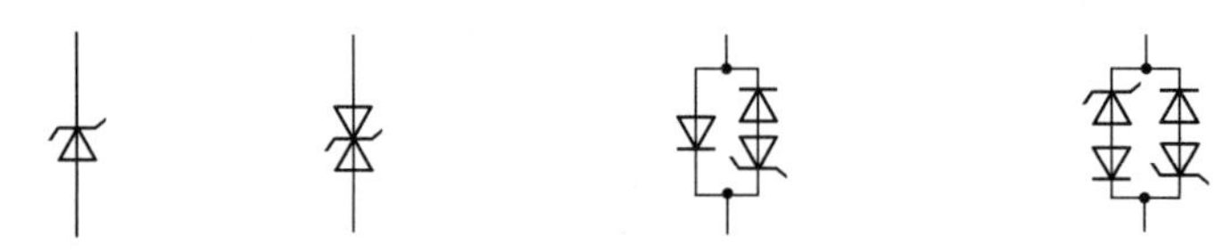

图 4.8　采用几种封装形式的 TVS 原理图

TVS 的响应时间可以达到 ps 级，是限压型浪涌保护器件中最快的。用于电子电路的过电压保护时，其响应速度都可满足要求。TVS 的结电容根据制造工艺的不同，大体可分为两种类型：高结电容型 TVS 的结电容一般在数百到数千纳法的数量级；低结电容型 TVS 的结电容一般在数皮法到数十皮法的数量级。一般分立式 TVS 的结电容都较高，表贴式 TVS 中两种类型都有。在高频信号线路的保护中，应主要选用低结电容的 TVS。

TVS 的非线性特性比压敏电阻好。当通过 TVS 的过电流增大时，TVS 的钳位电压上升速度比压敏电阻慢，因此可以获得比压敏电阻更理想的残压输出。在很多需要精细保护的电子电路中，应用 TVS 是比较好的选择。TVS 的通流容量在限压型浪涌保护器中是最小的，一般用于最末级的精细保护，因其通流量小，一般不用于交流电源线路的保护，直流电源的防雷电路使用 TVS 时，一般还需要与压敏电阻等通流容量大的器件配合使用。TVS 便于集成，很适合在单板上使用。

TVS 具有的另一个优点是可灵活选用单向或双向保护器件。在单极性的信号电路和直流电源电路中，选用单向 TVS 可以获得比压敏电阻低 50%以上的残压。

TVS 的反向击穿电压、通流容量是电路设计时应重点考虑的。在直流回路中，TVS 的反向击穿电压应当为（1.8~2）U_{dc}。式中，U_{dc}为回路中的直流工作电压。在信号回路中，TVS 的反向击穿电压应当为（1.2~1.5）U_{max}。式中，U_{max}为信号回路的峰值电压。

TVS 主要可用于直流电源、信号线路、天馈线路的防雷保护。TVS 的失效模式主要是短路。但当通过的过电流太大时，也可能造成因 TVS 被炸裂而开路的现象。TVS 的使用寿命相对较长。

图 4.9　TSS 的原理图符号

4. 电压开关型瞬态抑制二极管（TSS）

电压开关型瞬态抑制二极管与 TVS 相同，也是利用半导体工艺制成的限压保护器件。但其工作原理与气体放电管类似，而与压敏电阻和 TVS 不同。图 4.9 是 TSS 的原理图符号。当 TSS 两端的过电压超过 TSS 的击穿电压时，TSS 将把过电压钳位到比击穿电压更低的接近 0 V 的水平上。之后，TSS 持续这种短路状态，直到流过 TSS 的过电流降到临界值以下后，TSS 恢复开路状态。

TSS 在响应时间、结电容方面具有与 TVS 相同的特点，易于制成表贴器件，很适合在单板上使用。TSS 动作后，将过电压从击穿电压值附近下拉到接近 0 V 的水平。这时二极管的结压降低，所以用于信号电平较高的线路（如模拟用户线、ADSL 等）保护时通流量比 TVS 大，保护效果也比 TVS 好。TSS 适合于信号电平较高的信号线路的保护。

在使用 TSS 时需要注意的一个问题是：TSS 在过电压作用下被击穿后，当流过 TSS 的电流值下降到临界值以下后，TSS 才恢复开路状态，因此 TSS 在信号线路中使用时，信号线路的常态电流应小于 TSS 的临界恢复电流。

TSS 的击穿电压、通流容量是电路设计时应重点考虑的。在信号回路中时，TSS 的击穿电压应当为（1.2~1.5）U_{max}。式中，U_{max}为信号回路的峰值电压。

TSS 较多应用于信号线路的防雷保护。

TSS 的失效模式主要是短路。但当通过的过电流太大时，也可能造成 TSS 被炸裂而开路。TSS 的使用寿命相对较长。

5. 热敏电阻（PTC）

PTC 是一种限流保护器件。其电阻值可以随通过 PTC 电流的增大而发生急剧变化，一般串联于线上用做过流保护。当外部线缆引入过电流时，PTC 自身阻抗迅速增大，起到限流保护的作用。PTC 在信号线及电源线路上都有应用。PTC 反应速度较慢，一般在毫秒级以上，因此它的非线性电阻特性在雷击过电流通过时基本发挥不了作用，只能按它的常态电阻来估算它的限流作用。热敏电阻的作用更多体现在诸如电力线碰触等出现长时间过流保护的场合，常用于用户线路的保护中。PTC 失效时为开路。

目前，PTC 主要有高分子材料 PTC 和陶瓷 PTC 两种。其中陶瓷 PTC 的过电压耐受能力比高分子材料 PTC 的好。PTC 用于单板上防护电路的最前级时，采用陶瓷 PTC 较好。

6. 保险管、熔断器、空气开关

保险管、熔断器、空气开关都属于保护器件，设备内部出现短路、过流等故障的情况下，能够断开线路上的短路负载或过流负载，防止电气火灾及保证设备的安全特性。

保险管一般用于单板上的保护，熔断器、空气开关一般可用于整机的保护。下面简单介绍保险管的使用。

对于电源电路上由空气放电管、压敏电阻、TVS 组成的保护电路，必须配有保险管进行保护，以避免设备内的防护电路损坏后设备发生安全问题。用于电源防护电路的保险管宜设计在与防护器件串联的支路上，这样可防护器件发生损坏，保险管熔断后不会影响主路的供电。无馈电的信号线路和天馈线路的保护采用保险管的必要性不大。

保险管的特性主要有额定电流、额定电压等。

标注在熔丝上的电压额定值表示该熔丝在电压等于或小于其额定电压的电路中完全可以安全可靠地中断其额定的短路电流。电压额定值系列包括在 N. E. C 规定中，而且也是保险商实验室的一项要求，并作为防止火灾危险的保护措施。对于大多数小尺寸熔丝及微型熔丝，熔丝制造商们采用的标准电压额定值为 32 V、125 V、250 V、600 V。

在带有相对低的输出电源，且电路阻抗限制短路电流值小于熔丝电流额定值 10 倍的电子设备中，常见的做法是规定电压额定值为 125 V 或 250 V 的熔丝可用于 500 V 或更高电压的二次电路保护。

概括而言，熔丝可以在小于其额定电压的任何电压下使用而不损害其熔断特性。额定电流可以根据防护电路的通流量确定。防护电路中的保险管宜选用防爆型慢熔断保险管。慢速保险管也称为延时保险管，其延时特性表现在电路出现非故障脉冲电流时能保持完好且能对长时间的过载提供保护。普通的保险管是承受不了较大的浪涌电流的，需要进行浪涌保护的电路中，若使用的是普通保险管，恐怕就无法达到测试的要求；若使用更大规格的保险管，那么当电路过载时又得不到保护。延时保险管的熔体经特殊加工而成，具有吸收能量的作用，调整能量吸收量就能使它既可以抵挡住冲击电流又能对过载提供保护。相关标准对延时特性有规定。表 4-1是一些保险管额定值与能承受的浪涌电流值的实测值，仅供参考。

表 4-1　一些保险管额定值与能承受的浪涌电流值的实测值

保险管型号	SST1	SST2	SST5	SMP500	SMP1. 25
额定值/A	1	2	5	0. 5	1. 25
公称熔化	1. 2	5	38	1. 4	14
承受的浪涌电流峰值/A	300	580	1300	300	830

7. 电感、电阻、电容在浪涌保护中的作用

电感、电阻、电容、导线本身并不是保护器件，但在由多个不同保护器件组合构成的防护电路中，可以起到配合的作用。

在防护器件中，气体放电管的特点是通流量大，但响应时间慢、冲击击穿电压高；TVS 的通流量小，响应时间最快，电压钳位特性最好；压敏电阻的特性介于这两者之间，当一个防护电路要求整体通流量大，能够实现精细保护时，防护电路往往需要这几种防护器件配合起来实现比较理想的保护特性。但是这些防护器件不能简单地并联起来使用。例如，将通流量大的压敏电阻和通流量小的 TVS 直接并联，在过电流的作用下，TVS 会先发生损坏，无法发挥压敏电阻通流量大的优势。因此在几种防护器件配合使用的场合，往往需要电感、电阻、导线等在两种元件之间进行配合。下面对这几种元件分别进行介绍。

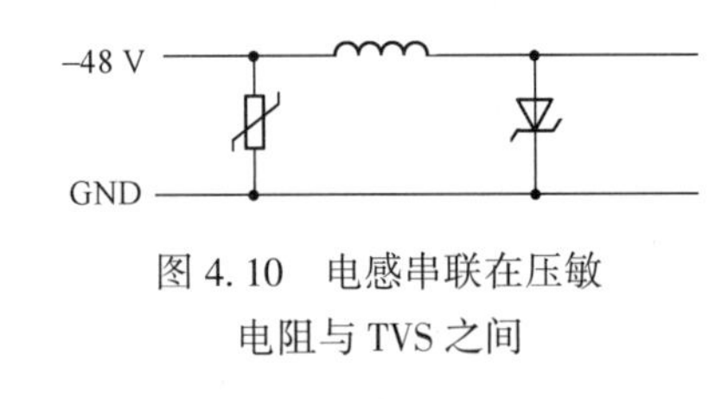

图 4. 10　电感串联在压敏电阻与 TVS 之间

电感：在串联式直流电源防护电路中，馈电线上不能有较大的压降，因此极间电路的配合可以采用空心电感，如图 4. 10 所示。

电感应起到的作用：防护电路达到设计通流量时（大于 TVS 的通流量），TVS 上的过电流不应达到 TVS 的最大通流量，因此电感需要提供足够的对雷击过电流的限流能力。

以图 4. 10 所示电路为例，空心电感的取值计算方法为：以 8/20 μs 冲击电流为准，测得在设计通流容量下压敏电阻的残压值 U_1。查 TVS 器件手册，得到 8/20 μs 冲击电流作用下 TVS 的最大通流量 I_1 及 TVS 最高钳位电压 U_2，8/20 μs 冲击电流的波头时间T_1 = 8 μs，视在半峰值时间 T_2 = 20 μs，则电感量的最小取值为：$L=(U_1-U_2)\cdot(T_2-T_1)/(I_1/2)$。式中，电压单位为 V，时间单位为 s，电流单位为 A，电感单位为 H。

在电源电路中，设计电感时应注意的问题：① 电感线圈应在设备处于最大工作电流时能够正常工作而不会过热；② 尽量使用空心电感，带磁芯的电感在过电流作用下会发生磁饱和，电路中的电感量只能以无磁芯时的电感量来计算。

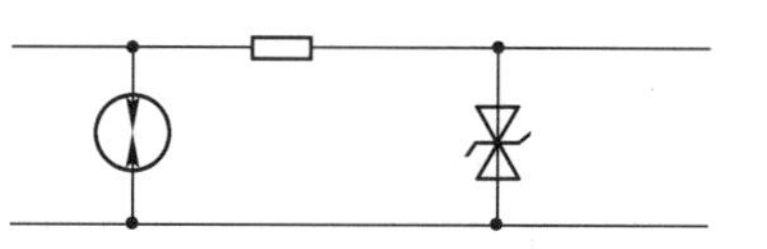

图4.11 电阻串联在气体放电管与TVS之间

电阻：在信号线路中，线路上串接的元件对高频信号的抑制要尽量少，因此极间配合可以采用电阻，如图4.11所示。

电阻应起到的作用与前述电感的作用基本相同。以图4.11为例，电阻的取值计算方法为：测得气体放电管的冲击击穿电压值为U_1，查TVS器件手册，得到TVS 8/20 μs冲击电流下的最大通流量为I_1及TVS最高钳位电压为U_2，则电阻的最小取值为$R=(U_1-U_2)/I_1$。

在信号线路中，使用电阻时应注意的几个问题：① 电阻的功率应足够大，避免在过电流作用下电阻发生损坏；② 尽量使用线性电阻，使电阻对正常信号传输的影响尽量小。

4.2 相关案例

4.2.1 案例33：由Hub引起的辐射发射超标

【现象描述】

某通信设备，采用机柜构架设计，进行辐射发射试验时，发现辐射超过限值线的要求。初始测试频谱图如图4.12所示。

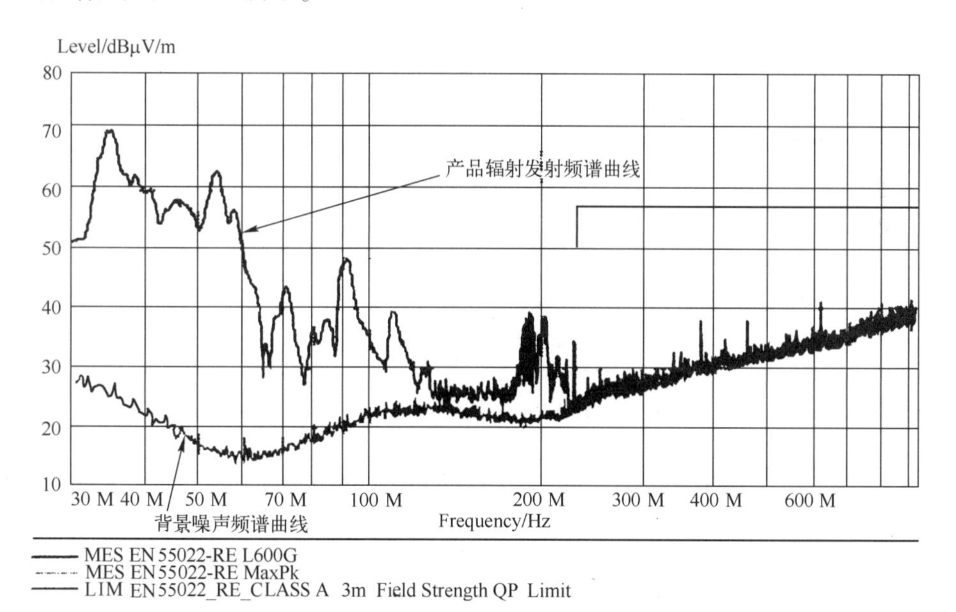

图4.12 初始测试频谱图

从图4.12中可以看到，30 MHz时开始出现大量的连续噪声，幅度较高，一直到100 MHz左右（图4.12中幅度较低的那条频谱曲线是背景噪声）。

【原因分析】

根据经验，低频段的超标很可能来自于电源线的辐射（因为电源的工作频率范围及电源线较长等），所以首先把辐射源定位为来自于电源模块。被测设备的供电是采用机顶电源盒配电，完成防雷、滤波、合路、监控，然后将电源分别接到三个子架上，每个子架的电源入口都有710 μH的共模电感。试着在电源线上再接一个滤波器进行测试，结果一点改善都没有。因此可断定，问题不在电源盒部分。审视整机供电结构，整机总共有三个子架需要供电，每个子架中的 PCB 种类各不一样，功耗也不同。由于分贝是一个相对值的单位，采用排除法虽不能完全确定辐射发射的强弱，但是也可以作为定位问题的参考。按表 4-2 依次关掉子架的电源来定位辐射源，从上到下依次给子架断电。

表 4-2　断电次序表

断 电 情 况	与最初测试结果相比
1 子架断电	几乎不变
1、2 子架断电	几乎不变
1、2、3 子架断电	几乎不变

直到最后一个子架断电后，低频段的测试结果几乎没有什么变化。原来在 2. 2 m 高的机柜底部还安装了一个 Hub（集线器），如图 4. 13 所示。Hub 的作用是将三个子架的信号连起来。将 Hub 的电源拔去后进行测试，低频段的辐射立即消失，频谱下降到与背景频谱接近。将所有子架再上电（Hub 仍然不供电），结果也很好。至此，可以断定辐射超标是由 Hub 引起的。

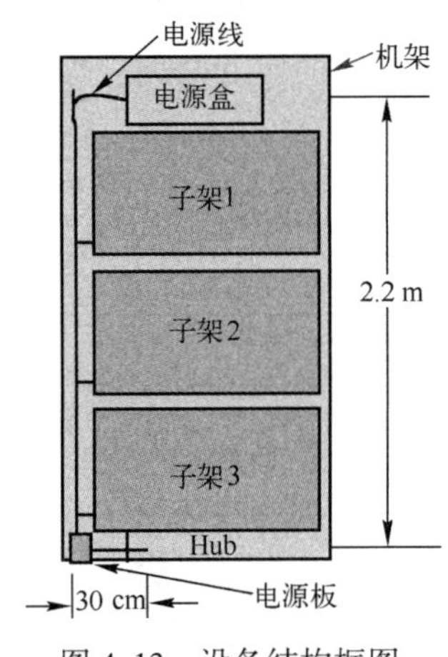

图 4. 13　设备结构框图

Hub 的电源要求是直流 7. 5～12 V。由于设备只有-48 V 直流电，产品为 Hub 设计了一个单独的 DC/DC 电源板。-48 V 电源从电源盒中引出，经过 2. 2 m 高的机柜到底部，接入 Hub 的电源板。Hub 电源板输出 10 V，向 Hub 供电。Hub 电源板至 Hub 的电源线长 30 cm。

为了进一步定位辐射源，分辨辐射主要是由 Hub 产生的还是由电源产生的，可用一线性电源（线性电源由于其线性工作特点，决定了其无辐射）暂时代替电源板（开关电源），再进行测试，结果如图 4. 14 所示。

从图 4. 14 可以看出，Hub 的辐射是符合要求的。可见，只要解决 Hub 电源板的辐射问题，就可以解决整个设备的辐射问题。观察电源板，电路很简单，如图 4. 15 所示。

DC/DC 模块是辐射发生源，-48 V 电源输入口上有一个 100 μH 的共模电感、两个 1500 pF的 Y 电容及一个 0. 22 μF 的差模电容。输出级没有滤波，Hub 电源板输出级到 Hub 有一根 30 cm 的普通电源线，只要拔掉这段电源线，测试结果就能满足要求，如图 4. 16 所示。

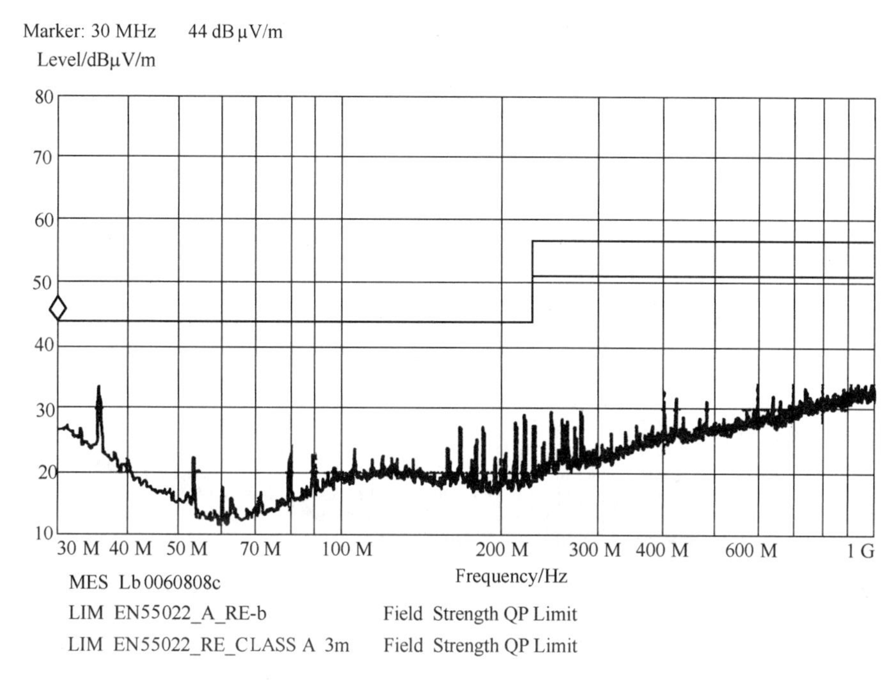

图 4.14　线性电源代替开关电源后的测试频谱图

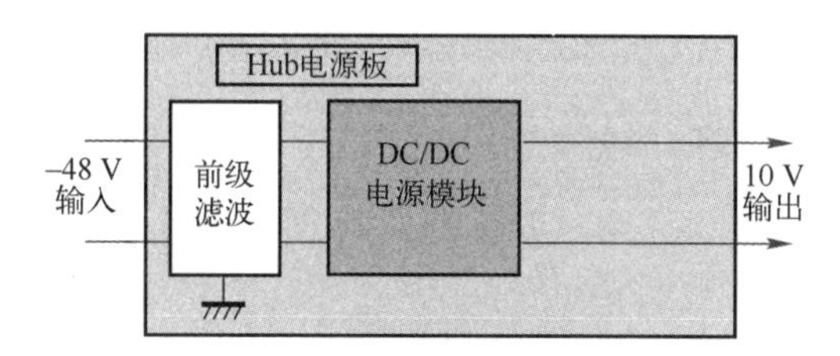

图 4.15　电源板原理框图

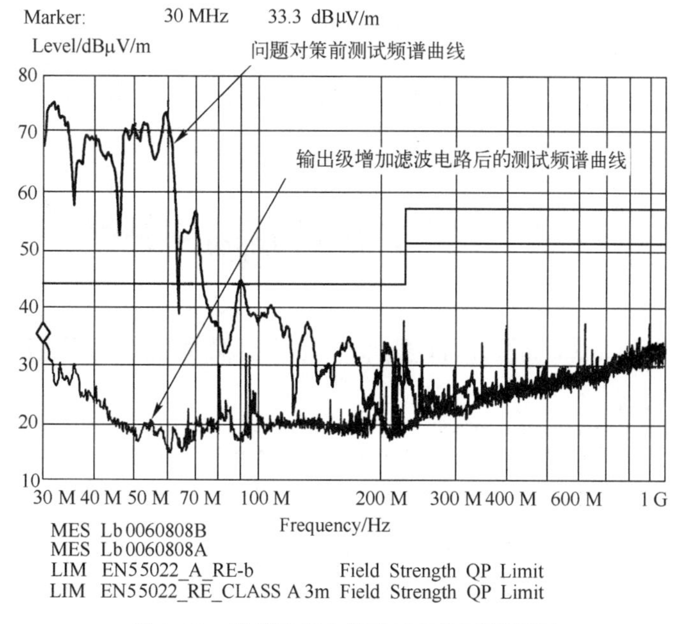

图 4.16　拔掉输出电源线后的测试频谱图

在测试中发现，一旦插上这段 30 cm 长的电源线，即使不接 Hub，DC/DC 电源无负载，终端悬空，发射也相当大，如图 4.17 所示。

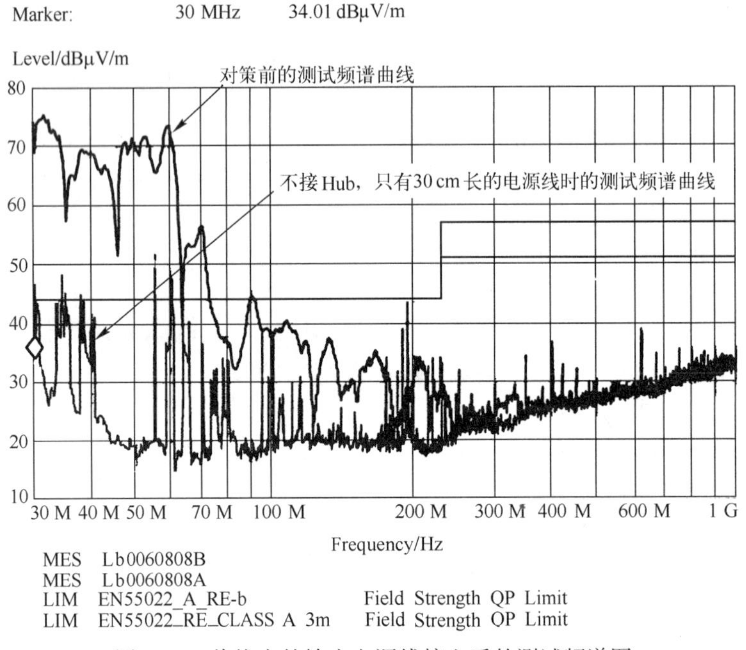

图 4.17　将拔去的输出电源线接上后的测试频谱图

测试中，在输出级套上磁环（绕两圈）后再进行测试，结果如图 4.18 所示。

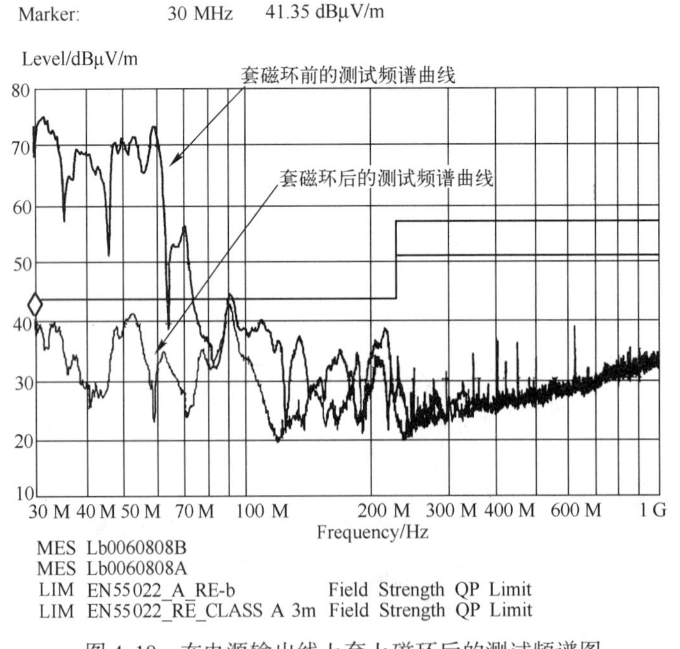

图 4.18　在电源输出线上套上磁环后的测试频谱图

以上测试结果可见，那段没有任何处理的 30 cm 长的输出电源线是辐射形成的天线，电源板中的开关电源是噪声源。很显然，只要对电源板的电源输出口做好噪声的滤波与抑制，就能解决辐射发射的问题。从效果上看，铁氧体磁环当然是一种很好的选择，同时铁氧体磁环的应用灵活性给定位 EMC 问题带来一定的方便，但是由于铁氧体磁环只是问题定位过程中的临时措施，在本案例的产品机柜中会出现安装与固定问题，因此它需要被其他具体电路所代替，如 LC 滤波。更改后的原理图框图如图 4.19 所示。

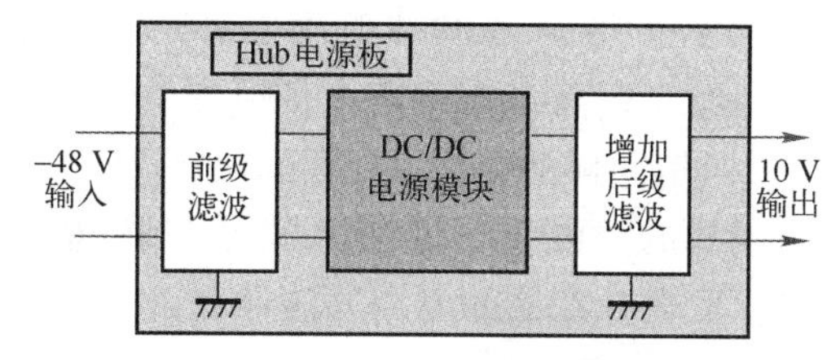

图 4.19　更改后的原理图框图

【处理措施】

按以上分析结果增加输出电源口的滤波，如图 4.20 所示，即1.3 mH的共模电感、一个 100 nF 的 X 电容（C_X），两个 2200 pF 的 Y 电容（C_{Y_1}，C_{Y_2}），并保证 Y 电容的接地良好（这一点很重要）。经过改板，落实以上措施后，辐射发射测试结果在限值线以下，而且低段有 10 dB 以上的裕量。

【思考与启示】

（1）良好的接地是抑制共模噪声的重要手段。

（2）不仅电源的输入口需要滤波，电源的输出口也需要滤波。因为共模噪声会通过寄生电容以容性耦合的方式传向输出电路，同时输出电路中的二极管也是产生噪声的源头。

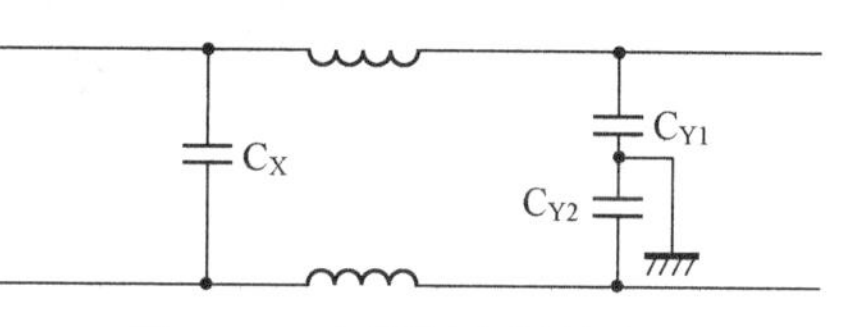

图 4.20　电源板电源输出口增加的滤波电路

（3）在某些情况下，磁环相当于一个简易的滤波器，在 EMC 问题（如辐射发射、传导骚扰、EFT/B、ESD）定位过程中，合理使用磁环可以帮助找出一些 EMC 问题的根源，当然它也可以与其他电路一样，作为抑制噪声的手段，直接设计在产品中。

4.2.2　案例 34：电源滤波器的安装与传导骚扰

【现象描述】

某家用电器产品 A 交流电源端口的传导骚扰测试结果频谱图如图 4.21 所示。

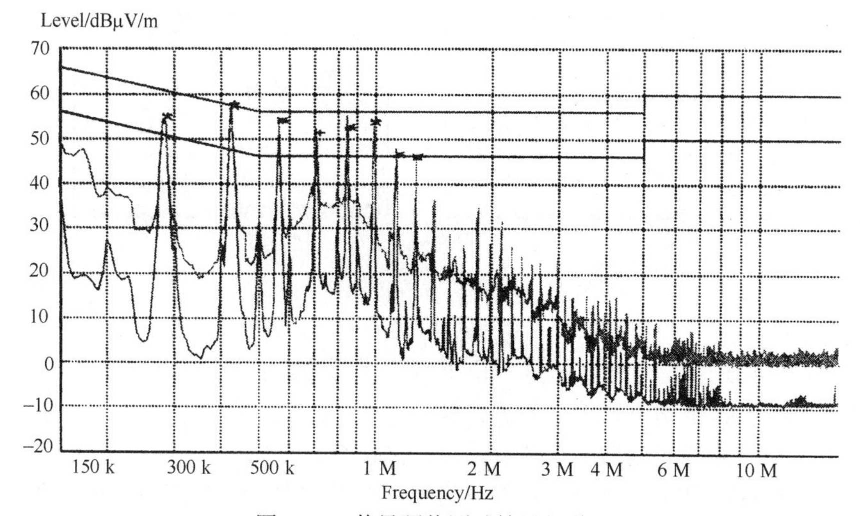

图 4.21　传导骚扰测试结果频谱图

由图 4.21 可见，该产品电源端口的传导骚扰不能通过 CLASS B 限值的要求。测试中还发现，更换有着不同插入损耗的滤波器对结果影响不大。

【原因分析】

怀疑是滤波器接地不良导致的滤波器滤波效果变差。于是把机箱放在接地平面上，滤波器电源用短线直接接地，结果仍然没有改善。怀疑滤波器性能指标因不能满足电源本身传导骚扰水平而导致超标，但是同样的电源在另一同类产品 B 中应用时，能顺利通过传导骚扰测试，并且采用的是同样的滤波器。说明滤波器和该电源配合本身可以满足传导骚扰测试要求。对比 A 和 B，发现 B 产品的电源滤波器和 A 产品的电源滤波器安装位置不同。B 产品中的电源滤波器安装在电源下面，而 A 产品中的电源滤波器安装在电源上方，如图 4.22 所示。

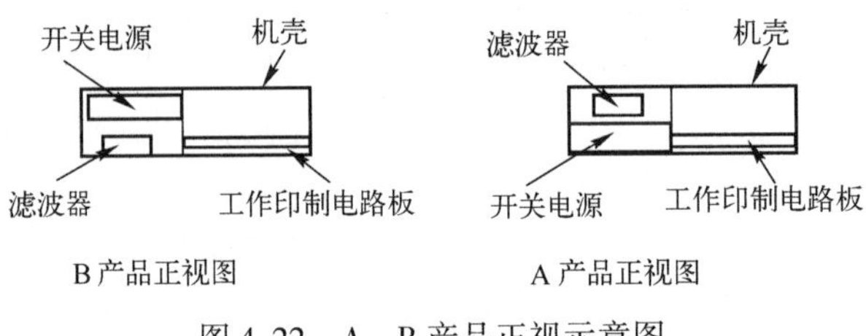

图 4.22　A、B 产品正视示意图

对于开关电源中产生噪声的原因已在其他案例（如案例 9）中有所描述，这里不再赘述。

至于 AC/DC 电源的结构特点，注意到产品中应用的 AC/DC 电源模块的外壳（兼散热器）三面均将此电源中的 PCB 包围在其中，只有侧面没有封闭，露出 PCB 的器件（电容、线圈等）。从安装特点看，也许是开关电源上的器件离滤波器及其输入/输出线太近，导致开关电源中的噪声与滤波器及其输入/输出线之间存在较大的耦合。B 产品的电源滤波器安装在开关电源模块下面，底板可使滤波器与开关电源有良好的隔离，使容性耦合和感性耦合较小，而 A 产品的电源滤波器电源滤波器在开关电源上方，没有隔离，两者之间耦合较大，如图 4.23 所示，经过滤波器的电源输入线又被开关电源中的噪声耦合。

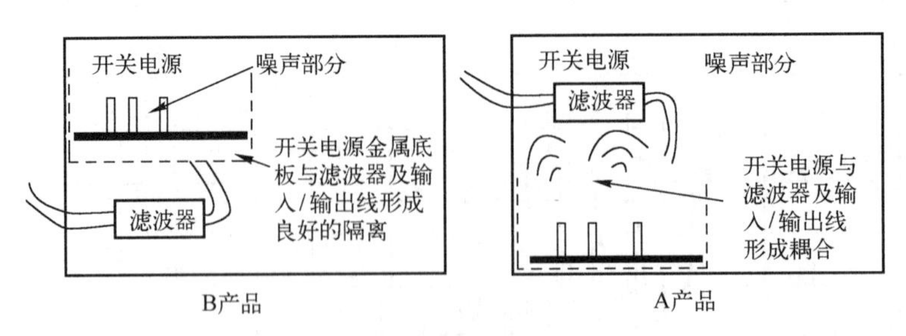

图 4.23　A、B 产品噪声耦合示意图

以上是根据理论进行的分析，将采用以下方法进行验证：

（1）取下滤波器，拿到机壳外（远离开关电源），放在参考接地平板上，以便很好地接地，则可以通过传导骚扰的测试，且裕量较大。测试结果如图 4.24 所示。

（2）在开关电源与电源滤波器的上下空间中用导电铜箔进行隔离后再进行测试，结果如

图4.25所示。

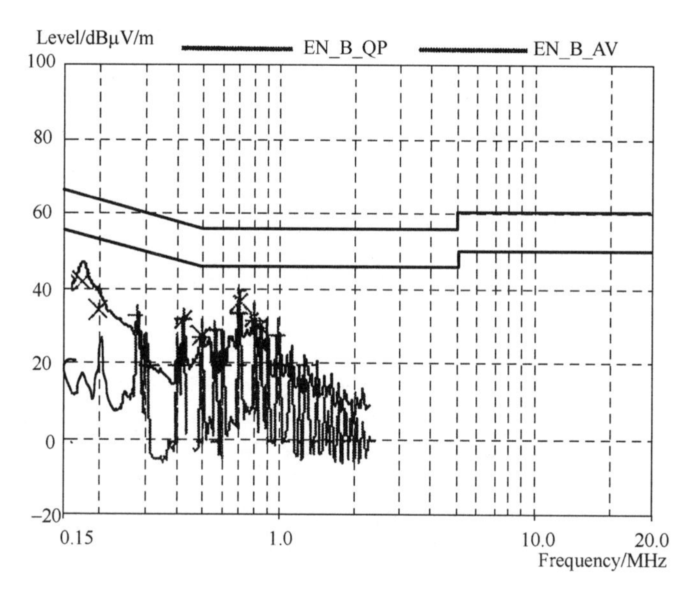

图4.24　将滤波器拿出机箱后的测试结果

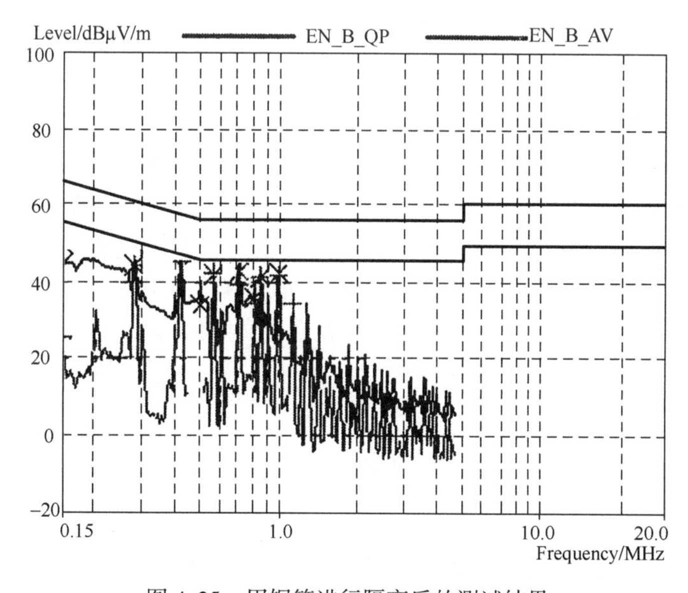

图4.25　用铜箔进行隔离后的测试结果

可见，滤波器与电源之间距离过近，而且没有很好的隔离是导致传导骚扰测试超标的原因。

另外还有一种滤波器失效的情况，虽然在本案例中没有出现，但是也是工程应用中常见的问题，与如图4.26所示的接地阻抗过高导致滤波器失效的原理一样。当存在接地阻抗时（如滤波器通过连接一条长导线或长而窄的印制线接地时），高频噪声会经这条阻抗路径通过滤波器，使滤波器失效。所以，滤波器应该通过低阻抗的点或面连接到地层。高频滤波器的引线应该尽可能地短，滤波器中的电容最好也采用低寄生电感的陶瓷电容。

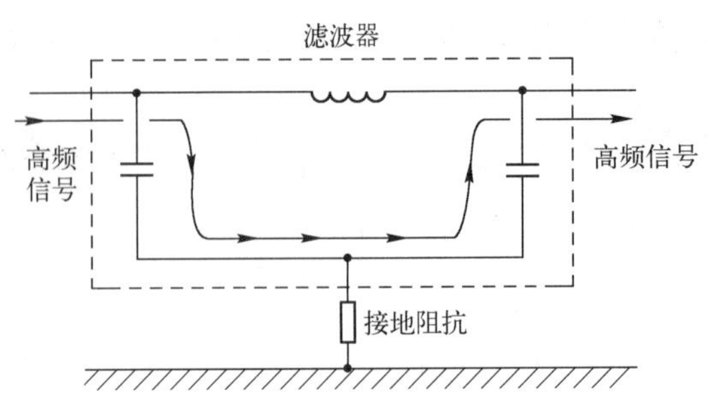

图 4.26　接地阻抗过高导致滤波器失效

【处理措施】

综上所述，滤波器与电源之间距离过近，而且没有很好地进行隔离是导致传导骚扰测试超标的原因，所以解决这一问题的基本方法就是在滤波器和电源模块之间进行良好的隔离。其具体方法有以下两种。

① 按照 B 产品结构设计，把滤波器放置于电源下方，依靠电源底板隔离。

② 在电源顶面加金属外罩，考虑散热可以加一些孔，也同样可以形成良好的隔离。

【思考与启示】

（1）良好的电源 EMC 设计，不仅要选择滤波效果良好的滤波器，做好滤波器输入、输出之间的良好隔离更为重要。

（2）对于滤波器，还有一点很重要，即阻抗问题。滤波器的工作原理是在射频电磁波的传输路径上形成很大的不连续特性阻抗，以将射频电磁波中的大部分能量反射回源处。大多数滤波器的性能是在源和负载阻抗均为 50 Ω 的条件下测得的，这就使滤波器的性能在实际情况下不可能达到最佳。滤波器参数是在 50 Ω 的源和负载阻抗的测试环境下获得的，因为大多数射频测试设备均采用 50 Ω 的源、负载及电缆。这种方法获得的滤波器性能参数是最优化的，同时也是最具有误导性的。因为滤波器是由电感和电容组成的，因此这是一个谐振电路，其性能和谐振主要取决于源端及负载端的阻抗。事实上，一只价格昂贵且 50/50 Ω 性能优秀的滤波器可能在实际中的性能还不如一只价格较低且 50/50 Ω 性能较差的滤波器好。

4.2.3　案例 35：输出端口的滤波影响输入端口的传导骚扰

【现象描述】

某 AC/DC 开关电源，大致结构如图 4.27 所示。其右侧为 220 V 交流电源输入端，左侧是直流电源输出端，两侧通过 1 m 以上长度的电源线连接。

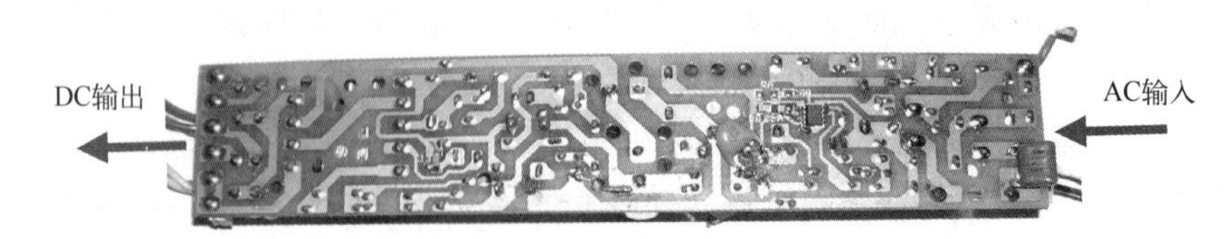

图 4.27　AC/DC 开关电源结构图

该电流交流电源输入端口的传导骚扰测试结果频谱图如图 4.28 所示。

由图 4.28 可见，该结果不能通过 CLASS B 限值的要求。

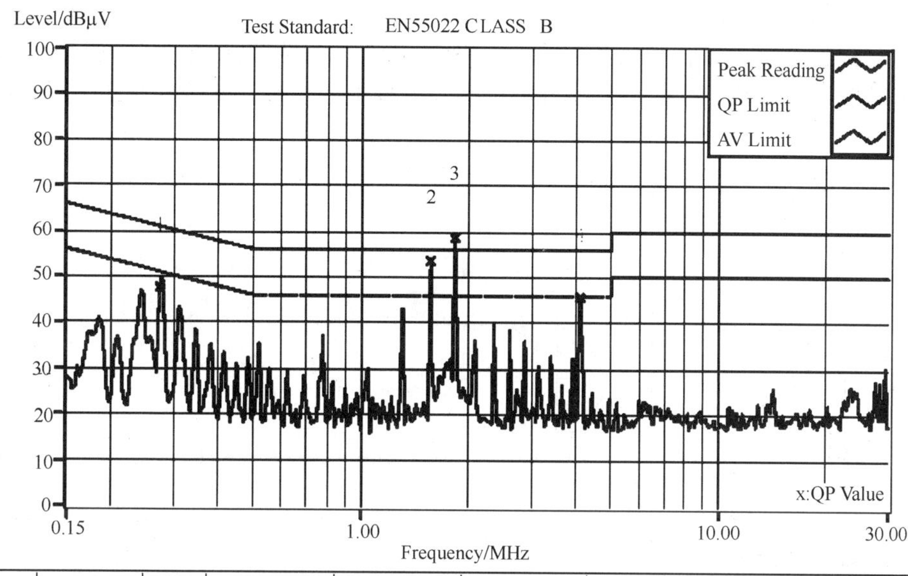

	Frequency	Corr. Factor	Reading dBμV		Emission dBμV		Limit dBμV		Margins dB		Notes
No.	MHz	dB	QP	AV	QP	AV	QP	AV	QP	AV	
1	0.27518	0.78	47.14	47.70	47.92	48.48	60.96	50.96	−13.04	−2.48	
2X	1.55755	0.55	52.95	53.81	53.50	54.36	56.00	46.00	−2.50	8.36	
+3X	1.81994	0.58	57.84	58.59	58.42	59.17	56.00	46.00	2.42	13.17	
4X	4.07131	0.66	44.85	45.45	45.51	46.11	56.00	46.00	−10.49	0.11	

图 4.28　传导骚扰测试结果频谱图

【原因分析】

根据电源端口传导骚扰的测试原理（关于电源端口传导骚扰测试的原理在案例 3 中有较详细的描述），通过 LISN 中电流的大小直接影响测试结果的大小，要使被测设备得到较小的测试值，就必须控制流过 LISN 中的电流。

开关电源主要的电磁骚扰源是开关器件、二极管和非线性无源元件。开关电路产生的电磁骚扰是开关电源的主要骚扰源之一。开关电路是开关电源的核心，主要由开关管和高频变压器组成。它产生的 du/dt 是具有较大幅度的脉冲，频带较宽且谐波丰富。这种脉冲骚扰产生的主要原因如下。

（1）开关管负载为高频变压器初级线圈，是感性负载。在开关管导通瞬间，初级线圈产生很大的涌流，并在初级线圈的两端出现较高的浪涌尖峰电压；在开关管断开瞬间，由于初级线圈的漏磁通，致使一部分能量没有从一次线圈传输到二次线圈，储藏在电感中的这部分能量将与集电极电路中的电容、电阻形成带有尖峰的衰减振荡，叠加在关断电压上，形成关断电压尖峰。这种电源电压中断会产生与初级线圈接通时一样的磁化冲击电流瞬变。这个噪声会传导到输入、输出端形成传导骚扰，重者有可能击穿开关管。

（2）脉冲变压器初级线圈、开关管和滤波电容构成的高频开关电流环路可能会产生较大的空间辐射，形成辐射骚扰。如果电容滤波容量不足或高频特性不好，则电容上的高频阻抗会使高频电流以差模方式传导到交流电源中形成传导骚扰，再通过耦合的方式转化为共模的传导骚扰。

另外，整流二极管与续流二极管电路产生的电磁骚扰也不容忽视。虽然在主电路中，整

流二极管产生的反向恢复电流的 $|di/dt|$ 远比续流二极管反向恢复电流的 $|di/dt|$ 小得多，但是作为电磁骚扰源来研究，整流二极管反向恢复电流形成的骚扰强度已经足够大，且频带宽。还有，整流二极管产生的电压跳变也远小于电源中的功率开关管导通和关断时产生的电压跳变。

本案例产品的电源部分电路原理图如图 4.29 所示。

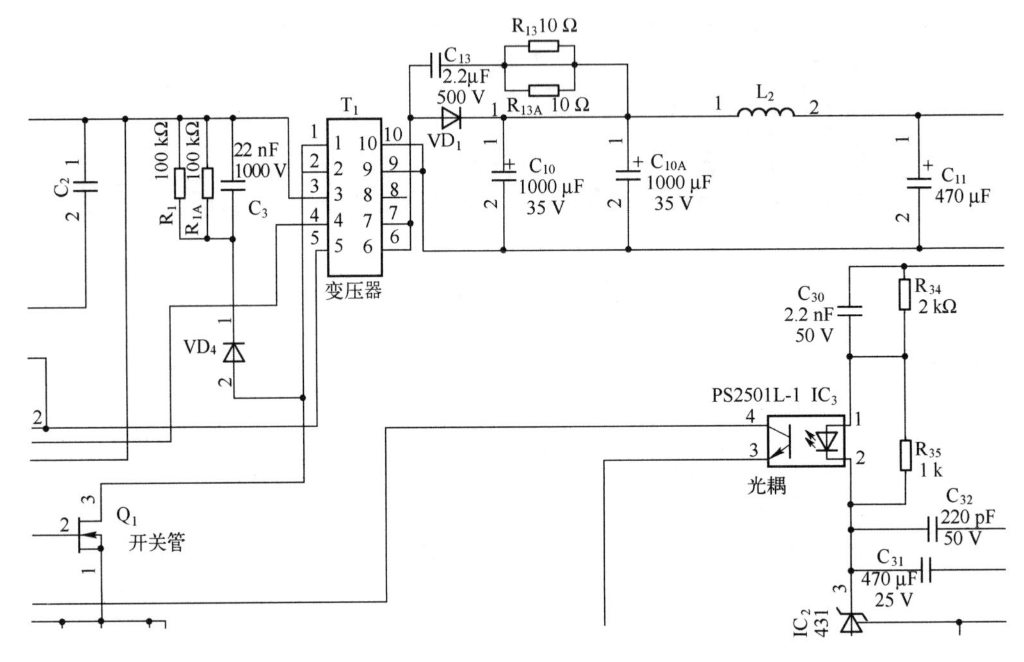

图 4.29　电源部分电路原理图

续流二极管已有 RC 抑制电路。开关管两端由于考虑到效率问题没有采用 RC 电路。变压器也没有采用屏蔽设计。在实际测试中发现，改变或增加电源输入端口的滤波器件对测试结果基本没有影响，而只要在输出端口上串联一个 150 μH 以上的电感就能使测试通过。

结合传导骚扰的测试原理与开关电源中共模骚扰传输、耦合的原理，开关电源的电源输出部分（包括输出电源线）也对输入端口的传导骚扰有很重要的影响。开关电源的电源输出部分（包括输出电源线）对输入端口的传导骚扰有很重要的影响，其原理如图 4.30 所示。

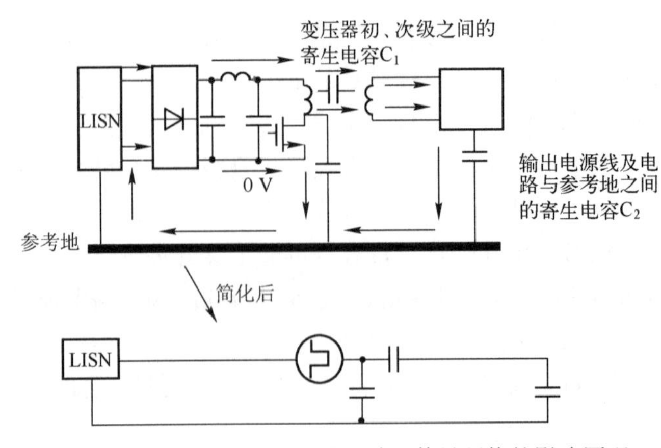

图 4.30　开关电源输出对输入端口传导骚扰的影响原理

根据图 4.30，由于变压器初、次级线圈间的寄生电容（未屏蔽的中等功率电源变压器初、次级线圈间的寄生电容为 100~1000 pF）及输出电源线与参考地之间的寄生电容 C_2 的存在（每米 50 pF），给了传导骚扰一个传输的通道。图中箭头表示传导骚扰的传输路径与方向。可见通过输出电源线与参考地之间寄生电容 C_2 传输的骚扰也将通过 LISN，即对测试结果产生影响。测试中，在输出端口上串联的共模电感抑制了通向 C_2 的共模骚扰电流，从而减小了测试值。

进一步分析可以发现，在这种情况下，输出端口与“0 V”之间增加一个大小合适的电容 C_3 可以旁路一部分骚扰，使骚扰流向“0 V”，从而减小流过 C_2 的骚扰电流，也就是减小流过 LISN 的电流。其原理如图 4.31 所示。

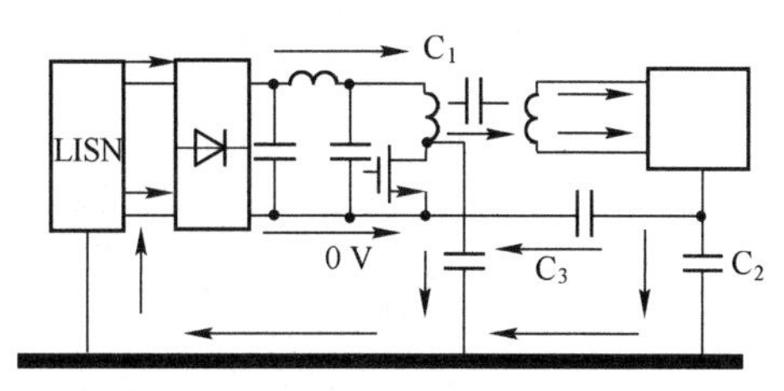

图 4.31　输出端口与“0 V”之间的电容对输入口传导骚扰的影响

使用带有屏蔽层的变压器对抑制主开关管产生的共模骚扰也有帮助（对续流二极管产生的骚扰几乎没有影响）。其原理如图 4.32 所示。

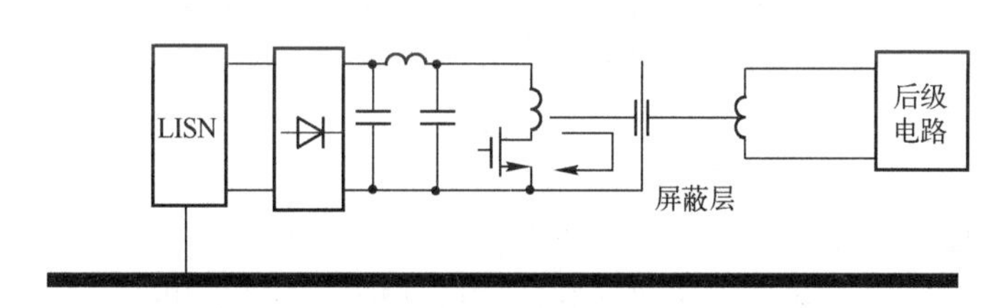

图 4.32　变压器屏蔽层对输入端口传导骚扰的原理

通过以上分析可见，对于开关电源来说，其输出端口滤波对输入端口传导骚扰结果有很大的影响。

【处理措施】

(1) 在电源的输出端口上串联一个 150 μH 的共模电感。

(2) 在输出端口与“0 V”之间跨接一个值为 2.2 nF 的电容，也可以使测试通过。

(3) 在此案例的对策测试中，由于无法当场绕制带屏蔽的变压器，所以没有尝试这种方法，但通过对问题的分析看也有可能对测试结果产生较积极的影响。加共模电感的方法仅作为解决此问题的一种参考方式。

【思考与启示】

(1) 在开关电源的设计中，如果由于某些原因不能使变压器屏蔽，且骚扰源（开关器件）抑制也做得不是很好的情况下，建议加强输出通道的滤波。

(2) 对于传导骚扰问题的分析与定位，经常会有一种误解：既然是电源输入端口传导骚扰通不过，那应该从电源输入端口着手解决，与电源的输出端口无关。看来问题并不是想象中的那样，分析 EMC 问题要从整体的角度去考虑，特别是在频率较高的场合，耦合通道千变万化，系统分析才能找到问题的根源。

4.2.4 案例 36：共模电感应用得当，辐射、传导抗扰度测试问题解决

【现象描述】

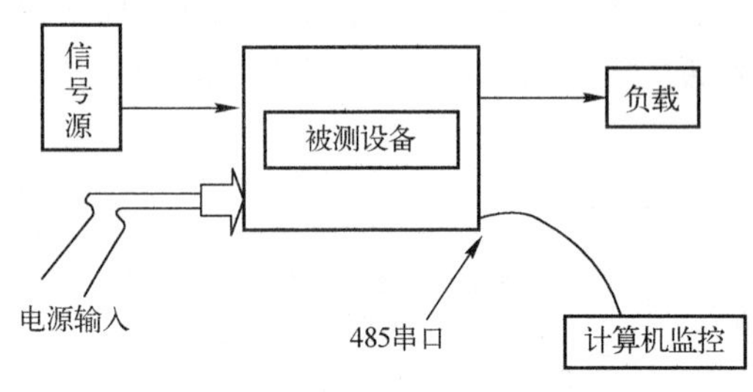

图 4.33 抗扰度测试配置图

某产品，有 RF（射频）功率放大功能。测试时，由信号源输出到该产品的信号大小为 0 dBm，经过该产品放大后，输出为 43 dBm，并用固定衰减器负载吸收。计算机通过 485 串行口对被测设备进行配置和监控，同时上报工作状态是否正常。测试配置如图 4.33 所示。产品在进行电源口传导抗扰度测试及壳体辐射抗扰度测试时的测试等级分别为 3 V 和 3 V/m。测试中，被测设备出现异常时的干扰信号频率比较随机。在整个测试过程中，监控的计算机会显示出现七八次异常，不能明显判断干扰频点。

【原因分析】

由于进行电源线传导抗扰度测试时出现监控信息异常，所以先从电源线和监控线的隔离进行对策。实际模块中的对外接口包括射频信号输入接口和输出接口。配置监控线、电源线都是通过一个连接器出入的。射频线均为同轴电缆，485 信号的监控线为普通双绞线，电源线为普通电源线。在模块内部，电源线和监控线有一段平行布线，大概有 30 cm，然后各自分配到电源板和监控板。为了排除线间耦合的因素，首先把模块内外的监控线通过裹铜箔并在连接器处接地处理。重新测试，无明显改善，上报异常还是依然出现。之后，模块内外的监控线都改成屏蔽双绞线，并在连接器处进行接地处理，测试结果有些改善，但是上报异常还是出现。

怀疑是模块内部电源线和监控线的平行布线距离过长，于是在模块内部更换布线方式。更换布线方式后的设备内部结构示意图如图 4.34 所示。

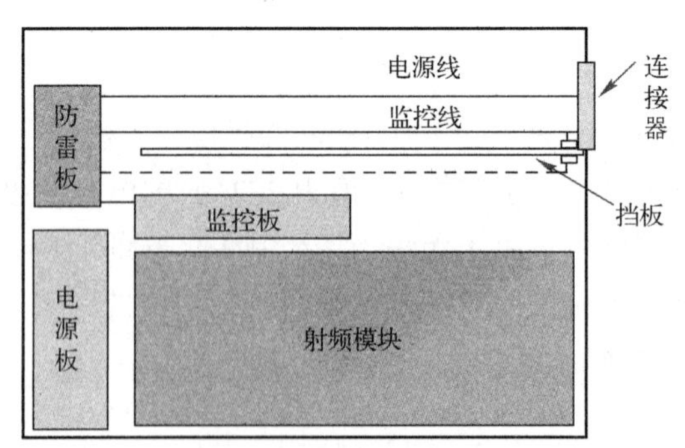

图 4.34 更换布线方式后的设备内部结构示意图

电源线和监控线在平行布线后都连到防雷板，再从防雷板分别接到电源板和监控板，怀疑电源线和监控线平行布线过长引起的电源口传导抗扰度测试出现异常。更改了布线，图 4.34中虚线是更改后的监控线布线位置。监控线在挡板下布线，靠挡板来增加隔离距离。更改布线后，重新测试，并没有多大改善，仍然会出现监控信息上报异常，证明仅靠增加电源线和监控线的隔离作用并不是很明显。准备从电路上想办法。485 监控电路分 TX 和 RX 两部分，监控信息上报的是 TX 部分。查看电路图，如图 4.35 所示。

485电路中，TX部分有两路并联，靠继电器选择进行备份。差分线上有双向保护器件，还串有匹配电阻。实际测试中，在如图4.35所示位置加滤波电容 C_1、C_2，电容值为0.1 μF，重新测试后，效果明显改善。每次传导抗扰度测试中只有2~3次监控信息上报异常。之后，加大电容量，在相同的位置处并联0.1 μF的电容，再次测试后，发现通信出现中断，原因是电容量被加大后，对信号的传输质量影响过大。该模块485通信信号频率为10 kHz。

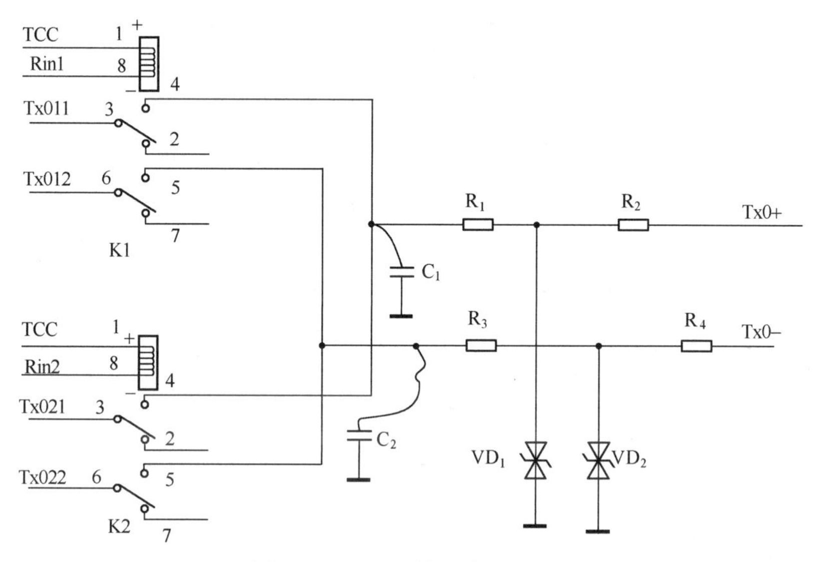

图4.35 485监控电路原理图

虽然电容有效果，但是电容会影响信号质量。那么能不能选择合适的电感呢？

共模电感中是两个线圈绕在同一铁芯上，匝数和相位都相同（绕制反向）。这样，当电路中的正常电流流经共模电感时，电流在同相位绕制的电感线圈中产生反向的磁场而相互抵消。此时，正常信号电流主要受线圈电阻的影响（和少量因漏感造成的阻尼）；当有共模电流流经线圈时，由于共模电流的同向性，会在线圈内产生同向的磁场而增大线圈的感抗，使线圈表现为高阻抗，产生较强的阻尼效果，以此衰减共模电流，达到共模滤波的目的。理想共模电感对差模信号产生的效果为零。实际应用的共模电感由于漏感的存在，对差分信号会有一定的影响，但是远小于电容。

实际测试中，选取了一个电感量为0.5 μH、额定电流为3 A的共模电感，在安装电容的位置重新串联在485信号线中，并重新测试，无任何异常现象出现，反复测试也无异常现象出现。之后，又进行了辐射抗扰度测试，测试中也无任何异常现象出现。

【处理措施】

在485信号线上串联共模电感。

【思考与启示】

(1) 对于传输距离较长或与电源线等易受侵袭的线有平行布线的差分信号线上，建议串上共模电感进行共模抑制，以增强共模抗干扰能力。

(2) 电感与电容都是滤波抑制器件，但特性各有不同，如何选用及配合取决于由电感与电容组成的LC电路两端的阻抗，即源阻抗与负载阻抗。总之：电感总是与低阻抗部分串联，电容总是与高阻抗部分并联，实现阻抗失配。

4.2.5　案例37：电源差模滤波的设计

【现象描述】

某DC/DC非隔离电源产品原理图如图4.36所示，图中IC是主电源芯片。

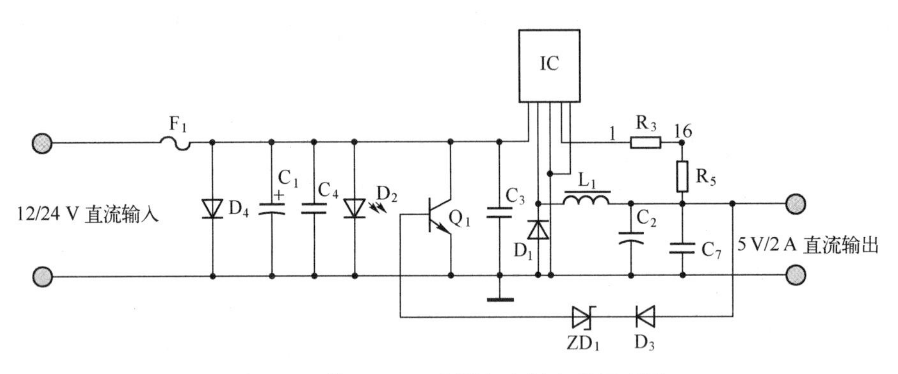

图4.36　某DC/DC非隔离电源产品原理图

该电源产品的电源输入端口的传导骚扰频谱图如图4.37所示。

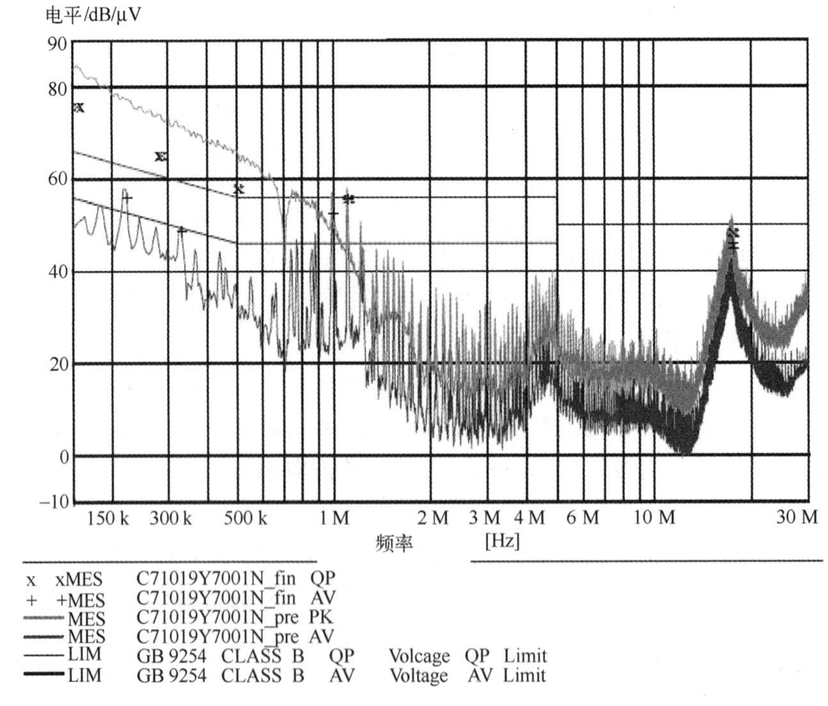

图4.37　该电源产品的电源输入端口的传导骚扰频谱图

从频谱的间隔规律可以明显看到，该开关电源的开关频率约为50 kHz，电源端口传导骚扰的平均值在150 kHz处超过标准限值线将近12 dB 。另外从图4.36所示的原理图中也可以看到，该电源产品的电源输入端口无任何滤波器件。

【原因分析】

为了让产品的测试能够通过，需要在该产品的电源入口处设计一滤波电路，以对传导骚扰进行衰减，使产品满足电源端口传导骚扰测试的要求。滤波分为差模滤波和共模滤波，差模滤波主要是对电源输入线之间的传导骚扰（对于本产品，就是电源输入的正与负之间），共模滤波主要是针对电源线与参考接地板（传导骚扰测试时的参考接地板）之间的传导骚扰。对于本产品来讲，个体非常小（约 1 cm×4 cm），也就是说产品本身与参考地之间的寄生电容（传导骚扰测试配置下）非常小，对于一个工作电压小于 24 V、开关频率为 50 kHz 左右的开关电源，只要产品本身与参考地之间的寄生电容小于 1 pF（意味着共模传导骚扰路径阻抗在 150 kHz 时，大于 1 MΩ），基本上不会发生低频段的共模传导骚扰问题。因此，该电源产品的滤波主要在于差模滤波。

对于开关电源的差模传导骚扰，主要是电路中的 d*i*/d*t* 回路造成的，对于本案例中的产品就是器件 IC 在进行开关时，会在电源输入线上产生一个 d*i*/d*t* 的周期电流信号，如果产品中的储能电容（本案例为图 4. 36 中的 C_1）是理想电容，那么由于电容两端的电压不能突变，只要该电容选择得足够大，该电容就会将其两端的电压控制在不变的状态了，即对于电源输入端口来说，没有传导骚扰产生。但是作为储能电容的电解电容总是存在 ESR（等效串联电阻）和 ESL（等效串联电感），当 d*i*/d*t* 周期电流信号经过储能电容时，电容两端就会因为 ESL 和 ESR（低频 150 kHz 下主要是 ESR 影响）产生电压降，在没有滤波电路的情况下，这个电压降就是电源端口的差模传导骚扰，它通过 LISN 把数据传导到接收机。图 4. 38 表达出了这种差模传导骚扰产生的原理及频率与幅度之间的关系。图 4. 39 所示的是没有差模滤波电路的开关电源传导骚扰测试等效电路图。

对于需要设计的滤波电路来说，图 4. 38（d）所示的骚扰即为所需滤波的骚扰源。

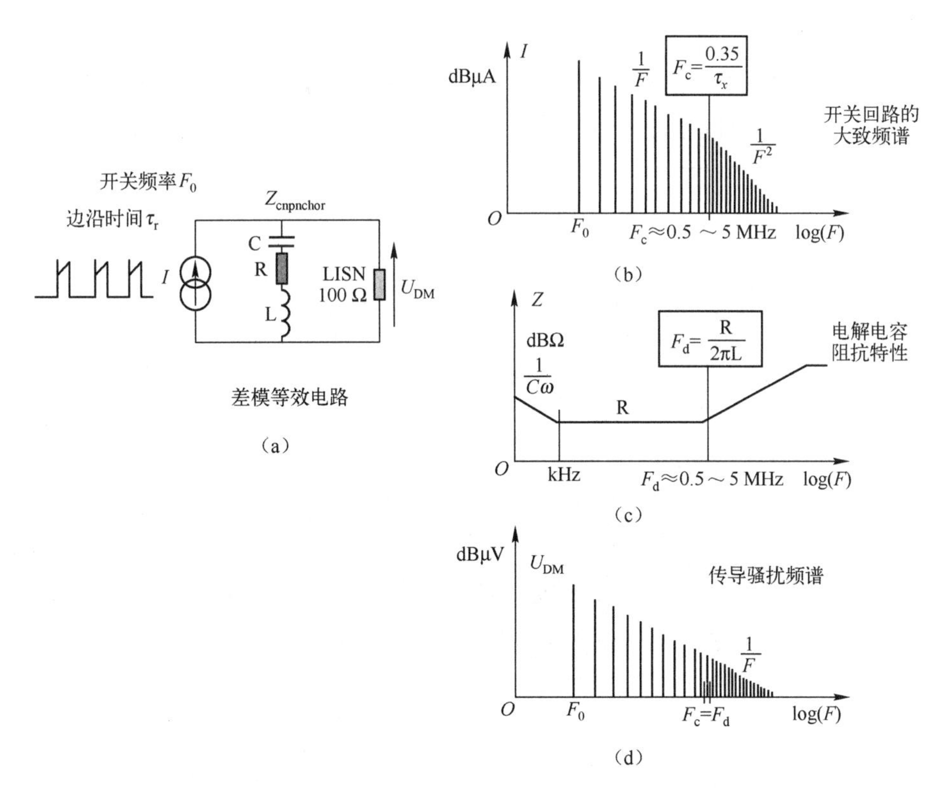

图 4. 38　差模传导骚扰产生的原理及频率与幅度之间的关系

图 4.39　没有差模滤波电路的开关电源传导骚扰测试等效电路图

滤波是利用阻抗失配的原理来进行的，即滤波的工作原理是在射频电磁波的传输路径上形成很大的特性阻抗不连续，将射频电磁波中的大部分能量反射回原处（如果滤波器中还存在耗能性元件，如磁珠、电阻，还将产生损耗，将电磁波的能量转化为热能而散发掉）。当滤波器的输出阻抗 Z_o 和与它端接的负载阻抗 R_L 不相等时，在这个端口上会产生反射。反射系数定义为 $\rho=(Z_o-R_L)/(Z_o+R_L)$，Z_o 与 R_L 相差越大，ρ 就越大，端口产生的反射也就越大。对被控制的干扰信号，当滤波器两端阻抗都处于失配状态时，干扰信号会在它的输入和输出端口产生很强的反射。如单个电容的滤波器并联在高输入阻抗电路的端口时，能取得较好的滤波效果，而并联在低输入阻抗电路的端口时，却不能取得较好的滤波效果；单个电感的滤波器串联在低输入阻抗电路的端口时，能取得较好的滤波效果，而串联在高输入阻抗电路的端口时，却不能取得较好的滤波效果。因此在设计滤波电路之前，必须确认好滤波器两端的阻抗，即传导骚扰源的源阻抗 Z_S 和传导骚扰测量设备 LISN 的阻抗，即负载阻抗 Z_L。

对于处在传导骚扰测试环境中的滤波电路来讲，滤波器源端阻抗为传导骚扰源的源阻抗 Z_S，它的大小取决于开关电源中电解电容的 ESL 和 ESR（低频时主要是 ESR，毫欧级）。滤波器负载端阻抗为 LISN，接收器提供的差模阻抗为 100 Ω（两个 50 Ω 电阻的串联），相比之下，滤波电路的源端为低阻，负载端为高阻。这样就可以设计出能形成反射的滤波电路，即图 4.40 虚线框内的 LC 电路，L_1、L_2 是差模电感，C_X 是差模滤波电容。其中差模电感 L_1、L_2 也可以用一个电感代替，设计成 L_1、L_2 两个，并分别串联在电源线的正、负两极，主要是为了对称，以防止共模传导骚扰向差模传导骚扰的转换。

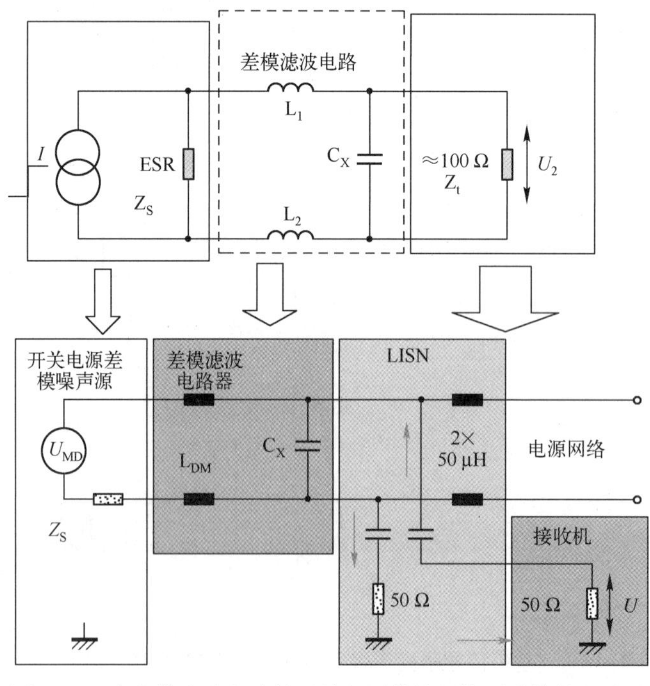

图 4.40　有差模滤波电路的开关电源传导骚扰测试等效电路图

确定了滤波器件在滤波电路中的相对位置后，还需要再确定滤波电路中差模滤波电感和差模滤波电容的参数。参数可以由该 LC 滤波电路在实际电路中的插入损耗来确定。图 4.41 是实际电源中的 LC 差模滤波电路的插入损耗曲线，图中纵坐标即为插入损耗，即图 4.39 中没有滤波电路时的差模传导骚扰值 U_2 与图 4.40 中有滤波电路时的差模传导骚扰值 U_1 之比的分贝值。横坐标是频率 F 与滤波电路谐振频率 F_0 的比值 F/F_0。

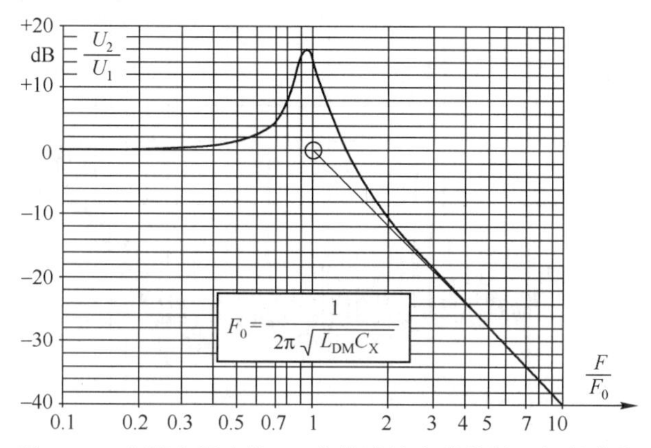

图 4.41　实际电源中的 LC 差模滤波电路的插入损耗曲线

从图 4.41 中曲线可以很清晰地看到，当频率 F 等于滤波电路的谐振频率 F_0 时，实际插入损耗是正的，说明这时传导骚扰不但没有被衰减而且还被放大。大于并远离滤波电路的谐振频率 F_0 后，差模滤波电路的插入损耗逐渐增大，而且是以 40 dB /10 的速度增大。对于本案例，所需设计的滤波电路必须具备 12 dB 以上的衰减。测试频率为 150 kHz，根据曲线，差模滤波电路中 LC 的谐振点 F_0必须满足以下条件。

$150/F_0>2.5$，即 $F_0<60$ kHz。而 $F_0=\frac{1}{2\pi\sqrt{L_{DM}C_X}}$，$L_{DM}$是图 4.40 差模滤波电路中的 L_1 和 L_2的总和，C_X 是图 4.40 差模滤波电路中的 C_X。假设电容选 0.68 μF，则 L_{DM} 必须大于 20 μH。如果电容减小，就意味着电感需要增大。

【处理措施】

按照以上分析，在电源输入端并联电容 0.68 μF，再串联一差模电感，电感量为 0.2 mH，测试通过。24 V 供电时裕量有 3 dB 多，12 V 供电裕量有 11 dB。实际产品电路原理图如图 4.42 所示。

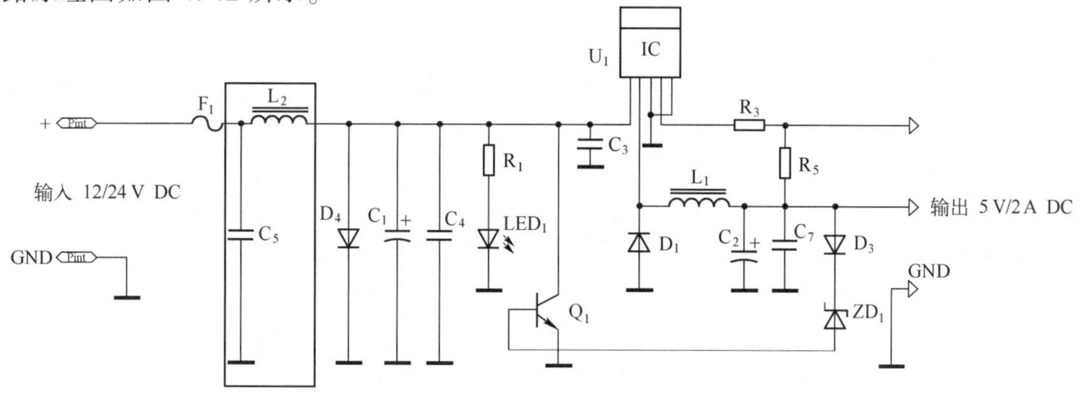

图 4.42　带滤波电路的 DC/DC 非隔离电源产品原理图

图 4.43 是 12 V 供电时的传导骚扰测试频谱图。

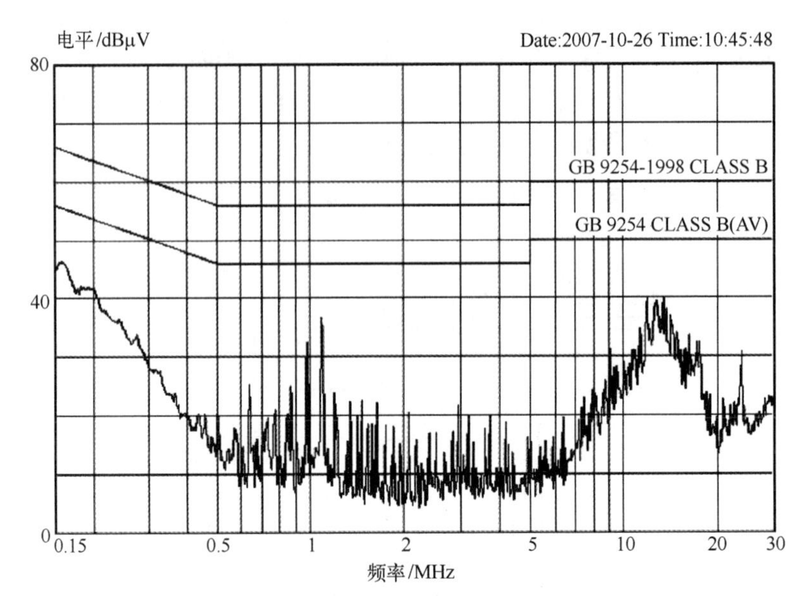

图 4.43　12 V 供电时的传导骚扰测试频谱图

【思考与启示】

从差模传导骚扰的原理可以看出，差模传导骚扰是由开关电源电路中的 d*i*/d*t* 所产生的，它与开关电源的功率有关。在其他条件相同的情况下，d*i*/d*t* 越高，就意味着有更高的差模传导骚扰，意味着电源端口的滤波电路中需要更大的滤波差模电感或差模滤波电容（X 电容）。电源的差模传导骚扰主要发生在低频段。除了电源本身的电路设计之外还可以通过差模滤波来抑制差模传导骚扰。差模滤波电路的参数选择很重要，一般情况下需要的差模滤波电容值较大，接近或超过 1 μF。差模滤波电感的大小通常是数百微亨。当然电感电容参数还与电源的开关频率、功率大小有关。采用共模电感时，差模滤波电感通常由共模电感的漏感获得。另外，为了取得更好的滤波效果，也可采用多个（如两个）差模电感。同样的电感量，可以取得较好的抑制较高频噪声的效果，一般会有 6 dB 以上的差值。

4.2.6　案例 38：电源共模滤波的设计

【现象描述】

一个 180 W 的开关电源在进行电源输入端口的传导骚扰测试时，出现超标现象，电源输入端口的传导骚扰测试结果如图 4.44 所示。

【原因分析】

对于开关电源的共模传导骚扰，主要是电路中的 d*U*/d*t* 造成的，这些 d*U*/d*t* 通过寄生参数与参考接地板、LISN、电源产品的输入/输出线产生回路，并在 LISN 中流过共模电流，对于本案例中产品的传导骚扰问题，其频段主要为 150 kHz~2 MHz，一般情况下，这种传导骚扰既可能是差模传导骚扰，也可能是共模传导骚扰，在没有其他附加测试设备来区分到底是差模传导骚扰还是共模传导骚扰时，只能从设计的角度来同时抑制差模传导骚扰和共模传导骚扰。对于差模传导骚扰的抑制方法可以参考案例 37。其中，差模电感的取得有两种途径：

第一种，采用差模分立电感；第二种，采用共模电感中的漏感，一般可用共模电感的 0.5% ~1%来估算。

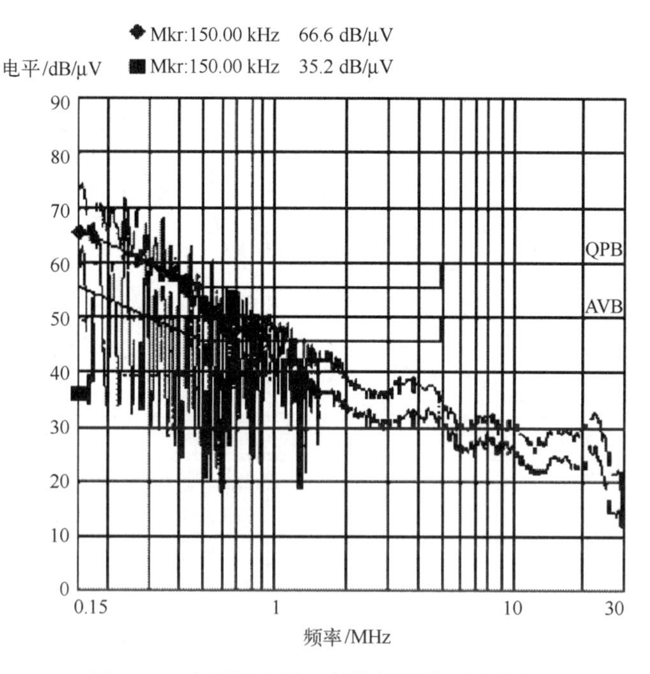

图 4.44　电源输入端口的传导骚扰测试结果

本案例主要描述共模滤波电路的设计与参数选择问题。案例 9 已经描述了开关电源产生共模骚扰的原理，主要是由开关管 dU/dt 处与参考接地板之间形成的寄生通路和变压器初次级之间、次级回路与参考接地板之间的寄生通路所造成的。开关电源主要共模骚扰电流即为图 4.45 中的 I_1 和 I_2。

其中，

$$I_{CM} = I_1 + I_2,$$
$$I_1 = 2\pi F C_1 U;$$
$$I_2 = YU$$

式中，$Y \approx 2\pi F C_{12} / (jZ_2 F C_{12} + 1)$；$U$ 为一定频率下的电压（准峰值或平均值）。

本案例主要分析 I_1 所引起的共模骚扰问题。

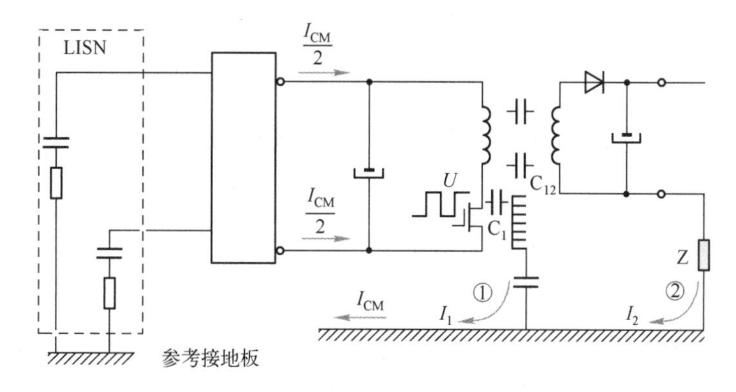

图 4.45　开关电源共模骚扰原理示意图

与差模传导骚扰分析类似，用图4.46可以表达出共模传导骚扰产生的原理及频率与幅度之间的关系。图4.47是没有共模滤波电路的开关电源传导骚扰测试等效电路图。

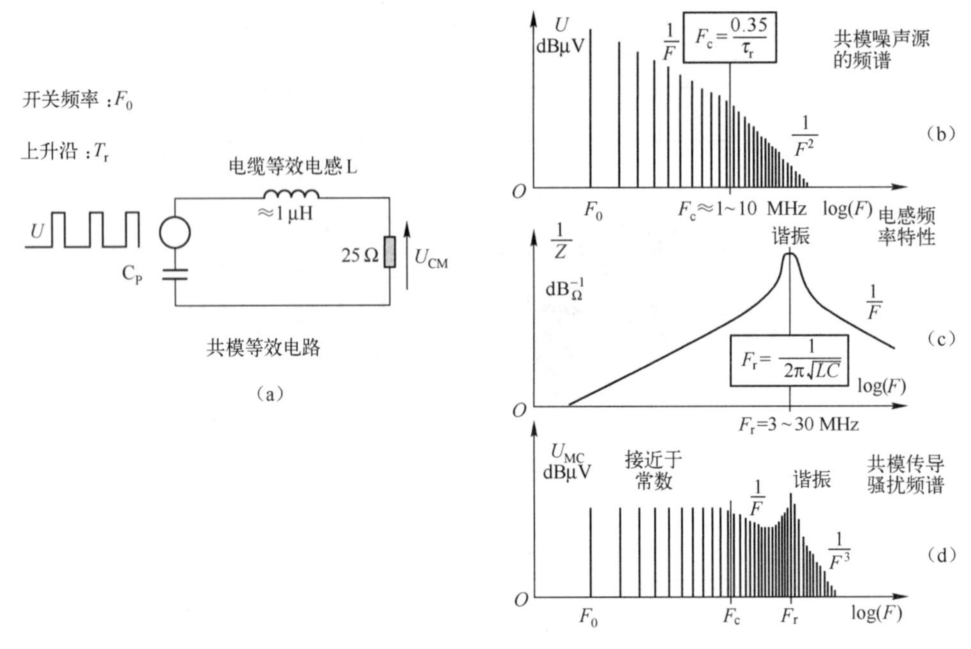

图4.46　共模传导骚扰产生的原理及频率与幅度之间的关系

对于需要设计的滤波电路来说，图4.46（d）即为所需滤波的共模骚扰源频率与幅度的关系。

对于处在传导骚扰测试环境中的共模滤波电路来讲，滤波器源端阻抗为传导骚扰源的源阻抗 Z_S，它的大小取决于与开关电源中开关管“热”点（dU/dt 点）与参考地之间的阻抗，即图4.47中 C_P 的容抗，该值主要是由寄生电容造成的，典型值为30 pF~1 nF，在低频段（如本案例所关心的频段150 kHz~2 MHz）表现为kΩ级，滤波器负载端阻抗为LISN和接收器提供的阻抗，共模阻抗为25 Ω（两个50 Ω电阻的并联），相比之下，滤波电路的源端为高阻，负载端为低阻。这样就可以根据滤波器设计原理设计出能形成反射的滤波电路，即图4.48虚线框内的LC电路，L是共模电感 L_{CM}，C是共模滤波电容 C_Y。

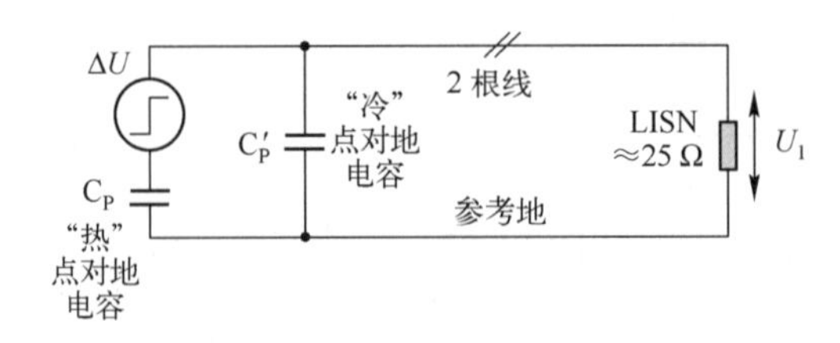

图4.47　没有共模滤波电路的开关电源传导骚扰测试等效电路图

确定了滤波器件在滤波电路中的相对位置后，还需要再确定滤波电路中共模滤波电感和共模滤波电容的参数。参数可以从这个LC滤波电路在实际电路中的插入损耗来确定。图4.49是实际电源中的LC共模滤波电路的插入损耗曲线，图中纵坐标即为插入损耗，即

图 4.47中没有滤波电路时的共模传导骚扰值 U_2 与图 4.48 中有滤波电路时的共模传导骚扰值 U_1 之比的分贝值。横坐标是频率 F 与滤波电路谐振频率 F_0 的比值 F/F_0。

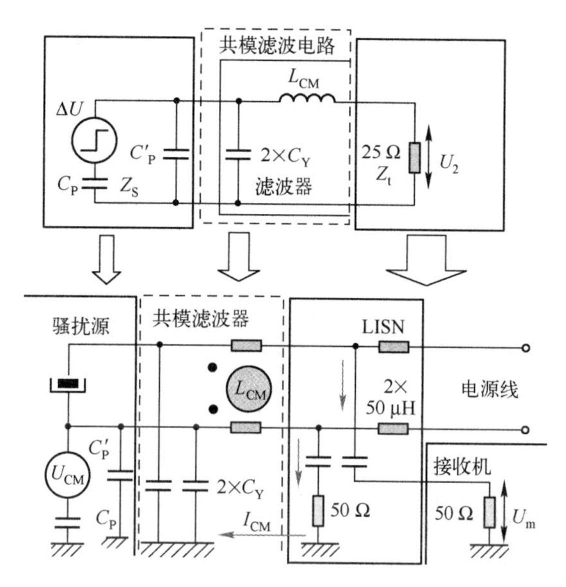

图 4.48　有共模滤波电路的开关电源传导骚扰测试等效电路图

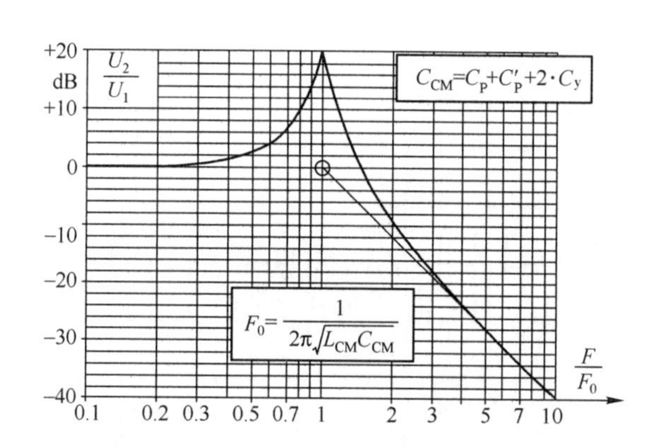

图 4.49　实际电源中的 LC 差模滤波电路的插入损耗曲线

从图 4.49 中的曲线可以很清晰地看到，当频率 F 等于滤波电路的谐振频率 F_0 时，实际插入损耗是正的，说明这时传导骚扰不但没有被衰减而且还被放大。大于并远离滤波电路的谐振频率 F_0 后，共模滤波电路的插入损耗逐渐增大，而且是以 40 dB /10 的速度增大，对于本案例，所需设计的滤波电路必须在 150 kHz 附近具备 40 dB 以上的衰减（图 4.44 测试结果的基础上还需要 20 dB 的衰减）。测试频率为 150kHz。根据曲线，共模滤波电路中 LC 的谐振点 F_0必须满足 $150/F_0>3$，即 $F_0<50$ kHz。而 $F_0=1/[2\pi(L_{CM}\ C_{CM})^{0.5}]$，$L_{CM}$是图 4.48 中共模滤波电路中的共模电感，$C_{CM}$是图 4.48 共模滤波电路中 C_Y、C_P、C'_P的总和，$C_{CM}=C_P+C'_P+2C_Y$。C_Y 电容由于漏电流的限值，不能选择太大，假设 C_{CM}总电容选 4.7 nF，则 L_{CM}必须大于20 mH。如果电容减小，就意味着电感需要增大。

【处理措施】

按照以上分析，重新设计产品的滤波电路，如图 4.50 所示，设计好的新滤波电路是由值为 24 mH 的共模电感 L_{CM} 和值为 3300 pF 的 Y 电容（C_{Y1}、C_{Y2}）及值为 1 μF 的 X 电容 C_X 组成的低通滤波器电路。C_{Y1}、C_{Y2} 和共模电感 L_{CM} 一起滤除共模骚扰；C_X 和 L_{CM} 所产生的漏感一起滤除差模骚扰。

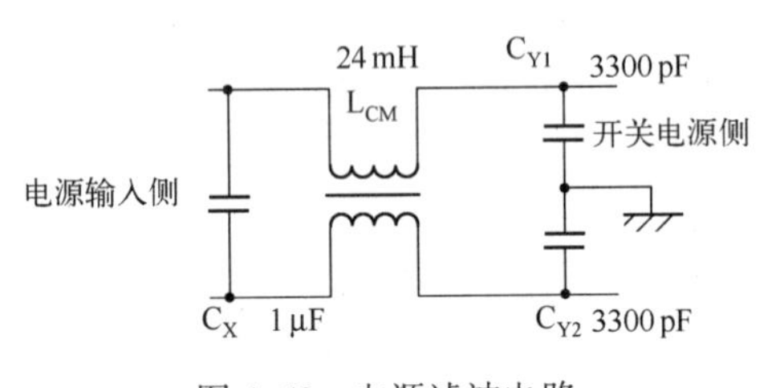

图 4.50　电源滤波电路

图 4.51 是滤波电路更改后的电源端口传导骚扰测试频谱图，从图 4.51 可以看出，中低频传导干扰（0.15～1 MHz 范围）有明显的改善。但是发现 1～10 MHz 之间的传导骚扰有所上升。

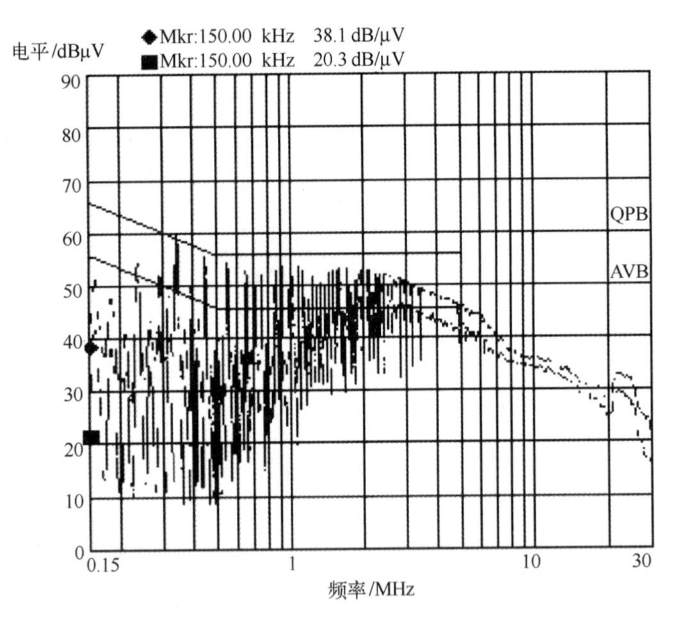

图 4.51　滤波电路更改后的电源端口传导骚扰测试频谱图

1～10 MHz 之间的传导骚扰有所上升，主要是由于大共模电感线圈间的寄生电容造成的，在不减小总共模电感量的情况下，使用两级滤波有助于减小电容电感的寄生参数，并提高高频滤波效果。图 4.52 所示的是一级滤波和两级滤波的衰减特性对比情况。从图 4.52 中的曲线可以看出，频率高于“A”点所对应的频率时，使用两级滤波效果将取得更大的衰减量。

可见，只要“A”点所对应的频率大于测试起始频点（如 150 kHz），两级滤波是可取的，它不但能改善高频段的滤波效果还能进一步提高低频段的滤波效果。如图 4.53 所示的滤波电路，是改进后的两级滤波电路。这种输入滤波器是由共模电感（L_{CM1}、L_{CM2}）（总值为 24 mH）和 C_Y 电容（C_{Y1}、C_{Y2}、C_4、C_{Y4}）及 C_X 电容（C_{X1}、C_{X2}）组成的低通滤波器电路构成的。C_{Y1}、C_{Y2}、C_{Y3}、C_{Y4} 和共模电感 L_{CM1}、L_{CM2} 一起滤除共模骚扰；C_{X1}、C_{X2} 和 L_{CM1}、L_{CM2} 所产生的漏感一起滤除差模骚扰。

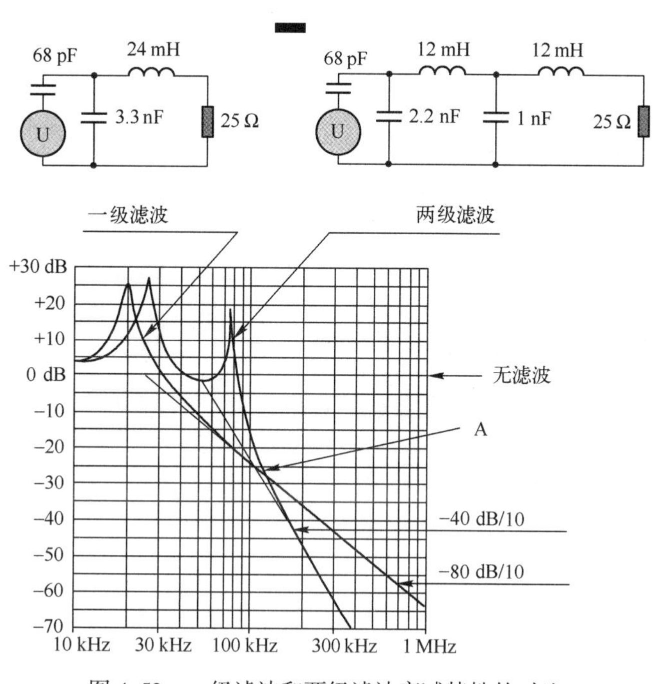

图 4. 52　一级滤波和两级滤波衰减特性的对比

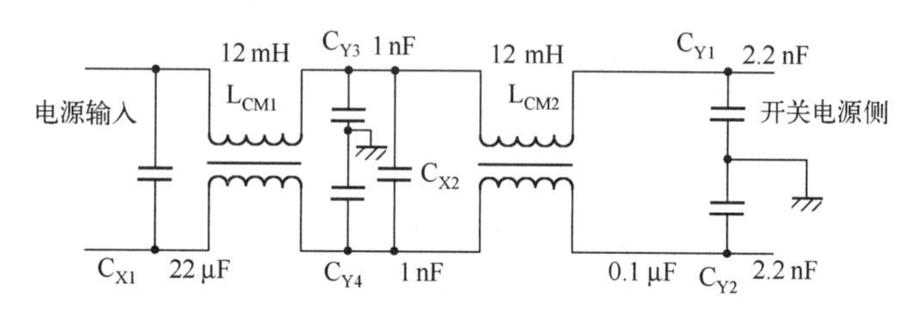

图 4. 53　改进后的两级滤波电路

采用图 4. 53 所示的滤波电路后电源端口的传导骚扰结果如图 4. 54 所示，传导骚扰合格。

【思考与启示】

从共模传导骚扰的原理可以看出，共模传导骚扰是由开关电源电路中的 dU/dt 所产生的，它与开关电源的工作电压有关，而与电源产品的功率没有直接的关系（但有间接关系）。在其他条件相同的情况下，dU/dt 越高，就意味着有更高的共模传导骚扰，还意味着电源端口的滤波电路中需要更大的滤波共模电感或共模滤波电容（Y 电容）。但是，由于较大的共模电感线圈存在较大的寄生电容，高频的传导噪声会经过寄生电容进行传递，使单个大感量共模电感不容易达到好的高频滤波效果。而采用两个共模电感，同样的电感量，可以取得较好的抑制高频噪声的效果。一般会有 6 dB 以上的差值。

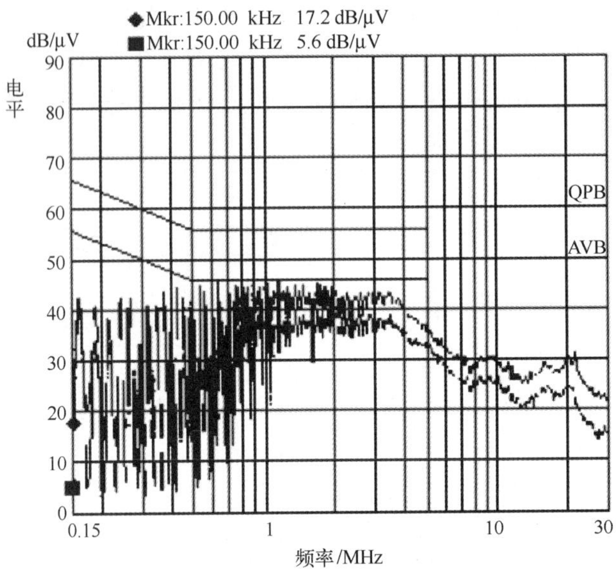

图 4.54　采用图 4.53 所示的滤波电路后电源端口的传导骚扰结果

4.2.7　案例 39：滤波器件是否越多越好

【现象描述】

某塑料外壳产品，其 AC 电源入口的滤波电路如图 4.55 所示，从图 4.55 所示的电路原理图可以看出，滤波电容中采用两级 Y 电容的共模滤波，Y 电容 C_{Y2} 和 C_{Y1} 分别位于共模电感 M 的两边。PE 是产品的接地端子，传导发射试验频段范围为 150 kHz～30 MHz，进行传导骚扰测试时，该产品放置在 0.8 m 高的绝缘台面上，测试结果显示传导发射超标（见图 4.56）。

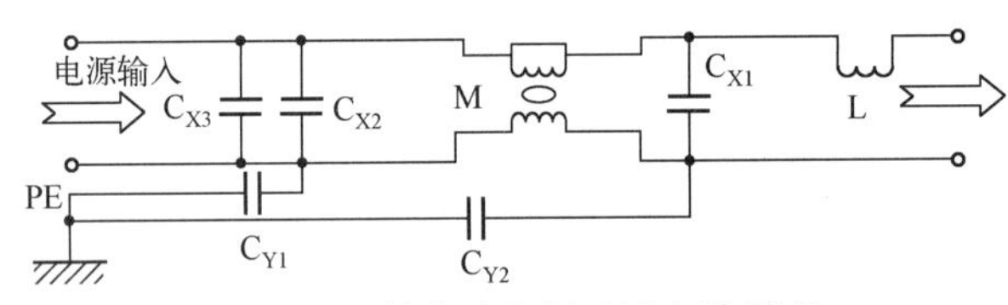

图 4.55　某产品电源滤波电路原理

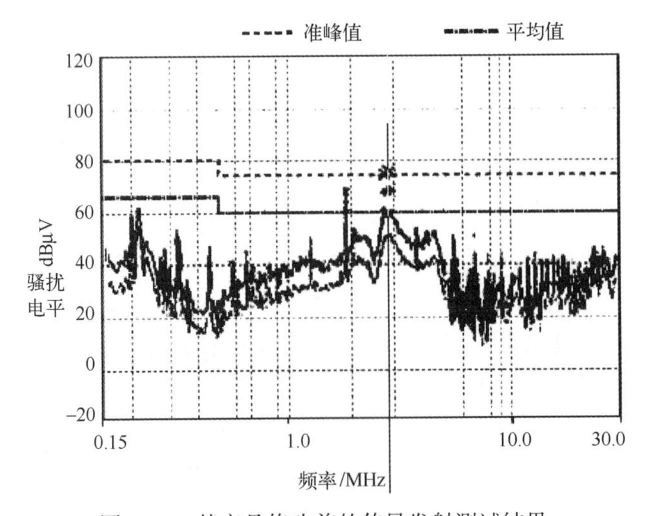

图 4.56　某产品修改前的传导发射测试结果

在图 4.56 中，测试结果在整个频段上除了个别点都能满足限值要求，测试过程中，虽然经过多次改变电感电容的参数，但是效果并不明显，超标的个别频率点依然无法消除。另外，从测试结果可知，超标的频率点在 2~3 MHz，且与装置采用的 CPU 晶振等频率并无明显相关关系。在解决电子产品的传导骚扰问题时，尝试割断电容 C_{Y1} 对地引线，测试结果如图 4.57 所示，发射值在整个频段范围内都降低了很多，测试通过。

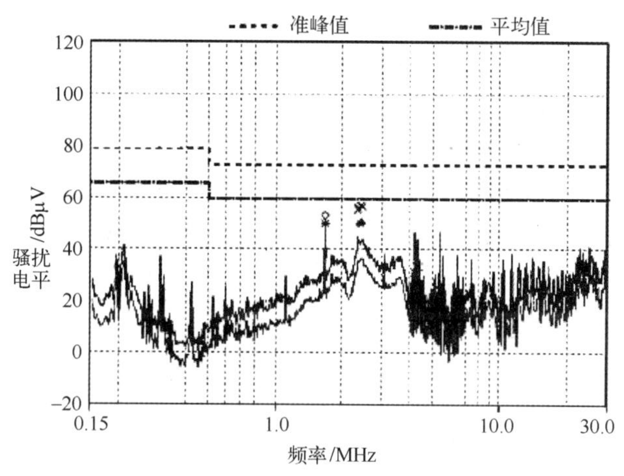

图 4.57　修改设计后的传导发射测试结果

【原因分析】

对于传导骚扰问题的分析，可以从传导骚扰测试的实质出发，分析流过 LISN 的骚扰电流大小。根据电源产品传导骚扰的原理和传导骚扰测试的原理，可以画出当塑料外壳产品存在 C_{Y1} 时，传导骚扰问题的分析原理图，如图 4.58 所示。

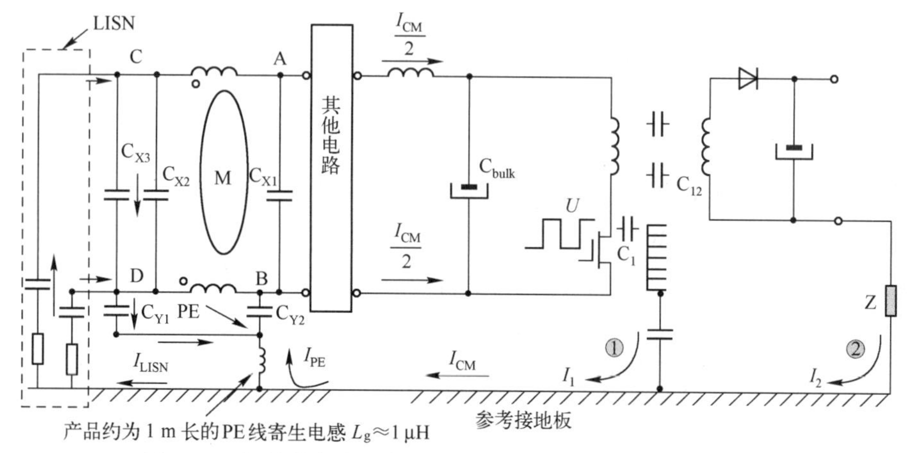

图 4.58　塑料外壳产品存在 C_{Y1} 时传导骚扰问题的分析原理图

根据图 4.58 所示原理图，开关电源产生的传导骚扰共模电流 I_{CM} 在产品的电源端口和测试系统中的 LISN 之间产生分流，其主要路径分为两路，一路流向 PE 接地线，即图 4.58 中的 I_{PE}；另一路流向 LISN，即图 4.58 中的 I_{LISN}，它直接决定着传导骚扰的测试结果（共模传导骚扰）。从图 4.58 也可以看出，I_{LISN} 的大小取决于 PE 点与参考接地板之间的电位差，或 A/B 点与参考接地板之间的电位差，当 A/B、PE 与参考接地板之间的电位差都等于零时（即 PE 线无阻抗，C_{Y2} 和 C_{X1} 滤波完美），I_{LISN} 的大小将等于零。但是实际上，PE 接地线是一根约 1 m 长的线，其寄生电感约为 1 μH（较长导线的寄生电感与电缆粗细影响不大，粗细只影响电缆的等效电阻）。这种情况下，当共模电流 I_{PE}（如图 4.58 所示）流过 PE 线时，PE 线上产生点压降 ΔU 就像一个电压源一样，使 LISN 上流过一个电流 I_{LISN}，即 I_{LISN}必然不等于零，如图 4.59（b）所示。共模电流 I_{LISN}的大小在 PE 线寄生电感一定的情况下，取决于 LISN 的接电源线处到产品中接地点 PE 之间（即图 4.59（b）中 C/D 到 PE 之间）的阻抗。对于本案例产品的滤波电路设计来说，LISN 的接电源线处到产品中接地点 PE 之间存在两条路径，第一条：LISN 的接电源线处通过 C_{Y1}到产品中接地点 PE（即图 4.59（b）中 I_{LISN2}电流所在的路径）；第二条：LISN 的接电源线处通过共模电感 M 和 C_{Y2}到产品中接地点 PE（即图 4.59（b）中 I_{LISN1}电流所在的路径）。由于第一条路径的阻抗要远小于第二条路径上的阻抗（如 C_{Y1}为 4.7 nF，其在 3 MHz 的频率下，阻抗约为 10 Ω，而共模电感 M 为 10 mH 时，在 3 MHz 的频率下，阻抗约为 200 kΩ），因此，此时共模电感 M 相当于被电容 C_{Y1}旁路，流过 LISN 的共模电流 I_{LISN}没有被共模电感 M 抑制，传导骚扰测试电平较高。

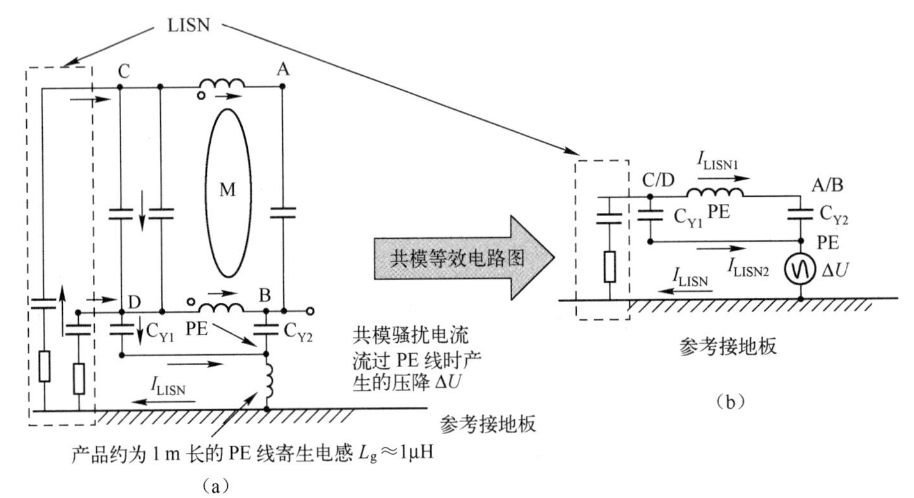

图 4.59　塑料外壳接地产品存在 C_{Y1}的共模电流路径分析原理图

割断电容 C_{Y2}对地引线后，图 4.58 和图 4.59 所示的情况发生了变化，即此时流过 LISN 的共模电流 I_{LISN}被共模电感 M 抑制，共模电感 M 发挥了作用，使传导骚扰共模电流 I_{LISN}降低，测试通过 。无 C_{Y1}时传导骚扰问题的分析原理图如图 4.60 所示。

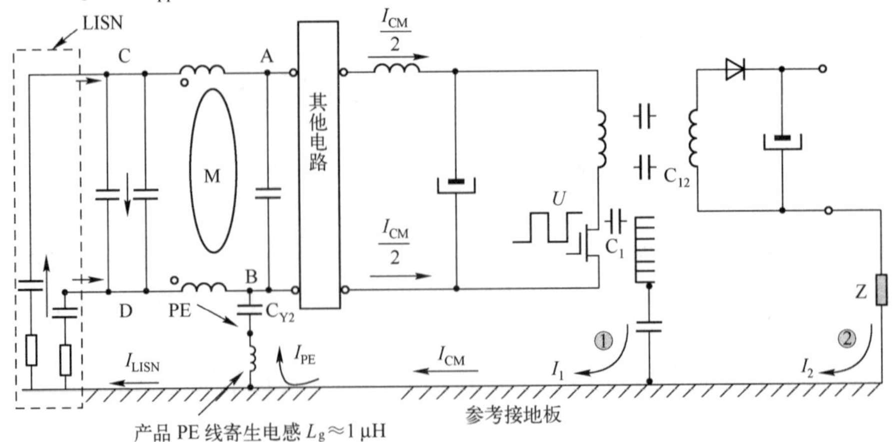

图 4.60　无 C_{Y1}时传导骚扰问题的分析原理图

【处理措施】

图 4.55 所示的滤波电路原理图中，在共模电感两侧，分别有一个对地共模电容，表面看来没有什么不妥之处，但从另外一个角度来看，两个电容之间形成了另一个通路，即装置内部的干扰信号通过电容 C_{Y1} 回到电源端口，旁路了应该发挥共模电流抑制作用的共模电感 M 而使传导骚扰失败，按以上原理分析，只要去掉共模电感前端的 Y 电容 C_{Y1}，就可以使本案例中的产品传导骚扰测试通过，并保持有一定的裕量。

【思考与启示】

一味地接地或增加滤波器件并不是抑制电源端口共模传导骚扰的方法，传导骚扰的本质是骚扰电流（包括共模与差模，高频时以共模电流为主）流过 LISN，通过滤波电路或接地改变骚扰电流的流向，不让骚扰电流流向 LISN，并尽量减小流向 LISN 的骚扰电流才是正确的产品传导骚扰抑制设计的指导思路。

虽然本案例是通过去除 C_{Y1} 来解决传导骚扰问题的，但是并非说图 4.55 所示的滤波电路设计是个错误。前面对流向 LISN 的共模电流 I_{LISN} 是针对产品接地阻抗较高的软塑料外壳产品，在 C_{Y2} 电容滤波较为理想（即 C_{Y2} 两端压降在某频率下接近于零）且共模电流 I_{CM} 主要是从参考接地板返回到产品内部的情况下的，实际上图 4.58 或图 4.59 中 A/B 点到参考接地板之间的共模电压不但与 PE 接地线及其上的共模电流大小有关，还与 C_{Y2} 的阻抗有关。实际产品中 C_{Y2} 不可能做到非常低的阻抗，即 C_{Y2} 两端存在共模电压降 $\Delta U'$。此时，图 4.59（b）所示的共模等效电路原理图，可以转化为如图 4.61 所示的 C_{Y2} 两端存在共模电压降 $\Delta U'$ 而导致传导骚扰问题的原理图。

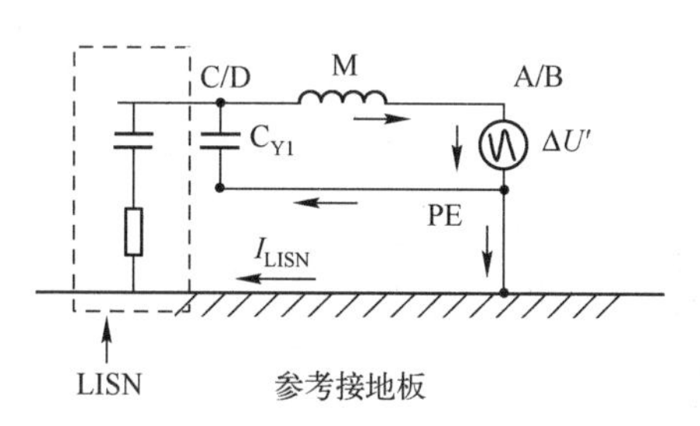

图 4.61　C_{Y2} 两端存在共模电压降而导致传导骚扰问题的原理图

从图 4.61 中可以看到 C_{Y1} 的存在，反而旁路了流向 LISN 的共模电流。也就是说，此时，C_{Y1} 对电源输入端口的传导骚扰测试的通过是有帮助的，这与图 4.59 所示的情况正好相反。

实际上，PE 接地线上共模电流很小的产品通常是带有金属外壳且连接正确的产品。图 4.62是金属外壳产品存在 C_{Y1} 时传导骚扰问题的分析原理图。

对于带有金属外壳的产品，由于金属外壳的存在，金属外壳可以把大部分开关电源产生的共模骚扰电流在到达参考接地板或 LISN 之前旁路在金属外壳之内（前提是连接正确）。这样，这种产品的 PE 接地线上流过的共模电流就会很少，PE 接地线上的共模电压 ΔU 也会很低，C_{Y1} 对图 4.58 或图 4.59 所示产品的传导骚扰的影响也很小。相反，C_{Y1} 对图 4.61 所示产品的传导骚扰的影响却很大。这也是为什么有些产品在电源输入端口处再增加一个 Y 电容反而对 EMI 很有帮助的原因。

可见对于金属外壳产品来说，采用图 4.55 所示的滤波电路还是可取的，它会对高频（如10 MHz以上，100 MHz 以下）的抑制带来一定的好处。通常情况下，约 1000 pF 容值的 C_{Y1} 已经足够了。金属外壳产品存在 C_{Y1} 的共模电流路径分析原理图如图 4.63 所示。

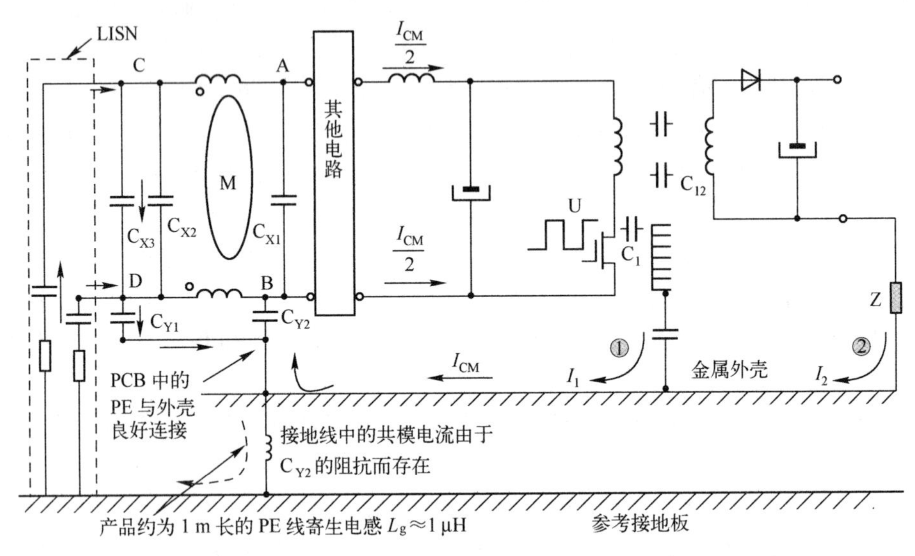

图 4.62　金属外壳产品存在 C_{Y1}时传导骚扰问题的分析原理图

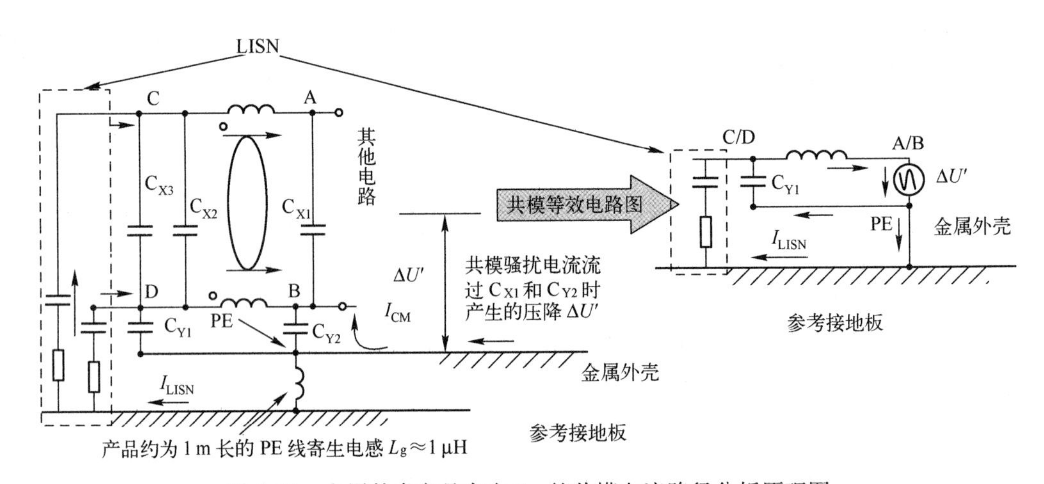

图 4.63　金属外壳产品存在 C_{Y1}的共模电流路径分析原理图

低频时，即使是金属外壳的产品也不会对抑制电源端口的传导骚扰带来很大的帮助，这是因为低频时 C_{Y1}的阻抗要远大于 25 Ω（LISN 等效共模阻抗），C_{Y1}的增加并不会减小流向 LISN 的共模电流。

滤波器件并非越多越好。同时，本案例可以与案例 37、案例 38 共同构成电源滤波设计的参考文档。

4.2.8　案例 40：滤波器件布置时应该注意的问题

【现象描述】

一个小型带电刷车载直流电动机的辐射发射测试频谱图如图 4.64 所示。由频谱图可见，该电动机的辐射发射已经超过了限制线。

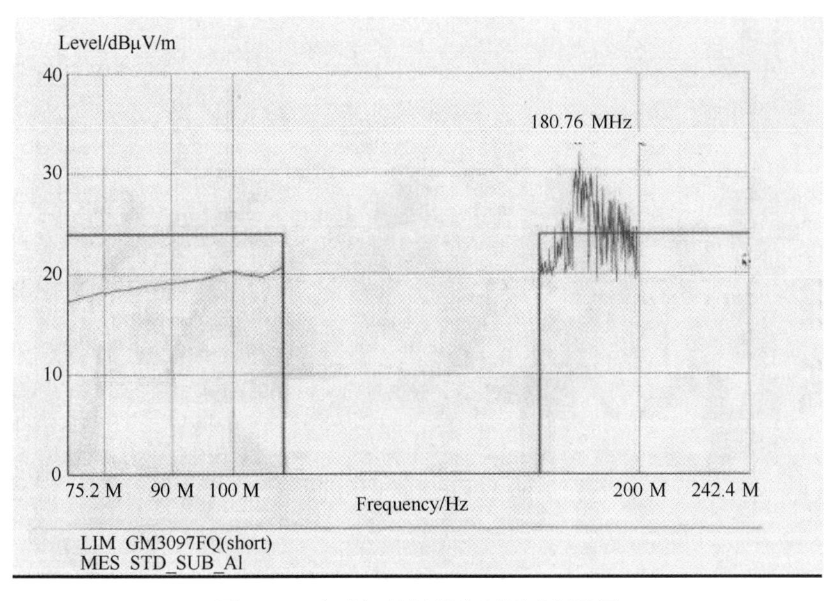

图 4.64　电动机的辐射发射测试频谱图

【原因分析】

带电刷的电动机，由于在电刷切换时，电动机线圈中的电流不能突变，当一路线圈通电断开时，会在该线圈的两端产生较高的反电动势，这个电动势会在附近的回路中产生放电现象，放电产生的瞬态电流具有较陡的上升沿，伴随着高频噪声，并且这种噪声在幅度和频率上有很大的随机性。当这些高频噪声耦合到电源线或其他较长的未接地导体时，就会产生辐射；图 4.65 所示的电动机实物图是本案例中辐射发射超标的电动机。图 4.66 所示的是拆开后的电动机实物图；图 4.67 所示的是电流的直流供电口的滤波电路原理图。滤波电路中的电感 L_1、L_2 直接与电刷串联。电感的作用是防止当电刷通过换向片间隙时流进电刷电流的突然变化，电感量约为 4 μH。串联在电路中的电感和对地的旁路电容 C_2、C_3 组合起来构成一个低通滤波器，这样就可以增强单个电感或电容的滤波效果。

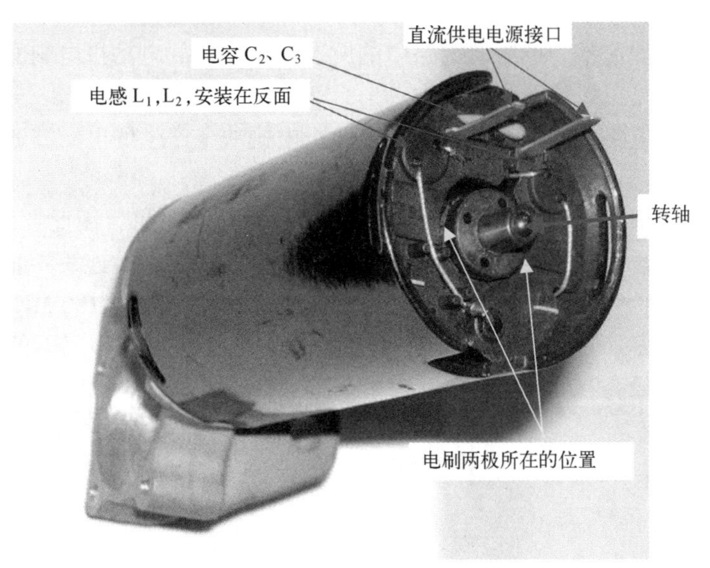

图 4.65　电动机实物图

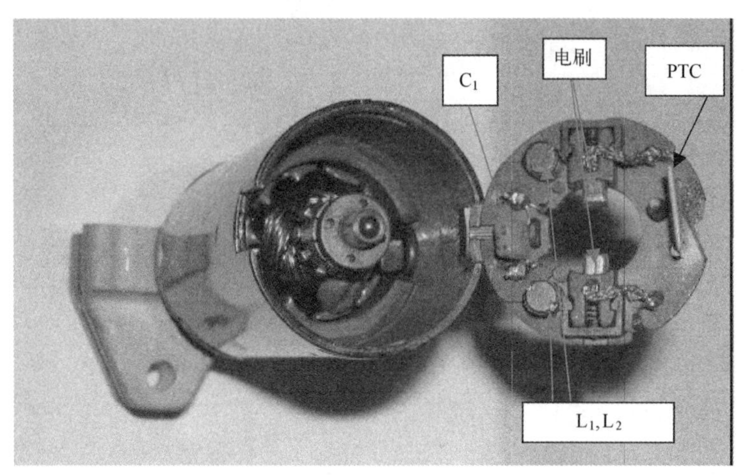

图 4.66　拆开后的电动机实物图

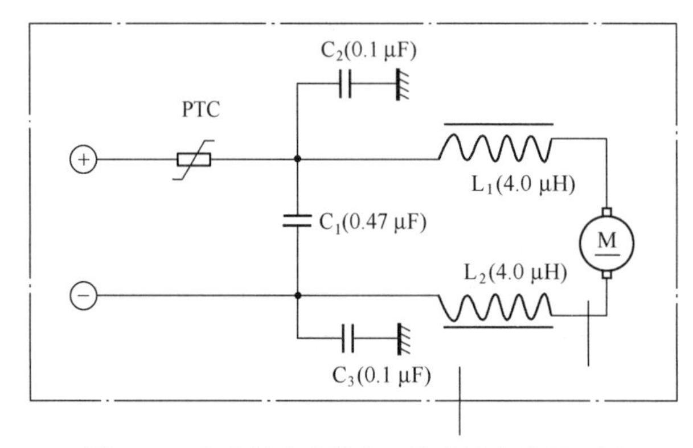

图 4.67　电流的直流供电口的滤波电路原理图

由图 4.65~图 4.67 可以看出，该电动机的滤波电路，物理位置正好处于电动机的电刷（放电骚扰源）中。因此，电刷火花放电使产生的近场噪声通过电磁耦合的方式耦合到滤波电路的环路中，使滤波电路失效。

【处理措施】

- 改变滤波电路的位置，把滤波电路中的所有器件都移到电动机电刷的一边，消除滤波电路组成的环路正好落在电刷当中。
- 在电刷和滤波电路之间进行屏蔽处理，防止电刷放电产生的电磁波通过空间传播到电源线上。
- 电容的引线也很重要，引线很长的电容几乎没有什么效果，因此要缩短电容的引线。要使电容具有较好的滤波效果，它与噪声源的公共地之间的连线要非常短。自由空间中的导线的电感约为 1 nH/cm。如果电刷产生的噪声频率为 180 MHz，与电容连接的导线的长度为 4~6 cm，那么即使不考虑电容本身在一定该频率下的容抗，仅导线电感的阻抗也已经有：

$$X_L = 2\pi f L = 6.78\ \Omega$$

总阻抗还需要加上电容（0.1μF）的容抗：

$$X_C = \frac{1}{2\pi f C} = 0.08\ \Omega$$

从这个结果可以看出，单看电容的容抗，这是一个非常好的旁路型滤波器。但是由于引线电感的影响，已经根本不起滤波器的作用了。如果将导线的长度缩短为1 cm，则电感的阻抗仅为 1.1 Ω，这时滤波电容的效果提高了 20%。当用电动机外壳做接地端时，壳体上的漆必须去掉，以便导线能够良好地与地接触。即使产品的外壳是金属的，也要将滤波器件直接安装在噪声源上，而不是靠近噪声源或外壳的某个最方便的位置。这消除了任何额外的引线长度，使噪声回到噪声源的阻抗最小，具有最佳的滤波效果。

- 另外由于电动机的电压尖峰是由电刷与换向片触点的断开产生的。尖峰的幅度可以通过将电刷材料换成较软的材料或增加电刷对换向片的压力来减小。但这会缩短电刷的寿命或导致其他一些问题出现。这个方法可以在没有其他更好办法时使用。

【思考与启示】

完成正确的滤波器原理图设计只是滤波设计的第一步，要使滤波器发挥预期的作用必须注意滤波电路中各个元器件的布置方式，元器件布置要避免出现额外的寄生参数，即要避免出现额外的耦合与串扰。

4.2.9　案例 41：信号上升沿对 EMI 的影响

【现象描述】

某汽车零部件产品是变频电机驱动器，在进行传导骚扰测试时，发现没有通过，图 4.68 所示的是某变频电机驱动器的传导骚扰测试结果。

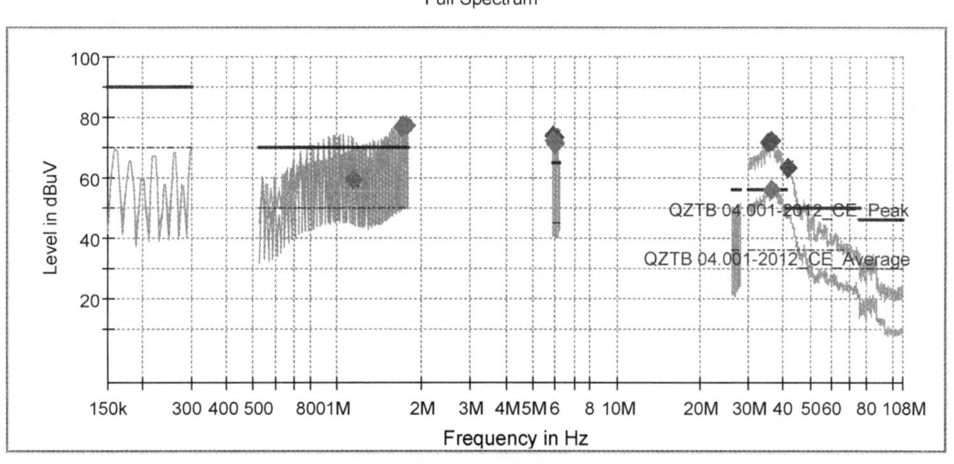

频率 (MHz)	峰值 (dBuV)	平均值 (dBuV)	限值 (dBuV)	余量 (dB)	测试时间 (ms)	带宽 (kHz)
1.154000	—	59.13	50.00	−9.13	50.0	9.000
1.698000	—	76.73	50.00	−26.73	50.0	9.000
1.738000	—	77.12	50.00	−27.12	50.0	9.000
1.778000	—	77.45	50.00	−27.45	50.0	9.000
5.900000	74.03	—	65.00	−9.03	50.0	9.000
5.900000	—	72.24	45.00	−27.24	50.0	9.000
5.940000	—	71.62	45.00	−26.62	50.0	9.000
5.940000	73.18	—	65.00	−8.18	50.0	9.000
5.980000	73.44	—	65.00	−8.44	50.0	9.000
5.980000	—	70.95	45.00	−25.95	50.0	9.000
35.360000	71.79	—	56.00	−15.79	5.0	120.000
36.080000	72.05	—	56.00	−16.05	5.0	120.000
36.160000	—	56.15	36.00	−20.15	5.0	120.000
41.320000	63.39	—	50.00	−13.39	5.0	120.000

图 4.68　某变频电机驱动器的传导骚扰测试结果

在变频驱动的功率管的 DS 级之间并联电容后，测试通过。增加电容后的变频电机驱动器的传导骚扰测试结果如图 4.69 所示。

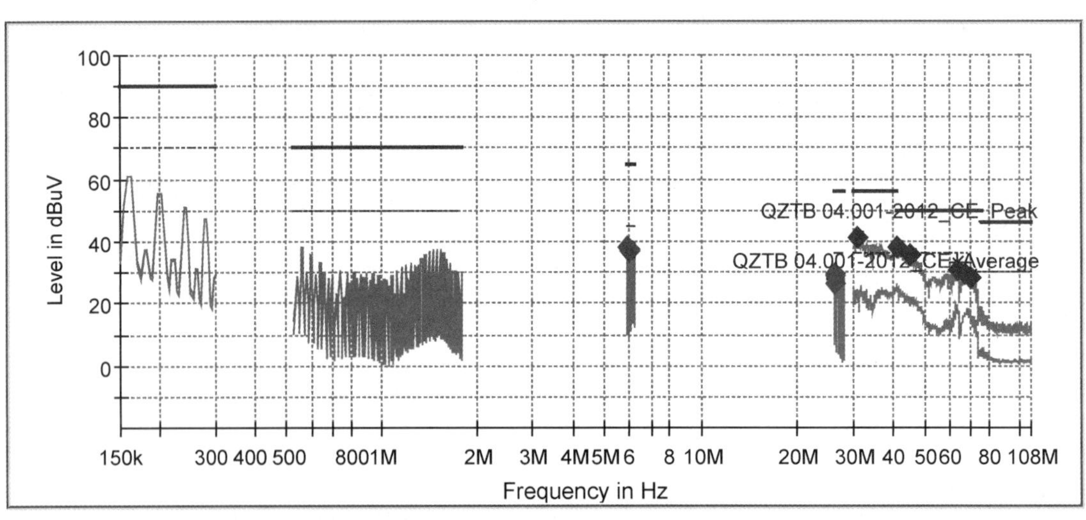

频率 (MHz)	峰值 (dBuV)	平均值 (dBuV)	限值 (dBuV)	余量 (dB)	测试时间 (ms)	带宽 (kHz)
5.900000	—	38.13	45.00	6.87	50.0	9.000
5.940000	—	37.63	45.00	7.37	50.0	9.000
5.980000	—	37.18	45.00	7.82	50.0	9.000
26.140000	—	28.59	36.00	7.41	50.0	9.000
26.220000	—	29.19	36.00	6.81	50.0	9.000
26.260000	—	26.29	36.00	9.71	50.0	9.000
30.760000	41.24	—	56.00	14.76	5.0	120.000
41.120000	37.85	—	50.00	12.15	5.0	120.000
44.960000	35.67	—	50.00	14.33	5.0	120.000
63.520000	30.46	—	50.00	19.54	5.0	120.000
66.920000	29.77	—	50.00	20.23	5.0	120.000
69.680000	28.01	—	50.00	21.99	5.0	120.000

图 4.69　增加电容后的变频电机驱动器的传导骚扰测试结果

【原因分析】

图 4.70 所示的是变频驱动器产生 EMI 问题的原理图。图 4.70 中，变频器的驱动信号线

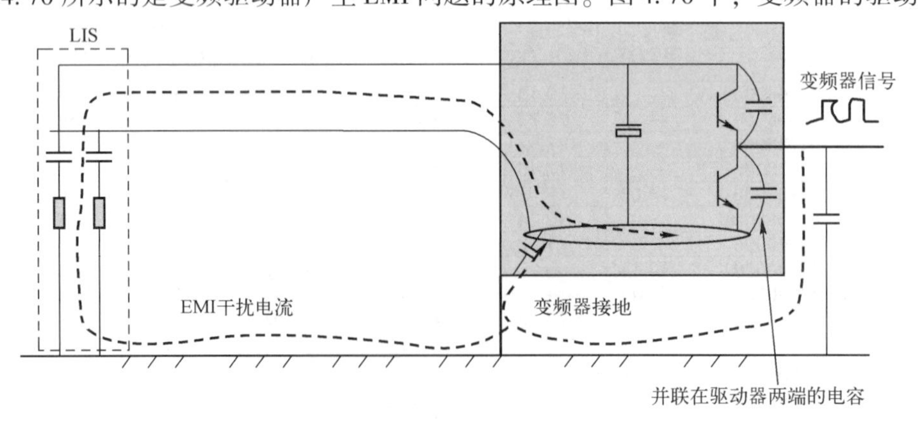

图 4.70　变频驱动器产生 EMI 问题的原理图

与参考接地板之间存在寄生电容，该寄生电容与参考接地板、LISN、电源线、变频器本身电路组合成一条共模回路，当变频器的信号电流流过 LISN 时，即产生传导骚扰。

变频器的输出信号假设为矩形波，根据傅里叶变换，矩形波由无限多个正弦波叠加而成，这些正弦波即为矩形波的基波（即各次的谐波分量）。根据本书第 1 章 1.3.1 小节的描述，矩形波的低次谐波分量的幅度随着谐波次数的变高呈线性衰减，高次谐波分量的幅度随谐波次数的变高呈平方衰减。谐波分量的幅度为线性衰减与平方衰减的转折点 $1/\pi Tr$，如上升沿时间 10 ns，对应的转折点约为 30 MHz。案例中，当功率管的 D、S 两极间并联电容后，对于功率管输出的信号电压波形，实质上主要改变的是信号电压波形的上升沿时间，即上升沿时间变长。而上升沿时间变长后（案例中原上升沿时间为 10 ns，并联电容后下降为 50 ns），谐波分量的幅度为线性衰减与平方衰减的转折点 $1/\pi Tr$ 的值变小（即从原来的 30 MHz 下降为 6 MHz），矩形波的谐波分量的幅度随着谐波次数或频率更早地进入平方衰减区域，使得高次谐波的幅度变小。高次谐波的幅度变小后，如原理图所示，相应的共模电流也变小，传导骚扰也变低。

【处理措施】

按以上描述降低 EMI 信号源的上升沿时间。

【思考与启示】

（1）上升沿时间与信号高次谐波的幅度有非常大的关系，而低次谐波的幅度与上升沿时间无关，当产品周期性工作信号的高次谐波频点 EMI 超标时，可考虑降低产品周期性工作信号源的上升沿时间。

（2）功率电路中，在 D、S 两极间并联电容或在 G 极上串联电阻、磁阻都可增大功率管输出信号的上升沿时间，D、S 两极间并联的电容值大小与高次谐波幅度的降低无直接关系，应该考虑电容值大小与上升沿时间的关系。

（3）时钟线上并联电容，也可增大时钟信号线电压波形的上升沿时间，减小时钟信号高次谐波的幅度，降低时钟信号产生的 EMI 水平。

4.2.10　案例 42：如何解决电源谐波电流超标问题

【现象描述】

一种桌面式 180 W 塑壳开关电源（负载是 12 V/15 A 的半导体制冷冰箱，电源外形大小为 205 mm×90 mm×62 mm）。该开关电源的电路原理如图 4.71 所示。

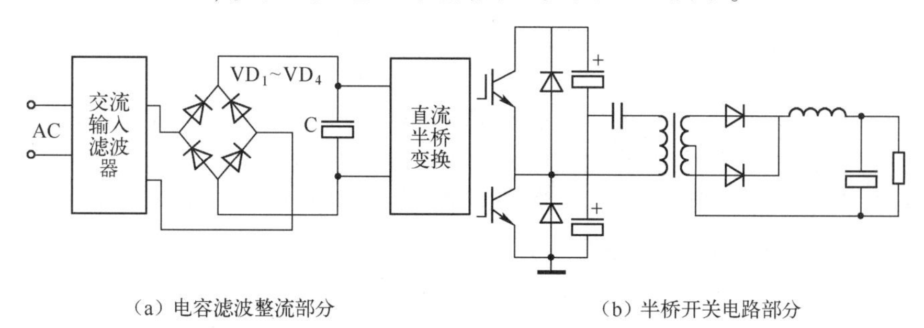

（a）电容滤波整流部分　　（b）半桥开关电路部分

图 4.71　180 W 开关电源电路

表 4-3 所列是测得的 7～21 次谐波电流的数值，其中 11 次、15 次、17 次谐波电流都超标。

表 4-3　实测的谐波电流值

谐 波 次 数	实测数值/A	谐波限值/A
7	0.694	0.770
9	0.397	0.400
11	0.334	0.330
13	0.209	0.210
15	0.165	0.150
17	0.151	0.132
19	0.101	0.118
21	0.084	0.107

由于大部分电容器对于高次谐波呈现低阻抗，从而在高次谐波的影响下电容器中会流过较大的电流，电容器和系统电路中的电感组成的谐振回路的谐振频率等于或接近某次谐波分量的频率时，就会使谐波电流放大，引起电容器过热、过电压而不能正常工作；或加速电容器老化，缩短寿命。另外，由于用户系统中导线寄生电感的频率特性，导线的电阻会随着频率的升高而增加，又由于导线中集肤效应的作用，谐波会使得用户自身供电系统中导线的附加损耗增加。尤其值得注意的是，这类谐波还会使三相供电系统中的中性线电流增大，导致中性线过载，大大增加了用户的用电成本。又由于输电导线不可避免地存在分布的线路电感和对地电容，当这类电感和电容与产生谐波的设备组成串联或并联回路时，会发生串联谐振或并联谐振。这类谐振产生的过电压和过电流反过来又对上述相关设备造成很大的危害。因此，此产品的谐波问题必须解决。

【原因分析】

电源采用传统的桥式整流、电容滤波电路会使 AC 输入电流产生严重的波形畸变，向电网注入大量的高次谐波，导致电网侧的功率因数不高。这种情况下，功率因数可能仅有 0.6 左右，它会对电网和其他电气设备造成严重的谐波污染与干扰。早在 20 世纪 80 年代初，这类装置产生的高次谐波电流所造成的危害就引起了人们的关注。1982 年，国际电工委员会制定了 IEC55-2 限制高次谐波的规范（后来的修订规范是 IEC 1000-3-2），促使众多的电力电子技术工作者开始了对谐波抑制技术的研究。常见的谐波抑制技术如下。

（1）电源产品中引入 PFC（功率因数校正）电路，就可以大大提高对电能的利用效率。PFC 有两种，一种是无源 PFC（也称被动式 PFC），另一种是有源 PFC（也称主动式 PFC）。无源 PFC 一般采用电感补偿方法使交流输入的基波电流与电压之间的相位差减小来提高功率因数，但无源 PFC 的功率因数不是很高，只能达到 0.7~0.8；有源 PFC 由电感电容及电子元器件组成，体积小，可以达到很高的功率因数，如有源功率因数校正采用 Boost 升压 PFC 电路，功率因数可提高到 0.99 以上，使得谐波电流很小，但成本要高出无源 PFC 一些。

（2）电容补偿器加电感线圈抑制谐波的原理，电容器串电抗后形成一个串联谐振回路，在谐振频率下呈现很低的阻抗（理论上为零），如果串联谐振频率与电网特征谐波频率一致，则成为纯滤波回路。电感和电容维持一定的比例就可以滤去不同频率的谐波。

以上两种常见的抑制方法，效果较好，但是电路复杂，成本也不低，而且对于 PFC 来说，电路中的开关管和高压整流二极管的开关噪声将成为新的骚扰源，让产品高频 EMI 的达标增加了难度。考虑到在交流输入电压（AC 220~250 V）范围内，额定功率为 180 W，满足电压调整率的情况下，可适当减小滤波电容，电源输入线串联电阻可以在一定程度上降低滤波电容充电电流瞬时值的峰值，满足谐波电流限值，且功率损耗在可以接受的范围之内，整机电源效率下降不多，也不失为较好的方法。采用这一方法后实测谐波电流值见表 4-4。

表 4-4　滤波后的谐波电流值

谐波次数	实测数值/A	谐波限值/A	谐波次数	实测数值/A	谐波限值/A
1	1.120	Nan	21	0.064	0.107
2	0.004	1.080	22	0.001	0.084
3	0.990	2.300	23	0.050	0.098
4	0.004	0.430	24	0.001	0.077
5	0.812	1.140	25	0.054	0.090
6	0.003	0.300	26	0.001	0.071
7	0.594	0.770	27	0.051	0.083
8	0.002	0.230	28	0.001	0.056
9	0.379	0.400	29	0.037	0.078
10	0.002	0.184	30	0.001	0.061
11	0.212	0.330	31	0.026	0.073
12	0.001	0.153	32	0.001	0.058
13	0.142	0.210	33	0.027	0.068
14	0.002	0.131	34	0.001	0.054
15	0.141	0.150	35	0.027	0.064
16	0.002	0.115	36	0.001	0.051
17	0.132	0.132	37	0.023	0.061
20	0.001	0.092	40	0.001	0.046

【处理措施】

按以上描述适当减小电源输入端口的滤波电容，把原来值为 1 μF 的 X 电容改成 0.47 μF，电源输入线串联电阻 10 Ω 可以在一定程度上降低滤波电容充电电流瞬时值的峰值，满足谐波电流限值。

【思考与启示】

对于小功率产品，可以采用在电源输入线上串联电阻的方式来改善产品的谐波抑制性能。同样，对于小功率产品，电源输入线上串联电阻也有利于该产品的其他 EMC 性能。

4.2.11　案例 43：接口电路中电阻和 TVS 对防护性能的影响

【现象描述】

TVS 与电阻相对位置不同对接口防浪涌性能的影响到底如何一直是一个有争议的问题。为了确定两者位置对防浪涌性能的影响，选取某一产品的 485 端口作为试验对象。在该产品中共选取了 DBUS1D+、DBUS1D-、DBUS2D+、DBUS2D-、CLK2M+、CLK2M-、CLK8K+、CLK8K- 和 CFN+、CFN-、BFN+、BFN-、OBCLK+、OBCLK-、FCLK+、FCLK-共 16 个信号。其中，前 8 个信号为第一组。图 4.72 所示的是第一组电路原理图。从图中可以看到 TVS 与电阻的相对位置关系。其中，TVS 靠近芯片放置。

后 8 个信号为第二组。图 4.73 所示的是第二组电路原理图。从图中可以看到 TVS 与电阻的相对位置关系。其中，电阻靠近芯片放置。

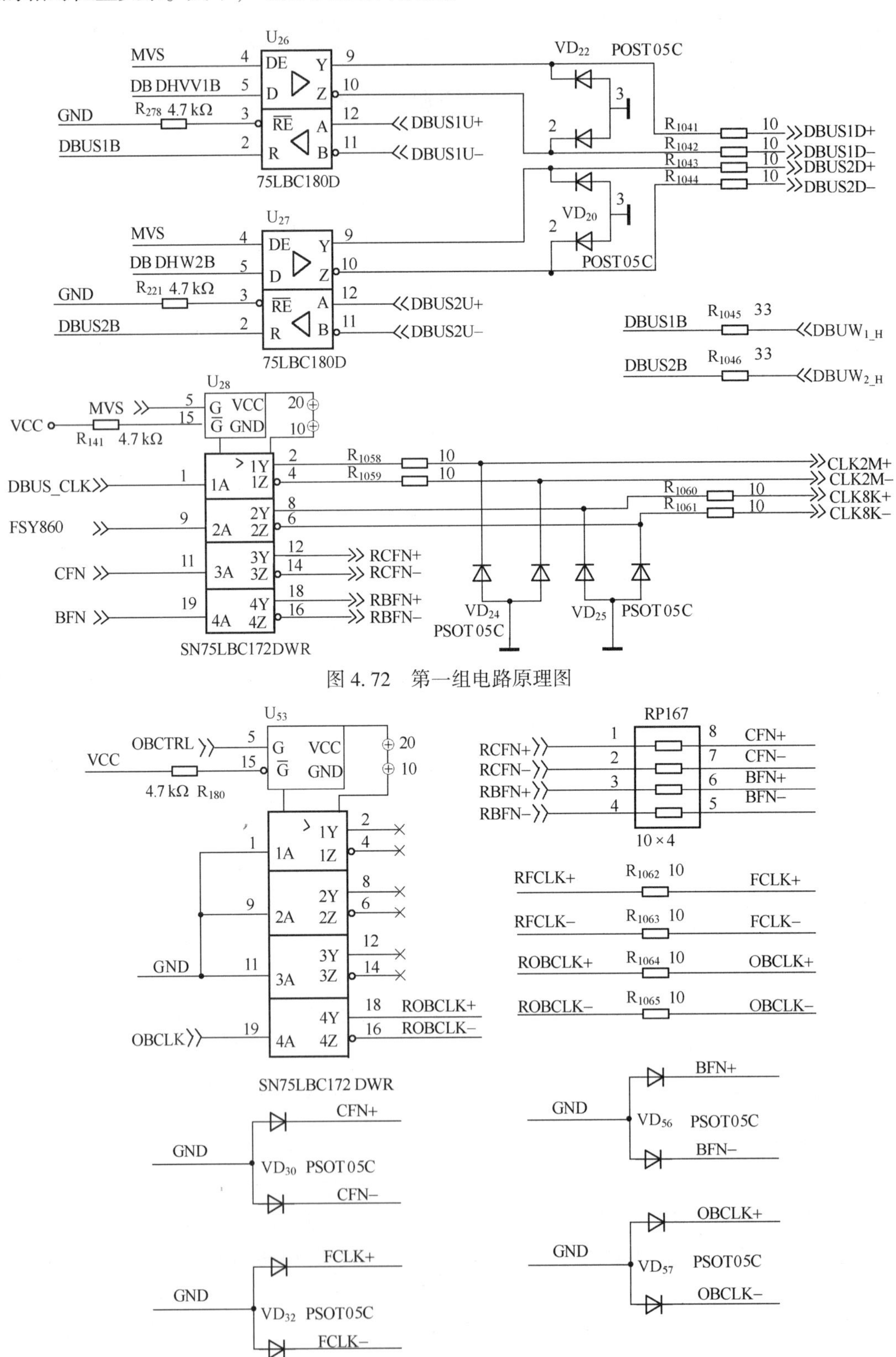

图 4.72　第一组电路原理图

图 4.73　第二组电路原理图

测试设备连接示意图如图 4.74 所示。

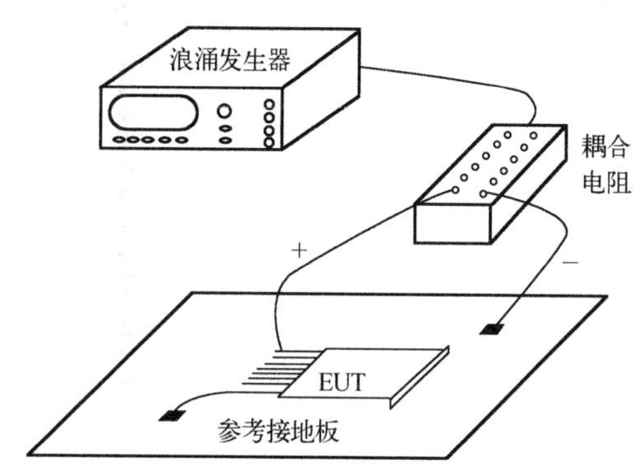

图 4.74　测试设备连接示意图

测试步骤：

（1）先用示波器测出并记录正常情况下的 485 接口工作信号波形。

（2）将浪涌发生器设置为连续 10 次（正、负各 5 次）输出 1.2/50 μs 的标准浪涌电压测试，每组测试间隔 60 s。

（3）测试每组浪涌电压冲击后的 485 接口工作信号波形，并与正常的信号波形进行比较。

（4）如果比较的结果一致，则提高浪涌电压继续测试，重复步骤（3），直至信号失真，记录此时施加的浪涌电压值。

测试数据如下。

（1）第一组信号的测试数据见表 4-5。

表 4-5　第一组信号的测试数据

测试信号	测试电压	测试现象	测试结果
DBUS1D+	+500 V	打火	损坏
DBUS1D−	+200 V	无	OK
	−200 V	无	OK
	+300 V	无	OK
	−300 V	打火	损坏
DBUS2D+	+200 V	无	OK
	−200 V	无	OK
	+240 V	无	OK
	−240 V	无	OK
	+260 V	无	OK
	−260 V	无	OK
	+280 V	打火	损坏
DBUS2D−	+200 V	无	OK
	−200 V	无	OK
	+240 V	无	OK
	−240 V	无	OK
	+260 V	无	OK
	−260 V	打火	损坏

续表

测试信号	测试电压	测试现象	测试结果
CLK2M+	+200 V	无	OK
	−200 V	无	OK
	+240 V	无	OK
	−240 V	无	OK
	+260 V	无	OK
	−260 V	无	OK
	+280 V	打火	损坏
CLK2M−	+200 V	无	OK
	−200 V	无	OK
	+240 V	无	OK
	−240 V	无	OK
	+260 V	打火	损坏
CLK8K+	+200 V	无	OK
	−200 V	无	OK
	+240 V	无	OK
	−240 V	无	OK
	+260 V	无	OK
	−260 V	无	OK
	+280 V	无	OK
	−280 V	无	OK
	+300 V	打火	损坏
CLK8K−	+240 V	无	OK
	−240 V	无	OK
	+260 V	无	OK
	−260 V	无	OK
	+280 V	无	OK
	−280 V	无	OK
	+300 V	打火	损坏

（2）第二组信号的测试数据见表4-6。

表4-6　第二组信号的测试数据

测试信号	测试电压	测试现象	测试结果
CFN+	+160 V	无	OK
	−160 V	无	OK
	+180 V	无	OK
	−180 V	无	OK
	+200 V	无	OK

续表

测试信号	测试电压	测试现象	测试结果
CFN+	−200 V	无	OK
	+220 V	无	OK
	−220 V	无	OK
	+240 V	无	OK
	−240 V	无	OK
	+260 V	无	OK
	−260 V	无	OK
	+280 V	无	OK
	−280 V	无	OK
	+300 V	无	OK
	−300 V	无	OK
	+320 V	无	OK
	−320 V	无	OK
	+340 V	无	OK
	−340 V	无	OK
	+380 V	无	OK
	−380 V	无	OK
	+420 V	无	OK
	−420 V	无	OK
	+460 V	无	OK
	−460 V	无	OK
	+500 V	无	OK
	−500 V	无	OK
	+540 V	无	OK
	−540 V	无	OK
	+600 V	无	OK
	−600 V	无	OK
	+660 V	无	OK
	−660 V	无	OK
	+720 V	无	OK
	−720 V	无	OK
	+800 V	无	OK
	−800 V	无	OK
	+900 V	无	OK
	−900 V	无	OK
	+1000 V	无	OK
	−1000 V	无	OK

续表

测试信号	测试电压	测试现象	测试结果
CFN+	+1100 V	无	OK
	-1100 V	无	OK
	+1200 V	无	OK
	-1200 V	无	OK
	+1400 V	无	OK
	-1400 V	无	OK
	+1600 V	无	OK
	-1600 V	无	OK
	+1800 V	无	OK
	-1800 V	无	OK
	+2000 V	无	OK
	-2000 V	无	OK
	+2200 V	无	OK
	-2200 V	无	OK
	+2400 V	无	OK
	-2400 V	无	OK
	+2800 V	无	损坏
CFN-	+2500 V	无	OK
	-2500 V	无	OK
	+2600 V	无	OK
	-2600 V	无	OK
	+2700 V	无	OK
	-2700 V	无	损坏
BFN+	+2500 V	无	OK
	-2500 V	无	OK
	+2600 V	无	OK
	-2600 V	无	OK
	+2700 V	无	OK
	-2700 V	无	OK
	+2800 V	无	OK
	-2800 V	无	损坏
BFN-	+2600 V	无	OK
	-2600 V	无	OK
	+2700 V	无	OK
	-2700 V	无	OK
	+2800 V	无	OK
	-2800 V	无	OK
	+2900V	无	损坏

续表

测试信号	测试电压	测试现象	测试结果
FCLK+	+2600 V	无	OK
	-2600 V	无	OK
	+2700 V	无	OK
	-2700 V	无	损坏
FCLK-	+2600 V	无	OK
	-2600 V	无	OK
	+2700 V	无	OK
	-2700 V	无	损坏
OBCLK+	+2600 V	无	OK
	-2600 V	无	OK
	+2700 V	无	损坏

【原因分析】

由上面的测试数据可以看出，第一组信号接口的抗浪涌电压能力比第二组信号接口要差得多。测量分析实验后的 PCB，发现第一组信号接口失效是由于串联在接口电路上的 33 Ω 电阻损坏造成的，TVS 并没有损坏；而第二组信号接口失效则是由于 TVS 被击穿短路造成的，电阻并没有损坏。由此可以得出测试结论：电阻靠近芯片放置，而 TVS 靠近接口放置时的防护能力较强。

从理论上看，也比较容易理解：在如图 4.72 所示的情况下，TVS 动作时，$I=I_1+I_2$，$I>I_1$，在 R 上会流过比 TVS 中更大的电流。虽然在这种情况下被保护电路在一定程度上得到保护，但电阻 R_1 却因经不起大电流的考验而损坏，结果同样造成接口故障、系统故障。在如图 4.76 所示的情况下，TVS 动作保护有效时，TVS 的阻抗很低，大部分电流 I_1 从 TVS 中流过，而在 R 中流过的电流 $I_2 \ll I_1$，更小于 I。虽然在这种情况下 TVS 要经受比如图 4.75 所示的情况更大的电流，但是 TVS 与电阻相比更能经受得起大电流。这就是试验中第一组信号接口更容易失效的原因。但是值得一提的是，如果将电阻 R 的功率加大到足够大，则如图 4.75 所示的电路也能取得很好的防浪涌效果。

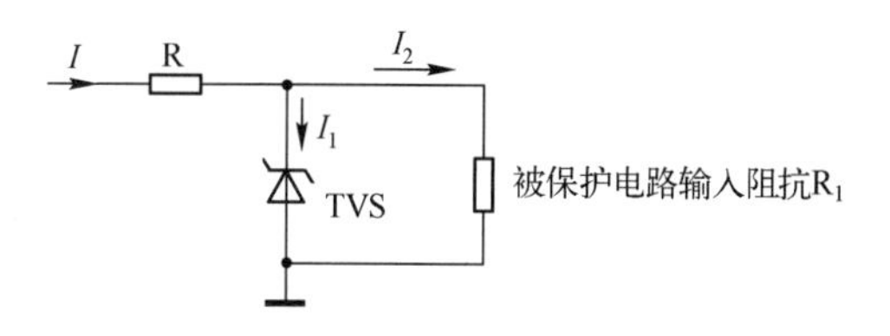

图 4.75　电阻在 TVS 外的电路原理图

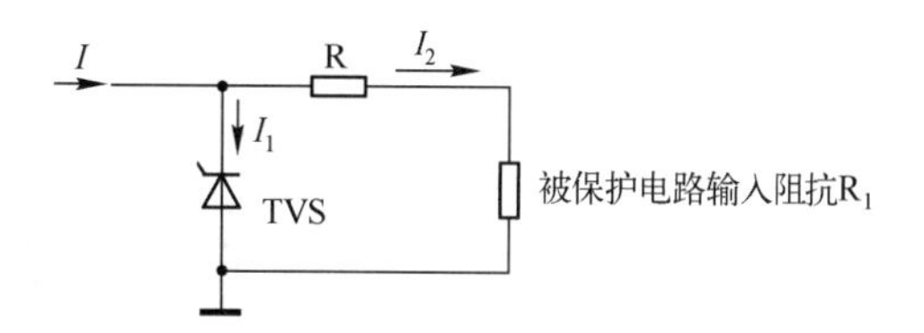

图 4.76　电阻在 TVS 内的电路原理图

【处理措施】

在 PCB 中设计接口防浪涌电路时，若想通过串联电阻来降低浪涌的冲击电流，则一定要考虑电阻的功率。如果功率不够，则建议将电阻靠近芯片放置，而 TVS 靠近接口放置。

【思考与启示】

（1）电阻可以作为保护器件来抑制浪涌电流，起到限流的作用，通常串联在信号电路中。

（2）在信号线路中，电阻的使用应注意的几个问题：①电阻的功率应足够大；②避免过电流作用下电阻发生损坏。

（3）对于以上两种（图 4.75 和图 4.76）原理的浪涌保护电路，如果不考虑电阻功率的因素，则可以用分压原理和阻抗失配的原理解释哪种电路更适合被保护的对象。这取决于被保护电路的输入阻抗。如果被保护电路的输入阻抗较高（$R_1 \gg R$），则适合采用如图 4.75 所示的保护电路。因为此时 R 与 R_1 的串联并不能给限流或分压有多大贡献，并且 TVS 在有效时总是以低阻的形式出现的，所以限流电阻按如图 4.75 所示的连接方式连接，才能取得更好的限流作用。如果被保护电路的输入阻抗较低（R_1 与 R 相当或更小），则适合采用如图 4.76 所示的保护电路，因为此时 R 将对 TVS 后一级的浪涌电压进一步分压，大大降低被保护电路两端的浪涌电压。

（4）在信号线上串联电阻时要注意对信号本身的影响。

4.2.12　案例 44：防浪涌器件能随意并联吗

【现象描述】

在对某设备的电源输入端口进行浪涌试验时，每进行一次±1 kV 的差模浪涌信号测试（该设备的浪涌测试要求是：差模±1 kV，共模±2 kV，B 级判据），设备中冷却用的风扇转速就会相应降低，而且不能恢复。试验结束后，检查风扇工作电路电源输入端口的保护二极管，发现已经损坏。

【原因分析】

该设备总电源入口的浪涌保护电路原理图如图 4.77 所示。

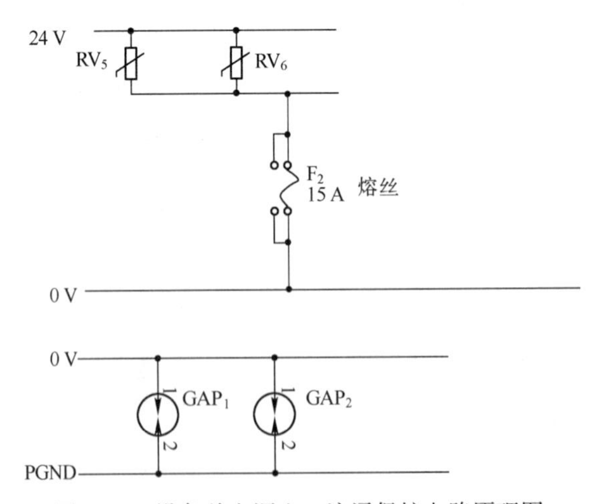

图 4.77　设备总电源入口浪涌保护电路原理图

采用两个压敏电阻并联的差模保护，共模保护采用两个气体放电管并联构成的 1 级保护电路。在设计风扇工作电路时，为了进一步进行浪涌保护，在直流 24 V 电源输入端口并联了一个 TVS 进行差模保护。风扇工作电路电源入口的原理图如图 4.78 所示。

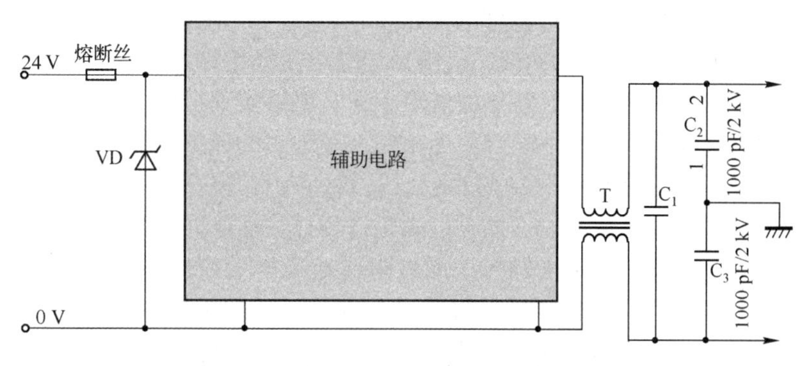

图4.78 风扇工作电路电源入口的原理图

设备总电源输入电路板的输出与风扇工作电路电路板的电源输入之间直接用电缆连接，两者之间没有任何器件，而且互连电缆的长度小于0.4 m。这样，在原理上，相当于压敏电阻RV_5、RV_6与TVS VD直接并联。由于此TVS的通流量小，加上过电流的作用，TVS响应速度较快，故先导通。当大部分的能量流过该TVS时，TVS发生了过流损坏。损坏后，后一级电路也无法得到保护，出现风扇损坏的现象（转速变慢）。在此状态下，浪涌测试时，设备总电源输入端口防雷电路输出后的残压在150 V以上。

在浪涌保护器件中，气体放电管的特点是通流量大，但是响应时间慢，冲击击穿电压高；TVS的通流量小，响应时间快，电压钳位特性好；压敏电阻的特性介于这两者之间。图4.79给出了三种保护器件的特性比较。

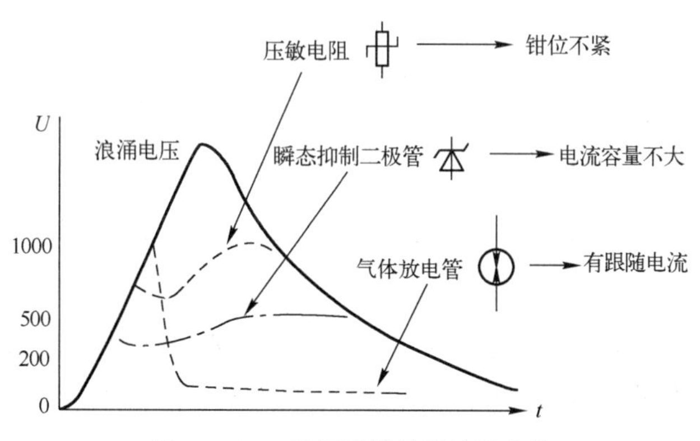

图4.79 三种保护器件的特性比较

从图4.79可知，压敏电阻的工作原理是当其两端的电压超过一定幅度时，电阻的阻值降低，从而将浪涌能量泄放掉，并将浪涌电压的幅度限制在一定的范围内。它的优点是峰值电流承受能力较大，价格低；缺点是钳位电压较高（相对于工作电压），随着受到浪涌冲击的次数增加，漏电增加，响应时间较长，寄生电容较大。瞬态抑制二极管（TVS）是其两端的电压超过一定幅度时，器件迅速导通，从而将浪涌能量泄放掉，并将浪涌电压的幅度限制在一定的幅度。其优点是响应时间短，钳位电压低（相对于工作电压）；缺点是承受峰值电流较小，一般器件的寄生电容较大，如在高速数据线上使用时，要用特制的低寄生电容器件。而气体放电管的工作原理是当其两端电压超过一定幅度时，器件变为短路状态，从而将浪涌能量泄放掉。优点是承受电流大，寄生电容小；缺点是响应时间长，由于导通继流维持电压很低，因此会有跟随电流，不能在直流环境中使用（放电管不能断开）。在交流现境中使用时也要注意（跟随电流会超过器件的额定功率值），可以在泄放电路中串联一个电阻来限制电流幅度。放电管的寿命约为50次，随后导通电压开始降低。

当一个设备要求保护电路具有整体通流量大，又能够实现精确保护时，保护电路往往需要这几种保护器件之间能够很好地配合使用来实现较理想的保护效果。但是这些保护器件之间不能用简单的并联来达到分级保护的目的。若将通流量等级相差较大的压敏电阻和TVS直接并联，即使压敏电阻通流量的选择可以满足设备总浪涌保护的要求，在浪涌过电流的作用下，TVS也会先发生损坏，无法发挥压敏电阻通流量较大的优势。其原因是TVS的导通较快，而且在TVS导通以后，在压敏电阻导通之前，又没有阻挡大电流的“侵袭”的措施，导致TVS因不能承受过大的浪涌电流而损坏。因此在直流电源的浪涌保护电路设计中，在几种保护器件配合使用的场合，经常需要电感、导线等在两种元器件之间进行配合。电感、导线本身不是浪涌保护器件，但是在两个保护器件组合构成的保护电路中可以起配合的作用。其原理图如图4.80所示。

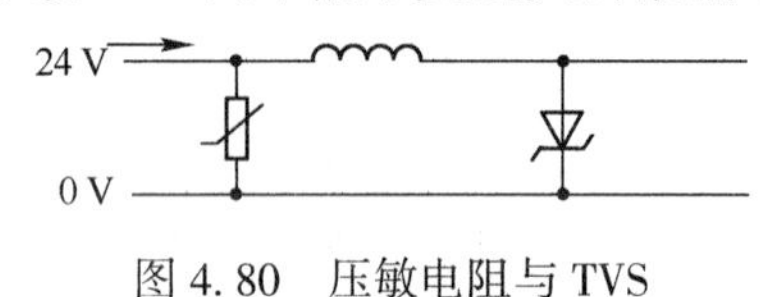

图4.80　压敏电阻与TVS用电感配合的示意图

电感、导线在此保护电路中的作用参见4.1.2节。其实导线在实际应用中也利用寄生电感的特性。其原理与电感是一样的，而且可以解决电感直流额定通流量较小的问题。经验值，1 m导线长的寄生电感为1~1.6 μH。

【处理措施】

在风扇工作电路的电源输入端口处（TVS前级）串联一个电感，电感量为7 μH，试验结果（见表4-7）证实了串联电感的正确性。

表4-7　试验结果

试验端口	耦合模式	耦合阻抗	电　压	电　流	结　果
电源	L-N（24 V-0 V）	2 Ω	±1 kV	310 A	正常
电源	L-PE（24 V-PGND）	12 Ω	±2 kV	76 A	正常
电源	N-PE（0 V-PGND）	12 Ω	± 2kV	105 A	正常

【思考与启示】

（1）气体放电管、压敏电阻、TVS各有其优缺点，在设计保护电路时应各司其职。

（2）浪涌保护器件不是随便可以加的，要兼顾“前后”，否则适得其反，特别是分别开发的电路板。

4.2.13　案例45：浪涌保护设计要注意“协调”

【现象描述】

某产品有12 V电源接口（供电用）、485通信口。其中，12 V电源接口由于其应用环境的特殊性，需要进行共模±2 kV的浪涌测试。在测试过程中发现，485接口芯片损坏，而且接在485接口中的保护器件也坏了。

【原因分析】

12 V电源接口和485接口的浪涌保护设计如图4.81、图4.82所示。

图中，PGND是该产品的系统接地点，即保护地；GND是内部电路工作地。在该产品12 V电源接口中，PGND与GND没有短接，而将GND与PGND通过气体放电管连接。其设计的目的是当电源接口有过压浪涌出现时，让共模浪涌能量通过气体放电管泄放。研究 485 的保护电路（见图 4.79）发现，双向瞬变抑制二极管（TVS）TPN3021S 是在共模电感前面做一级差模与共模保护，单向瞬变抑制二极管（TVS）POST05 在共模电感之后做二级保护，这样，整个产品的 GND 和 PGND 之间除了 12 V 电源使用的气体放电管外，还串有两个瞬变抑制二极管（TVS）TPN3021S 和 POST05。GND 和 PGND 的实际保护电路如图 4.80 所示。

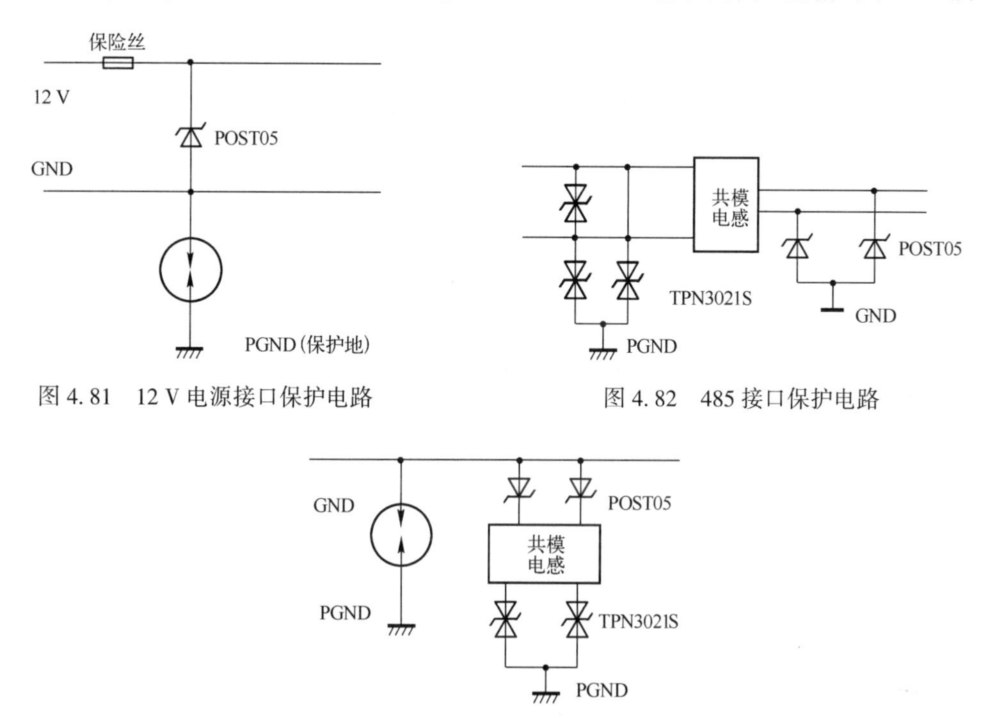

图 4.81　12 V 电源接口保护电路

图 4.82　485 接口保护电路

图 4.83　变型后的保护电路

这样，GND 和 PGND 之间相当于形成了两级保护：一级是放电管；另一级是瞬变二极管（TVS）和共模电感（关于气体电管与 TVS 的特性已在其他案例中有所描述）。由于两级保护之间没有协调退耦元件（电感、电阻等），而由于 TVS 的相应速度要快于放电管，所以 12 V 电源口进行共模±2 kV 试验时（即 GND 和 PGND 之间施加有过电压），485 的保护器件形成的二级保护电路将迅速导通，而放电管实际上根本没有动作，从而没有起到保护作用，即 12 V 电源上的浪涌通过 485 的保护电路泄放，电源本身保护电路没有动作，而且由于 485 后级保护电路的瞬变二极管的通流能力很小，实际浪涌电流大于 485 保护电路后级 TVS 的通流能力，导致 TVS 损坏，并损坏 485 的通信芯片。

【处理措施】

（1）去掉 485 接口电路上的后级保护电路，即切断图 4.81 中的二级保护器件 POST05。试验证明，去掉 485 后级保护电路后，485 接口浪涌试验通过±4 kV 的浪涌测试，并且可以通过 12 V 电源端口的共模浪涌测试。

（2）除（1）中的方法外，也可将 GND 和 PGND 短接来解决此问题。试验证明，将 PGND 和 GND 短接后，也可以通过共模±2 kV 的浪涌测试。

（3）将 485 的初级保护器件接 GND 是另一种解决问题的方法。

【思考与启示】

这又是一例浪涌保护器件之间协调的案例，保护设计是一个整体全局的设计，不能在设计中忽略其他接口对某一接口单独进行设计，即浪涌保护设计需要统筹。

4. 2. 14　案例 46：防雷电路的设计及其元件的选择应慎重

【现象描述】

某产品由 24 V 直流电源供电，在直流电源端进行浪涌测试后就会出现熔断丝被烧断的现象。更换较大的熔断丝后还是会出现同样的现象。直接用粗导线短接熔断丝后再进行测试，出现“冒烟”的现象。初步分析，熔断丝被烧断的现象并非由浪涌电流过大所致，原因是24 V电源供电电路在浪涌测试后产品内出现了短路现象。

【原因分析】

首先看一下该产品的电源输入端口电路设计，如图 4. 84 所示。

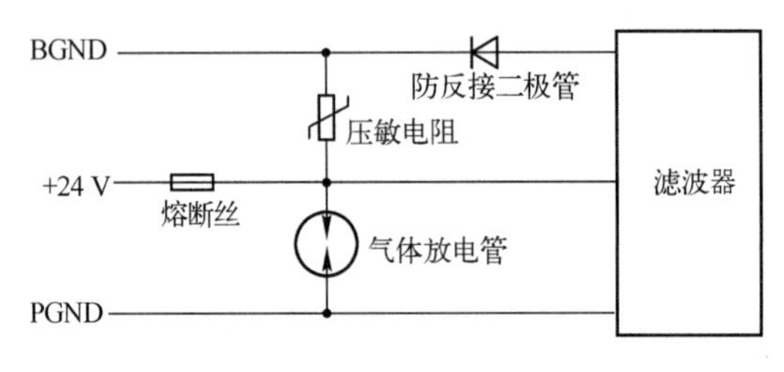

图 4. 84　电源输入端口电路

该产品防浪涌等级较高，所以接口中并用气体放电管和压敏电阻。实际上，从该电路就可以明显地看出该保护电路存在严重的设计错误，那就是：+24 V 和 PGND 之间直接并接了一个直流击穿电压为 90 V 的气体放电管。

气体放电管是一种利用瞬间的气体击穿短路将线路上的过电流旁路到大地实现对后级电路的保护。当暂态干扰消失后，气体放电管需要恢复到开路状态，否则不但气体放电管自身长时间通过大电流会被烧坏，而且应用于电源入口电路时，也会造成电源在设备接口处的短路，从而引发事故，甚至导致设备着火。因此，气体放电管电路的设计应满足一个条件：在正常工作状态下，气体放电管被击穿短路后，可以自动恢复到开路状态，即实现续流遮断。本案例中所用的气体放电管维持短路状态的两极间直流电压约为 20~25 V，即如果气体放电管导通后，其两端电压继续维持在 20 V 以上，那么气体放电管将会一直处于导通状态，直到两端电压下降或使气体放电管烧毁。这个能维持气体放电管短路的电压称为续流维持电压。

当产品电源输入端口在没有进行浪涌测试时，+24 V 和 PGND 间的直流电压始终不超过气体放电管的直流击穿电压（90 V），气体放电管两电极为开路状态。图 4. 84 所示的电路能够正常工作，并不会暴露出问题。但当电源线引入浪涌电压时，气体放电管被击穿短路后，气体放电管两极间有 24 V 持续的工作电压维持着，使放电管持续短路不能恢复，出现熔断丝被烧断的现象，即使更换成粗导线后也会出现短路“冒烟”现象。

【处理措施】

根据分析更改设计原理。图 4. 85 所示为更改后的电源入口电路。

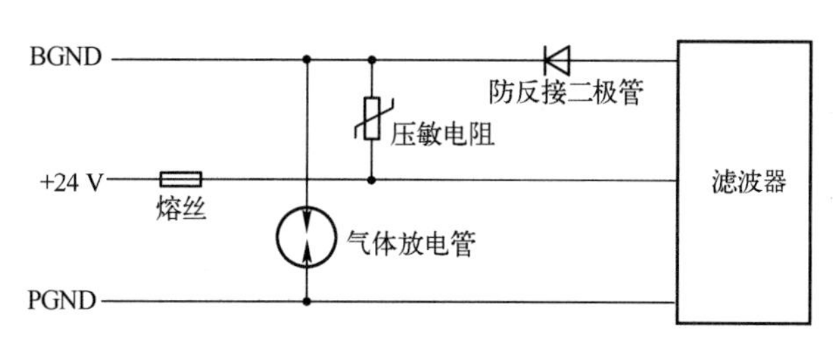

图4.85　更改后的电源入口电路

【思考与启示】

（1）电源口的防雷电路设计和元件的选用应非常慎重。供电电源一般都可以提供持续的大能量，防雷电路设计不当可能就会引发用电安全事故，严重时可能引起着火，这比设备遭雷击产生的后果更严重。在电源电路的设计中，安全问题总是第一位的。

（2）设计浪涌保护电路时，一定要建立在充分理解保护器件特性的基础上，否则可能产生意想不到的后果。

（3）气体放电管的“续流遮断”特性要特别注意，这也是为什么气体放电管只能并接在很低的电压之间的原因。

（4）气体放电管的失效模式在多数情况下为开路，但是因电路设计原因或其他因素导致的放电管长期处于短路状态而被烧坏时，也可引发短路的失效模式。

4.2.15　案例47：防雷器安装很有讲究

【现象描述】

某大型室外工业设备，其电源入口的防雷要求是差模、共模40 kA（8/20 μs电流波形）。为满足此要求，特意在电源口上并联了标称值为40 kA的防雷模块。但是在进行差模试验时，发现该产品内部很多部件因为没有得到保护而损坏，如滤波器、电源、稳压器等，而防雷器却没有损坏，同时其他不同的设备使用该防雷器能顺利通过40 kA的测试。

【原因分析】

防雷器在产品中实际的安装情况如图4.86所示。

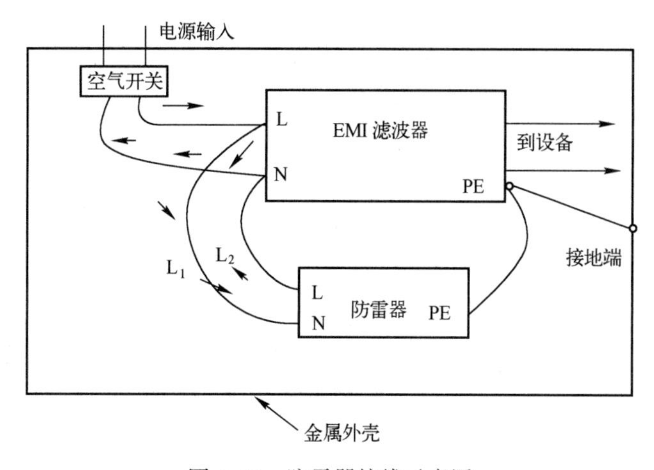

图4.86　防雷器接线示意图

在差模试验中，浪涌电流将沿着箭头方向流动。从图 4.86 中可以看出，电缆 L_1、L_2 在电流流过的回路内，将流过 40 kA 的浪涌电流。L_1、L_2 在实际连接中的总长约为0.5 m。可见，滤波器输入口所承受的残余电压是防雷器自身的残余电压再加上 L_1、L_2 在冲击电流的作用下所产生的压降。其差模下的原理简化电路图如图 4.87 所示。H_1、H_2 分别表示 L_1、L_2 的寄生电感，一般线缆自感量在 1~1.6 μH/m 之间，AB 两端的电压是后一级电路所承受的总残压。

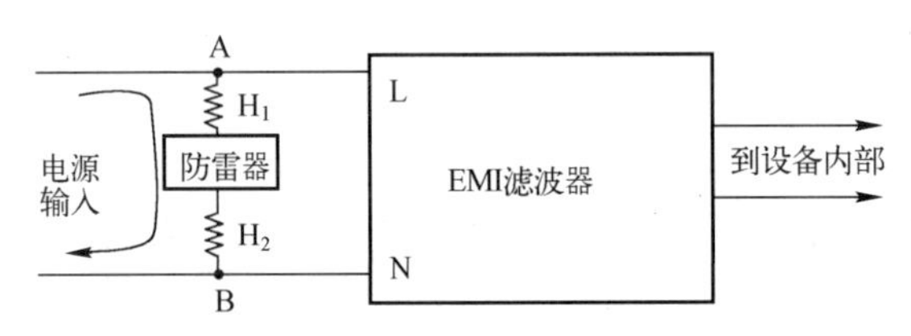

图 4.87　差模下的原理简化电路图

在 40 kA 浪涌电流的冲击下，这两段电缆产生的压降可以估算为

$$\Delta U = L \times (\mathrm{d}i/\mathrm{d}t) = 1\ \mu\mathrm{H/m} \times 0.5(40\ \mathrm{kA}/8\ \mu\mathrm{s}) = 2500\ \mathrm{V}$$

从计算结果看到，这两段电缆在 40 kA 浪涌电流通过时产生 2500 V 的压降，再加上防雷器本身具有的残余电压为 1500 V，滤波器输入端所承受的总残压是 4000 V。这显然是对滤波器及后一级电路的一个严峻考验，过高的残压最终使滤波器、电源、稳压器等损坏。

【处理措施】

从以上分析可见，只要缩短图 4.86 中 L_1、L_2 的长度，即减小图 4.84 中电感 H_1、H_2 的值，就能对防雷效果有改进。按照如图 4.88 所示的方式接线将使后一级电路的残余电压最小，即仅有防雷器本身的残余电压 1500 V。

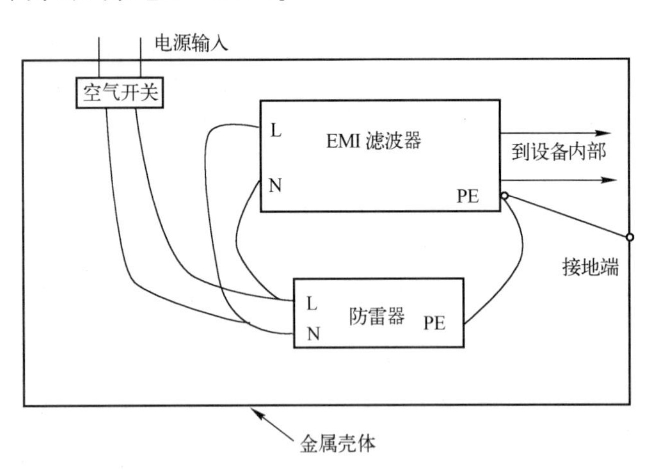

图 4.88　改进后的接线方式

产品采用如图 4.88 所示的接线方式后再进行测试，测试通过。

【思考与启示】

（1）在大电流浪涌的冲击下，一段很短的电缆可能产生很高的压降，电缆的长短将不能忽视。

（2）并联在电源线或信号线上的保护器件，信号以先进入保护器件再引向后一级电路为原则。

(3) 在做大电流的浪涌保护设计时，导线自身的寄生电感不能忽略不计，并且在浪涌电流作用下线缆两端的压降可以通过理论计算大致估算：一根导线可等效为一个电感，当一个变化的电流流过导线时，导线两端的压降为 $\Delta U=|L\times di/dt|$。其中，L 为导线上的自感量，一般 1 m 长导线的自感量在 1～1.6 μH 之间（计算时可取 1 μH）；di/dt 是导线上的电流变化率。通过这个公式可以看出，ΔU 与 L 成正比，L 又与线长成正比。图 4.89 是 5 kA（左）、3 kA（右）的 8/20 μs 冲击电流下 1 m 长导线两端实测电压波形（探头衰减 500 倍）。可见，当 1 m 长的导线中分别通过 5 kA 和 3 kA 的浪涌电流时，其两端产生的电压峰值分别为 900 V 和 550 V。因此，减小电源防雷器并接导线的长度对减小后一级被保护电路浪涌电压幅度有很大的帮助。所以，并联式安装的防雷器并接到被保护的信号线上时，并接线一定要短。这一设计原则也同样适用于 PCB 内的浪涌保护电路和滤波电路的设计。

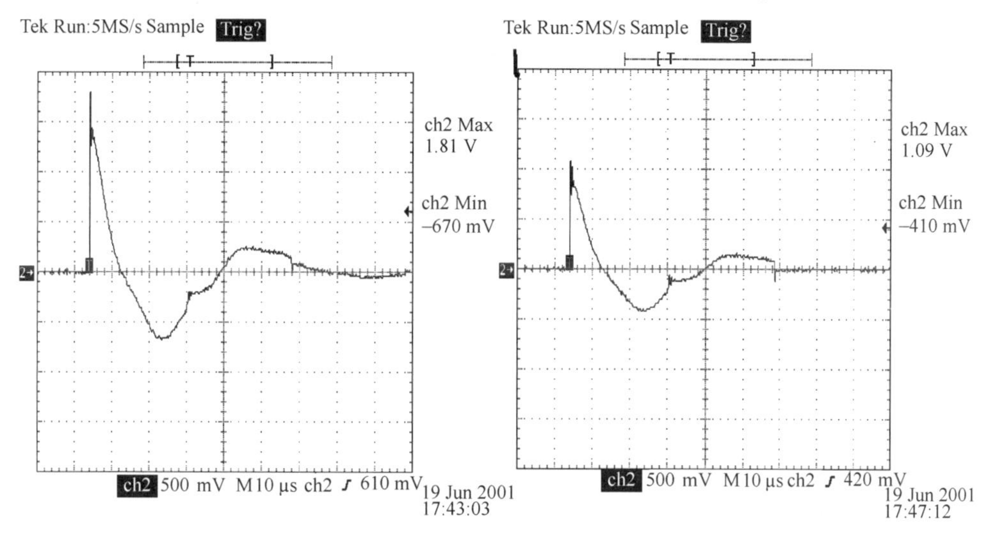

图 4.89　5 kA（左）、3 kA（右）的 8/20 μs 冲击电流下 1 m 长导线两端的压降

4.2.16　案例 48：如何选择 TVS 管的钳位电芯，峰值功率

【现象描述】

某设备的某信号口 A 采用 75 Ω 的连接器和 75 Ω 的同轴电缆。根据该产品的相关标准，该端口需要进行浪涌测试，测试电压为±2500 V，波形为 1.2/50 μs，内阻为 42 Ω。测试方式是差模，即浪涌信号叠加在该信号接口同轴电缆的芯线与外同轴皮之间。测试时发现如下现象：① 存在误码告警，且长时间不能恢复正常；② 对 A 信号口进行测试时，发现 B 信号口也会出现同样的告警问题，而且长时间不能自动恢复，重新上电后才能恢复正常。显然此现象不能满足浪涌测试 B 级判据的要求。

【原因分析】

该设备的接口信号正常电平为 3.3 V，经过检查电路设计发现，该设备中测试的信号接口并没有防浪涌保护电路，仅每路收发端有一个 1∶1 的 PULSE 信号变压器。从 PCB 设计看，其布局布线如图 4.90 所示。

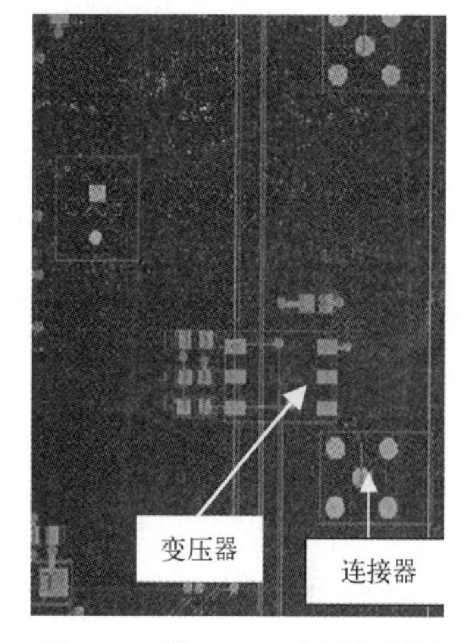

图 4.90　接口 PCB 布局布线图

另外，受测试的引脚 14/15 与 6/7 物理位置较远，相关的 PCB 信号布线间距是 70 mil。由此来推断，因为引脚或布线的耦合而使相邻接口产生问题的可能性几乎不存在，比较大的可能性就是器件内部的设计缺陷，只要芯片的信号接口引脚上出现一定幅度的电压，则该业务信号就会出现连续误码且不能恢复等问题。据测试，这个电压大概只有十几伏，比一般器件能抗的浪涌电压要弱，也可以说是该器件的设计缺陷，但是不能为了一个器件影响设备系统的总体抗浪涌性能，于是只能通过外加保护器件的办法降低浪涌信号在芯片上产生的浪涌残余电压幅度。计划使用几种常用的保护器件进行试验，考虑到寄生电容和信号速度的问题，选择的器件是 TVS 二极管。TVS 钳位电压与电流的关系如图 4.91 所示。

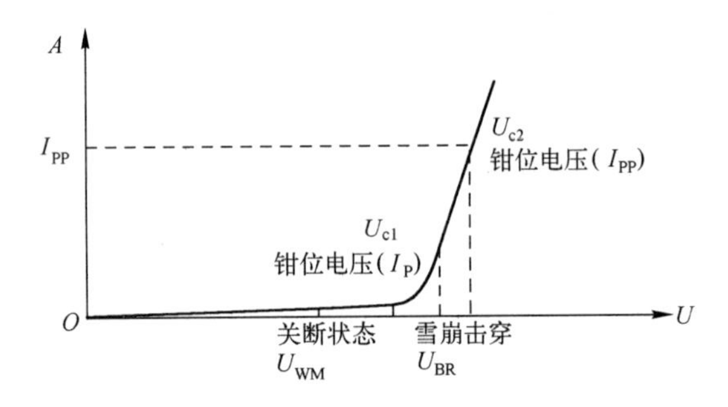

钳位电压的计算：

$$U_c = (I_P/I_{PP}) \times (U_{c\ max} - U_{BR\ max}) + U_{BR\ max}$$

式中，U_c 为钳位电压（V）的中间值，在 I_P 电流时测得；I_P 为实验时的峰值脉冲电流（A）；I_{PP} 为设计的最大钳位电流（A）；$U_{c\ max}$ 为设计的最大钳位电压（V）；$U_{BR\ max}$ 为设计的最大雪崩电压（V）。

图 4.91　TVS 电压与电流关系图

有以下几种保护器件等待测试：

- PSOT05L3，脉冲峰值功率为 300 W，钳位电压为 9.8 V（1 A）/11 V（5 A）。
- SLUV2.8-4，脉冲峰值功率为 400 W，通流能力为 24 A，钳位电压为 5.5 V（2 A）/8.5 V（5 A）。
- LC03-3.3，脉冲峰值功率为 1800 W，通流能力为 100 A（8/20），可进行差模和共模保护，钳位电压为 15 V（100 A 线—地）。

测试时，TVS 二极管的安装位置在变压器前，具体布局示意图如图 4.92 所示。

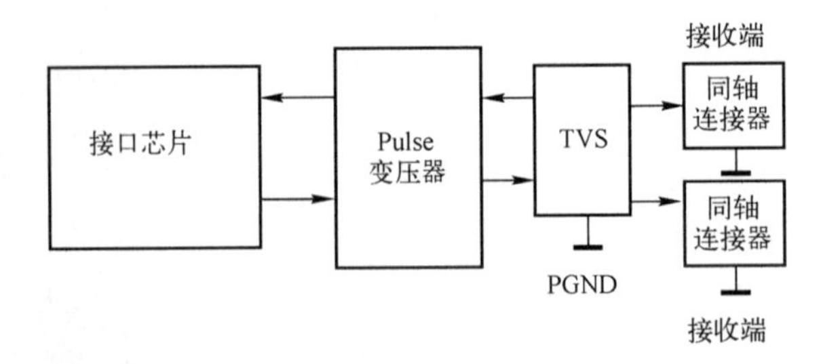

图 4.92　接口电路布局示意图

因为测试仪器的阻抗比较高，为了复现问题，采用提高测试电压的方法来验证解决方案。

（1）PSOT05L3 的测试结果

开始测试时浪涌电压为+1500 V，测试时没有发现问题；±2000 V 时测试也没有出现问题；±2500 V 测试时出现测试后信号不通的现象，必须接口 PCB 重新上电才可以恢复。从结果分析看，在±2500 V 时，测试电流已可以达到约 15 A；从该器件的资料上看，在该电流时，器件已不能有效钳位，钳位电压至少在数十伏以上，再经过变压器，在芯片引脚上产生与上述问题出现时同样的电压幅度，从而导致同样问题的产生，显然该器件不能解决该问题。

（2）SLUV2. 8-4 的测试结果

该器件比 PSOT05L3 的钳位电压和能承受电流能力更强，测试直接从±2500 V 开始，在该电压下没有问题，再进行±3000 V 测试，结果出现同样的故障，要使接口 PCB 重新上电才能恢复正常。分析原因，与 PSOT05L3 类似，故障出现时，SLUV2. 8-4 的钳位电压已经有 10 V 多。SLUV2. 8-4 二极管仍然不能有效地解决问题。

（3）LC03-3. 3 的测试结果

开始时测试电压为±2500 V，没有异常现象出现，依次进行±3000 V、±3500 V 的测试都没有异常现象出现。从器件手册看，此时的钳位电压约为 5 V。重复进行测试，仍然没有异常现象出现，该二极管可以满足要求。

【处理措施】

通过以上器件解决方案对比测试，可以得出以下结论：① 选用的 TVS 的钳位电压在测试的浪涌电流条件下要足够低，至少在 8 V 以下。通常在信号回路中时，应当有 TVS 的钳位电压是 1. 2~1. 5 倍的最大信号正常工作电压。实际上也是要求选用 TVS 要具有足够高的脉冲峰值功率，能够承受浪涌信号大电流的冲击。② 共模和差模保护器中都需要考虑到在 PCB 中的空间问题，应选用集成度较高的器件。所以只要保证选择的 TVS 满足以上①和②的条件，该设备的浪涌问题就可以得到解决。所以选用 SEMTECH 公司的 LC03-3. 3 器件可以解决该问题。

【思考与启示】

（1）在选择钳位型浪涌保护器件时，峰值脉冲功率、通流能力、钳位电压均要考虑。通常通流能力越大，同时钳位电压越低，效果越好。通常在信号回路中时，TVS 的钳位电压应当是 1. 2~1. 5 倍的最大信号正常工作电压。

（2）选择 TVS 进行浪涌保护时，不但要考虑 TVS 的钳位电压、功率，还要考虑 TVS 的结电容对信号本身的影响。表 4-8 和图 4. 93 可以作为参考。

表 4-8　电容对信号本身的影响

	低速接口 10~100 kb/s	高速接口 2 Mb/s	低速 CMOS	TTL
上升时间 t_r	0. 5~1 μs	50 ns	100 ns	10 ns
带宽 B_W	320 kHz	6 MHz	3. 2 MHz	32 MHz
总阻抗 R	120 Ω	100 Ω	300 Ω	100~150 Ω
最大电容 C	2400 pF	150 pF	100 nF	30 pF

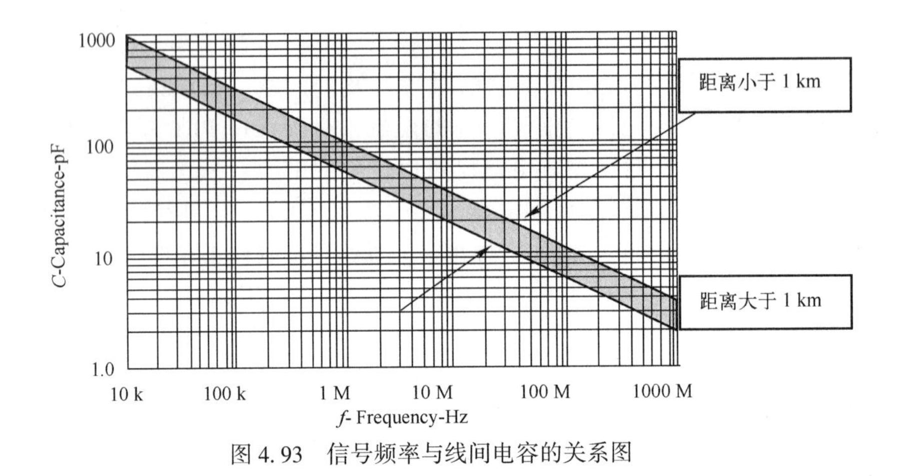

图 4.93　信号频率与线间电容的关系图

4.2.17　案例 49：选择二极管钳位还是选用 TVS 保护

【现象描述】

某产品有 2 MHz 频率的接口电路。由于该产品的应用环境要求，该电路需要进行浪涌保护设计，并进行 1 kV 的浪涌测试。该接口电路的保护电路采用 SGS-THOMSON 公司推荐的 TPN3021 和 DA108S1RL 所组成的电路，如图 4.94 所示。在浪涌测试时，发现该接口不能满足浪涌测试指标。

【原因分析】

如图 4.94 所示的原理图中，采用二极管 DA108S1RL 构成钳位电路。由于二极管的 PN 结具有单向导电性能，并具有较高的响应时间，故当浪涌干扰电压高于二极管的正向导通电压时，二极管导通，其后一级电路会得到保护。图 4.94 中的电阻 R_5、R_6 起限流保护作用。以 a 点为例，当 a 点电位高于 U_{CC}（+5 V）0.7 V 时，二极管 VD_5 导通，a 点电位被钳位在 5.7 V；当 a 点电位低于 GND 0.7 V 时，二极管 VD_1 导通，a 点电位被钳位在−0.7 V。在理想情况下，可将 a 点电位钳位在−0.7~5.7 V 之间。由于 a 点到二极管引脚和二极管引脚到 U_{CC}、GND 之间存在寄生电感，二极管存在结电容且考虑到二极管的响应时间，所以实际施加浪涌干扰时，a 点电位只能被钳位在±10~±20 V 之间，图 4.95 是用示波器在 a 点实际测试到的电压。

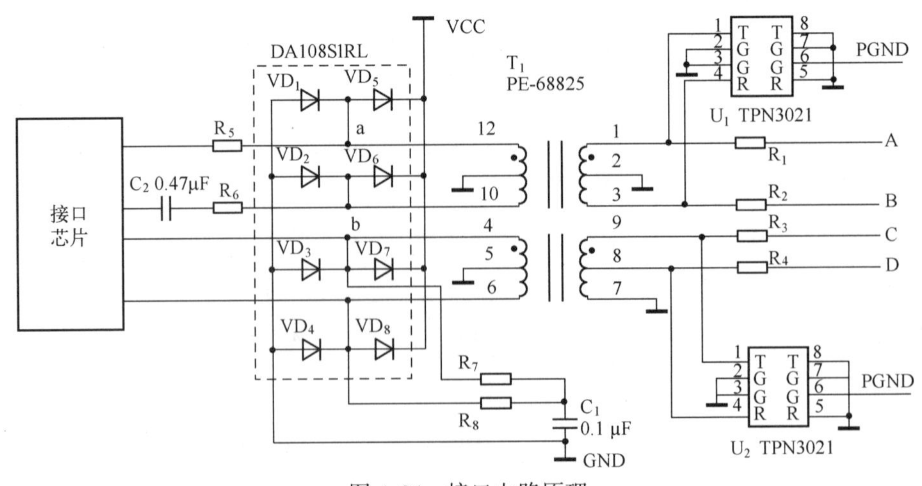

图 4.94　接口电路原理

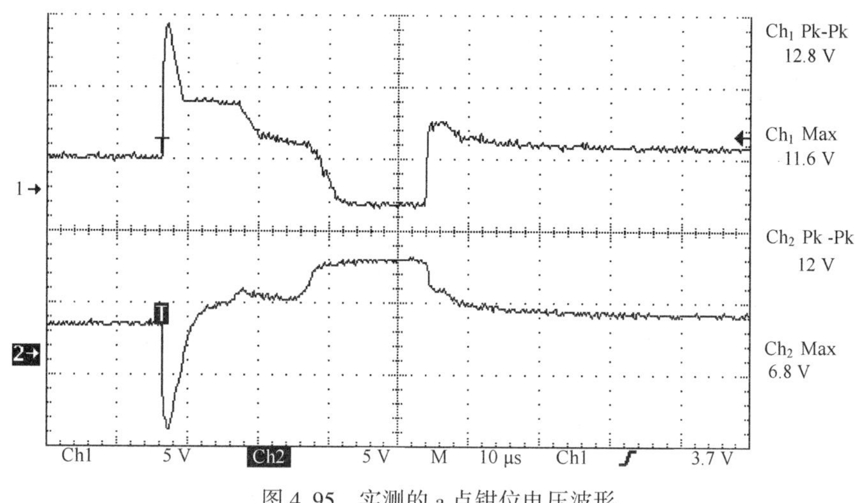

图 4.95　实测的 a 点钳位电压波形

图 4.94 中，由 DA108S1RL 构成的钳位电路并没有像想象中的那样将干扰电压钳位到很低。在查看接口芯片的资料时发现，该芯片的接口可以承受的浪涌电压为 18 V。可见，浪涌测试时，a 点电位高是引起 DS2154 损坏的主要原因。因此如果找到一个钳位电压更低(小于18 V)的保护电路，则该问题将得到解决。

【处理措施】

通过上面的分析，a 点耦合电位高是引起 DS2154 损坏的主要原因。用 ProTek 公司的 TVS 器件 PSOT05 替代 DA108S 1RL 可以起到更好的钳位和泄放作用。其电路如图 4.96 所示。

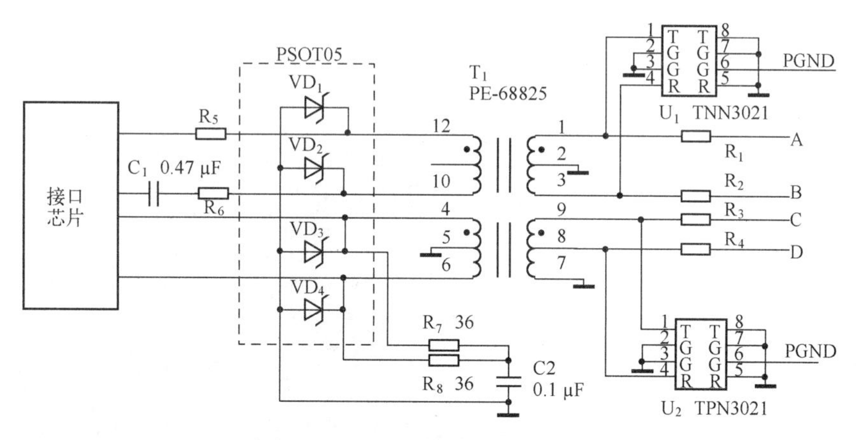

图 4.96　更改后的接口电路原理图

TVS 是利用反相击穿原理来进行过压保护的一种特殊二极管。TVS 抗浪涌能力很强，工作电压和启动电压较低，同时瞬变响应时间也比较快，结电容也比较低。故此，TVS 器件成为电子设备的理想保护器件。PSOT05 的典型击穿电压（启动电压）约为 6 V，峰值功率为 300 W（8/20 μs 脉冲波形），结电容的容量为 5 pF，响应时间为 10×10^{-12} s。a 点电位高于启动电压时，VD_1 被反向击穿，与 GND 之间形成泄放回路。采用此电路后，a 点的波形如图 4.97 所示，可以有效地保护接口芯片。

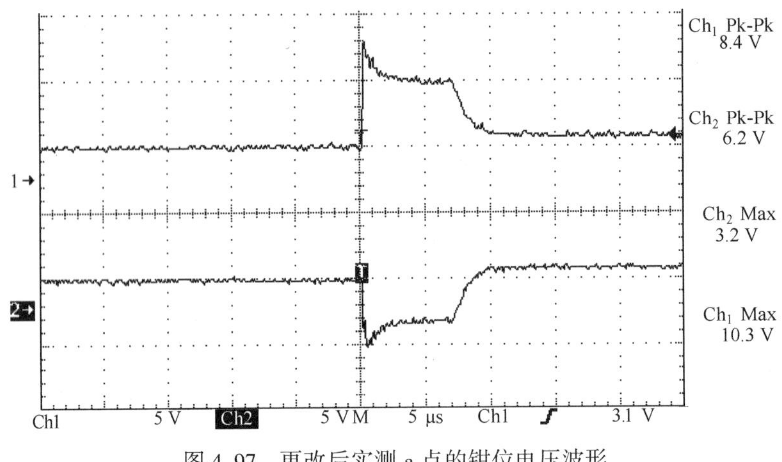

图 4.97　更改后实测 a 点的钳位电压波形

【思考与启示】

(1) 二极管（包括肖特基二极管、高速二极管、PIN 二极管）和 TVS 均可以作为瞬态干扰的保护，但是保护原理不一样。二极管利用正向导通特性；TVS 利用反向击穿原理。二极管与 TVS 相比通常具有更低的结电容，设计时一定要权衡其利弊。

(2) 如果使用二极管作为瞬态干扰的保护，则建议使用响应时间较快的二极管。

4.2.18　案例 50：单向 TVS 取得更好的负向防护效果

【现象描述】

某品牌出口印度市场的智能手机出现高比例电源管理集成电路（Power Management IC，PMIC）返修故障，PMIC 损坏实图见图 4.98。

图 4.98　PMIC 损坏实图

【原因分析】

半导体技术遵循摩尔定律飞速发展着，随之而来的是手机功能越来越复杂，从最开始的功能性手机，到现在的智慧型手机；手机已深深融入到人们的日常生活当中，成为人们利用率最高的电子产品。一方面由于手机芯片的集成度越来越高，导致芯片更加脆弱，承受外界干扰的能力变弱，另一方面人们使用手机的时间也越来越长，导致手机充电次数随之增加，加上市面上参差不齐的充电器及不稳定电网的影响，这些因素的叠加，最终导致手机的各种损坏返修，而这些返修问题中，充电 IC 和 PMIC 占得比例最大。应对充电 IC 和 PMIC 返修过高的问题，目前各大手机厂商纷纷提高 EOS（Electrical Over Stress，电气过应力）测试标准，提升抗 EOS 性能。

目前品牌手机客户大多采用 EOS 300 V 测试标准，该测试采用 IEC 61000-4-5 标准混合波波形，其测试内阻为 2 Ω，这就要求手机的电池端口采用图 4.99 所示的防护电路原理，并且 TVS 必须至少具有 140 A 的脉冲峰值电流（IPP）通流能力，才有机会通过此测试。图 4.99 中，虚框内的元器件可以采用大通流、低残压的 TVS 管（单向或双向）。为比较各种方案的区别，特进行如下测试试验：

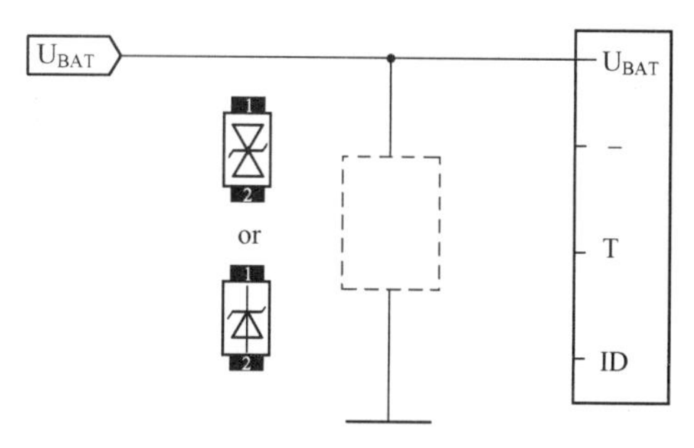

图 4.99　电池端口的 EOS 防护电路原理

首先选用了一个 SOD323 的 TVS 管（此封装较大，用在手机上较为勉强，此处只做验证测试用），查看产品规格书得知，IPP 在 130 A 时残压为 22.7 V。经过测试其在正浪涌电压和负浪涌电压时的残压见图 4.100（图 4.101）。

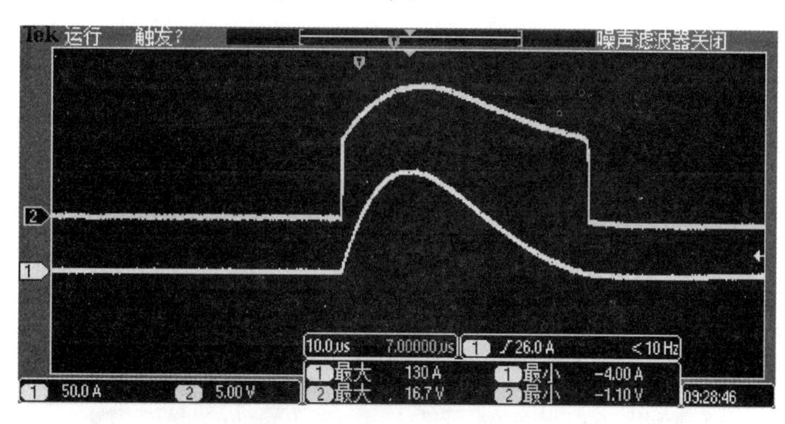

图 4.100　130 A 时残压 16.7 V

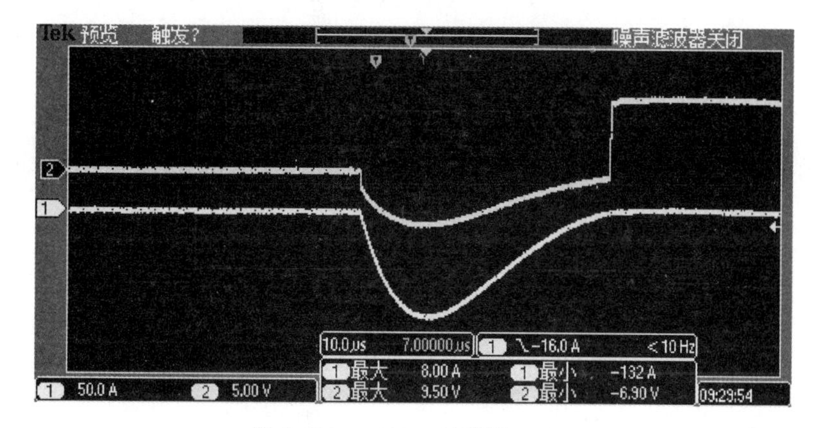

图 4.101　-132 A 时残压-6.9 V

测试结束后，验证手机的功能，发现手机不能开机，原因是 PMIC 已损坏，无输出。经分析得知，虽然此 TVS 可以满足 140 A 的通流量，但是其残压太高，导致 PMIC 无法承受，最终使 PMIC 损坏（见图 4. 102）。

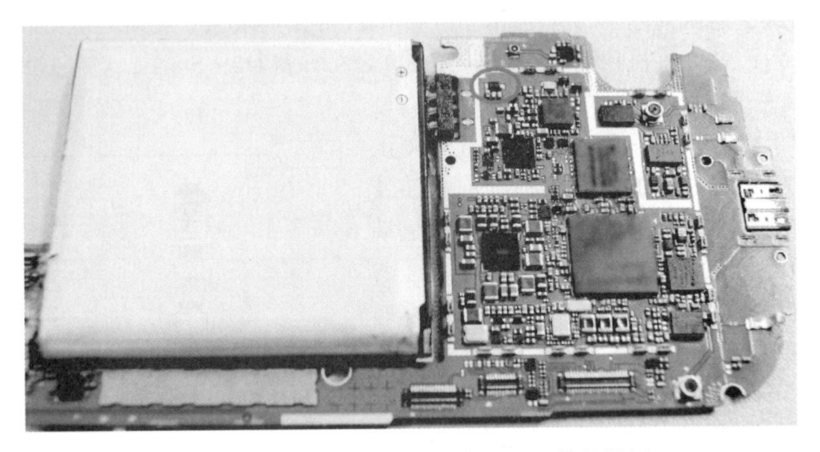

图 4. 102　增加某型号 TVS 后，PMIC 依然损坏

随后选用另一个 TVS 管，此 TVS 是 DFN1610 封装，其规格书显示残压较低（在 100 A 时典型值 9. 6 V）。上板正向浪涌测试完后可以正常开机，负向测试后发现不能开机，经检测，同样是因为 PMIC 损坏无输出电压。分析发现，因为此 TVS 是双向的 TVS，其负向残压比较高，而目前 PMIC 芯片对负压尤为敏感，所以 PMIC 在面对负向浪涌时，需要更低的残压才能提供有效防护。其±140 A 时残压分别如图 4. 103、图 4. 104 所示。

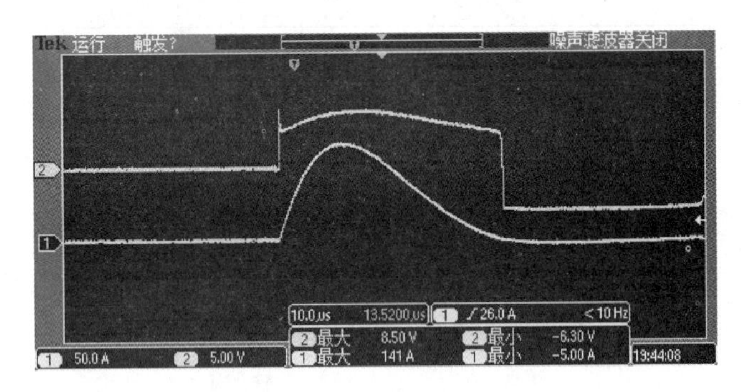

图 4. 103　141 A 时残压 8. 5 V

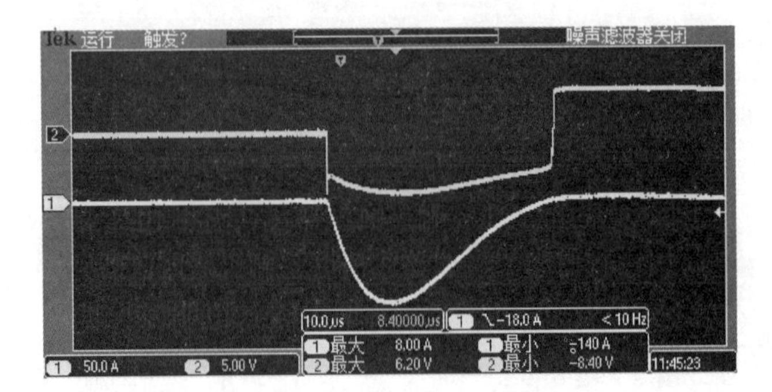

图 4. 104　-140 A 时残压-8. 4 V

换第三种 TVS：BV-FE05ZA，此 TVS 是一单向 DFN1610 封装，通流量高达 140 A，在 IPP 100 A 时残压只有 9 V，且由于是单向，负向残压极低。测试完成后确认负向残压够低后，正负 300 V 浪涌测试后手机均能正常开机工作，测试时，残压如图 4.105、图 4.106 所示。

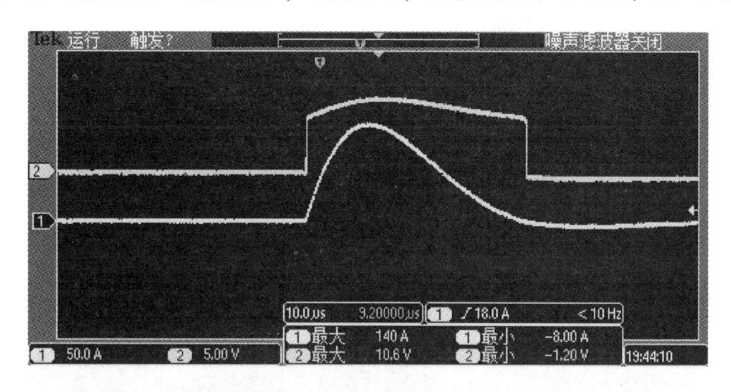

图 4.105　140 A 时残压 10.6 V

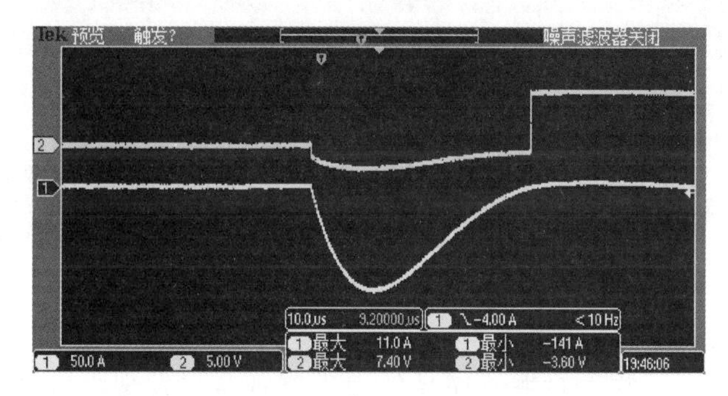

图 4.106　-141 A 时残压-3.6 V

【思考与启示】

（1）因为芯片负压耐受度较低，所以在电路设计时，需要尤其注意负压部分的雷击浪涌保护效果，单向 TVS 可以在负向防护时提供极低的残压。

（2）在强调 TVS 的 IPP 的同时，也需要同时关注残压，残压的高低直接决定了防护效果。

4.2.19　案例 51：注意气体放电管的弧光电压参数

【现象描述】

在气候比较炎热的地区，设备遭受雷击的风险较大，在很多场合应用的产品必须设计具有较高防雷等级的接口电路。在通信、安防、工业等领域，对电源 DC12 V 端口往往需要做到3 kA 或者更高（5 kA、10 kA）的防雷等级。针对如此高等级的防护，通常会选用 GDT（气体放电管）加电感再加 TVS 组合的多级防护方案，而这个 GDT 的弧光压参数就比较关键，选择不合理就会出现续流问题。

图 4.107 所示的是 DC12 V 电源口能通过 3 kA 雷击浪涌电流测试的设计方案，该方案同时兼容 AC24 V 电源输入。

就是这样一个能通过 3 kA 雷击浪涌电流测试的设计方案，在实际应用中，设备在现场应用一段时间后却出现了失效，开机箱发现 GDT 从板子上滑落，设备电源口损坏。如图 4.108 所示，失效样品电极出现发黑现象。

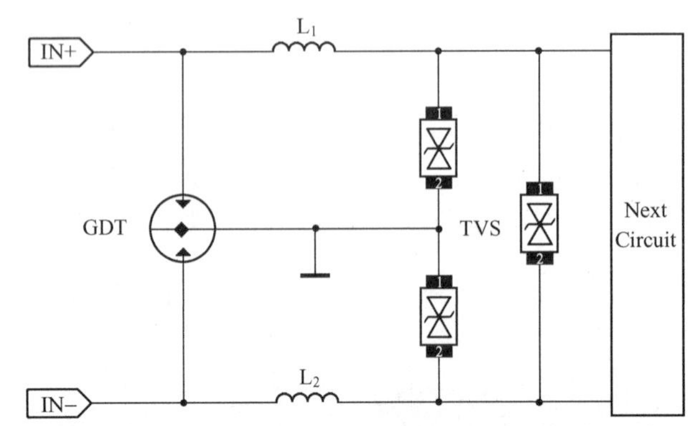

图 4. 107　DC 12 V 能通过 3 kA 雷击浪涌电流测试的设计方案

图 4. 108　失效样品实物图

【原因分析】

拿到失效的样品后，首先对失效样品外观进行观察，发现电极端已氧化发黑，且电极表面有轻微熔化，从此特征初步判断为由于过电流导致产品长时间处于弧光放电状态，致使产品发热氧化，即放电管很有可能发生续流问题。然后，测试产品直流击穿电压，发现失效产品一端出现短路，另一端正常。最后对产品进行 X-Ray 照射分析，如图 4. 109 所示，两电极已熔化到一起，导致短路，此现象也表明气体管是因为续流导致的内部电极熔化短接。

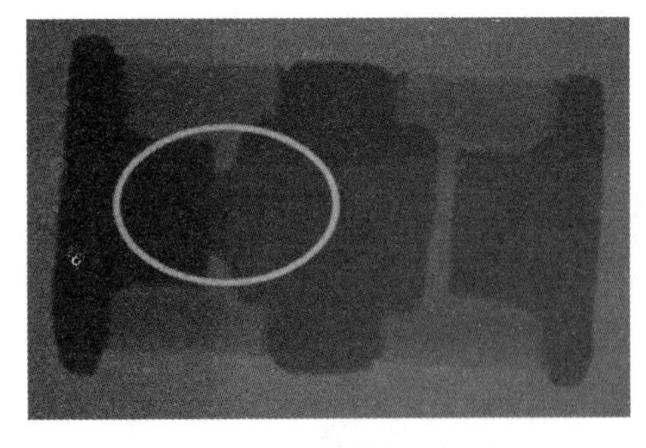
图 4. 109　失效样品 X-RAY

从上述产品失效特征分析，此产品是由于气体放电管在使用过程中出现了续流而失效的。

气体放电管属于开关型器件，其续流问题与弧光电压参数关系较大，当气体管动作后其电极两端电压高于弧光电压值且有足够大的电流，就会形成续流问题。从此失效器件分析，因为发现损坏的气体放电管只有单端失效，并且如果要续流，线-地之间就需要一个较高的直流电压，所以触发气体管动作的是共模（线对地）的能量。

当产品电源由 AC24 V 供电时，如图 4. 110 所示，无论是 AC24+还是 AC24-对 PE 均不会产生大的直流电压，所以基本不会形成续流。

当产品由 DC12 V 供电时，当电源适配器或者集中供电设备的 0 V 线与三大地相连，就会使 DC12 V 与图 4. 111 中的 PE 间有 12 V 的直流电压长时间存在，从而导致续流问题。

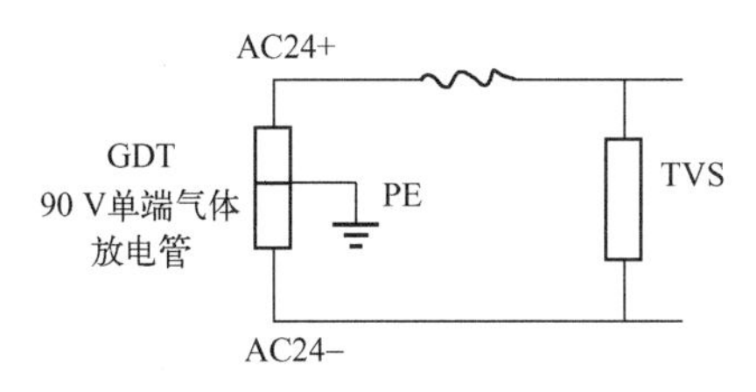

图 4.110　AC24 V 气体管应用状态

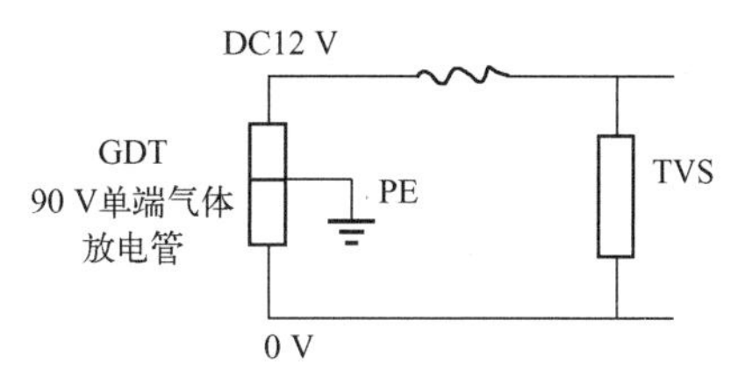

图 4.111　DC12V 气体管应用状态

那么，如何针对 AC24 V/DC12 V 端口选用合适的气体放电管，并避免产生续流问题呢？首先，搭建模拟直流供电状态下的测试环境，按照如图 4.112 所示的续流问题分析测试原理图进行配置。图 4.112 中，三端气体放电管选用中间极与上极连接 DC 电源，采用二极管做保护，防止浪涌能量打坏 DC 电源。浪涌测试波形为 1.2/50 μs，2 Ω内阻，测试电压为 2 kV，在这样的测试情况下，气体管会动作。实际测试布置图如图 4.113 所示。用示波器探头来检测放电管两端电压及其回路上的电流。

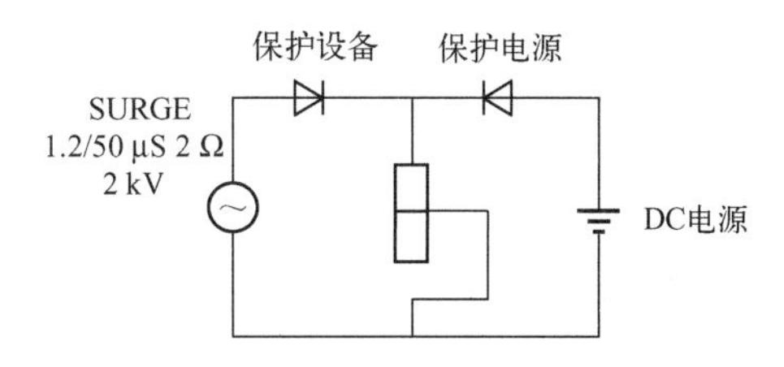

图 4.112　续流问题分析测试原理图

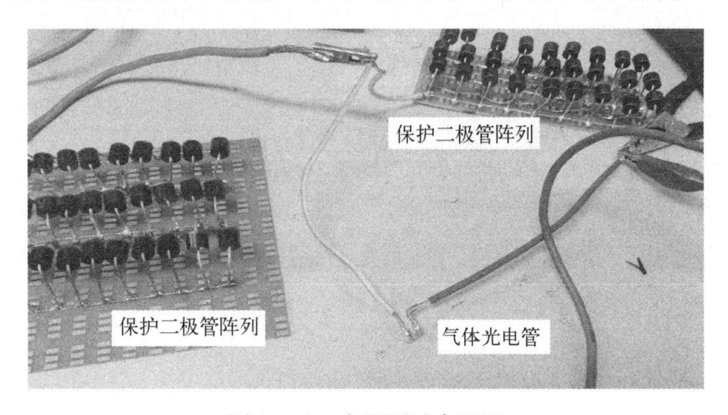

图 4.113　实际测试布置图

从理论上所知：GDT 续流问题主要取决于弧光压这个参数，故选用两款不同弧光压的气体放电管产品进行对比测试：

其中一个是弧光压为 8 V@ 1 A 的产品，型号为 B3D090L-C（常规弧光压）；另一个是弧光压为 15 V@ 1 A 的产品，型号为 B3D230L-CD（高弧光压）。

测试结果见表 4-9。

表 4-9　不同产品弧光压测试

测试条件 / 测试结果	弧光电压均值@ 1 A	DC8 V	DC10 V	DC12 V	DC14 V	DC16 V	DC18 V	DC20 V
B3D090L-C	8.2 V	通过	1～400 mS 续流，自动切断	1 个失败	2 个失败	—	—	—
B3D230L-CD	16.3 V	—	—	—	通过	通过	通过	1 个失败

注：各取 5 个样品测试，用浪涌 1.2/50 μs，2 kV，2 Ω 冲击正负 5 次，“—”表示该产品未测试该项目，“通过”表示全部测试通过，“1 个失败”表示 5 个测试中有 1 个无法断开续流。

从以上测试结果可以看出如下两点。

（1）常规弧光电压的气体放电管产品 B3D090L-C 在带电 DC8 V 测试时，产品基本不出现续流，带电 DC10 V 测试时，出现短时间的续流，但都能够自动恢复，当带电 DC12 V，DC14 V 测试时，出现无法切断的长时间续流，需要通过空开或者保险丝才能切断续流。

（2）高弧光电压的气体放电管产品 B3D230L-CD 带电 DC14 V、DC16 V、DC18 V 测试，气体放电管产品未出现续流现象，带电 DC20 V 测试时，有 1 个产品出现长时间续流而无法切断，需要通过空开或者保险丝来切断续流。

测试波形如下。

a. 器件选用：B3D090L-C 中间极与其中一个端极

DC 电源供电电压为 10 V 时，波形图如图 4. 114 所示。

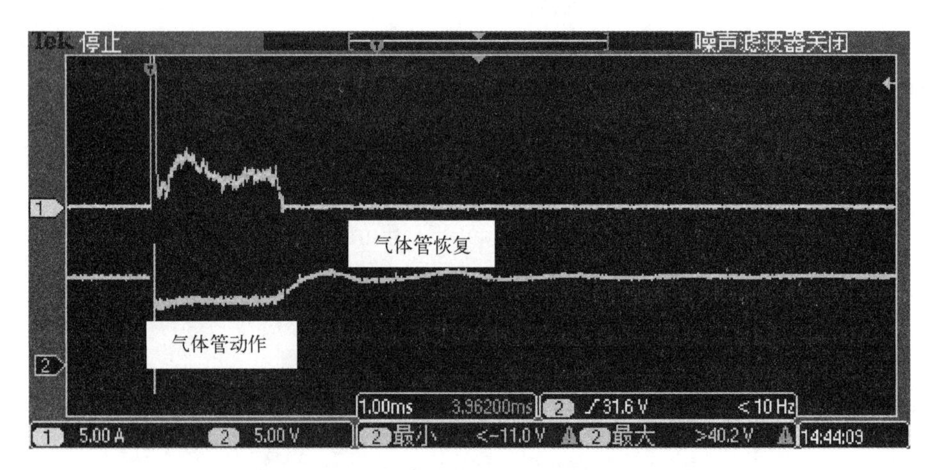

图 4. 114　DC 供电 10 V 状态下的不续流波形

注：图中下方线条表示电压波形，上方线条表示电流波形。

DC 电源供电电压为 12 V 时，波形图如图 4. 115 所示。

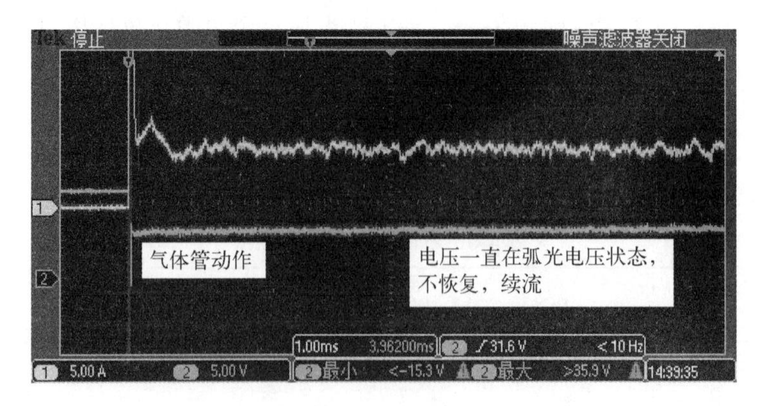

图 4. 115　DC 供电 12 V 状态下的续流波形

从上述两张图对比显示：当 DC 供电电源为 12 V 时，气体管动作后两端电压一直维持在低的弧光电压状态，无法遮断恢复，出现续流现象，最终气体管发热两端焊锡熔化断开。

（若焊在板子上可能出现板子烧黑、短路现象。）

b. 器件选用：B3D230L-CD 中间极与其中一个端极

DC 电源供电电压为 18 V 时，波形如图 4.116 所示。

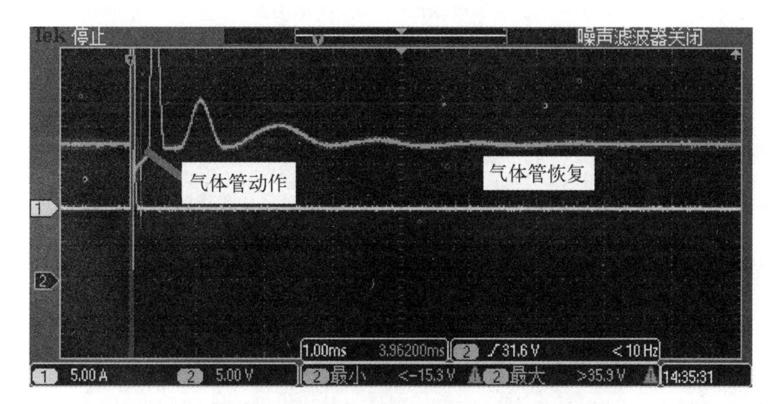

图 4.116　DC 供电 18 V 状态下的不续流波形

DC 电源供电电压为 20 V 时，波形如图 4.117 所示。

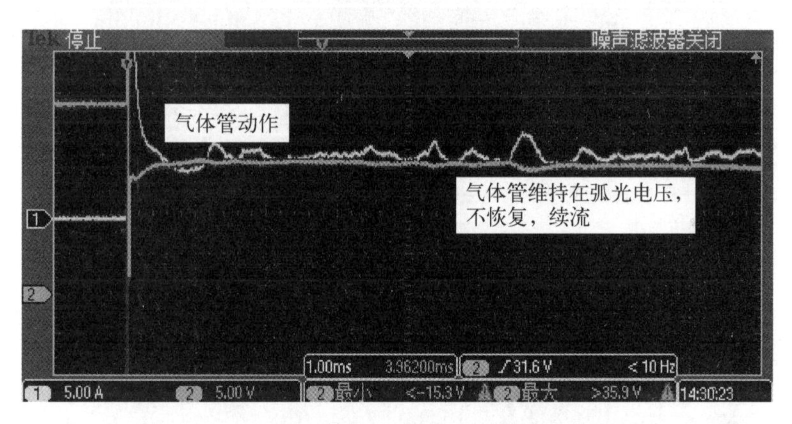

图 4.117　DC 供电 20 V 状态下的续流波形

从上述两张图对比显示：当 DC 供电电源为 12 V 时，气体管动作后两端电压一直维持在低的弧光电压状态，无法遮断恢复，出现续流现象，最终气体管发热两端焊锡融化断开。B3D230L-CD 的续流直流电压远远大于 B3D090L-C。

【处理措施】

针对上述问题，防护电路中需要把原先低弧光电压气体放电管 B3D090L 改为高弧光电压气体放电管 B3D230L-CD，在 DC12 V 应用中能有效避免气体放电管续流问题。

另外一点需要注意：如果 DC12 V 正常工作电压/电流较大时，需要重新测试大电流下的弧光电压值，一般气体放电管元器件产品规格书上能说明的弧光压参数均是在 1A 状态下测试的，随着工作电流的增大，气体放电管的弧光电压值会下降，表 4-10 所示的是一个型号为 BF151M 的高弧电压气体放电管分别在 1 A、3 A、5 A 电流下的弧光电压值。

表 4-10 型号为 BF151M 的气体放电管在不同电流下的弧光电压值

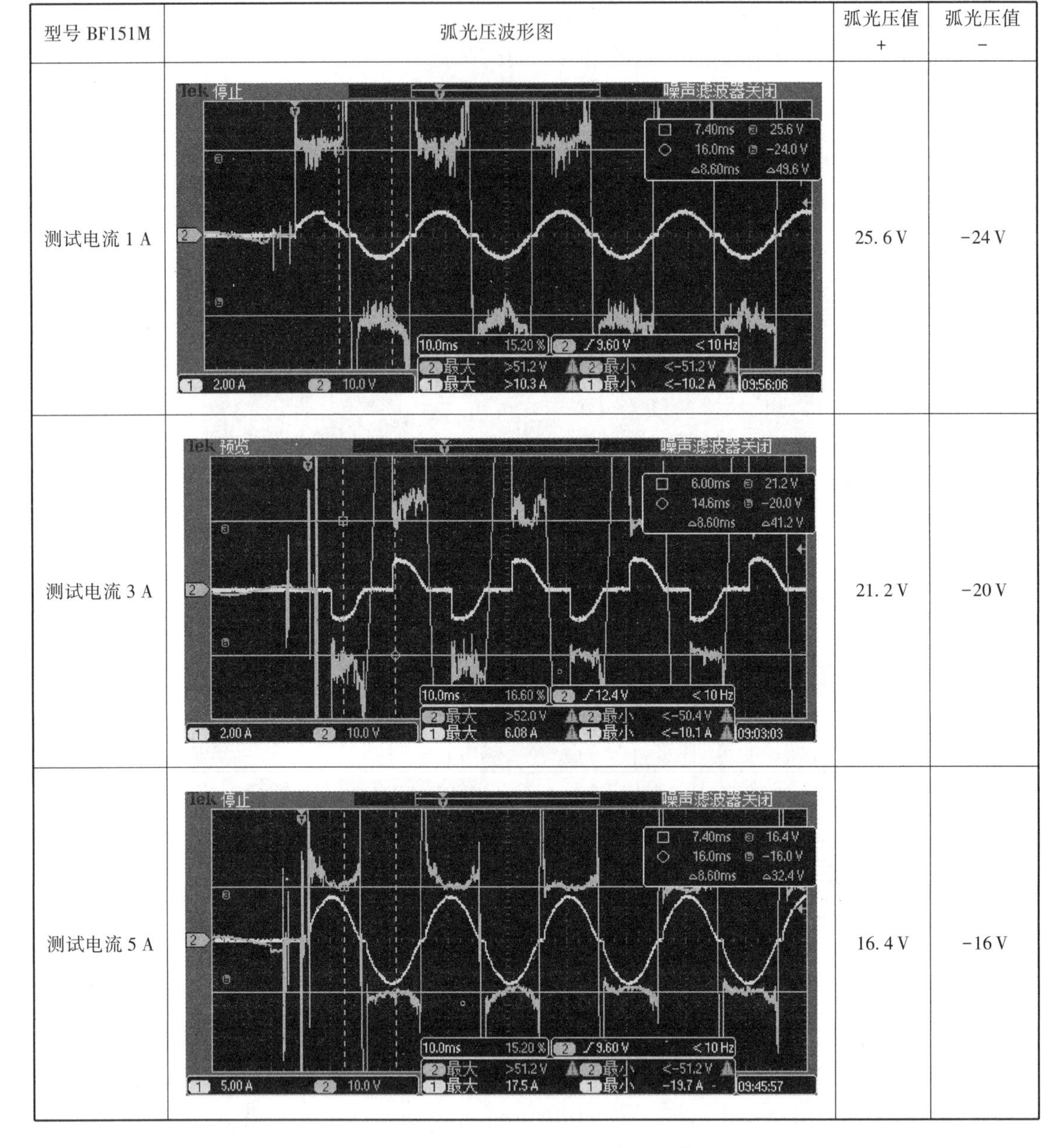

型号 BF151M	弧光压波形图	弧光压值 +	弧光压值 −
测试电流 1 A		25.6 V	−24 V
测试电流 3 A		21.2 V	−20 V
测试电流 5 A		16.4 V	−16 V

从表中明显可以看出，随着电流的增加该器件的弧光电压值在减小。因此，在 DC12 V 端口较高等级的雷击保护场景，需要使用气体放电管来进行防护时，一定要注意弧光压问题，且一定要产品供应商提供最大工作电流下的弧光压值。

【思考与启示】

电源口的防雷保护，选用器件时一定要注意器件的特性，如果使用不当，轻则引起保护电路失效，重则引起电路起火，总之都会带来损失。

下面是防护器件在直流电源口应用时需要注意的点。

对于气体放电管：

（1）最大工作电流下的弧光压值必须大于该状态下的工作电压。

（2）需要测试低压浪涌，部分选用 GDT，动作电压偏高，低压部分需要特别关注并进行测试。

对于 TVS 管：

（1）注意规格书标注 10/1000 μs 下的残压，与实际雷击测试 1.2/50 μs 下的残压会不一样。

（2）选型时需要注意雷击裕量，TVS 管失效是由短路造成的，电路上需要做过流保护，否则容易引起燃烧风险。

（3）电压挡位的选用是需要稍大于最大工作电压的，比如 DC12 V 工作电压需要选用 15 V 的 TVS 管而不是 12 V 的。一方面是电压波动的原因，另一方 TVS 的动作电压大部分都是 1 mA 下的值定义出来的，所以在不动作电压下是存在一定漏电流的。

电路保护设计看似简单，但是其中也存在较多的风险点，建议电路设计时多与相关专业技术人员沟通交流，选用更合适、更安全、更可靠的保护方案。

4.2.20　案例 52：用半导体放电管做保护电路时并联电容对浪涌测试结果的影响

【现象描述】

某型工业控制机在进行串行接口的工作地与机壳之间的共模浪涌测试时（电压波形为 10/700 μs，电流波形为 5/320 μs，测试内阻为 40 Ω，测试电压为 1 kV，电流为 25 A），发现信号地与保护大地之间的浪涌保护器件 TSS（半导体放电管，型号 BS8000N-C-F）出现了短路损坏，从而导致整机浪涌测试不能通过。

对比浪涌的测试等级与保护器件通流能力规格参数，保护器件的最大浪涌电压和通流能力分别为 6 kV 和 150 A（电压波形为 10/700、电流波形为 5/320 μs 、测试内阻为 40 Ω），其电压电流参数远远超过测试等级，在常规使用条件下，按理说不应该出现损坏，然而为什么在此工业控制机中出现了异常损坏呢？图 4.118 所示的是现有方案的等效电路图，图中电路为被测产品串行接口工作地（图 4.118 中的 AGND）与机壳（图 4.118 中的 EGND）之间的保护电路。

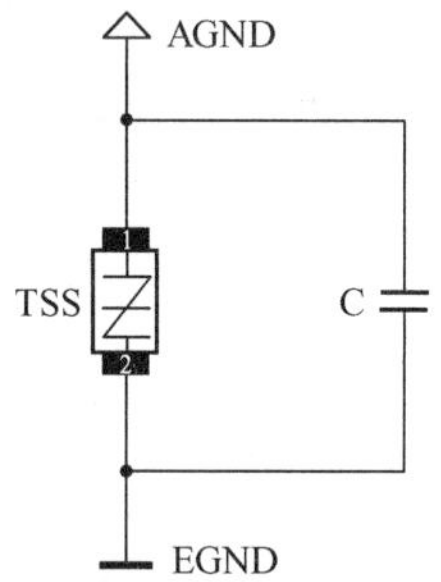

图 4.118　现有方案等效电路图

【原因分析】

首先，根据测试出现的现象，推测可能导致保护器件损坏的原因如下。

（1）浪涌发生器输出异常，测试电压或电流值超过设置值。

（2）TSS 单体器件的浪涌通流能力达不到规格参数的标称等级。

但是，经过现场确认和实验测试，两种原因均不能成立，因为：①用电流环与示波器进行浪涌发生器原波检测，浪涌发生器波形和能量输出正常；②对单体器件进行最高浪涌测试等级（电流波形为 10/700 μs，测试电压为 6 kV，而是内阻为 40 Ω，正负各 5 次），且批量测试验证，实验后器件参数依旧正常，TSS 元器件浪涌承受能力不存在问题。那是什么原因导致保护器件规格参数均符合设计要求，在测试等级远低于器件最大电压、最大电流承受能力时也发生损坏呢，仔细分析被测产品的设计原理图后发现串口连接的信号地（AGND）与保护地（EGND）之间并联了 14 个容值为 2.2 nF 的电容，用万用表实际测量 TSS 两端电容值为 30 nF。这样在进行信号地（AGND）与保护地（EGND）之间浪涌测试时，浪涌电流会在被击穿导通之前对电容进行充电，即图 4.119 中的 I_1 电流。在 TSS 被击穿导通后，电容会对 TSS 进行反向放电，即图 4.119 中的 I_2 电流。浪涌电流与电容放电电流相互叠加会导致保护器件（TSS）损坏，图 4.120 为各点电流捕捉示意图，图 4.121 为电容充电实际测量波形图。

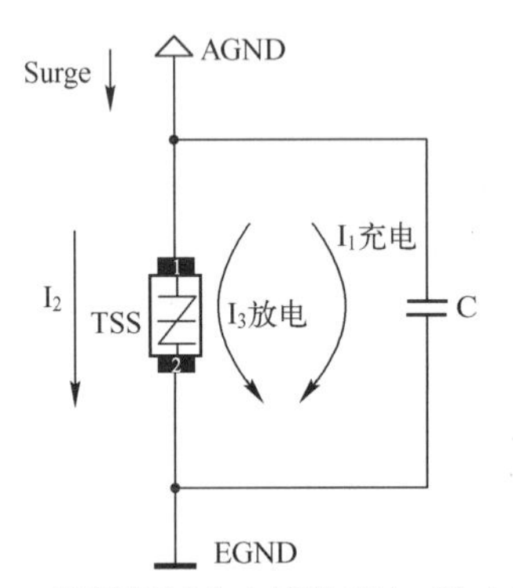

图 4.119　浪涌测试中电容的充电/放电示意图

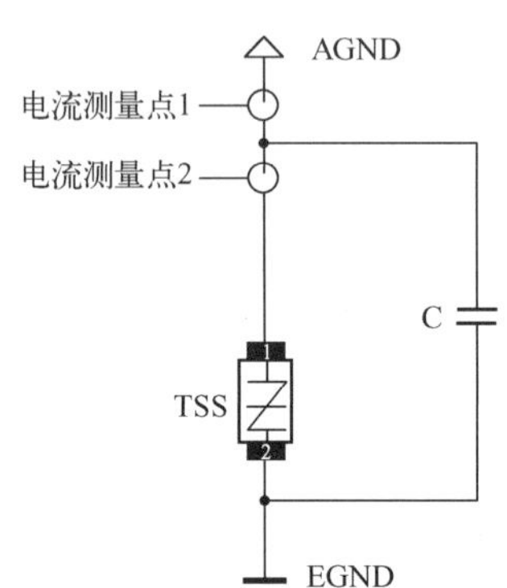

图 4.120　各点电流捕捉示意图

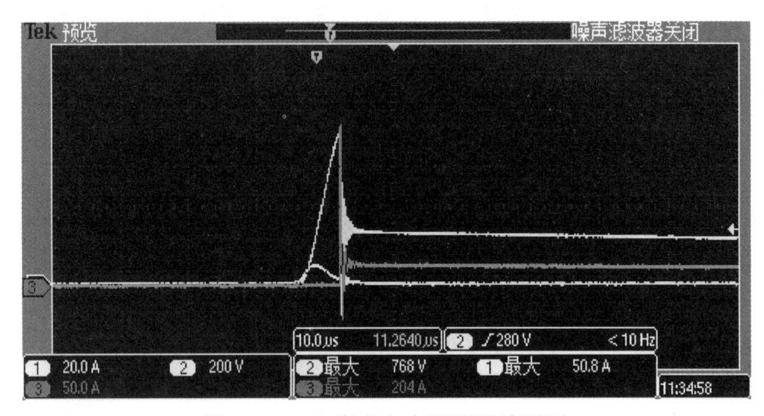

图 4.121　电容充电实际测量波形图

【处理措施】

为了使被测产品浪涌测试能够通过，并且信号地与保护地之间的保护器件（TSS）不损坏，主要的解决方法有两种：第一种是降低并联电容值；第二种是限制电容放电时，流过 TSS 的电流大小。因设备设计已经定型，此时减少电容数量对整机的 EMC 性能影响很大，可行的办法就只能是第二种，即通过增加限流器件来限制电容放电时，流过 TSS 电流的大小。具体的处理措施是在保护器件（TSS）前串联阻值为 5 Ω 的 PTC 来做限流处理（原理图如图 4.122 所示），经过反复的浪涌测试与验证，设备可以通过电压为 6 kV，电压波形为 10/700 μs 的浪涌测试，产品浪涌测试不通过的问题得以解决。

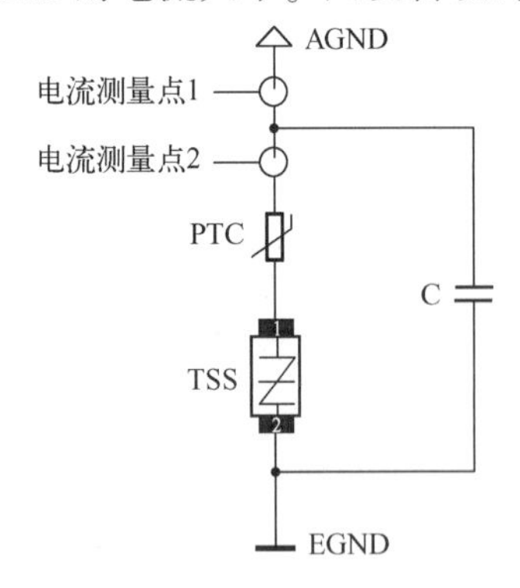

图 4.122　串联 PTC 后的浪涌保护电路原理图

为了进一步明确以上处理措施，又进行以下两组试验以验证降低并联电容值与增加限流器件限制电容放电时流过 TSS 电流大小都能够对通过浪涌测试起到良好的作用。

试验一：只降低保护器件（TSS）并联电容值，测试 TSS 在不同的浪涌测试等级下是否会损坏。测试结果见表 4-11。

表 4-11　TSS 并联电容的测试结果

并联电容值	最高测试等级 (10/700 μS-40 Ω)	测 试 次 数	是 否 损 坏
40 nF	1 kV	1T	SHORT
20 nF	1 kV	1T	SHORT
10 nF	1 kV	±5T	SHORT
7.5 nF	1 kV	±2T	SHORT
5.0 nF	6 kV	±5T	OK
2.5 nF	6 kV	±5T	OK
0 nF	6 kV	±5T	OK

从表 4-11 可知，随着并联电容值的降低，保护器件能够耐受的浪涌等级升高。当并联的电容值不大于 5 nF 时，保护器件可以通过最大浪涌测试等级的测试，即 6 kV/150 A 浪涌试。

实验二： 增加限流器件，如 PTC、电阻、导线，限制电容放电电流大小。测试结果见表 4-12。

表 4-12　增加不同限流器件的测试结果

并联电容值	实验等级 (10/700 μS-40 Ω)	测 试 次 数	串 联 器 件	TSS 试验后
40 nF	1 kV	±5T	3 Ω 电阻	OK
40 nF	2 kV	±5T	3 Ω 电阻	OK
40 nF	1 kV	±5T	5 Ω PTC	OK
40 nF	2 kV	±5T	5 Ω PTC	OK
10 nF	1 kV	±5T	10 cm 导线	OK
10 nF	2 kV	±5T	10 cm 导线	OK

图 4.123 为在保护器件（TSS）并联电容值为 40 nF 的条件下，浪涌测试电压为 1 kV 时，测得电流峰值为 297 A。串联 PTC 后同一个位置测得的电流峰值为 70 A，如图 4.124 所示。从两张波形图可以看出，峰值电压基本相同（相差 4 V，对于电路来说，基本没变化）。由此可见，增加限流器件后能有效解决本案例所述的问题。

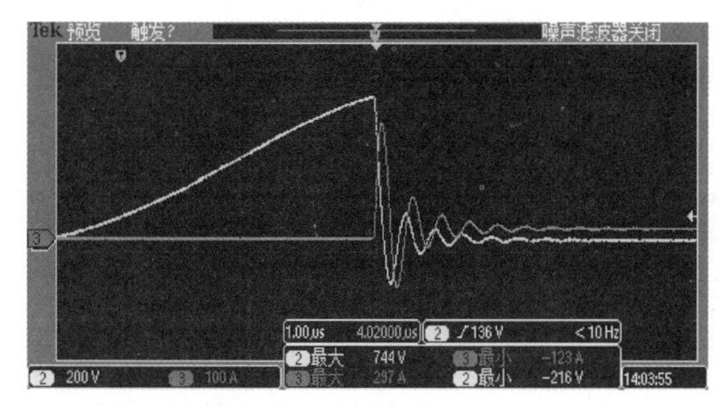

图 4.123　TSS 并联 40 nF 电容残压及电流

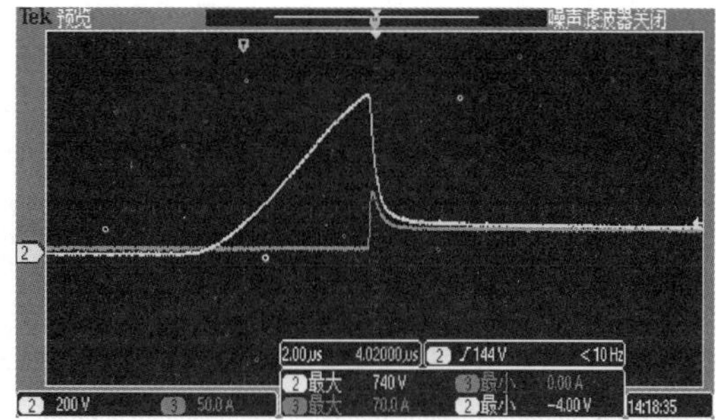

图 4.124　TSS 支路增加 PTC 残压及电流

【总结与启示】

浪涌测试时，并联的电容会在保护器件（TSS）击穿导通前先充电储能，在保护器件

（TSS）被击穿开始导通后迅速反向放电，与浪涌电流进行叠加，电流峰值可达数百安培，超过了保护器件的承受电流峰值，导致TSS损坏，通过增加限流器件，有效降低这个瞬态电流，从而达到较好的防护效果。

4.2.21 案例53：浪涌保护电路设计的“盲点”不可忽略

【现象描述】

某电源板，供电为AC24 V，需要满足1.2/50-8/20 μs浪涌混合波的6 kV测试。产品型式实验时分别进行了1 kV、2 kV、4 kV、6 kV的测试，测试均能通过。但时，产品销售一段时间后，返修率较高，调查发现，该产品主要损坏的是保护电路中的后级保护器件TVS管。该产品的电源端口浪涌保护电路如图4.125所示，其中损坏的即为图4.125中的TVS管，图4.126所示的是图4.125原理图对应的PCB实物图。

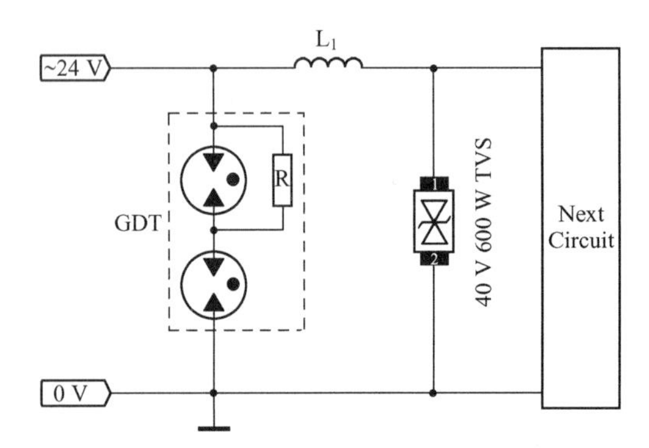

图4.125 产品的电源端口浪涌保护电路

图4.126 图4.125原理图对应的PCB实物图

为了找到设计存在的缺陷，单独对产品进行低电压的浪涌测试，测试要求与结果数据见表4-13。

表4-13 测试要求与结果数据

方案编号	测试端口	防护器件	测试项目	测试结果	备注
1#	AC 24 V	GDT+40 V 600 W TVS	1.2/50-8/20 μs DM ±500 V 60″ ±5次	FAIL	TVS短路
1#	AC 24 V	GDT+40 V 600 W TVS	1.2/50-8/20 μs DM ±550 V 60″ ±5次	FAIL	TVS短路
1#	AC 24 V	GDT+40 V 600 W TVS	1.2/50-8/20 μs DM ±580 V 60″ ±5次	PASS	
1#	AC 24 V	GDT+40 V 600 W TVS	1.2/50-8/20 μs DM ±600 V 60″ ±5次	PASS	
1#	AC 24 V	GDT+40 V 600 W TVS	1.2/50-8/20 μs DM ±1 KV 60″ ±5次	PASS	
1#	AC 24 V	GDT+40 V 600 W TVS	1.2/50-8/20 μs DM ±2 KV 60″ ±5次	PASS	
1#	AC 24 V	GDT+40 V 600 W TVS	1.2/50-8/20 μs DM ±4 KV 60″ ±5次	PASS	
1#	AC 24 V	GDT+40 V 600 W TVS	1.2/50-8/20 μs DM ±6 KV 60″ ±5次	PASS	

从以上数据可以看出，在浪涌电压500~550 V测试时，出现了TVS损坏现象，而当浪涌电压提升到580 V~6 kV时，反而没有出现TVS损坏现象，原理图中表示的防护方案能正常起到防护作用，而且器件没有损坏。由此可见，图4.125所示的浪涌保护电路设计方案确实存在盲点，盲点在580 V以下。

【原因分析】

图 4.125 所示的二级浪涌保护电路中，由于 TVS 管的响应时间较快，当端口受到浪涌电压冲击时，通常 TVS 先进入反向雪崩击穿导通状态，当浪涌电压较高时，TVS 管导通后，进过 TVS 管的 di/dt 较大，在电感两端的压降也比较大，所以气体放电管两端的电压很快就会超过其击穿电压导致其导通，这样，流到后级保护器件 TVS 管的能量就较小，TVS 承受的电流也较小，所以 TVS 管没有损坏；当浪涌电压较低时，di/dt 较小，电感两端的压降较小，使得气体放电管 GDT 两端的电压不能超过其击穿电压，即气体放电管未动作，浪涌电流基本都往后级 TVS 管流，而 TVS 通流能力有限，此时就会导致 TVS 过流损坏。

【处理措施】

由以上分析，原浪涌保护电路设计方案存在保护盲点，而在盲点时，需要选择通流量更大的 TVS 管。

同时，考虑到元器件体积，选择了另一种型号的 TVS——BV-SMBJ58C2H，该器件是通流能力较普通的 TVS 管。具体测试数据见表 4-14。

表 4-14　单体 TVS 通流测试数据

产品编号	防护器件	测试项目	测试结果	备注
2#	BV-SMBJ58C2H	1. 2/50-8/20 μs DM 300 V 2 Ω 60″±5 次	PASS	
2#	BV-SMBJ58C2H	1. 2/50-8/20 μs DM 500 V 2 Ω 60″±5 次	PASS	
2#	BV-SMBJ58C2H	1. 2/50-8/20 μs DM 1000 V 2 Ω 60″±5 次	PASS	

从以上数据可得，即使前级气体放电管未能动作，TVS 管也能承受 1 kV，500 A 的混合波浪涌冲击。更换该器件后，对该产品进行全面高低电压浪涌测试，测试结果见表 4-15。

表 4-15　测试结果

设备编号	测试端口	防护器件	测试项目	测试结果	备注
1#	AC24 V	GDT+BV-SMBJ58C2H	1. 2/50-8/20 μs ±300 V 2 Ω 60″±5 次	PASS	
1#	AC24 V	GDT+BV-SMBJ58C2H	1. 2/50-8/20 μs ±500 V 2 Ω 60″±5 次	PASS	
1#	AC24 V	GDT+BV-SMBJ58C2H	1. 2/50-8/20 μs ±1 KV 2 Ω 60″±5 次	PASS	
1#	AC24 V	GDT+BV-SMBJ58C2H	1. 2/50-8/20 μs ±2 KV 2 Ω 60″±5 次	PASS	
1#	AC24 V	GDT+BV-SMBJ58C2H	1. 2/50-8/20 μs ±4 KV 2 Ω 60″±5 次	PASS	
1#	AC24 V	GDT+BV-SMBJ58C2H	1. 2/50-8/20 μs ±6 KV 2 Ω 60″±5 次	PASS	

由以上数据，新的设计方案能使产品通过从 300 V～6 kV 所有浪涌电压的测试，致此，方案盲点消除。

【思考与启示】

浪涌保护电路的“盲点”，就是浪涌电压高于最大持续运行电压，但可引起一个多级防护电路不完全动作的工作点，这可造成防护电路中的一些元件遭受过载，导致防护失效。

由于浪涌保护器件的非线性特点，浪涌测试电压需要从低电压逐渐提升到标准中规定的测试等级。

全面测试时发现浪涌保护电路“盲点”的好方法，当浪涌测量电压降低到前级保护电路不动作时，看后级能否承受，如果后一级保护电路可以承受，则方案不存在盲点，如果后一级保护电路不能承受，则该设计方案就存在盲点。

4.2.22　案例 54：浪涌保护器件钳位电压不够低怎么办

【现象描述】

某环境监控无线设备的 GPS 天馈口，在进行共模浪涌电流（波形为 8/20 μs）3 kA 测试时出现无法正常工作的现象，并出现 LDO 芯片损坏，图 4.127 所示的是被测设备的 GPS 端口原理图，图 4.128 所示为被测设备的 PCB 实物图。

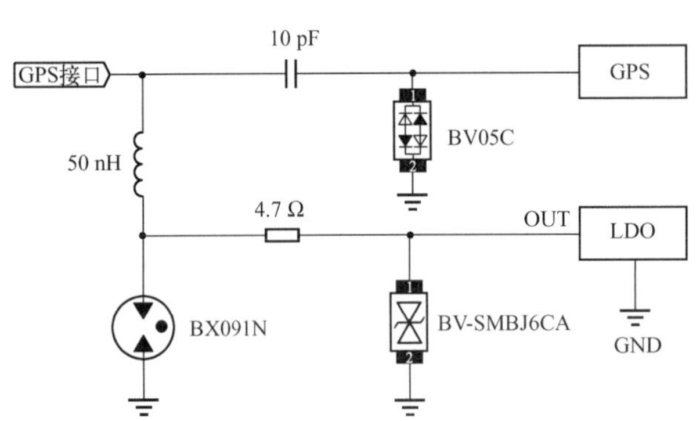

图 4.127　被测设备的 GPS 端口原理图

图 4.128　被测设备的 PCB 实物图

【原因分析】

GPS 天馈口的雷击浪涌防护需要从两个方面进行：一个是对 GPS 射频电路与信号进行防护，另一个是对内馈直流电源的内部电路进行防护。本案例测试时，主要故障在电源部分，主要损坏的是电源的 LDO 芯片，即低压差线性稳压器。

按图 4.129 所示的理想浪涌电流路径原理可知，当浪涌电流注入时，如果保护器件足够有效或残压足够低，LDO 就会得到保护，反之，LDO 芯片会因为过电压导致损坏，则电源无法输出。

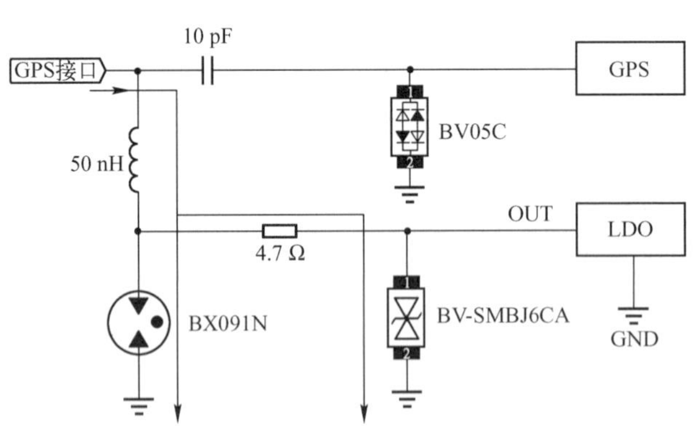

图 4.129　理想浪涌电流路径

本案例中，浪涌测试一次，LDO 芯片就损坏，就说明，浪涌电流没有按照我们规划的路径去走，而是往 LDO 芯片走了一部分（这是因为保护器件 BV-SMBJ6A 的残压不够低），这个部分电流造成了 LDO 芯片损坏。推测实际损坏电流路径如图 4.130 所示。

【处理措施】

基于以上分析，在 BV-SMBJ6CA 与 LDO 芯片之间增加一个二极管，来提高后级回路的耐压水平，图 4.131 所示为增加二极管后 PCB 实物图片。

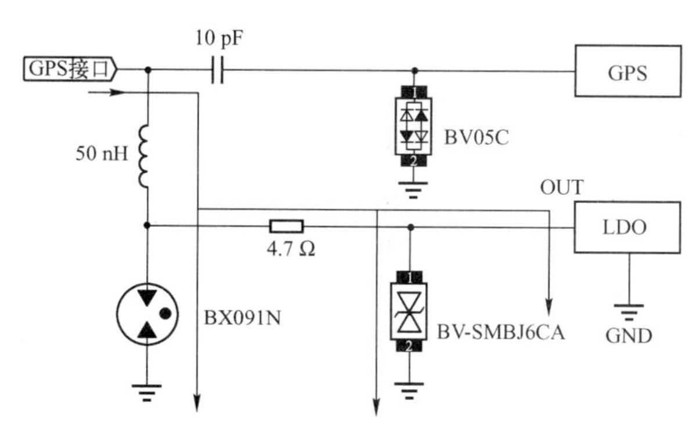

图 4.130　推测实际损坏电流路径

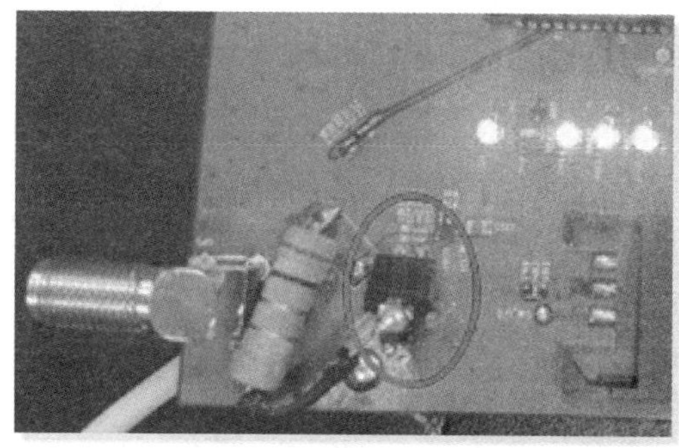

图 4.131　增加二极管后 PCB 实物图片

增加二极管后（通流为 3 A，反向耐压 40 V 的肖特基二极管），通过实际测试，该 GPS 口能通过 5 次共模+3 kA 的 8/20 μs 的浪涌电流测试。

但是，在进行负浪涌电流测试时，第一次浪涌就导致 LDO 芯片损坏。继续分析可知，进行正向浪涌能通过测试，这说明增加了单向二极管是有效的，而当进行反向浪涌电流测试时，LDO 芯片前端增加的二极管并不能阻挡浪涌电流进入 LDO，如图 4.132 所示。同时，图 4.132 中的 TVS 管是双向保护的器件，两个方向都是利用 TVS 反向雪崩击穿的原理进行工作的，虽然其雪崩击穿电压只有 6 V，但是，当浪涌电流经过时，残压会高于 6 V，并大于 LDO 所能承受的现值。因此，LDO 芯片再一次损坏。

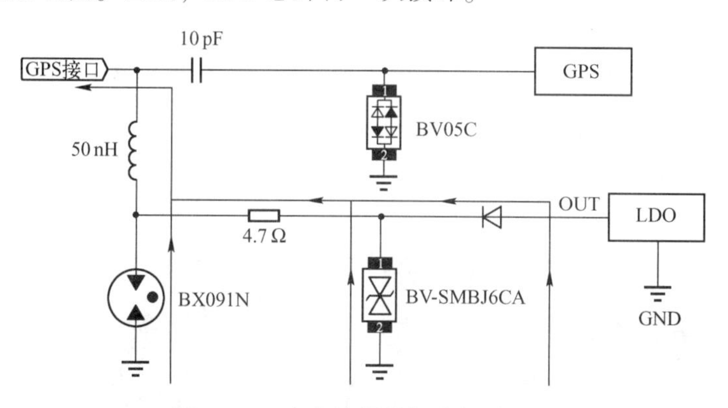

图 4.132　负向浪涌损坏路径原理图

综上所述，如果有一个器件能代替原理图 4.132 中的 TVS 管，并能获得更加低的残压，LDO 就能得到保护。考虑到单向 TVS 管利用了正向二极管导通时极低的电压值，于是，选择了单向的 TVS 代替原来原理图 4.132 中的双向 TVS 管，更新后的原理图如图 4.133 所示。单向 TVS 管的反向开启电压只有约 0.7 V，可以预知，更改后的浪涌电流路径也如图 4.133 中箭头所示。

完成电路及 PCB 修改后，通过再次进行浪涌测试验证，正向、负向浪涌均能通过共模 3 kA 的测试。

【思考与启示】

浪涌防护设计中路径分析最重要的环节是了解浪涌电流路径，当了解了浪涌电流路径之后，就能很好地给浪涌电流搭建一条合理的路径，最终降低被保护电路或器件两端的浪涌电压。

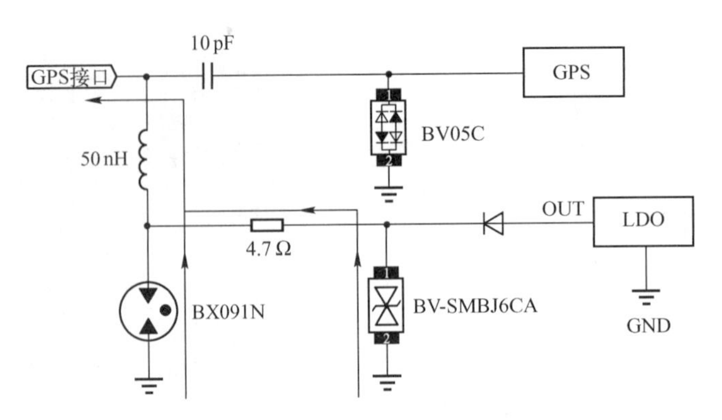

图 4.133　更改成单向 TVS 的路径原理图

LDO 芯片的反向耐压及正向耐压都比较低，在 LDO 芯片前端进行 TVS 钳位保护后，可在后级再串联二极管进行保护，以阻挡浪涌电流的流动，同时，单向 TVS 管的正向导通原理也能很好地保护后一级电路。

二极管推荐选择肖特基二极管，这类管子的正向导通电压较低，约为 0.3 V。

4.2.23　案例 55：如何防止交流电源端口防雷电路产生的起火隐患

【现象描述】

氧化锌压敏电阻在实现有效防雷的同时，也会经常因为电网异常过电压引起失效，同时导致设备过流过热，并引起火灾。随着技术的发展，虽然目前设备中所使用的防雷模块及元器件通过一级、二级、三级等分级防雷和分区防雷，已经能够很好地抵御雷击及浪涌冲击，但是对于电网异常过电压还是没有很好的解决之道，不能从根本上解决异常过电压所带来的起火燃烧事故，起火燃烧在设备使用现场时有发生。图 4.134 和图 4.135 所示的是因为氧化锌压敏电阻短路引起的起火现场照片。

图 4.134　起火现场一

图 4.135　起火现场二

【原因分析】

供电系统在供电过程中，会产生短时间的过电压，该过电压可能数倍于正常供电电压，持续时间短则微秒级，长则数秒，这种长时间的高电压，足以造成跨接在电源两端的氧化锌压敏电阻的热击穿、起弧、起火燃烧。异常过电压主要由以下三种原因产生。

第一种： 单项接地过电压。

单项接地过电压示意图如图 4.136 所示，当三相电有某一相电上的用电器发生短路时，另外两相电上的电压就由原相 220 V 电压上升为线电压 380 V，对于这种过电压如果持续时间不长，动作电压较高的压敏电阻还可以耐受，但是如果氧化锌压敏电阻动作电压没有足够高，或者过电压持续时间长，那么压敏电阻仍会热击穿、起弧或起火燃烧。

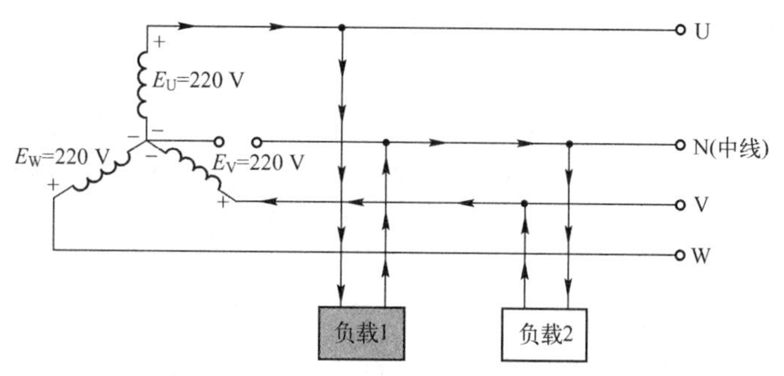

图 4. 136　单项接地过电压示意图

第二种：共地耦合转移过电压。

如图 4. 137 所示，由于配电变压器的高低压端共用接地系统，当高压端放生故障接地时，会出现一个幅值很高的高电压持续加载在用电器上，此时就会造成氧化锌压敏电阻失效短路而引起的起火燃烧。

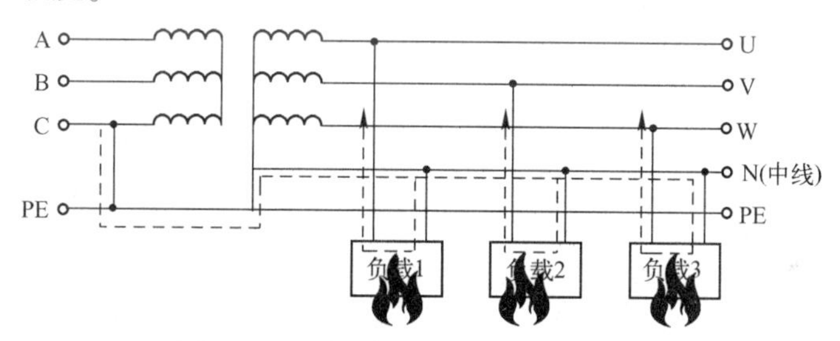

图 4. 137　共地耦合转移过电压示意图

第三种：失零过电压。

如图 4. 138 所示，由于某种原因造成低压供电系统中性线断路，即产生了失零过电压，由于相位不同，失零过电压可能达到 700 V 以上，在很短的时间内就会造成氧化锌压敏电阻短路而引起的起火燃烧。

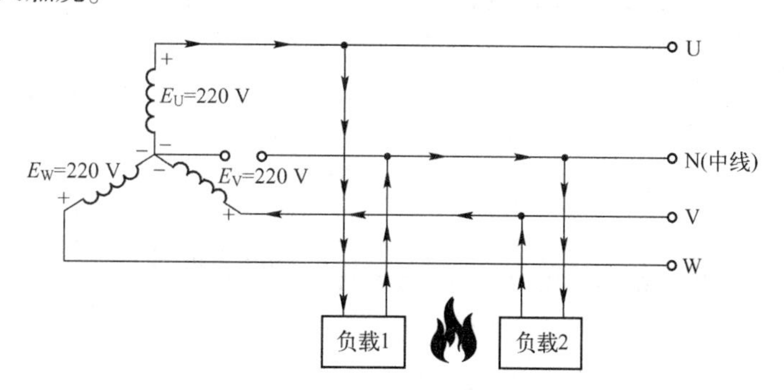

图 4. 138　失零过电压示意图

【处理措施】

对于以上所描述的问题，通常采用如下方法，来降低氧化锌压敏电阻短路引起的起火隐患。

（1）串联保险丝

如图 4.139 所示，在回路上串联保险丝，此时，保险丝的作用是在压敏电阻短路时，断开整个电路。例如：若产品的整体电源需要耐受雷击浪涌电流 5 kA，则就需要选择一个额定电流在 15 A 以上的保险丝。然而这种在回路上串联保险丝的方案，还是存在隐患，因为额定电流 15 A 的保险丝正常断开电流需要到 30 A 以上，在 30 A 以内（过电压引起压敏电阻短路时，回路阻抗的存在将电路中的电流限制在 5~30 A 之间，如 25 A）可能不能断开或者断开时间较长，在这个不能断开或断开较长的时间内，压敏电阻就有可能因为过热而起火燃烧。这样，对于这种串联保险丝的方案，整个压敏电阻短路时的保护电路在电流 0~30 A 之间存在盲区。

（2）将气体放电管和温度保险丝一起组装

如图 4.140 所示，将气体放电管和温度保险丝通过氧化铝陶瓷组装串联在一起，引脚相连，设计意图为当电路中产生工频高压时，击穿气体放电管，气体放电管产生持续高温，高温传递给温度保险丝切断电路。但是，这种方案由于温度保险丝响应时间较慢，当高温能足以切断温度保险丝时，压敏电阻早已经起火燃烧。

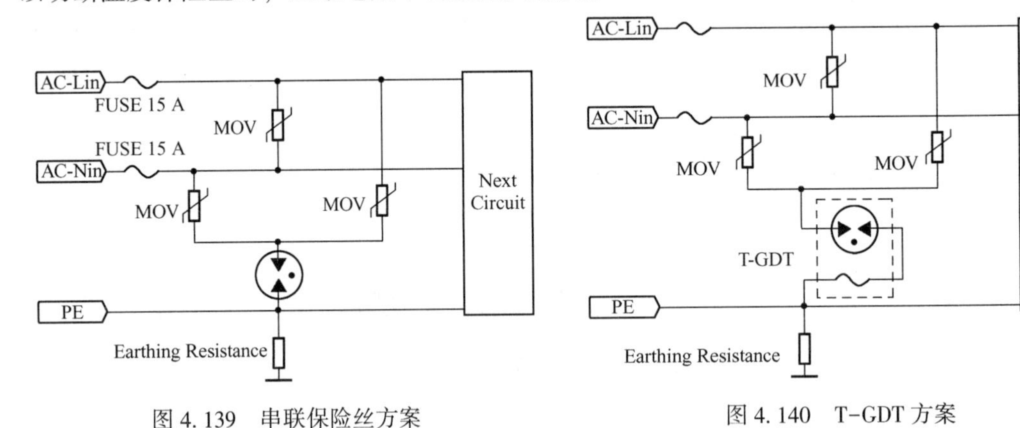

图 4.139　串联保险丝方案　　　　图 4.140　T-GDT 方案

（3）将压敏电阻和温度保险丝一起组装

如图 4.141 所示，将压敏电阻和温度保险丝串联组装后密封在塑胶外壳内部，设计意图为在压敏电阻起火燃烧前，当产生高温的时候温度传递给温度保险丝切断电路。但是，这种方案，由于失效后压敏电阻的击穿孔（发热源）位置不固定，可能距离温度保险丝较远，高温不足以快速传递至温度保险丝使其切断，而此时，压敏电阻已经起火燃烧了。

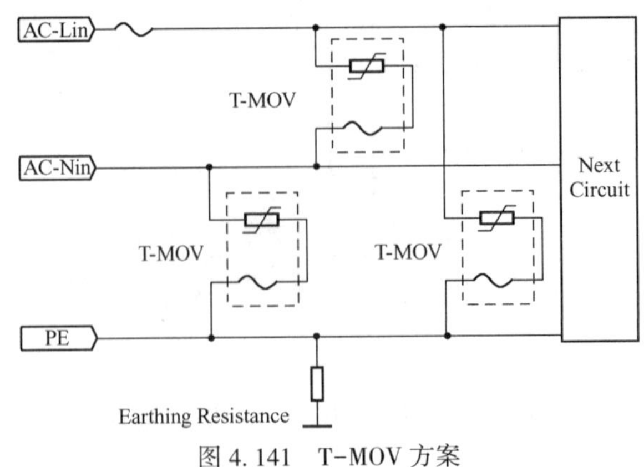

图 4.141　T-MOV 方案

（4）全电流保护方案

有一种元器件能够实现全电流保护，使得整个电路不存在保护盲区。BGO1001A05-LC2元器件就能实现此功能，其正常耐受雷击电流能力为 10 kA，并能在电路出现工频过电压时，实现在 1~50 A 的范围内都能完成开路，并且工频过电压时，电路断开时间很短，可以保证压敏在起火燃烧之前切断电路。BGO1001A05-LC2 元器件在不同的电流下切断电路的时间曲线如图 4.142 所示。

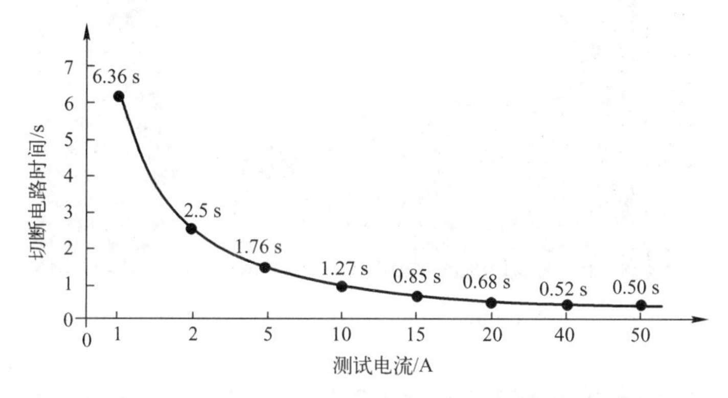

图 4.142　BGO1001A05-LC2 产品在不同电流下切断电路的时间曲线

以下是传统保护方案和使用 BGO1001A05-LC2 元器件的保护方案在耐受 1 kV 工频过电压、20 A 工频电流时的状况对比。

a. 串联保险丝方案

选用 15 A 的保险丝串联 MOV（V1mA：750 V），串联 GDT（1000 V），在电流 20 A 的试验条件下，15 A 保险丝不动作，电路不能被切断，最终压敏电阻起火燃烧（见图 4.143），该方案在 20 A 的工频过电压下无法安全工作。因为，此时测试电流为 20 A，正好处于保险丝的保护盲区（0~30 A）。用示波器捕捉波形如图 4.144 所示。

图 4.143　串联保险丝测试过程视频截图

b. 温度保险丝串联 GDT 方案

选用 GDT（1000 V）加温度保险丝（136℃，25 A），通过实际测试，温度保险丝可以切断电路，但是在 20 A 的情况下整整用了将近 7 s，此时，压敏电阻已经起火燃烧，说明该方案也存在起火风险。图 4.145 所示的是 T-GDT 方案失效时的电压与电流波形图，

图 4. 146 所示的是温度保险丝串联 GDT 方案压敏电阻失效时起火燃烧的视频截图。

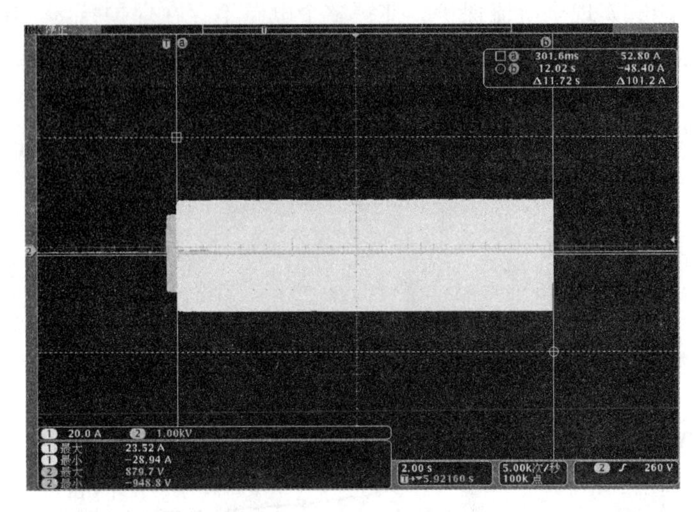

图 4. 144　串联保险丝方案失效波形

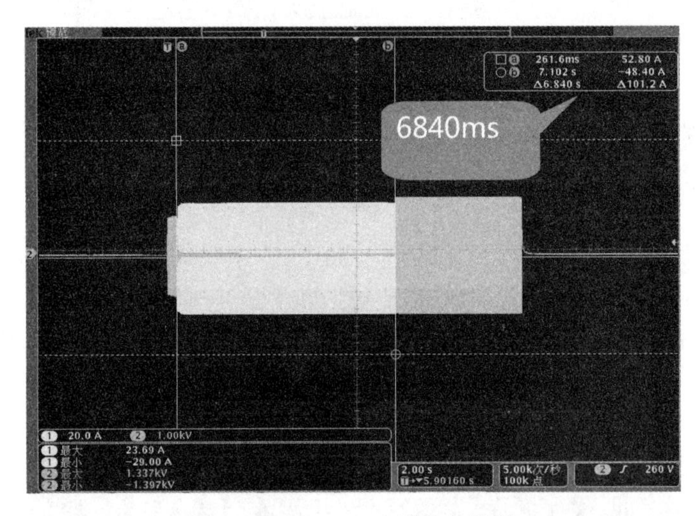

图 4. 145　T-GDT 方案失效波形

图 4. 146　温度保险丝串联 GDT 方案压敏电阻失效时起火燃烧的视频截图

c. T-MOV 方案

MOV（V1 mA：750 V）和温度保险丝（136℃）串联方案，在 20 A 的工频电流测试下，T-MOV 产品无法切断电路，也出现持续燃烧，且在测试过程中产生了电弧，说明该方案也存在起火风险。图 4.147 是 T-MOV 方案失效时的电压与电流波形，图 4.148 是 T-MOV 方案压敏电阻失效时起火燃烧的视频截图。

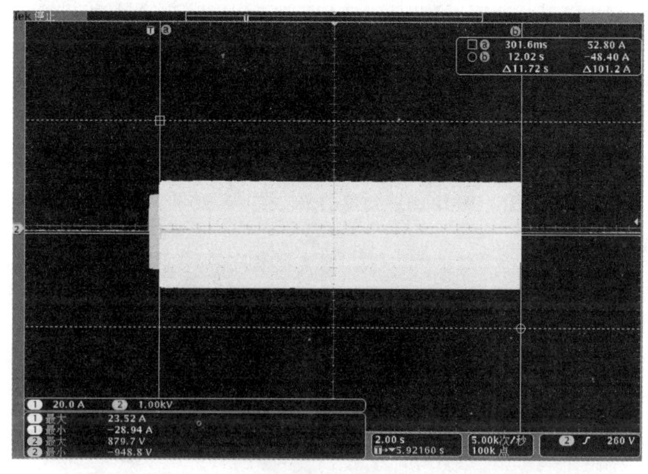

图 4.147　T-MOV 方案失效时的电压与电流波形

图 4.148　T-MOV 方案压敏电阻失效时起火燃烧的视频截图

d. 全电流保护防护方案

图 4.149 所示的是全电流保护防护方案的原理图，图 4.150 所示的是全电流保护防护方案在测试电流 20 A 时，保护器件短路时的电压与电流波形。BGO1001A05 - LC2 元器件在 680 mS 即能切断电路，压敏电阻（V1mA：750 V）产生一个小火苗，随即熄灭。图 4.151 所示的是全电流保护防护方案压敏电阻失效时起火燃烧的视频截图。

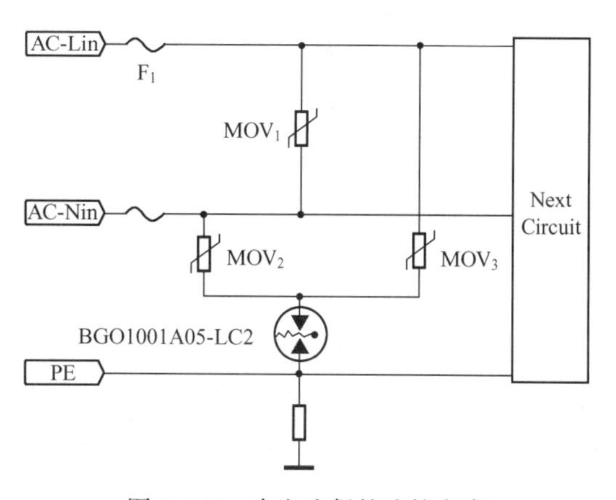

图 4.149　全电流保护防护方案

相对于前面的几种方案，全电流保护防护方案不仅能满足正常的雷击要求，又能满足在工频过电压时能安全失效的要求。

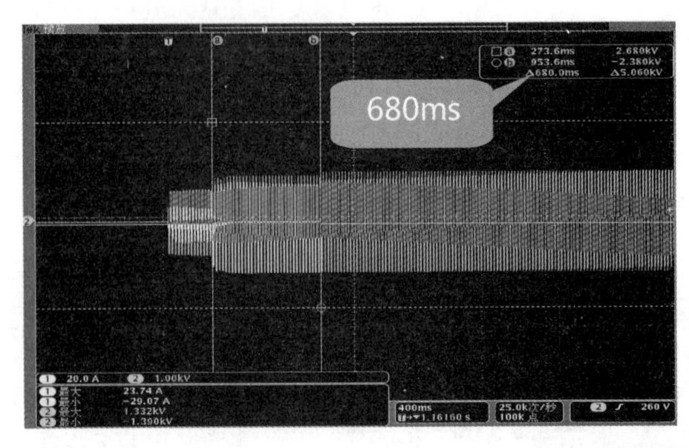

图 4.150　BGO1001A05-LC2 在测试电流 20 A 时的失效波形

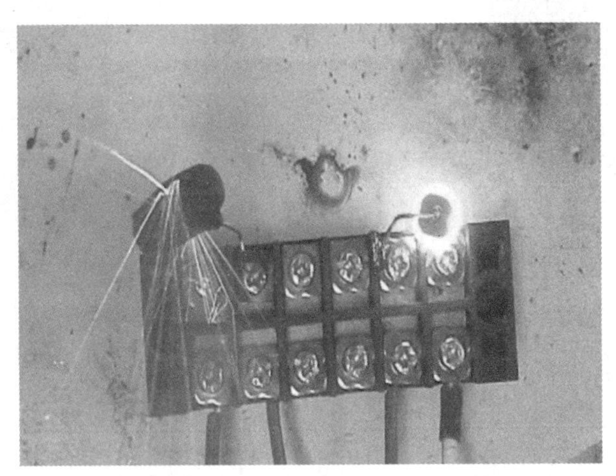

图 4.151　全电流保护防护方案压敏电阻失效时起火燃烧的视频截图

【思考与启示】

电源起火是一种安全事故，供电电源异常是一种意外，雷击浪涌防护电路是一种必要的防护，但作为雷击浪涌防护电路，不能因为防止一种意外而造成另一起安全事故。对于电源端口需要寻找一种安全的雷击浪涌防护方案，它既能满足雷击浪涌防护的需求，又能在工频过电压时安全失效，从而保护电源设备的安全。

4.2.24　案例 56：铁氧体磁环与 EFT/B 抗扰度

【现象描述】

某一种智能单相电表在电源端口进行幅度为±1 kV 的 EFT/B 抗扰度试验时，发现电表中的微处理器出现不正常的工作现象，即频繁复位、显示乱码、通信失效，有时还出现死机现象。

【原因分析】

检查该智能电表的电路结构发现，该电表有交流 220 V 的电压供电，控制电路的工作电压由一线性电源变换而来。由于线性电源不像开关电源那样会产生高频电磁干扰，所以设计时并没有考虑在电源入口处采用电源滤波器，当然滤波器的成本较高也是其中的一个原因。

关于 EFT/B 干扰的实质已经在其他案例中有所描述，这里就不再重复了。要解决 EFT/B干扰，一般可以从以下三方面入手：

(1) 改变 EFT/B 干扰电流的流向，使其不经过产品中的敏感电路。

(2) 在 EFT/B 干扰电流还未到达敏感电路之前进行抑制，如在电源入口处增加对 EFT/B干扰信号有抑制效果的滤波器。

(3) 增加电路本身的抗干扰能力，即使有 EFT/B 干扰电流流过，也不会出现异常现象（该方法风险较大）。

其中方式 (1)、方式 (3) 是在产品构架设计和电路设计时就应该考虑的问题；方式 (2)是产品后期解决 EFT/B 抗扰度问题的最简单也是最有效的方法。测试中尝试用两根高温导线，双线并绕铁氧体磁环 3 圈（双线并绕是因为 EFT/B 干扰是以共模的形式出现的）。铁氧体磁环的外径为 25 mm，内径为 15 mm，高为 12 mm，相对磁导率为 800；如图 4. 152所示。

图 4. 152　双线绕制的铁氧体磁环

双线绕制的铁氧体磁环串联在该电表电源输入口上（见图 4. 153）后再进行测试，该产品的 EFT/B 抗扰度性能大大提高，即能通过±4 kV 的 EFT/B 抗扰度试验。

图 4. 153　双线绕制的铁氧体磁环安装在电源入口处

铁氧体磁性材料可用化学分子式 MFe_2O_4 表示。式中，M 代表锰、镍、锌、铜等二价金属离子。铁氧体是通过烧结这些金属化合物的混合物而制造出来的。铁氧体的主要特点是电阻率远大于金属磁性材料，这抑制了涡流的产生，使铁氧体能应用于高频领域。铁氧体在电路原理上可以被认为是电感和电阻的串联，应用在产品中时，对 EFT/B 抗扰度有明显的提升，主要是由于铁氧体中有等效电阻的成分。电阻是一种耗能器件。它将 EFT/B 信号的能量转换成了热能而散发。所以，通常铁氧体对高频干扰的这种效果被称为“吸收”。铁氧体“吸收”的原理有别于电感、电容利用阻抗失配原理制成的滤波器的工作原理（反射型滤波器在某个频段会放大干扰信号）。

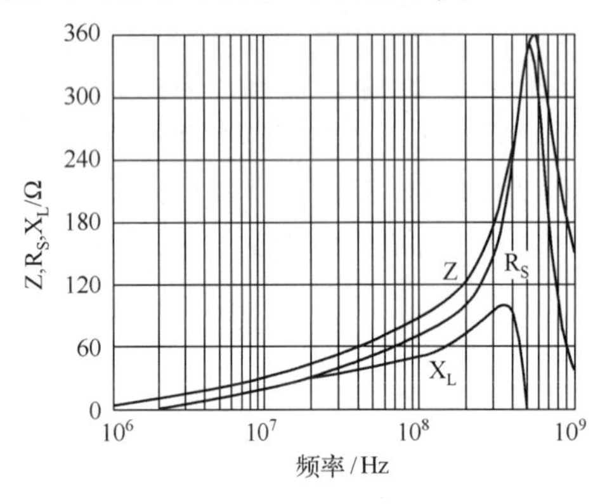

图 4.154　铁氧体阻抗、频率特性曲线（一圈）

【处理措施】

根据以上测试结果，在电源入口处串联双线并绕 3 圈的铁氧体磁环线圈。采用镍锌铁氧体磁环，其外径为 25 mm，内径为 15 mm，高为 12 mm，其阻抗、频率特性曲线如图 4.154所示。采购成本不超过 2 元。

【思考与启示】

（1）在实践中还发现，铁氧体对 EFT/B 干扰的抑制特别有效，特别是那些厚度较厚、尺寸较大的磁环。若产品中能找到比较好的安装位置，那么铁氧体磁环将是提高产品 EFT/B 抗扰度能力的最佳选择。

（2）用导线绕制铁氧体磁环线圈时，要特别注意绕制的圈数，尽量单层绕制，并增加匝间距离。因为太多的绕制圈数将增加线圈间的寄生电容，使铁氧体失效。铁氧体磁芯对电感寄生电容的影响比铁粉芯、磁芯更大。

（3）用导线绕制铁氧体磁环线圈时，线圈起始端与终止端远离（夹角大于 40°），以防止线圈输入/输出之间的耦合较大。

4.2.25　案例 57：磁珠如何降低开关电源的辐射发射

【现象描述】

某控制产品在进行辐射发射测试时，发现测试结果超标，原始的辐射发射测试结果频谱图如图 4.155 所示。

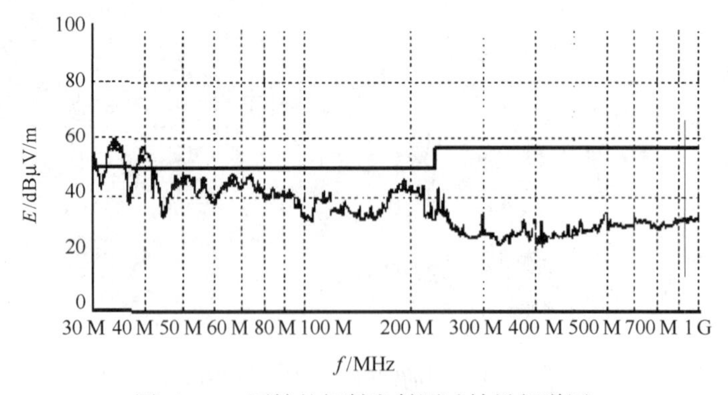

图 4.155　原始的辐射发射测试结果频谱图

此控制产品在确定发射源之前，就在各外部端口采取了各种滤波措施，结果并无明显作用，即使把所有相关外部引线全部拿走（仅剩电源线），发射依然超标。另外，在电源端口进行滤波等措施时，发现只是出现频点的漂移，但是并不能通过辐射发射测试。同时，还直接影响装置的传导发射测试结果（传导的低频段测试结果），如果通过此方法使该产品辐射发射测试通过，传导发射测试应该重做，并有不能通过的风险。经过一系列的测试及频谱分析，对于此产品，它的辐射发射问题锁定在产品内部的开关电源部分，同时也说明该产品的开关电源的内部电路设计也有很多EMC缺陷。

【原因分析】

分析该电源真正的辐射发射根源之前，先来看下面一段话，这是一位工程师对该产品辐射发射问题所做的初步分析：

“对于开关电源的辐射发射问题，解决的方法可以用电磁屏蔽。电磁屏蔽很简单，只要将金属外壳覆盖在开关电源上就可以了。由于本装置采用的是塑料外壳，首先想到的就是采用屏蔽措施。拿一块金属平板挡在电源部分的前面，使用接收机近场探头进行扫描，测试的幅值大为减小。所以建议对外壳进行导电漆喷涂或垫加金属薄板。但在接下来的整改测试中，并没有得到预期的效果，因为产品的通风孔及外部引线端口空隙过多，在测试时不能完全屏蔽掉。而装置改用金属外壳的可行性又不大……”

这位工程师的这段分析实际上暴露出了对EMC问题的几个误解，其中一个就是对电磁屏蔽的误解。虽然金属外壳对提高产品的EMC性能有很大的帮助，但是并非只要将金属外壳（或喷了金属漆的塑料外壳）简单覆盖在产品电路上就可以了。参考案例14，金属外壳（或喷了金属漆的塑料外壳）降低产品EMI辐射的前提是做好金属外壳（或喷了金属漆的塑料外壳）与产品内部电路的正确连接。这段分析暴露出的另一个误解是关于定位产品出现辐射的那个“等效天线”。这可以从“因为产品的通风孔及外部引线端口空隙过多，在测试时不能完全屏蔽……”这句话中看出。这位工程师认为引起该产品辐射的和“外部引线端口空隙”的“等效天线”尺寸并不大（小于1 cm），它不可能成为辐射发射的“等效天线”。真正的“等效天线”是长于1 m的电源线（包括接地线）。

解决电源线辐射的最直接措施就是在电源端口上加滤波电路，但是在使用电源滤波不能彻底解决问题或影响该产品的传导骚扰测试时，只能转入产品电源部分的电路分析，通过开关电源原理的改动或印制板布局布线的改动来解决辐射发射问题。

引起开关EMI问题的因素在电路上主要有以下3个方面。

（1）开关管负载为高频变压器初级线圈，是感性负载：开关管导通或关断瞬间都会引起较大的高频电流，并由可能在各种回路中直接形成辐射骚扰或通过耦合传递到电源线上进行辐射发射。

（2）功率开关管开通和关断时产生的dU/dt也是开关电源的主要骚扰源，它作为一个电压源，并通过各种耦合路径使电源产品的电源输入/输出线产生共模辐射。

（3）二极管整流电路产生的电磁骚扰：一般主电路中整流二极管产生的反向恢复电流di/dt远比续流二极管反向恢复电流di/dt小得多。由此也可引起频段覆盖范围较大的骚扰。

针对该产品的电源电路，在开关回路上开关管的集电极（EMC中称为“热点”）上串联一个如图4.156所示的小磁珠可以使测试通过。

增加磁珠后的辐射发射测试结果频谱图如图4.157所示，串联磁珠前后开关回路的原理图对比图如图4.158所示。

表面上看，磁珠的增加降低了开关回路（见图4.158）中的高频电流，即使在某个频段出现谐振，其谐振电路的Q值也会比较低（磁珠中有效串联电阻成分的作用）。因此，它能降低该环路所产生的差模辐射。实际上，结合电磁场理论，在该产品的开关回路中，原先设计环路面积较小（实际产品的开关回路面积小于0.5 cm^2），在功率较小的情况下，3 m远（辐射发射所在的场地）所直接产生的差模辐射是非常有限的，并且不会超过辐射发射限值。读者不妨可以参考案例29，试着做一下估算。

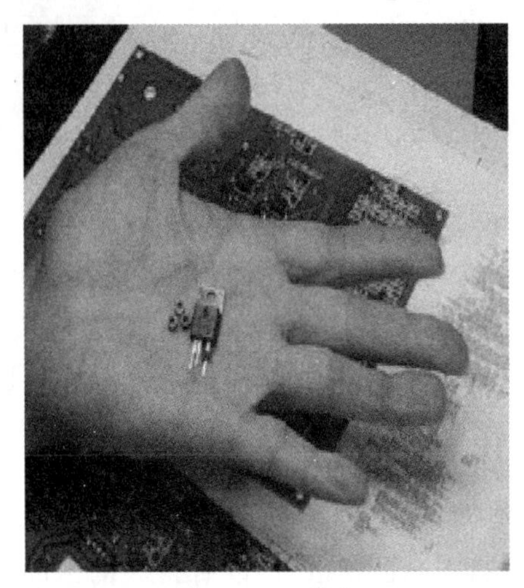

图4.156　磁珠

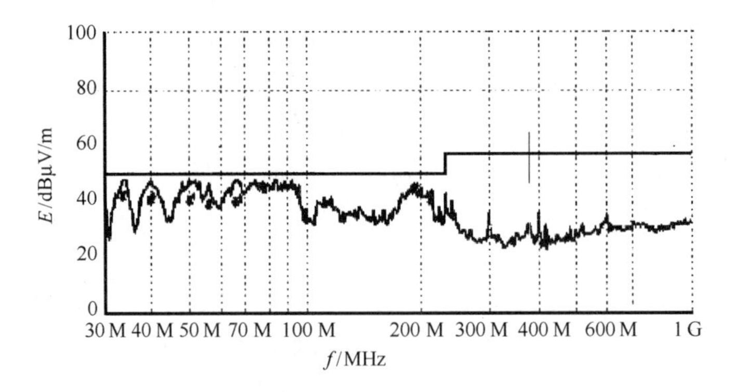

图4.157　增加磁珠后的辐射发射测试结果频谱

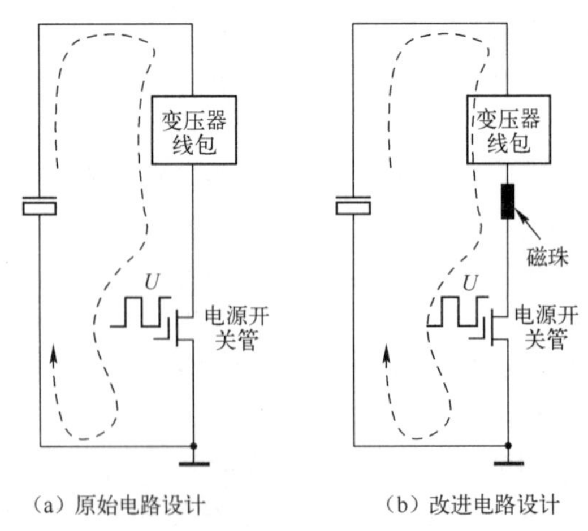

图4.158　联磁珠前后开关回路的原理图对比

实际上，该电源产品所造成辐射的最终原因还是电源输入电缆，电源共模源阻抗、电源输入线、电源模块本身、电源输出线、共模负载阻抗及参考地共同组成的大环路（如图4.159所示）与图4.158所示的开关回路在物理结构上是相互“包含”的，这意味这两者之间存在较大的感性耦合或互感。虽然图4.158所示的开关回路本身所能产生的辐射非常有限，但是在近场的范围内，它能把它的近场磁场通过磁耦合的方式耦合到图4.159所示的共模大环路当中。具备等效共模辐射发射天线的较长电源输入电缆作为共模大环路一部分，在辐射发射测试的频率下，只要其中的共模电流大于几微安，就会造成产品整体辐射发射超标。根据电磁理论，在没有任何额外措施的情况下，上述磁耦合现象很容易引起电源产品的辐射发射超标。

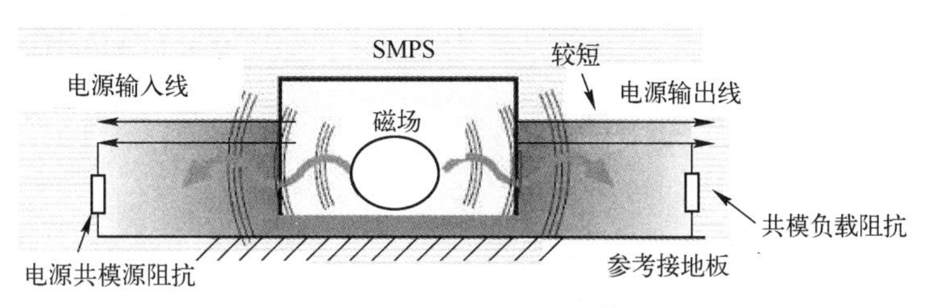

图4.159　产品中存在的共模大环路

为了方便读者理解，用图4.160来表达开关回路与大环路之间的耦合原理图，读者如果有仿真工具（如PSPICE）也可以做一下仿真，仿真所需关注的是电源线上的电流（此电流直接影响辐射发射大小）。本案例所采取的措施就是在图4.160所示开关回路中再串联一个磁珠，其等效电路等于电阻和电感的串联。

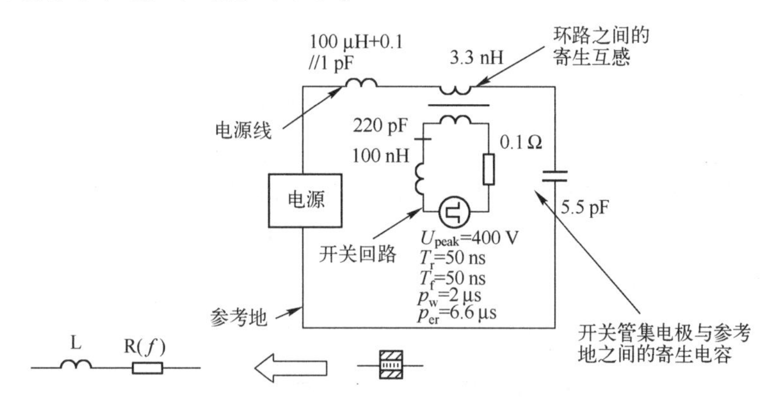

图4.160　开关回路与大环路之间的耦合原理图

【处理措施】

按以上分析及测试结果，在开关回路上开关管的集电极上串联一个如图4.156所示的小磁珠（如初始相对磁导率为700的镍锌铁氧体磁珠）。

【思考与启示】

- 在大多数情况下，小型开关电源的辐射发射，并不是电源内部电路的直接辐射，而是输入/输出电源线的辐射。
- 电源滤波能对解决电源EMC问题非常重要，但它不是唯一的或是万无一失的。只有全面分析开关电源的EMI骚扰源与传递路径才能最快、最有效、最低成本的解决开关电源的EMI问题。
- 在开关电源中，开关回路与产品系统及参考地之间所构成的大环路所产生的耦合是分析开关电源EMI问题的疑难问题，但是千万不能被忽略。

第 5 章 旁路和去耦

5.1 概论

5.1.1 去耦、旁路与储能的概念

旁路和去耦指防止有用能量从一个电路传到另一个电路中，并改变噪声能量的传输路径，从而提高电源分配网络的品质。它有三个基本概念：电源、地平面，元件和内层的电源连接。

去耦：当器件高速开关时，把射频能量从高频器件的电源端泄放到电源分配网络。去耦电容也为器件和元件提供一个局部的直流源，这对减小电流在板上传播浪涌尖峰很有作用。

为什么要进行电源去耦，在案例 58 中有所描述。

当元件开关消耗直流能量时，没有去耦电容的电源分配网络中将发生一个瞬时尖峰。这是因为电源供电网络中存在着一定的电感，而去耦电容能提供一个局部的、没有电感的或者说很小电感的电源。通过去耦电容，把电压保持在一个恒定的参考点，阻止了错误的逻辑转换，同时还能减小噪声的产生，因为它能提供给高速开关电流一个最小的回路面积来代替元件和远端电源间的大的回流面积，如图 5.1 所示。

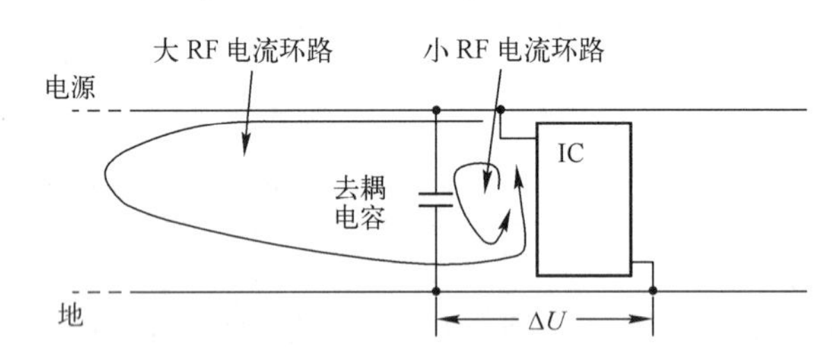

图 5.1　两层板中去耦电容的存在可大大减小电流环路面积

去耦电容的另一个作用是提供局部的能量存储源，可以减小电源供电的辐射路径。电路中 RF 能量的产生是和 IAf 成正比的，这里 I 是回路的电流，A 是回路的面积，f 是电流的频率。因为电流和频率在选择逻辑器件时已确定，要想减小辐射，减小电流的回路面积变得非常重要。在有去耦电容的电路中，电流在小 RF 电流回路中流动，从而减小 RF 能量。通过仔细放置去耦电容可以得到很小的回路面积。

在图 5.1 中，ΔU 是 $L\mathrm{d}I/\mathrm{d}t$ 在地线上诱发的噪声，它在去耦电容中流动。这个 ΔU 驱动着板上的地结构和分配系统中的共模电压流向全板。因此减小 ΔU 与地阻抗有关，也与去耦电容有关。

去耦也是克服物理的和时序约束的一种方法，它是通过在信号线和电源平面间提供一个低阻抗的电源来实现的。在频率升高到自谐振点之前，随着频率的提高，去耦电容的阻抗会越来越低，这样，高频噪声会有效地从信号线上泄放，这时余下的低频射频能量就没有什么影响了。

根据去耦电容的工作原理，如果增加从电源线吸收能量的难度，就会使大部分能量从去耦电容中获得，充分发挥去耦电容的作用，同时电源线上也将产生更小的 dI/dt 噪声。根据这一思路，可以人为增加电源线上的阻抗。串联铁氧体磁珠是一种常用的方法，由于铁氧体磁珠对高频电流呈现较大的阻抗，因此增强了电源去耦电容的效果。

旁路：把不必要的共模 RF 能量从元件或线缆中泄放掉。它的实质是产生一个交流支路来把不希望的能量从易受影响的区域泄放掉。另外，它还提供滤波功能（带宽限制），有时也笼统地称为滤波。

旁路通常发生在电源与地之间、信号与地之间或不同的地之间，它与去耦的实质有所不同，但是对于电容的使用方法来说是一样的，所以下述有关电容的特性均适用于旁路。

储能：当所用的信号脚在最大容量负载下同时开关时，用来保持提供给器件的恒定的直流电压和电流。它还能阻止由于元件的 di/dt 电流浪涌而引起的电源跌落。如果说去耦是高频的范畴，那么储能可以理解为是低频范畴。

要理解去耦与旁路，5.1.2~5.1.5 小节的部分内容，非常有必要了解。

5.1.2　谐振

实际上，所有的电容都包含一个 LCR 电路，这里 L 是和引线长度有关的电感，R 是引线电阻，C 是电容。图 5.2 显示的是实际电容的示意图。

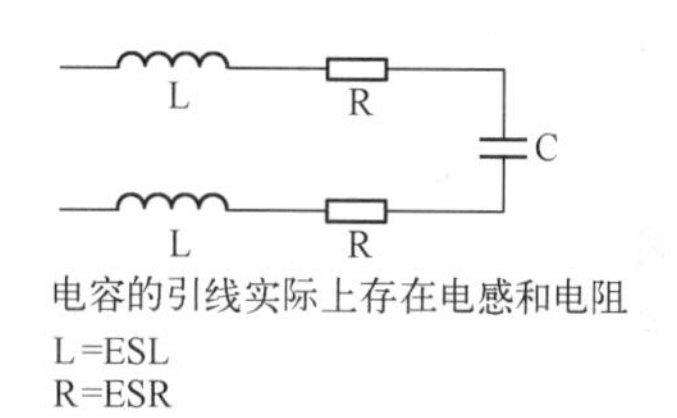

图 5.2　带有引线电感、电阻的电容的实际物理特性

在一定的频率上，L 和 C 串联将产生振荡提供非常低的阻抗。在自谐振点以上的频率，电容的阻抗随感性的增加而增加，这时电容将不再起旁路和去耦的作用，如图 5.3所示。因此，旁路和去耦受电容的引线电感（包括表贴的）电容和元件间的走线的长度、通孔焊盘等的影响。

图 5.4 为串联 RLC 谐振电路。

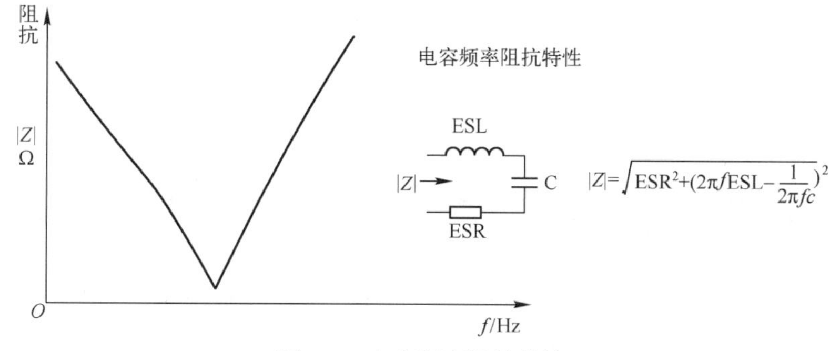

图 5.3　电容频率阻抗特性

串联 RLC 电路在谐振点处有以下特征：

- 阻抗最小
- 阻抗等于电阻

- 相位差为0
- 电流最大
- 能量转换（功率）最大

当并联谐振电路取代串联电路成为负载时，将拒绝被选过的频率。图5.5所示为并联RLC谐振电路，它的振荡频率和串联RLC电路的相同。

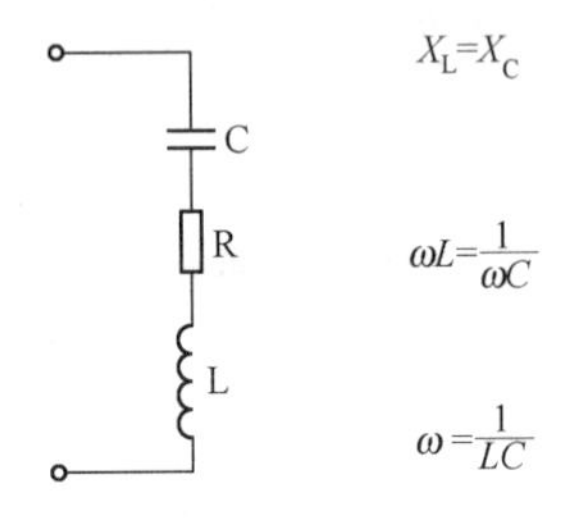

图5.4　串联RLC谐振电路

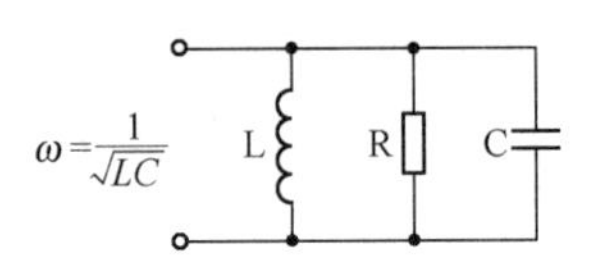

图5.5　并联RLC谐振电路

并联RLC电路在谐振点处有以下特征：

- 阻抗最大
- 阻抗等于电阻
- 相位差为0
- 电流最小
- 能量转换（功率）最小

选择旁路和去耦电容时，并非取决于电容值的大小，而是电容的自谐振频率，并与所需旁路式去耦的频率相匹配。在自谐振频率以下电容表现为容性，在自谐振频率以上电容变为感性，这将减小RF去耦功能。表5-1显示了两种类型的瓷片电容的自谐振频率，一种是带有0.25英寸引脚的，另一种是表贴的。

表5-1　电容的自谐振频率

电容自谐振频率		
电容值	插件 * 0.25英寸引脚	表贴 * * 0805
1.0 μF	2.6 MHz	5 MHz
0.1 μF	8.2 MHz	16 MHz
0.01 μF	26 MHz	50 MHz
1000 pF	82 MHz	159 MHz
500 pF	116 MHz	225 MHz
100 pF	260 MHz	503 MHz
10 pF	821 MHz	1.6 GHz

* 寄生电感 $L=3.75$ nH
* * 寄生电感 $L=1$ nH

表贴电容的自谐振频率较高，尽管在实际应用中，它的连接线的电感也会减小其优势。较高的自谐振频率是因为小包装尺寸的径向的和轴向的电容的引线电感较小。据统计，不同封装尺寸的表贴电容，随着封装的引线电感的变化，它的自谐振频率的变化在±2~5 MHz之内。

插件的电容只不过是表贴器件加上插脚引线的结果。对于典型的插件电容，它的引线的电感平均为每0.01英寸2.5 nH。而表贴电容的引线电感平均为1 nH。

综合以上可得，使用去耦电容最重要的一点就是电容的引线电感。表贴电容比插件电容高频时有更好的效能，就是因为它的引线电感很低。

图5.6、图5.7分别是常用插件和表贴不同容值电容的频率阻抗关系图，从图中可以看出自谐振频率点，仅供参考。

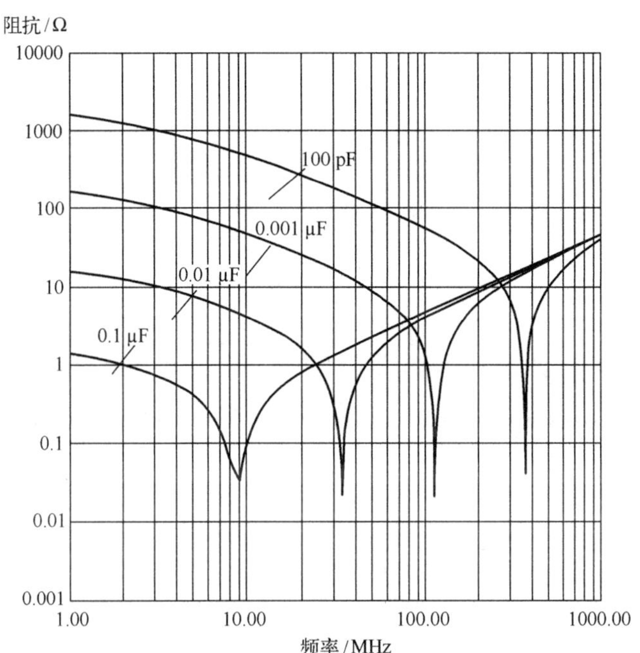

图5.6　常用插件不同容值的电容的频率阻抗关系图（ESL=2.5 nH）

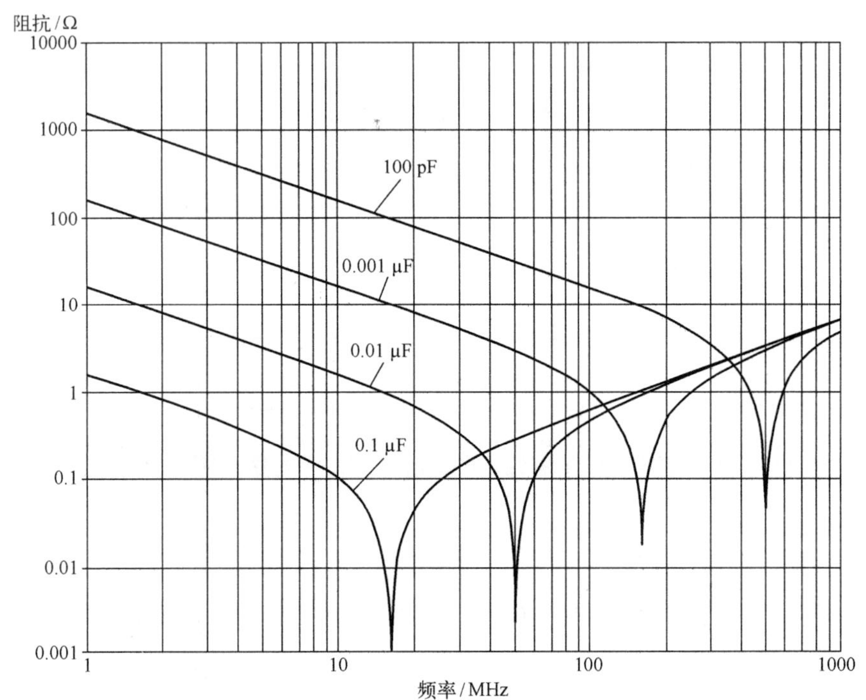

图5.7　常用表贴不同容值的电容的频率阻抗关系图（ESL=1 nH）

电感是引起电容在自谐振频率以上失去去耦作用的主要因素。所以在实际电路应用中，必须将在 PCB 中的电容连接线电感（包括过孔等）考虑进去。某些电路如果工作频率很高，这个频率上要比电容在电路中呈现的自谐振频率范围高很多，就不能使用该电容。例如，一个 0.1 μF 的电容不能给 100 MHz 有源晶振电源去耦，而 0.001 μF 电容在不考虑实际引线、过孔电感的情况下，就是一个很好的选择，这是因为 100 MHz 及其谐波已经远远超过了 0.1 μF 电容的谐振频率。

5.1.3　阻抗

图 5.2 所示的是电容的等效电路，它的阻抗可以表示为式（5.1）：

$$|Z| = \sqrt{R_S^2 + \left(2\pi fL - \frac{1}{2\pi fC}\right)^2} \tag{5.1}$$

式中，Z 为阻抗（Ω）；R_S 为等效串联电阻（Ω）；L 为等效串联电感（H）；C 为电容（F）；f 为频率（Hz）。

从此式可以看出，$|Z|$ 在谐振频率 f_0 点有最小值，此时：

$$f_0 = \frac{1}{2\pi\sqrt{LC}} \tag{5.2}$$

实际上，阻抗公式（5.1）反映的是考虑 ESR 和 ESL 等寄生参数的影响的情况。ESR 是指电容中的电阻损耗。这种损耗包括金属极板上的分布平板电阻，内部两个极板的接触电阻及外部连接点的电阻。高频信号的趋肤效应会增加元件布线的电阻值。因此，高频 ESR 高于等值情况下的直流 ESR。ESL 是指在器件封装内部抑制电流流动所用的损耗部分。约束越厉害，电流密度越高，ESL 越高。必须考虑宽度对长度的比率来减小寄生参数。

对于理想的平板电容，电流一律从一边流入、另一边流出，电感几乎为 0。这种情况下 Z 在高频时接近 R_S 而不表现为固有的谐振，PCB 中的电源和地平面的结构就是这样的。

理想电容的阻抗随频率以-20 dB/dec 的速度减小。而实际电容，因为有引线电感，电感阻止电容向期望的方向变化。在自谐振点以上，电容的阻抗变为感性并且以20 dB/dec的速度增加，如图 5.8 所示。

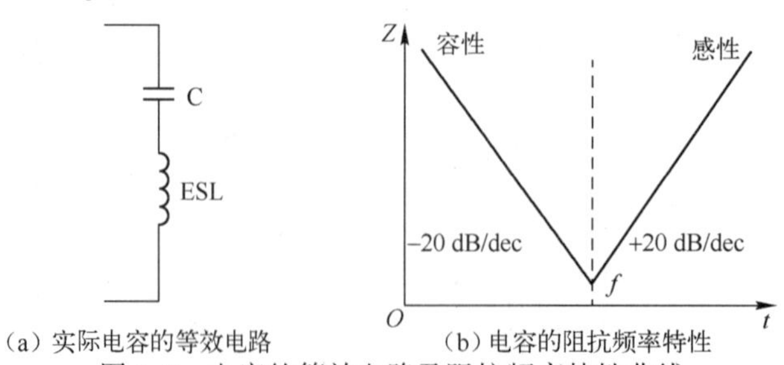

（a）实际电容的等效电路　　（b）电容的阻抗频率特性

图 5.8　电容的等效电路及阻抗频率特性曲线

$$f = \frac{1}{2\pi\sqrt{LC}} \tag{5.3}$$

在自谐振点频率以上，电容不再有电容的功能。电容的 ESR 在数量级上是非常小的，对电容的自谐振频率没有大的影响。

从电压分配的角度来考虑电容的作用，在特定频率上，电容能够减小电源分配噪声的作用，见式（5.4）。

$$\Delta U(f) = |Z(f)| \cdot \Delta I(f) \tag{5.4}$$

这里 ΔU 是允许的供电电源的大小，ΔI 是供给器件的电流，f 是期望的频率。要优化电源分配系统，就要保证噪声不超过期望的容限值，$|Z|$ 对于需要的电流供应要小于 $\Delta U/\Delta I$。$|Z|$ 的最大值要从所需的最大的 ΔI 来估算。如果 $\Delta I = 1$ A，$\Delta U = 3.3$ V，电容的阻抗必须小于 3.3 Ω。

为了使电容能够按期望的频率去工作，器件在期望的频率上需要有一个高的 C 来提供一个低的阻抗，一个低的 L 能使电容在频率升高时阻抗不增加。另外，电容需有一个低的 R_S 使它具有最低的阻抗。

去耦电容的响应是基于电流的突然变化的。解释频域里的阻抗响应在电容提供供电电流方面是很有用的。充电转化能力是在时域函数中选择电容的重要指标。电源、地平面间的低频阻抗显示在满速的瞬态变化中有多少电压变化。这种响应反映的是快速瞬态变化的平均电压值。在低阻抗电压的突然变化下将使更多的电流流入元件内。高频阻抗显示的是在快速的变化中板上有多少电流能够供应。100 MHz 以上，在数纳秒的突然变化中，对于给定的电压变化，阻抗越低就能提供越多的电流。

5.1.4　去耦和旁路电容的选择

在实际电路设计中，时钟等周期工作电路元件要进行重点的去耦处理。这是因为这些元件产生的开关能量相对集中，幅度较高，并会注入电源和地分配系统中。这种能量将以共模和差模的形式传到其他电路或子系统中。去耦电容的自谐振频率必须高于抑制时钟谐波的频率。典型的，当电路中信号沿为 2 ns 或更小时，选择自谐振频率为 10~30 MHz 的电容。常用的去耦电容是 0.1 μF 并上 0.001 μF，但是因为它的感性太大、充放电时间太慢而不能用作 200~300 MHz 以上频率的供电源。一般 PCB 电源层与地层之间分布电容的自谐振频率在 200~400 MHz 的范围内，如果元器件工作频率很高，只有借助 PCB 层结构的自谐振频率（作为一个大电容）来提供很好的 EMI 抑制效果，通常具有一平方英尺面积的电源层与地层平面，当距离为 1 mil 时，其间电容为 225 pF。

在 PCB 上进行元件放置时，要保证有足够的去耦电容，特别是对时钟发生电路来说，还要保证旁路和去耦电容的选取要满足预期的应用。自谐振频率要考虑所有要抑制的时钟的谐波，通常情况下，要考虑原始时钟频率的五次谐波。

以一个实际例子来说明如何来选择去耦电容（虽然这种方法在实际电路设计中并不实用），假设电路中有 50 个驱动缓冲器同时开关输出，边沿速度为 1 ns，负载为 30 pF，电压为 2.5 V，允许波动范围为+/−2%（如果考虑电源层的阻抗影响，可允许的波动范围可增加）。则最简单的一种方法就是看负载的瞬间电流消耗，计算方法如下：

（1）先计算负载需要的电流 I

$$I = \frac{C\mathrm{d}U}{\mathrm{d}t} = \frac{30\ \mathrm{pF} \times 2.5\ \mathrm{V}}{1\ \mathrm{ns}} = 75\ \mathrm{mA}$$，则总的电流需要：$50 \times 75\ \mathrm{mA} = 3.75\ (\mathrm{A})$

（2）然后可以算出需要的电容

$$C = \frac{I\mathrm{d}t}{\mathrm{d}U} = \frac{3.75\ \mathrm{A} \times 1\ \mathrm{ns}}{2.5 \times 2\%} = 75\ (\mathrm{nF})$$

（3）考虑到实际情况可能因为温度、老化等影响，可以取 80 nF 的电容以保证一定的裕量。并可采用两个 40 nF 的并联，以减小 ESR。

上面的这种计算方法很简单，但实际的效果却不是很好，特别是在高频电路的应用上，会出现很多问题。如上面的这个例子，即便电容的电感很小，只有 1 nH，但根据 $dU=Ldi/dt$，可以算出大概有 3.75 V 的压降，这显然是无法接受的。

因此，针对较高频率的电路设计时，要采用另外一种更为有效的计算方法，主要是看回路电感的影响。仍以刚才那个例子进行分析。

先计算电源回路允许的最大阻抗 X_{max}：

$$X_{max}=\Delta U/\Delta I=0.05\ \text{V}/3.75\ \text{A}=13.3\ (\text{m}\Omega)$$

考虑低频旁路电容的工作范围 F_{BYPASS}：

$$F_{BYPASS}=X_{max}/2\pi L_0=13.3/(2\times3.14\times5)=424\ (\text{kHz})$$

这时考虑板子上电源总线的去耦电容，一般取值较大的电解电容，这里假设其寄生电感为 5 nH。可以认为频率低于 F_{BYPASS} 的交流信号由板级大电容提供旁路。

考虑最高有效频率 F_{knee}，也称为截止频率：

$$F_{knee}=0.5/T_r=0.5/1\ \text{ns}=500\ (\text{MHz})$$

截止频率代表了数字电路中能量最集中的频率范围，超过 F_{knee} 的频率将对数字信号的能量传输没有影响。

计算出在最大的有效频率（F_{knee}）下，电容允许的最大电感 L_{TOT}：

$$L_{TOT}=\frac{X_{max}}{2\pi F_{knee}}=\frac{X_{max}\cdot T_r}{\pi}=\frac{13.3\ \text{m}\Omega\times1\text{ns}}{3.14}=4.24\ (\text{pH})$$

假设每个电容的 ESL 为 1.5 nH（包含焊盘引线的电感），则可算出需要的电容个数 N：

$$N=\text{ESL}/L_{TOT}=1.5\ \text{nH}/4.24\ \text{pH}=354$$

电容在低频下不能超过允许的阻抗范围，可以算出总的电容值 C：

$$C=\frac{1}{2\pi F_{BYPASS}\cdot X_{max}}=\frac{1}{2\times3.14\times424\ \text{kHz}\times13.3\ \text{m}\Omega}=28.3\ (\mu\text{F})$$

最后算出每个电容的取值 C_n：

$$C_n=C/N=28.3\ \mu\text{F}/354=80\ (\text{nF})$$

计算结果表示，为了达到最佳设计效果，需要将 354 个 80 nF 的电容平均分布在整个 PCB 上。但是从实际情况来看，这么多电容往往是不太可能的，如果同时开关的数目减少，上升沿不是很快，允许电压波动的范围更大，计算出来的结果也会变化很大。如果实际的高速电路要求很高，只有尽可能选取 ESL 较小的电容来避免使用大量的电容。

5.1.5 并联电容

有效的容性去耦是通过在 PCB 上适当放置电容来实现的。随意放置或过度使用电容是对材料的浪费。有时战略性地放几个电容将起到很好的去耦效果。在实际的应用中，两个电容并联使用能提供更宽的抑制带宽。这两个并联电容必须有不同的数量级（如0.1 μF和 0.001 μF）或容值相差 100 倍，以达到最佳的效果。

图 5.9 显示了 0.1 μF 和 100 pF 两个去耦电容单独使用和并联使用时的曲线。0.1 μF 电容的自谐振频率为 14.85 MHz，100 pF 电容的自谐振频率是 148.5 MHz。在 110 MHz 上，因为并联电容的结合阻抗有一个很大的上升，0.1 μF 电容变成了感性的，而 100 pF 的电容仍为容性的。在这个频率范围内存在一个并联谐振 LC 电路。在谐振时既有电感也有电容，因此，会有一个反共振频率点，在这些谐振点周围，并联电容表现的阻抗要大于它们单个使用

时的阻抗，如果在这个点附近一定要满足 EMI 要求，这将是个风险。

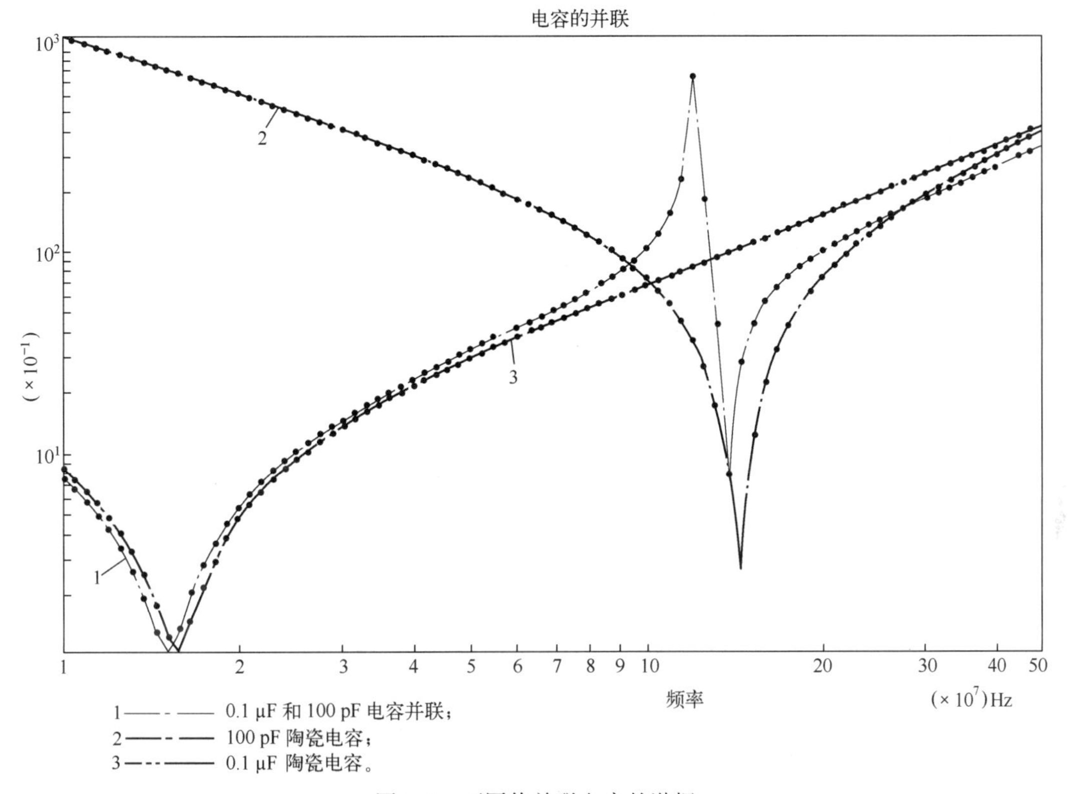

图 5.9　不同值并联电容的谐振

可见，为了去除带宽较宽的噪声，常用的方法是在靠近电源引脚的地方放置两个并联电容（如 0.1 μF 和 0.001 μF）。如果在 PCB 布局中使用并联电容去耦，一定要保证电容值相差两个数量级或 100 倍。并联电容的总容值不是主要的，重要的因素是由并联电容产生的并联阻抗。

为了优化并联去耦的效果和允许使用单个电容，需要减小电容内的引线电感。在电容装到 PCB 上时会有一定值的布线电感存在。这个线长包括连接电容到平面的过孔的长度。单个或并联去耦电容的引线越短，去耦效果就越好。

另外，两个同值的电容并联，也可以提高去耦的效果和频率，这是因为电容并联后寄生电阻（ESR）和寄生电感（ESL）因并联而减小，对于多个（n 个）同样值的电容来说，并联使用之后，等效电容 C 变为 nC，等效电感 L 变为 L/n，等效 ESR 变为 R/n，但谐振频率不变。同时从能量的角度来看，多个电容并联能向被去耦的器件提供更多的能量（见图 5.10）。

5.2　相关案例

5.2.1　案例 58：电容值大小对电源去耦效果的影响

【现象描述】

时钟驱动芯片××3807，很多数字电路硬件开发工程师都很熟悉，就是这个东西（本案例中是 3.3 V 供电），在某一设备的电路上工作时，发现其电源引脚上用示波器测试到的波形如图 5.11 所示。

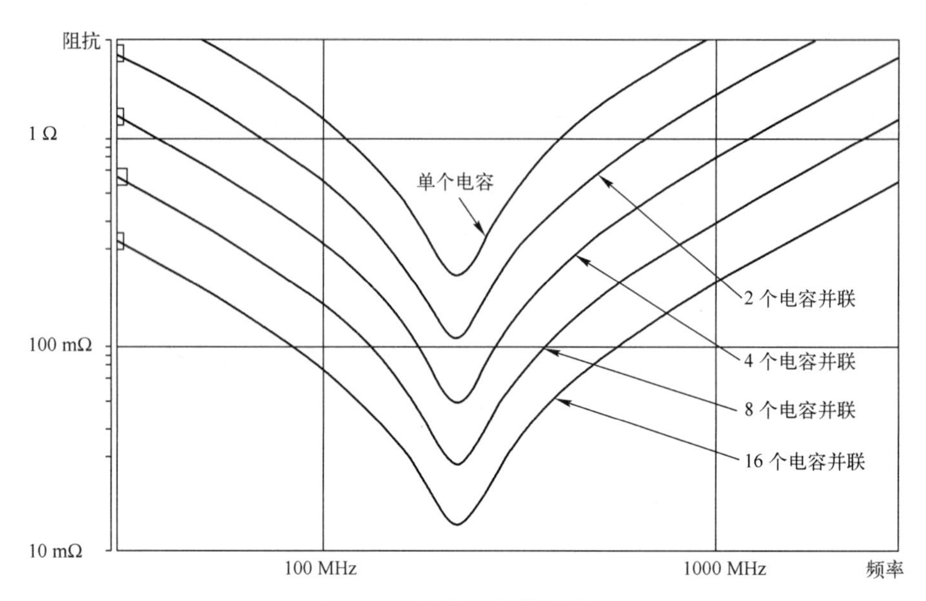

图 5. 10　等值电容并联特性

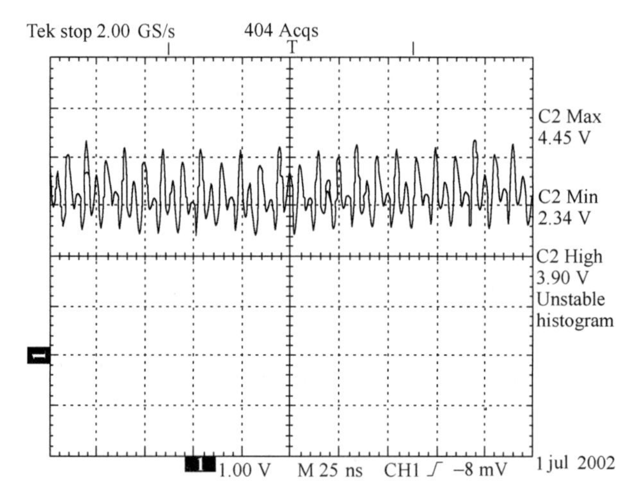

图 5. 11　电源信号测试结果

从图 5. 11 中可以看出，波形的峰-峰值为 1. 8 V，频率接近 100 MHz，显然不符合电源质量的要求（通常要求为 5%）。电源噪声直接影响着电源平面和地平面的完整性，对所在系统的共模辐射也有很大影响。PCB 上信号的共模辐射模型如图 5. 12 所示。

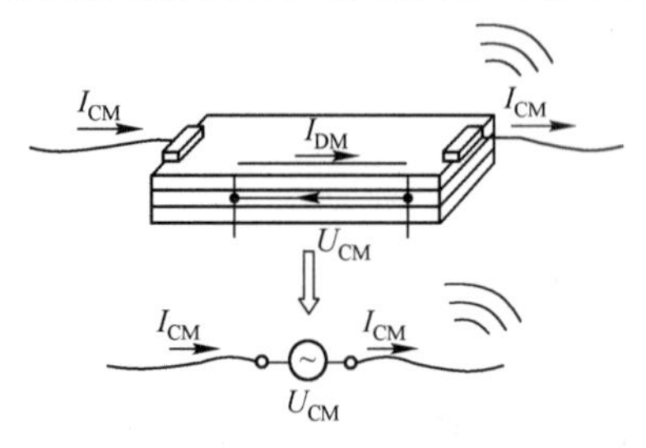

图 5. 12　多层 PCB 的共模辐射等效模型（电缆屏蔽层连接到参考平面）

从高频角度考虑，参考平面（包括地平面和电源平面）相当于回流导体，可能有任何频率大小的压降。这个压降是由于差模电流 I_{DM} 在印制线下面的参考平面上会产生一个共模电压降 U_{CM}，如图 5. 12所示。这个电压激励大的外围结构，产生共模电流 I_{CM}。例如，通过低阻抗连接到参考平面的电缆屏蔽层上的共模电流。这个电流和其流经的较长导体（此时为发射天线）一起成为辐射源，产生严重的 EMC 问题。所以此问题将对 EMC 测试成功与否带来很大的风险，必须在测试前解决。

【原因分析】

时钟及驱动部分的原理图如图 5. 13 所示。

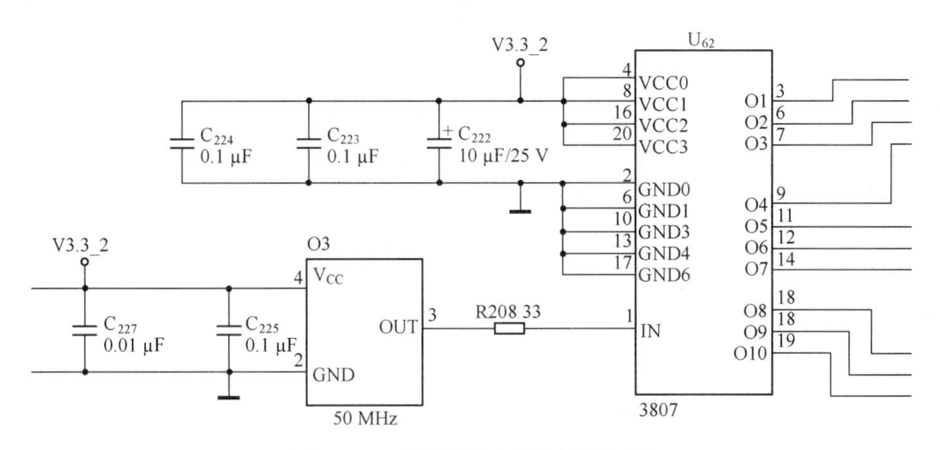

图 5. 13　时钟及驱动部分的原理图

经过分析电路原理图，发现给电源网络 V3. 3 _ 2 去耦的电容（均为表贴）共有三个，一个 10 μF，在图 5. 14 的 A 处；两个 0. 1 μF，在图 5. 14 的 B 和 C 处。经过初步检查后，问题定位为：PCB 电源线布线较长，电容布局不合理，去耦电容没有靠近电源引脚，导致引线电感较大；电容值的选择不合理，0. 1 μF 的电容自谐振点远低于 100 MHz。

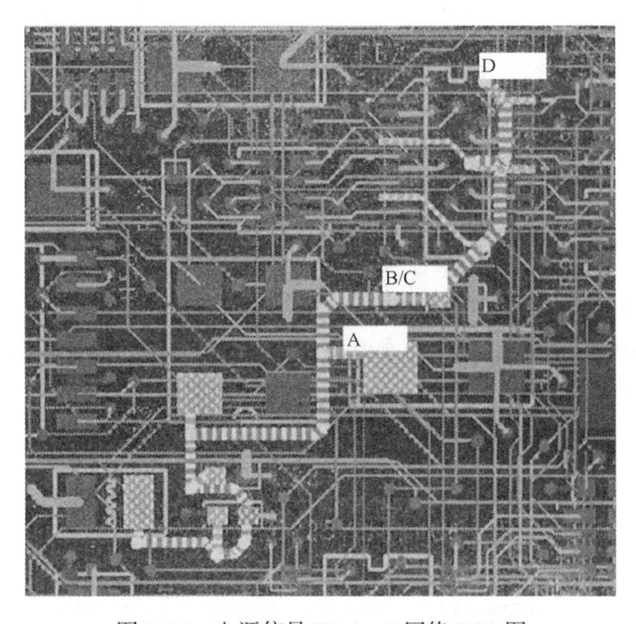

图 5. 14　电源信号 V3. 3 _ 2 网络 PCB 图

为了证实以上的判断，做了以下试验。

（1）在器件 3807 的每个电源引脚及图 5. 14 所示的 C 点到 D 点之间加焊了三个 0. 1 μF 的小电容，以达到器件每个电源引脚有一个就近放置的去耦电容，重新测试，电源波形几乎没有变化，说明在不改变电容值的情况下，只改善引线电感是不能解决大部分问题的。

（2）经过分析，10 μF 电容与 0. 1 μF 电容的自谐振频率均远低于 100 MHz，而0. 01 μF 瓷片电容的谐振频率才比较接近 100 MHz。于是又做了如下补充试验，先把两个0. 1 μF的小电容改为 0.01 μF 的，重新测试，发现电源引脚上的纹波幅度减小为 0.8 V。已经可以满足电源信号质量的要求，再在 U_{62}的 15 引脚加焊一个 0.01 μF 的电容，重新发现电源引脚上的电源纹波较小为 0.4 V，取得了更好的电源信号质量。

综上所述，本案例中电源质量不好的主要原因是去耦电容的容值选取不当，没有考虑谐波的频率。其次是去耦电容数量不够，U_{62}共有四个电源引脚，强驱动的时钟驱动芯片功耗大，最好每一个引脚接一个高频去耦电容。在本次试验中，该 3807 只用了四路输出，如果十路输出同时工作，负载的动态电流将成倍增加。

为了进一步解释以上现象，首先说明一下芯片电源引脚纹波产生的原因，也就是为什么要进行去耦。图 5.15 所示的是一个典型的门电路输出级，当输出为高时，Q_3 导通，Q_4 截止；相反，当输出为低时，Q_3 截止，Q_4 导通，这两种状态都在电源与地之间形成了高阻抗，限制了电源的电流。

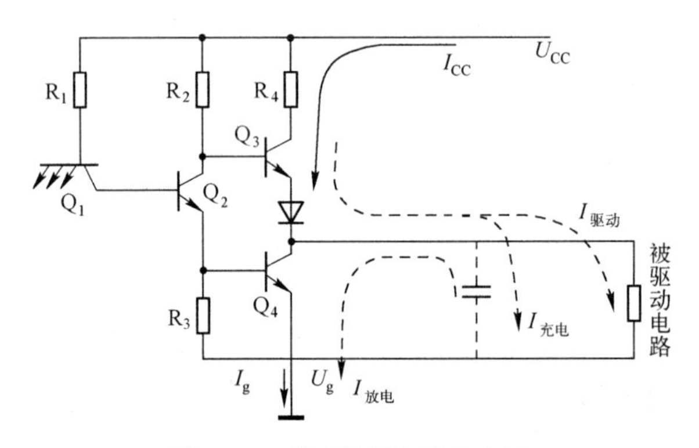

图 5.15　典型的门电路输出级

但是，当状态发生变化时，会有一段时间 Q_3 和 Q_4 同时导通，这时在电源与地之间形成短暂的低阻抗，产生 30~100 mA 的尖峰电流。当门输出从低变为高时，电源不仅提供短路的电流，还要给寄生电容提供充电的电流，使这个电流的峰值更大。由于电源线总是有不同程度的电感，因此当发生电流突变时，会有感应电压，这就是电源线上出现的噪声。当电源线上产生尖峰时，地线上必然也流过这个电流，由于地线也总会有不同程度的电感，因此也会感应出电压，这就出现了地线噪声，特别是对周期信号的电路来说，噪声尖峰更加集中，如图 5.16 所示。

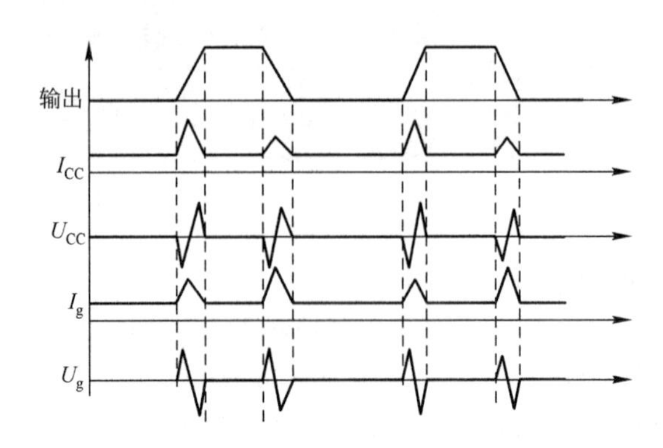

图 5.16　电源线上和地线上的噪声

去耦电容是克服产生尖峰噪声的一种方法。当所有的信号引脚工作于最大容量负载下同时开关时，去耦电容还提供给元件在时钟和数据变化期间正常工作所需的动态电压和电流。去耦是通过在信号线和电源平面间提供一个低阻抗的电源来实现的。在频率升高到自谐振点之前，随着频率的提高，去耦电容的阻抗会越来越低，这样，高频噪声会有效地从信号线上泄放，这时余下的低频射频能量就没有什么影响了。

0.1 μF 电容和 0.01 μF 电容是当今高速电路设计中最常用的去耦电容。一般表贴裸电容的自谐振点基本不会超过 500 MHz，0.01 μF 的表贴裸电容的自谐振点基本在 50~150 MHz之间，而且在实际的 PCB 应用中，引线电感、过孔等的存在会进一步降低去耦电路的谐振点。这样使得不可能去耦电容选得越小，去耦频率就会无限制地高。实际应用中引线电感的存在使再小的电容的去耦频率上限也不会超过 300 MHz。这也是很多电路中即使工作频率再高，其去耦电容最小也只用 0.01 μF 的原因。对于相同容值的电容并联，引线电感和寄生电感并联后会减小，使得整体的阻抗会呈下降趋势，这有利于去耦电容工作频率的升高。两个等值的去耦电容在器件门电路翻转时，可以在相同的时间内提供更多的能量。另外，在多层 PCB 设计中依靠电源平面和地平面组成的板间电容，有着超低 ESL 的特点，它是高频电路设计电源去耦的重要手段。

【处理措施】

将 0.1 μF 电容改成 0.01 μF 电容，并保证平均每个电源引脚有一个以上去耦电容（经验值是 1.5 个），并在 PCB 布局上靠近电源引脚处放置。

【思考与启示】

（1）器件，特别是周期开关性工作的器件，其电源要进行去耦处理。

（2）电源去耦电容的选择要考虑被去耦器件的工作频率及其产生的谐波，不要什么器件都用 0.1 μF 的电容，对各种器件的工作主频 20 MHz 以下的才建议用 0.1 μF 的去耦电容，20 MHz 以上的器件用 0.01 μF 的去耦电容或更小。

（3）当器件功耗较大时，可以考虑采用多个相同容值的电容并联。

（4）布局布线时要考虑引线电感，使得引线电感最小。

（5）对于有 20 MHz 以下频率，又有 20 MHz 以上频率的复合电路，建议采用 0.1 μF 与 1000 pF 并联的方式进行电源去耦。

5.2.2　案例 59：芯片电流引脚上磁珠与去耦电容的位置

【现象描述】

某产品 PCB 中有一时钟驱动芯片，在供电电源 A5V1 靠近时钟驱动芯片电源处并联了 10 μF 的滤波电容 C_{192}和 0.1 μF 的去耦电容 C_{202}并经过磁珠 FB5（17010145 铁氧体-EMI 磁珠-60 Ω±25%-4.0A-206）后，送到芯片的 V_{CC}电源引脚处，如图 5.17 所示。结果发现输出的时钟波形信号质量极差，并且占空比也发生了变化，进一步测试发现芯片 V_{CC}引脚上的电压有严重的振荡和跌落现象，振荡的频率和输出时钟的频率相同，在 V_{CC}引脚上的电压跌落时，输出时钟的上升沿变得很缓，测试波形如图 5.18 所示。

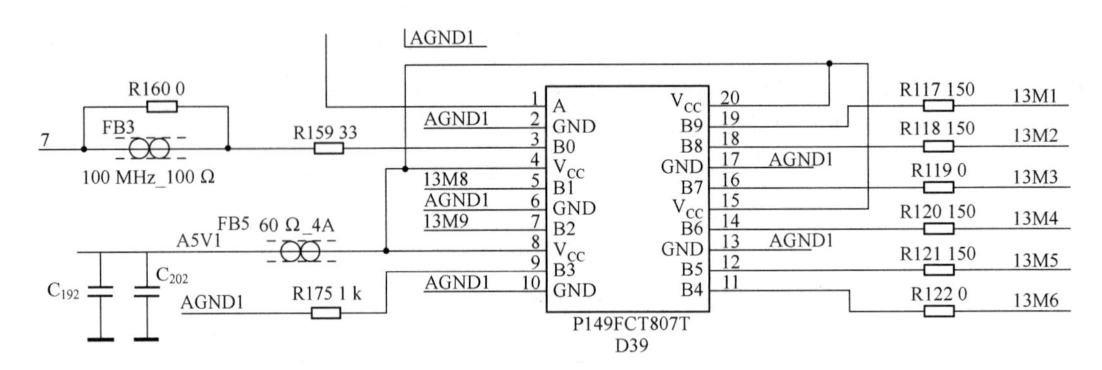

图 5. 17　芯片的连接图

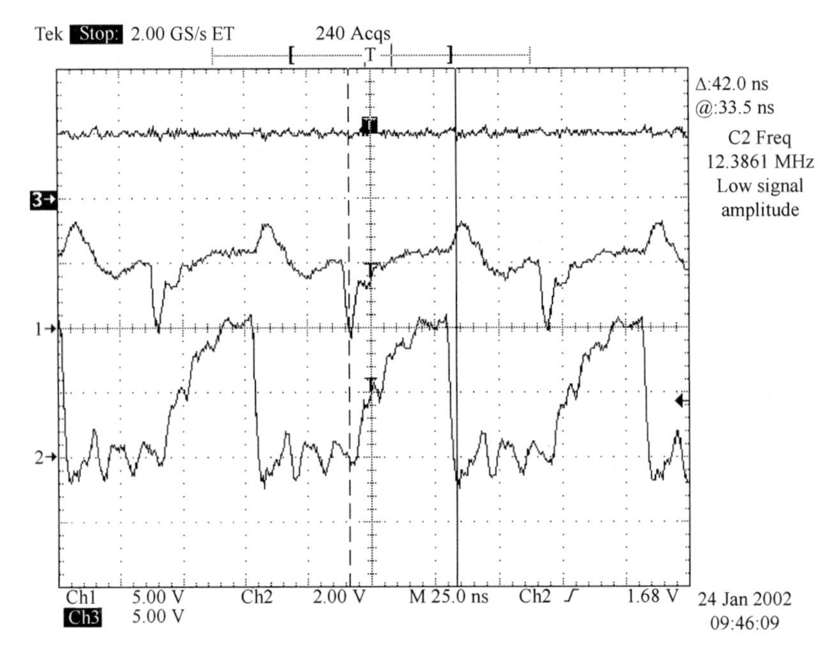

图 5. 18　A5V1、V_{CC}引脚上的电压 U 和输出时钟 B5 的测试波形（通道 3、1 和 2）

【原因分析】

在 PCB 图中，芯片的下面是一块电源平面，在电源平面的左边和右边分别接了0. 1 μF 的去耦电容和 10 μF 的滤波电容，然后经过磁珠 FB5 送到芯片的电源引脚 V_{CC}，分别是芯片的 4、8、15 脚和 20 脚。

高速时钟驱动芯片的负载通常较重，在输出时钟沿跳变处，芯片电源输入电流会快速大幅度变化，如图 5. 19 所示。

时钟芯片的电源引脚 V_{CC}先串联磁珠后并联电容，由于磁珠的阻抗特性，高速时钟驱动芯片电源输入电流的快速变化会在唯一的电流通路磁珠 FB5 上产生很大的反电动势，导致 V_{CC}引脚上的电压 U 跌落和上冲。进一步详细进行理论分析，磁珠的电路等效可以看成一个电感 L 和一个电阻 R 的串联（有时也看成电感 L 和电阻 R 的并联），其中 R 和 L 的值都是频率的函数，如图 5. 20 所示。R 曲线是磁珠的电阻阻抗特性曲线，X 曲线是磁珠的感性阻抗特性曲线，Z（R+jX）曲线是磁珠总的阻抗曲线。

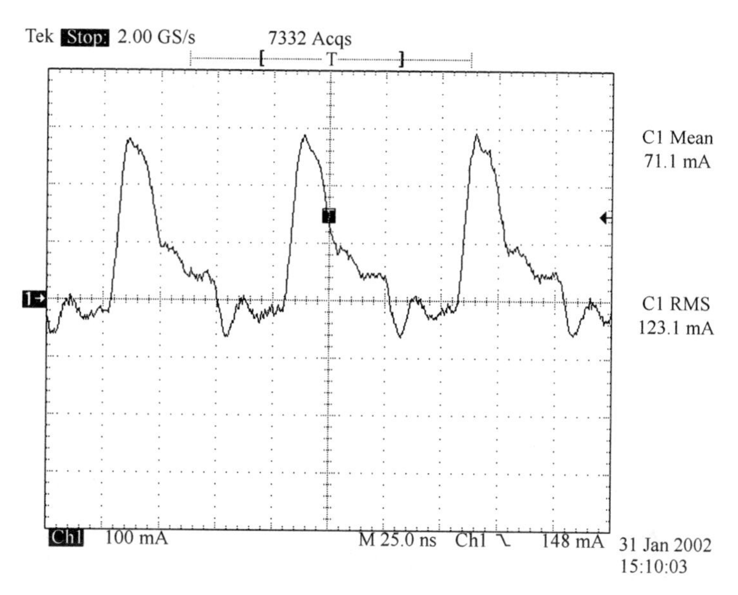

图 5.19　时钟驱动芯片 P149FCT807T 的电源输入电流波形

根据等效电路，可以计算磁珠两端的电压 Δu 关系，公式如下：

$$\Delta u = \text{A5V1} - L\ (f)\ \cdot \mathrm{d}I/\mathrm{d}t - R \cdot I \cdots \tag{5.5}$$

式中，I 为流过磁珠 FB5 的电流；f 为电流 I 的频率。

用电流探头（TEK 公司的 TCP202）测试流过 FB5 的电流 I 的波形及 A5V1、V_{CC}引脚上的电压 U 的电压波形和电流 I 的波形，如图 5.21、图 5.22 所示。

由数字信号理论可知，电流 I 波形的能量主要分布在频率 F_0 以内的 13 MHz 的谐波上，其中 $F_0=0.5/t$，t 为沿变化时间。由波形可知它的上升沿为 5 ns 左右，可以判断它的能量主要分布在 13～100 MHz 的频率之间。在 13～100 MHz 内，磁珠的感性阻抗 X 在 25～35 Ω 之间变化，根据公式 $L(f)=Z/(2\pi f)$ 换算，电感 L 在 40～300 nH 之间；阻性阻抗在25～60 Ω 之间。由电流 I 波形可知，$\mathrm{d}I/\mathrm{d}t$ 最大处达到约 30 mA/ns，那么这个数量级的电流变化率，由于磁珠的电感特性，会在电源输入端产生伏特级的反电动势；又由于磁珠的阻性阻抗，叠加上 $-R \cdot I$ 项（也是伏特级），就会导致 V_{CC} 引脚上电压 U 很大的跌落和上冲，如图 5.22 所示。

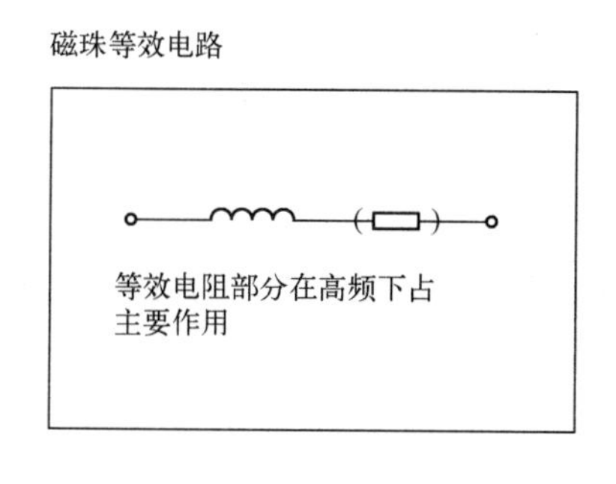

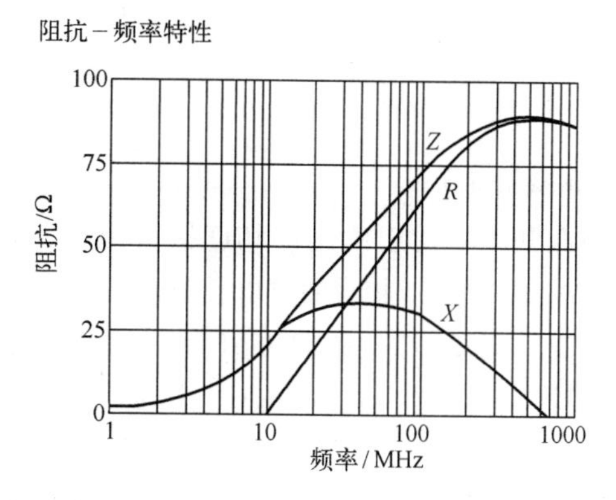

图 5.20　磁珠等效电路模型和磁珠阻抗-频率特性曲线

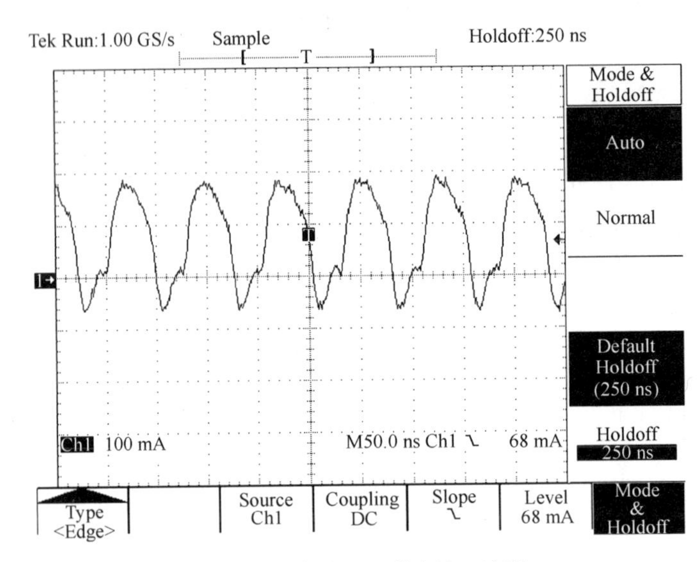

图 5.21　流过 FB5 的电流 I 波形

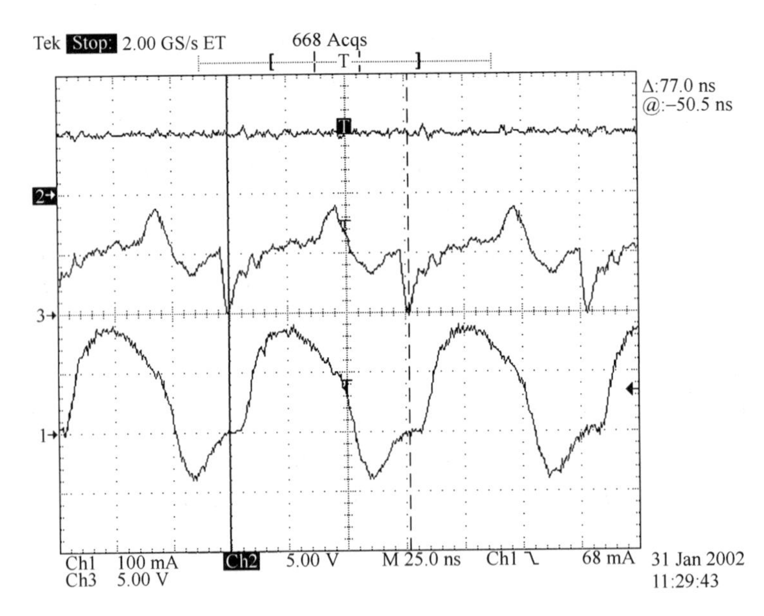

图 5.22　A5V1、V_{CC}引脚上的电压 U 的波形和电流 I 的波形（通道 2、3、1）

【处理措施】

磁珠和电容的正确位置和连接关系是，紧靠芯片电源 V_{CC}引脚处直接并联 10 μF 电容和 0.1 μF 去耦电容，来增加抗电流跳变的能力；然后串联磁珠 FB5 与 A5V1 平面形成高阻抗进行隔离，来减少对 A5V1 的干扰，如图 5.23 所示。把两电容移到磁珠 FB5 的芯片电源侧后，芯片工作正常，磁珠 FB5 也达到了减少对供电电源 A5V1 干扰的目的，磁珠两端电压 Δu 和 A5V1 的电压波形如图 5.24 所示。

【思考与启示】

（1）要对磁珠的原理和作用有深入的了解，认为加个磁珠减少芯片对供电电源的干扰总没有错的想法是不正确的。

（2）去耦是为了给芯片提供瞬态电流，要保证电容至芯片的路径中阻抗最小。

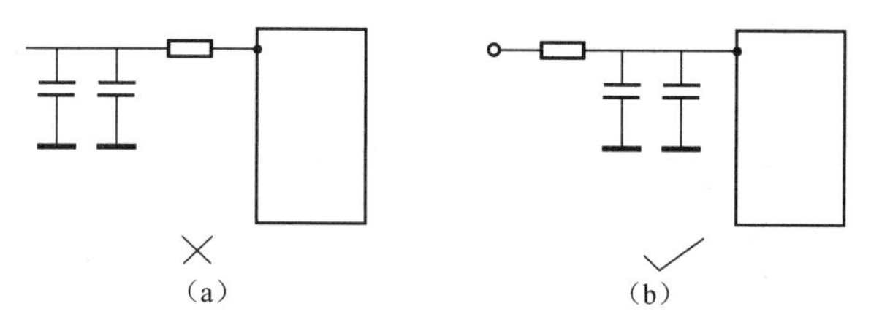

图 5.23　磁珠和电容的正确位置和连接关系

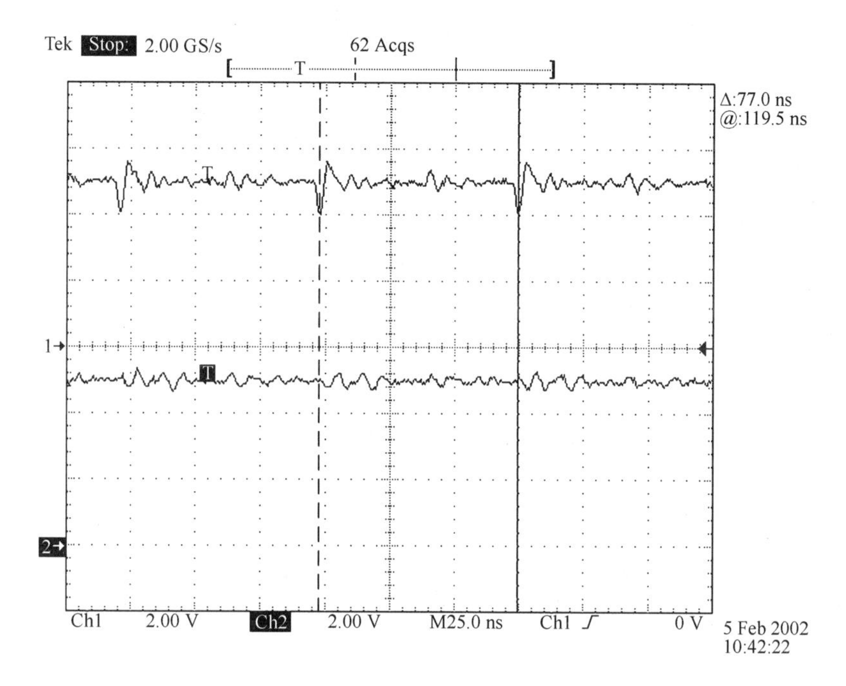

图 5.24　磁珠两端电压 Δu 和 A5V1 的电压波形（通道 1 和通道 2）

5.2.3　案例 60：静电放电干扰是如何引起的

【现象描述】

某产品是一通信转换器，其中一端的通信线连接器使用金属外壳的 RJ-45 连接器，进行 IEC61000-4-2 标准的静电放电测试时，需要对 RJ-45 头的金属外壳进行接触放电，放电等级根据该产品的产品标准为±6 kV。当在该 RJ-45 头上进行接触放电测试时，发现该转换器通信出错，具体表现是传输的数据出错。

该产品的部分原理图如图 5.25 所示。

在检查 PCB 后，发现原理图中 U_2 的 28、27、25 脚与 U_5 的 4、1 脚及 U_4 的 30 脚的互连信号线有较长的传输距离，而且由于 PCB 是四层板，因此该线在表层走线，试验中，在该四条信号线上分别并联上 1 nF（经过测试，该电容对信号质量的影响在接受范围内）的旁路电容后，静电放电测试顺利通过，无任何通信错误出现。

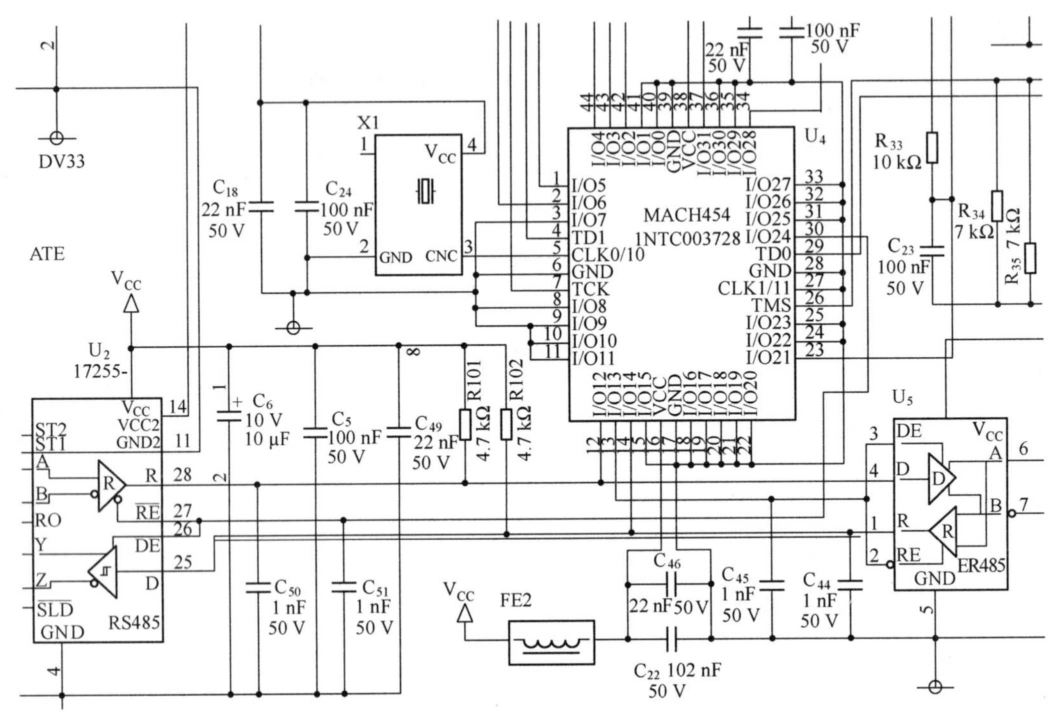

图 5.25　产品部分原理图

【原因分析】

静电放电时，通常通过以下几种方式影响电子设备。

（1）初始的电场能容性耦合到表面积较大的网络上，并在离 ESD 电弧 100 mm 处产生高达数 kV/m 的电场。

（2）电弧注入的电荷、电流可以产生以下损坏和故障：

① 穿透元器件的内部薄的绝缘层，损毁 MOSFET 和 CMOS 的元器件栅极；

② CMOS 器件中的触发器锁死；

③ 短路反偏的 PN 结；

④ 短路正向偏置的 PN 结；

⑤ 熔化有源器件内部的焊接线或铝线。

（3）静电放电电流导致导体上产生的电压脉冲（$U=L\cdot \mathrm{d}i/\mathrm{d}t$），这些导体可能是电源或地、信号线，这些电压脉冲将进入与这些网络相连的每一个元器件。

（4）电弧会产生一个频率范围在 1～500 MHz 的强磁场，并感性耦合到邻近的每一个布线环路中，在离 ESD 电弧 100 mm 远处的地方产生高达数十安每米的磁场。

（5）电弧辐射的电磁场会耦合到长的信号线上，这些信号线起到了接收天线的作用。

在此产生中当向 RJ-45 的金属外壳进行接触放电时，RJ-45 通过接地线接至参考地，接触放电时会产生一个瞬态的大放电电流，该电流将在附近产生一个较大的电磁场，如果此时暴露在该电磁场中的器件或信号比较敏感，系统就会出现不正常现象。而此产品中被干扰的信号线距 RJ-45 上的静电放电点约 3 cm 的距离，可见，在此案例中的问题主要是以上几种静电放电对于设备影响种类中的最后一种，即电弧辐射的电磁场会耦合到长的信号线上，这些信号线起到了接收天线的作用。并联旁路电容后，一部分耦合到的能量被电容滤除，从而保护了器件接收的信号。

理论上本案例出现的问题还存在一种可能，那就是以上几种静电放电对于设备影响种类中的（3）。只是很难用试验来区分到底是哪种方式影响了内部电路，这里也把这种可能出现的情况分析一下。本案例涉及的产品设有接地端子，ESD 测试时产品接地，接地端子与 RJ-45 连接器的外壳及内部电路的工作地都是相连的，如图 5.26 所示，图中 C 表示放电点到接地端子的接地互连线与电路工作地之间的寄生分布电容，假设为 2 pF；U_{AB}表示静电放电电流流过地线时在 A、B 两点之间产生的压降，由于本产品结构特性的限制，以及测试时本身接地线（约 1 m）所固有的阻抗，使 A、B 两点间的接地阻抗很难保证做到零。

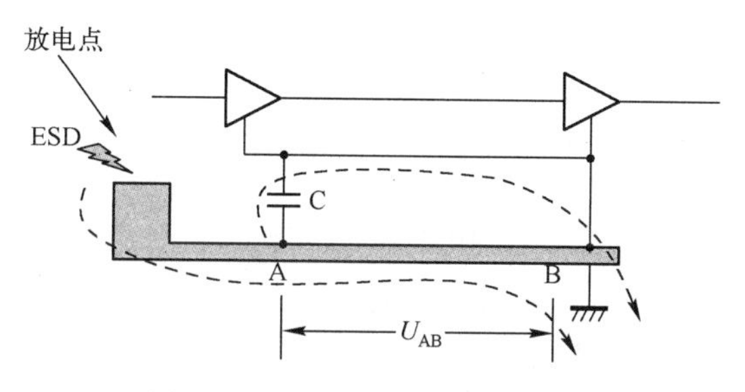

图 5.26　ESD 分析原理示意图 1

为了有助于分析，假设经过接地装置的静电放电的峰值电流为 20 A（实际上应该大于该值，路径由虚线表示），再假设接地路径 A 与 B 之间存在 10 nH 的寄生电感，那么

$$U_{AB}=L\times dI/dt=10\times10^{-6}\times20/1\times10^{-9}=200\ (V)$$

式中，dt 为静电放电电流的上升沿时间 1 ns。

当 U_{AB}存在 200 V 的峰值电压时，流过工作地的电流（路径由上侧的蓝色虚线表示）为

$$I=C\cdot dv/dt=2\times10^{-12}\times200/1\times10^{-9}=0.4\ (A)$$

当有 0.4 A 以上的电流流过工作地时，如果工作地平面并不是很完整，存在一定的阻抗，如存在过孔造成的缝隙，如图 5.27 所示，假设存在 1 cm 长的缝隙，则大概有 10 nH 的寄生电感 L_1（估计值的来源可查看相关文档）。

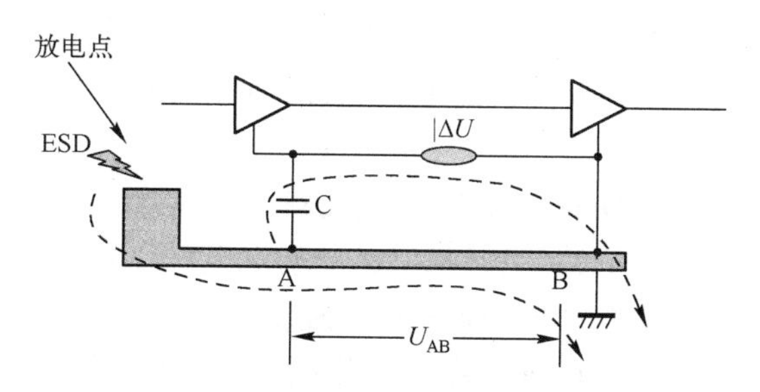

图 5.27　ESD 分析原理示意图 2

此时寄生电感两端的压降为

$$\Delta U=L_1\times dI/dt=10\times10^{-9}\times0.4/1\times10^{-9}=4\ (V)$$

4 V 的电压对于 5 V 供电的 TTL 电平器件来说足够造成误动作，而此电压也仅是较低的估计值，实际情况下会产生更大的压降。在信号与地之间并联旁路电容后，电容将高频噪声在信号与地之间形成“短路”，从而保护了器件接收的信号，如图 5.28 所示。

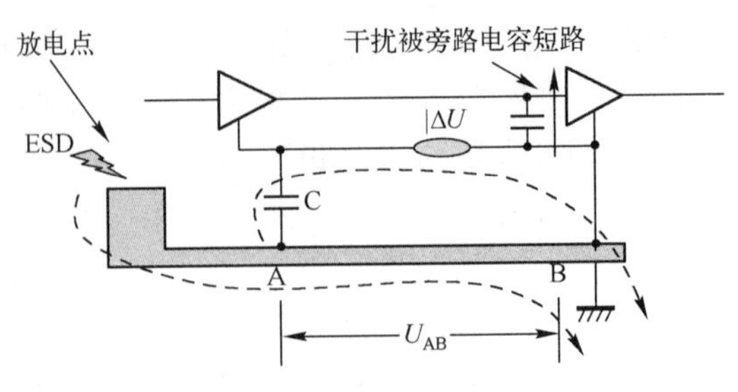

图 5.28　旁路电容的作用

【处理措施】

在信号线上并联旁路电容，并在 PCB 上将此旁路电容放置于靠近芯片的信号引脚处。

【思考与启示】

(1) 对于长距离传输并且离静电放电点在空间距离上比较近的敏感信号线，建议进行旁路滤波处理，或者在6层以上的PCB中走内层。

(2) 产品结构设计时，要避免干扰共模电流流过电路板的工作地平面，如果不能避免共模电流流过，那么要保证工作地平面尽量完整，一般没有过孔、没有缝隙的完整地平面只有 3 mΩ 电阻。对于 5 V 的 TTL 电平来说，它至少可以承受 200 A 的共模电流；对于 3.3 V 的 TTL 电平来说，它至少可以承受 130 A 的共模电流。

5.2.4　案例 61：小电容解决困扰多时的辐射抗扰度问题

【现象描述】

某医疗产品，用来接收植入人体内部辅助器官向外发送的信号，来监控被植入的人造辅助器官工作状态及相应的测试数据。因为信号通过电磁场无线传输，所以辐射抗扰度测试是必不可少的项目，测试等级要求为 3 V/m。在进行辐射抗扰度测试时，该医疗产品不停地接收模拟信号源产生一定频率的信号，要求产品在辐射抗扰度测试中始终保持正常工作状态，接收数据不能有遗漏。

在辐射抗扰度测试的过程中，该产品接收的显示表示：在某几段频率下并没有接收到正确信息，即接收异常。重复试验发现，出现故障的频率并不固定。

【原因分析】

从 EMI 的角度来讲，必须防止 PCB 布线、线圈、电缆等变成天线。当布线或电缆的长度与波长可比拟时，就会出现天线效应，形成辐射，通过自由空间或连接电缆向外辐射能量。从 EMS 的角度来讲，也一样，必须防止 PCB 布线、线圈、电缆等变成接收天线。当 PCB 布线、电缆的长度或环路与波长可比拟时，就会出现接收天线效应（如图 5.29所示），接收一些干扰信号，影响设备内部电路的正常工作。

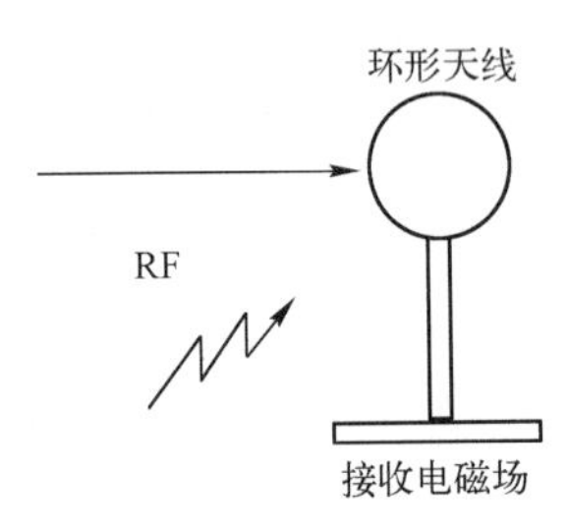

图 5.29　环形天线

根据麦克斯韦方程，可变磁场通过闭环回路时，将产生感应电流，闭环感应电流强度与磁场变化量有关。

本产品结构如图 5.30 所示。

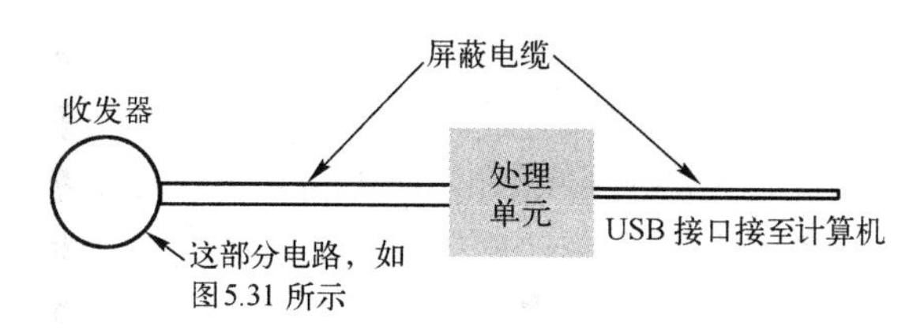

图 5.30　产品结构

由图 5.30 可以看出，该产品由收发器、处理单元及屏蔽电缆三部分组成，收发器作为传感器用来接收被植入人体内辅助器官向外发送的信号，并由屏蔽电缆将接收到的模拟信号传送至处理单元，由处理单元将模拟信号转换成数字信号，再通过 USB 接口传送至计算机。

图 5.31 是收发器部分电路，从图中可以看到，该接收器的信号接收部分采用 LC 谐振电路，电感是个较大的线圈。根据前面介绍的麦克斯韦方程原理，该线圈也将接收到辐射抗扰度测试时的高频辐射场，并与有用信号相叠加，当辐射干扰所导致的感应电压与有用信号电压在幅度与宽度上可以比拟时，将对信号产生干扰，使后一级芯片很难判断，从而出现前面所描述的现象。

因此要解决此问题，必须滤除无用的干扰信号，好在有用信号的频率（20 kHz）与干扰的频率是不同的，这给滤波带来了可行性。试验证明在原理图的 C_4 后面（图 5.31 中的 A 点）并联一个 100 pF 的瓷片电容，问题得到解决。

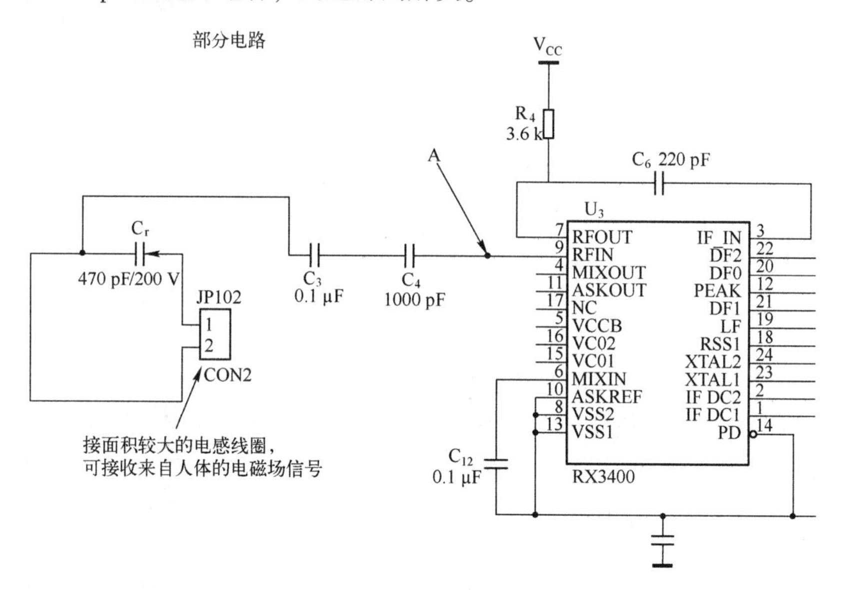

图 5.31　收发器部分电路

【处理措施】

按照以上的分析结果，在图 5.31 所示图中的 A 点并联旁路电容 100 pF。

【思考与启示】

线圈属于电磁场的敏感器件，很容易接收空间的电磁干扰信号，实际应用上要特别注意。要禁止线圈的工作频率与测试的干扰频率同频。

5.2.5　案例 62：金属外壳产品中空气放电点该如何处理

【现象描述】

某带有人机接口的工业用产品，采用金属外壳，在人机接口面板处开有小孔，用来操作拨码开关，通过操作拨码开关，设定产品的工作状态。该产品做 ESD 试验时发现存在以下两个问题。

（1）在拨码开关处进行±8 kV 空气放电时，在拨码开关处有弧光放电现象。

（2）在进行多次±8 kV 的空气放电后，拨码开关所对应处周边电路中的器件损坏。

【原因分析】

静电放电是一种高压能量的泄放。静电放电测试时，静电放电干扰信号有就近相对低电位导体泄放的特点。对于空气放电来说，测试操作时，枪头快速接近被测试点，直到放电为止，如果该产品的结构设计（见图 5.32）表现出，当执行空气放电操作时，静电放电枪头离拨码开关中的电路的距离 H_2 比静电放电枪头离金属外壳的距离 H_1 更近，而且 H_2 比 H_1 更早达到空气放电的距离，那么静电放电将会在静电放电枪头与拨码开关中的电路之间产生。

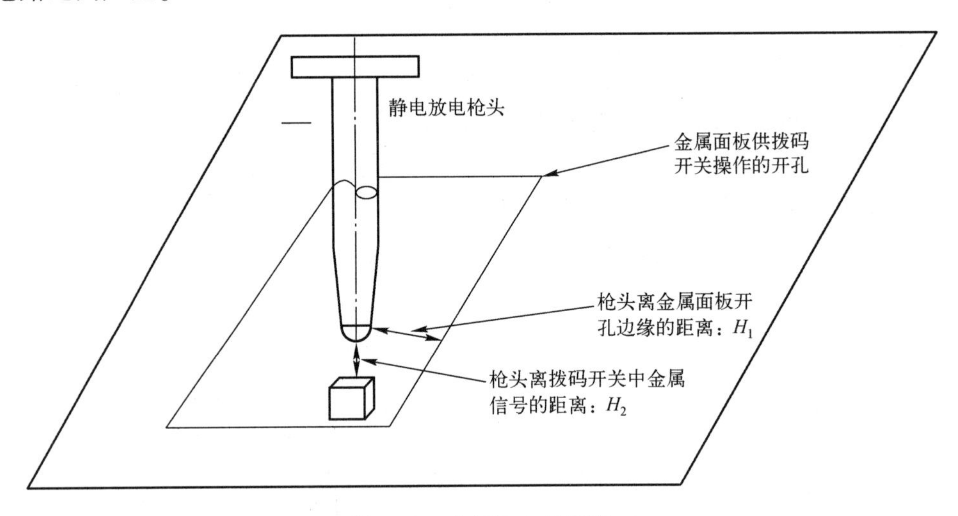

图 5.32　空气放电示意图

进一步分析该产品面板处的结构设计特点及内部电路，发现：

（1）拨码开关离金属面板很近，即当执行空气放电操作时，静电放电枪头离拨码开关中金属部分（电路）的距离 H_2 比静电放电枪头离金属外壳的距离 H_1 更近，而且 H_2 比 H_1 更早达到 8 kV 电压空气放电击穿的空气距离。导致空气放电在静电放电枪头与拨码开关之间发生。

（2）电路设计不是很合理，没有瞬态抑制器件或适当的静电干扰抑制电路对拨码开关中的信号进行保护，最终导致与拨码开关直接信号相连的芯片损坏。瞬态抑制器，如 TVS，可以抑制瞬态的过电压。保护电路，如 RC 滤波电路，可以滤除静电放电所产生的干扰，从而使后一级电路受到保护。

【处理措施】

（1）利用静电放电干扰信号就近泄放的特点，改变金属面板的开孔面积，同时适当增大拨码开关与面板之间的距离，使在静电放电操作时，静电放电枪头与拨码开关的距离 H_2 始终大于静电放电枪头与金属面板的距离 H_1，放电不会发生在静电放电枪头与拨码开关之间。

（2）拨码开关中受到静电放电袭击的信号线上加瞬态抑制器件或抑制电路，抑制静电放电产生的高电压和过电流。

本产品中由于受开发时间的限制，最终采用的是在拨码开关的电路上增加保护电路的方式，拨码开关与内部电路之间的 ESD 保护电路原理如图 5. 33 所示。

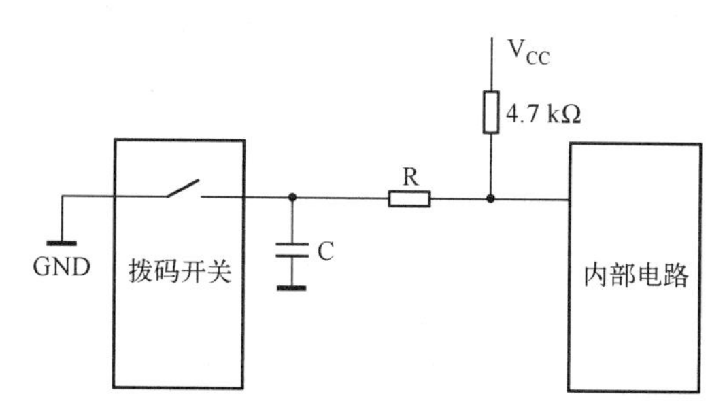

图 5. 33　拨码开关保护电路原理

电路中电容的取值在 1000 pF~0. 01 μF 之间，用来滤除静电放电时产生的高电压；串接一个约 50 Ω 的电阻 R（ESD 要求较高时也可用 TVS 代替图中的电容，推荐的 TVS 如 PSOT05）用来抑制静电放电时产生的过电流。测试证明此电路可以使该产品通过空气放电 ±15 kV 测试。

【思考与启示】

（1）类似产品设计时，要考虑图 5. 32 中所提到的 H_1、H_2 之间的关系，应使 H_2 始终大于 H_1，或达到放电距离时 $H_2>H_1$。

（2）易受静电放电干扰的电路有必要增加瞬态抑制电路或滤波电路。

5. 2. 6　案例 63：ESD 与敏感信号的电容旁路

【现象描述】

某产品采用框架、PCB 插板与 PCB 背板的结构，每一 PCB 插板均有金属面板，对某一 PCB 插板（称 VPU 板）的面板处进行 ESD 抗扰度测试时，放电方式采用接触放电，电压为 ±4 kV，测试时出现断话和复位现象，不能满足标准要求的 ESD 抗扰度测试要求。

【原因分析】

静电放电（关于静电放电波形的描述见案例 24）的过程伴随着辐射噪声和传导噪声，辐射噪声包括泄放电流产生的静磁场、电场和磁场。传导噪声包括直接的电荷注入及电场和磁场感应的电流。图 5. 34 说明了某一电压下静电放电时在 10 cm、20 cm、30 cm远处产生的电场与磁场。可见，静电放电时产生的电磁场强度相当大。当然，在实际情况下，这些效应并不是彼此独立存在的。

本案例中，ESD 导致 VPU 板复位可能是由于该板中的控制信号线拾取到了静电放电时所产生的电磁辐射引起的，因此分析 VPU 板复位的原因应从复位控制电路着手，VPU 板复位电路如图 5. 35 所示。

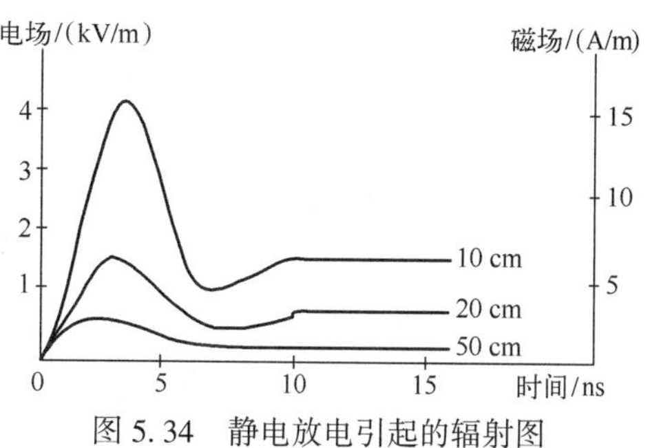

图 5. 34　静电放电引起的辐射图

图 5. 35 中 KRST 为手动复位键复位信号输入，XRST 为来自于另一块 PCB 插板 RPU 的复位信号，当 RPU 板启动或有复位 RPU 板的命令时，XRST 信号会出现低电平；WDOGPW 为看门狗复位信号；EQ15 为上电复位信号；RSTO

为复位信号输出，送往 RPU 板主处理器。如图 5. 35 所示，由 VPU 板复位电路可以看出，KRST、XRST、WDOGPW、EQ15 4 个输入信号只要任何一个信号有效都会导致 VPU 板复位。VPU 板在进行接触放电时，复位问题的定位就在于查找是哪一个复位信号在试验时受到干扰，而使 VPU 板出现复位现象。产生 EQ15 上电复位信号的电路在 EPLD 内部不存在线长问题，它不应该会受到干扰引起复位，因此首先应当排除。如图 5. 35 所示，由于 VUP 板复位电路的实现是在 EPLD 里面，所以对其他复位信号的定位既不用割线也不用飞线，可以方便地通过修改 EPLD 的内部逻辑来进行试验查找。具体步骤如下所述。

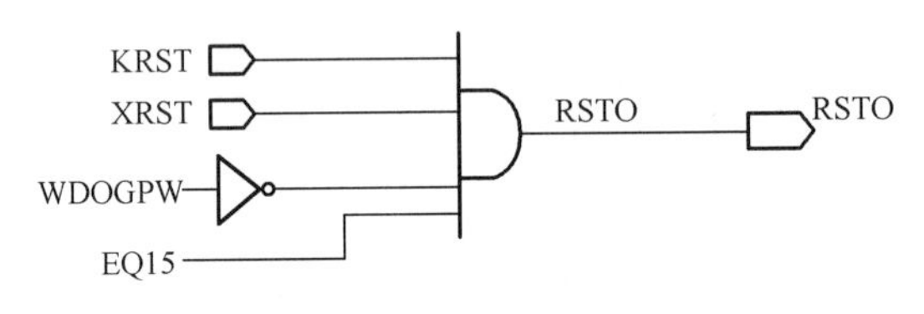

图 5. 35　VPU 板复位电路

（1）发现 KRST 复位信号线在 VPU 板内部布线靠近板子的边缘，且布线长约 12 cm，容易受静电辐射所产生的电磁干扰影响。为了确认是否由于该复位信号线受到干扰导致复位，修改 EPLD 内部的复位逻辑电路，如图 5. 36 所示。

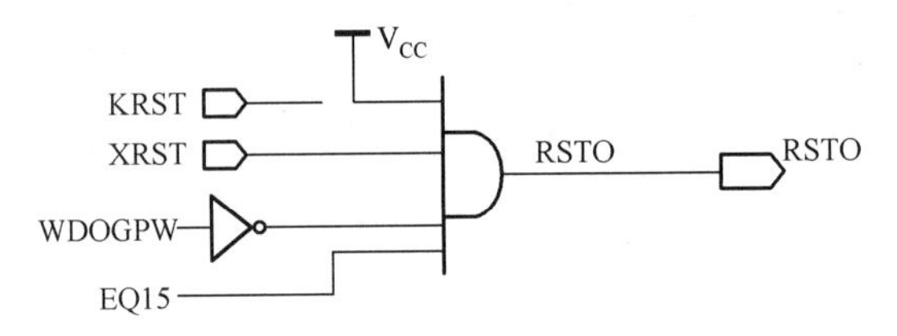

图 5. 36　初次修改后的 EPLD 内部的复位逻辑电路

即断开复位键复位信号 KRST，保留 RPU 板的复位信号 XRST、看门狗复位信号 WDOGPW 和上电复位信号 EQ15，此时对上机框进行±6 kV 接触放电，VPU 板复位，初步断定并非是 KRST 复位信号受到干扰而导致的复位。

（2）怀疑静电放电时 VPU 板的程序受干扰跑飞，导致看门狗复位信号有效，使 VPU 板复位，为此将 EPLD 内部的复位逻辑更改，如图 5. 37 所示。

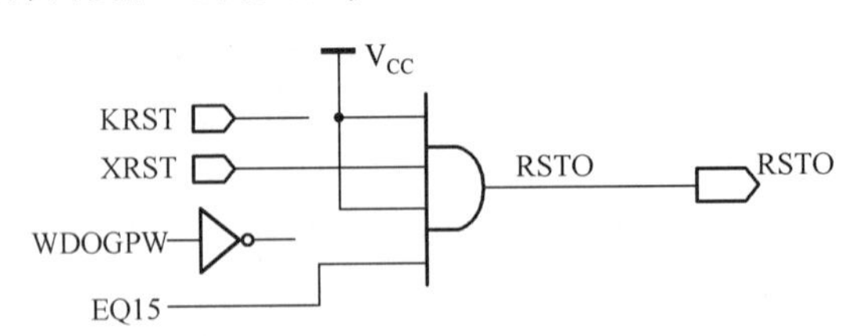

图 5. 37　再次修改后的 EPLD 内部的复位逻辑电路

即断开看门狗复位信号 WDOGPW，保留 RPU 板的复位信号 XRST、上电复位信号 EQ15，此时对上机框进行±6 kV 接触放电，VPU 板仍复位，可以断定并非是程序受到干扰而导致的复位。

（3）此时基本可以断定是来自于 RPU 板的复位信号 XRST 在静电放电时受到干扰并导致 VPU 板复位。为了验证结论，两次修改 EPLD 内部复位控制逻辑，如图 5. 38 所示。

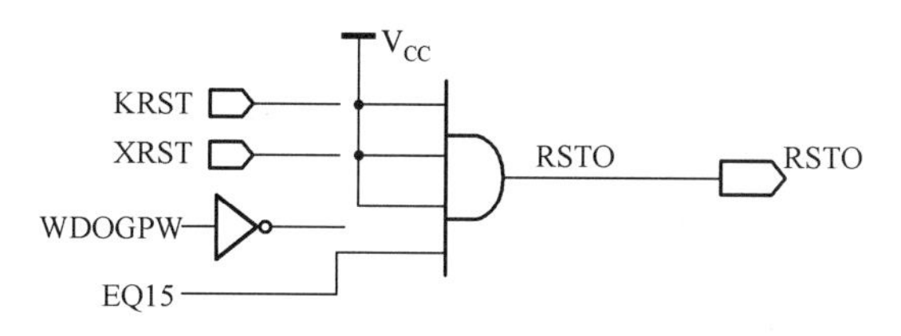

图 5.38　两次修改后的 EPLD 内部的复位逻辑电路

即在（2）的基础上再断开 RPU 板的复位信号 XRST，仅保留上电复位信号 EQ15，此时对面板进行±6 kV 接触放电，VPU 板不再复位，证明确实是 XRST 信号受到干扰并导致单板复位。

【处理措施】

XRST 复位控制信号线从 RPU 板→背板→VPU 板，布线很长，而它在进行 EPLD 输入引脚未采取任何滤波措施。在 EPLD 芯片的 XRST 信号输入引脚处对 VPU 板的工作地并接0.01 μF 的旁路电容，然后对机框进行±8 kV 的接触放电测试，VPU 板不再出现复位现象。

【思考与启示】

（1）在设计复位电路时，应考虑对复位电路进行保护，在复位信号输入引脚上并联旁路电容，容值推荐为 0.01 μF。

（2）复位信号是敏感信号线，PCB 设计时应尽量减小敏感信号线的长度。

（3）进行 ESD 问题定位对策时，由于放电过程示波器探头会拾取 ESD 放电的强辐射干扰，使得难以用示波器分清是否是信号线的干扰信号，可考虑用修改电路逻辑的方法进行分析定位。

5.2.7　案例 64：磁珠位置不当引起的浪涌测试问题

【现象描述】

某产品一接口电路进行电压为±500 V 的浪涌试验时，接口电路工作不正常，信号中断，测试后也不能自动恢复。经过检查，发现串联在接口信号线上用来抑制高频噪声的磁珠发生损坏，呈开路状态。

【原因分析】

本产品中的接口电路数据最高频率为 1.536 MHz，该磁珠直流电阻为 1.3 Ω，10 MHz 频率时的阻抗在 10~20 Ω 之间，在 100 MHz 时达 600 Ω，因此可以在不对信号衰减过多的前提下，吸收信号中的高频噪声。该磁珠的频率阻抗特性图如图 5.39 所示。

磁珠由氧磁体组成，它能把交流信号转化为热能，而电感只把交流能量存储起来，缓慢释放出去。磁珠对高频信号有较大阻碍作用，在低频时电阻比电感小得多。当导线中电流穿过时，铁氧体对低频电流几乎没有什么阻抗，而对较高频率的电流会产生较大的衰减作用。高频电流在其中以热量的形式散发，其等效电路为一个电感和一个电阻串联，两个元件的值都与磁珠的长度成比例。铁氧体磁珠不仅可用于电源电路中滤除高频噪声（可用于直流和交流输出），还可广泛应用于其他电路，其体积可以做得很小。特别是在数字电路中，脉冲信号含有频率很高的高次谐波，也是电路高频辐射的主要根源，可在这种场合发挥磁珠的作用。它比普通的电感有更好的高频滤波特性，在高频时呈现阻性，能在相当宽的频率范围内保持较高的阻抗，从而提高滤波效果。

本产品接口电路原理框图如图 5.40 所示。

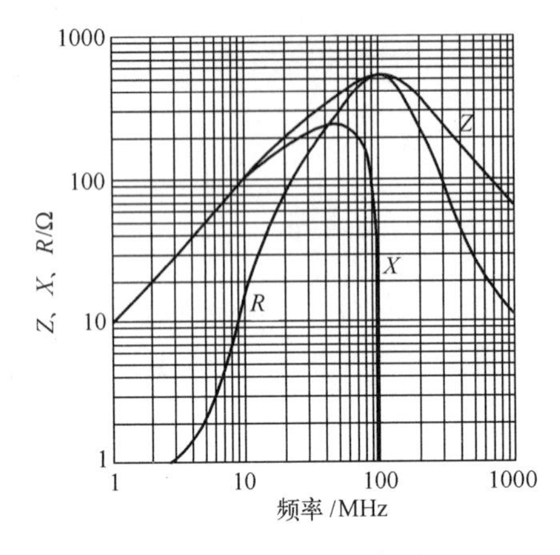

图 5.39　磁珠的频率阻抗特性图

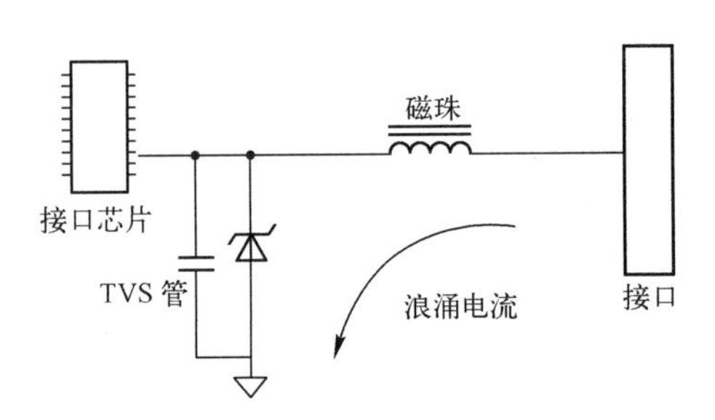

图 5.40　产品接口电路原理框图

从原理图可以明显地看到，TVS 用来进行浪涌保护，磁珠与旁路电容形成了一个 LC 滤波器，对高频噪声进行抑制。当接口进行浪涌试验时，浪涌电流将首先流过磁珠，然后经过 TVS 泄放到地，从而使后一级接口芯片免受浪涌电流或电压的冲击。TVS 半导体二极管是一种特殊的器件，和齐纳二极管的工作原理相似，它的设计是采用聚烃硅氧制成的 PN 结，通过控制 PN 结的掺杂浓度和基片的电阻率产生雪崩现象，使用钳位特性对瞬态电压进行钳位。TVS 的特性与 PN 结的面积成正比，通过控制“结”的特性来吸收大量的瞬态电流。其典型的特性曲线如图 5.41 所示。

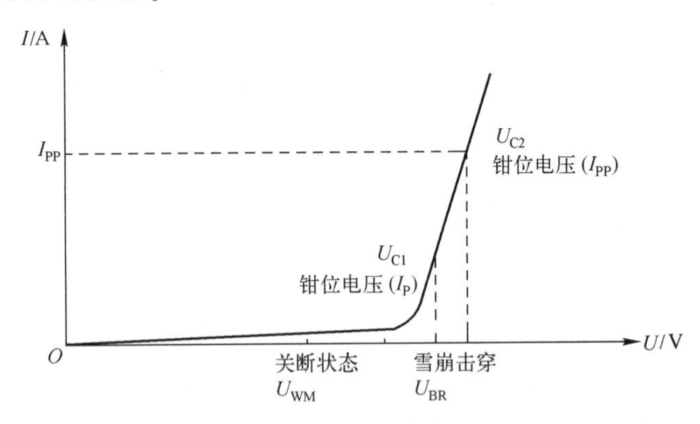

图 5.41　TVS 管电压-电流特性图

钳位电压的计算如下：

$$U_C = (I_P/I_{PP}) \times (U_{Omax} - U_{BRmax}) + U_{BRmax}$$

式中，U_C 为钳位电压（V）中间值，在 I_P 电流时测得；I_P 为实验时的峰值脉冲电流（A）；I_{PP} 为设计的最大钳位电流（A）；U_{Omax} 为设计的最大钳位电压（V）；U_{BRmax} 为设计的最大雪崩电压（V）。

浪涌试验中采用电流波形为 8 μs/20 μs、电压波形为 1.2 μs/50 μs 的综合波，即大部分的能量将在 20 μs 内释放。产品接口部分电路实际承受的电压与电流大小及波形与仪器的内阻及被测接口的阻抗有关。该接口 TVS 所能承受的最大脉冲功率为 500 W，其钳位电压约 10 V，可以承受数十安培的电流，而所使用的磁珠额定电流仅为 100 mA。在浪涌试验时，流过磁珠的电流将大大超过这个值，而造成损坏。

【处理措施】

将 TVS 移至磁珠的前面，使浪涌大电流不经过磁珠。原理图如图 5.42 所示。

【思考与启示】

在防浪涌保护和高频噪声抑制电路或电容旁路共存的场合，一定要采用先防浪涌后高频抑制的原则。

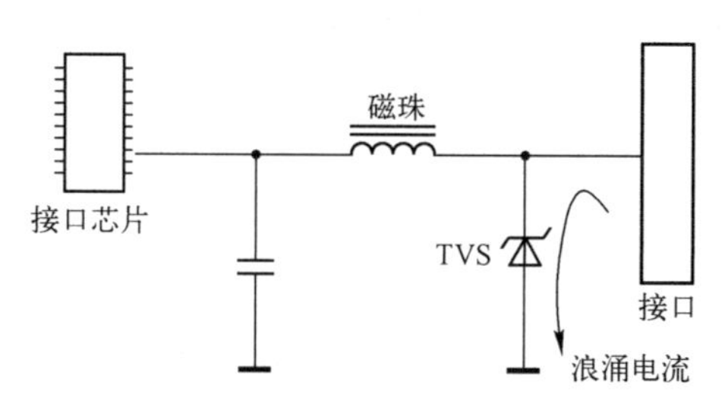

图 5.42　TVS 移至磁珠的前面的原理图

5.2.8　案例 65：旁路电容的作用

【现象描述】

某工业产品的产品结构组成示意图如图 5.43 所示。

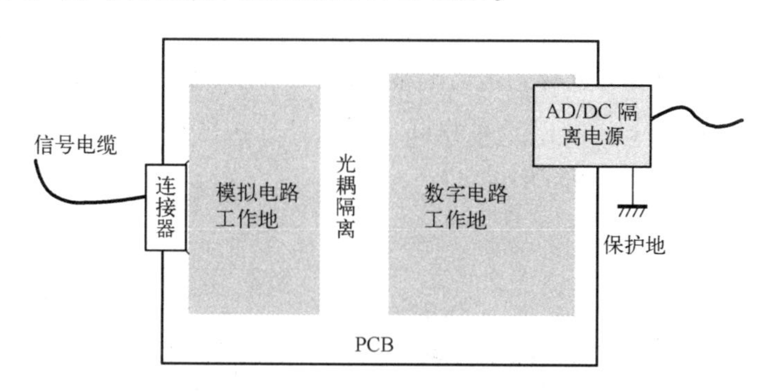

图 5.43　产品结构组成示意图

该产品只有一块电路板，外壳是塑料材质，电源端有专门的接地端子。电路板分为模拟部分和数字部分，其间采用光电耦合器隔离。信号电缆长度大于 3 m，除了电源端口外，信号端口也要进行 EFT/B 等抗扰度试验。其中，EFT/B 试验要求是±2 kV。在试验时发现，信号电缆在±500 V 试验时出现电路不正常工作的现象，进一步分析，不正常的是数字电路部分。

【原因分析】

要分析此问题，首先从光电耦合器（简称光耦）谈起。光耦是一种隔离器件，在直流的情况下，可以使信号隔离其两侧，而且不影响信号的传输。但是有一点很重要的是，光耦并非在任何情况都能做到 100%的隔离，所谓的隔离仅指直流或低频的情况下，由于光耦其器件的特性，其两侧之间是存在结电容的，这个结电容的存在使得高频下的隔离成为“不可能”。按照经验数据，一般一个光耦的结电容是 2 pF。可是千万不要忽略这个小的电容，而且在实际的产品中一般由于是多路信号传输，通常需要多个光耦并联，在本案例的产品中光耦的数量是 5 个，因此数字地与模拟地之间存在 2 pF×5 = 10 pF 的电容。在 EFT/B 试验的情况下，其干扰的共模电流流向如图 5.44 所示（关于 EFT/B 干扰的实质参见在案例 12 及 2.1 节中的说明）。

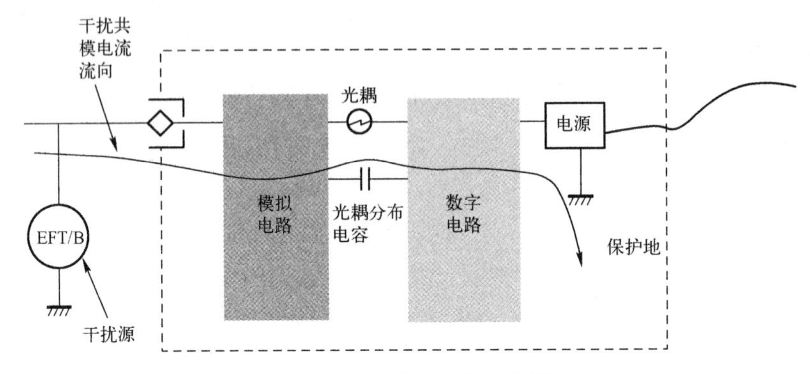

图 5.44　共模电流流过光耦

在图 5.44 中，箭头曲线表示 EFT/B 干扰的共模电流流向，由于光耦分布结电容的存在，共模电流会经过光耦，流经数字电路。可见被光耦隔离的数字电路部分是受到EFT/B共模电流影响的，当共模电流流过时，如果数字电路的地平面存在较大的地阻抗，如地平面不完整、过孔太多等，可能会产生较高的压降。该压降超过一定的程度，电路就会受影响。

分析到这里，大概清楚了电路受干扰的区域，即共模电流流经的区域。如果共模电流不流经数字电流部分或只有很小的部分共模电流流经数字电路部分，那么产品在试验时出错的可能也会降低。按这个思路，在模拟电路的地与产品的接地端之间接旁路电容，值为 10 nF，再进行测试，可以通过±1 kV 的 EFT/B 测试。再来看看在这种情况下与最初的情况实质上发生了一些什么改变，如图 5.45 所示。

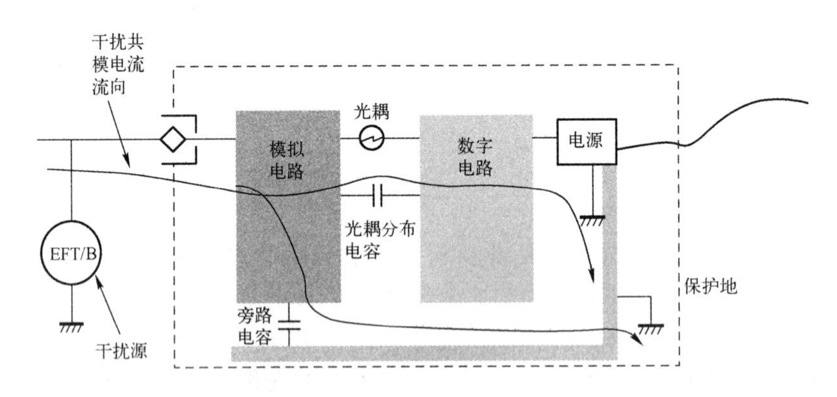

图 5.45　接旁路电容后的共模电流流向

从图 5.45 中可以清楚地看到，有 EFT/B 干扰的共模电流路径已经有所改变，即多了一条共模电流的路径，同时由于 10 nF 的旁路电容远远大于 10 pF 的结电容，在旁路电容接地路径阻抗较短的情况下，必然使大部分的干扰共模电流从旁路电容流向大地，使流经数字电路的共模电流大大减小，数字电路受到了保护，以致 EFT/B 干扰度水平大大提高。补充一点，旁路电容的接地阻抗很重要，一定要保证很小的阻抗。在此再提一次，如果是用 PCB 布线的话，长宽比小于 5 的 PCB 铜箔具有更小的阻抗，在 100 MHz 的频率下约为 3 mΩ。

【处理措施】

按照以上的分析及测试结果，在模拟电流地与保护地之间接旁路电容，值为 10 nF。当然解决本案例所提及问题的方法有多种，将数字电路入口的信号做滤波处理；优化数字电路地平面等，但是此方法为最简单的一种。

【思考与启示】

（1）被隔离的地不能单独悬空，一定要接到大地或通过旁路电容接到大地。如果有特殊原因不能这样处理，那么所有的信号都要进行滤波处理。

（2）不得不提的是：很多人认为，甚至不少书籍中也提到可以在像本案例产品的模拟地与数字地之间串联磁珠来隔离两部分之间噪声的相互传输，其实这种思路存在不可取之处，在此案例中，数字地与模拟地之间串联磁珠只会恶化抗干扰能力，试验也证明这一点。即使从 EMI 的角度来讲也是不可取的，具体分析可以参见案例 66。

5.2.9　案例 66：光耦两端的数字地与模拟地如何接

【现象描述】

本案例是案例 65 的延续，发生在同一产品中，案例 65 分析并解决了 EFT/B 测试的问题，更改之后，使信号线 EFT/B 测试能通过±1 kV 的测试，满足了产品标准的要求，但是当进行辐射骚扰测试时，问题又出现了，辐射骚扰测试频谱图如图 5.46 所示，测试不能通过。

【原因分析】

进一步测试发现，去掉信号电缆或在电缆上套上磁环，辐射水平大大降低，说明主要与信号电缆有关，而与电缆直接相连的模拟电路部分又不是高速电路，不存在辐射测试中发现的频率及谐波相关频率。而该产品的数字电路部分有一部分是高速电路，其时钟频率为 25 MHz，在测试频谱图中可以清楚地看到辐射较高的频点都是 25 MHz 的倍频。这样，很有可能产生辐射的噪声来自数字电路部分。

在其他的案例中已经提到过，产生辐射的必要条件是：

（1）驱动源，它可以是电压源也可以是电流源；

（2）天线。

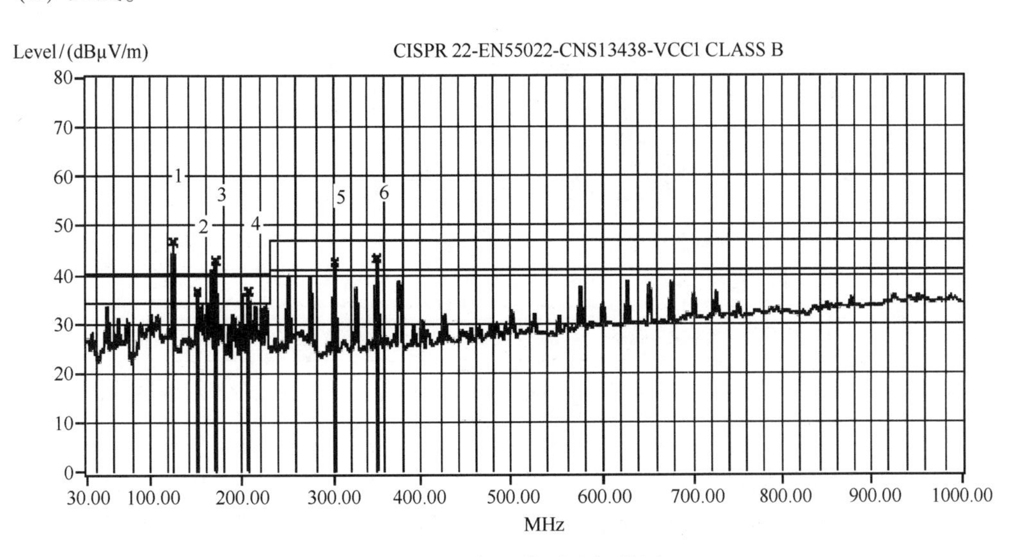

图 5.46　辐射骚扰测试频谱图

Frequency

No.		Frequency MHz	Factor dB	Reading dBμV/m	Emission dBμV/m	Limit dBμV/m	Margin dB	Tower cm	Table deg
*F	1	124. 58	15. 04	31. 57	46. 61	40. 00	6. 61	…	…
	2	151. 25	16. 98	19. 39	36. 38	40. 00	3. 62	…	…
F	3	170. 65	16. 01	26. 75	42. 77	40. 00	2. 77	…	…
	4	207. 03	13. 07	23. 54	36. 60	40. 00	3. 40	…	…
	5	301. 60	16. 58	25. 88	42. 46	47. 00	4. 54	…	…
	6	350. 10	17. 47	25. 71	43. 18	47. 00	3. 82	…	…

图 5. 46　辐射骚扰测试频谱图（续）

很明显，信号电缆是产生辐射的天线，那么驱动源在哪里呢？一般认为数字电路中的噪声已经被光耦隔离了，应该不会有噪声向信号电缆方向传输，其实在高频的情况下并非如此，图 5. 47 给出了辐射产生的原理。

由于光耦结电容的存在（在本案例的产品中光耦的数量是 5 个，因此数字地与模拟地之间存在 2 pF×5 = 10 pF 的电容)，数字电路中的部分噪声会通过光耦结电容向模拟电路方向传输。数字电路口的噪声 ΔU 就是驱动源，这样形成辐射的两个必要条件就产生了。

显然，降低 ΔU 是本案例中辐射问题最好的解决方式。也许会有人试图通过在数字地与模拟地之间采用串联磁珠的方式来抑制噪声的传输，此方法并不能解决问题，因为磁珠是在高频下呈现高阻抗，这并不能降低 ΔU。

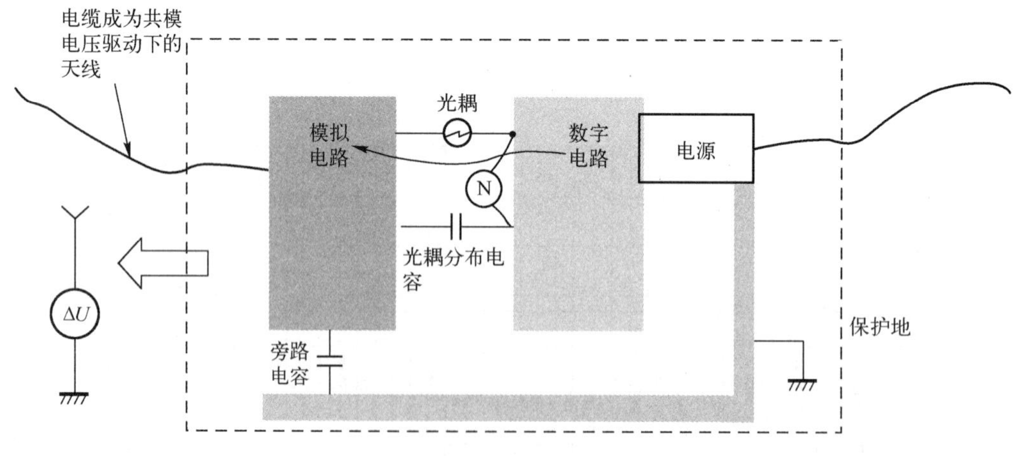

图 5. 47　辐射产生的原理

要降低这个产品的辐射发射就必须降低驱动在“天线”端口的电压。按这个思路，在模拟电路的地与数字电路的地之间接旁路电容，值为 1 nF，再进行测试，测试通过，频谱图如图 5. 48 所示。

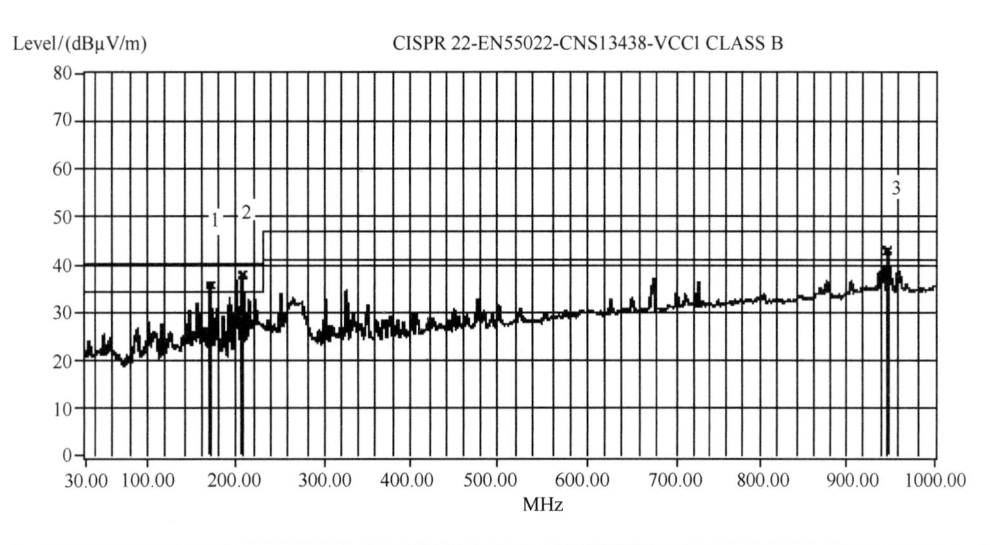

No.		Frequency MHz	Factor dB	Reading dBμV/m	Emission dBμV/m	Limit dBμV/m	Margin dB	Tower cm	Table deg
	1	170.65	16.01	19.51	35.53	40.00	4.47	…	…
*	2	207.03	13.07	24.73	37.80	40.00	2.20	…	…
	3	946.65	27.80	15.04	42.84	47.00	4.16	…	…

图 5.48　接旁路电容后的频谱图

原来，值为 1 nF 的电容在本案例所产生的辐射频率的范围内的阻抗要比 10 pF 的结电容小很多，1 nF 旁路电容的连接相当于把 ΔU “短路” 了，如图 5.49 所示。

这也许是个不可思议的结果，但是事实还是发生了。经过这样的改动后，也许有人会怀疑，1 nF 电容的存在会使 EFT/B 抗干扰能力降低，理由是 1 nF 电容比原来的 10 pF 结电容大很多，在 EFT/B 干扰的频率下，阻抗也会小很多，那么自然流经数字电路的电流也会增大（如图 5.50 所示），因此 EFT/B 测试也许会不能通过。

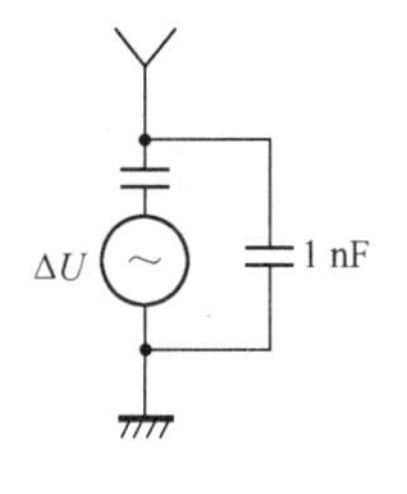

图 5.49　旁路电容的工作原理

经过测试，结果正好相反，抗 EFT/B 干扰的能力并没有降低，相反提高了很多，原来只能通过信号线±1 kV 测试的本产品，现在能通过±2 kV 测试（拆除 1 nF 电容后，只能通过±1 kV）。

以下是数字电路地与模拟电路地之间接 1 nF 旁路电容后反而使 EFT/B 抗干扰能力提高的解释。

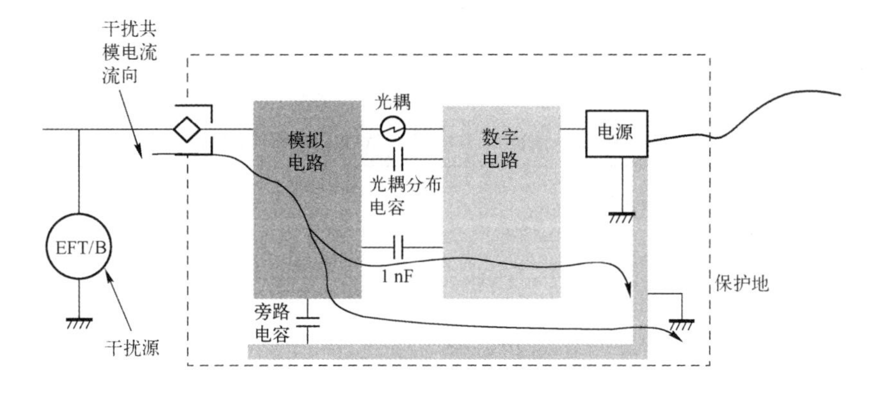

图 5.50　接旁路电容后的共模电流流向

图 5.51 中假设共模干扰电流由左侧流向右侧，由于 A、B 之间的阻抗较高（分布电容容抗）会导致有一部分共模干扰电流由 A 流向 C，经过二极管再流向 B，可见光耦中最为敏感的部分，发光二极管受到了干扰，并使其工作失常。

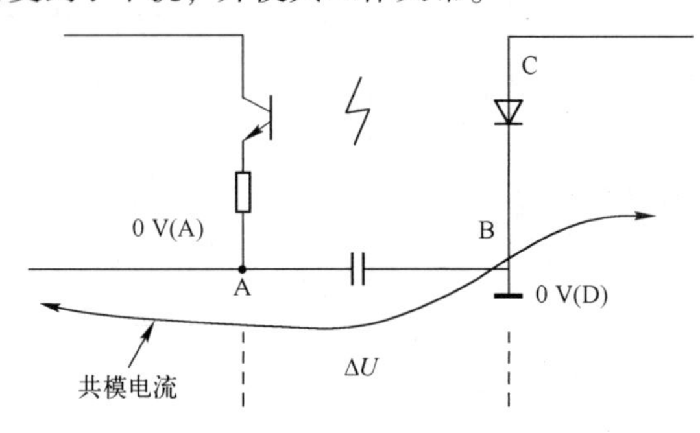

图 5.51　共模电流导致光耦工作不正常

与辐射问题同样的道理，接了 1 nF 的旁路电容后，降低了 A、B 之间的压降，情况也就好转很多（注：通常这种跨接的旁路电容需要采用耐压 1 kV 以上的高压电容）。

【处理措施】

按照以上的分析及测试结果，在模拟电流地与数字地之间接旁路电容，值为 1 nF。测试结果参见图 5.48。

提醒一点：数字电路地与模拟电路地之间接 1 nF 旁路电容后的确使流入数字电路的共模电流增加，这同时也是对数字电路的一种考验，本案例中之所以对整体抗扰度有所提高也是因为光耦的敏感电平相对较低。在设计时，要统筹考虑，EMC 设计不仅是一些规则的宣贯，也要对电路特性有较深的了解。

【思考与启示】

(1) 相互光电隔离的数字地与模拟地之间建议采用电容连接，容值为 1~10 nF。

(2) 被隔离的地之间也要考虑地电位平衡。

(3) 开关电源中变压器初级线圈与次级线圈间，跨接电容，也是基于本案例同样的原理。

5.2.10　案例 67：二极管与储能、电压跌落、中断抗扰度

【现象描述】

某通信产品采用 DC-48 V 供电，内部工作电路的工作电压 3.3 V 由 DC/DC 开关电源得到。根据该产品的标准要求，要进行 DC 电源端口的电压跌落与中断测试，测试要求见表 5-2、表 5-3。

表 5-2　电压跌落的测试水平、持续时间和性能判据

测　试	测试水平 $\%U_T$	持续时间 s	性能判据
电压跌落	40 和 70	0.01	A
		0.03	B
		0.1	B
		0.3	B
		1	B

表 5-3　电压中断的测试水平、持续时间和性能判据

测　试	测试条件	测试水平%U_T	持续时间/s	性能判据
短时中断	高阻抗和/或低阻抗	0	0.001	A
			0.003	A
			0.01	A
			0.03	B
			0.1	B
			0.3	B
			1	B

注：直流电压跌落与中断测试时的 B 性能判据允许出现复位现象。

测试中发现，进行低阻状态下的 0% 电压中断测试时，当测试的中断时间为 1～10 ms 时，DC 开关电源模块电压输出出现关断现象，即没有输出电压，并不能自动恢复，一定要在输入电源掉电较长的时间后才能恢复（这种现象类似于电源本身的过流保护现象，本案例描述中简称这类现象为“保护”现象），测试不能通过。为了解决此问题，试图在被测试的直流电流端口上通过并联增加储能电容值来使测试通过，但是，再增加 200 μF 的储能电容都没有明显效果。中断测试的时间大于 10 ms 时，不会出现这种现象，只是出现系统复位现象，按照直流电压跌落与中断测试时的 B 性能判据的要求，测试通过。图 5.52和图 5.53 分别是低阻状态下测试时，测试的中断时间为 1 ms 时的 DC/DC 电源输入/输出的电压波形和测试的中断时间为 14 ms 时的 DC/DC 电源输入/输出的电压波形。

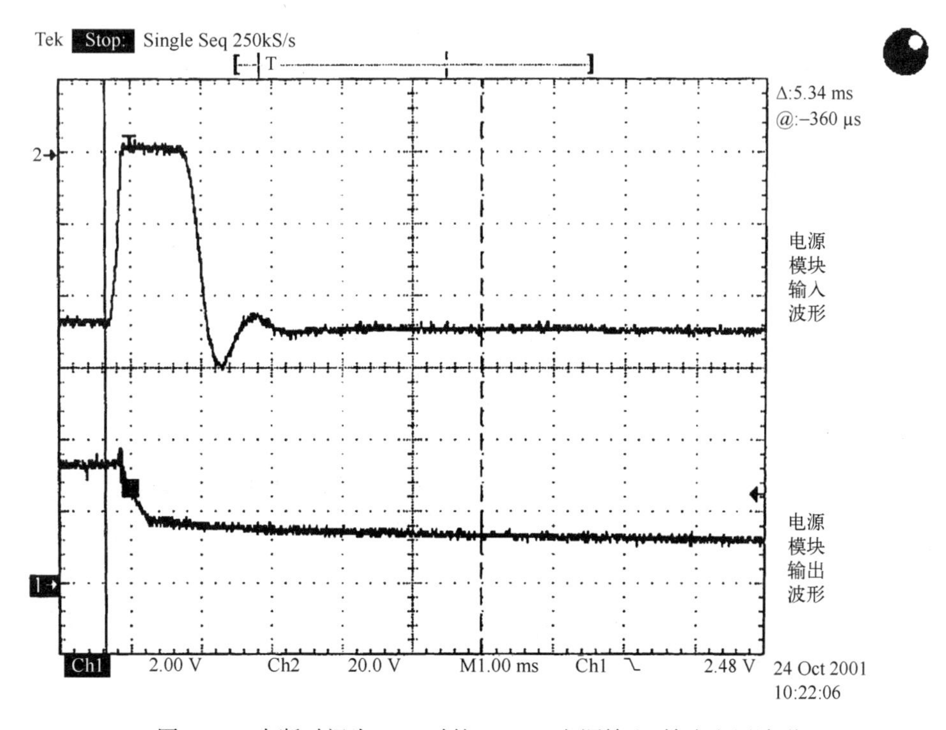

图 5.52　中断时间为 1 ms 时的 DC/DC 电源输入/输出电压波形

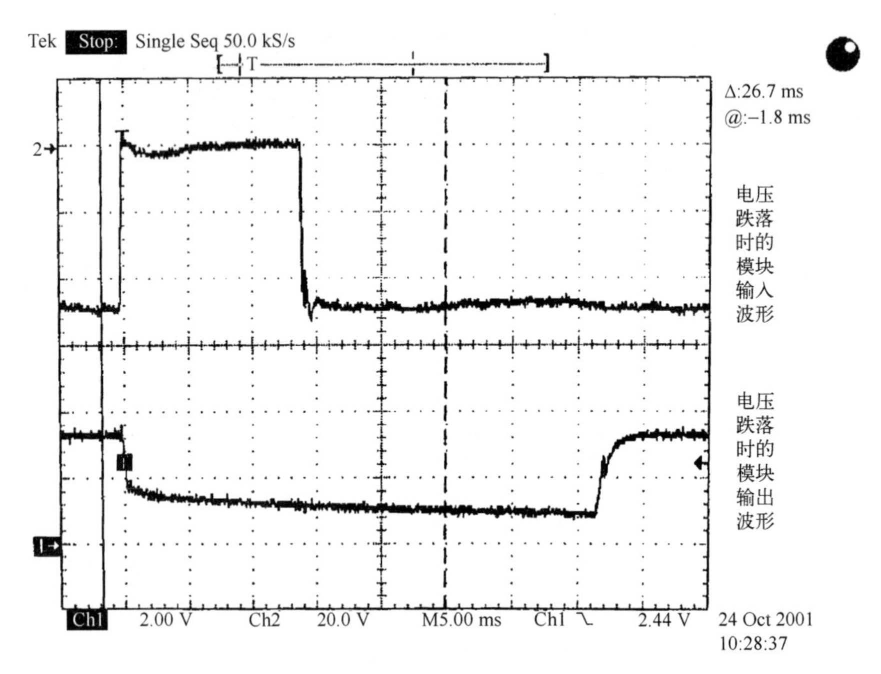

图 5.53　中断时间为 14 ms 时的 DC/DC 电源输入/输出电压波形

进行高阻状态下的 0%电压中断测试时，在所有的测试组合下，均未出现 DC/DC 电源输出“保护”现象，只有大于或等于 10 ms 的中断测试时，产品出现复位现象。测试 DC/DC 开关电源的输入/输出电压波形，可以发现，这种复位现象是 DC/DC 电源输入掉电复位引起的。图 5.54 是复位现象出现时，DC/DC 电源输入/输出端口上的电压波形示意图。在测试中还发现，该问题在增大产品电源输入端口上的储能电容值后（原有一个47 μF的电容，再并联一个 47 μF 电容），得到解决。

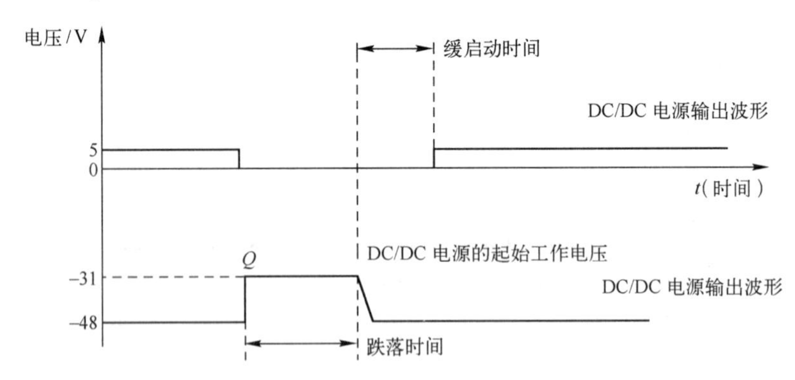

图 5.54　高阻状态下的 0%中断测试时间大于 10 ms 时的 DC/DC 电源输入/输出电压波形示意图

对于以上测试结果，产生以下几个疑问：

（1）产品中用的 DC/DC 开关电源为何会在电源端口进行 0%电压中断测试时，当中断时间小于 14 ms 时，出现“保护”现象，而当中断时间大于 14 ms 时，无“保护”现象出现？

（2）为何在高阻状态下进行测试时，DC/DC 电源输入/输出端口出现图 5.54 所示的电压波形，即电压跌落模拟器已输出零电压，而在 DC/DC 电源输出端口上的电压不为零而为 -31 V？

(3) 为何在低阻状态下进行测试时，增加储能电容的值，“保护”现象无明显改善，而在高阻状态下却效果明显？

【原因分析】

了解 DC/DC 开关电源原理的人指出，有的他激式电源内部控制电路中有一个电容（本书中称为 A 电容），当电源掉电后，A 电容中的电压下降到一定值后（这个电压本书中称为 B 电压值），如果要重新启动电源并使其正常工作，就要先等 A 电容两端的电压值降为零，然后再上电，才能使电源正常启动（A 电容两端的电压值还没有下降到 B 电压值之前，模块可以随时正常工作）。这也是在低阻的状态下，进行 0%中断测试时，出现“保护”现象，而在 40%跌落（这时 A 电容两端的电压值并没有下降到 B 电压值）时没有出现“保护”现象的原因。本案例产品中的 DC/DC 电源模块均属于这种类型的电源，可见 DC/DC 电源模块的“保护”现象是由 DDC/DC 电源模块的固有特性引起的，但是这个固有特性造成了产品 DC 电源电压跌落与中断抗扰度能力降低。

那么，为何在高阻状态下进行测试时，DC/DC 电源输入/输出端口出现图 5. 54 所示的电压波形，即电压跌落模拟器已输出零电压，而在 DC/DC 电源输出端口上的电压值不是零而是-31 V？

现在分析一下在高阻状态下进行 0%和 40%跌落测试时，DC/DC 电源模块输入/输出波形是如何产生的。本案例中的产品电源供电系统原理图如图 5. 55 所示。

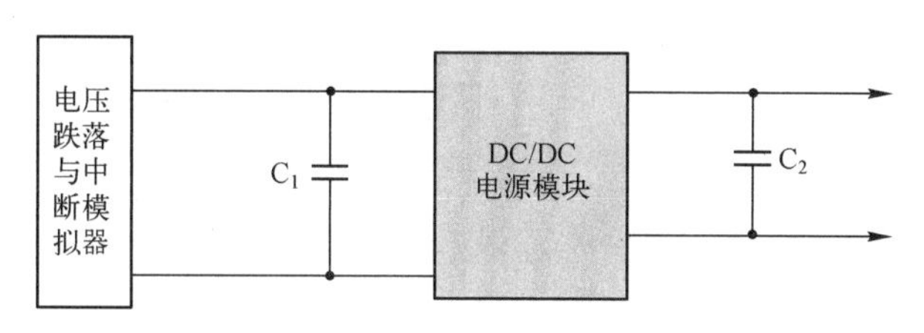

图 5. 55　产品电源供电系统原理图

高阻状态下测试时，在掉电的瞬间，由于 C_1 两端存在电压，其中的能量会继续提供给 DC/DC 电源模块工作一段时间，同时 C_1 中的能量因 DC/DC 电源模块的工作而迅速被消耗掉，即 C_1 两端的电压迅速降低，直到 C_1 两端的电压不能使 DC/DC 电源模块正常工作。如图 5. 54 中所示的那样，从-31 V 开始 DC/DC 电源就不处于正常工作状态，因此消耗也大大减少，C_1 两端的电压下降也变得非常缓慢。这就是产品在高阻状态下测试时，C_1 两端的电压没有很快跌到零，而会保持-31 V 一段时间的原因。

另外，由于 C_1 两端的电压下降使 DC/DC 电源模块停止工作后，使得原来那些由 DC/DC 电源模块供电的后一级集成电路，只能靠 C_2 来维持一段时间，但是集成电路不像 DC/DC 电源模块那样有很宽的正常工作电压范围。据统计，一般集成电路的正常工作电压是额定电压的±5%，这个电压范围很难由 C_2 来维持一段较长的时间，通常 DC/DC 电源模块的输出电压为零，集成电路也很快消耗 C_2 中的能量，使 C_2 两端的电压小于正常电压的 95%，这时集成电路相当于掉电，即出现系统复位现象。

为何在低阻状态下进行测试时，增加储能电容的值，“保护”现象无明显的改善，而在高阻状态下却效果明显？

原来，在低阻状态下测试时，电压跌落与中断模拟器的输出内阻呈低阻状态，相当于供电源短路，如图 5.56 所示。在电压跌落的瞬间，储能电容 C_1 的电压一方面继续给 DC/DC 电源模块供电，另一方面通过模拟器侧的短路回路进行放电，并且很快被放到零电压。据实际测试 $C_1 = 47\ \mu F$ 时，这个时间约为 50 μs，远小于 1 ms。由于 C_1 向模拟器侧的短路回路的放电时间常数远小于向 DC/DC 电源模块放电的时间常数，因此即使增加 C_1 的容量（如 100 μF、200 μF 等）也没有明显改善测试结果。

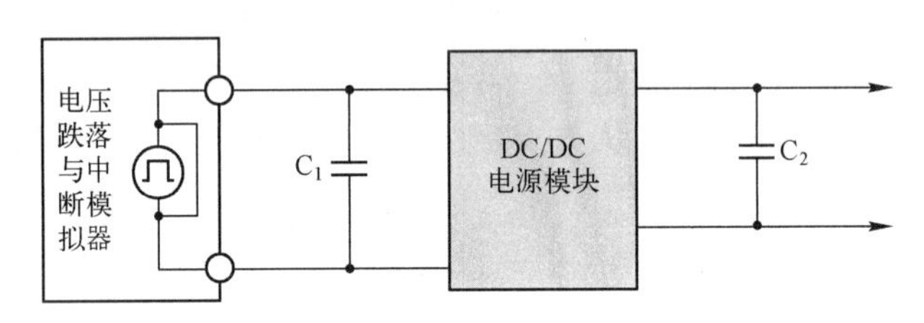

图 5.56　低阻状态下电压中断测试时的原理图

在高阻状态下测试时，电压跌落与中断模拟器内阻呈高阻状态，相当于电压源与产品供电电源入口断开，如图 5.57 所示，在电压中断的瞬间，储能电容 C_1 上的能量只能消耗在 DC/DC 电源中，储能电容值的增加，会对测试结果产生明显的效果。

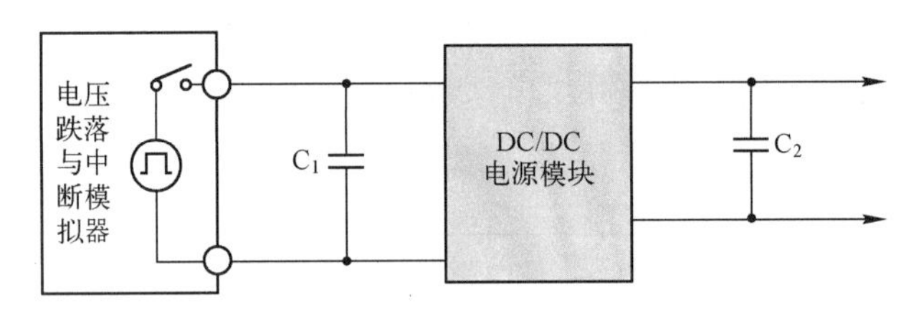

图 5.57　高阻状态下电压中断测试时的原理图

【处理措施】

既然高阻情况下测试，设备很容易就通过测试，那么在电源输入的入口处串联一个二极管，原理如图 5.58 所示，可以实现低阻状态到高阻状态的改变。根据测试结果，串联二极管后，再增加储能电容 47 μF，能通过 DC 电源端口的所有测试要求。

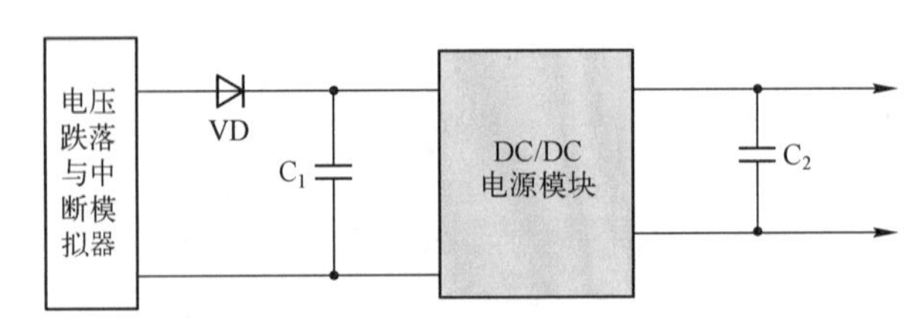

图 5.58　电源入口处串联二极管

【思考与启示】

（1）全面理解电压中断测试的意思，中断测试分别模拟实际电压中断的两种情况，即高阻状态和低阻状态。高阻状态是由电源从一个交换到另一个时产生的；低阻状态是由清除一个过载或电源总线上的缺陷产生的，并可以引发从负载产生的反向电流（负的峰值冲击电流）。高阻状态时，阻塞高阻抗负载的反向电流；低阻状态时，从低阻抗负载吸收负的冲击电流。

（2）从储能的角度讲，高阻状态下测试比较容易通过，因此在电源入口处串联二极管相当于将源的低阻抗变成高阻抗，有利于测试通过。

（3）在电源入口处串联二极管的前提下，产品或产品中局部电路储能电容的大小可以通过 $1/2C(U_1-U_2)^2=Pt$ 来计算，其中 U_1 是正常工作电压，U_2 是最低的但能使电路正常工作的电压；P 是储能电容所供电路的总功率，t 是跌落时间，C 是所需储能电容的值。

第 6 章 PCB 设计与 EMC

6.1 概论

6.1.1 PCB 是一个完整产品的缩影

PCB 就像一个完整产品的缩影。它是 EMC 技术中最值得探讨的部分，是设备工作频率最高的部分，同时，往往也是电平最低、最为敏感的部分。PCB 的 EMC 设计实际上已经包含了接地设计、去耦旁路设计等。一个有着良好地平面的 PCB，不但可以降低流过共模电流产生的压降，同时也是减小环路的重要手段。一个有着良好去耦与旁路设计的 PCB 设备，相当于有一个健壮的“体格”。

PCB 是电子产品的最基本部件，也是绝大部分电子元器件的载体。当一个产品的 PCB 被设计完成后，可以说，其核心电路的骚扰和抗扰特性就基本已经被确定下来了。要想再提高其电磁兼容特性，就只能通过接口电路的滤波和外壳的屏蔽来“围追堵截”了，不但大大增加产品的后续成本，也增加产品的复杂程度，降低产品的可靠性。可以说，一个好的 PCB 可以解决大部分的电磁骚扰问题，只要在接口电路排版时适当地增加瞬态抑制器件和滤波电路就可以同时解决大部分的抗扰度和骚扰问题。在 PCB 布线中，增强电磁兼容性不会给产品的最终完成带来附加费用。在 PCB 设计中，如果产品设计师往往只注重提高密度、减小占用空间、制作简单或追求美观、布局均匀，忽视线路布局对电磁兼容性的影响，使大量的信号辐射到空间形成骚扰，那么这个产品将导致大量的 EMC 问题。很多例子就算加上滤波器和元器件也不能解决这些问题，到最后，不得不对整个板子重新布线。因此，在开始时养成良好的 PCB 布线习惯是最省钱的办法。

6.1.2 PCB 中的环路无处不在

从数字电路图中可以看出，逻辑网上的数字信号是在门电路之间传递的。这些信号是以电子流的形式实现传递的，而电子流也总是循环流动的，但是在原理图中并没有示意返回信号流的路径。

许多数字电路工程师都以为返回的路径与电流是不相干的。实际上，电路中的信号传输无时无刻不伴随着流动着的返回电流，也就是这些电流成为 EMI 的原因。因为一个信号的传输意味着一个电流环路的存在，所以在多数设备中，主要的发射源是印制电路板（PCB）上电路（时钟、视频和数据驱动器及其他振荡器）中流动的电流。其中的电流在传递路径与返回路径中形成的环路是 PCB 辐射发射的一个原因，可以用小环天线模型描述。小环天线尺寸小于感兴趣频率的四分之一波长（$\lambda/4$）（如 75 MHz 为 1 m）。当发射频率到数百兆赫时，多数 PCB 环路仍被认为是“小”的。当环路尺寸接近 $\lambda/4$ 时，环路上不同点的电流相位是不同的。这个效应在指定点上可降低场强，也可增大场强。在自由空间中，辐射强度随着离发射源的距离按正比例下降。当距离固定为 10 m 时（标准测量距离），可以估算辐射发射。当一个环路在地平面上时，考虑到地面反射所产生的叠加效应，在距环路 10 m 处的最大电场强度可以由式（6.1）得到，即

$$E = 263\times10^{-12}(f^2AI_S) \quad \text{V/m} \tag{6.1}$$

式中，A 为环路面积（cm^2）；f 为源电流 I_S（mA）的频率（MHz）。

公式中的环路面积是已知的。这个环路是由信号电流传递路径和回流路径构成的环路。I_S 是在单一频率上的电流分量。由于方波有丰富的谐波，故 I_S 必须应用傅里叶级数进行计算。

可以利用式（6.1）粗略预测已知 PCB 的差模辐射情况。例如，若 $A=10\ cm^2$（很大的信号环路），$I_S=20$ mA，$f=50$ MHz，电场强度 E 为 42 dBμV/m，超过 EN55022 标准中规定的 CLASS B 限值 12 dB。如果频率和工作电流是固定的，并且环路面积不能减小，则屏蔽是必要的。注意，反过来推导的结论是不成立的，即根据式（6.1）预测 PCB 的差模辐射不超标，并不能说明设备不需要屏蔽。因为 PCB 上小环路的差模电流绝不是仅有的辐射发射源。在 PCB 上流动的共模电流，特别是电缆上流动的共模电流对辐射可起更大的作用。PCB 上的共模电流与差模电流（基尔霍夫电流定律决定）相比是很难预测的。共模电流的返回通路常常是经杂散电容（位移电流）至其他邻近物体，因此一个完整的预测方案必须详细考虑 PCB 和其外壳的机械结构及对地和对其他设备的接近程度。

环路的存在也是抗扰度问题存在的原因之一，对于数字电路工程师来说，所要做的是尽可能地减小环路。

6.1.3　PCB 中必须防止串扰的存在

串扰在 PCB 的 EMC 设计中也是相当重要的一部分，一个具有良好 EMC 设计的 PCB，必须能避免共模干扰电流流过产品内部电路，并将其导向大地、低阻抗的外壳或电路中的非敏感电路区。这样就出现了一个必须考虑的串扰问题，即共模干扰电流流经区域与共模电流不流经的敏感电路区域。如果不考虑串扰问题，那么这两个区域之间必然存在电场（容性耦合）或磁场（感性耦合）的耦合，最终导致设计失败。同样，对于 PCB 内部的 EMI 噪声源电路，如时钟发生电路、时钟传输线路、开关电源的开关回路、高频信号线路等，以及产品的 EMI 噪声或共模电压也必须被隔离在电路内部，避免与外围的电路或电缆产生耦合，从而产成辐射。

6.1.4　PCB 中不但存在大量的天线而且也是驱动源

当带有高速信号的 PCB 印制线的长度与信号的波长可比拟时，PCB 可以直接通过自由空间直接辐射能量，或即使印制线的长度远小于信号的波长，由 2.1.3 节可知，地平面上的共模压降将导致电缆向外辐射能量。当将 PCB 与天线等同起来时，具体含义是什么呢？天线是专门用于向外辐射能量的，而大多数的 PCB 的设计目的并不是用做天线，除非它们专门用做能量传输。如果 PCB 无意中成为理想天线，而且不能采取有效的抑制措施，则需要进行屏蔽。有时 PCB 并不是“天线”，但是由于其共模噪声的存在是其存在电缆的驱动源，

故电缆自然成为了“天线”。

无论是故意还是偶然，天线的效率是频率的函数。当一个天线被一个电压源驱动时，它的阻抗会有明显的变化。当天线处于谐振状态时，它的阻抗会变高并且主要呈电感性。阻抗方程 $Z=R+\mathrm{j}\omega L$ 中的电阻部分被称为辐射电阻。辐射电阻是天线在一定频率辐射 RF 趋向的量度。

大多数天线在一个特定的频谱上辐射效率比较高。这些频率一般低于 200 MHz，因为 I/O线为 2~3 m 长，与波长相比要更长一些。频率再高一些，一般可以看到从外壳缝隙出来的明显的辐射。

对于被共模电压驱动的共模辐射来说，降低驱动电压是最简单可行的抑制技术。RF 驱动电压存在的原因：

① 电路布线阻抗；

② 地弹；

③ 用来降低无用天线驱动电压的旁路或屏蔽。

为了减小 PCB 上的辐射效率，需要采取 EMC 设计和抑制措施，除了屏蔽外，还包括建立良好的接地系统、合理的布线布局，另外，恰当地选择滤波器，也能降低不想要信号的 RF 辐射，得到想要的最好的结果。

6.1.5　PCB 中的地平面阻抗对瞬态抗干扰能力有直接影响

瞬态干扰总是通过寄生电容、分布电容进入电路的内部。在如图 6.1 所示的例子中，对于不接地设备，当总是以共模方式出现的 EFT/B 干扰施加在电源线上时，由于信号电缆与参考地之间分布电容的存在，导致 EFT/B 共模干扰电流从电源线经 PCB，最后通过电缆的分布电容入地（图 6.1 中箭头线所示）。

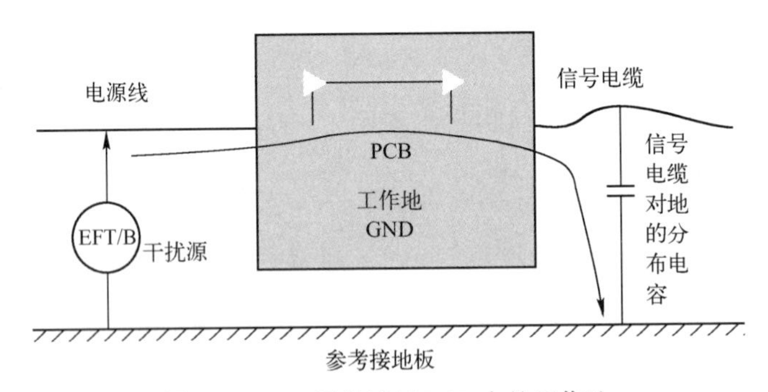

图 6.1　EFT 干扰流过 PCB 中的工作地

图中，在 PCB 上，由于地阻抗总是较低的，所以大部分电流将从 PCB 中的工作地上流过。由 2.1.3 节可知，当干扰共模电流流过 PCB 时，如果在两个逻辑电路之间的地阻抗过大，将影响逻辑电路的正常工作。图 6.2 是 PCB 中完整地平面频率与阻抗的关系。

由图 6.2 可知，一个完整（无过孔、无裂缝）的地平面，在 100 MHz 的频率时，只有3 mΩ的电阻，当有 100 A 的电流流过时，也只会产生 0.3 V 的压降，这对于3.3 V的 TTL 电平电路来说是可以承受的。因为 3.3 V 的 TTL 电平总是要在0.4 V 以上的电压下才会发生逻辑转换，这已经是具有相当的抗干扰能力了。3.3 V 的 TTL 电平逻辑关系如图 6.3 所示。

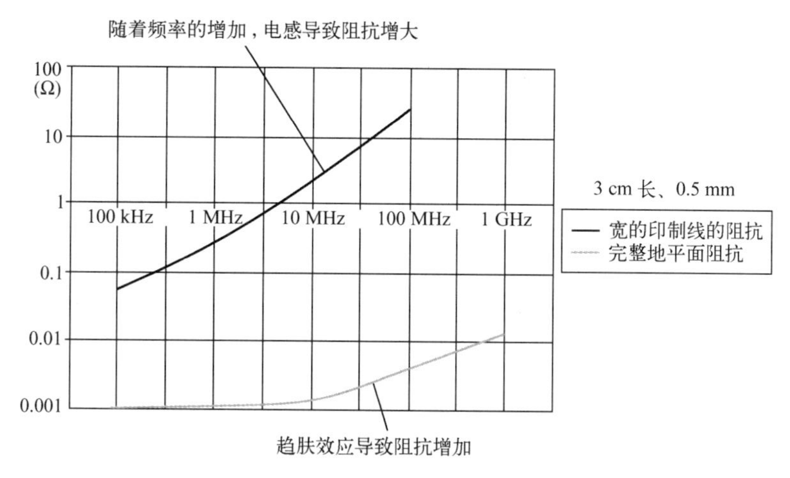

图 6.2　PCB 中完整地平面频率与阻抗的关系

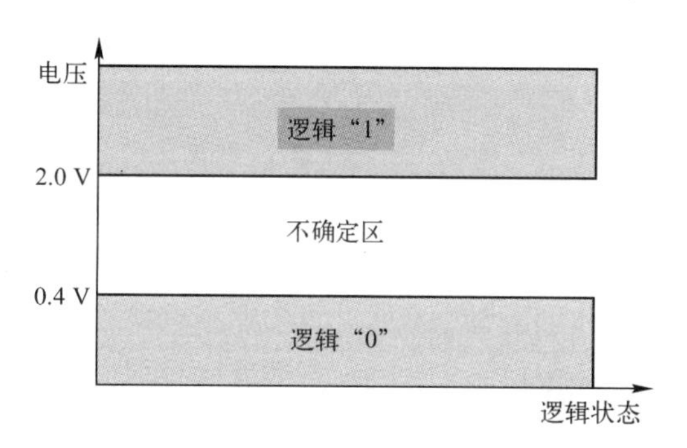

图 6.3　3.3 V 的 TTL 电平逻辑关系

如果流过 EFT/B 干扰的地平面存在 1cm 的裂缝，那么这个裂缝将会有 10 nH 的电感。这样，当有 100 A 的 EFT/B 共模电流流过时，TTL 电路产生的压降为

$$U = L \cdot dI/dt = 10\ \text{nH} \times 100\ \text{A}/5\ \text{ns} = 200\ \text{V}$$

200 V 的压降对 3.3 V 电平的 TTL 电路来说是非常危险的。可见，PCB 中地阻抗对抗干扰能力的重要性。实践证明，对于 3.3 V 的 TTL 电平逻辑电路来说，共模干扰电流在地平面上的压降小于 0.4 V 将是安全的；如果大于 2 V，则将是危险的。对于 5 V 的 TTL 电平逻辑电路，这些电压将会更高一点（1 V 和 2.2 V）。从这个意义上，5 VTTL 电平的电路比3.3 V电平的电路具有更高的抗干扰能力（这种方法可以用来在设计产品时对产品 EMC 风险进行评估）。

6.2　相关案例

6.2.1　案例 68：“静地”的作用

【现象描述】

某产品采用屏蔽结构机柜，面板上有一个用来监控的 RS-232 串行口，使用 RJ-45 连接器，串行口电路在控制板上。该串行口通过一根编织屏蔽的屏蔽电缆与本产品中的 AC/DC 电源模块的告警串行口相连接。串行口线的长度是 1.5 m，在 100 MHz 处产生的辐射异常强烈，超出了 EN55022 CLASS B 限值 15 dB 以上。图 6.4 为辐射骚扰测试频谱图。

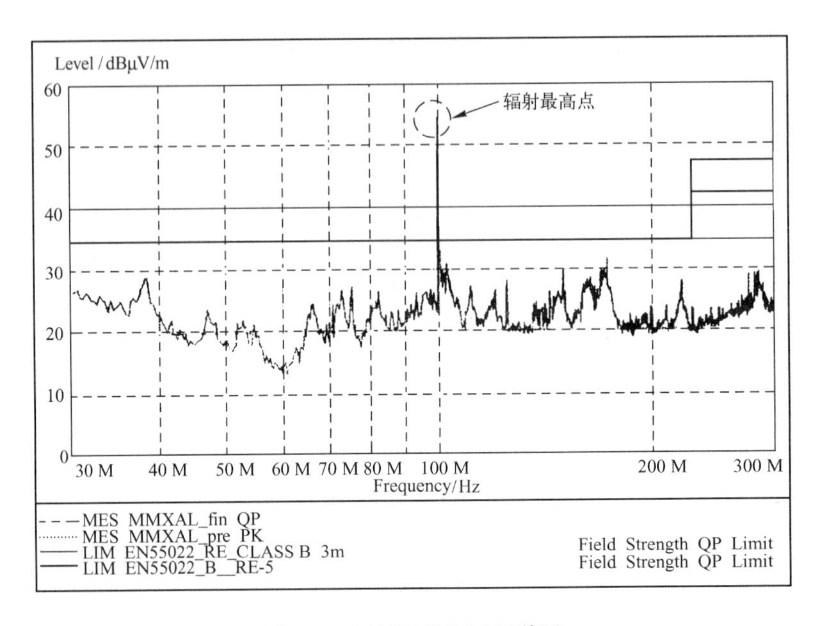

图 6.4　辐射骚扰测试频谱图

【原因分析】

I/O 电路的大部分 EMI 问题来自于以下 6 个方面。

（1）I/O 电路元器件或 I/O 信号本身产生的共模噪声；

（2）电源平面上的噪声耦合到 I/O 电路及导线上；

（3）时钟信号容性耦合或感性耦合到 I/O 信号线或电缆上；

（4）机壳地、数字地、模拟地等地之间的不正确连接；

（5）混用不同的连接器（如将金属阴头连接器接到阳头的塑料连接器等）。

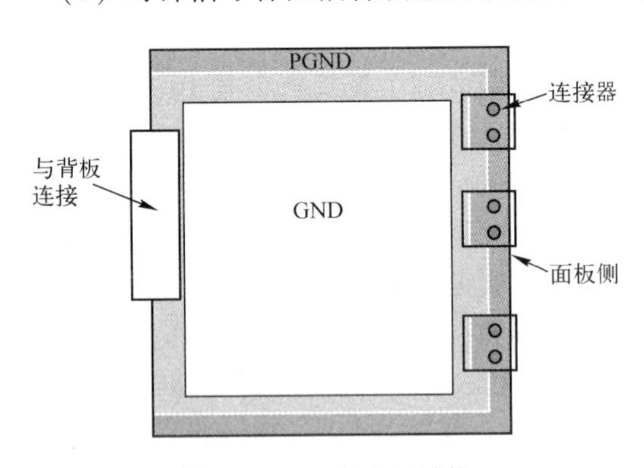

图 6.5　PCB 的大致结构

在本案例中，串行口所在 PCB 的大致结构如图 6.5 所示。

断开串行口线与控制板的连接，100 MHz 处的辐射大大降低，证明干扰源来自控制板而非 AC/DC 电源模块的电源线，同时也怀疑辐射是由于屏蔽串行口线的屏蔽层与金属结构体之间搭接不良造成的，因为屏蔽电缆屏蔽层在连接器处搭接不良是结构设计中常见的 EMC 毛病。如果存在搭接不良，则该处会在高频下产生较高的阻抗，该阻抗犹如“‘Pigtail’有多大影响”中所提到的“Pigtail”（原理见相应案例），最终产生辐射。用铜箔胶带将电缆的屏蔽层与控制板面板良好搭接，情况没有改善。

在串行口线上，靠近 RJ-45 连接器处将屏蔽层剥开一缺口，剪断电缆里面的 RX、TX 及 GND 线，电缆屏蔽层仍通过 RJ-45 连接器连接产品面板（金属），测得 100 MHz 的辐射减小到 30 dBμV/m，说明屏蔽串行口线的辐射为电缆内部的信号耦合到屏蔽层上引起的。仅接上刚才断口的 GND 线，测得 100 MHz 处的辐射又增大到 62 dBμV/m，证明控制板 PCB 上的 GND 非常不“干净”，充满共模噪声；再断开电缆内的 GND 与控制板 PCB GND 的连接，而用铜丝将

GND 线与 PCB 板内部的保护地 PGND（PGND 为控制板外围的一圈）相连（此产品中的 GND 与 PGND 是通过 4 个 0 Ω 电阻和 6 个电容相连的，所以此动作在电路原理上没有改变），测试 100 MHz 处的辐射为 61 dBμV/m，证明控制板 PCB 上的 PGND 噪声也很大。

控制板中的 GND 与 PGND 是通过 4 个 0 Ω 的电阻和 6 个电容相连的，试验中去除这些电容、电阻后再进行测试，情况没有改善。又注意到 PGND 在控制板内的面积较大，可能会通过近场耦合拾取板内的噪声。把 RJ-45 取下，剪断两根地针，再用一根约 3 cm 长的细线引出 PIN 4 脚（GND 针），但此细线在机柜内部悬空，100 MHz 处还有 46 dBμV/m。把此悬空细线改为接到机柜面板金属壳体上，100 MHz 处的辐射较小，为 37 dBμV/m，说明机框内 100 MHz 处的辐射很大。将细线改接到 PCB 的 GND 上，100 MHz 处的辐射立即又增大到 57 dBμV/m。将细线改为通过一个 100 Ω/100 MHz 的磁珠接到 PCB 的地上，100 MHz 处的辐射降为 51 dBμV/m。再在磁珠后面加一个 220 pF 的电容接到机柜的金属面板（外壳）上，再进行测试，100 MHz 处的辐射降为 32 dBμV/m，如图 6.6 所示。

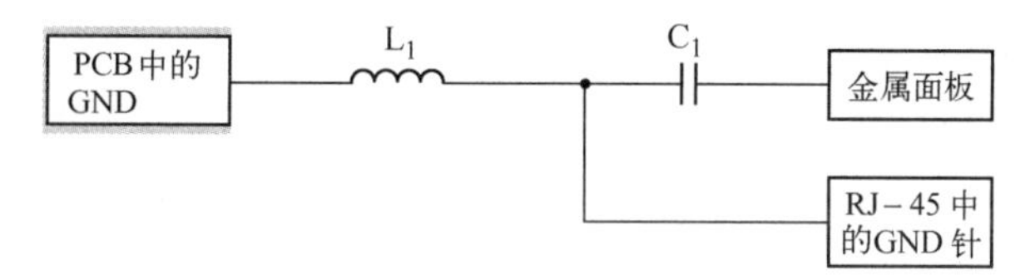

图 6.6　GND 用磁珠、电容与金属面板相连

将图 6.6（GND 用磁珠与金属面板相连）中的磁珠 L_1 去掉，100 MHz 处的辐射又变为 49 dBμV/m，再接上磁珠 L_1，而去掉电容 C_1，将 L_1 直接接到面板上，100 MHz 处的辐射下降到 34 dBμV/m。由此可知，采用如图 6.7 所示原理的方式连接，即 GND 用磁珠与金属面板相连，也可以满足辐射发射 CLASS B 的要求。

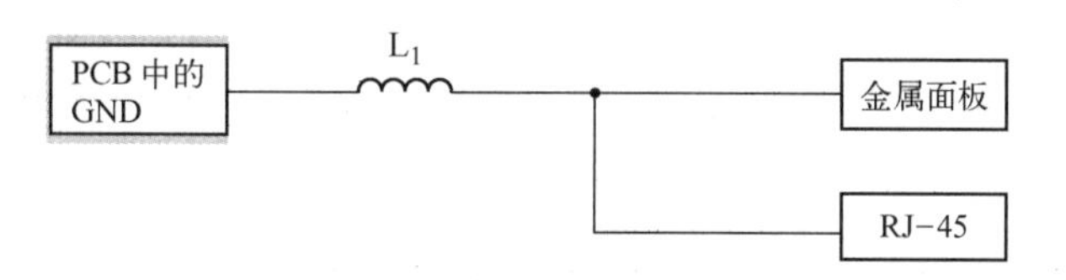

图 6.7　GND 用磁珠与金属面板相连

在处理好 GND 线的基础上，接上 RX、TX 信号，100 MHz 处的辐射又升为54 dBμV/m，说明 RX、TX 信号线也需要进行滤波去耦处理。RX、TX 信号线上串接100 Ω/100 MHz 的磁珠，100 MHz的辐射下降 4 dB，为 50 dBμV/m；加上磁珠后，将220 pF 的电容接到金属面板上，即在 TX、RX 信号线上进行滤波，如图 6.8 所示，则 100 MHz 处的辐射变为 33 dBμV/m，又下降了 17 dB。

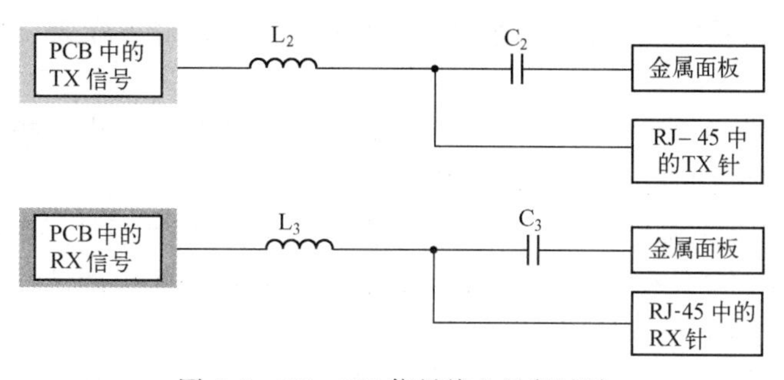

图 6.8　TX、RX 信号线上进行滤波

在如图 6.8 所示的连接方式下，将磁珠改为短接线，辐射又上升为 46 dBμV/m，说明磁珠是不能去掉的。

PCB 中的分割是一种减小 PCB 中各子系统间 RF 耦合的一种重要技术。在本案例中，I/O信号及地本身带有共模噪声，在设计之初已考虑采用分割的方法画出一块“静地”。“静地”应该是没有噪声的地平面。由于进、出静地的信号，包括 RXD、TXD 等均没有进行滤波去耦处理，从而导致“静地”分割失败。

【处理措施】

图 6.6、图 6.7、图 6.8 中的“金属面板”实际上是用一小块铜箔胶带粘贴在金属面板上作为机柜金属面板延伸出来的地。由于金属面板与机柜整体有良好的连接，相当于零噪声地，所以从金属面板延伸出来的地也是 EMC 意义上的“静地”。另外，串行口电路需要考虑浪涌防护，根据先防护后滤波的原则，TVS 需要加在电容与磁珠的前面。综上所述，可得到 RS-232 串行口最简单的滤波电路，如图 6.9 所示。

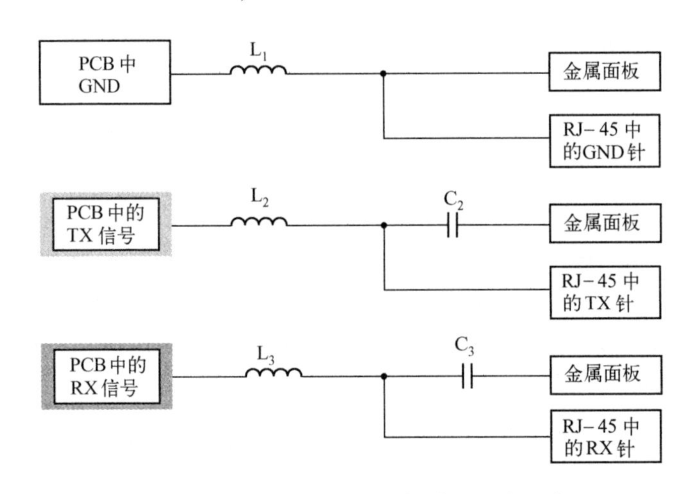

图 6.9　RS-232 串行口最简单的滤波电路

图 6.9 中，磁珠 L_1、L_2、L_3 选用 100 Ω/100 MHz-0.1 Ω-500 mA，电容采用片状电容-100 V-2200 pF-X7R。

设计 PCB 时，“静地”与 PCB 的 GND 仅通过磁珠连接。“静地”与金属面板的连接方式为：“静地”通过 RJ-45 金属连接器外壳插针连接 RJ-45 金属外壳，再通过 RJ-45 外壳簧片连接金属面板；磁珠跨接 GND 和“静地”之间的分割线处。实际的 PCB 布局、布线如图 6.10 所示。

安装重新做好的 PCB 后再进行测试，辐射骚扰的测试频谱图如图 6.11 所示。

从图 6.11 中可以看出，原来辐射很高的 100 MHz 频点已经下降 25 dB。

【思考与启示】

该产品中最后使用的滤波、浪涌防护原理图及 PCB 设计图可供一些有较大金属外壳设备的串行口电路参考，同时也要注意以下几点：

（1）RJ-45 连接器必须为金属外壳的连接器，RJ-45 安装面板处必须是金属。

（2）“静地”的方法只有在内部 PCB GND 存在很强高频噪声的情况下，即串行口接口内部电路地噪声较大的情况下使用。

（3）“静地”面积不能太大，否则会使感应板内的噪声不能起到静地的作用。

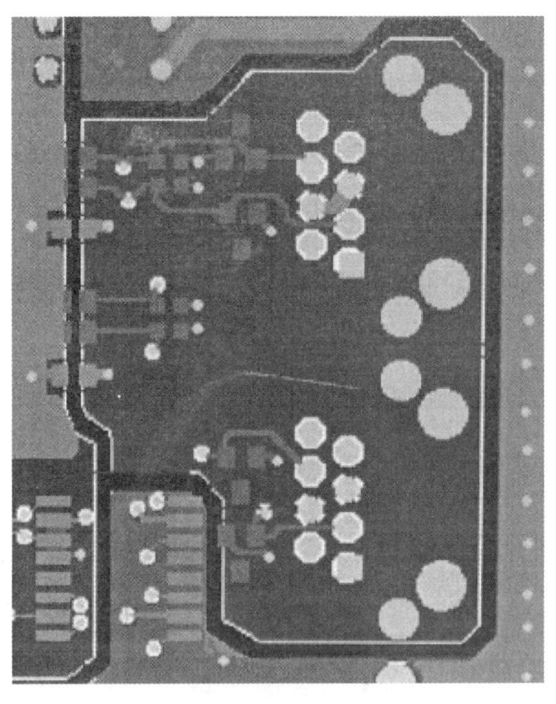

图 6.10　PCB 布局、布线

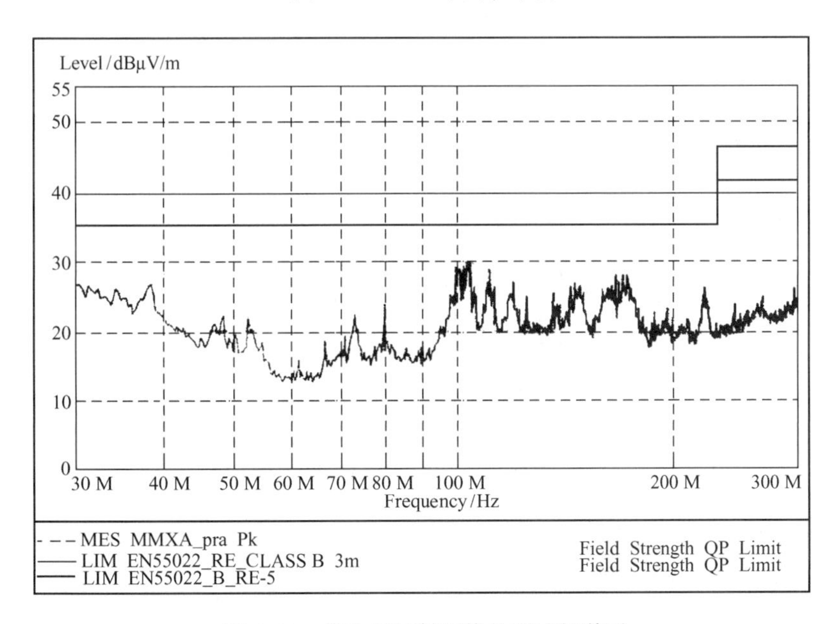

图 6.11　修改后辐射骚扰的测试频谱图

（4）“静地”区域不能有电源平面、GND 平面及任何其他非串行口布线。

（5）“静地”要与金属面板、RJ-45 连接器外壳相连接。

（6）“静地”与板内 GND 相连的磁珠必须跨接在 GND 与静地之间的分割处，TX、RX 信号上的磁珠也要跨接在 GND 与“静地”之间的分割处。

（7）不得不提的是，设计“静地”一定要很小心，如果设计“静地”之后，两个被分割地平面之间有相互通信的器件，就不适用磁珠跨接在两地之间的方式。在这种情况下，设计良好的地等电位才是最好的出路，可降低共模压降，采用电容连接才能弥补地分割后两地之间在高频下的电位差。

（8）“静地”必须不存在任何数字信号的回流，也被称为“无噪声地”。“静地”应与机壳良好搭接，搭接阻抗（主要是电感）要尽可能地减小，可采取多点搭接方法，以保证“静地”和机壳具有相等的电位。“静地”和数字地之间仍保持电气连接。连接器处的每条 I/O 线包括信号线和回流线都应分别并联高频旁路电容至“静地”，去耦环路的电感越小越好，如可用表面安装式电容，这样外部干扰，如静电、浪涌脉冲等如通过 I/O 线侵入，则还没有到达元器件区域时就被旁路电容旁路到设备的机壳上，从而保护了内部元器件的安全工作。同时，I/O 线所携带的 PCB 共模干扰电流在输出前也通过旁路电容被旁路了。

6.2.2　案例 69：PCB 布线形成的环路造成 ESD 测试时复位

【现象描述】

某设备采用框体结构如图 6.12 所示，各种 PCB 插入在框体中，其中有两块同样功能的 PCB 被称为 A 板，安装在相邻的位置上。在功能上，这两块板分别用做主控制主板与主控制备用板。在该设备中，在离 A 板安装位置较近的地方进行 ESD 接触放电测试，当测试电压为±6 kV 时，发现其中一块 A 板出现复位现象，另一块则没有出现任何异常现象。交换两块 A 板的位置再进行测试，还是原来那块出现复位现象，另一块无异常，这说明并不是由 PCB 安装位置引起的抗干扰能力差异。比较两块 A 板后发现：原来这两块板虽然功能一样，但是分别是不同的版本，出现复位现象的为 0.2 版本，没有出现复位现象的为 0.1 版本。拿另一块 0.2 版本的 PCB 代替安装设备中的 PCB 后再重新测试，现象一样。基本判定问题的出现并非偶然，而是 0.2 版本的 PCB 存在 ESD 干扰的薄弱环节。

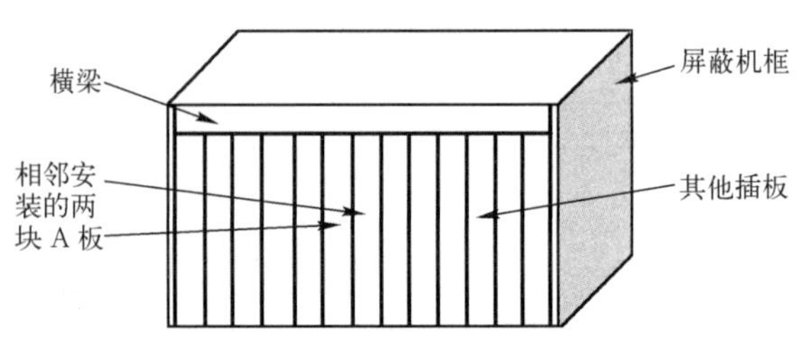

图 6.12　设备框体结构示意图

【原因分析】

从现象上看，复位信号受干扰的可能性比较大，于是查看复位信号在该 PCB 中的布置情况。从 PCB 图可以看到，复位信号线“proreset”的布线的确比较长。图 6.13 中的白色亮线就是“proreset”，从 CPU 下面绕上去到芯片 245，中间通过电阻连到 CPU 作为复位信号（图 6.13 中圈内）。

做以下试验：

（1）在如图 6.13 所示的 PCB 图中的 A 处加一个 0.01 μF 的去耦电容，重新试验，还是复位。于是在 A 处将信号断开，在 CPU 处直接上拉。上电后，用金属镊子短路一下 CPU 的复位信号（相当于 RESET 一下），CPU 正常启动，再进行测试，现象消失，说明 CPU 复位确实是由于“proreset”信号受干扰导致误触发引起的。

（2）重新将“proreset”连上，将 watchdog 输出断开，再试验，CPU 复位，再次说明与“watchdog”输出无关，而是线上本身耦合了干扰。

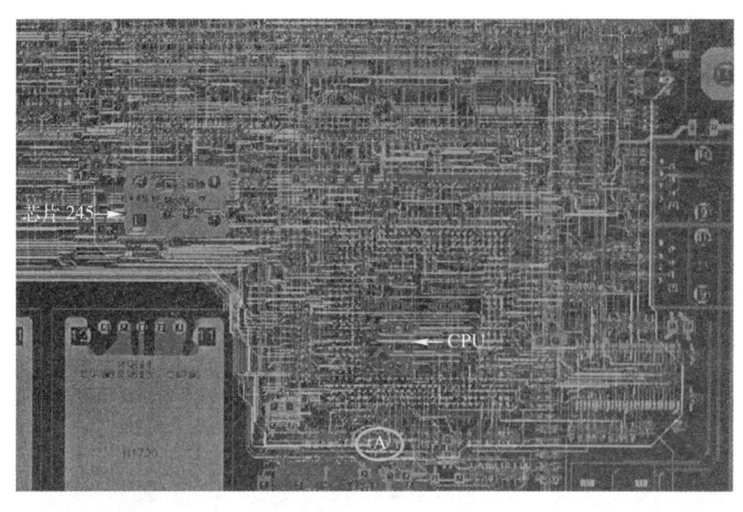

图 6.13　PCB 布线图

(3) 恢复“watchdog”连线，按照（2）重新连接 CPU 复位信号，将“proreset”连到一个指示灯上，如果“proreset”有低电平，则指示灯应该亮，就可以检测这个信号后再进行测试，CPU 不出现复位，但是指示灯亮，说明“proreset”上有低电平信号，重新断开“watchdog”输出，指示灯不再亮，说明确实是“watchdog”有输出，但是“watchdog”为什么会有输出呢？为了得到答案，继续试验。

(4) 将“watchdog MR”断开，重新试验，“watchdog”没有输出，这说明“watchdog”有输出是因为它接收到了一个复位信号。

(5)“watchdog MR”端输入有 CPU 的“softreste”(软件控制的 I/O 引脚)，复位开关信号。逐个断开试验，证明是复位开关的复位信号造成的“watchdog”复位，说明复位开关的输出（图 6.14 中亮线）也受到了干扰。

(6) 重新断开复位开关一侧的串阻试验，“watchdog”还是会复位，说明是这根线本身受到了干扰，与复位开关无关。CPU 复位开关的输出信号距离板边缘较近，而且穿过以太网接口电路的地平面挖空区域，可能比较容易引入 ESD 测试时的辐射干扰。

图 6.14　复位开关输出线布线

从以上测试可以看出，复位开关输出的复位信号及“watchdog”输出的“proreset”（分别是上两图中亮线）均受到了 ESD 干扰。测试中，这两根线的任何一个受到 ESD 干扰都会造成 PCB 复位。

ESD 电流的上升时间小于 1 ns，放电电流通过时，会导致导体上产生电压脉冲（$U=L\cdot \mathrm{d}I/\mathrm{d}t$）。这些导体可能是电源、地或信号线。这些电压脉冲将进入与这些网络相连的每一个元器件。同时，放电电弧及流过导体的放电电流会产生一个频率范围为 1 MHz～1 GHz 的强磁场，并感性耦合到邻近的每一个布线环路。据测试，在离 ESD 电弧 100 mm 远的地方将产生高达数十 A/m 的磁场。电弧辐射的电磁场也会耦合到长的信号线上。这些信号线起到了接收天线的作用。此设备在 ESD 测试时正是因为复位信号接收到了上述的干扰而造成复位的。

关于复位信号在 PCB 上的布线，补充做了以下试验，以说明复位信号线在 PCB 上的位置对该产品 ESD 抗扰度的影响。

首先用一根飞线连接代替 PCB 中“proreset”信号，并远离 PCB 边缘，如图 6.15 所示，在这种情况下进行测试，没有发现任何异常现象，测试通过。

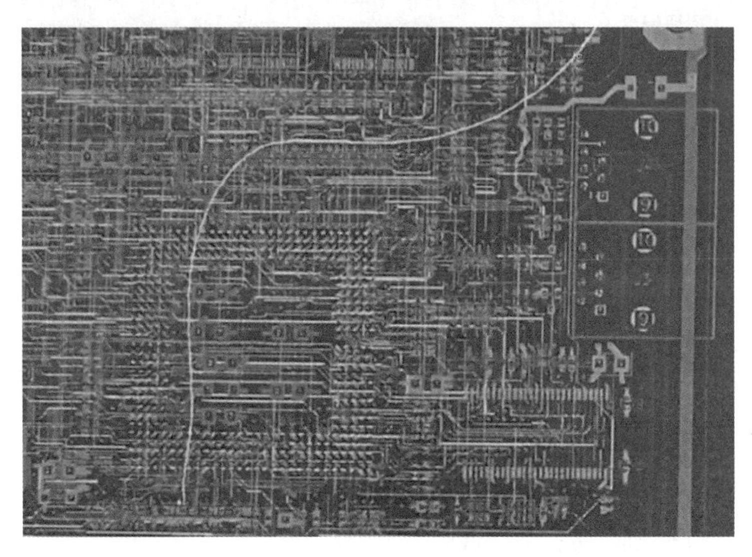

图 6.15　远离 PCB 边缘的飞线代替 PCB 线

再如图 6.16 所示，用一根靠近 PCB 边缘的飞线代替原来 PCB 中的“proreset”线再进行测试，该产品出现复位现象。

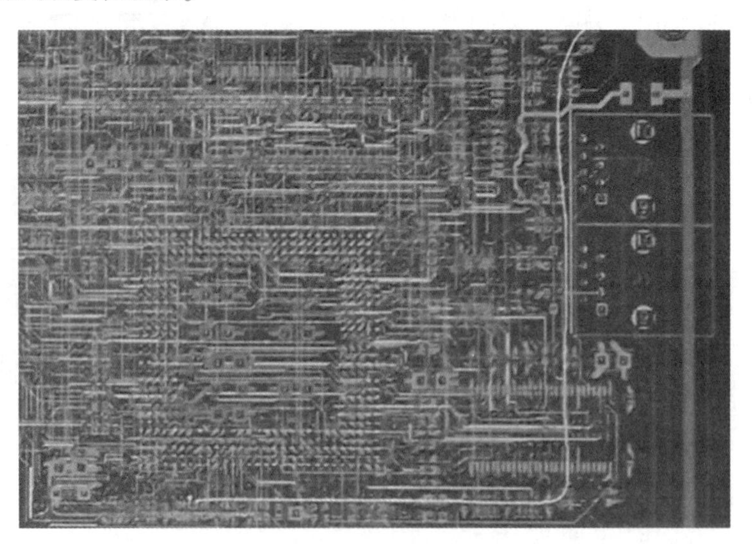

图 6.16　靠近 PCB 边缘的飞线代替 PCB 线

在图 6.16 所示的情况下，其他部分不动，只调整网口旁的布线，即避开以太网接口电路的地平面挖空区域，如图 6.17 所示，再重新进行 ESD 测试，测试中也没有发现任何异常现象，测试通过，说明靠近以太网接口电路部分的“proreset”信号布线是该 ESD 问题的主要影响因素。

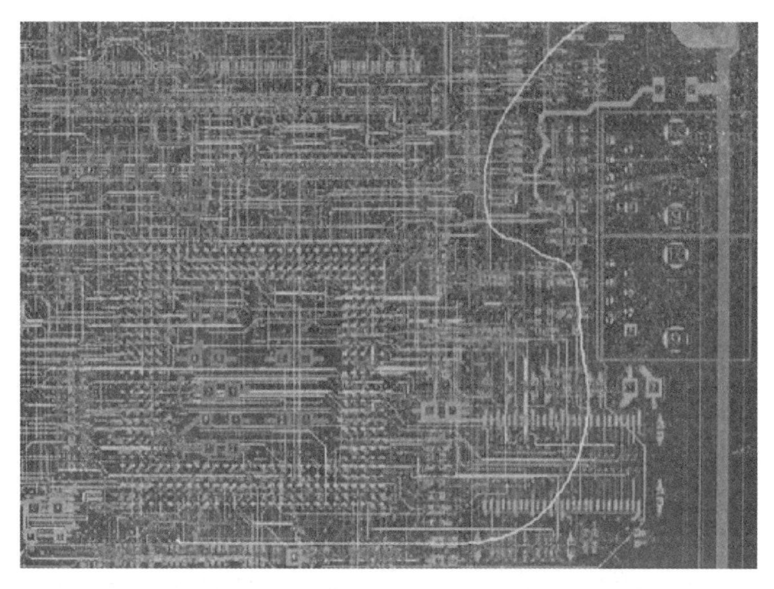

图6.17　靠近PCB边缘的飞线代替PCB线但是避开网口

实际上，在如图6.17所示的情况下，只要网口旁的布线远离PCB 1 cm以上就不会有问题了。

网口部分的“proreset”信号布线如图6.18所示。

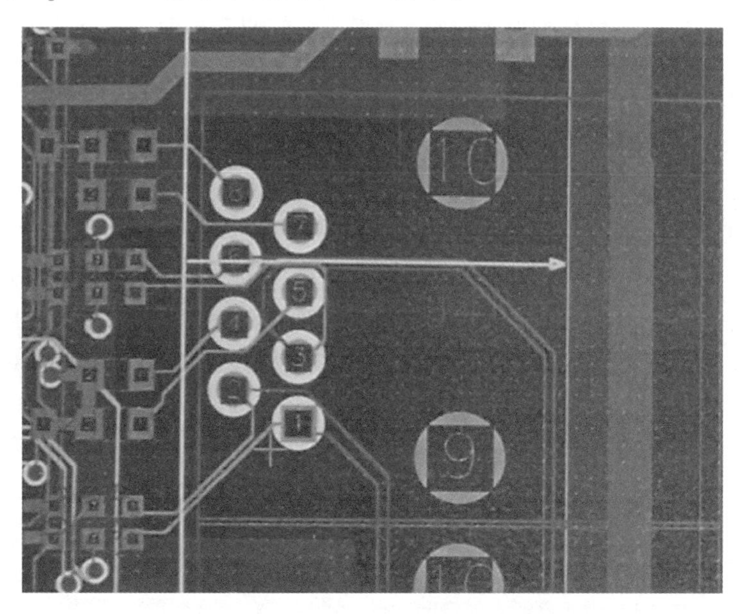

图6.18　网口部分的“proreset”信号布线

图6.18中的白色线是“watchdog”的输出布线，从网口下的分割穿过。正是这个地方有问题，一旦有干扰，那么这个地方由于全部被挖空，就会导致这条复位信号线及与其回流地线组成的环路较大。根据闭合回路感应电磁场的原理，该环路上的感应电压将增大，也就耦合了很大的干扰。只要这根线走出分割区，走在DGND平面上面就不会有问题了。复位开关上来的复位信号也存在同样的问题。复位开关上来的复位信号穿过挖空区，如图6.19所示。这就是这两个信号容易受到干扰的真正原因。

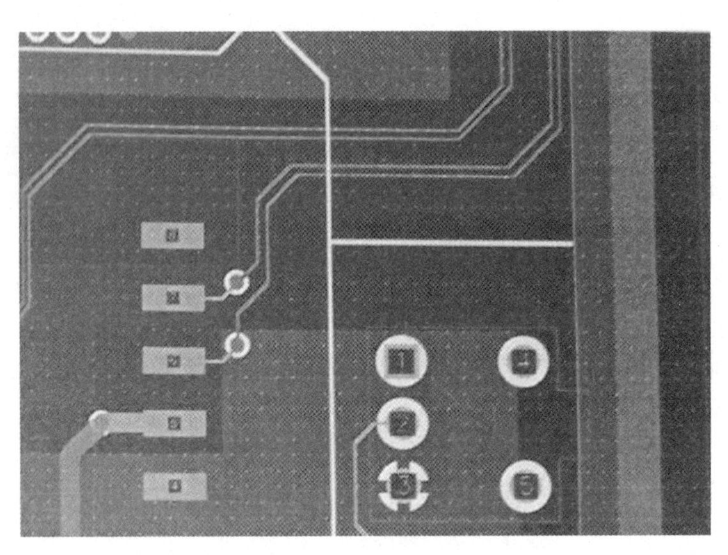

图 6.19　复位开关上来的复位信号穿过挖空区

【处理措施】

只要将复位信号移出分割区，布在完整的 DGND 所对应的区域上，并远离 PCB 1 cm 以上的距离，问题就能得到很好地解决。

【思考与启示】

（1）在多层板中，信号线通过地平面作为信号线的回流平面，不能跨地分割区布线，以免增加信号环路的面积，使电路对外界干扰变得更加敏感。

（2）复位等敏感信号不能布在 PCB 的边缘，应远离 PCB 边缘 1 cm 以上。

6.2.3　案例 70：PCB 布线不合理造成网口雷击损坏

【现象描述】

在实际使用当中，某路由器产品在遭受一次雷击事件后，以太网通信不正常。进一步检查发现是以太网口的物理层不能正常连接。测试发现，以太网 PHY 芯片的接收端已经对地短路。进一步检查发现布在 PCB 顶层的以太网接收线已经被烧断，这段 PCB 布线有明显的过流痕迹。以太网接收线被烧断后的连接示意图如图 6.20 所示。

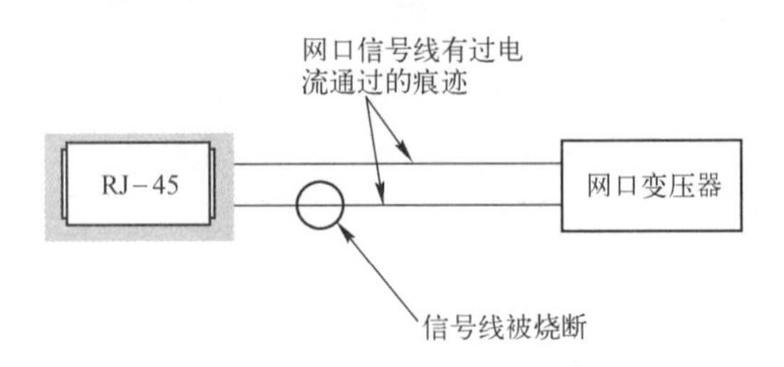

图 6.20　以太网接收线被烧断后的连接示意图

【原因分析】

该产品的以太网接口 PCB 的布线情况：RJ-45 到变压器之间的接收信号布在 TOP 层，发送信号布在 BOTTOM 层，RJ-45 是带有金属屏蔽的。据雷击现象的研究结果，雷击时产生的过电压、过电流首先会在屏蔽电缆的屏蔽层上，然后通过屏蔽层与地影响内部电路。但是由于屏蔽金属外壳与 PCB 的间隙很小，雷击产生的大电流使网线在屏蔽层上出现很高的压降，而屏蔽电缆的屏蔽层与 RJ-45 连接器的外壳是互连的，造成 PCB 上的以太网接收信号线与 RJ-45 的屏蔽金属外壳之间的绝缘被击穿。由于击穿回路的阻抗较小，故很大的雷电流通过 PCB 的布线将该信号线烧断。同时，信号线（地）击穿屏蔽层，在网线屏蔽层上的高共模电压部分转换为以太网信号线之间的差模电压，进而造成网口 PHY 芯片的损坏。

在以太网接口中，由于网口变压器差模传输的特性可以作为共模雷击过电压、电流保护的隔离，在产生雷击时，网口屏蔽电缆上产生很高的共模电压。如果高压信号部分与其他低电压信号线之间的绝缘耐压不够，两者之间的电压超过本身的耐压能力后，就会造成击穿。击穿意味着电压、电流从高压处传向低压处后，将在信号线上形成很大的电流。击穿的现象（包括电压、电流、阻抗等的击穿）在不同的信号线上会有一定的不同。正由于这些不同导致将共模电压转换成差模电压，对于一定频率的差模信号，变压器失去了隔离的作用，高压就会顺利通过变压器传送到电路上去，造成后级电路的损坏。

网口连接器 RJ-45 的金属屏蔽壳包围着网口的四周。如果信号布线在 TOP 层，则信号线与连接器金属外壳之间的绝缘间隙就不能满足一定的耐压要求。因此，如果采用金属外壳的屏蔽网口连接器，则网口连接器与变压器之间的信号线不能布在 TOP 层，否则必须做电压钳位型的共模保护或采用特殊的绝缘处理。

【处理措施】

将以太网接口变压器初级的信号布线改布在 PCB 内层，以加强信号线与 RJ-45 连接器外壳之间的绝缘强度。

【思考与启示】

如果产品使用区域有可能会发生雷击，而且由于其他原因使用以太网线及屏蔽连接器，故建议不要将以太网接口电路变压器初级的信号线布置在表层或底层。

6.2.4　案例 71：如何处理共模电感两边的“地”

【现象描述】

某通信转换模块的 24 V 直流电源端口传导骚扰测试频谱图如图 6.21 所示。

从图 6.21 中可以看出，低频段平均值超过 CLASS A 限值。

【原因分析】

该产品电源入口部分的原理图如图 6.22 所示。

图 6.22 中，U_5是非隔离开关电源。从 EMI 角度考虑，它是一个干扰源。其开关信号及其谐波将直接影响传导骚扰测试的幅值。L_1是共模电感，可对该电源端口进行共模滤波，防止图中左右两侧无用共模信号相互传输，对于 EMI 来讲，主要是用来抑制来自于开关电源，包括电源线上及 0 V 上的骚扰，从而达到较好的 EMC 效果。

该产品电源入口的 PCB 图如图 6.23 所示。

其中，白色方框表示共模电感 L_1的位置。

经过仔细分析后发现，共模电感下面的 0 V 地层敷铜是多余的。由于共模电感的体积较小，因此电感下面的敷铜也较小，约为 1 cm^2。虽然面积较小，但同样会起到被隔离共模电感两侧容性耦合的作用，使共模电感的作用在一定程度上丧失。耦合产生的等效原理图如图 6.24 所示。

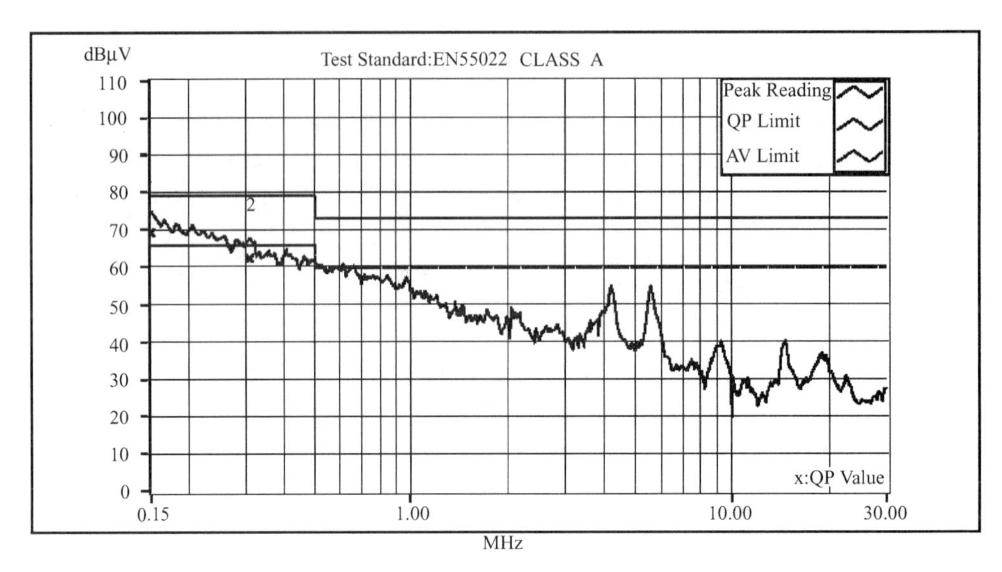

	Frequency	Corr. Factor	Reading dBμV		Emission dBμV		Limit dBμV		Margins dB		Notes
No.	MHz	dB	QP	AV	QP	AV	QP	AV	QP	AV	
+1X	0. 15000	1. 96	68. 43	65. 51	70. 39	67. 47	79. 00	66. 00	-8. 61	1. 47	
2	0. 31016	0. 75	61. 52	58. 15	62. 27	58. 90	79. 00	66. 00	-16. 73	-7. 10	

图 6. 21　传导骚扰测试频谱图

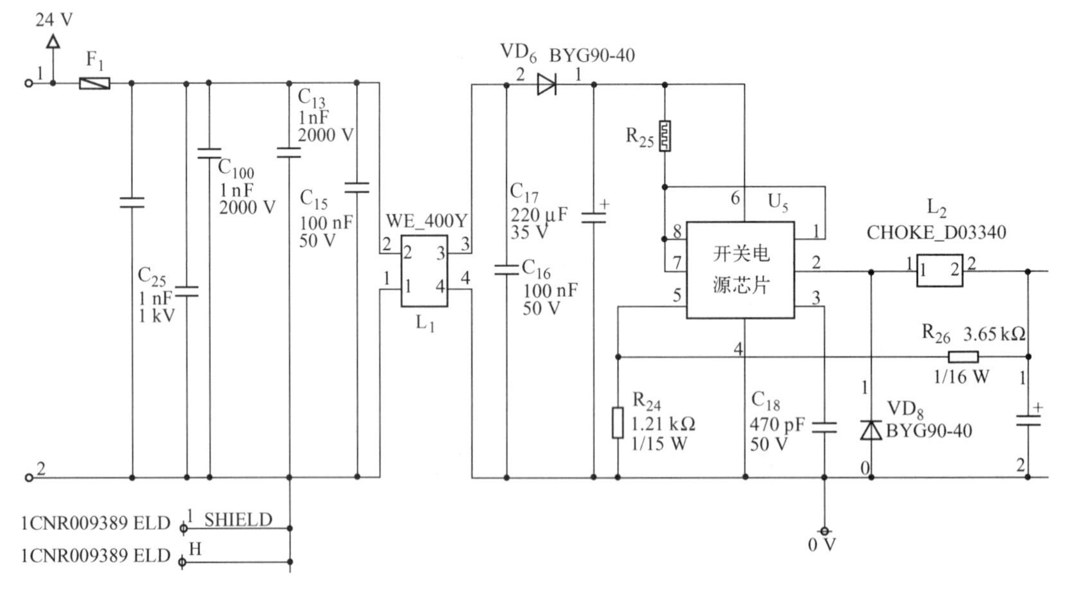

图 6. 22　电源入口部分的原理图

图 6. 24 中，C_{S1}和 C_{S2}表示多余敷铜引起的分布电容，它在一定的频率下将共模电感两端连通，来自于后一级开关电源的干扰将通过分布电容直接流向传导骚扰的测试仪。

为了证实分析的正确性，修改 PCB，将多余的地层取消，取消多余地层后的 PCB 图如图 6. 25 所示。

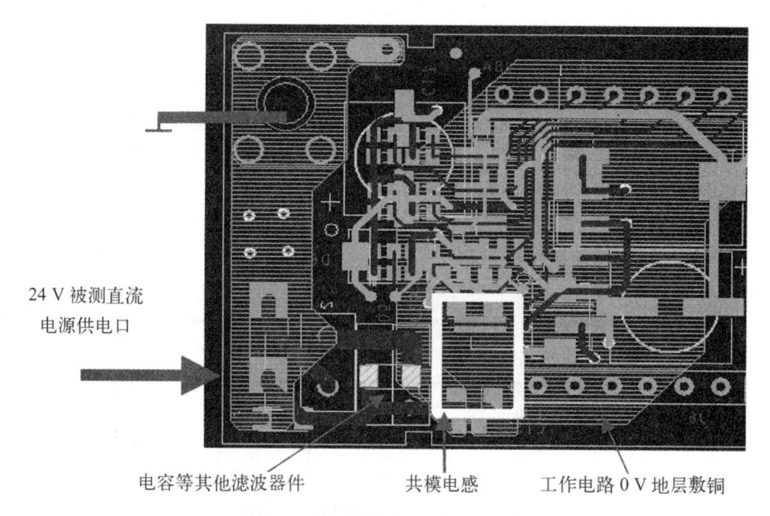

图 6.23　电源入口的 PCB 图

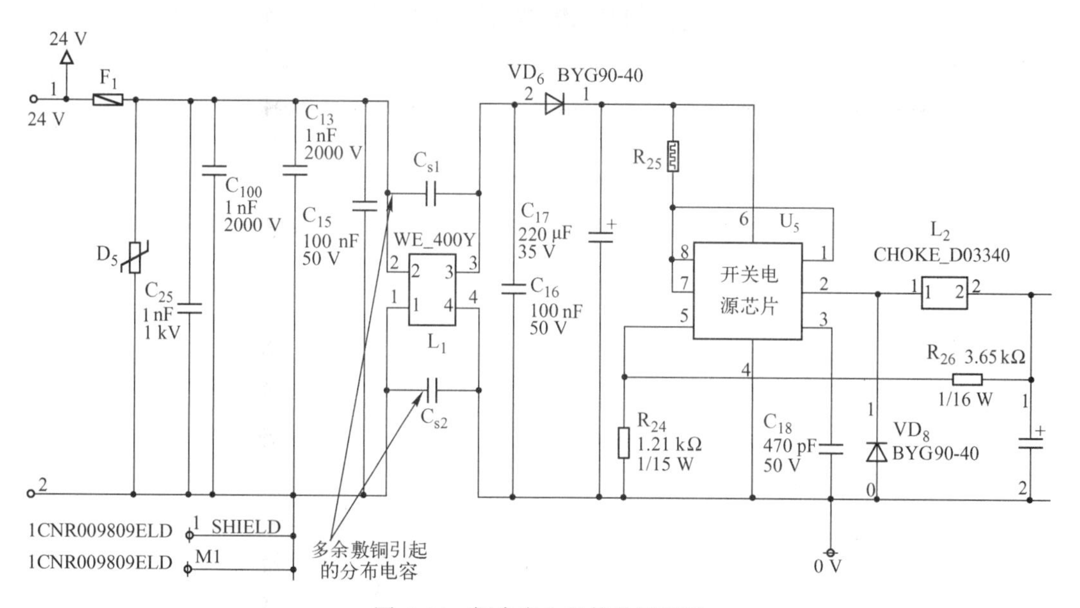

图 6.24　耦合产生的等效原理图

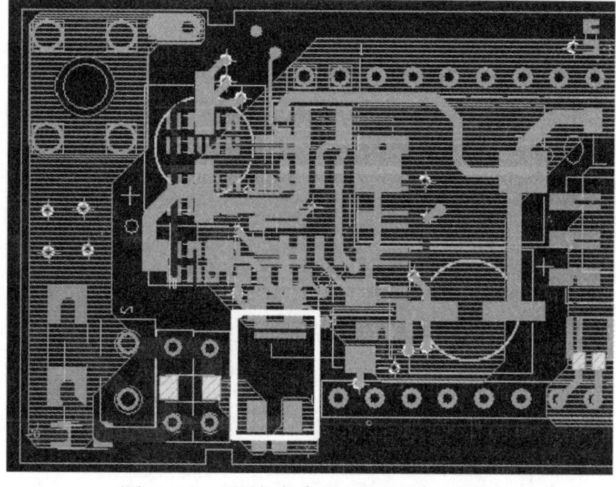

图 6.25　取消多余地层后的 PCB 图

取消多余地层后的测试结果如图 6.26 所示。

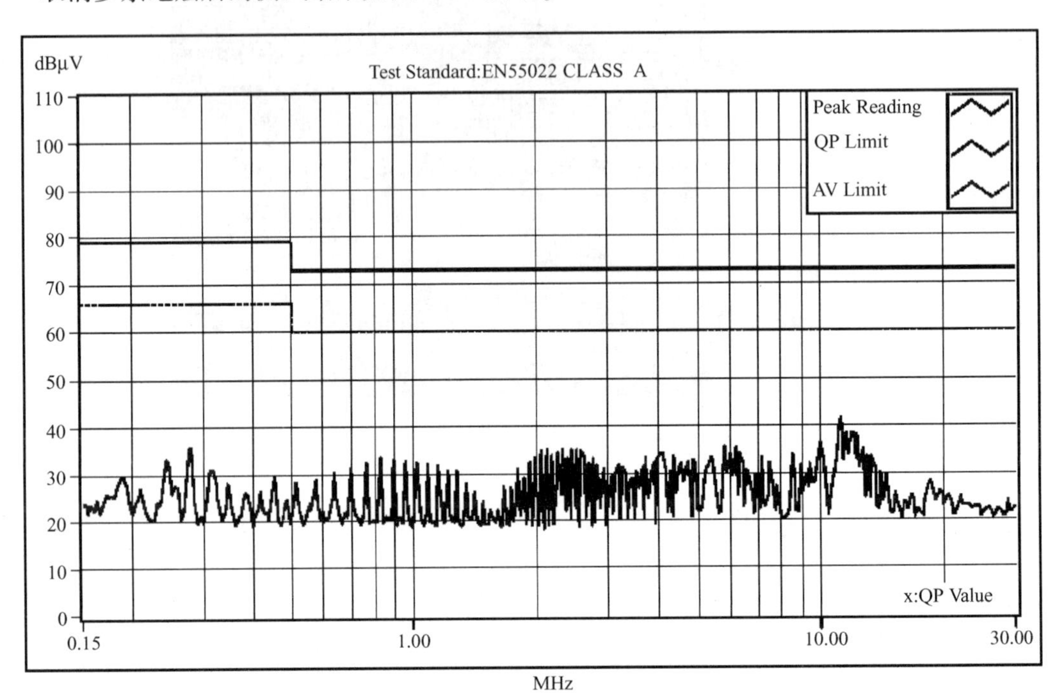

图 6.26　取消多余地层后的测试结果

难以置信的结果，传导骚扰得到了很大的改善。

【处理措施】

将共模电感下多余的“0 V”地层取消，使共模电感起到良好的隔离作用。

【思考与启示】

（1）地层和电源层不能随便铺设，哪怕只有很小的面积。

（2）在滤波电路的输入、输出之间一定要有良好的隔离，才能最大限度地发挥滤波电路的预想作用。

6.2.5　案例 72：PCB 中铺“地”和“电源”要避免耦合

【现象描述】

某产品采用框体背板结构，其他 PCB 插在背板上通过背板进行互连，正视面的底板安装背板 PCB，其他 PCB 与背板垂直连接，产品结构安装示意图如图 6.27 所示。框体采用 -48 V直流供电。-48 V 电源信号通过背板传送到插在框体并与背板相连的各个 PCB 中。其中，主控制板是框体系统的总控制系统。

测试辐射发射时，发现在频点 32.76 MHz 处的辐射较高，准峰值为 53.8 dBμV/m，超过 CLASS A 限值近 4 dB，如图 6.28 所示。

在定位过程中发现，主控制板不插在槽位时就会消失，只要主控制板一插上，无论其他 PCB 如何配置，该点的辐射均存在。在定位过程中还发现，如在电源线上串磁环，则该点的辐射也将消失，这说明该点是通过电源线进行辐射的，而该频点源头来自于主控板，耦合途径可能在主控制板上，也有可能在背板上。

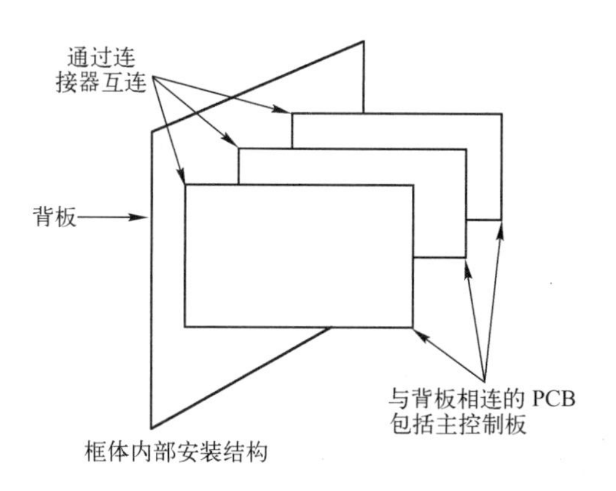

图 6.27　产品结构安装示意图

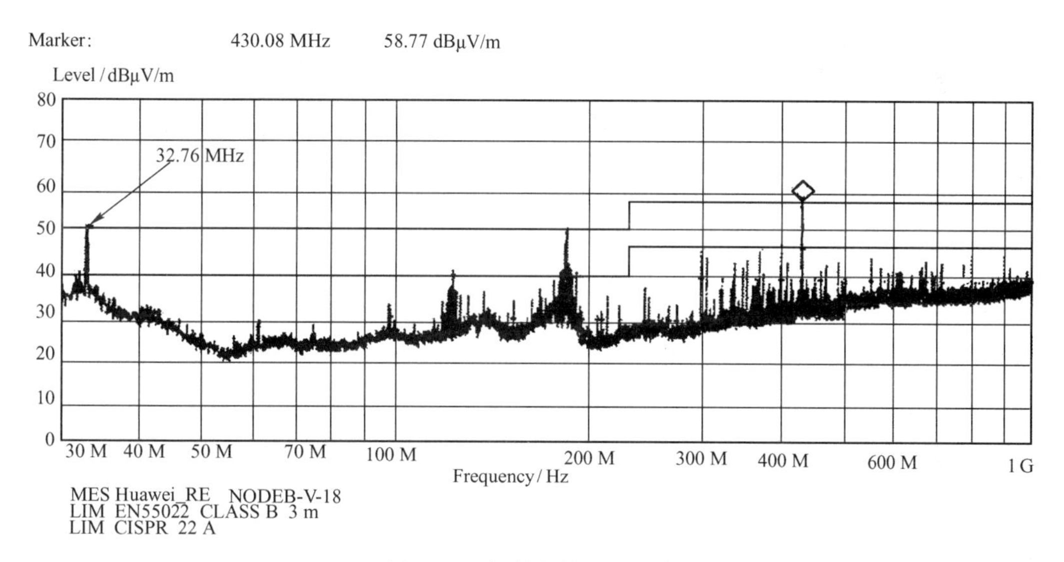

图 6.28　辐射发射测试频谱

【原因分析】

为了确定辐射源的耦合途径，首先对框体的背板和主控制板的 PCB 进行详细的检查。通过对背板及主控制板的 PCB 布线检查，发现干扰信号耦合到电源线的途径和原因有以下几种可能：

（1）背板上主控制板槽位的时钟布线离框体供电电源 -48 V的地较近，同时与背板 DGND 的隔离距离为 50 mil，可能会耦合到电源线。

（2）时钟线布线是采用两端匹配的方式，通过上拉电阻匹配到 VTT 电源层。时钟信号输出原理图如图 6.29 所示。

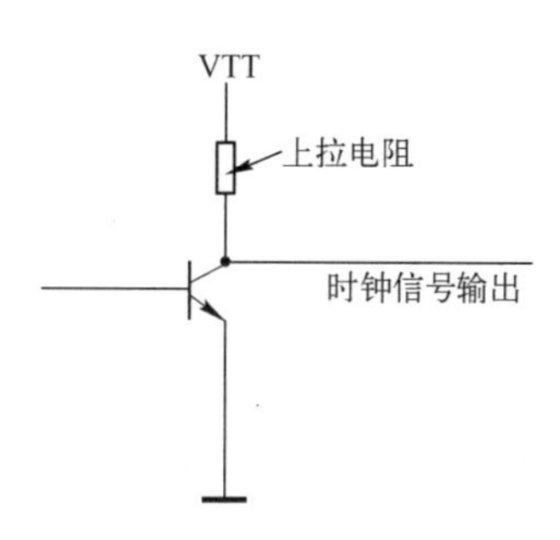

图 6.29　时钟信号输出原理图

如果 VTT 滤波电容选择的不合理，则可能会将干扰传入 VTT 层，而 VTT 层与 -48 V 的电源层在主控制板上有较大面积的重合，-48 V 电源层很有可能被耦合到干扰。

经过以上的初步分析可按以下步骤定位测试：

步骤一

优化框体背板时钟匹配电阻的滤波电容，改为 0. 1 μF 和 0. 022 μF。

由如图 6. 30 所示的电容阻抗特性曲线可知，两电容并联后的滤波范围在几十兆赫兹之间。修改完后，再进行测试，并联两电容后的测试结果如图 6. 31 所示。

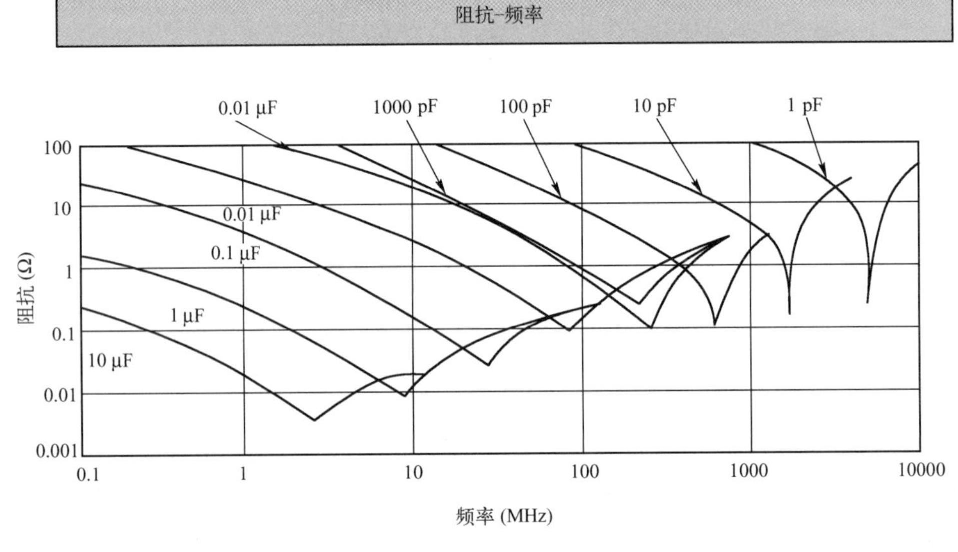

图 6. 30　电容阻抗特性曲线

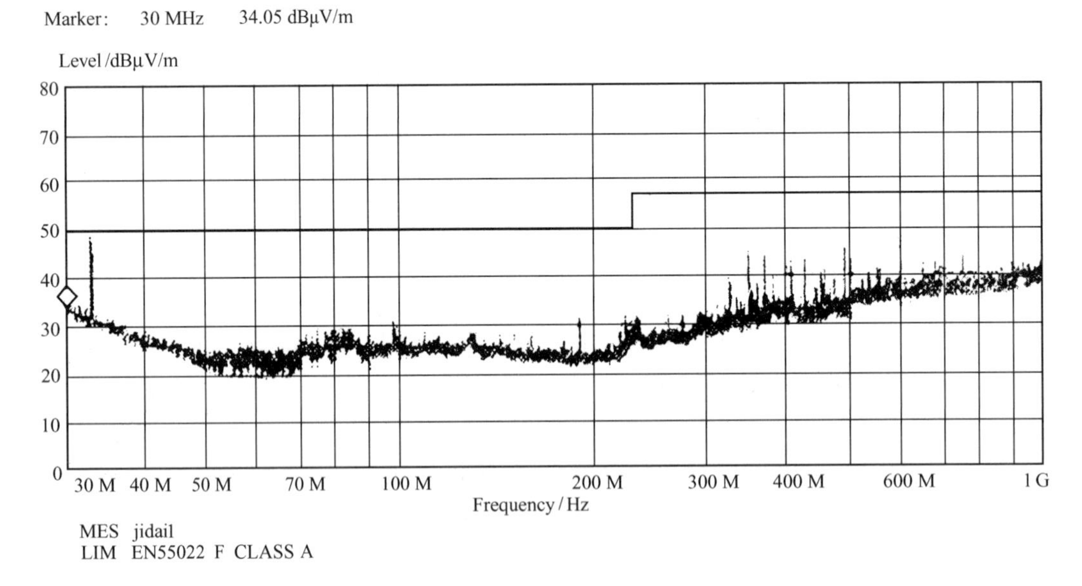

图 6. 31　并联两电容后的测试结果

图 6. 31 中的测试结果与以前的测试结果相比有改善，说明干扰与 VTT 电源层有关，但是耦合发生在背板还是主控制板，需要进行进一步的定位。

步骤二

利用专门加工的接插件将主控制板输出的 32. 768 MHz 时钟上拉到 VTT，然后启动主控制板，通过接插件上拉的原理图如图 6. 32 所示。

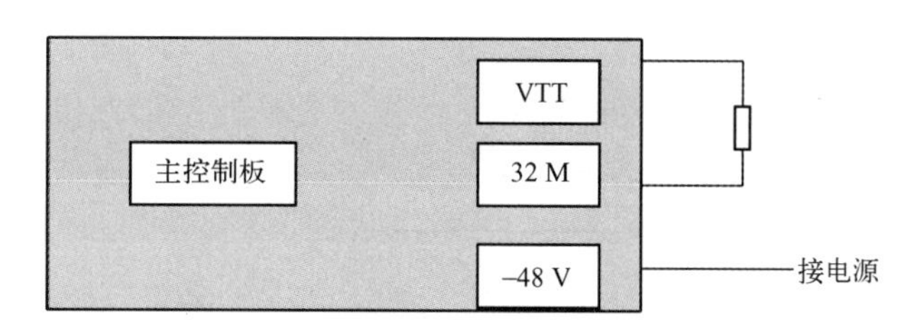

图 6. 32　通过接插件上拉的原理图

通过接插件上拉后再进行测试，结果如图 6. 33 所示。

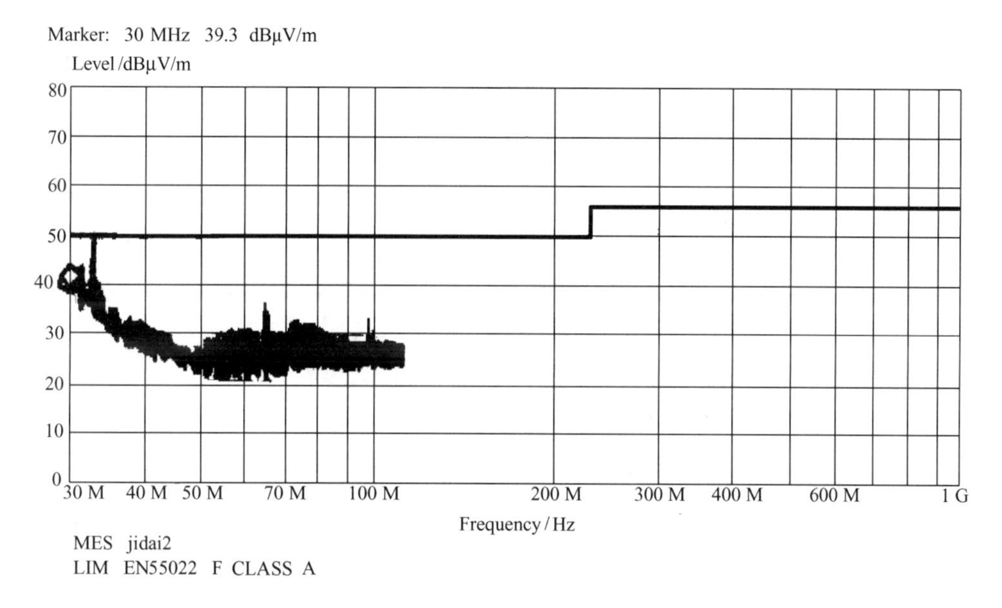

图 6. 33　通过接插件上拉后的测试频谱图

再在电源线上套上磁环后进行测试，得到如图 6. 34 所示的结果。

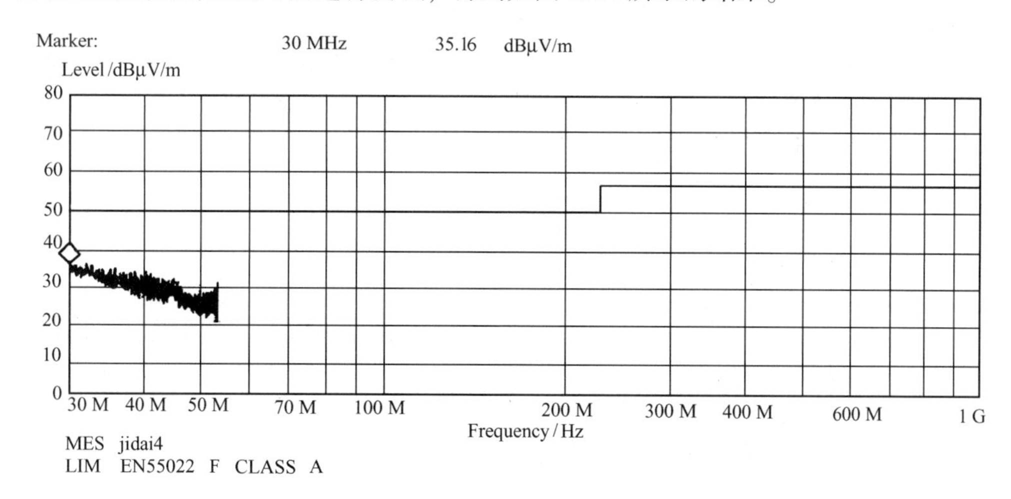

图 6. 34　在电源线上套上磁环后的测试结果

到此为止，基本上可以说明问题出在主控制板上，而不是背板上，是主控板内部存在耦合。需要进一步定位的是，耦合是由时钟线直接引起的还是由 VTT 电源层引起的。

步骤三

对主控制板进行处理，关断主控板的 VTT 电源，VTT 通过外部线性电源供电，然后连接，如图 6.35 所示。

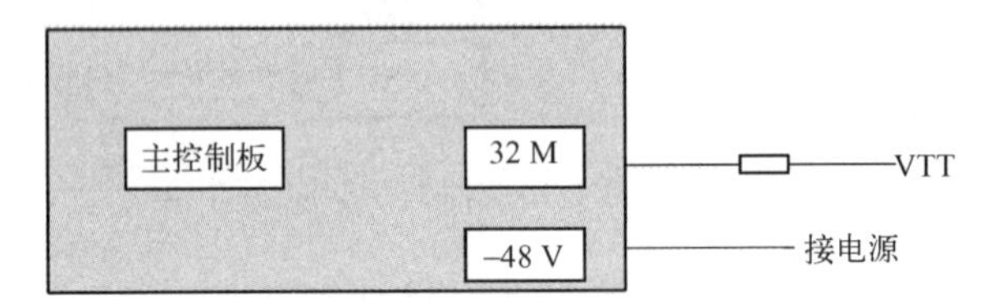

图 6.35　VTT 通过外部供电

启动主控制板后再进行辐射测试，得到如图 6.36 所示的结果。

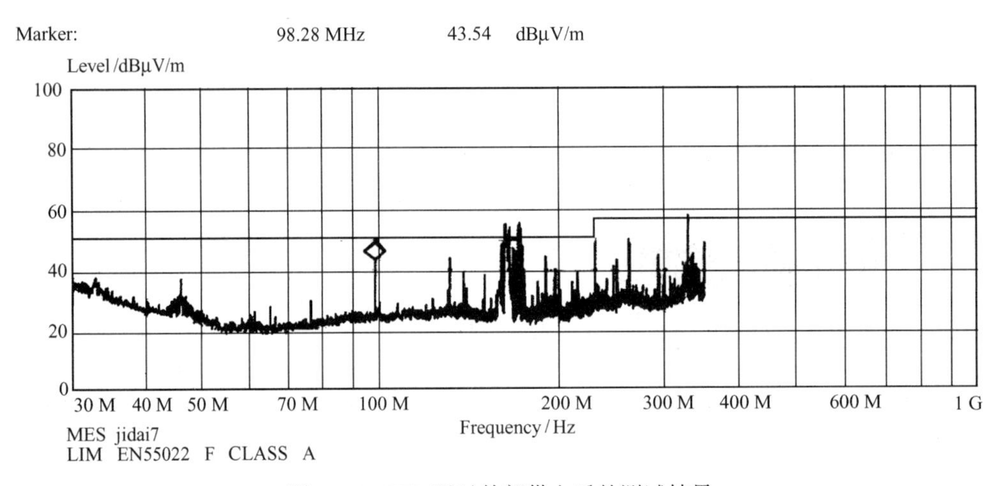

图 6.36　VTT 通过外部供电后的测试结果

32.768 MHz 时钟辐射基本消失，说明并不是由时钟线直接耦合到-48 V 电源层导致的辐射超标，而是由时钟信号的 VTT 电源层受到时钟信号的影响后对-48 V 电源层耦合造成的。

试验证明，32.768 MHz 时钟的辐射是主控制板内通过 VTT 耦合到-48 V 电源层后，再对主控制板进行审查，发现 VTT 电源层与-48 V、-48-GND 的电源平面有大面积的重合。这样，VTT 中的时钟噪声通过容性耦合的方式耦合到-48 V、-48-GND 的线上，而与-48 V、-48-GND 直接相连的框体供电电源线成为了很好的发射天线。时钟噪声耦合到电源的原理图如图 6.37 所示。

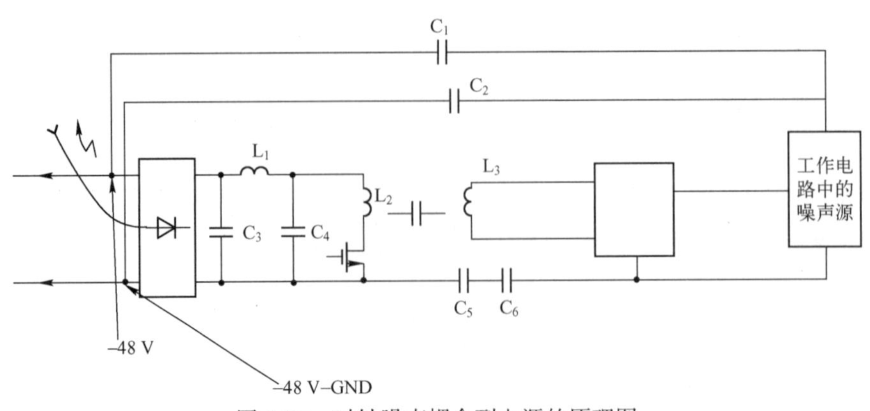

图 6.37　时钟噪声耦合到电源的原理图

【处理措施】

（1）改变主控制板电源层 VTT 的电源平面分布，避开−48 V 电源平面，使−48 V电源平面所在的区域除−48 V 电源及其地平面外无其他任何平面。

（2）优化 VTT 电源去耦电容为 0.1 μF 和 0.022 μF。

【思考与启示】

（1）PCB 的入口供电电源及其相关电路应与 PCB 中其他的电路做好良好的隔离与去耦，使电源信号相对独立，以免 PCB 中的信号耦合到电源信号中。

（2）对于隔离电源，既要做好电平线的隔离，也要做好“0 V”线的隔离。

6.2.6　案例 73：数/模混合器件数字地与模拟地如何接

【现象描述】

某产品是一个数字信号、射频信号混合的无线通信设备，其中数值与模拟信号之间的转换是用数/模转换器（DAC）和模/数转换器（ADC）来实现的。其中的 ADC 存在两种电源供电引脚，即 ADC 中存在数字逻辑部分的电源和模拟逻辑部分供电的电源，与电源相对应的地也分为数字地（DGND）和模拟地（AGND）。其结构如图 6.38 所示。

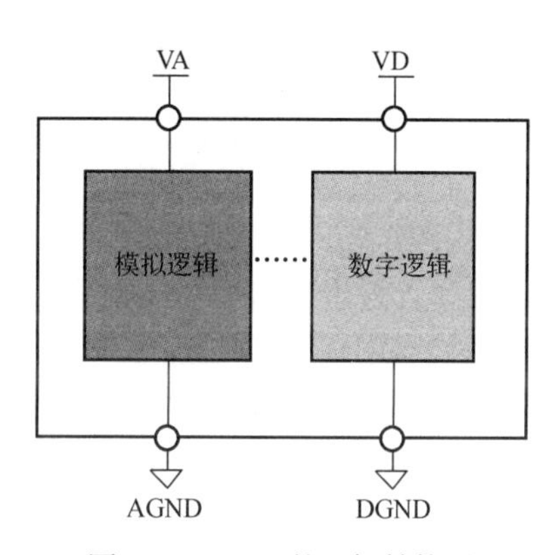

图 6.38　ADC 的逻辑结构图

该产品在进行 6 kV 的接触静电放电试验时出现不正常的工作现象，测试不能通过。后证实，测试不能通过是由于 ADC 不能正常工作引起的（测试中监控 ADC 的输入/输出，发现不一致）。

【原因分析】

首先描述一下产品的大致结构，图 6.39 是该产品的结构示意图。该产品采用金属屏蔽结构，电源线经过滤波器之后进入产品进行供电，射频接口和通信接口均采用金属外壳的连接器，并与机壳形成 360°搭接。其中射频接口采用 50 Ω 同轴连接器。同轴连接器的外层原理上就是模拟电路的工作地，即模拟地。金属内的 PCB 是数字、模拟信号混合的 PCB。ADC 、

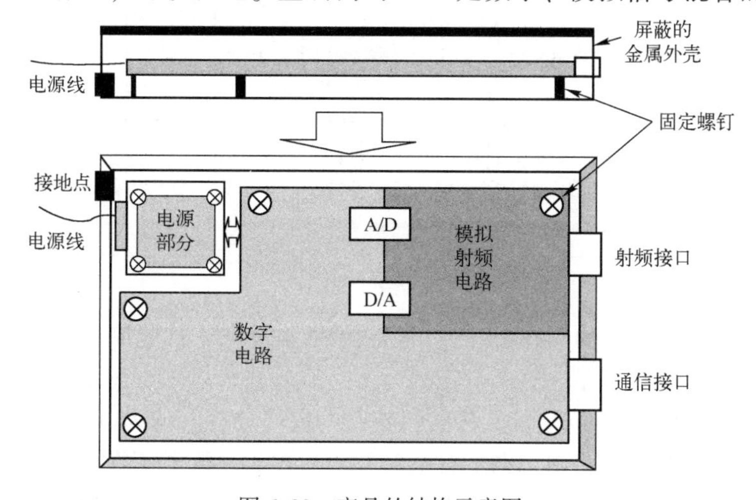

图 6.39　产品的结构示意图

DAC 放置在数字电路部分与模拟电路部分的交界处。PCB 通过螺钉安装固定在金属外壳的底板上，并且 PCB 中数字电路区域的工作地（数字地）通过螺钉直接与底板相连；同样，PCB 中模拟电路区域的工作地（模拟地）也通过螺钉直接与底板相连。

静电放电时出现异常现象的放电点在射频接口周边的金属外壳上。关于静电放电的实质及干扰原理已经在其他案例中有较详细的描述，这里不再描述，但是搞清楚静电放电电流的流向对分析此问题将有很大的帮助。由于该产品的接地点在电源输入线附近，因此在进行静电放电测试时，静电放电干扰电流的流向如图 6.40 所示。

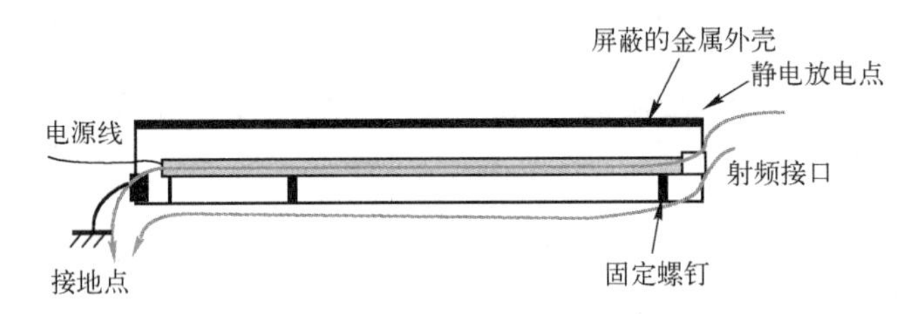

图 6.40　静电放电干扰电流的流向

可见，静电干扰电流的放电路径主要有两条：一条通过外壳流向大地（大部分电流）；另一条通过内部 PCB 流向大地（小部分）。静电放电电流属于高频信号，集肤效应及金属外壳的低阻抗特性（测试中检查了金属外壳的搭接性能，确认良好，如果搭接不好，也将引起额外的干扰，如案例“静电放电干扰是如何引起的”中描述的那样）使得大部分的静电放电干扰电流会从金属外壳流入大地。既然大部分的静电放电干扰电流已经通过金属外壳流入大地，那为什么还会出现 ADC 的异常工作呢？ADC 电路的设计肯定存在较薄弱的环节。检查电路发现，ADC 存在模拟地和数字地，电路设计时为了使数字电路部分的干扰不影响模拟电路部分，在数字地和模拟地之间跨接了磁珠进行隔离。ADC 原理框图和 ADC 的 PCB 布局示意图如图 6.41 和图 6.42 所示。

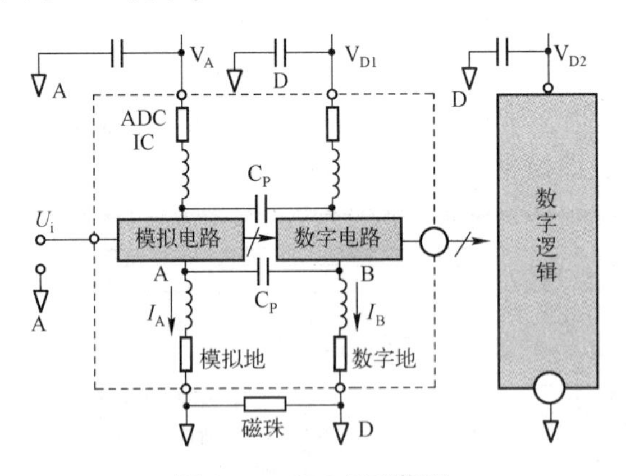

图 6.41　ADC 原理框图

由于模拟地与数字地之间存在磁珠，当高频的静电放电干扰电流流过时，会在磁珠两端产生压降 ΔU，如图 6.43 所示。

这个压降 ΔU 会对 ADC 产生什么样的影响呢？也许会有人认为 ADC 中数字电路和模拟电路是两个相互隔离的电路，而且电平互不参考。实际上，数字电路与模拟电路之间寄生电容和磁珠的存在已使两部分电路相互关联，因此 ΔU 的产生必然对 ADC 的正常工作产生影响。在测试中发现，将 ADC 两边的数字地和模拟地用导线单点互连，可以通过±6 kV 的静电放电测试。这是因为单点互连后，ΔU 大大降低。

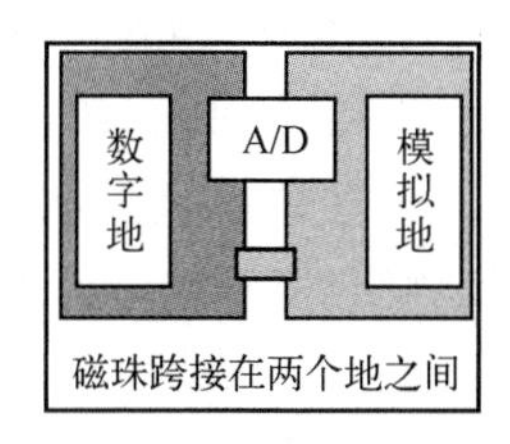

图 6.42　ADC 的 PCB 布局示意图

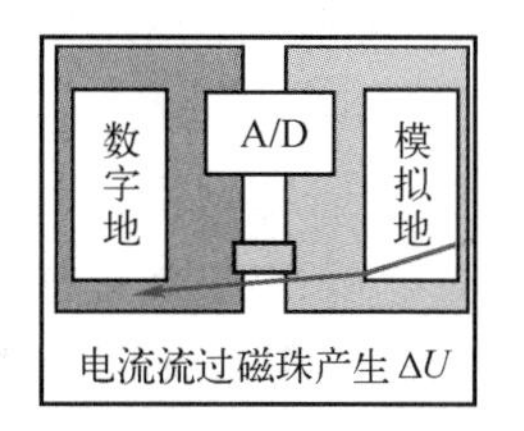

图 6.43　静电放电干扰电流流过磁珠时产生压降

ADC 数字地与模拟地之间用磁珠连接是工程师在电路设计中经常发生的错误。这些错误首先来自 ADC 电源引脚和接地引脚的名称。模拟地和数字地的引脚名称表示内部元件本身的作用。ADC 集成电路内部有模拟电路和数字电路两部分，为了避免数字信号耦合到模拟电路中去，模拟地和数字地通常分开。但是从芯片上的焊点到封装引脚连线所产生的引线接合电感和电阻，并不是 IC 设计者专门加上去的。快速变化的数字电流在 B 点产生一个电压，经过寄生电容必然耦合到模拟电路的 A 点。可见，在数字地与模拟地之间串联磁珠并不能减小数字电路的噪声向模拟电路传输，而且任何在数字地引脚附加的外部阻抗都将在 B 点上引起较大的数字噪声，然后，大的数字噪声通过杂散电容耦合到模拟电路上。芯片内部杂散电容产生的耦合是制造芯片过程中 IC 设计者应考虑的问题。为了防止进一步耦合，需要模拟地和数字地的引脚在外面用最短的连线接到同一个低阻抗的接地平面上。本案例中金属外壳的底板实际上提供一个低阻抗的接地平面，但 PCB 与金属底板的连接点离 ADC 太远，在高频下，对于 ADC 的两个地引脚来讲并不能实现低阻抗接地。如果再在 ADC 附近增加两个接地点，一个在模拟电路侧，另一个在数字电路侧，将大大增强接地效果，如图 6.44 所示。

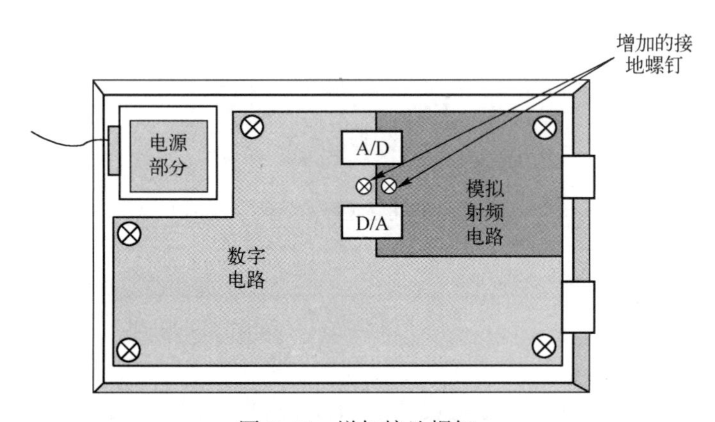

图 6.44　增加接地螺钉

【处理措施】

按照以上的分析及测试结果，在模拟电路地与数字电路地之间用单点直接连接的方式。如果还能按如图 6.44 所示那样增加接地点，将进一步提高该产品的 EMC 性能。

【思考与启示】

(1) 磁珠通常推荐使用在电源或信号线上来增强去耦效果，在地之间使用时一定要小心(也许某些场合可以使用)，特别是有像静电放电干扰电流或 EFT/B 干扰电流流过时。

（2）被隔离的地之间也要考虑地电位平衡。

（3）本案例引出一个疑问，既然数字地和模拟地之间阻抗上产生的压降会出现类似本案例那样的 EMC 问题，那么为何不采用一种地平面的方式呢？ADC、DAC 等既是模拟器件又是数字器件，那么连到哪一个接地平面更合适呢？答案是，假如把模拟地和数字地不在 PCB 上进行区分，模拟地的地引脚都连到数字接地平面上，那么在本案例的构架设计中，模拟输入信号将有数字噪声叠加上去。原因是，有一部分数字地噪声将流向模拟地。假如把模拟地和数字地的引脚连起来并接到模拟接地平面上会稍微好一点，原因是把几百毫伏不可靠的信号加到数字接口明显地好于把同样不可靠的信号加到模拟输入端。对于 10 V 输入的 16 位 ADC，其最低位信号仅为 150 μV。在数字地引脚上的数字地电流实际上不可能比这更坏，否则它们将使 ADC 内部的模拟部分首先失效。假如在 ADC 电源引脚到模拟接地平面之间接一种高质量高频陶瓷电容器（0.1 μF）来旁路高频噪声，将把这些电流隔离到集成电路周围非常小的范围，并且将其对系统其余部分的影响减到最低。虽然模拟信号也会影响数字电路，使数字噪声容限减少，但是如果低于几百毫伏，则对于 TTL 和 CMOS 逻辑通常是可以接受的。但是要注意数字信号回流平面的完整性（通常在这种情况下，数字信号回流平面已经不完整了）。

（4）类似 ADC、DAC 的数/模混合器件，对模拟电源和数字电源的要求是怎么样的？究竟是采用独立的模拟电源和数字电源，还是用相同的电源呢？答案是可以使用相同的电源，但是数字电源的去耦一定要做好，如在器件每个电源引脚上用 0.1 μF 陶瓷电容适当去耦，并用一个铁氧体环把模拟电源和数字电源进一步隔离，这比地的连接更重要。图 6.45 示出的是一种正确的接法。更为保险的办法当然是使用单独的电源。（模拟混合电路的进一步分析见案例 73）。

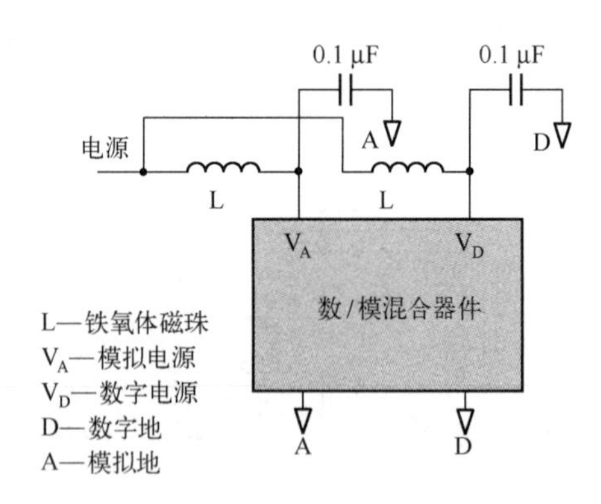

图 6.45　铁氧体对模拟电源和数字电源的隔离

6.2.7　案例 74：PCB 布线宽度与浪涌测试电流大小的关系

【现象描述】

某产品时钟信号接口在进行 1.5 kV 浪涌测试时（浪涌发射器测试时内阻为 12 Ω，测试时仪器显示浪涌电流为 100 A），不管是差模测试还是共模测试，测试后，均发现被测试的接口不能连接，测试不能通过。该时钟接口使用 RJ-45 连接器，信号为差分信号。

【原因分析】

测试浪涌时，第一次测试的电压为 1 kV，浪涌仪器显示电流为 70 A，测试后，接口没有任何异常现象出现；第二次将电压升高到 1.5 kV，浪涌测试仪器显示电流为 100 A，在第一个浪涌信号作用后，在以后的浪涌测试中发现仪器无电流读数显示，但是换到别的接口（非时钟接口）测试时，浪涌测试仪器有电流显示，由此看出问题可能在接口电路上。使用万用表测量，发现时钟接口连接器引脚到保护器件之间的线路不通，可断定是 PCB 布线出现问题。为了确认具体状况，将该接口板在器件失效试验时做了 X 光扫描，第一次测试结束后，X 光扫描结果如图 6.46 所示。

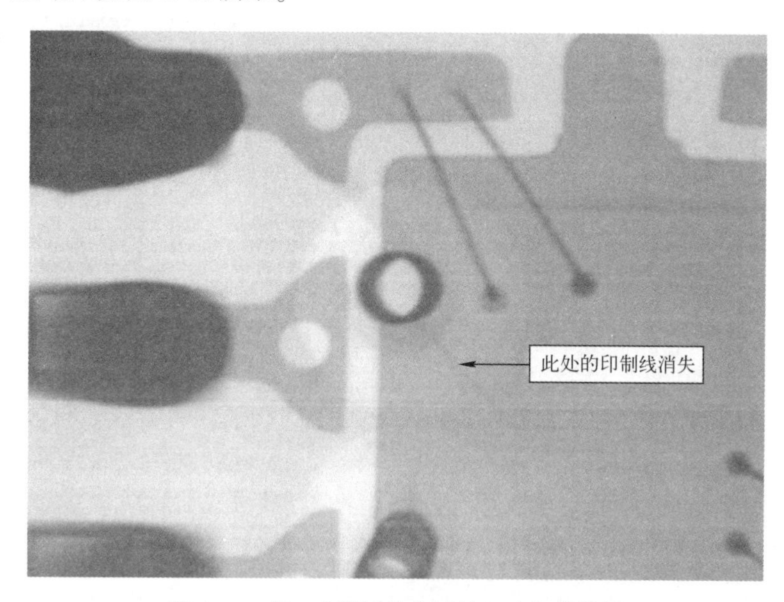

图 6.46　第一次测试结束后的 X 光扫描结果

从图 6.46 中可以看出，PCB 中的布线已被熔断，即图中靠近保护器件附近拐角处的印制线布线，见黑线位置所示。图 6.47 是接口电路的 PCB 图。其上边和下边显示的两对布线就是被测试的时钟信号线。

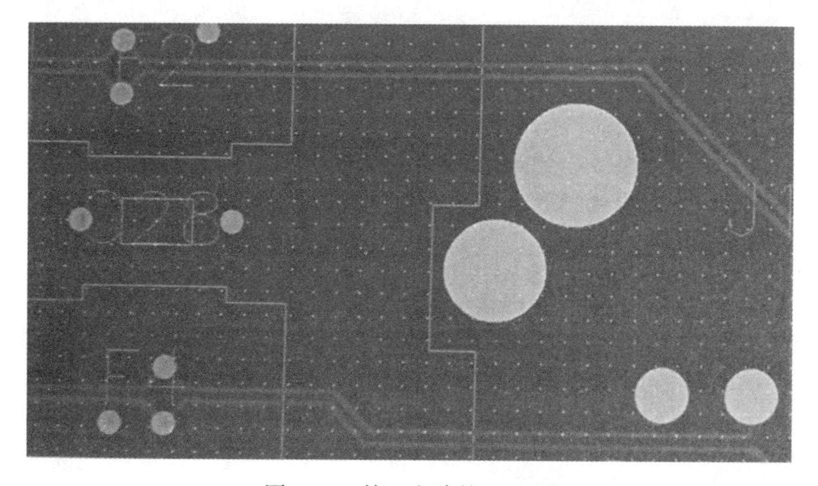

图 6.47　接口电路的 PCB 图

根据调查结果，这段布线的宽度为 5 mil，符合 CAD 的设计要求。另外，为了验证保护电路是否能够达到设计目标，采用飞线连接后再进行测试，发现在差分时钟信号线之间施加

1.5 kV 的浪涌信号，测试结束后接口完好，一切正常。此外，接收端的时钟信号线端口测试结果与发送端的一样，印制线也在施加浪涌电压 1.5 kV 时发生熔断现象。第二次测试结束后，X 光扫描结果如图 6.48 和图 6.49 所示。

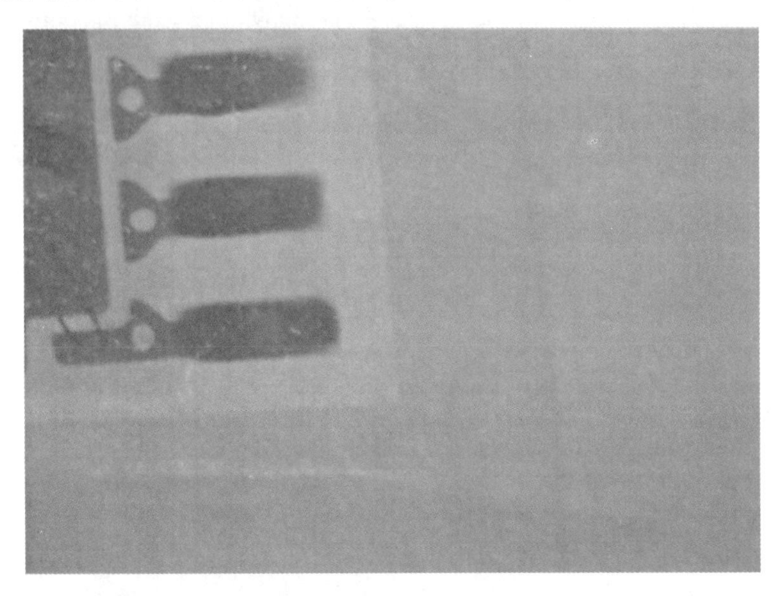

图 6.48　第二次测试结束后的 X 光扫描结果 1

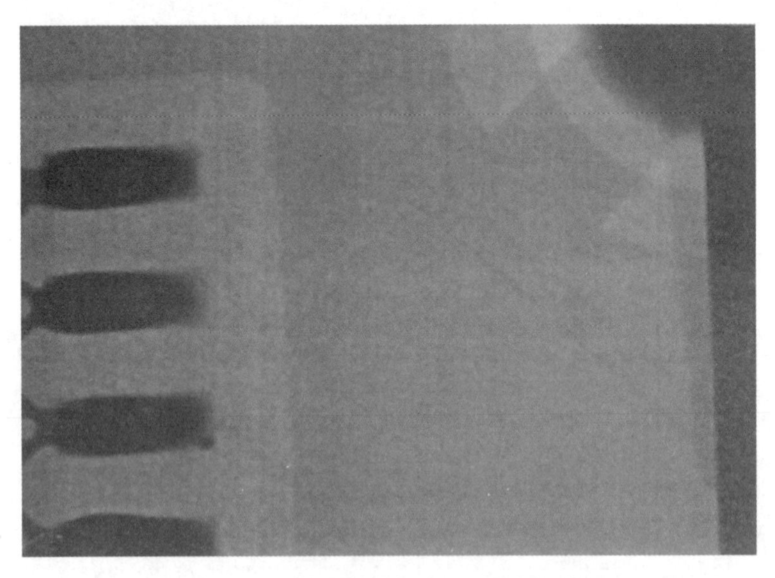

图 6.49　第二次测试结束后的 X 光扫描结果 2

由此看来，由于 PCB 布线的宽度太小，通流量不够，因此在浪涌测试瞬时大电流通过时发生印制线的熔断现象。

【处理措施】

根据以上的实验结果，时钟接口的印制线宽度不够、通流量不足，导致在浪涌大电流通过时发生熔断。解决此问题也比较简单，只要将印制线的宽度增加，如 10 mil。

【思考与启示】

从接口连接器到保护器件之间的印制线宽度应尽量增大，建议宽度至少为 10 mil。

6.2.8　案例 75：如何避免晶振的噪声带到电缆口

【现象描述】

某医疗设备进行辐射骚扰测试。医疗设备辐射发射频谱图如图 6.50 所示。

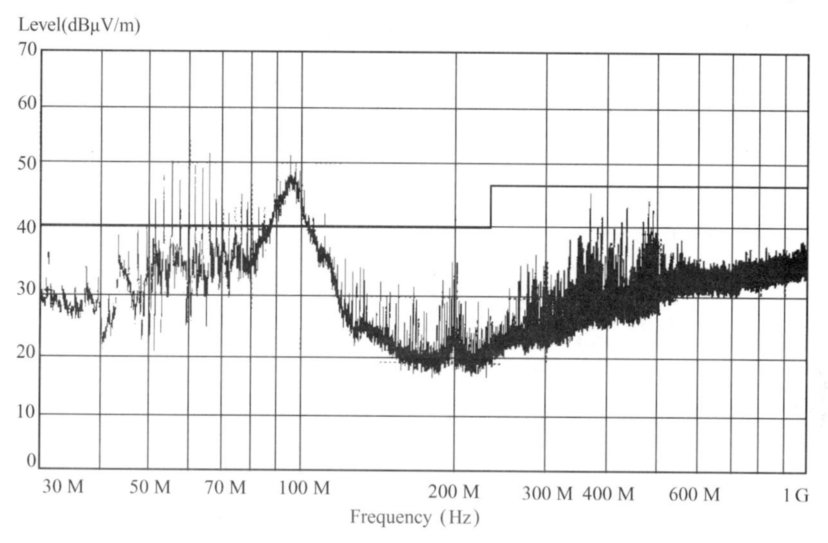

图 6.50　医疗设备辐射发射频谱图

测量超标频点尖峰间隔是晶振频率，与该系统中控制板中的晶振频率一样。经过测试还发现，该辐射并不是来自晶振壳体的直接辐射，而是来自连接在控制板上的串行口信号布线。

【原因分析】

该产品控制板的部分 PCB 图如图 6.51 所示。

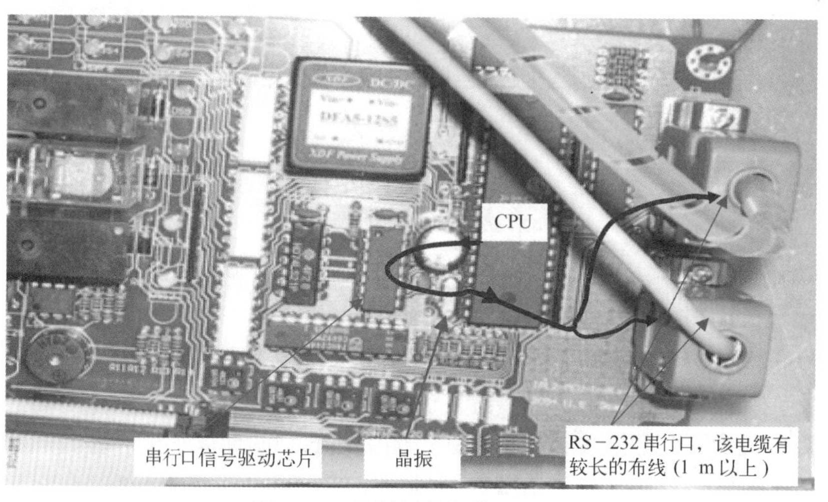

图 6.51　控制板的部分 PCB 图

图 6.51 中分别指示出了 CPU、串行口信号驱动芯片、晶振、串行口连接器及串行口信号的布线路径。很明显，这个问题是由于串行口信号的布线穿过了晶振下方，使得晶振所产生的谐波信号直接耦合到串行口信号线上，串行口信号线成为了晶振振荡信号谐波的载体，而且串行口信号线很长，包括串行口电缆，这些都成为了很好的辐射天线，将晶振谐波信号

带出 PCB。

晶振是一个辐射发射源。晶振内部电路产生 RF 电流，封装内部产生的 RF 电流可能很大，以至于晶体的地引脚不能以很少的损耗充分地将这个很大的 Ldi/dt 电流引到地平面，结果金属外壳变成了单极天线。所以，晶振的周边充满着近场辐射场。如果充满辐射场的范围内有器件或 PCB 布线，那么晶振及其谐波的 RF 信号将通过容性或感性的方式耦合到器件或 PCB 信号线上，即这些器件及信号线也带上 RF 信号。

当信号波长（λ）与导体的长度相当时会发生谐振。这时信号几乎可以 100%转换成电磁场（或反之）。例如，标准的振子天线仅是一段导线，但当其长度为信号波长的 1/4 时，便成为一个可以将信号转变成场的极好的转换器。这是一个很简单的事实。对于本案例中设备的使用电缆来说，已足够成为一个很好的天线。实际上，所有的导体都是谐振天线。显然，希望它们都是效率很低的天线。如果假定导体是一个振子天线，就可以利用电缆长度与天线效率的关系图（见图 6.52）来帮助分析。

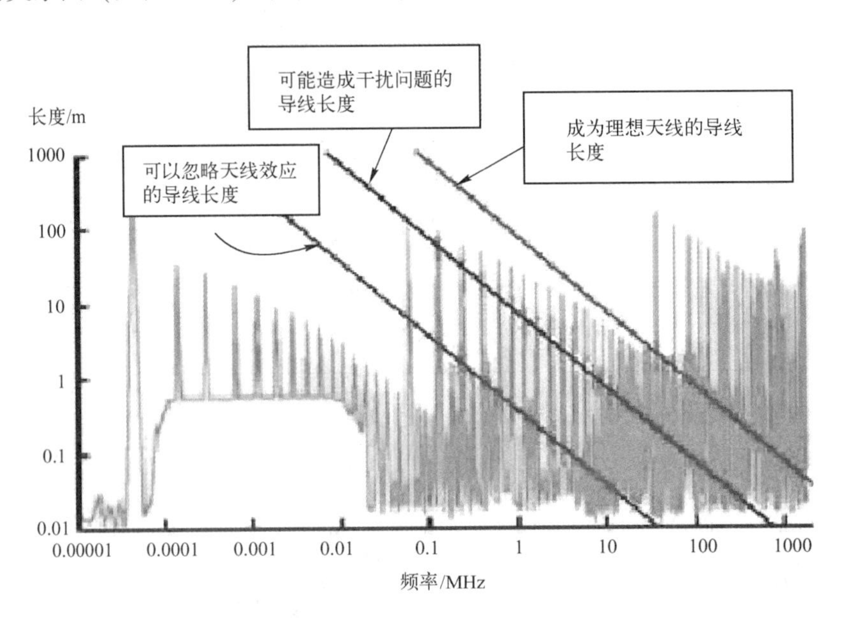

图 6.52　电缆长度与天线效率的关系图

图 6.52 中的纵轴表示导体长度（单位：m）。为了便于观察，将频谱复制出来。最右边的斜线给出了导体成为理想天线时导体的长度与频率的关系。很明显，在常用的频段内，即使很短的导体也能产生发射和抗扰度问题。可以看到，在 100 MHz 处，1 m 长的导体就是很有效的天线；在 1 GHz 处，100 mm 的导体就成为很好的天线。在图 6.52 中，中间的斜线表示虽然导体没有成为高效的天线，但仍存在可能引起问题的导体长度。左边的斜线表示导体的长度极短，其天线效应可忽略的情况（特别严格的产品除外）。

【处理措施】

根据以上分析，晶振是一个噪声源，这一事实是没有办法改变的；RS-232 串行口电缆是天线，这也是没有办法改变的事实。但是噪声源与“天线”之间耦合和驱动关系是可以改变或根除的，这也是设计时应该考虑到的。因此在本案例中，只要将串行口信号线的布线远离晶振（实践证明，300 mil 以上的距离基本可以满足要求），就可以得到满意的效果，且在试验中得到证实。

【思考与启示】

（1）晶振属于强辐射器件，其下方及周边 300 mil 内应该禁止布线，以免发生窜扰。

（2）当形成辐射的要素——噪声源和天线都没有办法改变时，改变噪声源与天线的驱动关系也是解决辐射问题的可行方式。

6.2.9　案例 76：地址线噪声引起的辐射发射

【现象描述】

某产品进行辐射发射测试时，发现在 37.5 MHz 频率处存在较大的辐射。辐射发射测试频谱图如图 6.53 所示。

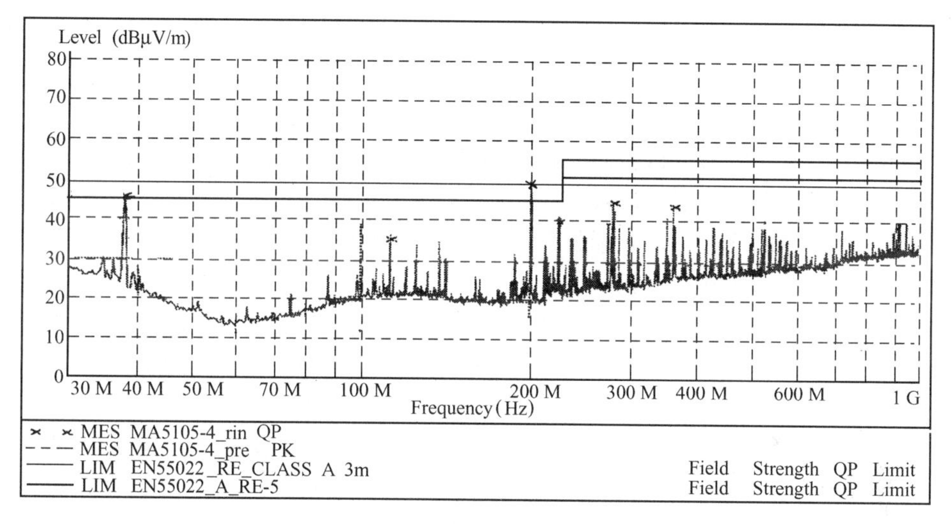

图 6.53　辐射发射测试频谱图

为了发现问题所在，初步进行了如下试验：

（1）判断是否与信号电缆有关，结果发现接不接电缆，在 37.5 MHz 频率处的辐射强度都没有什么变化，这样就排除了电缆辐射的可能。

（2）判断是否与电源线辐射有关，在不接信号电缆的基础上，将去耦钳夹在电源线上，也没有影响，这样又排除了电源线辐射的可能。

（3）因为 37.5 MHz 是 12.5 MHz 的 3 倍频，所以怀疑与产品中某一 PCB 中的25 MHz 晶振（虽然不是 12.5 MHz）有关，于是将晶振时钟输出信号上串联的电阻 330 Ω 断开后再进行测试，结果 37.5 MHz 的辐射在频谱中消失，而且 37.5 MHz 附近的辐射强度也变小很多。

（4）为进一步验证，将 330 Ω 电阻恢复，37.5 MHz 的辐射在频谱中又有了，说明 37.5 MHz 频点的辐射与 25 MHz 时钟有关。

【原因分析】

因为设备本身没有 37.5 MHz 时钟信号，而且晶振的频率 25 MHz 与 37.5 MHz 也没有直接的倍频关系，所以普遍的观点认为是由于机柜壳体腔谐振引起的。

根据试验现象，证明了 37.5 MHz 处的辐射确实与 25 MHz 时钟信号有关，在机柜内部放了一些吸波材料也没有影响测试结果（内部放吸波材料是为了验证是否由腔体谐振引起的，因为吸波材料的放入会改变原来的谐振特性，这一方法可以在辐射问题定位中使用），所以也断定与谐振是没有关系的。经过进一步的分析，发现 25 MHz 时钟信号的流向图如图 6.54 所示。

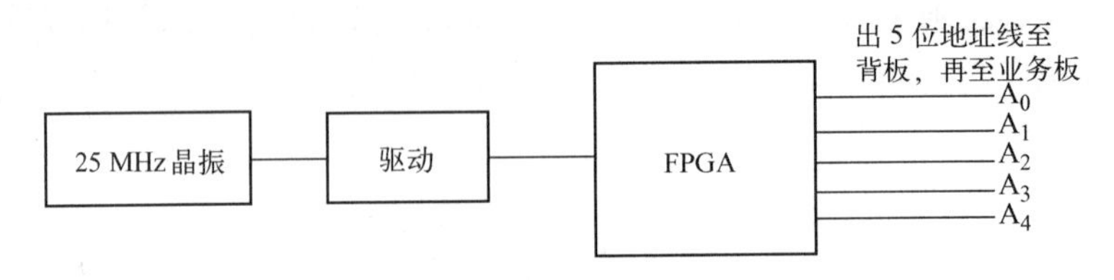

图 6.54　25 MHz 时钟信号的流向图

在无业务状态下，由 FPGA 出来的 A_0、A_1、A_2、A_3、A_4地址线根据协议要求 A_3/A_4将产生规则的 01010101…交替信号，有 25 MHz 时钟上升沿触发，其频率是12.5 MHz，37.5 MHz正好是其 3 次谐波。而协议要求 A_0、A_1、A_2电平每变化一次，要加入 1F，其信号不是周期信号变化的方波。

一般认为，地址信号由于产生的是非周期信号，所以地址信号相对应的频谱是连续的，能量相对分散，辐射一般会较低；而时钟等周期信号，其相对应的频谱是离散的，能量相对集中，所以在谐波频点上辐射会较高。该产品的 PCB 布线正是因为考虑到地址信号的非周期性，故产生频谱的连续性、低辐射性将地址信号线布在 PCB 的表层，而且布线长度也很长。但是由于该产品的特殊性，正好使得地址信号与时钟信号一样也成了周期信号。这样，地址周期信号、长距离的表层布线使该地址信号的谐波产生了很大辐射。测试时也发现切断 A_3/A_4两根地址线的始端匹配电阻，37.5 MHz 辐射消失。证实了推断的正确性。

【处理措施】

在测试中，37.5 MHz 辐射产生的原因是 FPGA 所出的地址信号为 25 MHz 时钟频率的一半，相当于 12.5 MHz 的周期时钟信号，表层布线，并且布线较长，导致辐射较大。由于信号在产品中是很难改变的，所以只有改变该地址信号的布线方式，即将 PCB 中的地址线改为内层布线（该 PCB 为 6 层板）。

【思考与启示】

（1）地址线并不总是非周期信号，有时也会变成周期信号，成为较高的辐射源。

（2）数据线与地址线一样，也有可能发生类似的问题，因此在设计时，时钟信号、地址信号、数据信号要统筹考虑。

（3）6 层板以上的 PCB 可以考虑将高频信号线布置在内层，布置在两个参考平面之间的传输线采用带状线是 PCB 设计中最常见的传输线布置形式。以下是利用电磁场数值仿真工具计算信号线距上下两平面不同间距时，两个参考平面上的回流密度之间的对比关系（回流密度的大小影响共模辐射）供读者参考。

图 6.55 是一个典型的带状线横截面图。

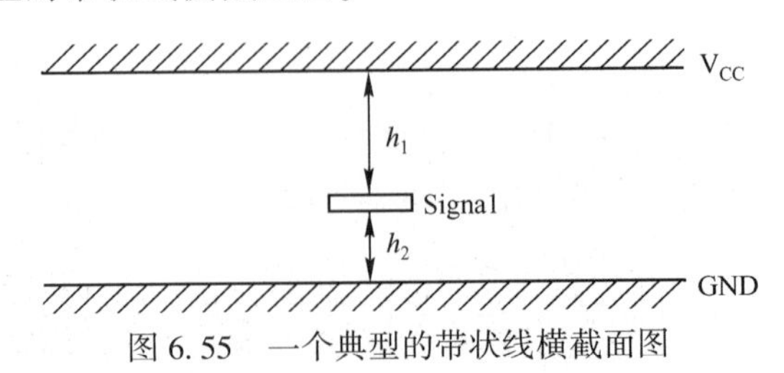

图 6.55　一个典型的带状线横截面图

为了便于表达，令下参考平面为 GND，上参考平面为 V_{CC}，信号线为 Signal。Signal 距 V_{CC} 和 GND 的距离分别为 h_1 和 h_2。Signal 的线宽为 5 mil，PCB 介质为常用的 FR4。

仿真如下四种情况：

（1）$h_1 = 14$ mil，$h_2 = 2$ mil；

（2）$h_1 = 12$ mil，$h_2 = 4$ mil；

（3）$h_1 = 10$ mil，$h_2 = 6$ mil；

（4）$h_1 = 8$ mil，$h_2 = 8$ mil。

在这四种情况下，GND 和 V_{CC} 两个参考平面上回流密度的对比关系如图 6.56、图 6.57、图 6.58、图 6.59 所示。其中，虚线为 GND 上的回流密度，实线为 V_{CC} 上的回流密度。由于这里只考虑对比关系，因此无须关心具体的单位。

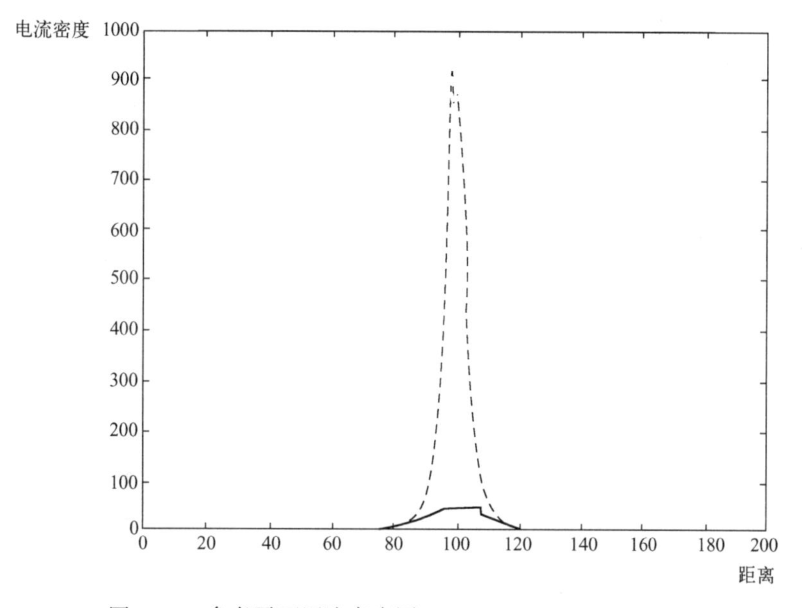

图 6.56　参考平面回流密度图 1（$h_1 = 14$ mil，$h_2 = 2$ mil）

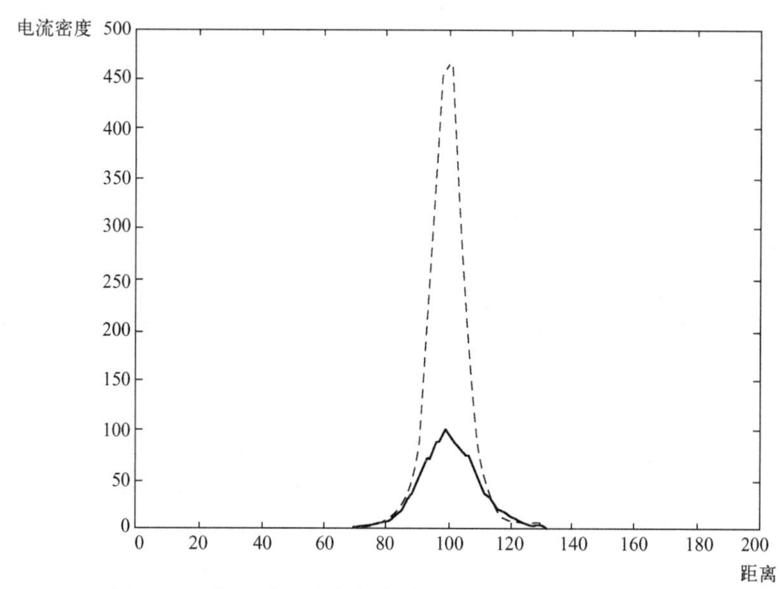

图 6.57　参考平面回流密度图 2（$h_1 = 12$ mil，$h_2 = 4$ mil）

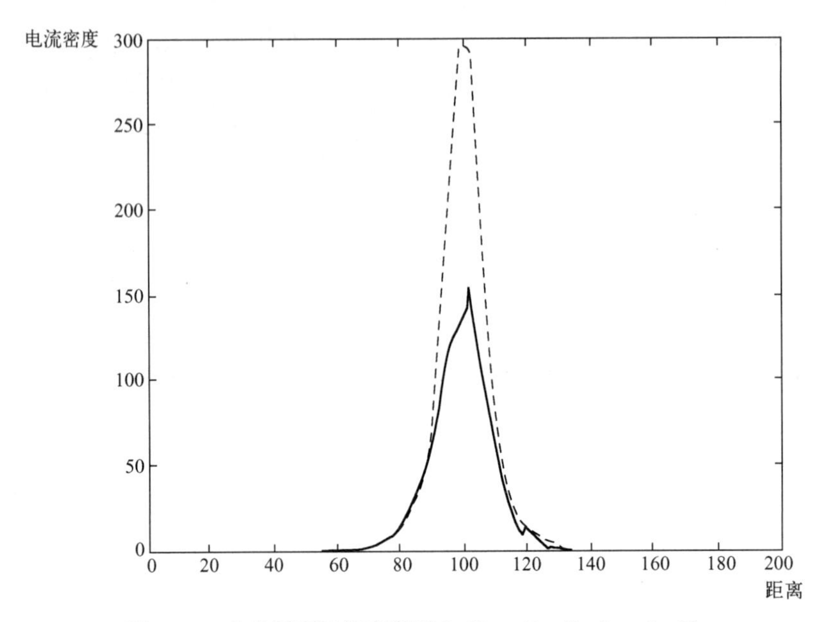

图 6.58　参考平面回流密度图 3（$h_1 = 10$ mil，$h_2 = 6$ mil）

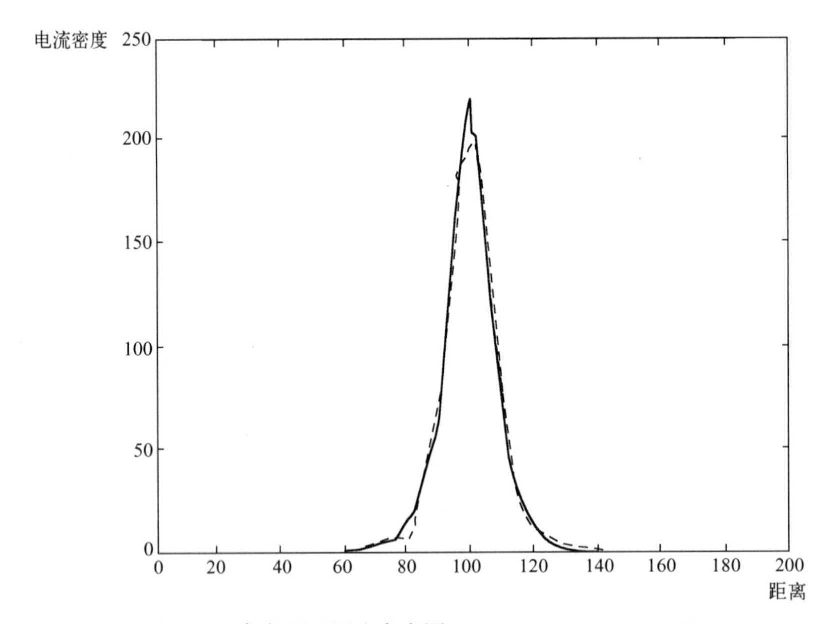

图 6.59　参考平面回流密度图 4（$h_1 = 8$ mil，$h_2 = 8$ mil）

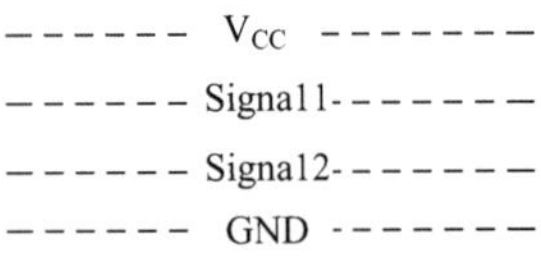

------ V_{CC} -------
------ Signal1-------
------ Signal2-------
------ GND -------

图 6.60　PCB 层结构

对比图 6.56~图 6.59 四张图中的参考平面回流密度可以看到，信号回流集中在相近的参考平面上。其中，图 6.56 的情况说明在实际布线中，当出现如图 6.60 所示的层结构时，根据仿真结果，Signal1 的信号回流主要集中在 V_{CC}参考平面，Signal2 的信号回流主要集中在 GND 参考平面。在实际应用中，电源层 V_{CC}经常出现不完整的情况，在 Signal1 上的高速信号线需要特别注意。

6.2.10　案例 77：环路引起的干扰

【现象描述】

某产品由电热丝加热部分调节温度，用继电器控制电热丝的通/断。在实际使用中，产品经常会发生继电器损坏的现象。损坏后，继电器呈“触点闭合”状态。经过大量的试验证明，继电器损坏的原因是由于触点开/关次数过于频繁。但是设计的开/关次数远远小于继电器的开/关寿命，为什么会造成继电器的触点开/关次数过于频繁呢？

【原因分析】

开关电热丝通/断继电器的控制板部分原理图如图 6.61 所示。

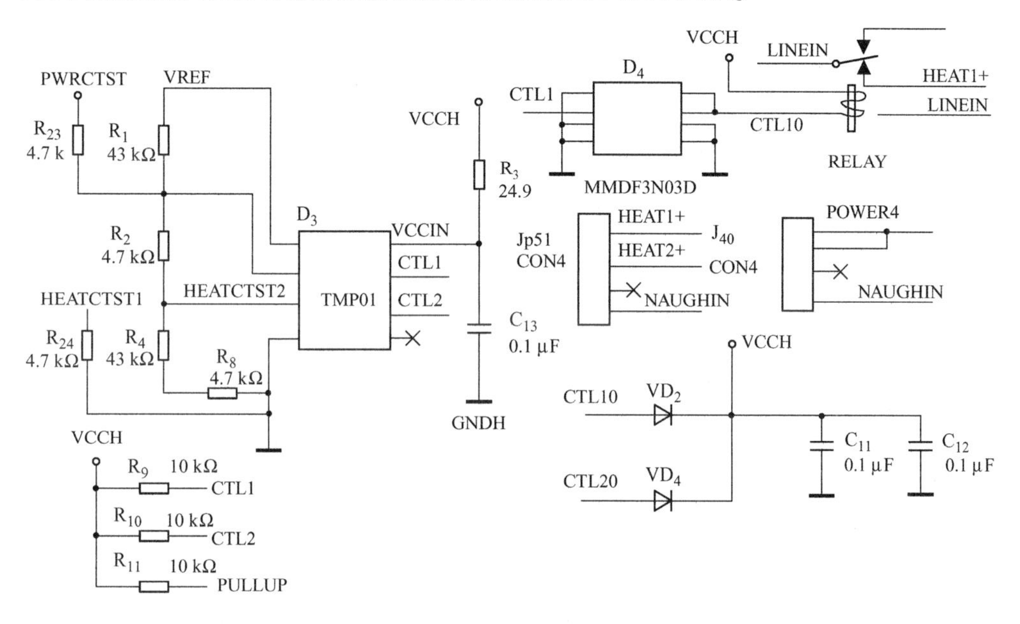

图 6.61　开关电热丝通/断继电器的控制板部分原理图

220 V 交流电经过隔离变压器降压、整流、滤波后变成了 U_{IN} = 28 V。28 V 再经过 LM2576HVT 变换后成为 5 V VCCH，即控制电路的供电电源（此部分电源系统与设备中的其他供电电源系统完成隔离，参考地 GNDH 浮空）。TMP01 是可编程温度传感器，内部功能框图如图 6.62 所示。

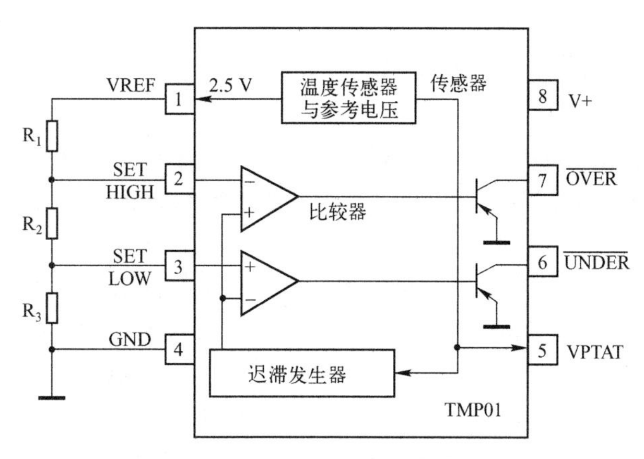

图 6.62　TMP01 内部功能框图

当外界温度降低到一定值时，TMP01 的$\overline{\text{OVER}}$脚会输出一个电平信号（图 6.61 中的 CTL1 信号），通过 MOS 管 MMDF3N03D 的驱动，使继电器（图 6.61 中 RELAY）常开触点闭合，给电热丝供电。当温度升高到一定值时，TMP01 的$\overline{\text{OVER}}$脚会输出一个相反的电平，使继电器的常开触点断开，电热丝停止工作。为了防止临界温度点的输出不确定，TMP01 还设置有温度迟滞的功能。TMP01 迟滞曲线如图 6.63 所示。

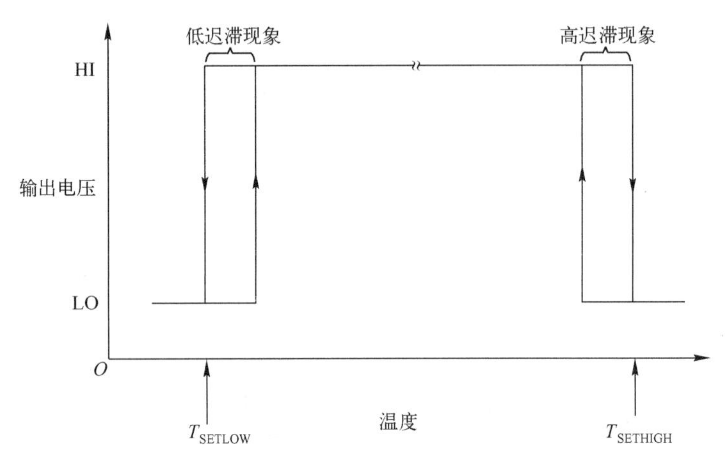

图 6.63　TMP01 迟滞曲线

在定位试验时，用电吹风吹温度传感器，同时用红外温度测量计测试温度传感器的温度，可以发现在吹热风时温度上升，吹冷风降温时，温度持续下降。不存在温度的大幅度波动，说明温度传感器是没有问题的。测试电源 VCCH 没有问题。再测试 MOS 管，输出电平和温度传感器输出电平反相，与设计相符，说明 MOS 管没有问题。在定位试验中还发现，基本上每次继电器切换后，都会继续存在相当数量的多次快速切换现象，即继电器的触点闭合—断开—闭合来回振荡，同时在继电器的触点两端可以看到火花。温度下降时更为严重，温度下降得越慢，振荡越严重。就是这个长期的振荡及与其一起产生的火花导致继电器损坏。

为何会产生振荡与火花呢？

先看看火花是如何产生的。继电器的负载是电阻丝。电阻丝必然存在电感成分，当电感回路断开时，电感要维持原来的电流，就会在回路中产生很高的电压，使断开点即继电器的触点重新击穿导电，在电感两端形成一种反冲击电压。反冲击电压为 $U=-L\mathrm{d}i/\mathrm{d}t$。从公式中可以看到，正常电流的变化量越大或电感越大，所产生的反冲击电压越高。反冲击电压的幅度可以比电源电压高 10~200 倍。当继电器触点造成电感负载的电流突然中断时，电感内部的能量将消耗在回路与触点的放电中（这也是一个强烈的噪声）。在一般回路的继电器断开时，只要触点间有 15 V 以上的电压和回路上有 0.5 A 的电流流过，触点就会产生火花放电。这种放电还会产生强烈的高频辐射。当触点间的电压高于 300 V 时，将会发生辉光放电。图 6.64、图 6.65 分别为触点火花放电电压波形图、触点火花放电电流波形图。图中，触点从 $t=0$ 逐渐开始拉开，在 a 点就开始火花放电，触点间的电压瞬时变为零，但由于能量没有全部释放，故电压又会马上升高，到 b 点后再次放电，到 c、d 点又这样再次重复放电。由于触点间的距离逐渐增加，放电的电压逐渐升高。当触点间的电压大于 300 V 时，到达 e 点处呈辉光放电，直接将电感中的能量消耗尽才停止放电，这时继电器触点也完全断开。可见，继电器的触点在断开的瞬间，经受了高电压、大电流的冲击，长期遭受这种冲击必将影响继电器的使用寿命。

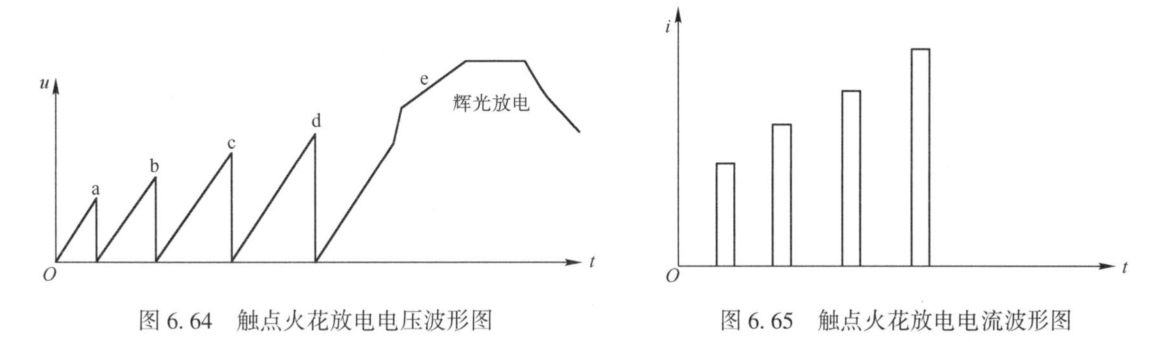

图 6.64　触点火花放电电压波形图　　图 6.65　触点火花放电电流波形图

振荡又是如何产生的呢？经过对该 PCB 的布局、布线检查后发现两个问题（该板 BOTTOM 与 TOP 层均敷铜，但是为数字地，与继电器工作电路没有任何直接电连接，当该 PCB 工作时，作为继电器工作电路地的 GNDH 相当于浮空，图 6.66 和图 6.67 中没有显示出）。

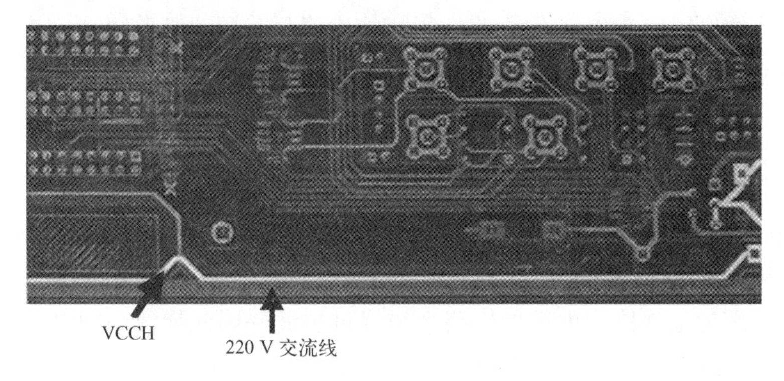

图 6.66　电源 PCB 布线图

（1）交流 220 V 强电与继电器工作供电电源 VCCH 5 V 有较长距离的近距离平行布线，而且就在相邻两层之间存在较严重的耦合。更何况此交流线就是电热丝的供电电路，即继电器触点产生的火花就在此回路中。图 6.66 中高亮的线为 VCCH，附近的是220 V交流线。

（2）继电器线圈的工作电路存在较大的环路。继电器触点产生火花放电时，这种放电产生的强烈高频辐射会通过磁耦合方式进入这个闭合环路结构（图 6.67 中亮线所示），电磁能量就像环路内的电压源一样，电压源的电压幅度与环路的总面积成比例。干扰的接收程度也取决于形成接收天线的环路面积。

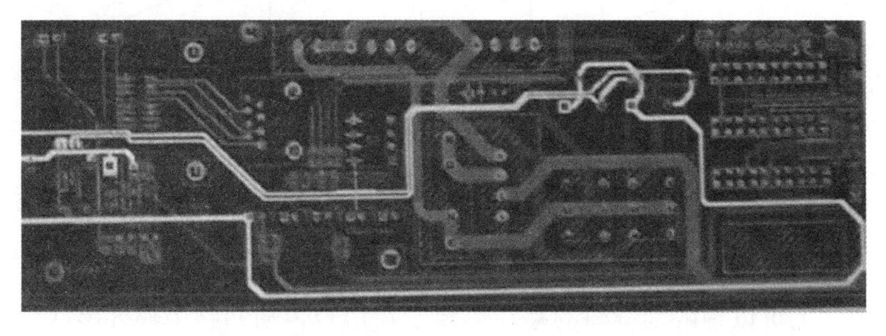

图 6.67　继电器线圈工作电路在 PCB 中布线构成的实际环路图

在试验中发现，将继电器供电电路的参考地 GNDH（原来浮空）与 BOTTOM 和 TOP 层的敷铜层连接后，继电器的振荡现象消失。很容易理解，振荡现象的消失就是因为 GNDH 与 BOTTOM 及 TOP 层的敷铜层连接后，继电器线圈的工作电路环路面积大大减小。在此干扰现象发生的过程中，环路及处于温度临界点（迟滞回线内）附近的 TMP01 充当了敏感电路。

【处理措施】

（1）为了减小磁耦合的磁通量，必须使继电器工作电路的环路面积最小化，该产品将继电器工作电路地 GNDH 与 TOP、BOTTOM 层的数字电路工作地相连。

（2）为了进一步提高工作电路的可靠性，需要将 220 V 交流线布线与 VCCH 布线在 PCB 上分开，并对继电器触点的两端增加消弧电路，如并联 RC、C、压敏电阻等。

【思考与启示】

（1）信号环路面积比那些电源干扰系统可产生更多的问题，如从抗干扰的观点看，因为干扰可以被直接注入环路并进入元件的输入脚，所以为了减轻干扰带来的有害干扰的后果，减小环路面积是可用的最简单的技术手段。PCB 上的环路面积如果足够大，则不但会由于环路的接收天线的作用使 PCB 工作电路抗干扰能力降低，同时环路也会成为发射天线，向自由空间辐射电磁场能量，产生 EMI 问题。毕竟环路就是环路，如果它能够接收辐射，也就能发射辐射。

（2）本案例中，环路所在的信号不是高速信号。如果环路中是高速信号，那么 EMI 问题也将出现，就像地平面（镜像平面）出现裂缝时造成信号回流的环路面积增大的情况那样。借此案例，顺便说明一下，数字电路板中地平面出现裂缝时，信号回路向外界辐射增大的原因。据分析，当高速数字电路板中大地平面被裂缝分割时，印制线条附近的场强出现明显的增加，这是因为地回路中的镜像回路必须绕过裂缝并因此导致高频电流回路增大。因为对微带线的特性阻抗影响不大，高频源输出电流就变化不大，但是由于大地的裂缝可以看成在镜像回路中增加了串联电容器件，所以电流的输出总量会略有减少。而远处的辐射场则由于高频电流回路增大会有增加。信号通过裂缝时，沟槽处的 RF 回路电流如图 6.68所示。

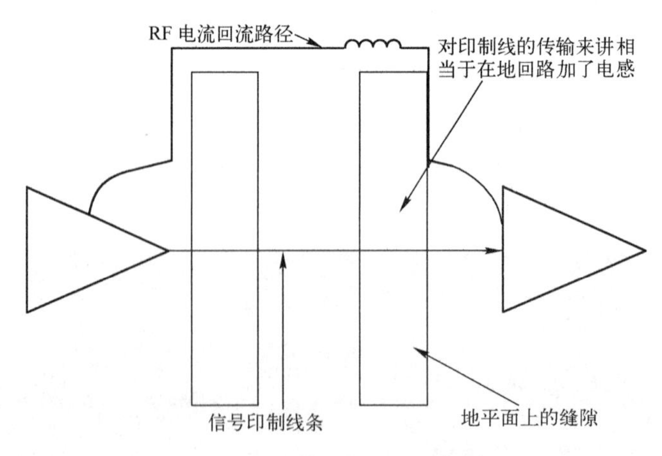

图 6.68　沟槽处的 RF 回路电流

从物理图像上可以理解为缝隙的存在等效于在信号传输回路中额外串联了一个电感元件。这个电感与裂缝右端传输线的输入阻抗（印制线条通常是匹配使用的，所以右端传输线的输入阻抗等于印制线条的波阻抗）形成分压电路，印制线条上只获得部分高频源的电压和功率。跨越裂缝区的信号传输等效电路可以用图 6. 69 表示。

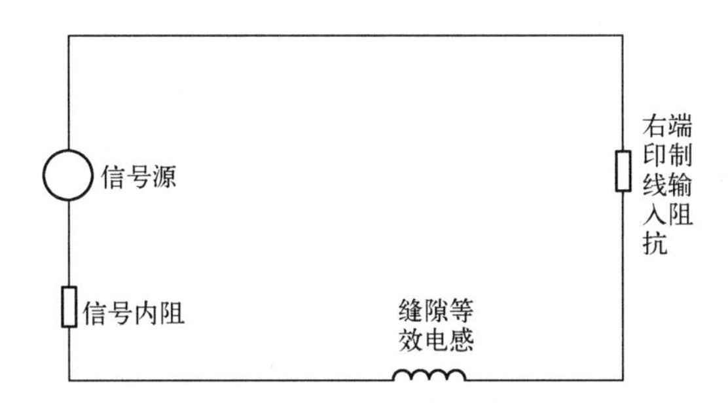

图 6. 69　跨越裂缝区的信号传输等效电路

在设计跨越裂缝区的印制线条时，可以用如图 6. 69 所示的等效电路来分析。信号线跨越带裂缝的地平面时，在印制线附近的电磁场会因为大地上裂缝的存在而略有减少，但由于高频辐射回路面积增大，同时地噪声大大提高，故产品向外界的辐射影响增大。其数值决定具体印制板的结构。

6. 2. 11　案例 78：PCB 层间距设置与 EMI

【现象描述】

某浮地产品（不接地的产品），两批（以下分别称其为第一批产品和第二批产品）产品的辐射发射测试结果分别如图 6. 70 和图 6. 71 所示。

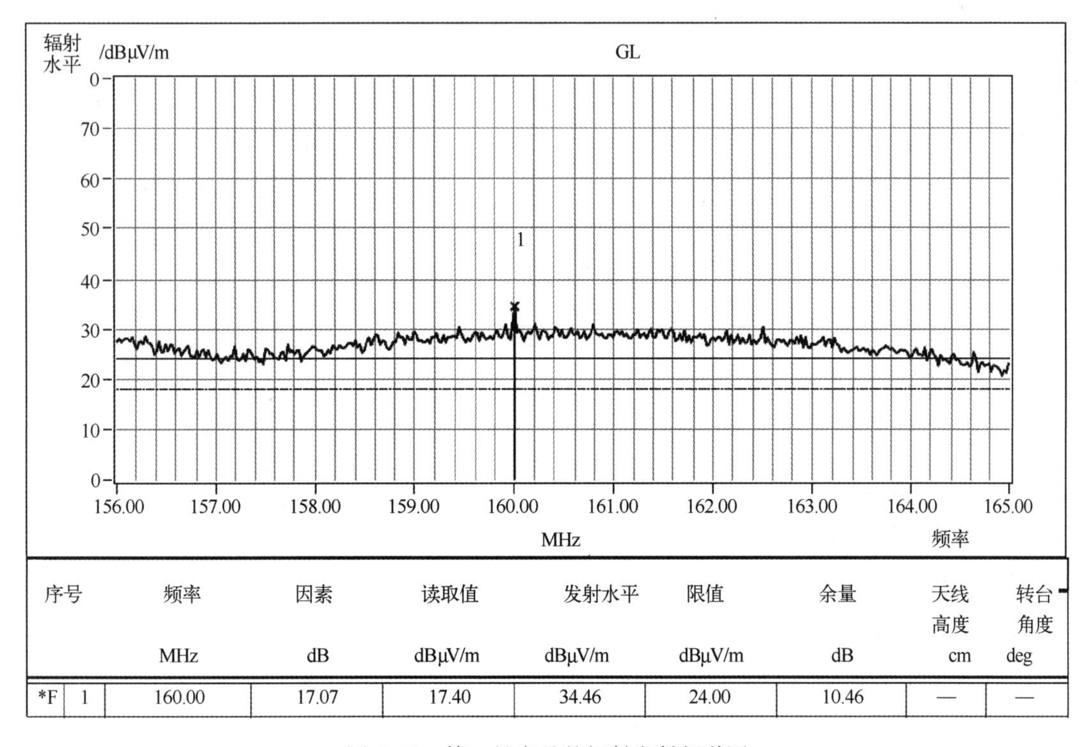

序号	频率 MHz	因素 dB	读取值 dBμV/m	发射水平 dBμV/m	限值 dBμV/m	余量 dB	天线高度 cm	转台角度 deg
*F 1	160.00	17.07	17.40	34.46	24.00	10.46	—	—

图 6. 70　第一批产品的辐射发射频谱图

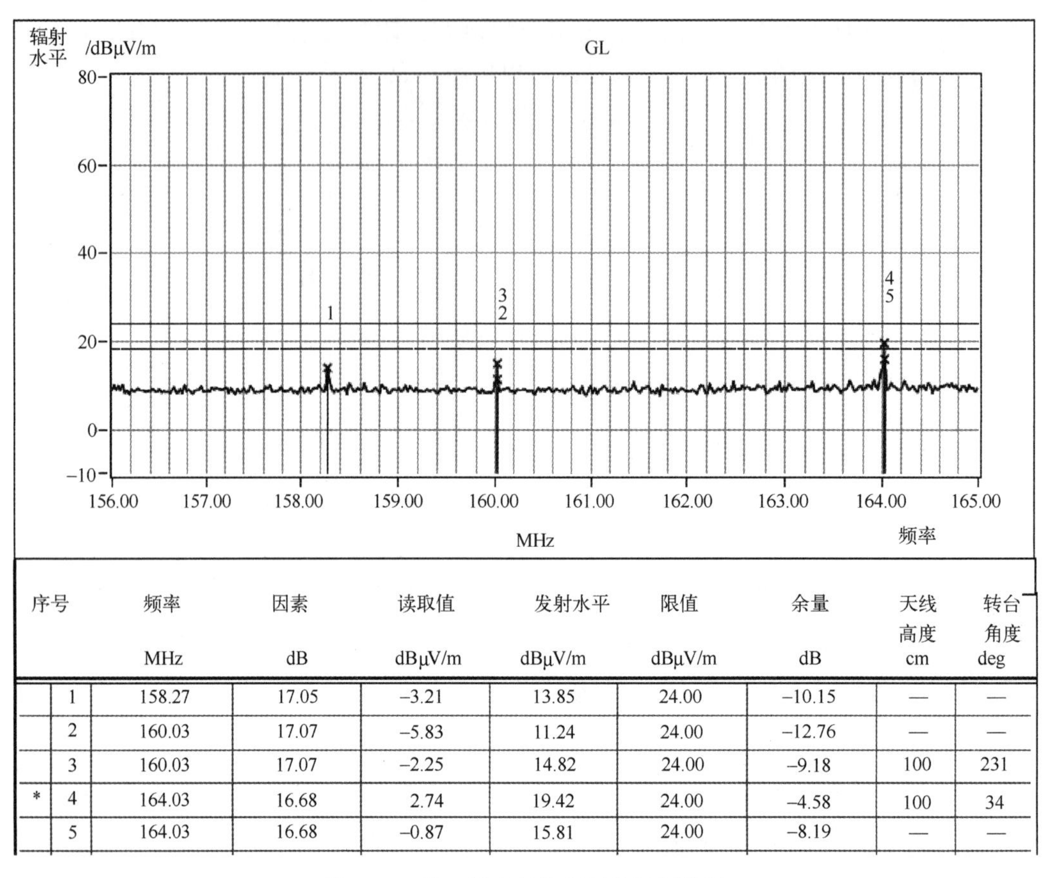

	序号	频率 MHz	因素 dB	读取值 dBμV/m	发射水平 dBμV/m	限值 dBμV/m	余量 dB	天线高度 cm	转台角度 deg
	1	158.27	17.05	-3.21	13.85	24.00	-10.15	—	—
	2	160.03	17.07	-5.83	11.24	24.00	-12.76	—	—
	3	160.03	17.07	-2.25	14.82	24.00	-9.18	100	231
*	4	164.03	16.68	2.74	19.42	24.00	-4.58	100	34
	5	164.03	16.68	-0.87	15.81	24.00	-8.19	—	—

图 6.71　第二批产品的辐射发射频谱图

【原因分析】

检查了第一批产品的 PCB 设计和第二批产品的 PCB 设计，发现不一样的地方是两批产品的 PCB 层叠设计不一样，即层间距设置不一样。第一批产品的 PCB 层叠设置见表 6-1。第二批产品的 PCB 层叠设置见表 6-2。其中，辐射发现超标频点的相关的信号线（时钟线）布置在“Lay2-信号层”中。

表 6-1　第一批产品的 PCB 层叠设置

PCB 层设置	信号 层/地层分配	厚度/mm
信号层（铜层）	Top-信号层	0.035
介质层 Layer1		0.28
铜层 Layer2	Lay1-地层	0.035
介质层 Layer2		0.28
铜层 Layer3	Lay2-信号层	0.035
介质层 Layer3		0.27
铜层 Layer4	Lay3-电源层	0.035
介质层 Layer4		0.28
铜层 Layer5	Lay4-地层 gnd	0.035
介质层 Layer5		0.28
铜层 Layer6	底层-信号层	0.035
	总厚度	1.6

表 6-2　第二批产品的 PCB 层叠设置

PCB 层设置	信号层/地层分配	厚度（mm）
信号层（铜层）	Top-信号层	0.035
介质层 Layer1		0.2
铜层 Layer2	Lay1-地层	0.035
介质层 Layer2		0.15
铜层 Layer3	Lay2-信号层	0.035
介质层 Layer3		0.69
铜层 Layer4	Lay3-电源层	0.035
介质层 Layer4		0.15
铜层 Layer5	Lay4-地层 gnd	0.035
介质层 Layer5		0.2
铜层 Layer6	底层-信号层	0.035
	总厚度	1.6

高速工作信号在 PCB 内部传输时，信号传送的回流会在回流路径上产生压降，如果电缆被这个电压所驱动，就会在电缆上产生共模电流（微安级），这是一种电流驱动模式共模辐射的基本驱动模式。图 6.72 是电流驱动模式共模辐射原理示意图。

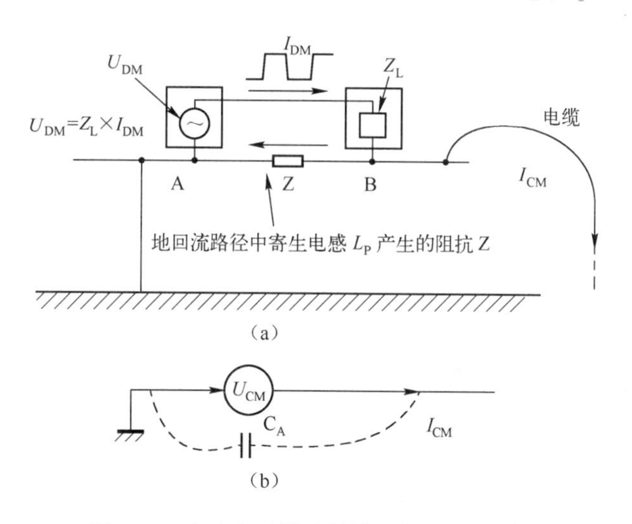

图 6.72　电流驱动模式共模辐射原理示意图

图 6.72（a）中的 U_{DM}是差模工作电压源，产品的 PCB 内部有很多这样的源，如各种数字信号电路、高频振荡源等。Z_L为回路负载。I_{DM}为回路负载上的差模电流，该电流流过 AB 两点间的回流地（如印制板的地线），回到差模源 A 点。I_{CM}为流过电缆的共模电流，单位为（μA）。如果 A、B 之间存在一定的阻抗 Z（如平面不完整、AB 点之间用连接器互连等引起的寄生电感 L_p），则 A、B 之间阻抗 Z 上产生的压降为

$$U_{CM}=ZI_{DM}=I_{DM}\times(j\omega L_P)$$

这里的 U_{CM}就是产生共模辐射的驱动源。要产生辐射，除了源以外还必须有天线。这里的天线是由图 6.72（a）中 B 点向右看的地线部分和外接电缆。其组成辐射系统的等效电路如图 6.72（b）所示。这实际上是一副不对称振子天线。

根据本案例产品的具体情况，其辐射发射的限值为 24 dBμV/m（3 m 处）。如果要满足

3 m 处的辐射发射强度 $E_{dB\mu V/m}$<16 μV/m（24 dBμV/m 的线性值）的条件，对于窄带骚扰信号来说，当称为等效辐射发射天线的电缆长度 $L_m \geqslant \lambda/2$ 时，其辐射可以利用式（6.2）估算出。估算结果必须使电缆中的共模电流 I_{CM}<0.8 μA（如果考虑参考接地板反射，则共模电流 I_{CM}将更小）。假设电缆与参考地之间形成的特性阻抗约为 150 Ω（该特性阻抗由电缆寄生电感与电缆对参考接地半之间的寄生电容决定），那么该产品在160 MHz处 PCB 工作地上的噪声电压（图 6.72 中 U_{DM}）必须小于 120 μV。

$$E_{\mu V/m} \approx 60 \times I_{\mu A} / D_m \tag{6.2}$$

式中，$E_{\mu V/m}$为辐射源在测量处产生的场强，单位为（μV/m）；D_m为辐射源到测量天线的距离，单位为（m）。

对于高速的传输线来说，镜像平面本来是给信号线提供了一个回流路径（物理上该回流路径真好是信号线走向的镜像，因此称该平面为镜像平面）。当完整的镜像平面给信号高速信号线提供镜像回流时，因为每个路径对（源电流和它的镜象路径）非常靠近，信号线和 RF 电流回流路径中的电流大小相等、方向相反时，差模 RF 电流被抵消，就像共模电感或互感一样。如果电流或磁通抵消没有达到 100%，则剩下的大部分电流会变成共模电压，并加到信号路径的电缆上。正是这个共模电流形成了励磁源，并导致产品 EMI 辐射。为最小化这个共模电流，必须最大化信号线和镜像平面间的互感以“获取磁通”，由此抵消不想要的 RF 能量。

在实际 PCB 设计中，由于信号线与信号回流线（地平面上）之间存在一定的距离，也就是说，上述的这种“电流抵消”或“磁通抵消”不可能是 100%的。因此，当回流电流流过镜像平面时，就会出现“漏感”L。其等效电路如图 6.73 所示。当信号回流经过这个电感 L 时，就会产生压降 $|L(dI/dt)|$。

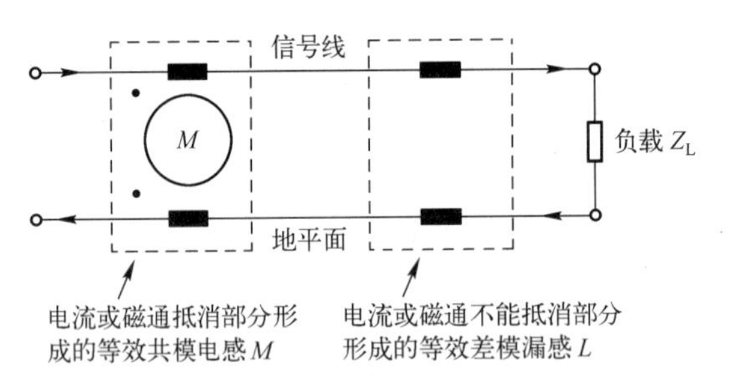

图 6.73　PCB 中高速信号回流原理等效电路图

值得注意的是，以上所述的这种“电流抵消”或“磁通抵消”程度与信号线、PCB 中的回流地平面物理结构有关系，当信号线与回流镜像地平面越来越靠近时，这种抵消将越来越明显，即图 6.73 中的漏感 L 越来越小，导致的结果是信号回流经过地平面产品的压降越来越小。这也就是本案例中两块 PCB 出现不一样辐射发射结果的主要原因。第二批产品的辐射发射水平较低是因为时钟线更靠近地平面。它的地平面上的共模骚扰电压更低。

【处理措施】

按以上分析，在 PCB 层叠设计时，尽量使高速信号线靠近完整的地平面。

【思考与启示】

还有一点值得考虑的是，镜像平面中高速信号线回流的电流密度并不是像信号线一样 100%集中在一根尺寸较细的印制线上，而是位于布线的中心正下方并从信号布线的两边快速衰减，通常 90%信号回流的电流密度分布在 10 倍的 h（h 为信号印制线与镜像平面之间的距离）范围内（如图 6.74 所示）。这个范围被称为高速信号镜像回流有效面积。

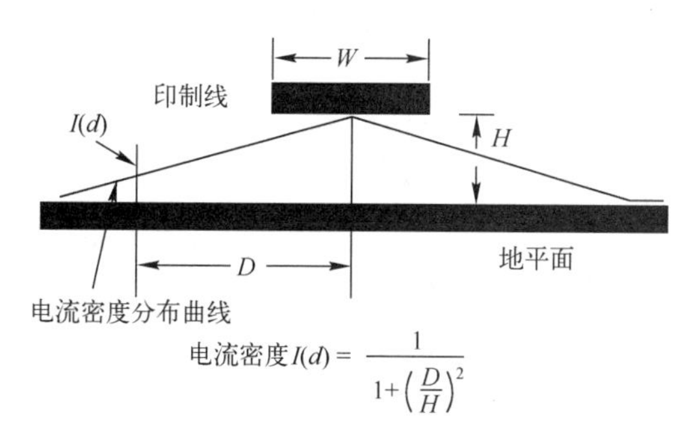

图 6.74　高速信号线镜像回流有效面积剖面图

由此看来，如果在有回流分布的地平面上出现过孔，那么回流路径将被打断，镜像平面上的回流电流只能绕过这些通孔区域。这也将大大减弱信号线和回流路径上 RF 电流的磁通抵消，大大增大回流线路径上多余的电感。可见，多层 PCB 中地平面上，高速信号印制线对应的一个较大的范围内（图 6.74 中宽度为 10H）的任何过孔或裂缝都会影响镜像平面的完整性并产生 EMC 问题。在有些情况下，虽然信号线可以穿过过孔或裂缝之间，但是只要地平面的面积不足以覆盖高速信号线镜像回流有效面积，那么也会产生 EMC 问题。在通孔元器件间布线时，使布线和通孔空白区域间需要满足 10H 规则（镜像平面需要有信号线到地平面距离 10H 倍的宽度），才能避免该问题的发生。如一块层厚度为1.6 mm，间距均匀分配的 4 层板，其层间距为 0.4 mm，那么距离时钟线的 2 mm 范围内的地平面上不要有信号穿孔。

6.2.12　案例 79：布置在 PCB 边缘的敏感线为何容易受 ESD 干扰

【现象描述】

某接地台式产品，对接地端子处进行测试电压为±6 kV 的 ESD 接触放电测试时，系统出现复位现象。在测试中，尝试将接地端子与内部数字工作地相连的 Y 电容断开，测试结果并未明显改善。

【原因分析】

ESD 干扰进入产品内部电路，形式多种多样。对于本案例中的被测产品来说，其测试点为接地点，大部分的 ESD 干扰能量将从接地线流走，也就是说，ESD 电流并没有直接流入该产品的内部电路，处在 IEC61000—4—2 标准规定的 ESD 测试环境中的这个台式设备，其接地线长度约为 1 m。该接地线将产生较大的接地引线电感（可以用 1 μH/m 来估算），在静电放电干扰发生时（图 6.75 中开关 K 闭合时），高频率的（小于 1 ns 的上升沿）静电放电电流并不能使该被测产品接地点上的电压为零（图 6.75 中 G 点的电压在 K 闭合时并不为零）。这个在接地端子上不为零的电压将会进一步进入产品的内部电路。图 6.75 已经给出了 ESD 干扰进入产品内部 PCB 的原理图。

从图 6.75 中还可以看出，G_{P1}（放电点与 GND 之间的寄生电容）、G_{P2}（PCB 与参考接地板之间的寄生电容）、PCB 的工作地（GND）和静电放电枪（包括静电放电枪接地线）一起形成了一条干扰通路，干扰电流为 I_{CM}。在这条干扰路径中，PCB 处在其中，显然 PCB 在此时受到了静电放电的干扰。如果该产品还存在其他电缆，则这种干扰将更为严重。

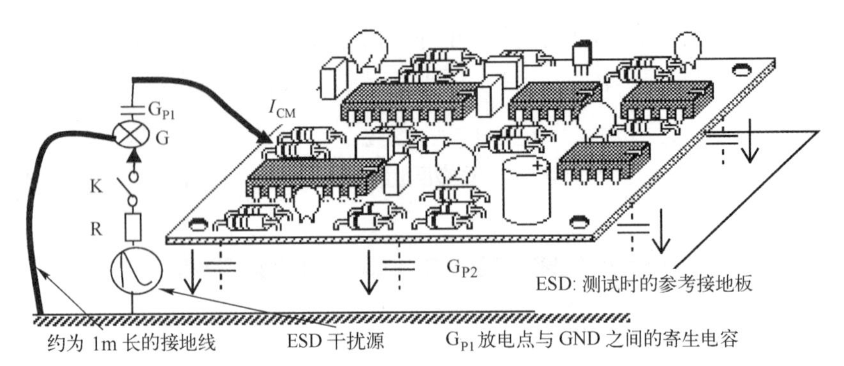

G_{P2}—PCB 与参考接地板之间的寄生电容；　R—静电放电枪内阻 (330 Ω)；
K—放电开关

图 6.75　ESD 干扰进入产品内部 PCB 的原理图

干扰是如何导致被测产品复位的呢？经过仔细检查被测产品的 PCB 之后发现，该 PCB 中 CPU 的复位控制线布置在 PCB 的边缘，并且在 GND 平面之外，如图 6.76 所示。再来解释一下为何布置在 PCB 边缘的印制线比较容易受到干扰，则应该从 PCB 中的印制线与参考接地板之间的寄生电容谈起。印制线与参考接地板之间存在寄生电容，将使 PCB 中的印制信号线受到干扰。共模干扰电压干扰 PCB 中印制线原理图如图 6.77 所示。从图中可以看出，当共模干扰（相对与参考接地板的共模干扰电压）进入 GND 后，会在 PCB 中的印制线和 GND 之间产生一个干扰电压。这个干扰电压不但与印制线和 PCB GND 之间的阻抗（图 6.77 中的 Z）有关，还与 PCB 中印制线和参考接地板之间的寄生电容有关。假设印制线与 PCB 板 GND 之间的阻抗 Z 不变，则当印制线与参考接地板之间的寄生电容越大时，在印制线与 PCB GND 之间的干扰电压 U_i 越大，这个电压与 PCB 中的正常工作电压相叠加，将直接影响 PCB 中的工作电路。

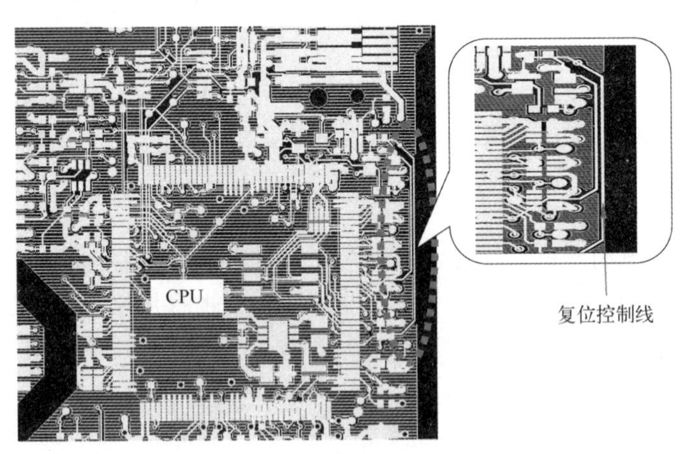

图 6.76　被测产品局部 PCB 布线

由印制线与参考接地板之间的寄生电容计算式（6.3）可知，印制线与参考接地板之间寄生电容的大小取决于印制线与参考接地板之间的距离（式（6.3）中的 H）和印制线与参考接地板之间形成电场的等效面积（式（6.3）中的 S），即

$$C_P \approx 0.1 \times S/H \tag{6.3}$$

式中，C_p 为寄生电容，单位为 pF；S 为印制线等效面积，单位为 cm^2；H 为高度，单位为 cm。

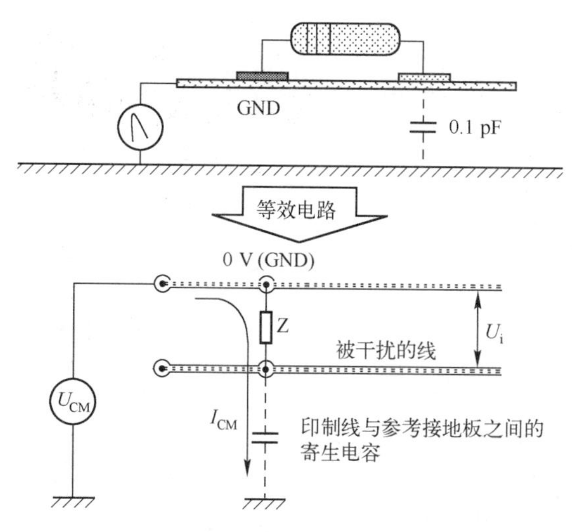

图 6.77　共模干扰电压干扰 PCB 中印制线原理图

当印制线布置在 PCB 边缘时，该印制线与参考接地板之间将形成相对较大的寄生电容，因为布置在 PCB 内部的印制线与参考接地板之间形成的电场被其他印制线“挤压”，而布置在边缘的印制线与参考接地板之间形成的电场相对比较发散。图 6.78 为印制线与参考接地板之间电场分布示意图。

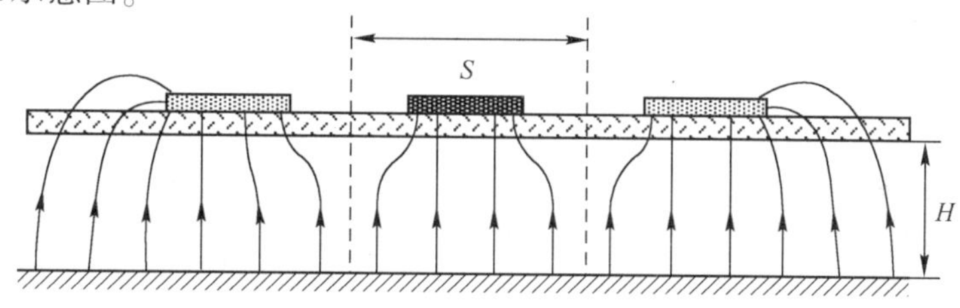

图 6.78　印制线与参考接地板之间电场分布示意图

显然，对于本案例中的电路设计，由于 PCB 中的复位信号线布置在 PCB 的边缘并且已经落在 GND 平面之外，因此复位信号线会受到较大的干扰，导致 ESD 测试时，系统出现复位现象。

【处理措施】

根据以上的原理分析，很容易得出以下两种处理措施：

（1）重新进行 PCB 布线，将在 PCB 上的复位信号印制线左移，使其在 GND 平面覆盖的区域内，而且远离 PCB 边缘，同时为了进一步降低复位信号印制线与参考接地板时间的寄生电容，可以在复位信号印制线所在的层（本案例为 4 层板，复位信号线布置在表层）上空余的地方铺上 GND 铜箔（通过大量过孔与相邻 GND 平面相连），如图 6.79 所示。

（2）在受干扰的复位印制线上，靠近 CPU 复位引脚的附近并联一个电容，电容值可以选在 100～1000 pF 之间。

【思考与启示】

（1）杜绝将敏感信号线布置在 PCB 的边缘；

（2）仔细分析 ESD 电流路径对分析 ESD 测试问题很有帮助；

（3）对布置在 PCB 边缘的印制线进行包地处理，可以降低该印制线对参考接地板或金属外壳之间的寄生电容。

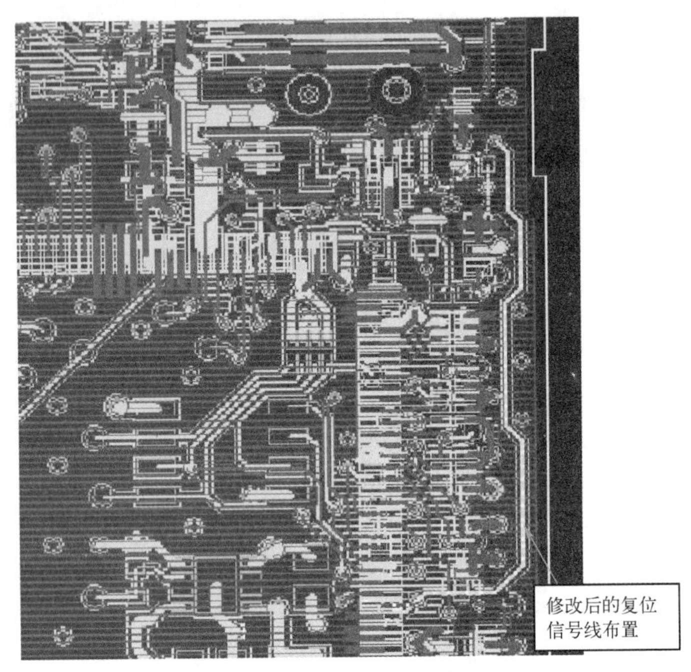

图 6.79　修改后的复位信号线布置 PCB

6.2.13　案例 80：减小串联在信号线上的电阻可通过测试

【现象描述】

某产品的 I/O 信号端口不能通过 EFT/B 的±2 kV 测试，分析其电路原理，最后断定是电路中的某一低速控制信号线在测试过程中有误动作现象。测试中，开发人员还无意中更改了该控制信号线上串联的电阻，即将原来的 1 kΩ 改成 100 Ω（信号线上允许串联1 kΩ的电阻，说明与之相连的芯片信号的输入端为高阻抗）后，测试就能通过。测量了串联 1 kΩ 电阻和 100 Ω 电阻信号线所在的信号质量，基本一样，说明这种抗干扰能力的改进并非由信号本身质量改进所致。

从电路原理上讲，电阻串联在信号线上具有一定的限流作用，如果这个电流是外部进入产品内部的干扰电流，那么在一定程度上可以降低与此信号互连的芯片引脚上的干扰电压。另外，电阻还可以与并联在信号线上的滤波电容一起组成 RC 滤波电路。如果考虑 EMI，那么电阻还可以限制信号线上的 EMI 电流大小，使产品系统的 EMI 水平降低。这样看来，在不影响信号线本身工作状态的情况下，串联在信号线上的电阻越大越好。但是为何本案例出现了相反的结果呢?

【原因分析】

带着疑问，仔细检查了该产品的 PCB 图，发现该产品电路中有两条类似功能（源、负载、逻辑都一样，并且两信号线串联着具有同样大小的电阻）的信号线，信号线在 PCB 中的布置情况如图 6.80 所示。从图中可以清楚地看出，其中一根信号线有较长的一段布置在 PCB（该 PCB 为 L 型）的边缘。根据案例 79 的分析，这是一个比较严重的设计缺陷，因为布置在 PCB 边缘的信号线与参考接地板或金属外壳之间存在较大的寄生电容。按照共模干扰影响产品电路的原理，这种与参考接地板或金属外壳之间存在较大的寄生电容的信号线会受到较大的干扰。原理已在案例 79 中详细说明了。

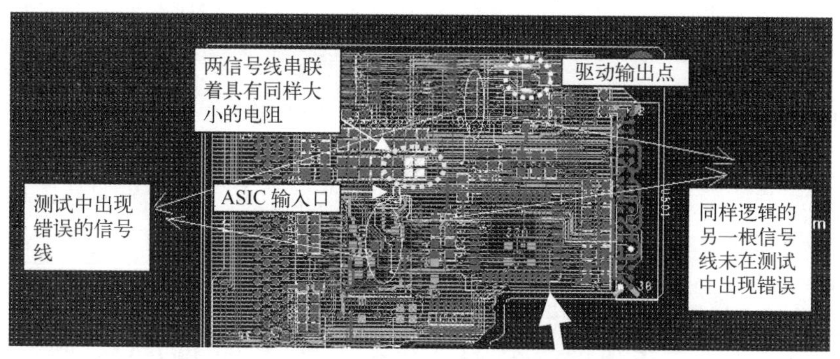

图6.80　信号线在PCB中的布置情况

看来那根信号线受到干扰的原因已经很明确了。那么为什么降低串联在信号线上的电阻值可以使这根信号线及其所互连的芯片再恢复正常工作呢？画出电路原理图就可以分析其奥秘。图6.81是受干扰信号线的工作原理图。图6.81中，R_b表示该信号输出驱动器的内阻（较小的一个值，如Ω级）；R_a表示该信号输入端口（ASIC）的输入阻抗（较大的一个值，如kΩ级）；R为串联再该信号线上的电阻（原来为1 kΩ）。

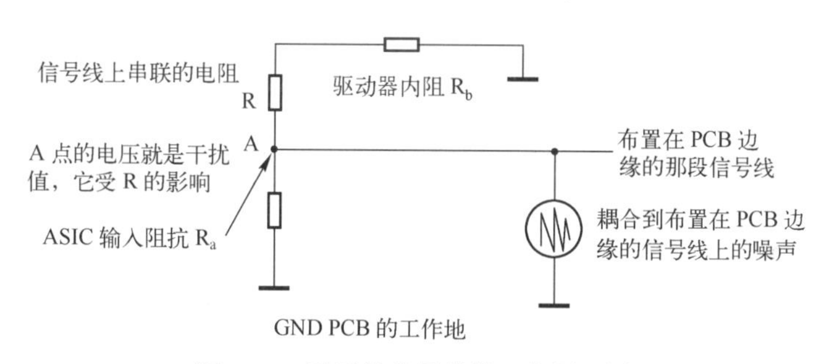

图6.81　受干扰信号线的工作原理图

由于该信号线有较长的一段线布置在PCB边缘，因此这段布置在PCB边缘的信号线会“拾取”外部注入到产品中的共模干扰，并转化为差模干扰（ASIC信号输入端口与ASIC工作地之间的干扰，干扰原理见案例79分析）。根据案例79中的干扰原理分析，这个差模干扰电压（图6.81中A点的电压）不但与印制线和参考接地板之间的寄生电容大小有关，还与ASIC信号端口和其工作地之间的阻抗有关，而ASIC信号端口与其工作地之间的阻抗和图6.81中的R_a，R，R_b都有关系，是R，R_b串联再与R_a并联的结果，R_a的值较大，如kΩ级，而R_b的值很小，这样R值的大小直接决定了A点的电压。当R从1 kΩ变为100 Ω时，A点的干扰电压也大大降低了（比原来降低约90%），所以测试通过。

【处理措施】

按以上分析，把布置在PCB边缘的信号线移到PCB内部，或将信号线上的串联电阻从1 kΩ改为100 Ω。

【思考与启示】

（1）不要将电路中的敏感线布置在PCB边缘；

（2）芯片信号端口所受的干扰与芯片信号端口的输入阻抗有关，高输入阻抗的芯片信号端口更容易受干扰影响。因此，在电路设计中，要杜绝未用的芯片信号端口悬空（特别是高输入阻抗的芯片端口，如CMOS器件的输入端口），并要求通过低阻抗接工作地。

6.2.14　案例 81：数/模混合电路的 PCB 设计详细解析案例

【现象描述】

一个金属外壳的车载音响设备，在设计过程中发现数字电路的高次谐波噪声影响收音信号的质量。该产品的局部 PCB 布置示意图如图 6.82 所示。查看该产品的具体设计情况发现收音电路的模拟地还与金属外壳通过螺钉相连。

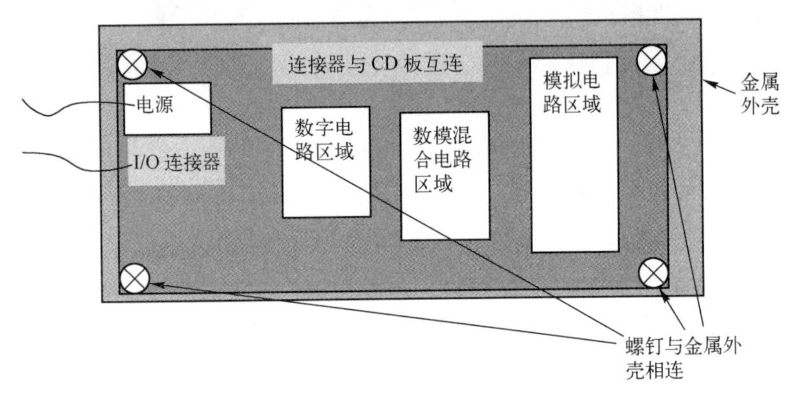

图 6.82　该产品的局部 PCB 布置示意图

【原因分析】

本案例是一个典型的数/模混合电路相互干扰的案例，在数字电路模拟电路混合共存的电路板中，当数字电路的工作电平较高（如信号峰值达 3.3～5 V），工作频率也较高（如频率达数十兆赫兹，谐波达数百兆赫兹），而模拟电路工作电平较低（如 mV 级以下），频率也正好落在数字电路的工作频率或数字电路工作频率的谐波范围内时，如果电路设计不当，就会发生数/模电路之间相互干扰的现象。那么这种干扰是如何发生的呢？请见如下分析。

数字电路的噪声影响模拟电路的噪声有三种来源：

第一种：电源，主要是开关电源的噪声；

第二种：数字信号线向模拟信号线发生的串扰；

第三种：数字电路工作地上的噪声。

其中，来自电源的噪声有两种，第一种是开关电源本身输出的噪声，通常是一种差模噪声，在电源信号线与 0 V 线之间。这种噪声的特点是频率低、幅度高，但是比较容易通过电容或电感电容的组合来滤除；第二种是数字电路中数字芯片电源引脚上的噪声，是数字芯片工作所固有的，可以通过选择合理的去耦电路来降低，也可以通过把电源平面分离开以减少噪声传递，如图 6.83 所示。

对于信号线之间的串扰引起的噪声来说，这种噪声的传递将更为直接，幅度也将更大。如当串扰发生在一根数字信号线与模拟信号线之间时，模拟信号线将直接受到噪声的影响，如图 6.84 所示。

例如，信号线 1 中的电压幅度为 $U_c=5$ V，上升沿时间为 1 ns，负载 $Z_0=100\ \Omega$，信号线 2 中的源阻抗 Z_1和负载 Z_2分别也为 100 Ω，信号线 1 与信号线 2 之间的寄生电容 C_P为 10 pF，则 $I_c=U_c/Z_0=5/100=0.05\text{A}$，$Z=Z_1\cdot Z_2/(Z_1+Z_2)=50\ \Omega$。

串扰引起的信号线 2 上的电压（不考虑近端串扰与远端串扰）为

$$U_U=Z\cdot I_U=Z_1\cdot Z_2/(Z_1+Z_2)\cdot C_P\cdot \Delta U_c/\Delta t=50\ \Omega\times 10\ \text{pF}\times 5\ \text{V}/1\ \text{ns}=2.5\ \text{V}$$

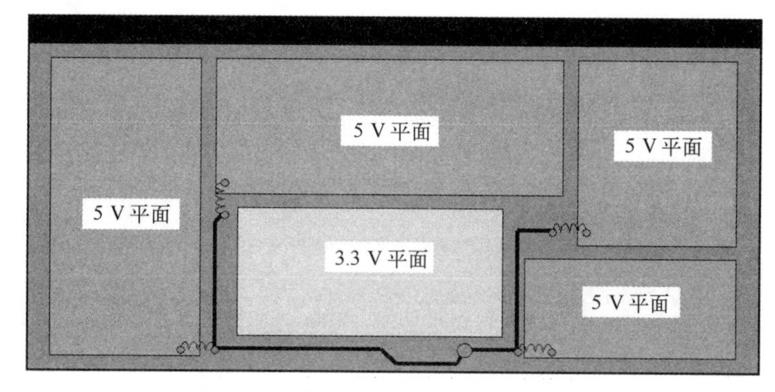

图 6.83　电源分割减少电源噪声传递

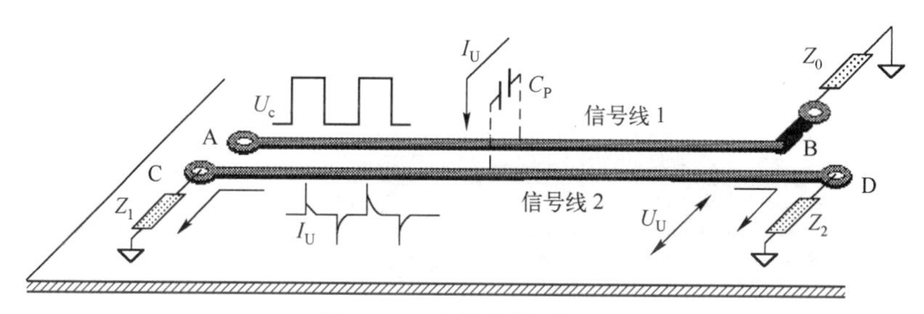

图 6.84　容性串扰原理图

可见这种数字信号线与模拟信号线之间的串扰与数字信号线和模拟信号线之间的寄生参数有关，如图 6.84 所示的是一种容性串扰，两线之间的串扰大小与两线之间寄生电容大小有着直接的关系，因此只要降低数字信号线与模拟信号线之间寄生电容就可以解决此问题。如何降低信号线之间寄生电容，请看如下几个实验结果。

如下实验结果可以防止这种由串扰引起的噪声传递。

实验的实质是，当同样幅度与频率的信号在一根印制线中进行传递时，在另一根印制线上也会耦合（串扰）到这个信号，耦合（串扰）的水平与这两条印制线在 PCB 中的布置方式有关系。

本实验分为四种情况进行，即实验条件是同样的信号源，按同样的方法分别注入到四种不同 PCB 布置方法的印制线上。

实验结果是，测量另一根信号线上耦合（串扰）到的电平，并比较四种情况下另一根信号线上耦合（串扰）到的电平幅度。

实验一：

按如图 6.85 示意搭建实验配置。其中，在 BNC1 连接器上注入峰-峰值电平为 5 V 的 40 MHz 方波时钟信号；BNC2、BNC4 接 50 Ω 负载；BNC3 接至示波器测量，测量结果是一个峰-峰值为 2 V 的周期噪声信号。

实验二：

按如图 6.86 示意搭建实验配置。其中，在 BNC5 连接器上注入峰-峰值电平为 5 V 的 40 MHz 方波时钟信号；BNC6、BNC8 接 50 Ω 负载；BNC7 接至示波器测量，测量结果是一个峰-峰值为 100 mV 的周期噪声信号。

实验三：

按如图 6.87 示意搭建实验配置。其中，在 BNC1′连接器上注入峰-峰值电平为 5 V 的

40 MHz方波时钟信号；BNC2′、BNC4′接50 Ω负载；BNC3′接至示波器测量，测量结果是一个峰-峰值为1.2 V的周期噪声信号。

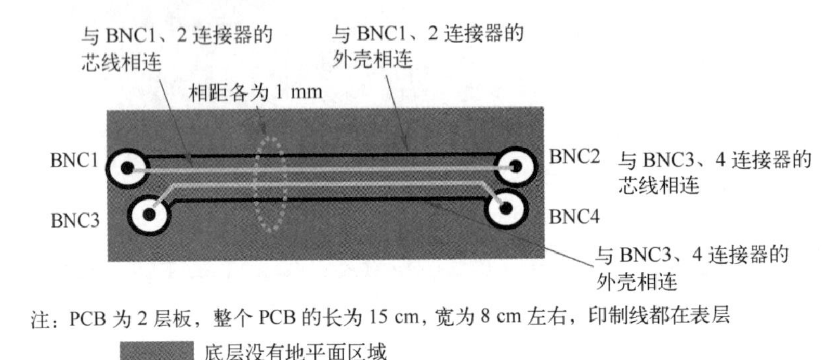

图6.85　实验一搭建示意图

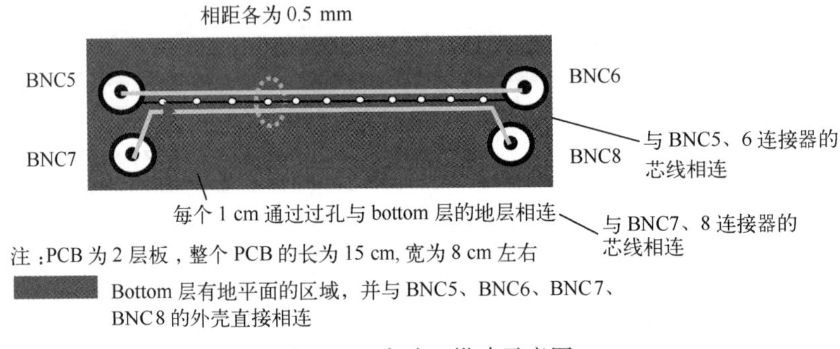

图6.86　实验二搭建示意图

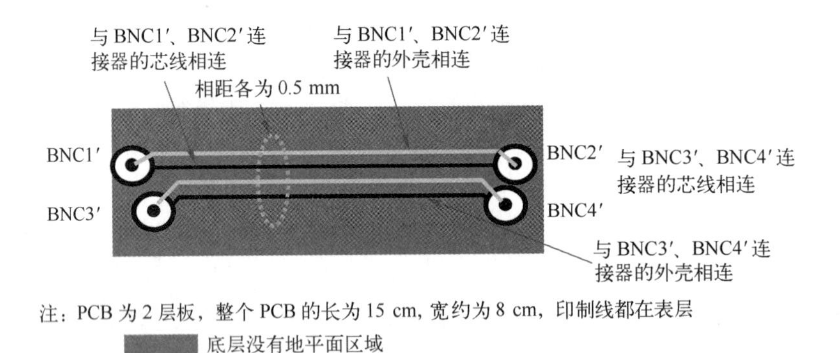

图6.87　实验三搭建示意图

实验四：

按如图6.88示意搭建实验配置。其中，在BNC5′连接器上注入峰峰值电平为5 V的40 MHz方波时钟信号；BNC6′、BNC8′接50 Ω负载；BNC7′接至示波器测量，测量结果是一个峰-峰值为1 V的周期噪声信号。

从测试结果可知，实验2对应的PCB布线处理方式是最好的。可见，为了防止数字信号线与模拟信号线之间发生串扰，除了避免在同一层中平行布线外，更重要的是要在信号线下方铺设工作地（0 V）平面，并使用屏蔽地线，同时将屏蔽地线通过多点接至工作地（0 V）平面，或使数字信号线与模拟信号线在不同层上，并且之间有工作地（0 V）平面隔离。图6.89是一模拟混合电路布置设计比较优秀的PCB布线图。图中虚线环路内部的电路都是低电平的模拟器件和模拟信号，虚线是顶层屏蔽地线所在的区域，这些区域的铜箔是屏蔽地线，并通过很多地互连过孔连接至工作地（0 V）平面上。同样，其他信号层也做类似的处理。

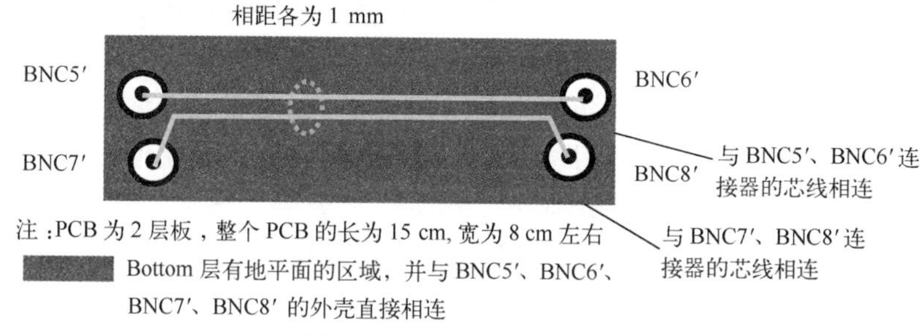

图 6.88　实验四搭建示意图

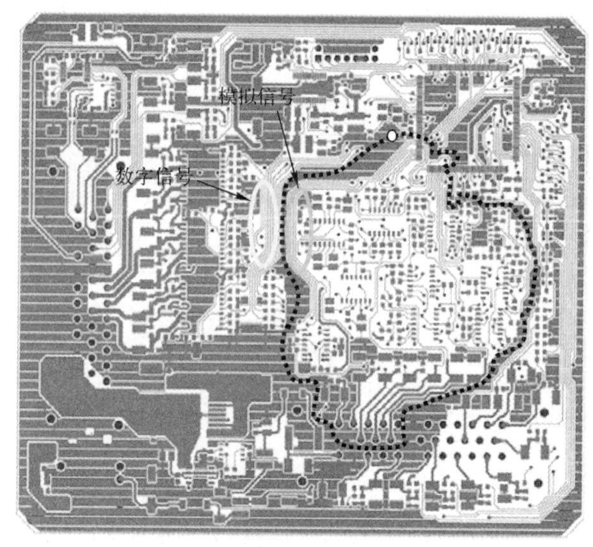

图 6.89　数模混合电路串扰处理 PCB 实例

至于地上的噪声，首先由地上传递至芯片的噪声属于公共阻抗的耦合而产生的噪声，如图 6.90 所示。

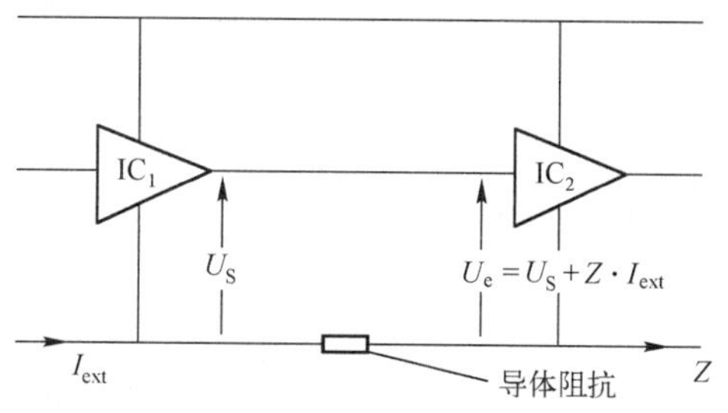

图 6.90　公共地阻抗的耦合原理图

即当产生于其他电路的噪声电流 I_{ext} 流过处于器件 IC_1 和 IC_2 之间的地时，由于 IC_1 和 IC_2 之间的地之间存在阻抗 Z，就会在阻抗 Z 上产生压降，这个压降与在 IC_1 与 IC_2 之间传递的信号电压相叠加而形成干扰。若 IC_1 与 IC_2 之传递的正常工作电压是 U_S，当共模干扰电流 I_{ext} 产生公共阻抗的干扰时，该电压相当与 U_S 再加上干扰电压（Z 乘以 I_{ext}）。在研究数模混合电路相互干扰问题的电路中，这种共模干扰电流 I_{ext} 并不是来自外部，而是来自产品系统内部或 PCB 内部，高速数字信号在工作地上回流所产生的噪声是产生这种共模干扰电流 I_{ext} 的主要原因。如果说数字信号线上面的噪声和电源噪声都是“主动”噪声，那么数字工作地上的噪声就是“被动”噪声，因为数字电路工作地上本身并没有干扰信号源，只是数字信号在数字工作地上有回流经过，这种回流在具有阻抗的数字电路工作地上产生了压降，这就是地噪声。这种地上的噪声电平一般都会比信号线上的噪声电平低，但是地噪声是一种共模噪声，它将更容易传递到产品中的其他电路当中。笼统来讲，当模拟电路的工作地和数字电路的工作地存在一定的连接关系时，这种数字电路工作地噪声会进入模拟电路区域，从而影响低电平的模拟电路正常工作。

如图 6.91 所示是一个数/模混合电路 PCB 布置示意图。在图 6.91 中 I_{DM} 是高速数字信号电流，ΔU_{AB} 是该数字信号在数字电路工作地平面上回流而产生的地噪声电平（也可称为地弹），Z_1 是高速数字信号电流 I_{DM} 在数字电路工作地上的回流所经过的地阻抗（即数字器件地引脚与数模混合器件数字地引脚之间的信号回流阻抗）。例如，一个频率为 50 MHz 的方波时钟信号，其电流 I_{DM} 为 15 mA 的时钟信号，则方波时钟信号的基波电流 I_0 为：

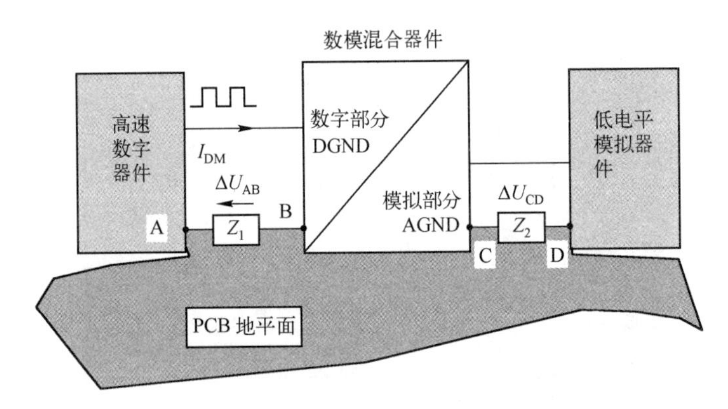

图 6.91　数/模混合电路 PCB 布置示意图

$$I_0 = 0.64 \cdot I_{DM} = 0.64 \times 15\ \text{mA} = 9.6\ \text{mA}$$

3 次谐波 150 MHz 的电流 I_3 为：

$$I_3 = I_0/3 = 9.6\ \text{mA}/3 = 3.2\ \text{mA}$$

这个 50 MHz 方波信号在 PCB 中的印制线长度为 10 cm，那么它的 3 次谐波在各种回流路径情况下的压降分别是：

- 当该时钟信号的回流路径是一条较细的印制线时，信号回流的 3 次谐波电流在这条较细的地印制线产生的压降 ΔU_{AB} 为

$$\Delta U_{AB} = Z_1 \cdot I_3 = 105\ \Omega \times 0.0032\ \text{A} \approx 0.336\ \text{V}$$

（其中：$Z_1 = 105\ \Omega$ 为较细地印制线在 150 MHz 处的阻抗近似值）

- 当该时钟信号的回流路径是一个带有过孔的正方形地平面时，信号回流的 3 次谐波电流在这个带有过孔的正方形地平面上产生的压降 ΔU_{AB} 为

$$\Delta U_{AB} = Z_1 \cdot I_3 = 0.83\ \Omega \times 0.0032\ \text{A} \approx 2.65\ \text{mV}$$

（其中：$Z_1 = 0.83\ \Omega$ 为带有过孔的正方形地平面在 150 MHz 处的阻抗近似值）

- 当该时钟信号的回流路径是一个边长为 5 mm 的地网格平面时，信号回流的 3 次谐波电流在这个地网格平面时上产生的压降 ΔU_{AB} 为

$$\Delta U_{AB} = Z_1 \cdot I_3 = 1.1\ \Omega \times 0.0032\ \text{A} \approx 3.5\ \text{mV}$$

（其中：$Z_1 = 1.1\ \Omega$ 为带有过孔的地平面在 150 MHz 处的阻抗近似值）

- 当该时钟信号的回流路径是一个没有过孔，且地平面面积远大于印制线的面积（即地平面上容纳 100%的信号回流）的完整正方形地平面时，信号回流的 3 次谐波电流在这个完整地平面上产生的压降 ΔU_{AB}为

$$\Delta U_{AB}=Z_1\cdot I_3=0.005\ \Omega\times 0.0032\ \mathrm{A}\approx 16\ \mu\mathrm{V}$$

（其中：$Z_1=0.005\ \Omega$ 为带有过孔的地平面在 150 MHz 处的阻抗近似值）

以上实例表明，降低数字电路工作地的阻抗可以降低地上的噪声电平。

下面来分析一下数字电路地噪声（电压）是如何影响模拟电路的正常工作的。为了方便分析，可以假设两种极端情况。先假设如图 6.92 所示的产品，其数字电路部分信号回流产生的数字电路工作地噪声电平为 ΔU_{AB}，模拟电路部分对参考接地板或金属外壳之间的阻抗 Z_A无穷大。在这种情况下，显然不会有共模电流流过模拟电路区域，即 $I_{CM}=0$，模拟电路区域两个模拟电路的工作地 C 和 D 之间的电压差 $\Delta U_{CD}=0$，也就是说图 6.92 中 B 点、C 点、D 点的电位都是等电位，并且相对于 A 点电平为 ΔU_{AB}。正是由于 C、D 两点电位相等，$\Delta U_{CD}=0$，这个 ΔU_{AB}对于传输于 C、D 两点模拟地之间的模拟器件或信号不会形成干扰（正常工作信号处于差模传输状态）。

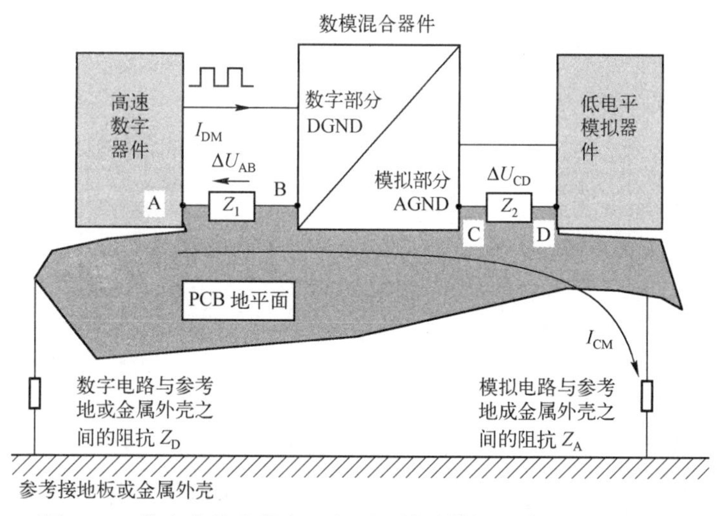

图 6.92　数字电路地噪声（电压）影响模拟电路的工作原理图

再假设图 6.92 所示的产品，其数字电路部分信号回流产生的数字电路工作地噪声电平为 ΔU_{AB}，模拟电路部分对参考接地板或金属外壳之间的阻抗 $Z_A=0$。在这种情况下，显然就会有共模电流流过模拟电路区域，即 $I_{CM}\neq 0$，当一个不等于零的共模电流流过模拟电路区域两个模拟电路的工作地 C 和 D 之间时，电压差 ΔU_{CD}就产生了，正是由于 C、D 两点之间的电位差，直接与传输于 C、D 两点模拟地之间的模拟器件或信号叠加，最终形成对模拟电路的干扰。

再假设图 6.92 所示的产品模拟电路部分工作地 C 点与 D 点之间的阻抗 $Z_2=0$，那么无论阻抗 Z_A是无穷大还是零时，ΔU_{CD}都等于零，即没有干扰现象产生。

分析到此可以看出，数字电路中的噪声电压并不是直接影响模拟电路的正常工作的。当数字电路中的噪声电压没有转化成电流，或没有数字电路中的噪声电压转化成流过模拟电路区域的电流（此电流为共模电流）时，这种通过“地”的数/模信号相互干扰现象就不会发生。只有当数字电路中的噪声电压转化成电流时，并且该电流流过模拟电路区域（模拟电

路的工作地）才会转化成另一种直接影响模拟电路正常工作的是“电压”。可见，直接影响模拟电路正常工作的是“电压”而不是“电流”，但是这个“电压”并不是在数字电路工作地上的地噪声或共模电压，只是这个地噪声共模电压往模拟电路工作地方向产生了一个共模电流，当这个共模电流流过模拟工作电路地时，就会在模拟工作电路地上产生另一个地噪声电压（模拟电路工作地上的地噪声电压），这个电压才是直接影响模拟电路正常工作的电压。

以上假设都是几种极端的情况，实际电路中几乎不会发生这些情况，但是从这些假设的分析可以看出，数字电路的噪声影响模拟电路程度不但与模拟电路的工作地、参考地或金属外壳之间的阻抗有关，还与模拟电路工作地阻抗有关。为了减少数字电路的地噪声对低电平（毫伏以下）的模拟电路正常工作的影响，从产品设计的角度出发，应尽可能加大模拟电路部分（或模拟电路工作地）与参考接地板或金属外壳之间的阻抗，并减小模拟地的阻抗（通过设计完整地平面可以获得 3.7 mΩ（100 MHz）的阻抗）。但是在实际产品中，还会出现如下情况。

（1）有些产品模拟电路部分（或模拟电路工作地）与参考接地板或金属外壳之间的阻抗注定就是很低的，即如图 6.92 所示的阻抗 Z_A 较小，这通常表现为以下两种设计情况。

第一种，模拟电路区域的远端存在模拟电路工作地与参考接地板或金属外壳互连（直接连接或通过电容连接），如图 6.93 所示。

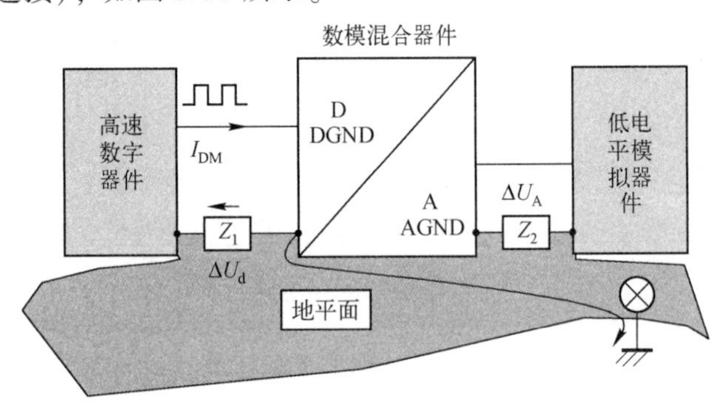

图 6.93　模拟电路工作地与参考接地板或金属外壳互连原理示意图

第二种，不但模拟电路区域的远端存在模拟电路工作地与参考接地板或金属外壳互连（直接连接或通过电容连接），而且数字电路的低电位侧（图 6.92 中的 Z_1 左侧）的数字电路工作地与参考接地板或金属外壳也存在互连（直接连接或通过电容连接），如图 6.94 所示。在这种情况下将产生更大的数/模混合干扰。

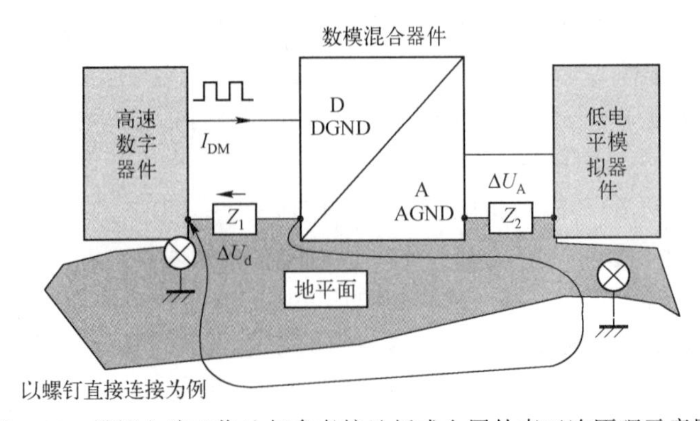

图 6.94　模拟电路工作地与参考接地板或金属外壳互连原理示意图

第三种，模拟电路区域存在 I/O 电缆，I/O 电缆与参考接地板或金属外壳之间形成较低的阻抗（如 150 Ω），如图 6.95 所示。

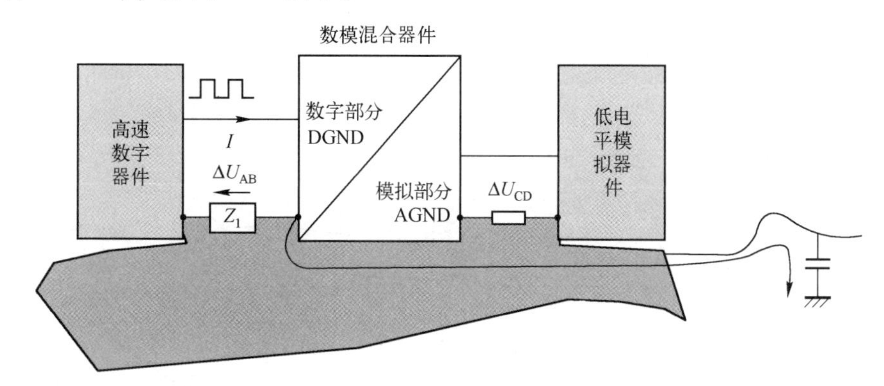

图 6.95　模拟电路区域存在 I/O 电缆原理示意图

第四种，不但模拟电路区域存在 I/O 电缆，I/O 电缆与参考接地板或金属外壳之间形成较低的阻抗（如 150 Ω），而且数字电路区域也存在 I/O 电缆或存在数字电路的低电位侧（图 6.92 中的 Z_1左侧）的数字电路工作地与参考接地板或金属外壳也存在互连（直接连接或通过电容连接），如图 6.96 所示。

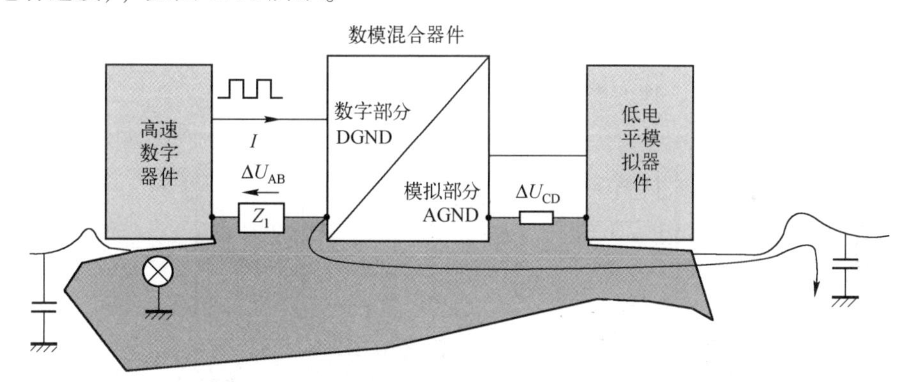

图 6.96　模拟电路区域存在 I/O 电缆原理示意图

图 6.93～图 6.96 所示的 4 种情况下都会导致数字电路地上的共模噪声向模拟电路区域以共模电流的形式传递，因为这几种构架的情况下，会使数字地上的噪声电压 ΔU_{AB}产生了一个电流，而且这个电流经过了流向模拟电路区域。此时，这个共模电流与模拟地上的阻抗相乘即为模拟电路得到干扰噪声电压，如果这个噪声电压超过了模拟电路的精度或最低电平，那么干扰就产生了。

（2）产品 PCB 设计采用单面板或双面板，由于没有完整地平面，注定数字电路部分的地阻抗较高，数字地上的共模噪声电压也会比较高。同时，模拟电路部分的工作地阻抗较高，数字电路共模电压产生而流向模拟区域的共模电流会在模拟地上产生更高的压降，数、模之间的干扰也将更为严重。如果模拟电路区域的远端（图 6.92 中 Z_2的右侧）还存在模拟电路工作地与参考接地板或金属外壳互连点，那么数/模干扰现象将更为严重。

在这种情况下，可以借助与金属外壳的低阻抗特性，只要 PCB 上的工作地与金属外壳互连点选择合理，并且连接方式正确，也能取得较好的设计结果。如图 6.97 所示的产品中，当 PCB 地平面上靠近 D 点附近、BC 点附近均通过螺钉接至具有良好完整性（无开孔、开槽）金属外壳时，借助于金属外壳非常低的阻抗，会使共模干扰电流旁路到金属外壳上，直接影响模拟电路工作的干扰电压 ΔU_{CD} 也会大大降低。

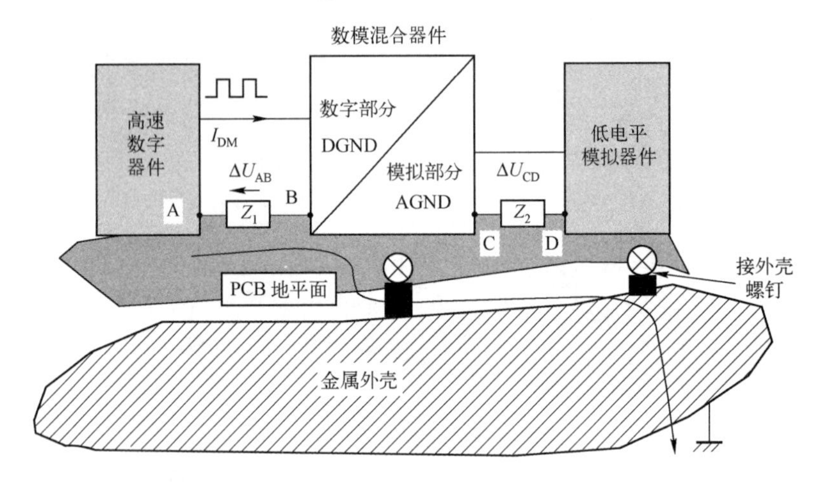

图 6.97　模拟工作地与金属外壳正确的多点相连

值得注意的是，PCB 中的工作地与金属板连接点的位置选择并不是随意的，请看图 6.98所示的连接，当 PCB 中的工作地与金属板连接点的位置分别选择在数字电路的 A 点附近及模拟电路的 D 点附近时，数字电路产生的噪声电压 ΔU_{AB} 并没有减小，这个电压所导致流入模拟电路区域的共模电流也没有减小（相反，还有增加），模拟电路上得到的干扰电压 ΔU_{CD} 也没有减小（相反，还有增加）。

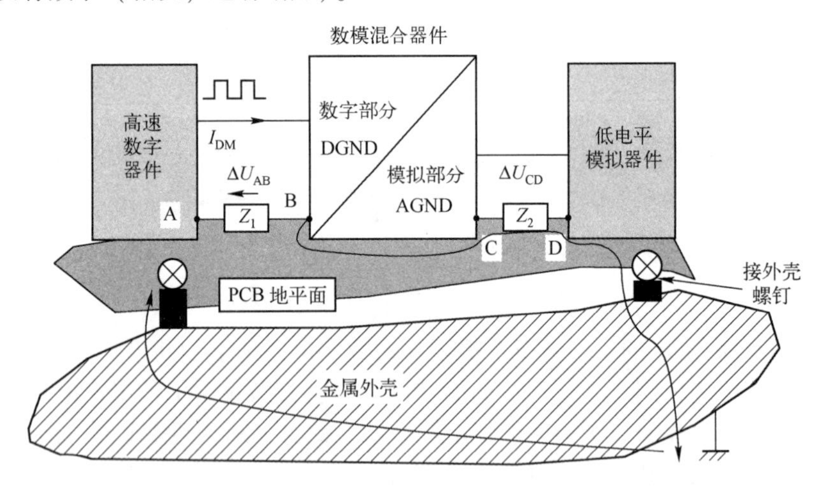

图 6.98　模拟工作地与金属外壳错误的多点相连

在图 6.98 所示和图 6.97 所示产品设计的基础上，如果再增加一 PCB 上工作地与金属外壳之间的互连点（如图 6.99 所示），那么情况又会发生更大的变化，不但 D 点与 B、C 点之间的金属外壳会使模拟电路少受共模干扰电流的影响（共模干扰电流被 D 点与 B、C 点之间的金属外壳旁路），而且数字电路的噪声 ΔU_{AB} 也被 AB 之间的金属外壳所旁路。这是一种比较完美的连接方式。

【处理措施】

从以上分析可知，在数/模混合电路的分界区域增加 PCB 工作地与金属外壳的互连点。另外，在本案例产品的情况下，断开模拟侧 PCB 工作地与金属外壳的互连也会对解决干扰问题有一定的帮助。

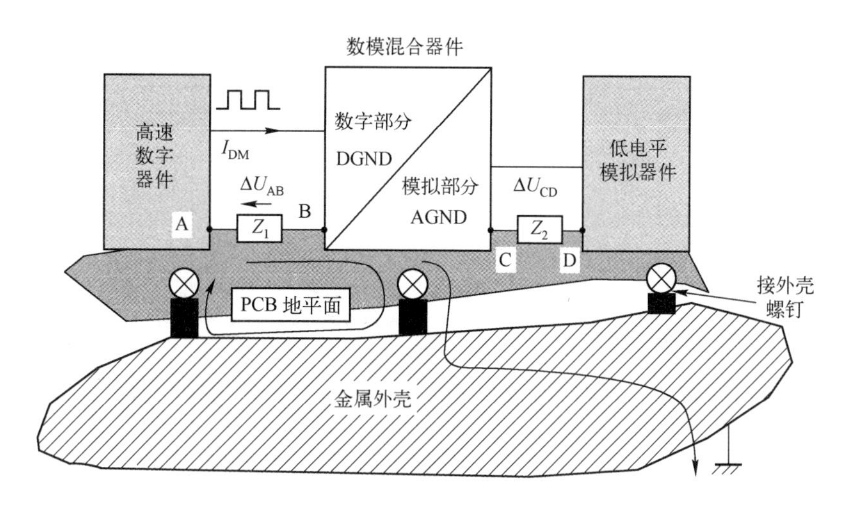

图 6.99　模拟工作地与金属外壳完美的多点相连

【思考与启示】

对于金属外壳的产品，不管发生以上所述的任何一种数/模混合干扰，都可以借助于金属外壳，通过合理选择 PCB 工作地与金属外壳之间的互连来解决数模混合干扰问题。对于非金属外壳产品，可选解决方案自然变得更少，通常的做法有如下几种。

（1）增加 PCB 的层数，主要目的是为了增大地平面，降低地阻抗，不但降低了数字信号在数字地上的共模噪声电压，同时也降低了共模噪声电流流过模拟地时所产生的干扰压降。

（2）改变电缆的位置及原来的产品构架，使敏感模拟电路区域无共模电流流过。

（3）进行 PCB 设计时，对地进行分割，消除公共地阻抗的耦合。但是“分地”通常是个“杀鸡取卵”的措施，因为它可能会带来更多的 EMC 缺陷。以下对此做一些分析说明。

地的分割是为了解决公共地阻抗耦合的问题，如图 6.100 所示是公共阻抗耦合原理图。当一个信号（如数字信号）的回流路径与另一个信号（如模拟信号）的回流路径存在共同的支路时，由于该公共支路（如地线）的阻抗，会把一个信号回流在这个阻抗上所产生的压降耦合到另一个信号回路当中而发生干扰现象。

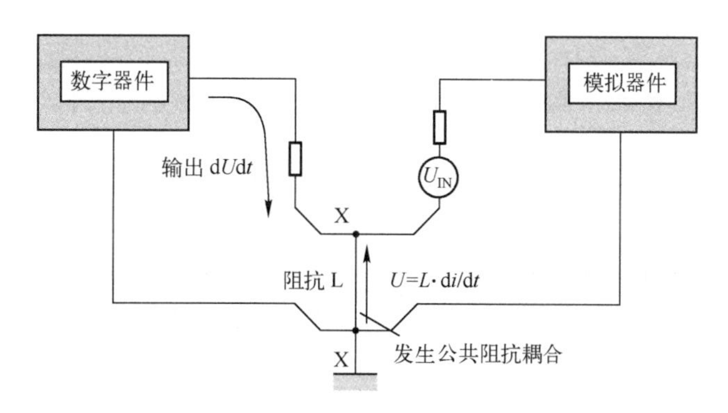

图 6.100　公共阻抗耦合原理图

如果进行 PCB 设计时，把这两种信号的回流各自分开，称为“分地”，如图 6.101 所示，就可以把图 6.100 所示的公共地阻抗耦合问题解决。因为此时，这两种信号的回路都各自独立，只有一点互连，可取得共同的参考电位。

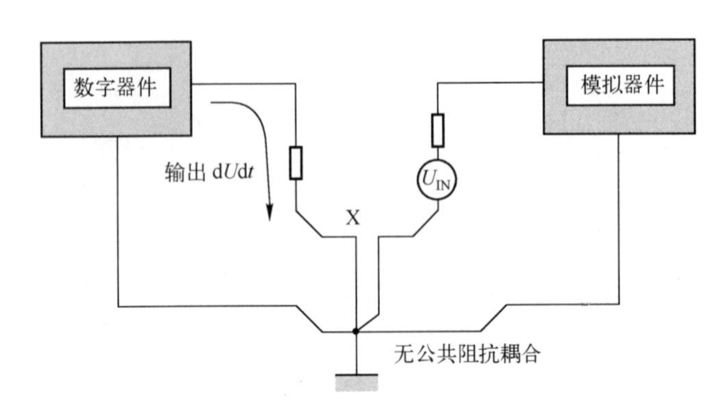

图 6.101　信号回流地分离解决公共地阻抗耦合问题原理图

由此看来，“分地”似乎是一种比较简单而又能很好解决数/模混合电路相互干扰问题的方法。但实际上并非如此，对于产品的系统的 EMC 来说，至少“分地”会出现如下严重 EMC 缺陷。

（1）地被分割或分离后，必然导致地线或地平面的长宽比加大，对于某些特性的电路（如高速数字信号）来说，这意味着其信号的地回流阻抗增加，最终导致地上的共模噪声电压升高，同时这些电路对于外部噪声（主要是共模噪声）的抗干扰能力也随之降低。

（2）地分割或分离后容易导致信号线跨接于被分割的地之间，信号环路面积大大增大。

（3）高频情况下，地被分割或分离后并非完全解决了不同电路之间的噪声耦合问题。图 6.102 所示的是地线之间由于寄生电容导致的地噪声耦合原理图。

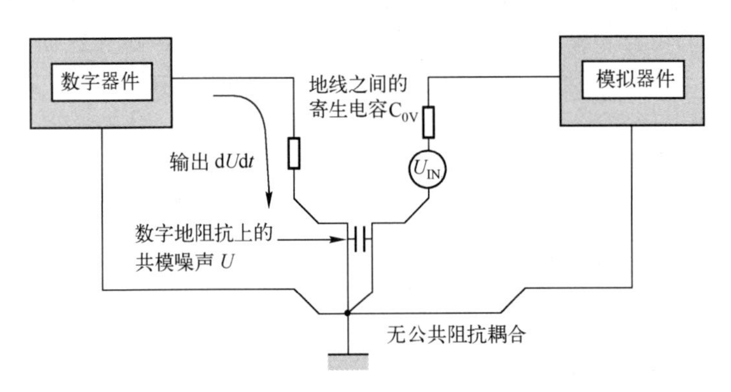

图 6.102　地线之间由于寄生电容导致的地噪声耦合原理图

可见，分地设计不能轻易实施，实际产品设计中，在以下几种情况下，才可以考虑“分地”，总体上可以分为两种。

（1）通常发生在单面板和双面板情况下。当单面板和双面板注定不能设计出较完整的地平面时，可以通过分地适当降低产品整体的 EMC 性能，以改善数/模混合电路之间的干扰问题。

（2）发生在本来可以具有地平面的 4 层板以上的 PCB 设计中。如图 6.103 和图 6.104 所示分别是某一 PCB 没有分地时的数字电路噪声干扰流径图和某一 PCB 分地时的数字电路噪声干扰流径图。

从图 6.103 和图 6.104 中的箭头线（数字电路在数字地上的地噪声产生的共模干扰电流流向）可以清楚地看到，原来图 6.103 上流入模拟电路区域的共模干扰电流流经路径被分离

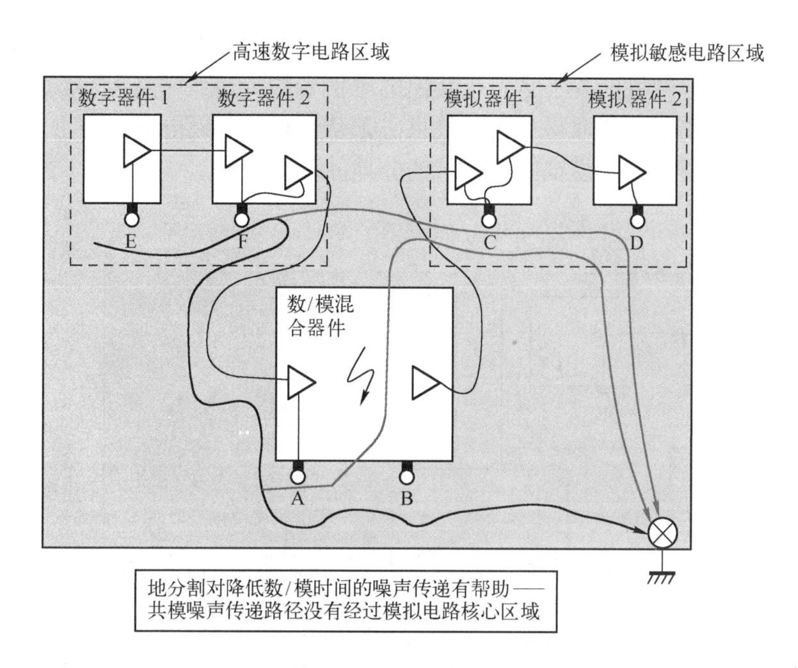

图 6.103　某 PCB 没有分地时的数字电路噪声干扰流径图

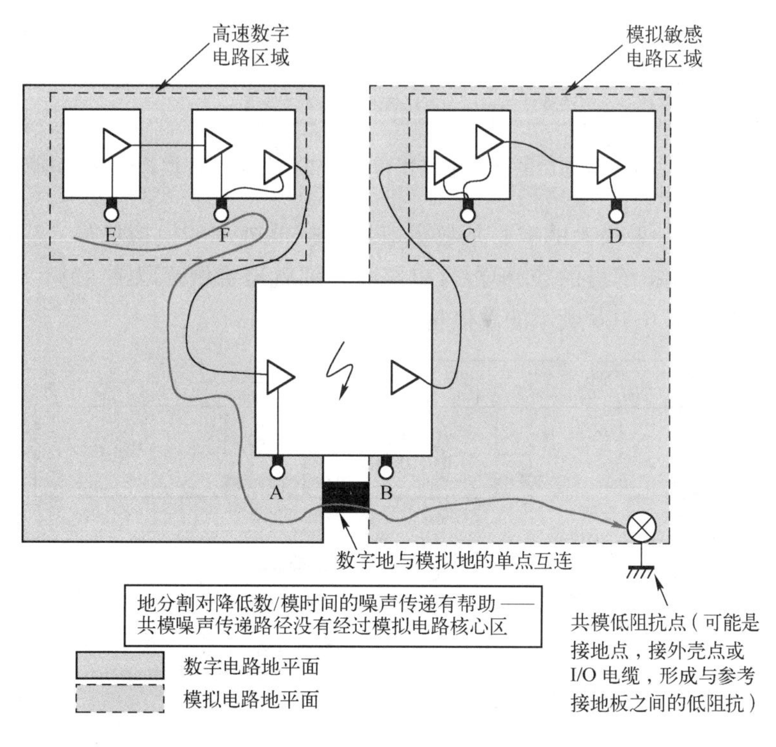

图 6.104　某 PCB 分地后的数字电路噪声干扰流径图

的地改变，使得共模干扰电流没有经过敏感模拟电路区域（图 6.104 的 C 和 D 点之间）。但是，值得注意的是，在如图 6.104 所示的 PCB 中，若模拟敏感电路侧存在 I/O 电缆（形成对地低阻抗，导致共模电流流径敏感模拟电路区域），那么采用这种分地方法来改善数模之间干扰的效果会变差，而且还会引入该产品抗扰度测试问题。

再来看一下如图 6.105 所示的情况，分地后的数字电路噪声干扰电流依然流经模拟敏感电路区域。因此，分地的目的并不是阻止共模电压信号的传递，而是为了改变共模噪声电压所产生的共模电流的路径，要取得分地的效果必须从分析该共模电流路径出发。只有那种能使共模干扰电流路径避开敏感模拟电路区域的分地才是有效的。

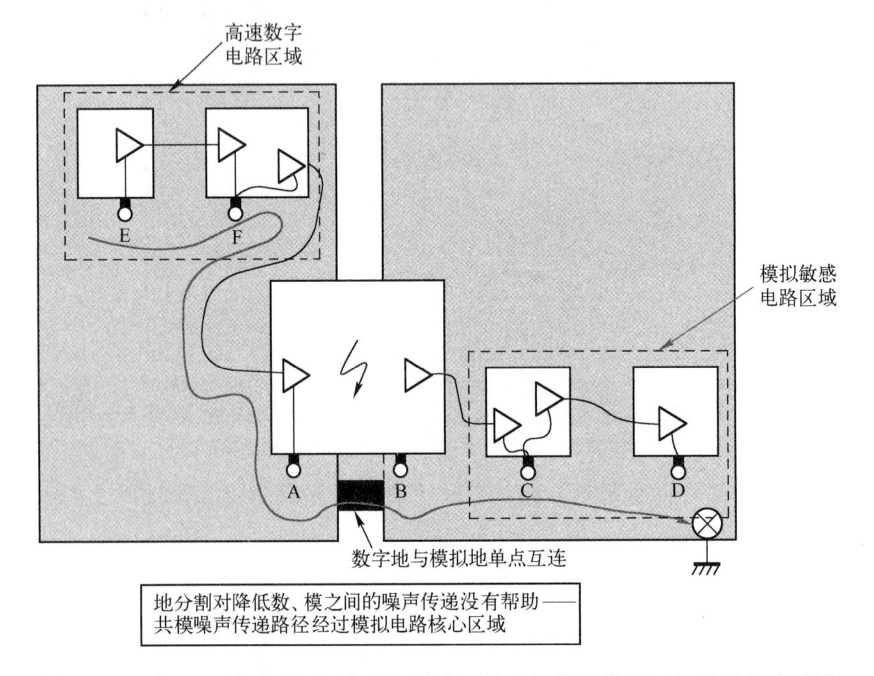

图 6.105　某 PCB 分地后的数字电路噪声干扰电流依然流经模拟敏感电路区域

数/模混合电路设计者最大的担心是数字信号影响低电平的模拟信号。应该如何设计出不存在数字信号影响模拟信号的数/模混合电路呢？那就需要做好以下工作。

（1）尽量构造如图 6.106 所示的总体构架。

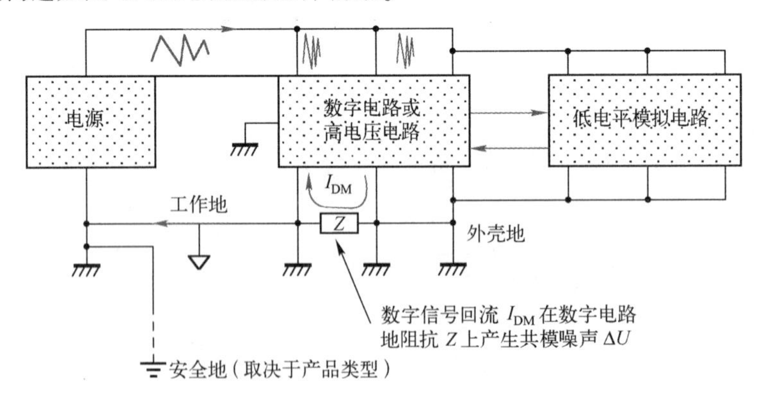

图 6.106　非常好的数模混合电路构架

（2）分开器件和信号线，保证数字器件在一个区域，模拟器件或信号线在另一个区域，而且，其间在 PCB 的表层和底层有地线隔离。

（3）借助金属外壳降低数字电路地上的共模噪声，并旁路数字电路地上共模噪声电压产生并流向模拟电路的共模电流。

（4）PCB 中的数字地和模拟地是否要分割，请看如图 6.107 所示的流程。该流程图给出了一种数模混合电路的设计思路。

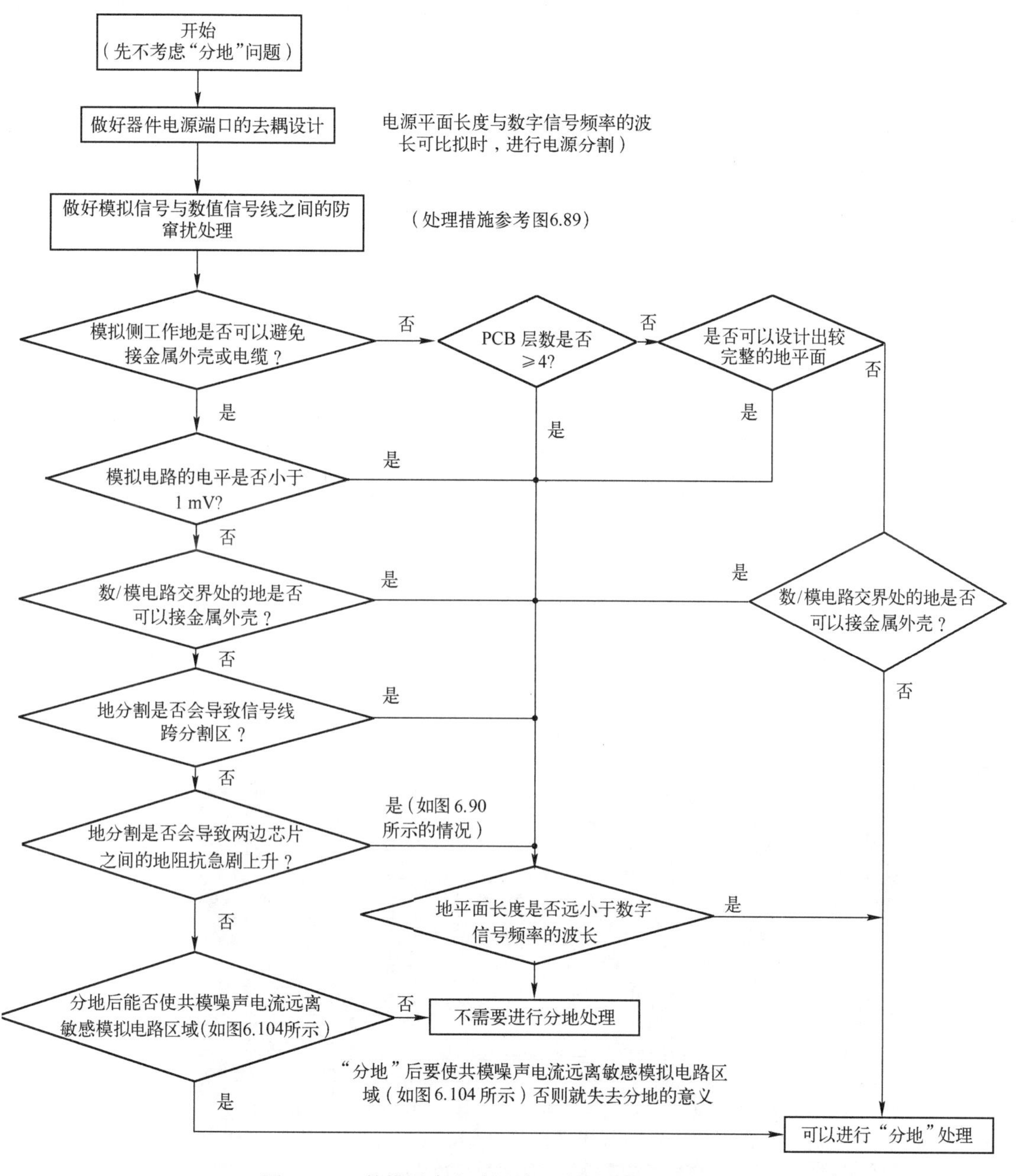

图 6.107　数模混合电路设计地分割需求分析流程图

6.2.15　案例 82：晶振为什么不能放置在 PCB 边缘

【现象描述】

某塑料外壳产品，带一根 I/O 电缆，在进行船运 EMC 标准规定的辐射发射测试时发现辐射超标，具体频点是 160 MHz。需要分析其辐射超标的原因，并给出相应对策。辐射发射测试频谱图如图 6.108 所示。

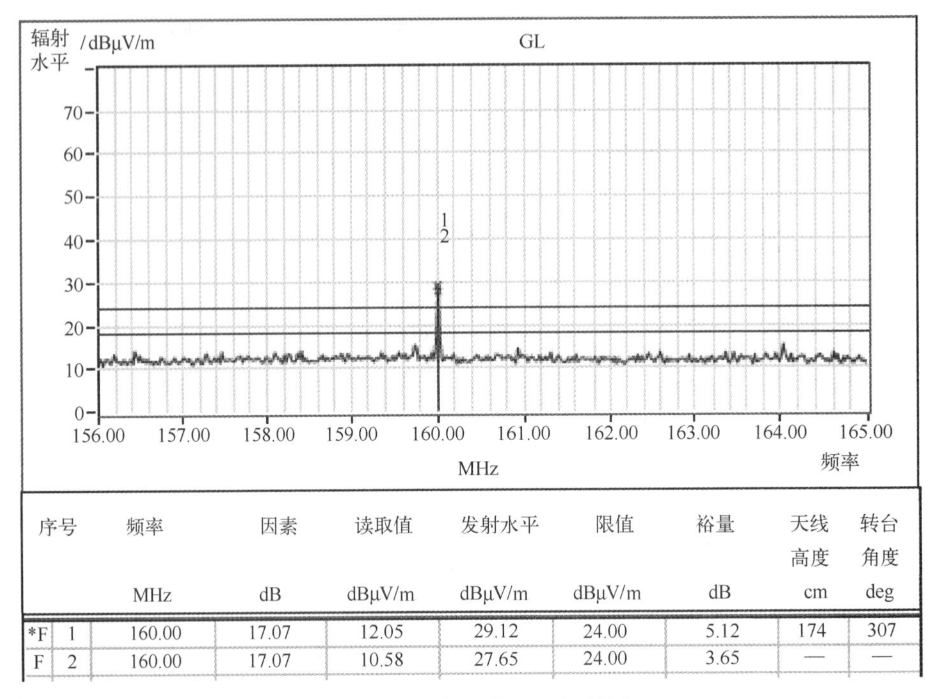

	序号	频率 MHz	因素 dB	读取值 dBμV/m	发射水平 dBμV/m	限值 dBμV/m	裕量 dB	天线高度 cm	转台角度 deg
*F	1	160.00	17.07	12.05	29.12	24.00	5.12	174	307
F	2	160.00	17.07	10.58	27.65	24.00	3.65	—	—

图 6.108　辐射发射测试频谱图

【原因分析】

该产品只有一块 PCB，其上有一个频率为 16 MHz 的晶振。由此可见，160 MHz 的辐射应该与该晶振有关（注意：并不是说辐射超标是晶振直接辐射造成的）。图 6.109 所示的是该产品局部 PCB 布局实图，从图 6.109 中可以明显看到，16 MHz 的晶振正好布置在 PCB 的边缘。

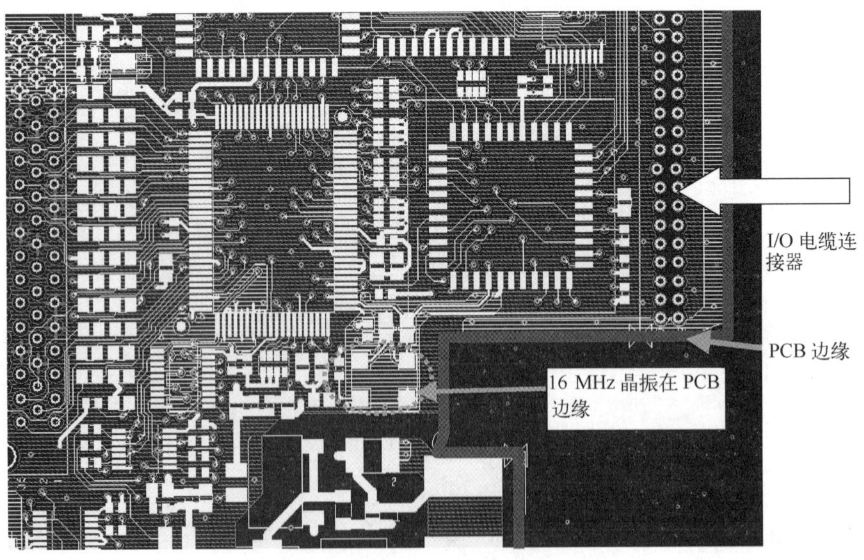

图 6.109　该产品局部 PCB 布局实图

当一个被测产品置于辐射发射的测试环境中时，被测产品中的高速信号线或高速器件与实验室中参考接地板会形成一定的容性耦合，即被测产品中的高速信号线或高速器件与实验室中参考接地板之间存在电场分布或寄生电容，这个寄生电容很小（如小于0.1 pF），但是还是会导致产品出现一种共模辐射，产生这种共模辐射的原理如图 6.110 所示。在图 6.110 中，晶振壳体上的电压（外壳不接 0 V 的晶振）或晶振时钟信号引脚上的电压 U_{DM}和参考接地板之间产生寄生回路，回路中的共模电流通过电缆产生共模辐射，共模辐射电流 $I_{CM} \approx C \cdot \omega \cdot U_{DM}$，其中，$C$ 为 PCB 中信号印制线与参考接地板之间的寄生电容，约在十分之一皮法到几皮法之间；C_P为参考接地板与电缆之间的寄生电容，约为 100 pF；ω 为信号角频率。共模辐射电流 I_{CM}会在几微安到数十微安之间，由共模辐射公式（6.2）（参见案例 78）可知，电缆上流过这个数量级的共模电流已足够造成辐射发射测试的超标。

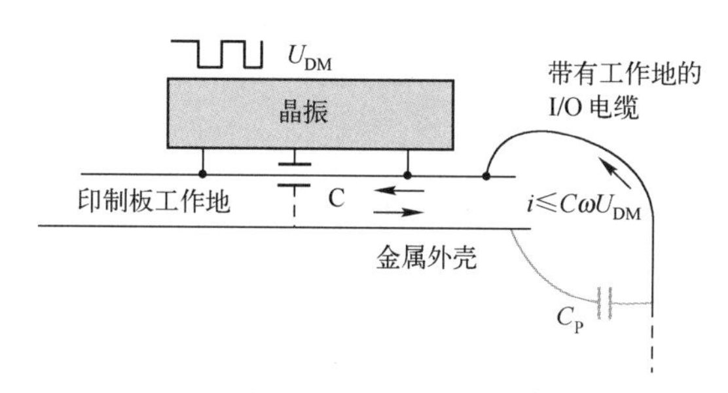

图 6.110　晶振与参考接地板之间的容性耦合导致辐射发射原理

下面再来分析一下，为什么晶振布置在 PCB 边缘时会导致辐射超标，而向板内移动后，可以使辐射发射测试通过呢?

从以上分析已经可以看出，晶振与参考接地板之间的耦合导致电缆共模辐射的实质是晶振与参考接地板之间的寄生电容，也就是说这个寄生电容越大，晶振与参考接地板之间的耦合就越厉害，流过电缆的共模电流也越大，电缆产生的共模辐射发射也越大；反之辐射发射就越小。那这个寄生电容的实质是什么呢，实际上这个晶振与参考接地板之间的寄生电容就是由于晶振与参考接地板之间存在的电场分布，当两者之间的电压差恒定时，两者之间电场分布越多，两者之间的电场强度就越大，两者之间寄生电容也会越大。当晶振布置在 PCB 的边缘时，晶振与参考接地板之间的电场分布示意图如图 6.111 所示。当晶振布置在 PCB 中间，或离 PCB 边缘较远时，晶振与参考接地板之间的电场分布示意图如图 6.112 所示。

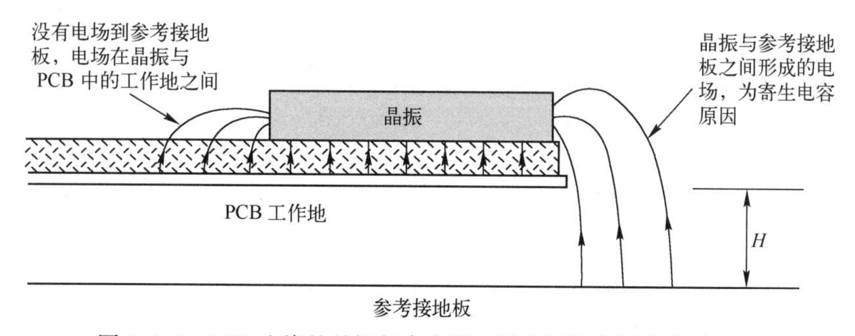

图 6.111　PCB 边缘的晶振与参考接地板之间的电场分布示意图

从图 6.111 和图 6.112 的比较可以看出，当晶振布置在 PCB 中间，或离 PCB 边缘较远时，由于 PCB 中工作地（GND）平面的存在，使大部分的电场控制在晶振与工作地（GND）之间，即在 PCB 内部，分布到参考接地板的电场大大减小，即晶振与参考接地板之间的寄生电容大大减小。这时也不难理解为何晶振布置在 PCB 边缘时会导致辐射超标，而向板内移动后，辐射发射就降低了。

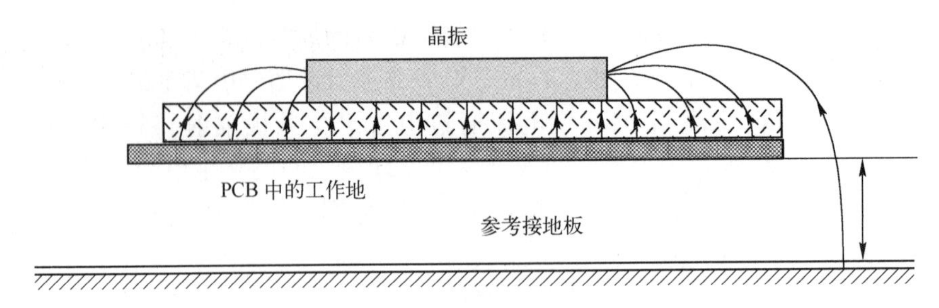

图 6.112　PCB 中间的晶振与参考接地板之间的电场分布示意图

【处理措施】

将晶振内移，使其离 PCB 地平面边缘至少有 1 cm 以上的距离，并在 PCB 表层离晶振 1 cm的范围内敷铜，同时把表层的铜通过过孔与 PCB 地平面相连。经过修改后的测试结果频谱图如图 6.113 所示，从图 6.113 中可以看出，辐射发射有明显的改善。

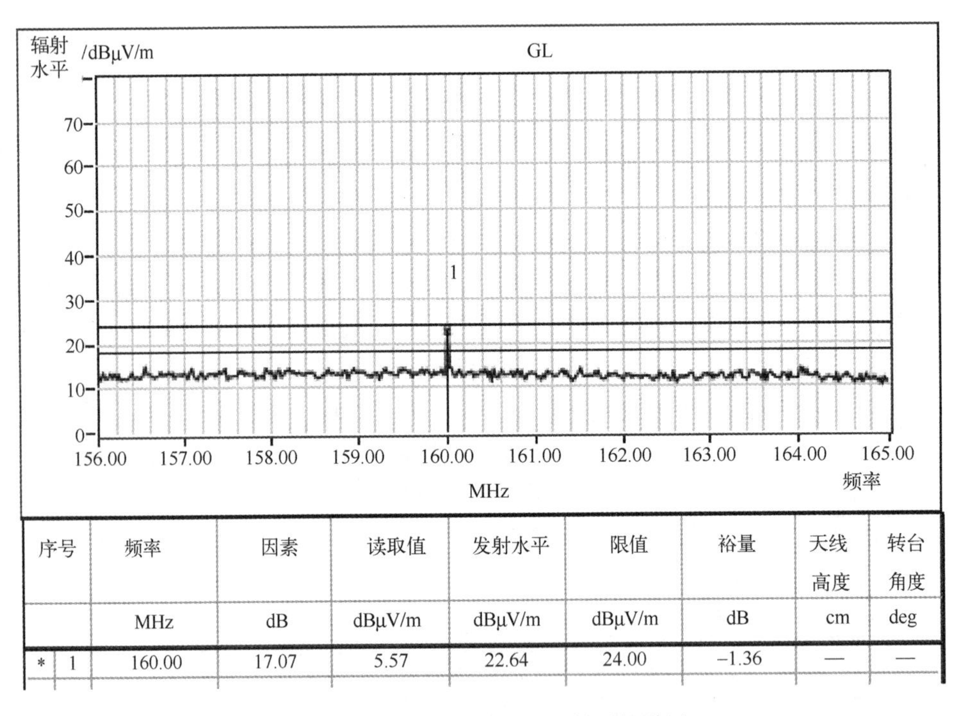

序号	频率	因素	读取值	发射水平	限值	裕量	天线高度	转台角度
	MHz	dB	dBμV/m	dBμV/m	dBμV/m	dB	cm	deg
* 1	160.00	17.07	5.57	22.64	24.00	−1.36	—	—

图 6.113　经过修改后的测试结果频谱图

【思考与启示】

（1）高 dU/dt 的印制线或器件与参考接地板之间的容性耦合，会产生 EMI 问题，敏感印制线或器件布置在 PCB 边缘会产生抗扰度问题。

（2）杜绝高 dU/dt 的印制线或器件放置在 PCB 的边缘，如果设计中由于其他原因一定要布置在 PCB 边缘，那么可以在印制线边上再布一根工作地（GND）线，并通过过孔将此工作地（GND）线与工作地（GND）平面相连。

（3）消除一种误解：不要认为辐射是由晶振直接造成的，事实上晶振个体较小，它直接影响的是近场辐射（表现为晶振与其他导体（如参考接地板）之间形成的寄生电容），造成远场辐射的直接因素是电缆或产品中最大尺寸与辐射频率波长可以比拟的导体。

6.2.16　案例 83：强辐射器中下方为何要布置局部地平面

【现象描述】

某家电产品采用塑料外壳，辐射发射超标，在问题定位过程中，用示波器及探头做成简易的近场探头对该产品进行问题定位，示波器的具体型号及定位测试示意图如下：

测试仪器：示波器 TDS784D（1 GHz），探头 P6245（1.5 GHz）。

测试方式：把探头和探头的地线相连，形成环状，犹如环状接收天线，探头与地线构成的接收环路如图 6.114 所示，将此环靠近，寻找最大辐射点。

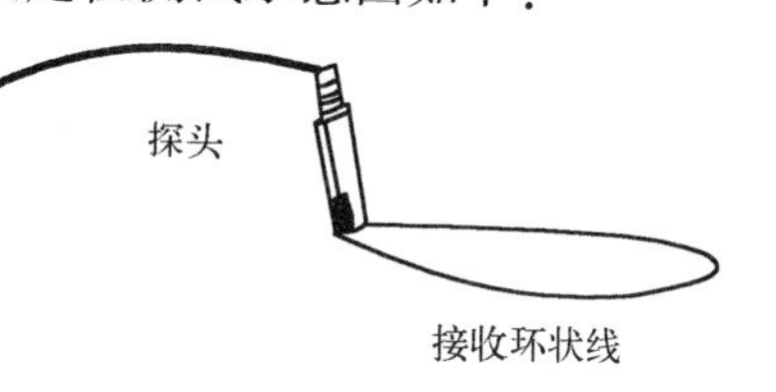

图 6.114　探头与地线构成的接收环路

在测试中发现，当探头靠近该产品中 PCB 上的晶振和其输出的时钟线时，辐射最大，探头靠近晶振时的噪声峰-峰值如图 6.115 所示，而且峰-峰值超过 400 mV。根据经验，这个幅度偏大。

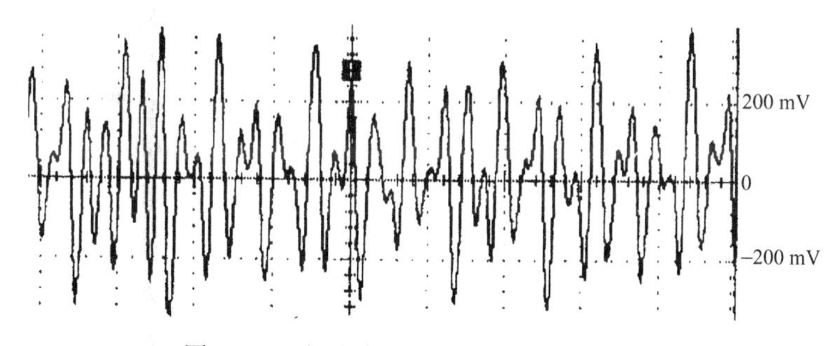

图 6.115　探头靠近晶振时的噪声峰-峰值

因此，初步确定该时钟线或晶振在 PCB 中的设计有不合理的地方。进一步观察发现，时钟线较长，布在 TOP 层和 BOTTOM 层，而且该晶振的布局也没有做特殊处理。

【原因分析】

晶振及其相应的时钟信号由于其周期特性、快上升沿的特性成为 PCB 上的主要骚扰源之一，并有着丰富的谐波。

晶体内部电路由于其特性会产生 RF 电流，故封装内部产生的 RF 电流可能很大，以至于晶体的地引脚不能以很小的损耗充分地将这个很大的 Ldi/dt 电流引到地平面，结果金属外壳变成了单极天线。PCB 内的最近地平面有时离晶体外壳有两层或更多层。这样，RF 电流到地的辐射耦合路径就很不充分了。如果晶体是表贴器件，则由于表贴器件常常是塑封的，故这时的情况会变得更糟糕。封装内产生的 RF 电流会辐射到空间，耦合到其他器件，PCB 材料相对于晶体地引脚具有更高的阻抗，它将阻止 RF 电流进入地平面。就是这些原因使得本案例中的晶振引脚或晶振周边邻近的空间产生较大的高频噪声。

晶振、晶体和所有的应用时钟的电路（如 Buffer、驱动器等，这些器件通常也具有高速、高边沿速率特性）放在一个局部地平面上是降低晶振、晶体等时钟电路共模辐射的一种简单而有效的方法。局部地平面是 PCB 上的一片局部敷铜，它通常在 PCB 的器件（表层）面通过晶振的地引脚和至少两个过孔直接连接到 PCB 内部的主地平面上。除此之外，时钟驱动器、缓冲器等必须邻近振荡器放置。局部地平面应该延伸到支持逻辑电路的下面。晶振下的局部地平面实例如图 6.116 所示。

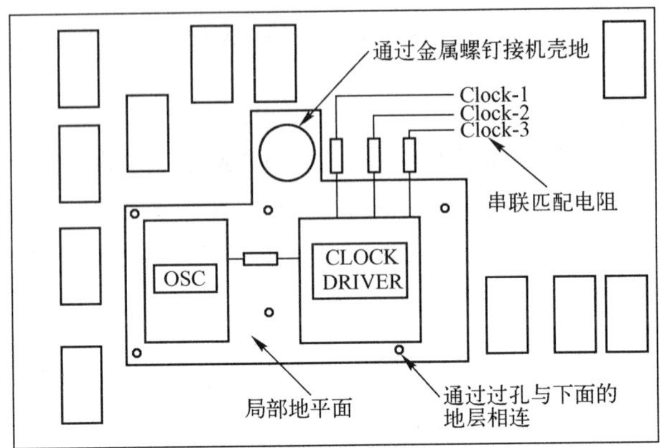

图 6.116　晶振下的局部地平面实例

在时钟产生区域下面放置局部地平面的主要原因是：在晶体和时钟电路下面的局部地平面可以为晶体及相关电路内部产生的共模 RF 电流提供通路，使 RF 场控制在较小的范围内从而使 RF 发射最小。为了承受流到局部地平面的差模 RF 电流，需要将局部地平面与系统中内层的其他地平面多点相连。将表层局部地平面与 PCB 内部的主地平面通过低阻抗的过孔相连。有时为了提高局部地平面的性能，将时钟产生的电路靠近机壳地的连接点放置，会有更好的效果。

同时应当避免有穿过局部地平面的布线，否则将破坏局部地平面的作用。如果有布线穿过局部地平面，将引起局部地平面的不连续，产生小地环路电位。在较高的频率范围内，这个地环路会带来一些问题。

【处理措施】

（1）晶振下方表层设置局部地平面，并通过多个过孔与地层相连。

（2）将原来布在表层的时钟线，改为布在第三层（6 层板）。

将修改后的 PCB 安装在产品中，再用上述简易近场探头测试，测得结果如图 6.117 所示。

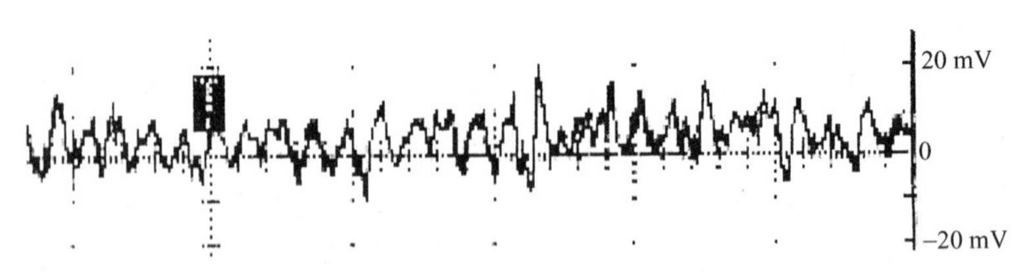

图 6.117　经过修改后的噪声峰–峰值

峰–峰值约为 40 mV。

【思考与启示】

（1）在多层板 PCB 设计中，建议在晶振下方设置局部地平面。对于两层板，此方法显得更为重要。

（2）6 层以上的多层板表层或底层不允许长距离布时钟线。最大允许的表层时钟线长度为时钟信号波长的 1/20。

（3）晶振和驱动电路的下方及离这些电路 300 mil 的距离内不能布信号线。

6.2.17　案例 84：接口电路布线与抗 ESD 干扰能力

【现象描述】

在某设备的某个模块上有一个维护窗口，里面有网口、2S 时钟信号口、串行口等对外通信接口。这些对外通信接口的作用在于设备实际应用时可进行监控和维护。在进行 ESD 测试时，对 2S 时钟信号口（采用一个 SMB 接插件输出）的金属插座进行±2 kV 放电测试，设备工作正常；放电强度增加到±4 kV 时，模块出现告警，传输数据出现许多误码；进行±6 kV 放电测试时，模块误码急剧增加，并最终出现复位现象。

【原因分析】

模块上的 2 s 时钟信号是通过一个 SMB 的同轴连接器与外部进行联系。接插件的金属外壳与 PCB 的工作地相连，工作地与模块的金属外壳相连，PCB 上没有独立的保护地。2 s 信号进入 PCB 以后连接到一个 TVS 保护器件和一个与非门，经过与非门整形后进入时钟处理芯片。这个 2 s 时钟是 PCB 的参考时钟，所有时钟信号均以这个源作为同步参考。所以，这个信号出现错误，整个模块的时钟就会全部出错，导致这个模块功能丧失，而这个模块又是这个设备系统的基础模块，它的控制功能丧失，必将导致整个模块瘫痪。从测试结果看，对同轴连接器外壳进行放电时，有三种情况可能导致 2S 时钟信号受到干扰：第一种情况是，同轴连接器没有接地或接地不良，对其放电时会产生强大的电磁场干扰，影响时钟电路；第二种情况是，可能 ESD 电流直接注入器件引脚，虽然同轴连接器已经接地，但是这个地不是保护地，干扰会直接进入 PCB 对 2 s 信号产生影响，而且 2 s 信号进入 PCB 后没有进行 ESD 保护；第三种情况是，虽然 2 s 信号上并联了 TVS，但是 TVS 在电路中并没有起到保护作用。

对于第一种情况，对 SMA 的金属外壳进行测量，确保外壳已经接地处理，这个可能性可以排除。

对于第二种情况，SMA 金属外壳直接连接到 PCB 的工作地，所以 ESD 干扰可以通过 PCB 的工作地直接对 PCB 上的工作信号产生影响。在这种情况下，如果接口器件没有进行 ESD 防护处理，则很容易影响 PCB 的正常工作，所以在对接口电路的处理中，都会考虑在信号线上并联 TVS 进行保护，这个 PCB 也不例外，因此这一情况也被排除。

对于第三种情况，SMA 的金属外壳连接到 PCB 的工作地上，而且信号线并联 TVS 进行保护处理，但在 ESD 测试中，仍然出现大量的误码和复位现象，这说明 TVS 没有起到应有的作用，这是此案例问题的根本所在，然而为什么 TVS 管没有起到应有的保护作用呢?

在电路原理图上表明信号线上已经并联了 TVS，那么在 PCB 设计上是否实现了 TVS 的正确连接呢？按照信号线保护的基本要求，需要将保护器件放置在接口的入口处，所以在 PCB 布线时需要考虑到信号进入 PCB 后，首先应连接到 TVS，然后从 TVS 连接到内部其他的工作电路。实际分析该 PCB 的布线时发现，在 PCB 设计中没有做到这一点。2 s 信号在 PCB 上的布线及 TVS、与非门的相对位置如图 6.118 所示。

图 6.118 中白色的连线就是 2 s 信号的走线方式。从上面的图示可以知道，2 s 信号从 SMA 连接器出来后分为两路：一路直接下来连接到与非门；另一路从右边走了一段比较长的路线以后连接到 TVS。经过测量，从 TVS 到 SMA 连接器的连线长度为 60+10=70 mm，从 SMA 连接器到与非门的连线长度为 30 mm，远小于连接到 TVS 的距离。因此对 2 s 信号的金属外壳施加干扰时，耦合到信号线上的干扰要先进入与非门，然后才能达到 TVS，所以这时的 TVS 根本没有起到抑制 ESD 干扰的作用。

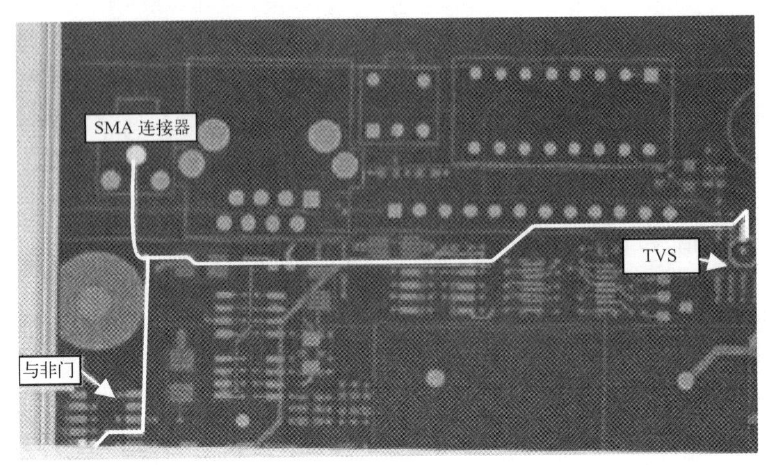

图 6.118　2 s 信号在 PCB 上的布线及 TVS、与非门的相对位置

从原理上可以做如下解释：从 SMA 连接器到 TVS 引脚的印制线较长，由于印制线存在一定的阻抗（此阻抗是印制线端到端的阻抗，并非传输线概念中的特性阻抗），故阻抗的大小主要取决于印制线的长度。其次是印制线的宽度。图 6.119 是一段长为 10 cm 不同宽度的印制线的阻抗与频率的关系。可以看到，印制线在较高的频率下会表现出较高的阻抗。

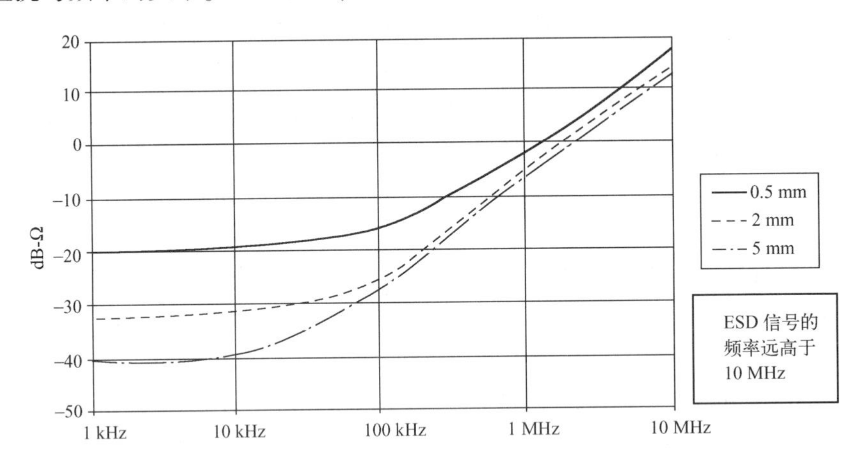

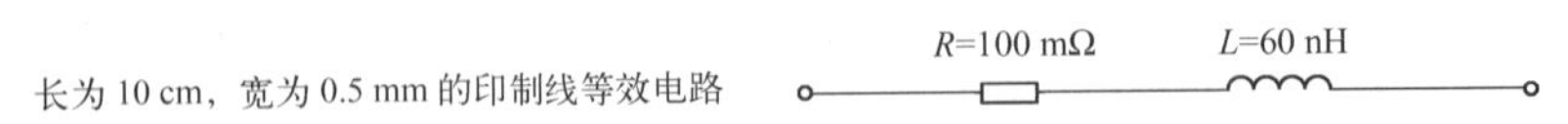

图 6.119　印制线宽度与阻抗的关系

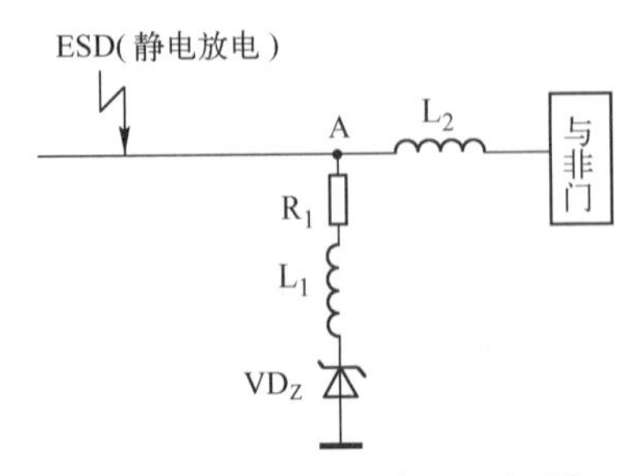

图 6.120　接口电路 ESD 问题分析原理示意图

在本案例中，从 SMA 到与非门的引线很长（约 7 cm），将实际接口电路转化成 ESD 问题分析原理示意图（见图 6.120）。从 SMA 到与非门的引线很长，导致 R_1、L_1 较大，而且 $L_1>L_2$，故当 ESD 电流（瞬态，具有较高的 di/dt）流过 TVS 时，在 L_1 上足够产生 1 kV 的压降，使得图 6.120中 A 点的压降不能降低，所以不能保护后一级的逻辑器件。

对这部分接口电路的 PCB 布局/布线进行调整修改，即将 TVS 放置在连接器及与非门之间的 PCB 布线、布局如图 6.121 所示。

在图 6.121 中，白色的连线就是 2 s 时钟线。这个时钟信号从 SMA 连接器出来后，先连接到 TVS，距离大约为 18 mm，再从 TVS 连接到与非门，两者距离为 22 mm。这样的连接符合 ESD 保护的要求。经过测试也证明从±2～±6 kV 均能使模块工作正常，没有出现任何误码。

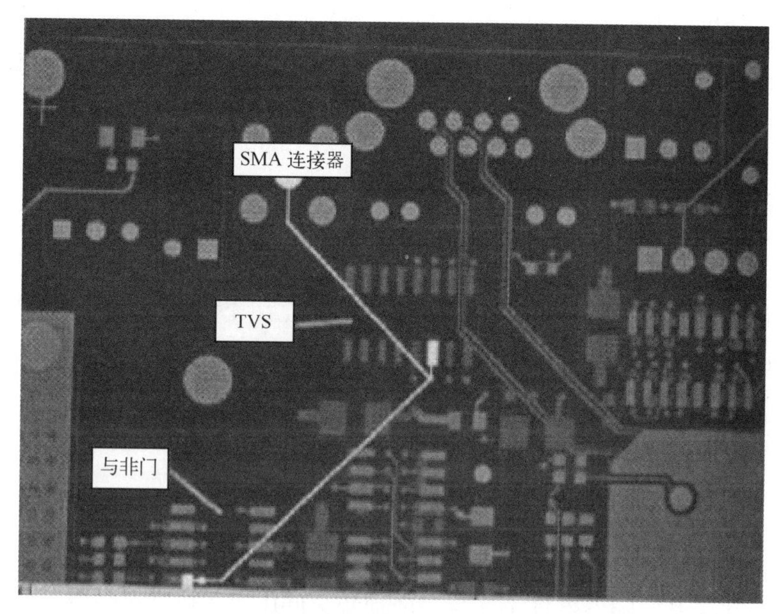

图 6.121　将 TVS 放置在连接器及与非门之间的 PCB 布线、布局

【处理措施】

从以上的分析可见，ESD 保护能力的变差主要是由 PCB 中器件的布局不合理造成的，使得 TVS 没有起到应有的保护作用。通过 PCB 中器件的重新布局，将 TVS 放置在连接器及与非门之间，保证信号先经过保护器件再进入逻辑器件，就可以满足 ESD 测试的要求。

【思考与启示】

TVS 及类似的保护器件在 PCB 中布局时，应放置在接口连接器之后的信号入口处，靠近连接器，并且保护器件位于被保护器件与接口连接器之间，信号先经过保护器件，再由保护器件引向被保护器件。

第7章 器件、软件与频率抖动技术

7.1 器件、软件与EMC

众所周知，电路由器件构成，但是器件的EMC性能往往被忽略掉。所以在设计产品电路时，考虑器件的EMC性能还是比较重要的。例如，一个抗干扰能力较强的CPU芯片，由于其本身就能抵抗一些来自于外界的干扰，当该器件应用在电路中时，电路就可以省去一些外围额外的保护和滤波器件；同样，一个EMI水平较低的集成电路，当该器件应用到电路中时，也可以省去一些外围额外的抑制和滤波器件，同时也可以省去不少设计PCB的精力。

电路设计工程师在选择数字器件时，通常只关注器件的功能和工作速率，以及基于厂家提供的器件内部的门延时等数据，而不太关注输入/输出信号真正的边沿速率。工作速率与EMI之间存在反比关系。随着器件工作速率的加快，EMI问题也越来越突出。也就是说，低速器件的EMI情况会好于高速器件。在PCB上，电路设计工程师总是关注诸如元件布局、布线、总线结构及去耦电容等重点内容，而某一数字器件采用什么封装（如硅材料、塑料或陶瓷材料等）却往往被设计者忽视或不予考虑；设计者经常只出于功能和价格来考虑器件，而不去控制封装参数的要求。那为什么要关心器件的封装呢？虽然速度在高速设计中被认为是唯一重要的参数，但实际上，器件封装在增加或减小RF电流时起主要作用。器件封装内独立引线会引发一些EMC问题：最大的一点是引线的电感，它会允许一些异常操作状态存在，包括地弹及信号噪声驱动下的IC的引脚（IC leads）都可能成为一个大的辐射问题。

从EMI考虑，选择器件时考虑以下建议将有助于减小由使用逻辑器件（尤其是数字逻辑器件）产生的RF能量。

（1）应选择那些逻辑状态转换时所需输入电流更小的器件。这里的电流指的是在容性负载最大的情况下，器件所有引脚同时切换时的最大涌入电流，而非平均值或静态值。

（2）在满足功能时，应尽可能选择较慢的逻辑器件。尽管低速器件现在变得越来越难以找到，但对于一普通逻辑功能的要求来说，不要选用ns级的器件。

（3）选择那些电源引脚和地引脚位于封装中心且相邻的器件。

（4）使用带金属屏蔽壳的器件（晶振），使用尽可能多的低阻抗过孔连接将金属壳接地。

（5）对那些陶瓷封装且顶部带金属嵌片的器件，应提供一接地散热架。概念上，好像这应合并在一件产品中，但实现起来可能会很困难。若没有其他可能的方法，就只能这样做。

从EMS（电磁抗扰度）考虑，选择器件时考虑以下建议将有助于提高产品的抗扰度水平：

（1）优先选择抗ESD能力较高的器件。

（2）选择那些电源引脚和地引脚位于封装中心且相邻的器件。

（3）对于数/模混合器件，优先选择数字部分和模拟部分隔离较好的器件。

软件本身不属于EMC范畴，但它可以作为一种容错技术在EMC中应用。它的作用主要集中体现在产品的抗扰度技术中，如通过软件陷阱抵御因干扰造成的CPU程序“跑飞”；通过数字滤波消除信号中的噪声以提高系统精度；通过合理的软件时序机制，避开干扰效果的呈现。

7.2　频率抖动技术与EMC

开关频率抖动技术是近年来流行的一种降低电路传导骚扰和辐射骚扰的技术。抖动频率与固定频率的区别是：普通周期信号的频率十分稳定，而抖动频率信号的周期是按照一定规律变化的，也就是说，是人为使频率发生抖动的。这种技术也用在数字周期信号电路中，即扩频调制技术。

需要注意的问题是，频率抖动的效果仅使设备的骚扰在较宽的频谱上均分，而使其容易通过EMC测试，但它在整个频率范围内的干扰能量并没有改变。但是这个技术已经被所有的管理机构所认可。因此，它确实是一个使设备顺利通过电磁兼容试验的简单易行的方法。这个技术特别适合于民用设备，军用设备需要通过的标准十分严格，频率抖动技术的作用不显著，军用设备主要还是依靠屏蔽技术和滤波技术。

7.3　相关案例

7.3.1　案例85：器件EMC特性和软件对系统EMC性能的影响不可小视

【现象描述】

某E_1通信接口产品，对机框铝型材横梁和E_1通信接口板的面板上的SMB连接器外壳进行接触放电6 kV的ESD放电测试时，E_1通信链路立即中断且不能自动恢复，软件复位E_1芯片和手动复位整个产品均不起作用，需拔插该通信接口板，并使软件重新加载后链路才能恢复。同时，该产品的电源端口进行EFT/B测试时，当测试电压为±1 kV时，测试中出现的现象与静电测试时相同。ESD测试和EFT/B测试时的设备连接图如图7.1所示。产品的E_1通信接口的输入/输出分别与E_1误码表的输入/输出口相连，以模拟该产品的正常通信工作情况。

【原因分析】

该产品中通信接口板中的E_1接口芯片是DS2154，为了研究问题的根源，继续做了如下两种配置的试验，并测量了其中的E_1传输信号：

（1）修改程序及一些简单的硬件连接，使E_1信号经过接口芯片DS2154后不再经过其他器件，直接环回，信号流向如图7.2所示。重新进行测试，并同时测量E_1接口芯片DS2154控制电路侧的信号，如图7.2中的A点。

测试中测量A点的E_1信号波形。正常的情况下，E_1误码表上接收的数据正常（9B，000000…，DF，000000…，9B，000000…），在A测试点的波形如图7.3所示（由于测试时需要接很长的线出来测，所以信号质量不是很好）。当对横梁静电放电 6 kV 时，E1 误码表上接收的数据（9B，0000000…0001，DF，000…0001）出现异常，即在帧的最后一个比特变为 1，在 A 测试点的波形如图 7.4 所示。此时，重新初始化 DS2154 的所有寄存器，也不能恢复，就连复位整个产品都不能重新恢复。

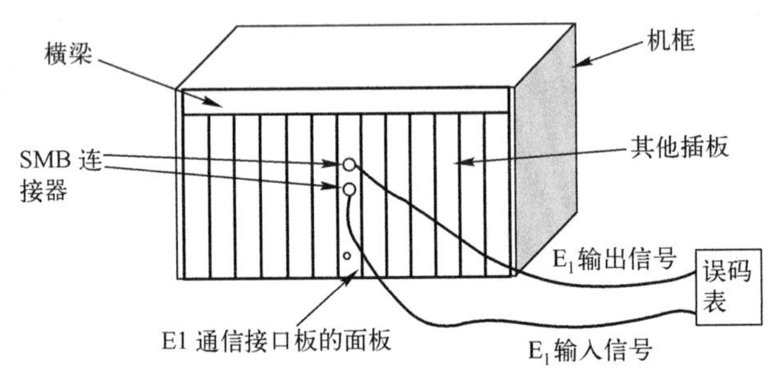

图 7.1　ESD 测试时的设备连接图

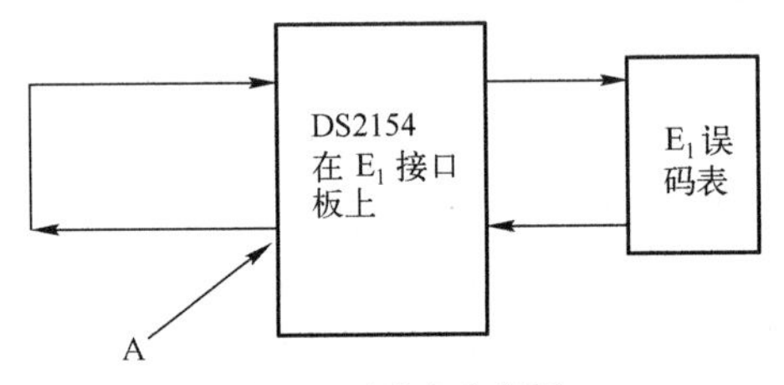

图 7.2　测试示意图

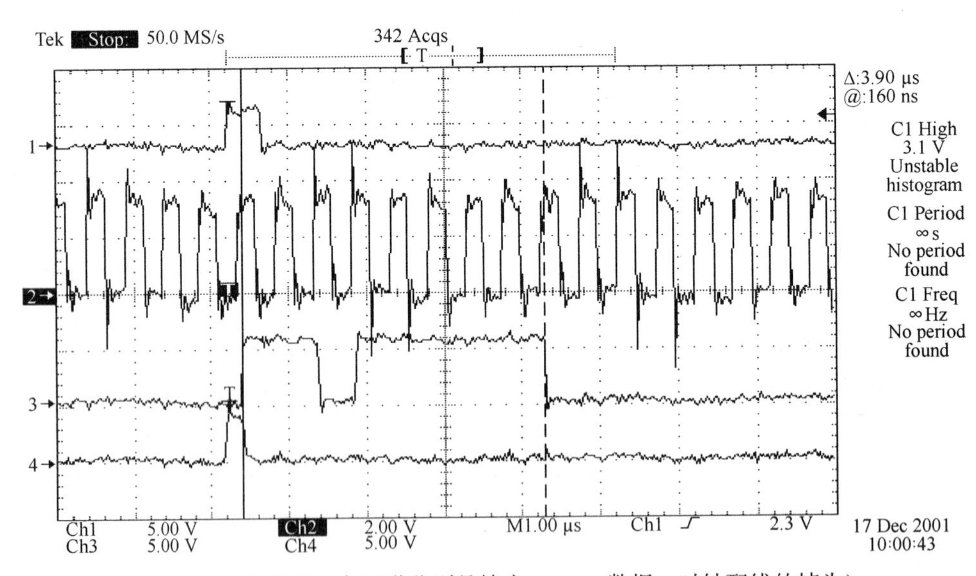

图 7.3　正常波形（各通道分别是帧头、2 M、数据、时钟配线的帧头）

（2）再做一些简单的硬件连接，使 E_1 信号从 SMB 接口连接器进入产品后，再进入接口芯片 DS2154 之前将输入/输出信号短接，即在接口芯片 DS2154 之间就实现环回，原理如图 7.5所示。再进行 ESD 测试，放电时 E_1 误码表上接收的数据是正常的。

以上试验表明，问题出在 DS2154 芯片上。

【处理措施】

查看 E_1 接口芯片的技术资料，接口芯片 DS2154 抗静电能力为±1 kV，而 DS21554 抗静电能力为±2 kV。将产品接口芯片 DS2154 更换成 DS21554，再进行±6 kV ESD 测试，不再出现通信断链和死机现象。

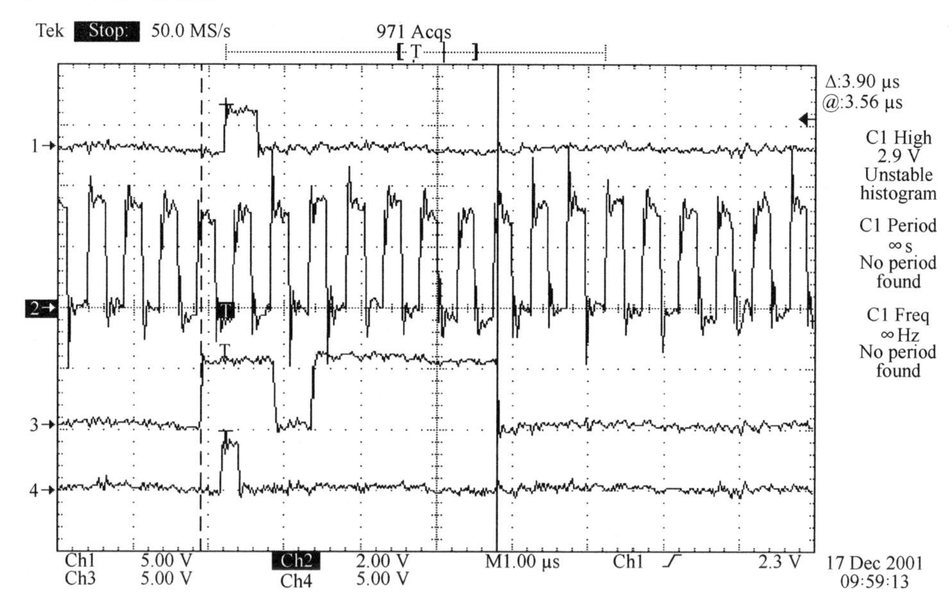

图 7.4　异常波形（各通道分别是帧头、2 M、数据、时钟配线的帧头）

接口芯片更换 DS21554 后进行 EFT/B 测试，测试电压为+1 kV时，也不再出现通信断链和死机现象，但在-1 kV 时仍会断链。对 E_1 通信接口板的 CPU 软件进行更改，增加 E_1 口的容错能力，即将 E_1 信号误码率阈值加大 1 倍，软件更改后进行电压为±1.5 kV的 EFT/B 测试，此时 E_1 信号不会出现断链现象。

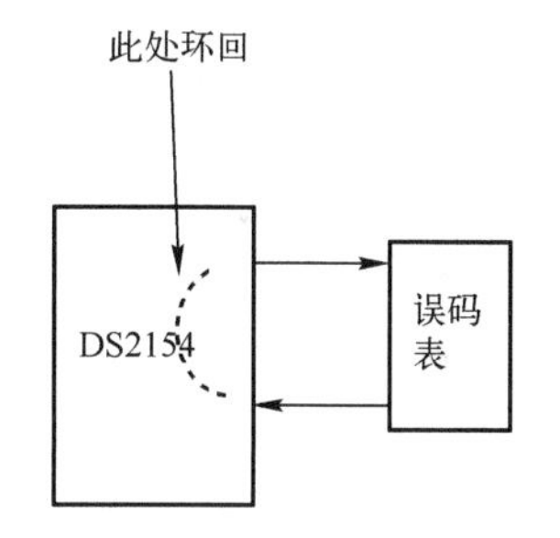

图 7.5　E1 信号在进入接口芯片前环回

【思考与启示】

（1）器件本身的 EMC 性能对系统的 EMC 性能有很大影响，进行前期 EMC 设计时要注意选择抗干扰能力强的器件；器件选择时一定要考虑器件本身的 EMC 特性，特别是抗 ESD 性能（ESD 性能在器件手册中也较容易查到）。

（2）软件与产品的 EMC 性能也有密切关系，产品软件要设置一定的容错能力。

7.3.2　案例 86：软件与 ESD 抗扰度

【现象描述】

某产品的时钟输入口进行电压为-6 kV 的 ESD 测试时，时钟跟踪状态变为“KEEP”状态，而且不能恢复，必须在复位或重新插拔产品后才能恢复，不符合产品标准的要求。

【原因分析】

进行±6 kV ESD 测试时，按产品标准，允许时钟出现中断但必须能自动恢复。测试时跟踪 GPS2 的时钟，当 ESD 测试电压为-6 kV、测试点为时钟口外壳时，GPS2 时钟源进入保持“KEEP”状态，通过查询时钟信息，GPS2 时钟源立刻又恢复“USABLE”可用状态，说明此时时钟源本身已经恢复正常，硬件电路能够恢复。

怀疑是时钟管理模块软件缺陷使时钟无法重新进入快捕、跟踪状态。对时钟管理模块软件进行分析后发现，管理模块软件完全能够实现自动恢复跟踪。产品的时钟切换采用两种方式：一种是人工切换方式；另一种是自动切换方式。如果是人工切换方式，在跟踪状态下发生 GPS 丢失，进入“KEEP”状态，GPS 源再恢复时，时钟板进入“KEEP”状态，同时会向低优先级的源切换；若 GPS 时钟源恢复正常，会自动切换到 GPS 源上，稍后进入跟踪。所以这个问题不是时钟管理模块软件的问题。

从串行口打印的信息看，这时鉴相逻辑送出的鉴相数据发生了变化（产生了相位跳变），软件反复进入判源，但是判源都不成功，所以不能进入快捕和跟踪，怀疑是因为时钟鉴相器部分软件自身的问题，使鉴相器再发生相位跳变后始终不能进入快捕和跟踪状态。为进一步进行验证，不进行静电放电，仅摇动 UTCP 单板的卫星接收天线，时钟状态也进入“KEEP”状态，这时鉴相逻辑的鉴相值也发生了相位跳变。所以这个问题不仅在静电测试时可能产生，在其他情况下，只要时钟受到干扰就会出现不能恢复跟踪的情况，这对系统来说是一个非常严重的问题。

分析软件发现，这时鉴相值超出了软件的允许范围，CLKC 单元无法重新进入快捕和跟踪，反复处于判源状态。原因是：CLKC 板跟踪 GPS 时钟源时钟在“KEEP”状态时软件检测到相差超出范围后没有对逻辑进行强制同步（对齐）操作，导致时钟源即使变好后，仍然无法进入快捕和跟踪状态，复位一下 CLKC 板就能够重新进入快捕与跟踪，是由于 CLKC 板复位重启后对逻辑进行了强制同步操作。对软件进行修改，在“KEEP”状态时，软件检测到相差超过鉴相范围后对逻辑进行强制同步操作。修改后，跟踪 GPS 时钟源进入“KEEP”状态后，当时钟源恢复稳定后 CLKC 板能够重新进入快捕和跟踪状态。

【处理措施】

此问题可以从软件角度来改进，即在“KEEP”状态时，软件检测到相差超出鉴相范围后对逻辑进行强制同步操作。在修改软件后进行测试，±8 kV 接触放电，±15 kV 空气放电，时钟也能自动恢复。

【思考与启示】

EMC 设计是一个系统问题，涉及软件、硬件、结构、电缆等各方面，在发现 EMC 问题时，不要急于从干扰隔离的角度去解决问题，而应该对问题的严重性进行评估，对会造成系统严重缺陷的问题寻根追源，从根本上解决问题。

7.3.3　案例 87：频率抖动技术带来的传导骚扰问题

【现象描述】

某工业产品采用 DC24 V 供电，内部工作电路的 5 V 工作电压由 DC/DC 开关电源得到，开关电源原理图如图 7.6 所示（图中省略了电源输出口的滤波电路及后级电路）。

该产品第一次设计时，电源的负载较大时（500 mA），测试该产品电源端口的传导骚扰，结果如图 7.7 所示。

从频谱图中可以清晰地看到一个个开关电源的开关频率谐波，该结果小于图 7.7 中所示的电源端口传导骚扰的限值线要求，其中 0.17457 MHz 频点的骚扰余量只有 2.37 dB。

后来一些设计的变化，使该产品在正常工作时，电源负载变小（300 mA），此时测试该产品电源端口的传导骚扰，结果如图 7.8 所示。

由图 7.8 可见，频率曲线变得比较平滑，不像图 7.7 那样有很多频率脉冲尖峰，而且大部分频点的传导骚扰水平均变低，但是意外地发现 150 kHz 频点辐射变高了，超过限值线 3.64 dB。

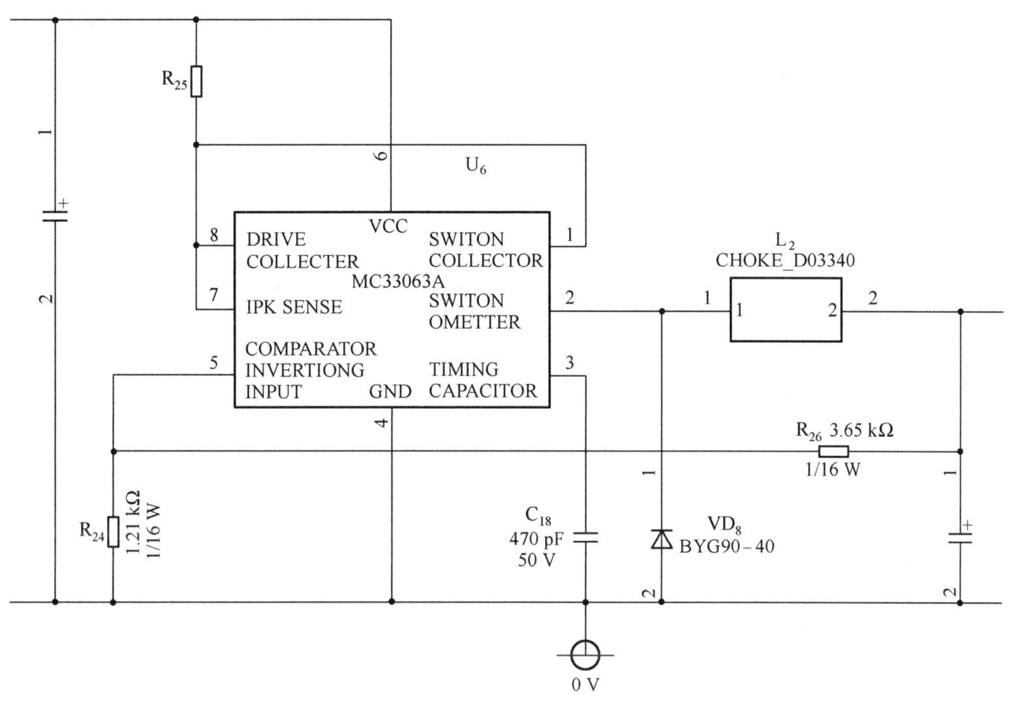

图 7.6　开关电源原理图

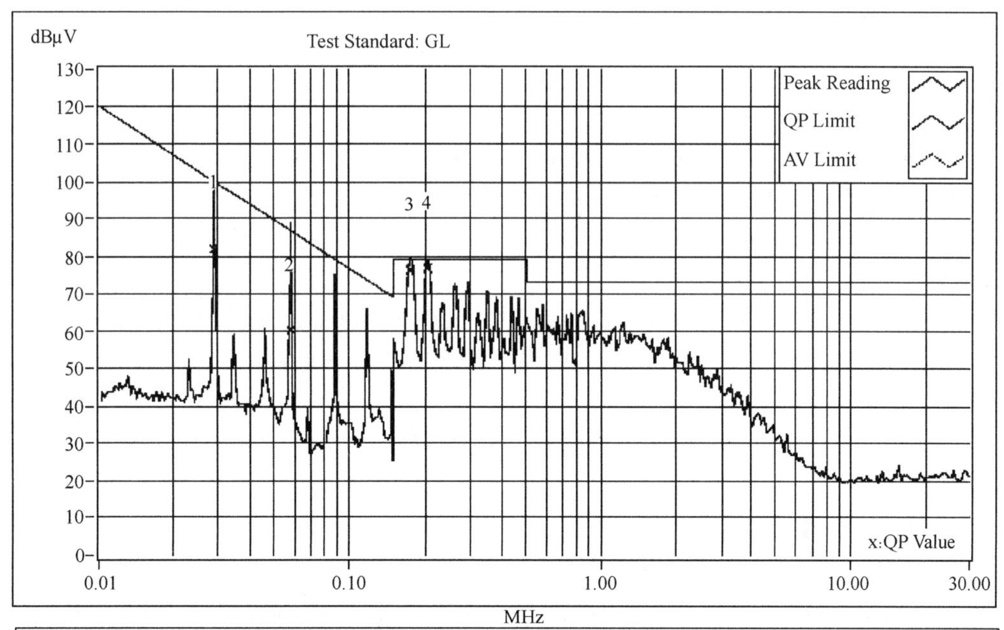

No.	Frequency	Corr. Factor	Reading dBμV	Emission dBμV	Limit dBμV	Margins dB	Notes
	MHz	dB	QP	QP	QP	QP	
1	0.02915	9.87	80.75	90.62	99.85	-9.32	
2	0.05842	4.95	59.59	64.54	86.76	-22.22	
+3	0.17457	1.45	75.18	76.63	79.00	-2.37	
4	0.20480	0.89	75.64	76.53	79.00	-2.47	

图 7.7　500 mA 负载时的电源端口传导骚扰频谱图

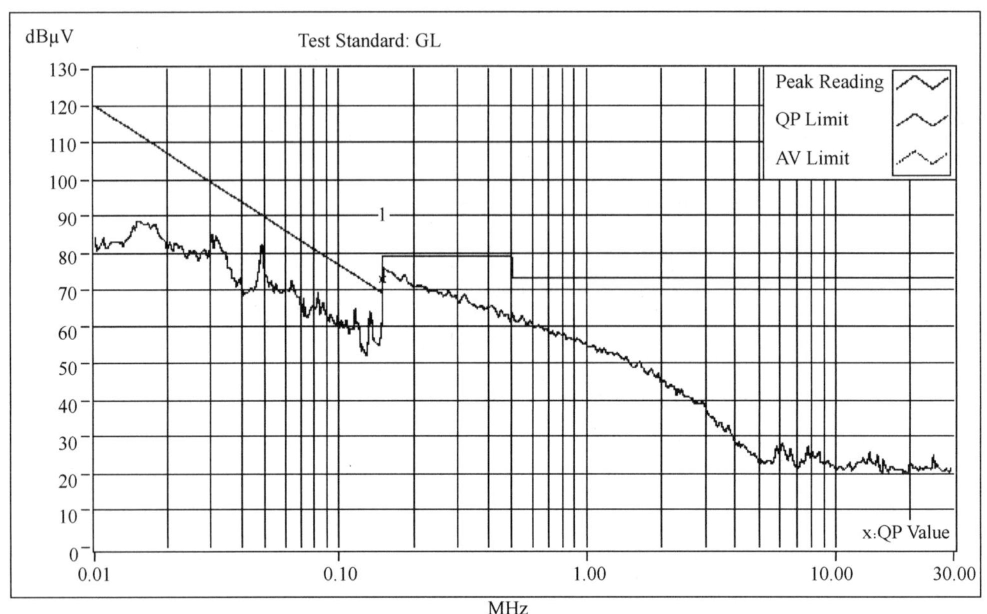

	Frequency	Corr. Factor	Reading dBμV	Emission dBμV	Limit dBμV	Margins dB	Notes
No.	MHz	dB	QP	QP	QP	QP	
+1X	0.15000	1.98	70.66	72.64	69.00	3.64	

图 7.8　300 mA 负载时的电源端口传导骚扰频谱图

由此带来两个疑问：

（1）为什么当电源负载较小时（300 mA）（即开关频率抖动工作时），大部分频点的传导骚扰水平会变低，而且频谱曲线会变得比较平滑？

（2）为什么 150 kHz 频率点传导骚扰水平反而会变高，并超过限值线？

【原因分析】

查阅该开关电源芯片的资料发现，该电源在负载较小时（如 300 mA），采用开关频率抖动技术（即开关频率是在工作中变动的），负载较大时（如 500 mA），开关频率就稳定在某一频点上。

解释频率抖动技术给开关电源传导骚扰带来的好处，首先从信号的本质说起。信号有两种主要形式：非周期信号（如数据信号、地址信号及一些随机产生的信号）和周期信号（如电源开关信号、数字周期信号（CLK））。像 1.4.2 小节中描述的那样，周期信号每个取样段的频谱都是一样的，所以它的频谱呈离散型，但是强度大，通常称为窄带噪声。而非周期信号每个取样段的频谱不一样，其频谱很宽，而且强度较弱，通常被称为宽带噪声。在开关电源中，PWM 信号通常是具有固定频率的矩形脉冲，其频谱成分包含有高次谐波，所以在 PWM 信号的基波及谐波频率上的骚扰水平会比较高。

为什么频率抖动可以减小传导骚扰水平？频率抖动技术可以使骚扰水平降低 7～20 dB。频率抖动范围越大，这种降低骚扰水平的效果越显著。

频率抖动对传导骚扰和辐射骚扰的作用可以用以下方式来估算。为了简化分析，只考虑周期信号的基本谐波。固定频率的信号，可以表示为

$$A\sin(2\pi f_C t)$$

对于频率抖动的可以表示为

$$A\sin[2\pi(f_C+w(t)t)$$

式中，$w(t)$是调制波形，因为频率抖动时，在一定周期内频率变化 Δf 并返回到初始频率，犹如被一个信号调制，调制波形代表频率随时间的变化曲线，通常为锯齿波。

未经抖动的频谱是位于f_C 的一条谱线，幅度为 $A^2/2$。

由于该频谱只是一条谱线，其幅度与频谱分析仪的分辨率带宽 B 无关。但是，抖动频率的频谱幅度取决于分辨率带宽 B。由于频率抖动后的功率在 Δf 频带内分布相当均匀，利用分辨率带宽为 B 的频谱分析仪测试得到的功率近似为

$$P=\frac{1}{2}A^2\ \frac{B}{\Delta f}$$

这样，可以得到骚扰抑制率（dB）S 为

$$S=10\lg\left[\frac{1}{2}A^2/\left(\frac{1}{2}A^2\ \frac{B}{\Delta f}\right)\right]=10\lg\frac{\Delta f}{B}$$

结合上述频率抖动参数：频率抖动率 δ（有时叫扩展率）、原固定频率f_C 和频率抖动方式，可以用下列方法计算 S。

向下或向上抖动时（频率表小或变大）：

$$S=10\lg\frac{|\delta|\cdot f_C}{B} \tag{7.1}$$

上下同时抖动时（同时实现频率变小和变大）：

$$S=10\lg\frac{2|\delta|\cdot f_C}{B} \tag{7.2}$$

其中，频率抖动率是抖动（或扩展）范围（Δf）与原固定频率（f_C）的比值。抖动类型指向下抖动、上下同时抖动或向上抖动。假设抖动范围为 Δf，则 δ 定义为：向下抖动：$\delta=-\Delta f/f_C\times100\%$；中心抖动：$\delta=\pm1/2\Delta f/f_C\times100\%$ ；向上抖动：$\delta=\Delta f/f_C\times100\%$。

需要注意的是，当$f_{SW}\ll f_m\ll f_C$ 时，骚扰抑制率 S 与调制率f_m 无关，其中，f_{SW}是频谱分析仪的扫描速率。f_m 为调制率，用于确定频率抖动周期率，在该周期内频率变化 Δf 返回到初始频率。调制波形代表频率随时间的变化曲线，通常为锯齿波。图 7.9 所示的是频率抖动调制率f_m 和频率抖动率 δ 的关系。

通过以上的解释，现在可以很清楚地回答第一个疑问，即当电源负载较小时（300 mA）（开关频率抖动工作时），大部分频点的传导骚扰水平会变低，除了电源本身功耗较小而导致骚扰水平降低外，更重要的原因是频率产生抖动后，使在原来固定频率时一些特定频点（谐波频点）上脉冲出现的次数减少（这里的脉冲是频谱意义上的脉冲，即在某一个频率点上的一次能量冲击）。把本该集中在同一频率带的辐射频谱分散到更多的频带，以降低原来固定频率时，一些谐波频点上的骚扰电平。因为频谱是束状分布的，束与束之间有很多的空隙。振荡频率抖动的结果是信号的频谱带宽变宽，峰值降低。同时进行传导骚扰测试时使用的接收设备的接收带宽是一定的，当谱线变宽时，一部分能量在接收机的接收带宽以外，也会使测量值变小。频谱曲线会变得比较平滑是因为频率抖动使频谱带宽变宽而分散能量，但是当频率带宽宽度大于传导骚扰测试时的扫描步进（Step Wide）时，就出现了比较平滑的频谱曲线。

至于第二个疑问，150 kHz 频率点传导骚扰水平反而会变高，是因为在原来固定频率工

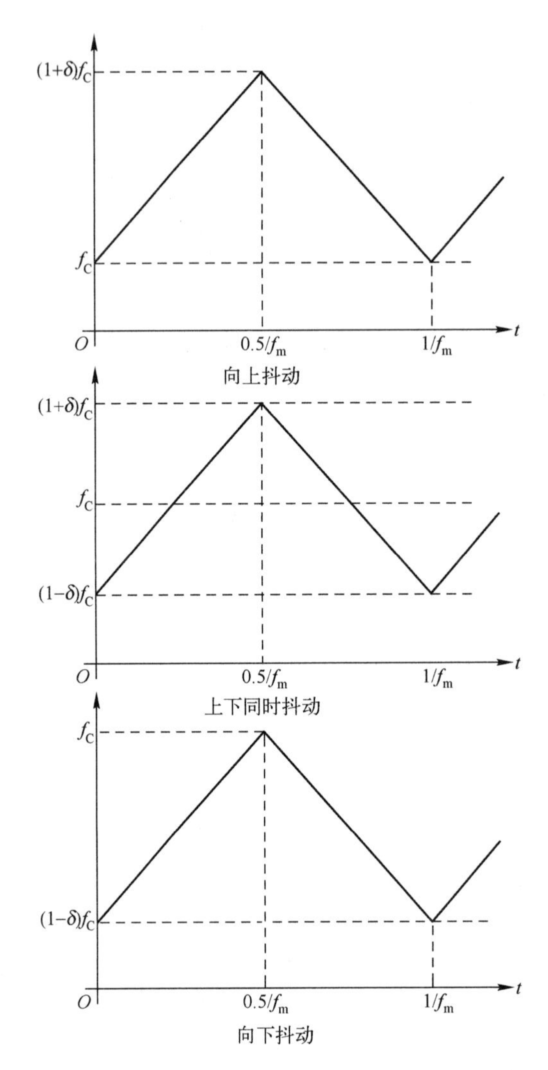

图 7.9　频率抖动调制率 f_m 与频率抖动率 δ 的关系

作时，能量比较容易集中在一些（固定开关频率的基波和谐波）频率点上，但是这些集中的频率点并不在 150 kHz 频率点上，当频率抖动时，150 kHz 频率点上也分配到了被分散的能量，骚扰水平在这点还有其他类似的点上变高。同时该产品的传导骚扰限值在 150 kHz 频率点上跳变，根据标准，当限值在某点上发生跳变时，取较低的值为限值，所以该点的限值也相对较低，也是造成传导骚扰超标的原因。

【处理措施】

该开关电源在负载较大（500 mA）时，虽然总体传导骚扰水平较高，但是还能满足该产品标准中规定的限值线要求，所以在产品设计时，在电源上接一假负载，使该产品正常工作时，功耗在 500 mA。接上假负载后的传导骚扰测试频谱图如图 7. 10 所示，由数据可知，测试通过。

【思考与启示】

（1）频率抖动技术通常是有利于 EMI 测试通过的，但是本案例正好是个特例，这也说明产品的设计需要权衡。

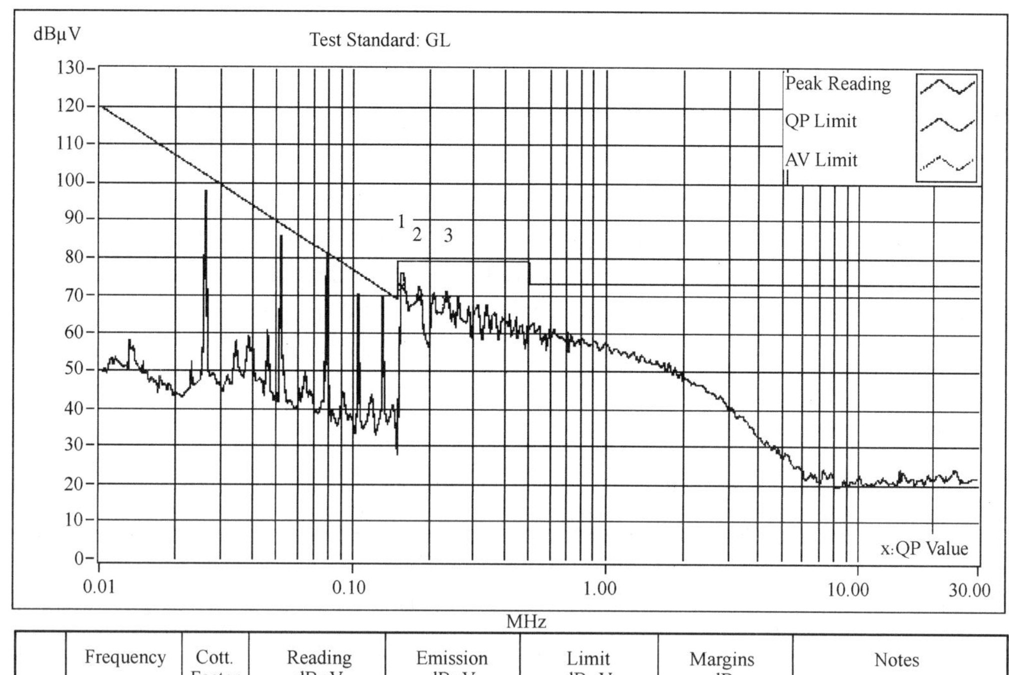

	Frequency	Cott. Factor	Reading dBμV	Emission dBμV	Limit dBμV	Margins dB	Notes
No.	MHz	dB	QP	QP	QP	QP	
1X	0.15487	1.87	71.14	73.01	79.00	–5.99	
2X	0.18168	1.30	68.29	69.59	79.00	–9.41	
+3X	0.23457	0.84	67.72	68.56	79.00	–10.44	

图 7.10　接上假负载后的传导骚扰测试频谱图

（2）频率抖动的效果仅是使设备容易通过 EMI 试验，其在整个频率范围内的骚扰能量并没有改变。它只是将比较集中的能量分散在较宽的频带上。

（3）频率抖动技术与低通滤波技术都可以降低周期信号的骚扰，但是并不能绝对评价哪一种技术更好。下面将两者的不同做一总结，开发人员在实际工程中酌情选用。

- 原理不同：频率抖动技术是将周期信号的谱线扩宽，利用测量方法中接收带宽一定的条件，使谱线的一部分能量被接收，从而获得比较小的测量值。而滤波的技术是将能量滤除掉，降低干扰的幅度。因此，可以认为频率抖动是针对测试提出的一种容易通过测试的对策，而滤波是真正抑制电磁骚扰能量的对策。当然，频率抖动技术的效果对于解决周期信号对窄带接收机形成的干扰还是有效的。
- 对波形的影响不同：频率抖动技术对周期信号波形的影响是频率抖动，而脉冲的上升/下降沿不变，与原来的普通周期信号一样陡峭。滤波对周期信号波形的影响是使脉冲的拐角钝化，并延长了脉冲的上升沿。上升沿变长会导致电路工作速度下降。
- 有效的频率范围不同：滤波仅能将周期信号中较高次的（为了保证周期信号的基本波形，一般要保留 15 次谐波）谐波幅度降低，而对较低次谐波（特别是基频）没有任何抑制效果。频率抖动较低的频率，甚至基频，也有降低幅度的作用，这取决于频率抖动范围是否大于测量接收机的接收带宽。例如，如果频率抖动的频率调制度为 ±0.5%，对于 120 kHz 的周期开关信号，对于十次谐波，频率变化范围为12 kHz，已经超过传导骚扰测试时接收机的 9 kHz 的带宽，因此已经可以获得较小的测量值了。

7.3.4　案例 88：电压跌落与中断测试引出电路设计与软件问题

【现象描述】

某通信产品，额定工作电压为直流 48 V。在进行直流电源端口的电压跌落与中断测试时发现，电压在从 48 V 跌落到 48 V 的 70%，跌落时间为 0.3 s 和 1 s 时，测试中出现复位现象，并且测试结束后，产品还继续反复复位，不开工，测试时监控产品是否正常工作的误码仪显示“NO SINGNAL”，说明产品不在正常工作状态 ，只有重新拔插 PCB 才可正常复位和恢复业务；电压在从 48 V 跌落到 48 V 的 40%，跌落时间为0.1 s、0.3 s 和 1 s 时，误码议显示“NO SINGNAL”，即产品不在正常工作状态，软件复位不能恢复业务，硬复位或掉电并重新上电后恢复正常。

【原因分析】

该产品上有两种供电体系：5 V 和 3.3 V，分别由两个 DC/DC 的开关电源模块得到，产品上两种电源模块的输出电压并不一定同时响应输入电压的跌落变化。产品的电源电压监视看门狗电路仅对 5 V 电源模块的输出电压进行监测，没有对 3.3 V 电源模块进行监测。当电压跌落发生时，因 5 V 供电的电路没有响应跌落，所以电源电压监测看门狗电路没有检测到电压变化，而实际上 3.3 V 供电的电路瞬间失去了供电并重新上电，主程序并不能判断出 3.3 V 供电的存储器在瞬间失去供电时存储内容发生变化和丢失并对其重新初始化，而是仍然认为存储内容是正确的，这必然会对业务造成影响。

另外还发现产品上两种类型的存储器中，一种完全恢复了跌落发生前的值，而另一种的部分存储单元则出现了很多随机的值。查对产品软件，发现程序初始化时只对一种存储器进行了内容校验，并假定该寄存器校验通过，则所有的寄存器内容均无问题。这种以偏概全的错误导致部分存储器内容不能在产品复位、程序初始化时恢复，从而对业务造成影响，出现“NO SIGNAL”或大量误码。

【处理措施】

看门狗电路不仅要给供电电源为 5 V 的芯片复位，也要给其他供电电压的芯片提供复位信号；电源电压监测电路要监测产品上所有供电网络的电压波动情况，不能有例外；产品软件要保证对所有的寄存器、存储器都提供初始化和校验。

【思考与启示】

直流电压跌落与中断测试造成产品业务中断并且不能自行恢复的原因是多方面的，和硬件电路设计、产品软件设计都有很大关系，因此比较复杂，需要综合考虑并具体问题具体分析。但基本的规律是：一般都与复位电路设计和存储器、寄存器校验程序设计相关。

附录A EMC术语

1 电磁兼容（Electromagnetic Compatibility，EMC）：可使电气装置或系统在共同的电磁环境条件下，既不受电磁环境的影响，也不会给环境造成这种影响。

2 电磁环境（Electromagnetic Environment）：存在于给定场所的所有电磁现象的总和。

3 半电波暗室（Semi-anechoic Chamber）：除地面安装反射接地平板外，其余内表面均安装吸波材料的屏蔽室。

4 远场（Far Field）：由天线发生的功率密度近似地随距离的平方成反比关系的场域。对于偶极子天线来说，该场域相当于大于 $\lambda/2\pi$ 的距离，λ 为辐射波长。

5 场强（Field Strength）："场强"一词仅适用于远场测量。测量可以是电场分量或磁场分量，可采用 V/m，A/m 或 W/m^2 等单位并可相互换算。

注：近场测量时，术语"电场强度"或"磁场强度"分别表示测量到电场或磁场的分量。

6 噪声（Noise）：环境、电路中无意或无用的信号，本书中特指高频部分。

7 骚扰（Disturbance）：任何可能引起装置、设备或系统性能降低或对有生命或无生命物质产生损害作用的电磁现象。

注：电磁骚扰可能是电磁噪声、无用信号或传播媒介自身的变化。

8 电磁干扰（Electromagnetic Interference，EMI）：骚扰引起的设备、传输通道或系统性能的下降。

9 发射（Emission）：从源向外发出电磁能的现象。

10 辐射发射（Radiate Emission）：能量以电磁波形式由源发射到空间的现象，有时也称为辐射骚扰（Radiate Disturbance）。

11 传导发射（Conduct Emission）：能量以电压或电流的形式由导电介质从一个源传导到另一介质的现象，有时也称为传导骚扰（Conduct Disturbance）。

12 传导干扰（Conduct Interference）：能量以电压或电流骚扰的形式引起的设备、传输通道或系统性能的下降。

13 辐射干扰（Radiate Interference）：能量以电磁波骚扰的形式引起的设备、传输通道或系统性能的下降。

14 （性能）降低（Degradation（of Performance））：装置、设备或系统的工作性能与正常性能的非期望偏离。

15 （对骚扰的）抗扰度（Immunity（to a Disturbance））：装置、设备或系统面临电磁骚扰但不降低运行性能的能力。

16 （电磁）敏感性（（Electromagnetic）Susceptibility）：在存在电磁骚扰的情况下，装置、设备或系统不能避免性能降低的能力。

注：敏感性高，抗扰性低。

17 静电放电（Electrostatic Discharge，ESD）：具有不同静电电位的物体相互靠近或直接接触引起的电荷转移。

18 骚扰限值（Iimit of Disturbance）：对应于规定测量方法的最大电磁骚扰允许电平。

19 （电磁兼容）电平（（Electromagnetic）Compatibility Level）：预期加在工作于指定条件下的装置、设备或系统上规定的最大电磁骚扰电平。

20 （骚扰源的）发射电平（Emission Level（of a Disturbance Source））：用规定的方法测得的由特定装置、设备或系统发射的某给定电磁骚扰电平。

21 抗扰度电平（Immunity Level）：将某给定的电磁骚扰施加于某一装置、设备或系统，而其仍能正常工作并保持所需性能等级时的最大骚扰电平。

22 抗扰度限值（Immunity Limit）：规定的最小抗扰度电平。

23 抗扰度裕量（Immunity Margin）：装置、设备或系统的抗扰度限值与电磁兼容电平之间的差值。

24 （电磁）兼容裕量（（Electromagnetic）Compatibility Margin）：装置、设备或系统的抗扰度限值与骚扰源的发射限值之间的差值。

25 骚扰抑制（Disturbance Suppression）：削弱或消除骚扰的措施。

26 干扰抑制（Interference Suppression）：削弱或消除干扰的措施。

27 瞬态（Transient）：在两相邻稳定状态之间变化的物理量与物理现象，其变化时间小于所关注的时间尺度。

28 脉冲（Pulse）：在短时间内突变，随后又迅速返回其初始值的物理量。

29 （脉冲的）上升时间（Rise time（of a Pulse））：脉冲瞬时值首次从给定下限值上升到给定上限值所经历的时间。

30 上升沿（Rise）：一个量从峰值的10%~90%所需的时间。

31 脉冲噪声（Pmpulsive Noise）：在特定设备上出现的、表现为一连串清晰脉冲或瞬态的噪声。

32 脉冲骚扰（Impulsive Disturbance）：在某一特定装置或设备上出现的、表现为一连串清晰脉冲或瞬态的电磁骚扰。

33 电源骚扰（Mains-borne Disturbance）：经由供电电源线传输到装置上的电磁骚扰。

34 电源抗扰度（Mains Immunity）：对电源骚扰的抗扰度。

35 电源去耦（Mains Decoupling）：施加在电源某一规定位置上的电压与施加在装置规定输入端且对装置产生同样骚扰效应的电压值之比。

36 壳体辐射（Cabinet Radiation）：由设备外壳产生的辐射，不包括所接天线或电缆产生的辐射。

37 耦合（Coupling）：在给定电路中，电磁量（通常是电压或电流）从一个规定的位置通过磁场、电场、电压、电流的形式传输到另一个规定的位置。

38 耦合路径（Coupling Path）：部分或全部电磁能量从规定路径传输到另一电路或装置所经由的路径。

39 屏蔽（Screen）：用来减少场向指定区域穿透的措施。

40 电磁屏蔽（Electromagnetic Screen）：用导电材料减少交变电磁场向指定区域穿透的屏蔽。

41 线性阻抗稳定网络（Line Impedance Stabilization Network，LISN）：能在射频范围内，在EUT端子与参考地之间，或端子之间提供一稳定阻抗，同时将来自电源的无用信号与测量电路隔离开来，而仅将EUT的干扰电压耦合到接收机的输入端。

42 被测设备（Equipment Under Test，EUT）：被测试的设备。

43 辅助设备（AE）：进行EMC测试时，用来保证被测设备正常工作的设备。

附 录 B

民用、工科医、铁路等产品相关标准中的EMC测试

CISPR11、CISPR13、CISPR14、CISPR15、CISPR22；IEC61000-4-2 、IEC61000-4-3、IEC61000-4-4、IEC61000-4-5、IEC61000-4-6、IEC61000-4-8、IEC61000-4-11、IEC61000-3-2、IEC61000-3-3 等标准对工业、科学、医疗仪器、广播接收机、家用电器及手工具、灯具类及信息技术等产品所要的进行 EMI 和 EMS 测试做了规定。

B.1 辐射发射测试

B.1.1 辐射发射测试目的

由于 EMC 设计及 EMC 问题的分析是建立在 EMC 测试的基础上的，所以有必要对 EMC 测试做简单的阐述。测试电子、电气和机电设备及其部件所辐射发射，包括来自所有组件、电缆及连接线上之辐射发射。用来鉴定其辐射是否符合标准的要求，以致在正常使用过程中部影响同一环境中的其他设备。

B.1.2 辐射发射测试设备

根据常用传导骚扰测试标准 CISPR16 及 EN55022 的要求，辐射发射测试主要需要如下设备：

（1）EMI 自动测试控制系统（计算机及其界面单元）；

（2）EMI 测试接收机；

（3）各式天线（主动、被动棒状天线、大小形状环路天线、功率双锥天线、对数螺旋天线、喇叭天线）及天线控制单元等；

（4）半电波暗室或开阔场。

EMI 测试接收机是 EMC 测试中最常用的基本测试仪器，基于测试接收机之频率响应特性要求，按 CISPR16 规定，测试接收机应有四种基本检波方式即，准峰值检波、均方根值检波、峰值检波及平均值检波。然而，大多数电磁干扰都是脉冲干扰，它们对音频影响的客观效果是随着重复频率的增高而增大，具有特定时间常数的准峰值检波器的输出特性，可以近似反映这种影响。因此在无线广播频率领域，CISPR 所推荐的 EMC 性规范采用准峰值检波。由于准峰值检波既要利用干扰信号的幅度，又要反映它的时间分布，因此其充电时间常数比峰值检波器大，而放电时间常数比峰值检波器小，对不同频谱段应有不同的充、放电时间常数，这两种检波方式主要用于脉冲干扰测试。

天线是辐射发射测试的传感器，辐射发射测试频率范围从数十千赫到数十千兆赫，在这么宽的频率范围内测试，所用天线种类繁多，且必须借助各种探测天线把被测场强转换成电压。在 30～300 MHz频率范围内，常采用偶极与双锥天线，300 MHz～1 GHz 采用偶极、对数周期及对数螺旋天线，1～40 GHz 采用喇叭天线，这些天线的相关参数与理论可参考制造厂商提供天线出厂的资料。辐射发射测试用天线具有下列特点：广泛应用宽频带天线，为了提高测试速度，不得不采用宽频带天线，除非只对少数已知的干扰频率点进行测试。宽频频带天线在出厂前提供校正曲线，使用时需输入此天线因素。不少测试用天线都工作在近

场区，测试结果对测试距离很敏感，为此测试中必须严格按测试规定进行。其次，在近场区电场、磁场之比（波阻抗）不再是个常数，所以有些天线虽然给了电场、磁场之校正系数，但只有当这些天线作远场测试时才有效，测试近场干扰时，电场与磁场测试结果不能再按此换算，这是在测试中容易忽略的问题。

开阔场是专业辐射骚扰测试场地，满足标准对于测试距离的要求，在标准要求的测试范围内（无障碍区）没有与测试无关的架空布线、建筑物、反射物体，而且应该避开地下电缆，必要时应该有气候保护罩。该场地满足 CISPR16、ANSI63.4、EN50147-2 关于场地衰减的要求。半电波暗室是一个模拟开阔场的一个空间，除地面安装反射平面外，其余五个内表面均安装吸波材料的屏蔽室，该场地也满足 CISPR16、ANSI63.4、EN50147-2 关于场地衰减的要求。

控制单元仅是为了对测试中各个设备之间的协调动作，自动完成辐射发射测试。

B.1.3　辐射发射测试方法

图 B.1 所示是根据 CISPR16 及 EN55022 标准的要求的辐射发射测试布置图，辐射发射测试时，被测设备（EUT）至于半电波暗室内部，并在转台上旋转，以找到最大的辐射点。辐射信号由接收天线接收后，通过电缆传到电波暗室外的接收机。

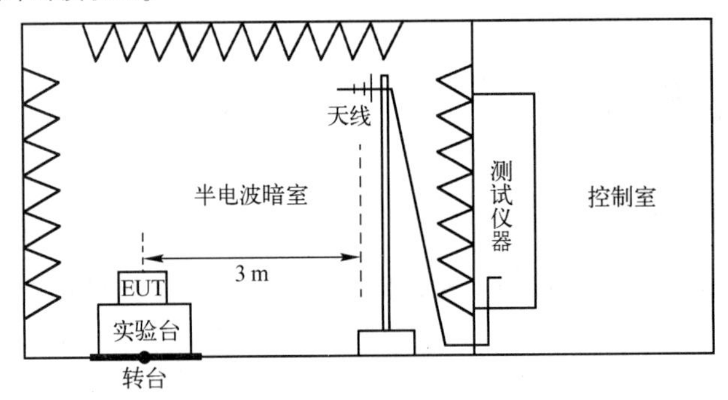

图 B.1　辐射发射测试布置图

台式被测设备的布置如图 B.2 所示，具体要求如下：

（1）互连 I/O 线缆距离地面不应该小于 40 cm；

（2）除了实际负载连接外，被测设备还可以接模拟负载，但是模拟负载应该能够符合阻抗关系，同时还要能够代表干扰的实际情况；

（3）被测设备与辅助设备 AE 电源线直接插入地面的插座，而不应该将插座延长；

（4）被测设备同辅助设备 AE 间距为 10 cm；

（5）被测设备本身的控制器件（键盘等）应该按照通常使用时的情况设置；

（6）如果被测设备本身的线缆比较多，应该仔细理顺，分别处理，并且在测试报告中记录，以便获得再次测试的重现性。

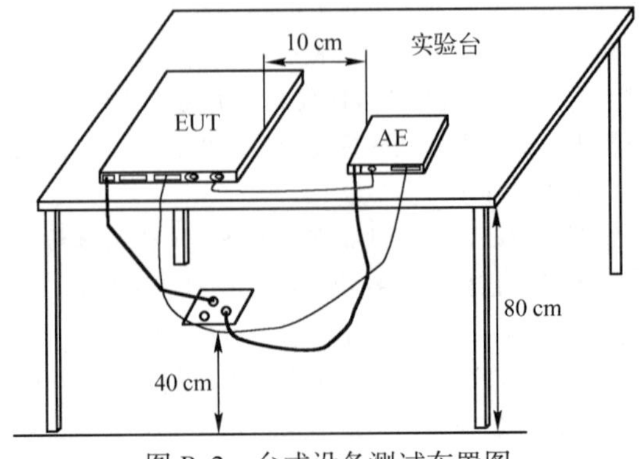

图 B.2　台式设备测试布置图

立式被测设备的布置如图 B. 3 所示，具体要求如下：

(1) 机柜之间的 I/O 互连线应该自然放置，如果过长能够扎成 30~40 cm 的线束，就一定要扎；

(2) 被测设备置于金属平面上，同金属平面绝缘间隔 10 cm 左右；接模拟负载或者暗室外端口的线缆应该注意其同金属平面的绝缘性；

(3) 被测设备电源线过长，应该扎成长度为 30~40 cm 线束，或者缩短到刚好够用；

(4) 如果被测设备本身的线缆比较多，应该仔细理顺，分别处理，并且在测试报告中记录，以获得再次测试的重复性。

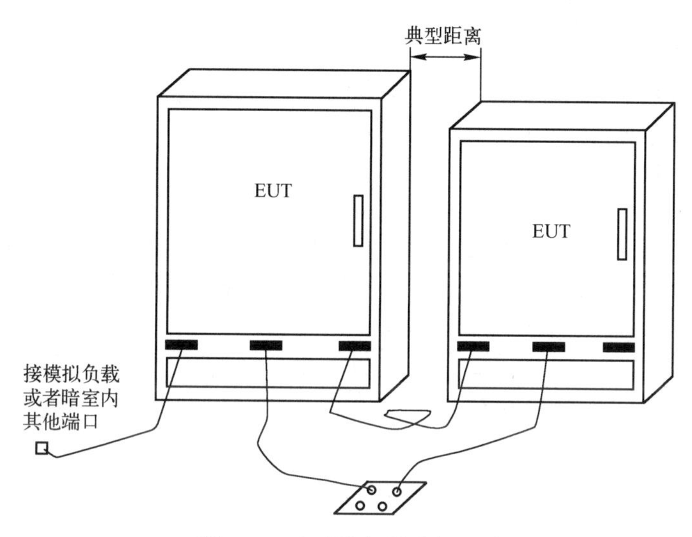

图 B. 3　立式设备测试布置图

台式+立式被测设备的布置如图 B. 4 所示，具体要求如下：

(1) 互连线如果很长，就应该在线缆中部扎成 30~40 cm 的线束，然后放置于金属平面上；如果互连线长度比较合适能够不接触金属平面，那么最好将其悬挂；

(2) 电源线自然摆放；

(3) 接模拟负载或外接线缆注意其同金属平面的绝缘性；

(4) 如果被测设备本身的线缆比较多，应该仔细理顺，分别处理，并且在测试报告中记录，以获得再次测试的重复性。

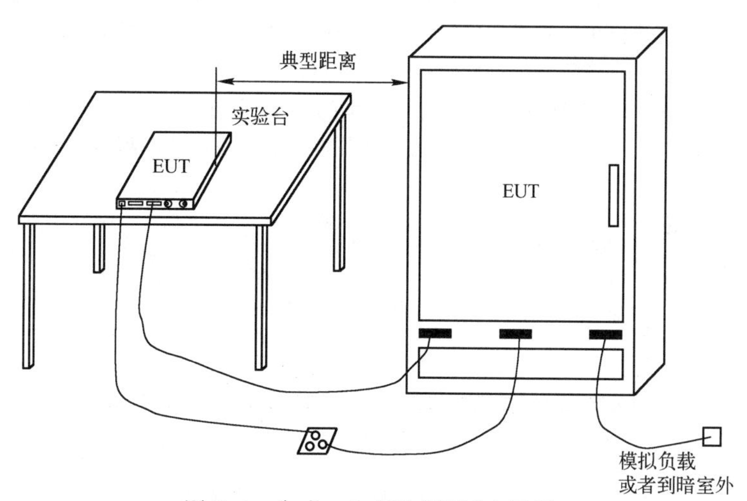

图 B. 4　台式、立式设备测试布置图

B.2　传导骚扰测试

B.2.1　传导骚扰测试目的

传导骚扰测试是为了衡量设备从电源端口、信号端口向电网或信号网络传输的骚扰。

B.2.2　常用的传导骚扰设备

根据常用传导骚扰测试标准 CISPR16 及 EN55022 的要求，传导骚扰测试主要需要如下设备：

（1）EMI 自动测试控制系统（计算机及其界面单元）

（2）EMI 测试接收机（或频谱分析仪）

（3）电源阻抗模拟网路（LISN）、电流探头（Current Probe）

电源阻抗模拟网路是一种耦合去耦电路，主要用来提供干净的 DC/AC 电源品质，并阻挡被测设备骚扰回馈至电源及 RF 耦合，同时提供特定的阻抗特性，内部电路架构与阻抗特性曲线如图 B.5 所示。

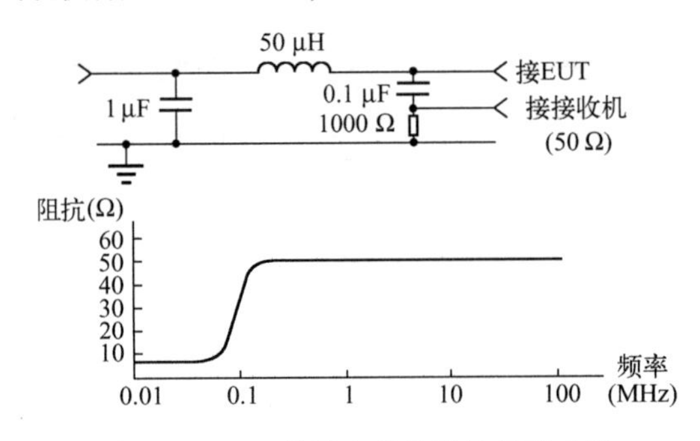

图 B.5　LISN 等效电路及阻抗特性曲线

电流探头是利用流过导体的电流产生的磁场，被另一线圈感应的原理而制得，通常用来对信号线进行传导骚扰测试。

B.2.3　传导骚扰测试方法

与辐射骚扰测试相比，传导骚扰测试需要较少的仪器，不过，一种很重要的条件是需要一个2 m×2 m 以上的参考地平面，并超出 EUT 边界至少 0.5 m。因为屏蔽室内的环境噪声较低，同时屏蔽室的金属墙面或有地板可以作为参考接地板，所以传导骚扰测试通常在屏蔽室内进行。图 B.6 是台式设备的电源端口传导骚扰测试配置图，LISN 实现传导骚扰信号的拾取与阻抗匹配，再将信号传送至接收机（具体测试的原理图在案例 3 中有描述）。对于落地式设备，测试时，只要将被测设备放置在离地 0.1 m 高的绝缘支架上即

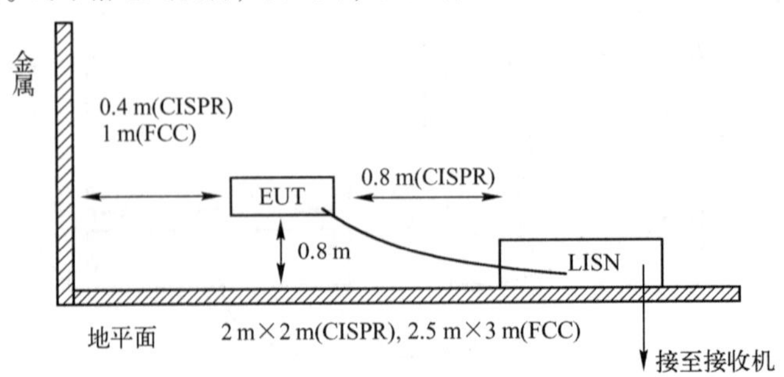

图 B.6　台式设备的电源端口传导骚扰测试配置图

可。除电源端口需要进行传导骚扰测试外，信号、通信端口也要进行传导骚扰测试，信号端口的测试方法，相对比较复杂，有两种方法可以测试，即电压法与电流法，测试结果分别与标准中的电流限值与电压限值比较，来确定是否通过测试。

B.3　静电放电抗扰度测试

B.3.1　静电放电测试目的

测试单个设备或系统的抗静电干扰能力。它模拟：操作人员或物体在接触设备时的放电；人或物体对邻近物体的放电。静电放电可能产生如下后果。

（1）直接通过能量交换引起半导体器件的损坏；

（2）放电所引起的电场与磁场变化，造成设备的误动作；

（3）放电的噪声电流导致器件误动作。

B.3.2　静电放电的设备

图 B.7 和图 B.8 分别给出了静电放电发生器的基本线路和放电电流的波形。

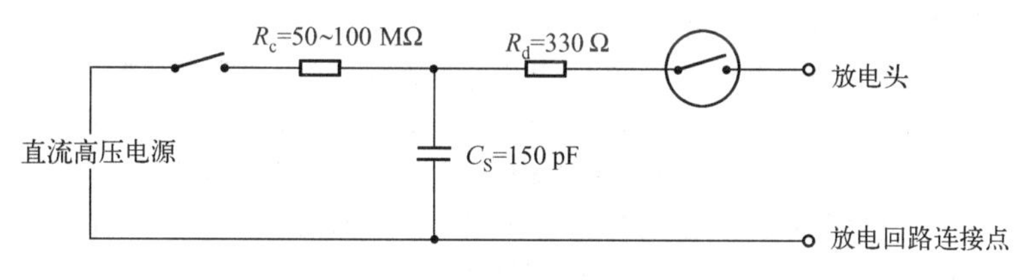

图 B.7　静电放电发生器

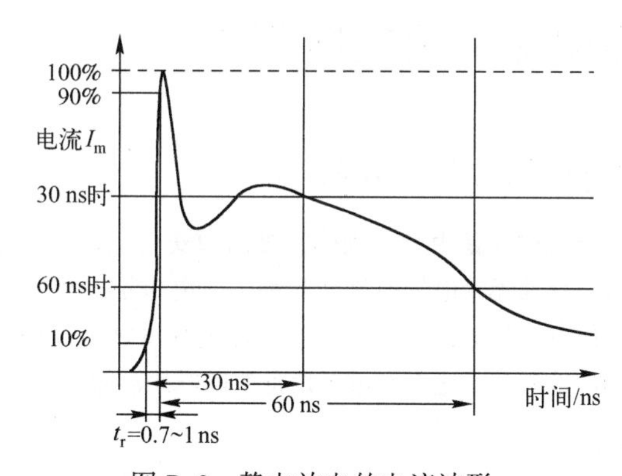

图 B.8　静电放电的电流波形

图 B.8 中 I_m 表示电流峰值，上升时间 t_r = (0.7~1) ns。放电线路中的储能电容 C_S 代表人体电容，现公认 150 pF 比较合适。放电电阻 R_d 为 330 Ω，用以代表手握钥匙或其他金属工具的人体电阻。现已证明，用这种放电状态来体现人体放电的模型是足够严酷的。测试电压要由低到高逐渐增加到规定值。

B.3.3　静电放电测试方法

静电放电测试包括接触放电与控制放电，接触放电又包括直接放电与间接放电，放电点包括所有接触面，对于绝缘表面采用空气放电，最高电压可加至 15 kV；对于金属表面采用接触放电，最高电压可加至 8 kV（含垂直与水平耦合）。静电放电发生器的电极头通常应垂直于被测设备的表面，测试次数分正负极性，至少各放电10次，测试间隔一般约1 s，静电放电测试前后要同时监测待测件功能是否正常，以判定是否合格。

该测试的严酷度等级见表B-1。

表 B-1　严酷度等级

等　　级	接触放电/kV	空气放电/kV
1	2	2
2	4	4
3	6	8
4	8	15

等级的选择取决于环境等因素，但对具体的产品来说，往往已在相应的产品或产品族标准中加以规定。

对于台式设备，试验设备包括一个放在接地参考平面上的0.8 m高的木桌。放在桌面上的水平耦合板（HCP）面积为1.6 m×0.8 m，并用一个厚0.5 mm的绝缘衬垫将被测设备和电缆与耦合板隔离。如果被测设备过大而不能保持与水平耦合板各边的最小距离为0.1 m，则应使用另一块相同的水平耦合板，并与第一块短边侧距离为0.3 m。但此时必须将桌子扩大或使用两个桌子，这些水平耦合板不必焊在一起，而应经过另一根带电阻电缆接到接地参考平面上。

对于落地式设备，被测设备与电缆用厚度约为0.1 m的绝缘支架与接地参考平面隔开。

不接地设备的试验方法，由于不接地设备不像其他设备能自己放电。测试中，若在下一个静电放电脉冲施加之前电荷未消除，被测设备上的电荷累积可能使电压为预期试验电压的两倍。而造成高能量意外绝缘击穿放电的可能。因此不接地设备在每个静电放电脉冲施加之前被测设备上的电荷应消除。如使用类似于水平耦合板和垂直耦合板用的带有470 kΩ 泄放电阻的电缆。

B.4　射频辐射电磁场的抗扰度测试

B.4.1　辐射电磁场抗扰度测试目的

射频辐射电磁场对设备的干扰往往是由设备操作、维修和安全检查人员在使用移动电话时所产生的，其他如无线电台、电视发射台、移动无线电发射机和各种工业电磁辐射源（以上属有意发射），以及电焊机、晶闸管整流器、荧光灯工作时产生的寄生辐射（以上属无意发射），也都会产生射频辐射干扰。测试的目的是为了建立一个共同的标准来评价电气和电子设备的抗射频辐射电磁场干扰的能力。

B.4.2　测试仪器

（1）信号发生器（主要指标是带宽、有调幅功能、能自动或手动扫描、扫描点上的留驻时间可设定、信号的幅度能自动控制等）；

（2）功率放大器（要求在3 m法或10 m法的情况下，达到标准规定的场强。对于小产品，也可以采用1 m法进行测试，但当1 m法和3 m法的测试结果有争执时，以3 m法为准）；

（3）天线（在不同的频段下使用双锥和对数周期天线。国外已有在全频段内使用的复合天线）；

（4）场强测试探头；

（5）场强测试与记录设备。当在基本仪器的基础上再增加一些诸如功率计、计算机（包括专用的控制软件）、场强探头的自动行走机构等，可构成一个完整的自动测试系统；

（6）电波暗室，最好采用（主要考虑场地均匀性问题。如果在这个电波暗室中还要考虑产品本身在工作中产生的电磁波骚扰测试时，则这个电波暗室还涉及与开阔场的比对问题)。为了保证测试结果的可比性和重复性，要对测试场地的均匀性进行校验。

B.4.3 辐射电磁场抗扰度测试方法

测试时要用1 kHz正弦波进行幅度调制，调制深度为80%，参见图B.9（在早期的测试标准中不需要调制)。将来有可能再增加一项键控调频（欧共体标准已采用)，调制频率为200 Hz，占空比为1∶1。

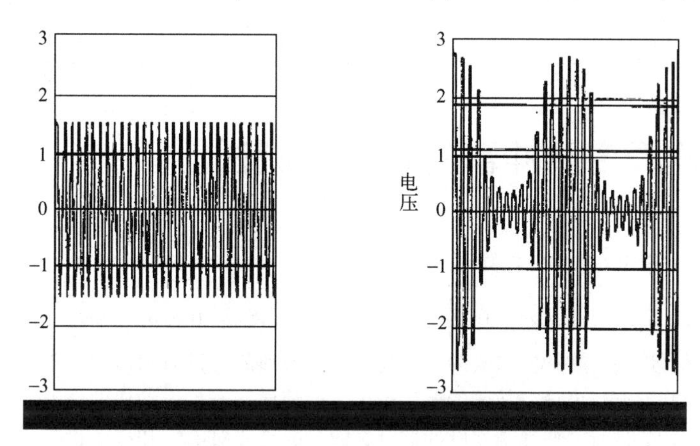

（a）未调制的射频信号U_{PP}=2.8 V, U_{rms}=1.0 V （b）调制的射频信号

图B.9 信号发生器的输出电压波形

测试在电波暗室中进行（图B.10所示)，用监视器监视试品的工作情况（或从试品引出可以说明试品工作状态的信号至测定室，由专门仪器予以判定)。暗室内有天线（包括天线的升降塔)、转台、试品及监视器。工作人员、测定试品性能的仪器、信号发生器、功率计和计算机等设备在测定室里。高频功率放大器则放在功放室里。测试中，对试品的布线非常讲究，应记录在案，以便必要时重现测试结果。

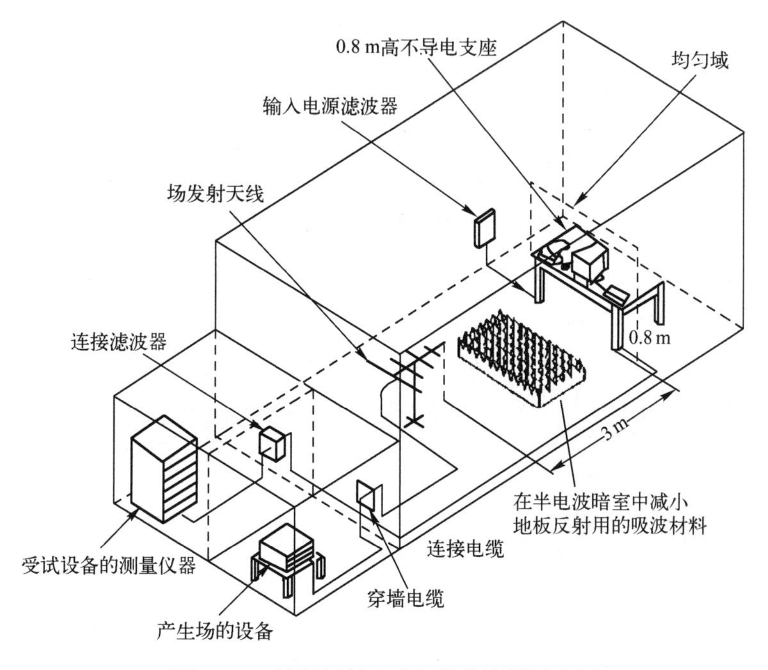

图B.10 射频辐射电磁场抗扰度测试配置

场强、测试距离与功率放大器的关系见表 B-2（仅供参考）。

表 B-2　场强、测试距离与功率放大器关系

功率放大器	场强与测试距离
25 W	用 1 m 法可以产生 3 V/m 的场强，当频率高于 200 MHz 时，用 1 m 法可以产生 10 V/m 的场强
100 W	用 3 m 法可以产生 80%调制深度的 3 V/m 的场强，用 1 m 法可以产生 10 V/m 的场强
200 W 和 500 W	用 3 m 法可在 1.5 m×1.5 m 虚拟平面上产生 10 V/m 的场强，当距离减小时，可产生 30 V/m 的场强

B.5　电快速瞬变脉冲群的抗扰度测试

B.5.1　电快速瞬变脉冲群的测试目的

电路中，机械开关对电感性负载的切换，通常会对同一电路的其他电气和电子设备产生干扰。这类干扰的特点是：脉冲成群出现、脉冲的重复频率较高、脉冲波形的上升时间短暂、单个脉冲的能量较低。实践中，因电快速瞬变脉冲群造成设备故障的概率较少，但使设备产生误动作的情况经常可见，除非有合适的对策，否则较难通过。进行电快速瞬变脉冲群测试的目的是要对电气和电子设备建立一个评价抗击电快速瞬变脉冲群的共同依据。测试的机理是利用脉冲群对线路分布电容能量的积累效应，当能量积累到一定程度就可能引起线路（乃至设备）工作出错。通常测试中的线路一旦出错，就会连续不断地出错，即使把脉冲电压稍稍降低，出错情况依然不断。

B.5.2　电快速瞬变脉冲群测试的设备

图 B.11 给出了电快速瞬变脉冲群的发生器基本线路。脉冲群的波形则参见图 B.12。

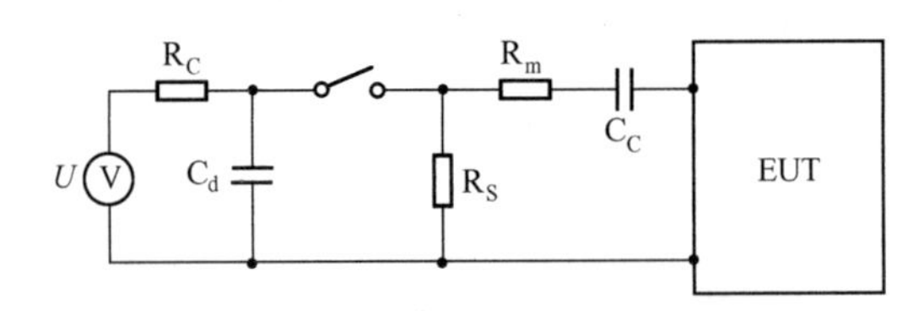

U—高压电源；R_S—波形形成电阻；R_C—充电电阻；R_m—阻抗匹配电阻；C_C—储能电容；C_d—隔直电容

图 B.11　快速瞬变脉冲群发生器

对电快速瞬变脉冲群的基本要求如下。

- 脉冲上升时间（指 10%~90%）：5 ns±30%；
- 脉冲持续时间（上升沿的 50%至下降沿的 50%）：50 ns±30%；
- 脉冲重复频率：5 kHz 或 2.5 kHz；
- 脉冲群的持续时间：15 ms；
- 脉冲群的重复周期：300 ms；
- 发生器的开路输出电压（峰值）：(0.25~4) kV；
- 发生器的动态输出阻抗：50 Ω±20%；
- 输出脉冲的极性：正/负；
- 与电源的关系：异步。

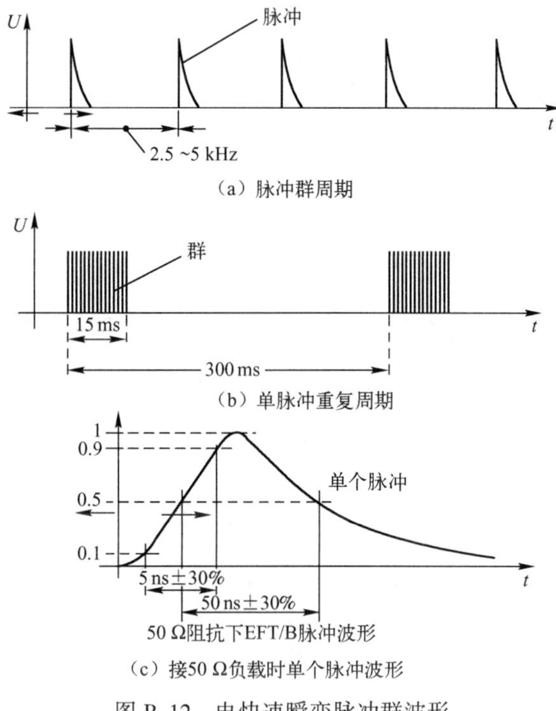

图 B.12　电快速瞬变脉冲群波形

B.5.3　电快速瞬变脉冲群测试方法

有两种类型的测试：实验室内的型式测试和设备安装完毕后的现场测试。标准规定第一种测试是优先采用的测试；对于第二种测试，只有制造商和用户达成一致意见时，才采用。电快速瞬变脉冲群测试的实验室配置与静电放电测试相类似，地面上有参考接地板，接地板的材料与静电放电的要求相同；但对于台式设备，在台面上不要铺设金属板。如图 B.13 和图 B.14 所示。

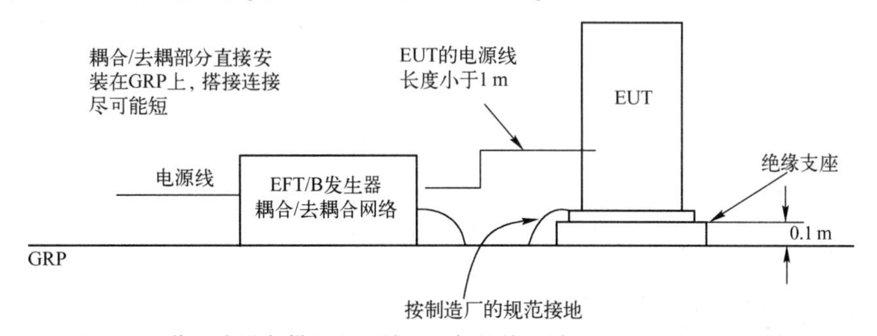

图 B.13　落地式设备供电电源端口和保护接地端口 EFT/B 测试的连接图

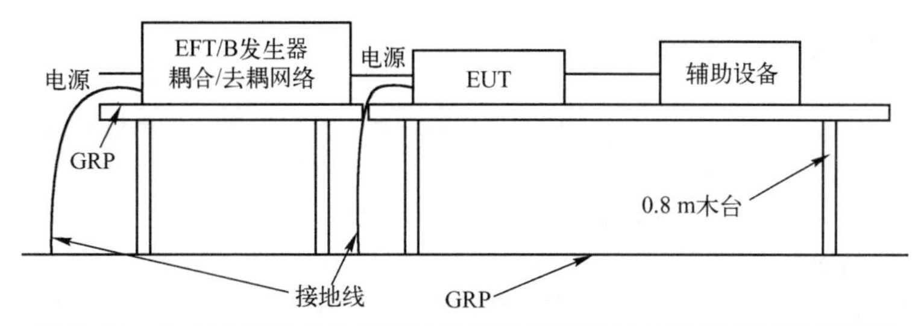

图 B.14　台式设备供电电源端口和保护接地端口 EFT/B 测试的连接图

测试的耦合/去耦原理如图 B. 15 所示。

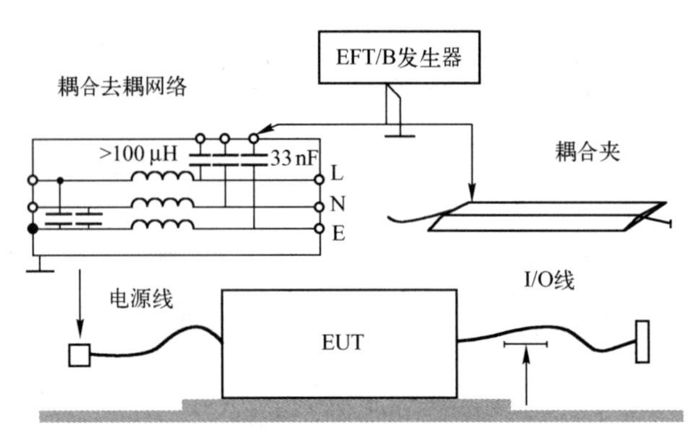

图 B. 15　测试的耦合原理

（1）对电源线的测试（包括交流和直流），通过耦合与去耦网络，用共模方式，在每个电源端子与最近的保护接地点之间，或与参考接地板之间加测试电压。

（2）对控制线、信号线及通信设备，用共模方式，通过电容耦合夹子来施加测试电压。

（3）对于设备的保护接地端子，测试电压加在端子与参考接地之间。

测试每次至少要进行 1 min，而且正/负极性都属于必测试的项目。表 B-3 是测试严酷度等级表。

表 B-3　严酷度等级

开路输出试验电压（±10%），脉冲重复率（±20%）				
等级	在电源端口和 PE 上		在 I/O（输出/输入）、信号、数据和控制端口上	
	电压峰值/kV	重复率/kHz	电压峰值/kV	重复率/kHz
1	0. 5	5 和 100（注 2）	0. 25	5 和 100（注 2）
2	1	5 和 100（注 2）	0. 5	5 和 100（注 2）
3	2	5 和 100（注 2）	1	5 和 100（注 2）
4	4	5 和 100（注 2）	2	5 和 100（注 2）
X（注 1）	待定	待定	待定	待定
注 1：X 是一个开放等级，对特定设备有特殊规定。 注 2：习惯上是使用 5 kHz，然而 100 kHz 更接近于实际。产品技术委员会可针对特殊产品或产品类型来确定其频率。				

注意：表内电压是指脉冲群发生器信号储能电容上的电压；频率是指脉冲群内脉冲的重复频率。

B. 6　浪涌的抗扰度测试

B. 6. 1　浪涌测试的目的

雷击（主要模拟间接雷）：例如，雷电击中户外线路，有大量电流流入外部线路或接地电阻，因而产生的干扰电压；又如，间接雷击（如云层间或云层内的雷击）在线路上感应出的电压或电流；再如，雷电击中了邻近物体，在其周围建立了电磁场，当户外线路穿过电磁场时，在线路上感应出了电压和电流；还如，雷电击中了附近的地面，地电流通过公共接地系统时所引入的干扰。

切换瞬变：例如，主电源系统切换时（例如补偿电容组的切换）产生的干扰；又如，同一电网中，在靠近设备附近有一些较大型的开关在跳动时所形成的干扰；再如，切换有谐振线路的晶闸管设备；还如，各种系统性的故障，例如设备接地网络或接地系统间产生的短路或飞弧故障。通过模拟测试的方法来建立一个评价电气和电子设备抗浪涌干扰能力的共同标准。

B.6.2　浪涌的模拟设备

按照IEC61000-4-5（GB/T 17626.5）标准的要求，要能分别模拟在电源线上和通信线路上的浪涌测试。由于线路的阻抗不一样，浪涌在这两种线路上的波形也不一样，要分别模拟。图B.16所示的是综合波发生器的简图。

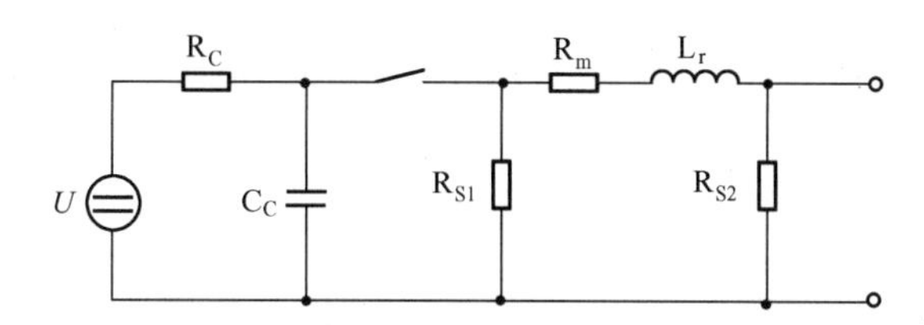

U—高压电源；R_S—脉冲持续期形成电阻；R_C—充电电阻；
R_m—阻抗匹配电阻；C_C—储能电容；L_r—上升时间形成电感

图B.16　综合波发生器简图

综合波浪涌发生器的波形则如图B.17所示。

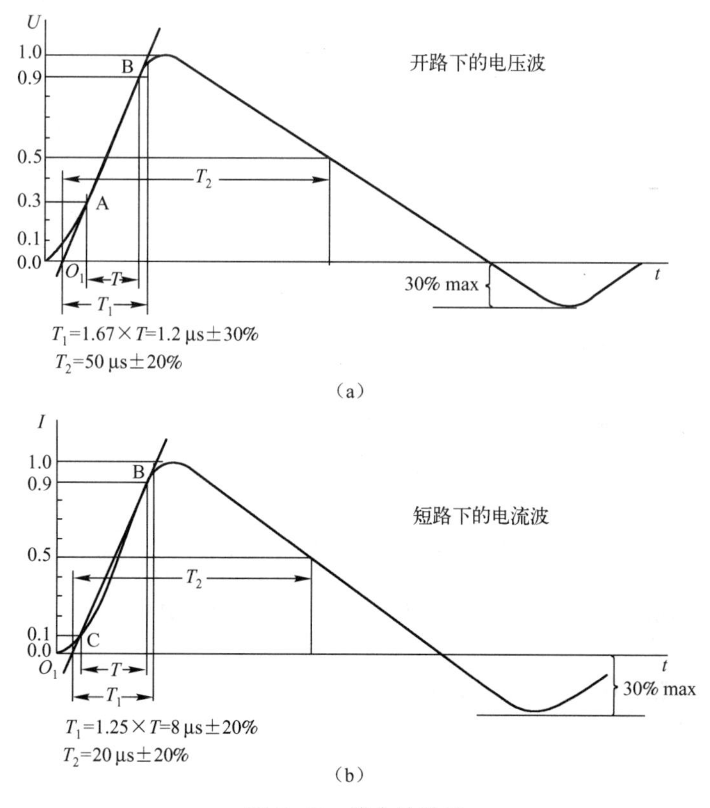

图B.17　综合波波形

图B.17（a）是1.2/50 μs开路电压波形（按IEC60-1波形规定），波前时间 $T_1 = 1.67 \times T = 1.2$ μs ±30%。

半峰值时间 $T_2 = 50$ μs±20%；图B.17（b）是8/20 μs短路电流波形（按IEC60-1波形规定），波前

时间 $T_1 = 1.25 \times T = 8\ \mu s \pm 30\%$，半峰值时间 $T_2 = 20\ \mu s \pm 20\%$。除了具有能产生图 B. 17 所示的波形外，综合波发生器还应具有以下基本性能要求。

开路输出电压（峰值）：0. 5~4 kV；

短路输出电流（峰值）：0. 25~2 kA；

发生器内阻：2 Ω（可附加电阻 10 Ω 或 40 Ω，以便形成 12 Ω 或 42 Ω 的发生器内阻）；

浪涌输出极性：正/负；

浪涌移相范围：0°~360°；

最大重复率：至少 1 次/分钟。

对于用于通信线路测试的 10/700 μs 浪涌电压发生器的基本线路如图 B. 18 所示。相应 CCITT 电压浪涌波形如图 B. 19 所示。

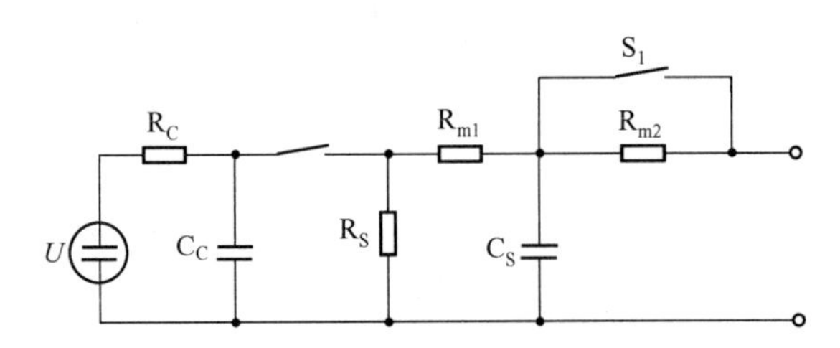

U—高压电源；R_m—阻抗匹配电阻（$R_{m1} = 150\ \Omega$；$R_{m2} = 25\ \Omega$）；R_C—充电电阻；C_C—储能电容（20 μF）；C_S—上升时间形成电容 0. 2 μF）；R_S—脉冲持续期形成电阻（50 Ω）；S_1—当使用外部匹配电阻时，此开关应闭合

图 B. 18　10/700 μs 浪涌电压发生器的基本线路

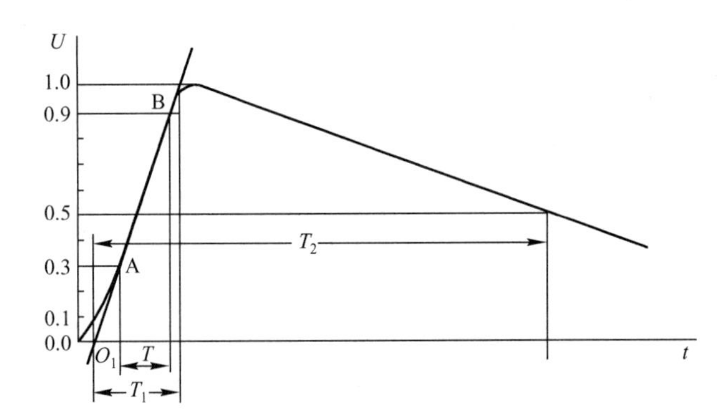

波前时间：$T_1 = 1.67 \times T = 10\ \mu s \pm 30\%$；

半峰值时间：$T_2 = 700\ \mu s \pm 20\%$。

图 B. 19　CCITT 电压浪涌波形

适用于通信线路测试的 10/700 μs 浪涌电压发生器除了具有能产生图 B. 19 所示的波形外，发生器还应具有以下基本性能要求。

- 开路峰值输出电压（峰值）：0. 5~4 kV；
- 动态内阻：40 Ω；
- 输出极性：正/负。

B. 6. 3　浪涌测试方法

由于浪涌测试的电压和电流波形相对较缓，因此对测试室的配置比较简单。对于电源线上的测试，都是通过耦合/去耦网络来完成的。图 B. 20 给出了单相电路和信号线的浪涌测试耦合原理。

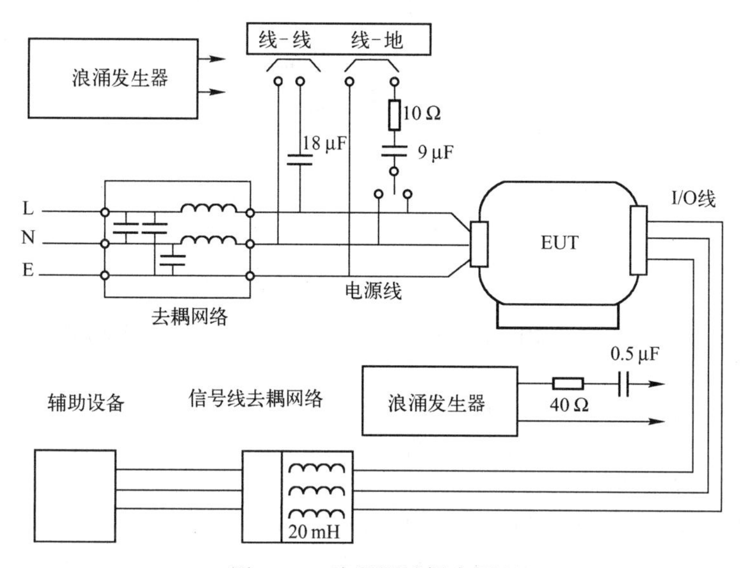

图 B. 20 浪涌测试耦合原理

测试中要注意以下几点。

(1) 测试前务必按照制造商的要求加接保护措施。

(2) 测试速率每分钟 1 次，不宜太快，以便给保护器件一个性能恢复的过程。事实上，自然界的雷击现象和开关站大型开关的切换也不可能有非常高的重复率现象存在。

(3) 测试次数，一般正/负极性各做 5 次。

(4) 测试电压要由低到高逐渐升高，避免试品由于伏安非线性特性出现的假象。另外，要注意测试电压不要超出产品标准的要求，以免带来不必要的损坏，标准中规定的测试严酷度等级见表 B-4。

表 B-4 严酷度等级

等 级	线-线	线-地
1	—	0. 5
2	0. 5	1
3	1	2
4	2	4
X	待定	待定

B. 7 传导抗扰度测试

B. 7. 1 传导抗扰度测试目的

在通常情况下，被干扰设备的尺寸要比干扰频率的波长短得多，而设备的引线（包括电源线、通信线和接口电缆等）的长度则可能与干扰频率的几个波长相当，这样，这些引线就可以通过传导方式对设备产生干扰。测试是为了评价电气和电子设备对由射频场感应所引起的传导抗扰度。注：对没有传导电缆（如电源线、信号线或地线）的设备，不需要进行此项测试。

B. 7. 2 传导抗扰度测试基本测试设备

传导抗扰度测试仪器的组成框图如图 B. 21 所示。

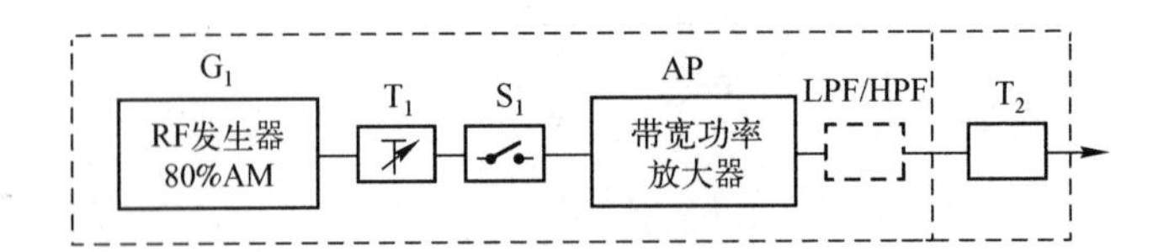

G_1—RF 发生器；T_1—可调衰减器；AP—宽带功率放大器；

T_2—固定衰减器（6 dB）；LPF/HPF—低通滤波器或高通滤波器；S_1—RF 开关

图 B.21　传导抗扰度的测试仪器的组成框图

（1）射频信号发生器（带宽 150 kHz~230 MHz，有调幅功能，能自动或手动扫描，扫描点上的留驻时间可设定，信号的幅度可自动控制）。

（2）功率放大器（取决于测试方法及测试的严酷度等级）。

（a）用于线与线之间的耦合，发生器输出浮置。

（b）用于线与线之间的耦合，发生器输出接地。

（3）低通和高通滤波器（用于避免信号谐波对试品产生干扰）。

（4）固定衰减器（衰减量固定为 6dB，用以减少功放至耦合网络间的不匹配程度，安装时尽量靠近耦合网络）。

上述仪器如配上电子毫伏计、计算机等可组成自动测试系统。

B.7.3　传导抗扰度测试方法

模拟测试的频率范围为 150 kHz~80 MHz。当试品尺寸较小时，可将上限频率扩展 230 MHz。此外，为提高测试的难度，测试中要用 1 kHz 的正弦波进行幅度调制，调幅深度为 80%。

严酷度等级（见表 B-5）的分类情况与 IEC61000-4-3（GB/T 17626.3）相同。测试一般可在屏蔽室内进行，如图 B.22 所示。

表 B-5　严酷度等级

等　级	测试电压/V
1	1
2	3
3	10
X	待定

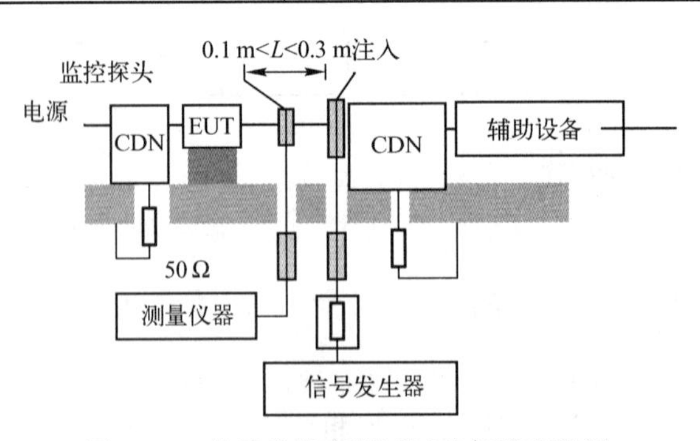

图 B.22　传导抗扰度测试试验仪器配置图

干扰的注入方式如下。

（1）耦合/去耦网络（在进行电源线测试时常用，当信号线数目较少时也常采用）；

（2）电流钳和电磁耦合钳（特别适合于对多芯电缆的测试）。

其中电磁耦合钳在 1.5 MHz 以上频率时对测试结果有良好的再现性。当频率高于 10 MHz 时，电磁耦合钳比常规的电流钳有更好的方向性，并且在辅助设备信号参考点与参考接地板之间不再要求有专门的阻抗，因此使用更方便。

B.8 电压跌落、短时中断和电压渐变的抗扰度测试

B.8.1 电压跌落、短时中断和电压渐变的抗扰度测试目的

电压跌落、短时中断是由电网、变电设施的故障或负荷突然出现大的变化所引起的。在某些情况下会出现两次或更多次连续的跌落或中断。电压渐变是由连接到电网的负荷连续变化引起的。这些现象本质上是随机的，其特征表现为偏离额定电压并持续一段时间。电压跌落和短时中断不总是突发的，因为与供电网络相连的旋转电动机和保护元件有一定的反作用时间。如果大的电源网络断开（一个工厂的局部或一个地区中的较大范围），电压将由于有很多旋转电动机连接到电网上使之逐步降低。因为这些旋转电动机短期内将作为发电动机运行，并向电网输送电力，这就产生了电压渐变。作为大多数数据处理设备，一般都有内置的断电检测装置，以便在电源电压恢复以后，设备能按正确方式启动。但有些断电检测装置对于电源电压的逐渐降低却不能快速做出反应，结果导致加在集成电路上的直流电压，在断电检测装置触发以前已降低到最低运行电压水平之下，由此造成了数据的丢失或改变。这样，当电源电压恢复时，这个数据处理设备就不能再正确启动。IEC61000-4-11/29标准规定了不同类型的测试来模拟电压的突变效应，以便建立一种评价电气和电子设备在经受这种变化时的抗扰性通用准则。其中电压渐变作为一种型式测试，根据产品或有关标准的规定，用在特殊的和认为合理的情况下。

B.8.2 电压跌落、短时中断和电压渐变的抗扰度测试仪器

主要指标包括：输出电压：精度±5%；

输出电流能力：100% U_T时≤16 A，其他输出电压时能维持恒功率，如70% U_T时≤23 A；40% U_T时≤40 A；

峰值启动电流能力：不超过500 A（220 V电压时）；250 A（100~120 V电压时）；

突变电压的上升或下降时间：1~5 μs（接100 Ω负载）；

相位：0°~360°（准确度为±10°）；

输出阻抗呈电阻性，并应尽可能小。实现上述功能的测试仪器有两种基本格式，分别如图B.23和图B.24所示。图B.23是一种价格相对比较便宜的测试发生器形式，当两个开关同时分断时，便中断输出电压（中断时间可事前设定）；当两个开关交替闭合时，便可模拟电压的跌落或升高。发生器的开关可以由晶闸管或双向晶闸管构成，控制线路通常做成在电压过零处接通和电流过零处断开，所以这种线路只能模拟电压切换的初始角度为0°和180°的情况，即使如此，由于仪器价格较低，也能满足一般电气与电子产品对电网骚扰的抗扰度测试需要，仍然获得了广泛的应用。图B.24的这种发生器结构比较复杂，造价也贵，但波形失真小，电压切换的相位角度可以任意设定，也比较容易实现电压渐变的测试要求。

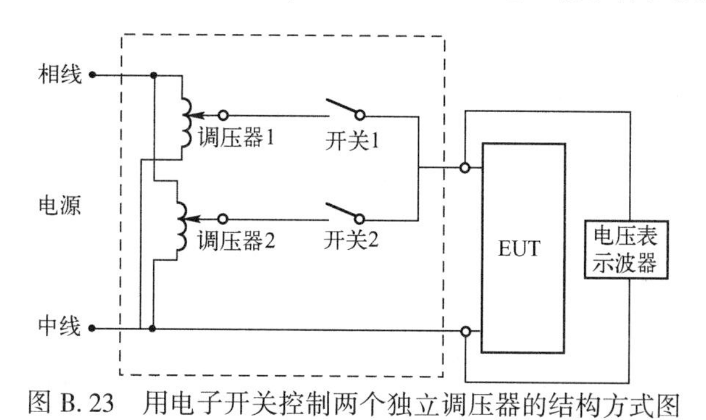

图B.23 用电子开关控制两个独立调压器的结构方式图

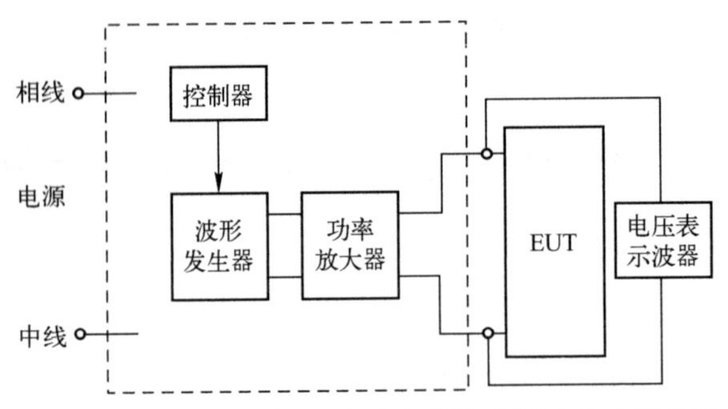

图 B. 24　用波形发生器和功率放大器构成测试发生器的形式

B. 8. 3　电压跌落、短时中断和电压渐变的抗扰度测试方法

测试的电压等级分为电压跌落和短时中断的测试等级和电压渐变的测试等级，表 B-6 电压跌落和短时中断的测试等级；表 B-7 电压渐变的测试等级。

表 B-6　电压跌落和短时中断的测试等级

试验等级 $\%U_T$	电压跌落与暂时中断 $\%U_T$	持续时间 （周期）
0	100	0. 5 1 5 10 25 50 X
40	60	
70	30	

表 B-7　电压渐变的测试等级

试 验 等 级	下 降 时 间	保 持 时 间	上 升 时 间
$40\%U_T$	2 s±20%	1 s±20%	2 s±20%
$0\%U_T$	2 s±20%	1 s±20%	2 s±20%

根据选定的测试等级及持续时间进行测试。测试一般做 3 次，每次间隔时间为 10 s。测试在典型的工作状态下进行。如果要规定电压在特定角度上进行切换，应优先选择 45°，90°，135°，180°，225°，270° 和 315°。一般选 0°或 180°。对于三相系统，一般是一相一相地进行测试。特殊情况下，要对三相同时做测试，这时要求有 3 套测试仪器同步进行测试。

附录 C

汽车电子、电气零部件的EMC测试

对于汽车电子、电气零部件EMC测试标准，同样有ISO 11452、CISPR25、ISO 7637、SAE J1113等，这些标准同样对汽车电子、电气零部件的EMS和EMI测试做了规定。同时，为了强调汽车的安全，在汽车及汽车电子的EMC测试中，其抗扰度测试显得更为重要。ISO 11452和ISO 7637是针对汽车电子进行的抗扰度性能的标准和规范。

C.1 汽车电子、电气零部件的辐射发射测试

C.1.1 汽车电子、电气零部件的辐射发射测试目的

汽车电子、电气零部件的辐射发射测试目的是为了测试汽车电子、电气零部件所产生的辐射发射，包括来自壳体、所有部件、电缆及连接线上的辐射发射。它用来鉴定汽车电子、电气零部件辐射是否符合汽车电子、电气零部件相关标准的要求，以致在汽车内部正常使用过程中不影响汽车内部的其他电子、电气设备。

C.1.2 汽车电子、电气零部件的辐射发射测试设备

汽车电子、电气零部件的辐射发射测试目的是为了汽车内部电子电气部件所产生的辐射发射，包括来自壳体、所有部件、电缆及连接线上的辐射发射。它用来鉴定其辐射是否符合标准的要求，以致在正常使用过程中不影响同一环境中（如汽车内部）的其他设备。

根据汽车电子、电气设备辐射骚扰测试标准CISPR25（被国内等同采用，对应的国标为GB 18655-2002《用于保护车载接收机的无线电骚扰特性的限值和测量方法》）中的规定，辐射发射测试主要需要如下设备：

（1）EMI自动测试控制系统（计算机及软件）；

（2）EMI测试接收机；

（3）天线天线控制单元；

（4）半电波暗室；

（5）人工电源网络（AMN，有时也叫线性阻抗稳定网络LISN），在实验室里，人工电源网络用来代替线束的阻抗，以便确定被测设备的工作情况。对人工电源网络的参数有严格的要求，它对不同实验室里测试结果的可比性提供了依据。

C.1.3 汽车电子、电气零部件的辐射发射测试方法

对于汽车电子、电气零部件的辐射发射测试，应根据图C.1所示CISPR25标准要求的辐射发射测试布置图。辐射发射测试时，汽车电子被测设备（EUT）至于半电波暗室内部，在接收天线距离EUT线束为1 m，并分别在接收天线处于垂直极化和水平极化的情况下，找到最大的辐射点。辐射信号由接收天线接收后，通过电缆传到电波暗室外的接收机。

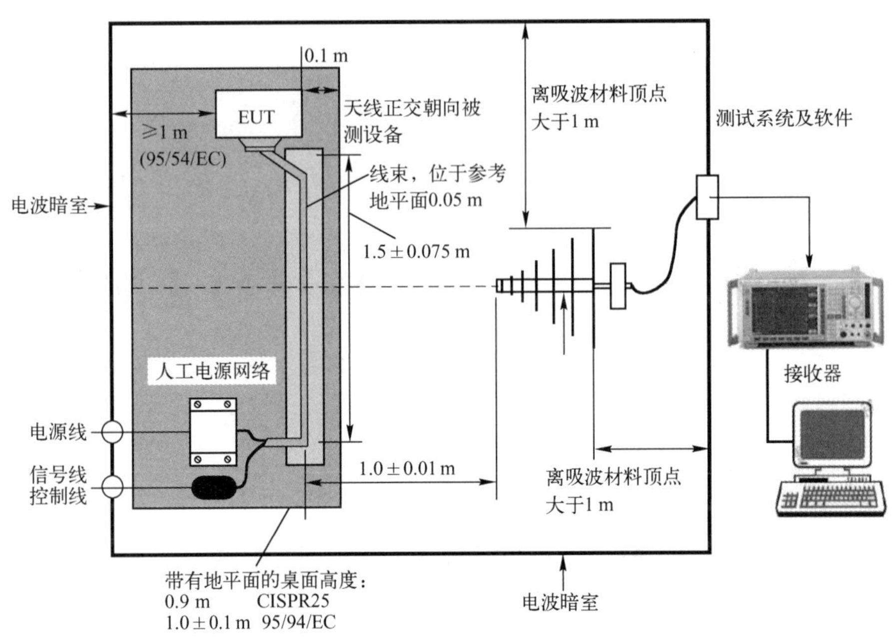

图 C.1　CISPR25 标准的要求的辐射发射测试布置图

C.2　汽车电子、电气零部件的传导骚扰测试

C.2.1　汽车电子、电气零部件的传导骚扰测试目的

汽车电子、电气零部件的传导骚扰测试是为了衡量汽车电子、电气零部件从电源端口、信号端口向汽车内部电网或信号网络传输的骚扰。

C.2.2　汽车电子、电气零部件常用的传导骚扰设备

根据汽车电子、电气零部件传导骚扰测试标准 CISPR25 的要求，该产品的传导骚扰测试主要需要如下设备：

（1）EMI 自动测试控制系统（计算机及其界面单元）；

（2）EMI 测试接收机；

（3）电源线性阻抗模拟网路（LISN）或称为人工电源网络（AMN），CISPR25 标准规定的 LISN 的内部电路架构与阻抗特性曲线如图 C.2 所示。

（4）电流探头（Current Probe），利用流过导体的电流产生的磁场被另一线圈感应的原理而制得，通常用来对信号线进行传导骚扰测试。

C.2.3　汽车电子、电气零部件的传导骚扰测试方法

汽车电子、电气零部件的传导骚扰测试，一种很重要的条件是需要一个 $1\times0.4\ m^2$ 以上面积的参考接地平面，并超出 EUT 边界至少 0.1 m。传导骚扰测试通常在屏蔽室内进行。图 C.3 是汽车电子、电气零部件的传导骚扰配置图，其中（a）为电源端口的传导骚扰测试配置图，（b）为信号端口的传导骚扰测试配置图，人工电源网络实现传导骚扰信号的拾取与阻抗匹配，再将信号传送至接收机。

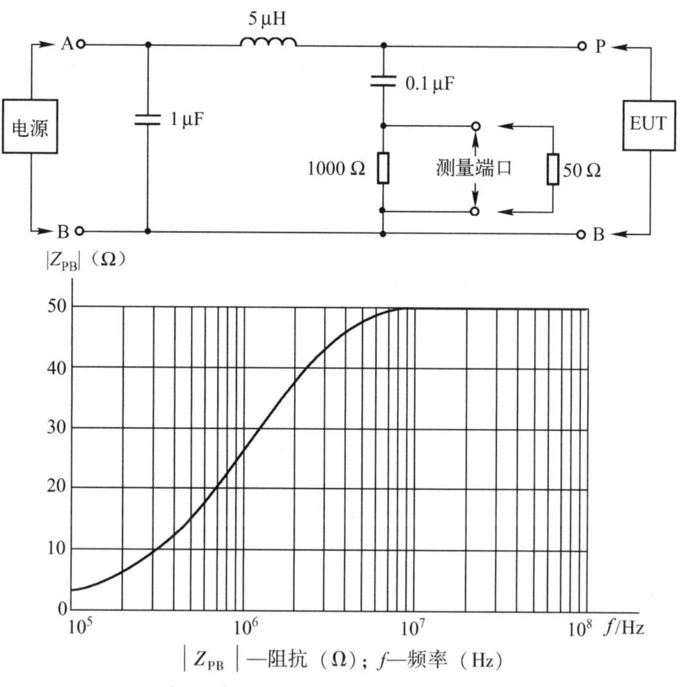

$|Z_{PB}|$—阻抗（Ω）；f—频率（Hz）

注：P、B 两端间的阻抗 $|Z_{PB}|$ 是在 A、B 两端短路下测得的。阻抗特性随频率而变化，网络的阻抗误差不得大于图中曲线的 10%。

图 C.2 汽车电子、电气零部件产品 EMC 测试标准规定的 LISN 内部电路架构与阻抗特性曲线

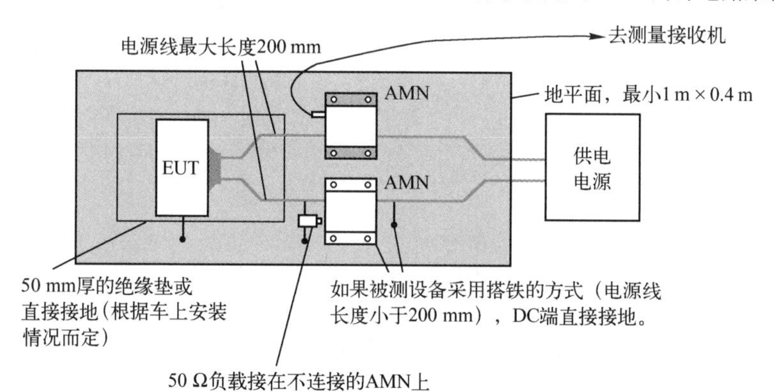

（a）电源端口传导骚扰测试配置图

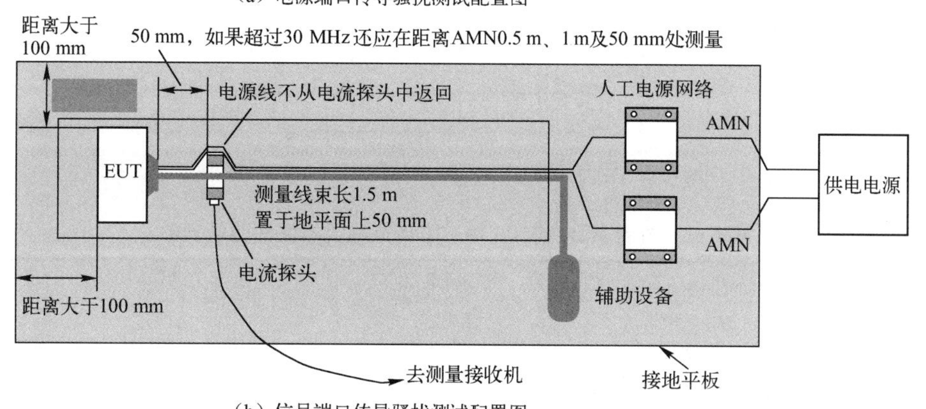

（b）信号端口传导骚扰测试配置图

图 C.3 汽车电子传导骚扰测试配置图

C.3　汽车电子、电气零部件的静电放电抗扰度测试

C.3.1　汽车电子、电气零部件的静电放电测试目的

汽车电子、电气零部件的静电放电测试目的是为了衡量汽车电子、电气零部件的抗静电干扰的能力。它模拟：操作人员或物体在汽车电子、电气零部件时的放电；人或物体对邻近物体的放电。

C.3.2　汽车电子、电气零部件的静电放电设备

对于符合标准 ISO 10605 标准的静电放电设备需要具有两种情况下的人体静电放电模型。即

(1) 乘员在乘客车厢内时，发生的静电放电现象；

(2) 人员从外部进入乘客车厢时，发生的静电放电现象。

这两种放电模型对应不同的静电放电枪阻容网络，分别如图 C.4（a）、（b）所示。另外，汽车电子、电气零部件的静电放电枪要求输出电压范围至少在-25～+25 kV 之间。放电电流波形应符合图 C.5 所示的波形，直接接触放电的电流波形验证参数如表 C-1 所示。

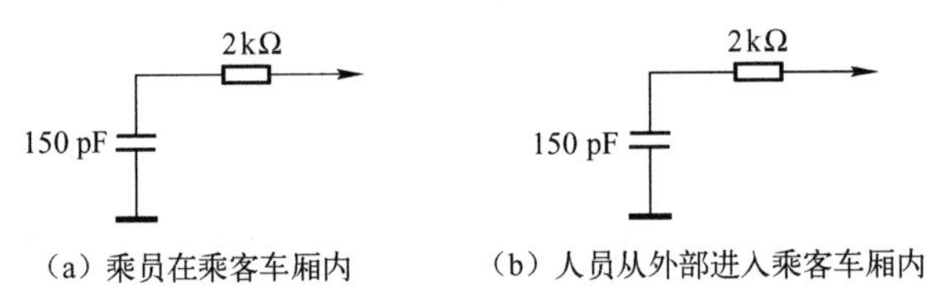

（a）乘员在乘客车厢内　（b）人员从外部进入乘客车厢内

图 C.4　汽车电子静电放电枪阻容网络

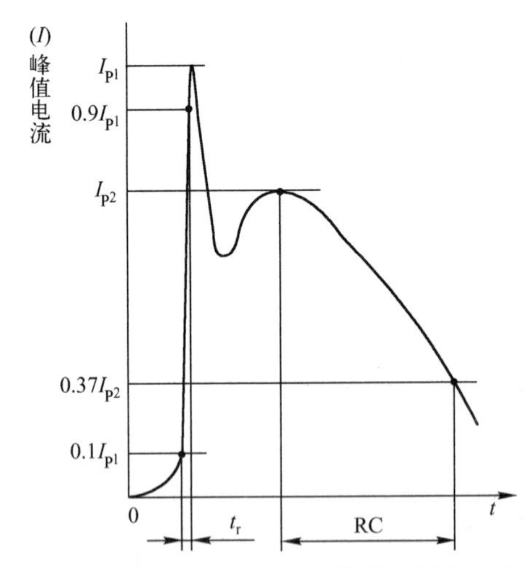

图 C.5　符合 ISO 10605 标准的静电放电电流波形

表 C-1　符合 ISO 10605 标准直接接触放电波形验证参数

等　级	显示电压/kV	第一次峰值电流/A	放电开关动作后的上升沿时间/ns
1	2±0.5	7.5	
2	4±0.5	15	0.7～1
3	6±0.5	22.5	
4	8±0.5	30	

对于空气放电时的放电波形，标准要求验证在放电电压为±15 kV 时的波形参数，上升沿时间应小于5 ns。

C.3.3　汽车电子、电气零部件的静电放电测试方法

C.3.3.1　汽车电子、电气零部件的测试布置

1）不通电工作状态

应按照 ISO 10605 的要求进行试验布置。不通电工作状态下测试布置具体说明如下：

（1）将未通电的 DUT 直接放在静电消耗材料上；

（2）当实施引脚静电放电时，将 DUT 所有负极/地线通过接地母线或不长于 200 mm 的导线连接到接地平板；

（3）如果 DUT 有多个接地线且在其内部没有相互连接，则应将逻辑地线与接地平板相连接，其余地线应和其他引脚一样接受静电放电；

（4）对于没有接地线的零部件（如低端输出或附加在控制器上的、内部有 LED 的开关等），则将低端输出连接到接地平板（通常与控制器 I/O 连接）。

2）通电工作状态

应按照 ISO 10605 的要求进行试验布置。通电工作状态下测试布置具体说明如下：

（1）DUT 及负载模拟器内部的任何硬件都应使用汽车蓄电池供电；

（2）DUT 及其线束应置于干净的厚 50 mm 的绝缘介质上（$\varepsilon_r \leq 1.4$），绝缘介质直接置于接地平板上；

（3）连接 DUT 及负载模拟器的线束长度应为 1700^{+300}_{0} mm，负载模拟器外壳直接与接地平板相连。若 DUT 的外壳是金属且安装在车上时与车身连接，则应直接放在接地平板上。若不确定其金属外壳的安装方式，则应按照两种布置方式分别测试一次；

（4）接地平板应与蓄电池负极和试验室地面相连接。作为一种替代方式，蓄电池也可置于试验室地面上；

（5）若 DUT 包含乘客可接触到的远端输入（如开关），或通过诊断口可接触到的通信总线，则相关的线路应从主线束中分离出来，并与替代开关或连接器相连，通信线缆（如 CAN 线）应直接与 DUT 相连，如图 C.6 所示；

（6）远端线束的连接方式应记录在测试计划中。测试中使用的开关和接插件参数也应记录在测试计划中。

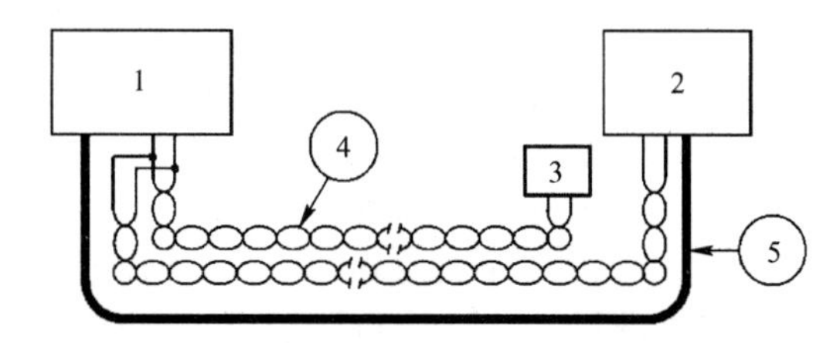

1—被测件 DUT；2—负载模拟器；3—诊断连接器（如 OBDII）

4—诊断线（如 CAN）；5—其他 DUT 电路

注 1：CAN 线盘曲的长度和 DUT 线束一样；

注 2：所给的 CAN 接线与测试线束内的其他接线保持连接。

图 C.6　静电放电测试布置中的通信总线连接要求

C.3.3.2　汽车电子、电气零部件的静电放电测试步骤

1）装卸与装配（断电）ESD 测试

测试前应确认电源负极连接到接地平板。若接插件外壳为非金属且引脚未突出，则可将长度小于

25 mm的插针安装到单个引脚上，以便于测试。若引脚未突出但接插件外壳为金属，则不应使用延长插针。断电静电测试应按以下步骤进行：

（1）对DUT所有引脚实施±4 kV接触放电；

（2）对DUT最终设计状态所有暴露的轴、按键、开关及表面（包括按键与面板之间的空气间隙），实施接触放电和空气放电。所有放电位置应在测试计划中明确规定。

2）通电工作状态测试

测试应在DUT正常工作条件下，使用规定的电压等级和ESD放电网络实施。应按测试计划规定的DUT工作状态实施测试。监控设备及确定DUT测试中性能的方法应记录在测试计划中。测试中对DUT特殊功能的监控，不应影响其正常工作或影响其从静电放电模拟器正常接受到的能量。要有防止测试中监控设备损坏的措施。测试等级要求见表C-2。

表C-2　测试等级要求

<table>
<tr><th colspan="3" rowspan="2">放电类型</th><th colspan="5">对应不同序列的放电电压/kV</th></tr>
<tr><th>1</th><th>2</th><th>3</th><th>4</th><th>5</th></tr>
<tr><td rowspan="3">通电测试</td><td rowspan="2">直接放电
2 kΩ/330 pF(1)</td><td>接触放电</td><td>±4</td><td>±6</td><td>±8</td><td>—</td><td>—</td></tr>
<tr><td>空气放电</td><td>±4</td><td>±6</td><td>±8</td><td>±15</td><td>±25</td></tr>
<tr><td>间接放电 2 kΩ/330 pF</td><td>接触放电</td><td>±4</td><td>±6</td><td>±8</td><td>±15</td><td>±25</td></tr>
<tr><td rowspan="2">断电测试</td><td rowspan="2">直接放电
2 kΩ/150 pF</td><td>接触放电</td><td>±4</td><td>±6</td><td>—</td><td>—</td><td>—</td></tr>
<tr><td>空气放电</td><td>—</td><td>—</td><td>±8</td><td>—</td><td>—</td></tr>
<tr><td colspan="8">直接放电的空气放电中放电电压为±25 kV时用2 kΩ/150 pF放电模块。
注1：关于断电模式下的接插件测试，引脚测试适用序列1，具体适用等级和判定标准也可由客户和零部件制造商商定。
注2：序列4仅适用于在车内可直接接触到的车载电子产品。
注3：序列5仅适用于在车外可直接接触到的车载电子产品。</td></tr>
</table>

测试应按以下步骤进行：

（1）确定DUT是完全正常的。若DUT有网络通信功能（如J1850、CAN、LIN），应模拟实车条件下的网络通信。具体的网络通信报文、总线利用率等，应记录在测试计划中；

（2）对DUT最终设计状态所有暴露的轴、按键、开关及表面（包括按键与面板之间的空气间隙），按测试要求，实施接触放电和空气放电。所有放电位置应在测试计划中明确规定。对每个规定的放电点，应按照要求的放电电压，分别使用正、负极放电各3次；

（3）若DUT安装在乘客舱或后备箱中能被人接触到的位置，应按照测试序列4重复步骤（2）；

（4）对DUT那些能被人接触到的远端输入应重复步骤（2）和步骤（3）；

（5）对DUT那些能通过诊断口被人接触到的通信总线，应重复步骤（2）中1~3测试序列；

（6）对安装在乘客舱内，但能直接从车外接触到的DUT表面（如转向灯开关手柄、车窗开关），及能直接从车外接触到的（如无钥匙进入按键）DUT表面，应实施±25 kV（序列5）的静电放电测试。对每个规定的放电点，应按要求的放电电压，分别使用正、负极放电各3次；

（7）所有静电放电测试完成后（包括装卸与安装ESD测试），应实施功能性能及参数测试，以检查DUT是否满足表C-2中的断电测试要求。

C.3.3.3　测试等级

本测试针对的是在驾驶舱、乘客舱、后备箱中能被直接接触到的，或在车外能通过打开车窗直接接触到的零部件，也包括那些不能直接接触到的零部件。测试件DUT的验收要求包括以下方面。

（1）DUT应能抵御正常装卸与装配过程中出现的静电放电现象；

（2）DUT应能抵御正常工作（即上电状态）中出现的静电放电现象；

（3）实施静电放电测试后，零部件的I/O参数（如电阻、电容、泄漏电流等），应在技术要求的容差范围内。因此，应在测试完成后立即检查零部件的I/O参数。

C.4　汽车电子、电气零部件的射频辐射电磁场的抗扰度测试

C.4.1　汽车电子、电气零部件的射频辐射电磁场抗扰度测试目的

为了衡量汽车电子、电气零部件在各种电磁场环境下的工作情况，需要对其进行电磁场引起的各种抗扰度测试。

C.4.2　汽车电子、电气零部件的测试仪器

（1）信号发生器；

（2）功率放大器；

（3）发射天线如宽带发射天线、带状线天线、平行板天线等；

（4）场强测试探头；

（5）场强测试与记录设备。当在基本仪器的基础上再增加一些诸如功率计、计算机（包括专用的控制软件）、场强探头的自动行走机构等，可构成一个完整的自动测试系统；

（6）电波暗室。

C.4.3　汽车电子、电气零部件的辐射电磁场抗扰度测试方法

对于汽车电子、电气零部件，辐射电磁场抗扰度测试的方法包含如下6种。

（1）自由场（free field）测试法（标准ISO 11452-2中规定）；

（2）横向电磁波室（Transverse electromagnetic mode cell，TEM cell）测试法（标准ISO 11452-3中规定）；

（3）三层板（Tri-plate）测试法（标准SAE J1113-25中规定）；

（4）带状线（Stripline）测试法（标准ISO 11452-5中规定）；

（5）平行板天线（Parallel plate antenna）测试法（标准ISO 11452-6中规定）；

（6）低频磁场（Helmholtz coil）测试法（标准SAE J1113-22中规定）。

其中自由场（free field）测试法是最常用的方法。

由于电波暗室的空间较大，自由场测试法一般不限制被测设备的体积大小，可容纳较大型尺寸的被测设备进行测试，它也比较容易使用摄像头或其他监视装置来观察被测设备在测试过程中的动作特性。一般的汽车电子、电气零部件，如电动后视镜等都可用自由场测试法。自由场测试法适用的频率范围为200 MHz（或20 MHz）~18 GHz，测试配置方式如图C.7（a）、C.7（b）所示。

表C-3所述的辐射抗扰度测试等级和调制条件。可根据DUT线缆在实车上将要耦合的信号大小，选择测试等级，对有模拟信号的产品需要选择更高等级的要求。

表C-3　辐射抗扰度测试等级要求

波段	频率范围 MHz	场强 V/m				调　　制
		等级1	等级2	等级3	等级4	
1	200~800	50	75	100	200	CW，AM 80%
2	800~2000	50	75	100	200	CW，Pulsed PRR=217 Hz，PD=0.57 ms
3	2000~3000[a]	50	75	100	200	CW，Pulsed PRR=217 Hz，PD=0.57 ms

续表

波段	频率范围 MHz	场强 V/m				调　　制
		等级 1	等级 2	等级 3	等级 4	
4	1200～1400[a]	N/A	N/A	300/600[b]	×[c]	Pulsed PRR = 300 Hz，PD = 3 μs，每秒仅输出 50 个脉冲
5	2700～3100[a]	N/A	N/A	300/600[b]	×[c]	

a　2000～3000 MHz、1200～1400 MHz、2700～3100 MHz 是可选择的测试频段。
b　采用 300 V/m 或 600 V/m 的强度要求由整车企业与零部件制造商协商确定。
c　由整车企业根据情况确定。

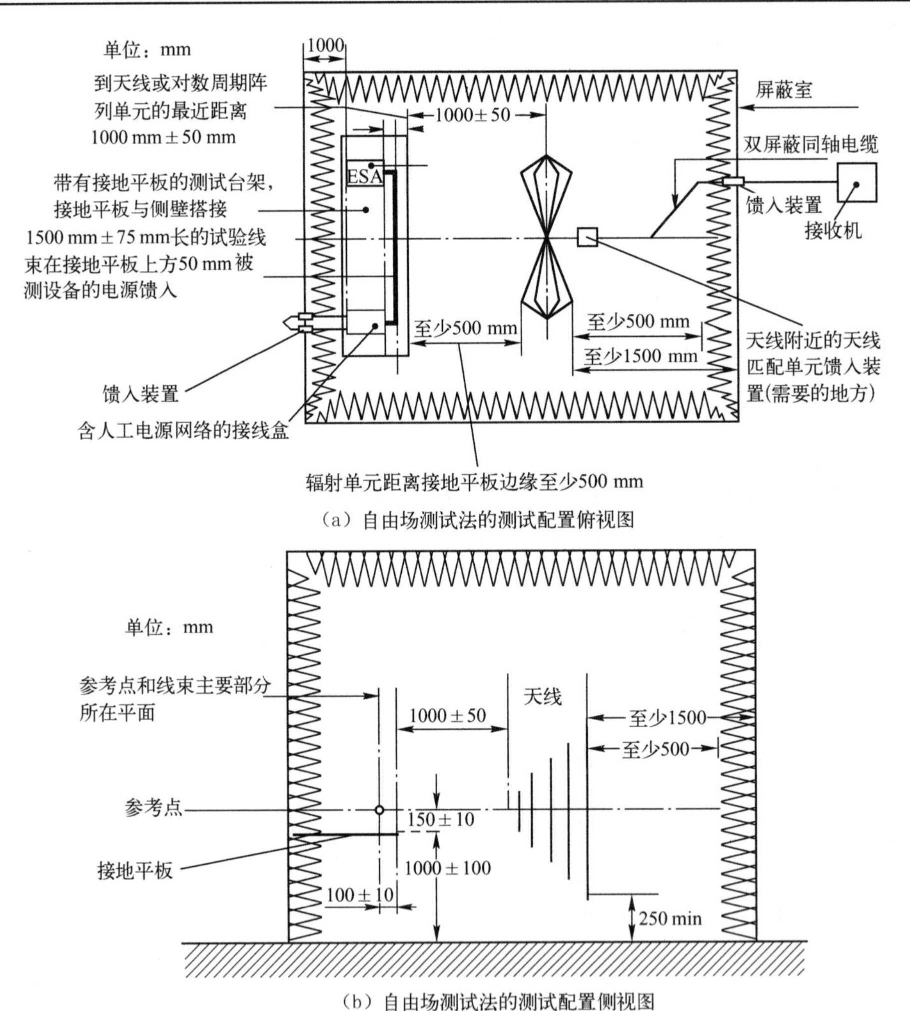

（a）自由场测试法的测试配置俯视图

（b）自由场测试法的测试配置侧视图

图 C.7　自由场测试法的测试配置图

C.5　ISO 7637-2 标准中 P3a、P3b 瞬变脉冲抗扰度测试

C.5.1　ISO 7637-2 标准中 P3a、P3b 瞬变脉冲抗扰度测试目的

对于汽车电子、电气零部件，该项测试采用 ISO 7637-2 标准规定的 P3a、P3b 瞬态脉冲波形，其中 P3a 模拟汽车电子系统中各种开关、继电器和保险丝在开启或关闭的过程中，由于电弧所产生的快速瞬变

脉冲群；P3b 则用来模拟电动门窗的驱动单元、扬声器或中央门控系统的开关切换过程中所产生的快速瞬变脉冲群。与 IEC6 1000-4-4 规定的测试一样，其测试的目的是为了给汽车电子、电气零部件进行 P3a、P3b 瞬态脉冲测试时建立了一个评价抗 P3a、P3b 瞬态脉冲干扰的共同依据。

C. 5. 2 ISO 7637-2 标准中 P3a、P3b 瞬变脉冲抗扰度测试的设备

ISO 7637-2 标准中规定的测试脉冲 P3a、P3b 产生原理（见图 C. 8）：测试脉冲 P3 发生在开关切换的瞬间。这种脉冲的特性受到线束分布电容和电感的影响。由于线束的分布电容和电感的值通常都很小，因此在整个 ISO 7637-2 标准里 P3 脉冲是一系列高速、低能量的小脉冲，常能引起采用微处理器或数字逻辑控制的设备产生误动作。

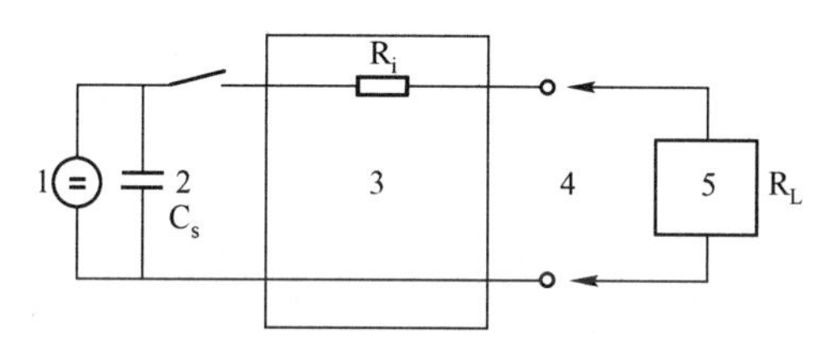

1 —电源；2 —电容 C_s；3 —具有内阻 R_i的脉冲形成网络；4 —脉冲输出；5 —匹配负载电阻 R_L

图 C. 8 P3 波形产生器简单电路图例

用于 P3a、P3b 瞬态脉冲测试的测试发生器应具有表 C-4 和图 C. 9 所示的参数特性。

表 C-4 P3 脉冲参数校正表

参 数	P3a 脉冲		P3b 脉冲	
	空载	50 Ω 负载	空载	50 Ω 负载
U_S	−200±20 V	−100±20 V	+200±20 V	+100±20 V
t_r	5±1. 5 ns	5±1. 5 ns	5±1. 5 ns	5±1. 5 ns
t_d	150±45 ns	150+45 ns	150±45 ns	150±45 ns

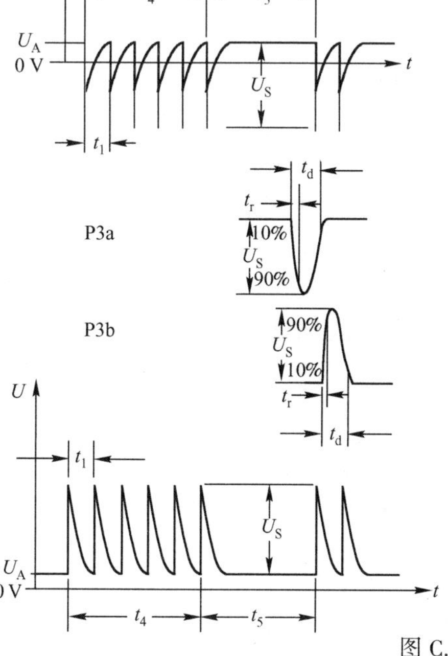

参 数	12 V 系统	24 V 系统
U_S	−112 ~ −150 V	−150 ~ −200 V
R_i	50 Ω	
t_d	0. 1 ~ 0. 2 μs	
t_r	5 ns±1. 5 ns	
t_1	100 μs	
t_4	10 ms	
t_5	90 ms	

参 数	12 V 系统	24 V 系统
U_S	+75 ~ +100 V	+150 ~ +200 V
R_i	50 Ω	
t_d	0. 1 ~ 0. 2 μs	
t_r	5 ns±1. 5 ns	
t_1	100 μs	
t_4	10 ms	
t_5	90 ms	

图 C. 9 P3 脉冲波形参数图

C.5.3　ISO 7637-2 和 ISO 7637-3 标准规定的 P3a、P3b 瞬态脉冲抗扰度测试方法

ISO 7637-2 和 ISO 7637-3 标准规定的 P3a、P3b 瞬态脉冲的测试配置原理图如图 C.10 所示。

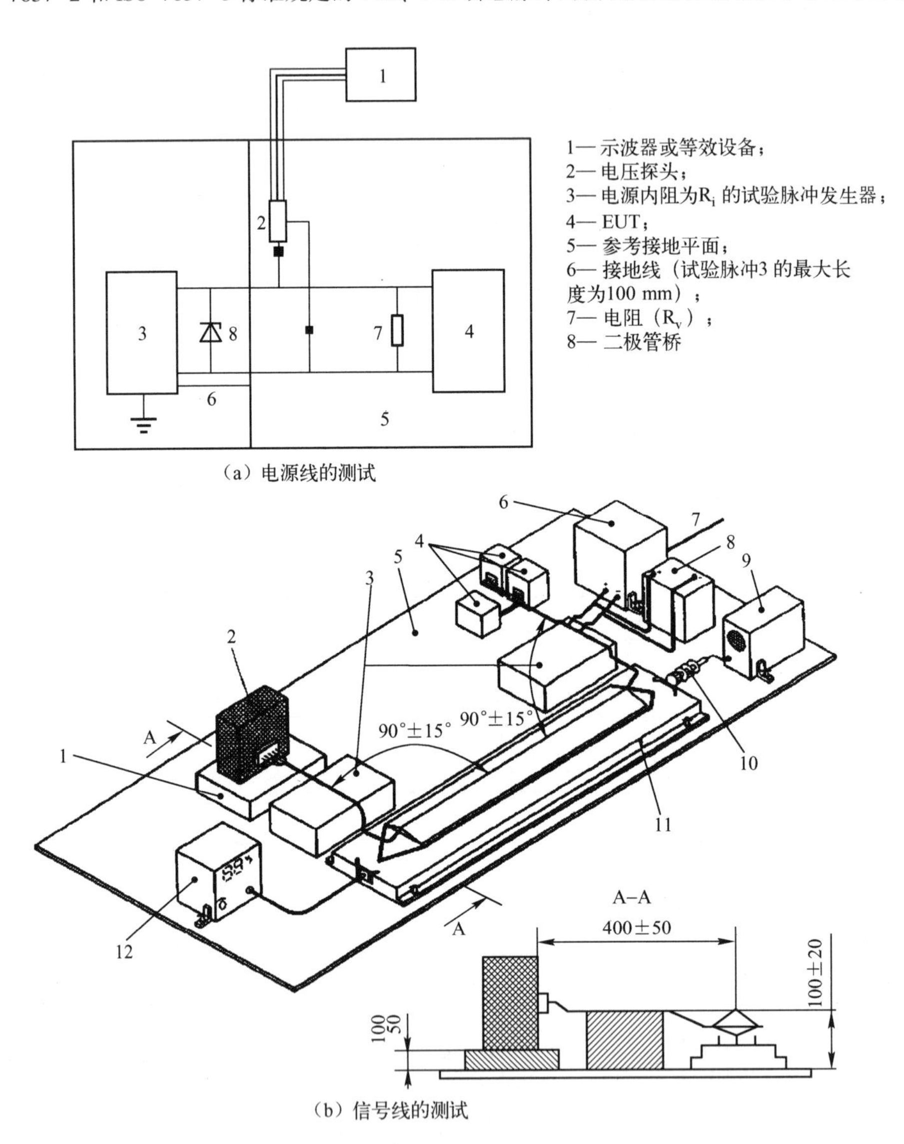

（a）电源线的测试

（b）信号线的测试

1—绝缘垫（高 50～100 mm，用于设备不直接与车辆底盘相连的情况，否则放在接地板上）；
2—被试设备；3—放试验线束的绝缘垫（高 100 mm±20 mm）；
4—安装在车上的外围设备（如传感器、负载和附属设备等）；5—参考接地板；
6—电源（12 V 或 24 V 电源）；7—交流电源输入；8—蓄电池；9—示波器；
10—50 Ω 同轴衰减器；11—电容耦合夹；12—试验脉冲发生器

图 C.10　ISO 7637-2 和 ISO 7637-3 标准规定的 P3a、P3b 瞬态脉冲的测试线路图

C.6　ISO 7637-2 标准中规定的 P1、P2a、P2b、P5a、P5b 脉冲的抗扰度测试

C.6.1　ISO 7637-2 标准中规定的 P1、P2a、P2b、P5a、P5b 脉冲的抗扰度测试目的

ISO 7637-2 标准中规定的包括波形 P1、P2a、P2b、P5a、P5b 的抗扰度测试，由于其能量相对较大（脉冲宽度在 50 μs 以上，幅度较高），干扰信号所包含的频谱相对较窄（脉冲上升时间在微秒级及毫秒级），也可将其归为“浪涌”性质的测试。这些波形的测试分别是为了模拟汽车内发生以下几种现象而产生的脉冲。

P1 脉冲产生于电感性负载的电源松开瞬间。它将影响直接与这个电感性负载并联在一起的设备的工作。由于标准没有提出电感性负载的电感量范围，所以它是泛指在切换一般性电感性负载时发生的干扰。经统计和优选后提出 P1 脉冲的内阻较大、电压较高、前沿较快和宽度较大的负脉冲。在整个 ISO 7637-2 标准里属于中等速度和中等能量的脉冲干扰，对被试设备兼顾了干扰（造成设备误动作）和破坏（造成设备中元器件的损坏）两方面的作用。

P2a 脉冲是由于和被试设备相并联的设备被突然切断电流时，在线束电感上应生的瞬变。考虑到线束的电感量较小，所以脉冲是幅度不高、前沿较快、宽度较小和内阻较小的正脉冲。在整个 ISO 7637-2 标准里属于速度偏快和能量较小的脉冲干扰，它的作用与 P1 脉冲有点相似，但是正脉冲。

P2b 脉冲是点火被切断的瞬间，由于直流电动机所扮演的发电机角色，并由此所产生的瞬变现象。这是一个电压不高、前沿较缓、宽度很大和内阻很小的脉冲。在整个 ISO 7637-2 标准里属于低速和高能量的脉冲干扰，着重考核对设备（元器件）的破坏性。P2b 脉冲的这个作用与 P5 有点相似，但电压较低，脉冲更宽。

P5 脉冲发生在放电的电池被松开的瞬间，而这时交流发电机正在对蓄电池充电，与此同时，其他的负载仍接在交流发电机的电路上。卸载脉冲的幅度取决于交流发电机的速度，以及在电池松开瞬间交流发电机的励磁情况。卸载脉冲的持续时间主要取决于励磁线路的时间常数，以及脉冲的幅度。P5 脉冲有 P5a 和 P5b 两种，前面讲述的是 P5a 脉冲的形成过程。然而在大多数新的交流发电机中，卸载脉冲的幅度是通过附加的限幅二极管来抑制的（钳位），这样便形成了 P5b 脉冲。由此可见，P5a 脉冲与 P5b 脉冲的区别在于，一个是未经限幅二极管钳位的脉冲，另一个则是经过钳位后的脉冲。P5 脉冲幅度较高（100~200 V，相对于系统电源电压来说，这已经算是高电压了）、宽度较大（达数百毫秒）、内阻又极低（数欧，甚至不足 1 欧）。所以在 ISO 7637-2 标准里，P5 脉冲属于能量比较大的脉冲，除了考核被试设备在 P5 作用下的抗干扰能力外，在相当程度上还应考核它对设备元器件的破坏性。

C.6.2　ISO 7637-2 标准中规定的 P1、P2a、P2b、P5a、P5b 脉冲的抗扰度测试的模拟设备

按照 ISO 7637-2 标准的要求，进行汽车电子、电气部件产品 P1、P2a、P2b、P5a、P5b 脉冲的抗扰度测试的设备应具有如下输出波形特点。

脉冲 P1 的波形与参数见图 C.11。

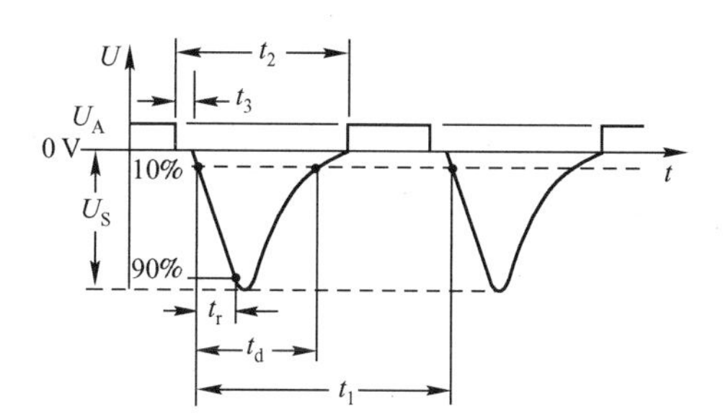

参　　数	12 V 系统	24 V 系统
U_S	−75~−100 V	−450~−600 V
R_i	10 Ω	50 Ω
t_d	2 ms	1 ms
t_r	0.5~1 μs	1.5~3 μs
t_1	0.5~5 s	
t_2	200 ms	
t_3	<100 μs	

图 C.11　P1 波形与参数

脉冲 P1 的校正参数，见表 C-5。

表 C-5　脉冲 P1 的校正参数

参　　数	12 V 系统		24 V 系统	
	空载	10 Ω 负载	空载	50 Ω 负载
U_S	−100±10 V	−50±10 V	−600±60 V	−300±30 V
t_r	0. 5~1 μs	—	1. 5~3 μs	—
t_d	2000±400 μs	1500±300 μs	1000±200 μs	1000±200 μs

脉冲 P2a 的波形与参数见图 C. 12。

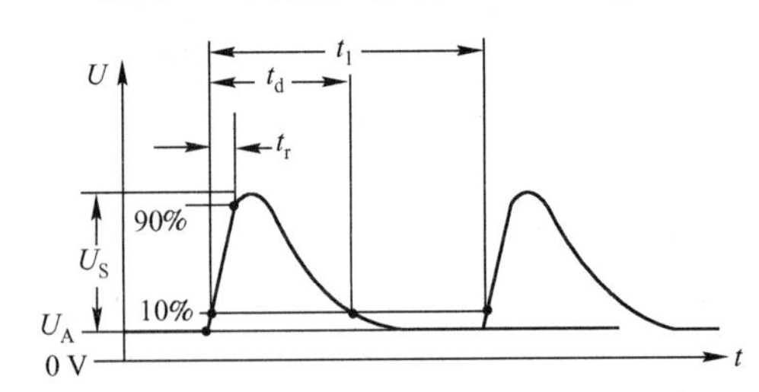

参　　数	12 V 系统	24 V 系统
U_S	+37~+50 V	
R_i	2 Ω	
t_d	0. 05 ms	
t_r	0. 5~1 μs	
t_1	0. 2~5 s	

图 C. 12　P2a 波形与参数

脉冲 P2a 的校正参数，见表 C-6。

表 C-6　脉冲 P2a 的校正参数

参　　数	12 V 和 24 V 系统	
	空　载	2 Ω 负　载
U_S	+50±5 V	+25±5 V
t_r	0. 5~1 μs	—
t_d	50±10 μs	12±2. 4 μs

脉冲 P2b 的波形与参数见图 C. 13。

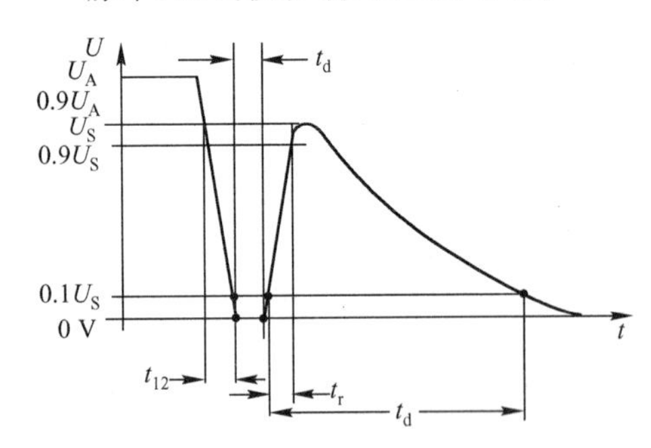

参　　数	12 V 系统	24 V 系统
U_S	10 V	20 V
R_i	0~0. 05 Ω	
t_d	0. 2~2 s	
t_{12}	1±0. 5 ms	
t_r	1±0. 5 ms	
t_6	1±0. 5 ms	

图 C. 13　P2b 波形与参数

脉冲 P2b 的校正参数，见表 C-7。

表 C-7　脉冲 P2b 的校正参数

参　　数	空载与 0. 5 Ω 负载	
	12 V 系统	24 V 系统
U_S	+10±1 V	+20±2 V
t_r	1±0. 5 ms	
t_d	2±0. 4 s	

脉冲 P5a 的波形与参数如图 C. 14 所示。

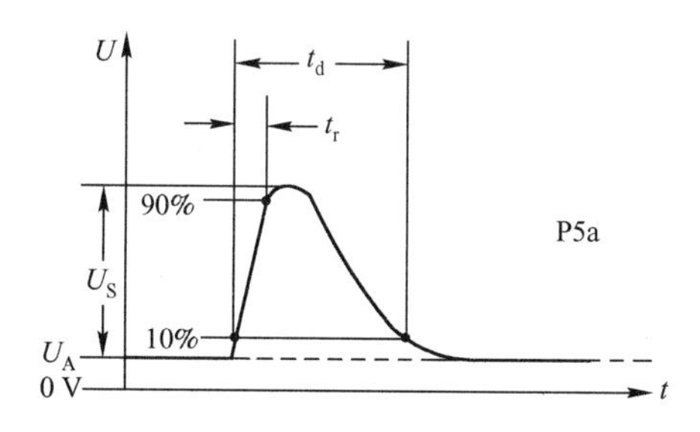

参　　数	12 V 系统	24 V 系统
U_S	+65 ~ +87 V	+123 ~ +174 V
R_i	0. 5 ~ 4 Ω	1 ~ 8 Ω
t_d	40 ~ 400 ms	100 ~ 350 ms
t_r	5 ~ 10 ms	

图 C. 14　P5a 波形与参数

脉冲 P5b 的波形与参数如图 C. 15 所示。

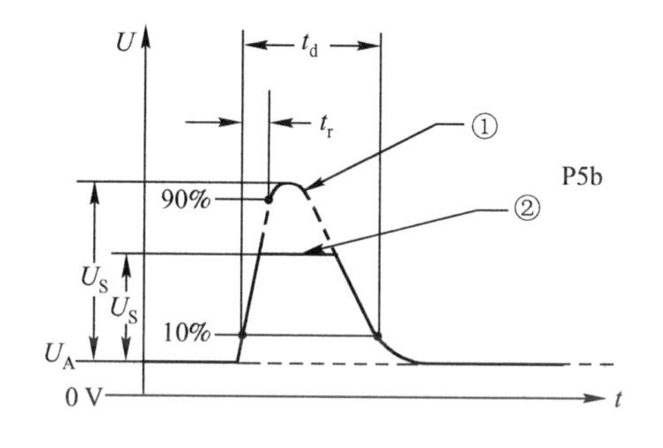

参　　数	12 V 系统	24 V 系统
U_S	+65 ~ +87 V	+123 ~ +174 V
U_s *	由用户指定	
t_d	同未被抑制时的值	

图 C. 15　P5b 波形与参数

脉冲 P5a 的校正参数，见表 C-8。

表 C-8　脉冲 P5a 的校正参数

参　　数	12 V 系统		24 V 系统	
	空　载	2 Ω 负载	空　载	2 Ω 负载
U_S	+100±10 V	+50±10 V	+200±20 V	+100±20 V
t_r	5 ~ 10 ms	—	5 ~ 10 ms	—
t_d	400±80 ms	200±40 ms	350±70 ms	175±35 ms

（注意，标准只对 P5a 有校正的参数，对 P5b 无数据）

C. 6. 3　ISO 7637-2 标准中规定的 P1、P2a、P2b、P5a、P5b 脉冲的抗扰度测试方法

由于 P1、P2a、P2b、P5a、P5b 等波形对应的瞬变脉冲测试电压和电流波形的上升沿相对较缓（微秒级或毫秒级），干扰波形所包含的频谱较低，这样导致寄生参数影响较小。ISO 7637-2 标准中 P1、P2a、P2b、P5a、P5b 等波形对应的瞬变脉冲测试配置要求与 P3 脉冲电源端口上的测试配置类似，这里就不再复述，只是试验脉冲 5b 进行试验时，需要用抑制二极管桥。

1. 测试方法

具体测试步骤应按照 GB/T 21437. 2 的要求。由外部未经稳压的电源来供电的部件应作为一个系统，使用信号源或等效电源实施测试。应按测试计划对电源线与输入线路实施测试，测试布置细节应记录在测试计划中。瞬态传导抗扰度测试验收要求见表 C-8。

测试步骤及相关事项说明如下：

- 测试准备包括：调整瞬态发生器，使用数字示波器和电压探头测量脉冲电压，使输出脉冲符合 GB/T 21437. 2 要求；
- 连接 DUT 并确定其能够正常工作；

- 分别对 DUT 的每个蓄电池或点火电源线路，以及每个与蓄电池或点火线路相连的输入线路，施加测试脉冲，然后对所有电源线或输入线路同时施加测试脉冲；
- 在表 C-9 列出的每个脉冲序列持续时间内，监控 DUT 测试前、测试中、测试后的功能是否正常。

2. 测试等级

测试的验收要求见表 C-9。此外，DUT（包含开关内部或外部的感性负载，如 AX 类部件）不应被自身产生的瞬态电压所影响（等级 Ⅰ）。

表 C-9　瞬态传导抗扰度测试验收要求

脉冲	测试等级 V	最少脉冲数或持续时间	验收等级要求		
			A 类	B 类	C 类
1	−112	500 个	Ⅲ	Ⅲ	Ⅱ
2a	+55	500 个	Ⅱ	Ⅰ	Ⅰ
2b	+10	10 个	Ⅲ	Ⅲ	Ⅰ
5a（5b）	+65（由整车企业定义）	1 个	Ⅲ	Ⅰ	Ⅰ
注 1：如果使用集中抛负载保护，则施加脉冲 5b。 注 2：对发动机运行时工作的设备进行脉冲 4 的测试时，等级要求为 Ⅰ 级。					

C.7　ISO 76372-2 标准中规定的 P4 瞬变脉冲的抗扰度测试

1. 测试目的

汽车电子、电气零部件抗扰度测试标准 ISO 76372-2 中规定了一种类似电压跌落的抗扰度测试，即瞬变脉冲 P4 的抗扰度测试。它模拟的是由于内燃机发动机起动电路的接通而引发车辆电源系统的电压跌落现象。这是一个跌落电压过半，持续时间为数秒至数十秒的跌落过程。在 ISO 7637-2 标准里主要考核被试设备在跌落过程中误动作情况，尤其考核带微处理器的设备有没有出现数据丢失和程序紊乱的情况。

2. 测试设备

按照 ISO 7637-2 标准的要求，进行汽车电子、电气零部件产品 P4 瞬变脉冲的抗扰度测试设备（即 P4 波形发生器）应具有如图 C.16 所示的波形与参数：

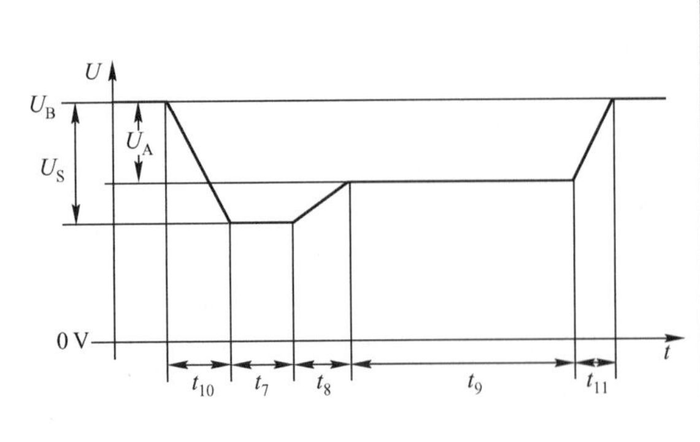

参　数	12 V 系统	24 V 系统
U_S	−6 ~ −7 V	−12 ~ −16 V
U_A	−2.5 ~ −6 V 同时 $\lvert U_a \rvert \le \lvert U_S \rvert$	−5 ~ −12 V 同时 $\lvert U_a \rvert \le \lvert U_S \rvert$
R_i	0 ~ 0.02 Ω	
t_7	15 ~ 40 ms	50 ~ 100 ms
t_8	≤50 ms	
t_9	0.5 ~ 20 s	
t_{10}	5 ms	10 ms
t_{11}	5 ~ 100 ms	10 ~ 100 ms

图 C.16　P4 波形与参数

3. 测试方法

ISO 7637-2 标准规定的 P4 瞬变脉冲的抗扰度测试配置要求与 ISO 7637-2 标准规定的其他瞬变脉冲的

抗扰度测试配置要求类似。关于测试等级，对于12 V系统的测试等级见表C-10。

表C-10 12 V系统的测试等级

测试脉冲	测试电平				最少脉冲数	脉冲周期	
	Ⅰ	Ⅱ	Ⅲ	Ⅳ		最小	最大
P4			-6	-7	1个		

24 V系统的测试等级如表C-11所示：

表C-11 24 V系统的测试等级

测试脉冲	测试电平				最少脉冲数	脉冲周期	
	Ⅰ	Ⅱ	Ⅲ	Ⅳ		最小	最大
P4			-12	-16	1个		

注：Ⅰ和Ⅱ的测试电平未给出，因为太低的测试电平通常不能保证车载设备有足够的抗扰度。

C.8 BCI（大电流注入）测试

C.8.1 测试目的

BCI测试是为了评价汽车电子、电气零部件设备对由射频场感应所引起的传导抗扰度。

C.8.2 测试设备

按ISO 11452-4标准的要求，组成BCI测试系统通常需要如下设备：

- RF信号产生器；
- RF放大器；
- 频谱仪或功率计；
- 校正用的RF功率计；
- 控制设备；
- 宽带人工电源网络（Broadband Artificial Network）。

C.8.3 测试方法

1. 测试布置

测试方法应与ISO 11452-4的BCI测试方法一致，可选用替代法或闭环法。测试布置如图C.17所示，具体说明如下：

- DUT与负载模拟器之间的全部线束应布置在接地平板上的绝缘支撑上，绝缘支撑厚度为50 mm，电介质常数$\varepsilon_r \leq 1.4$。对线束长度的要求，替代法为1700 $^{+300}_{0}$ mm，闭环法为1000$^{+200}_{0}$ mm。对电流注入钳测试位置的要求：替代法，距离DUT连接器150 mm/450 mm/750 mm；闭环法，距离DUT连接器900$^{+10}_{-10}$ mm；
- DUT应置于接地平板上50 mm厚的绝缘支撑上。但如果DUT有金属外壳，且安装在车上时与车身有电气连接，则DUT应安装到接地平板上并与之电气连接。这种方式仅限于当产品技术要求中有相应记录且为了反映实车条件的情况下使用。DUT接地方式应记录在EMC测试计划与测试报告中；
- 应使用汽车蓄电池向DUT供电，蓄电池负极应与测试桌的接地平板相连，蓄电池应放在测试桌上或桌下；

- 测试桌的接地平板应足够大，以便于使测试线束成一条直线。接地平板的边缘与测试线束、DUT、负载模拟器之间的距离应满足 ISO 11452-4 的要求；
- 测试布置与除接地平板之外的其他所有传导结构（如暗室墙壁）之间的距离应不小于 500 mm。
- 对 1 MHz~30 MHz 频率范围的测试，DUT 线束中的所有负极（即接地线）应直接与接地平板相连（DBCI）（图 C. 17a），接地线长度为 200±50 mm。任何负极线都不应布置在 BCI 注入探头附近。如果正极与负极为双绞线（必须在产品技术要求中有明确规定），本要求不适用，并应记录在测试计划中；
- 对 30 MHz~400 MHz 频率范围的测试，DUT 所有线束应布置在注入探头之内（CBCI）（见图 C. 17b）；

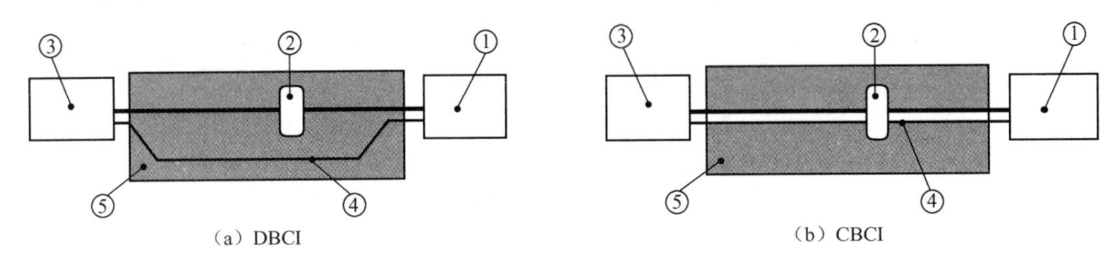

说明：

1—被测件 DUT；2—大电流注入探头；3—辅助设备；4—电源地线；5—绝缘支撑（$\varepsilon_r \leq 1.4$）；6—接地平板

图 C. 17　大电流注入测试布置图

- 如果 DUT 有多个接插件，应将大电流注入探头卡在每个单独的接插件线束上，分别重复进行 1~400 MHz 的测试。每个线束中的线路都应在测试计划中规定；
- 注入探头应与接地平板绝缘；
- 可选用电流监视探头，电流监视探头应布置在距离 DUT 50 mm 的地方。电流监视探头应与接地平板绝缘。

2. 测试步骤

使用经校准的注入探头，按照 ISO 11452-4 进行测试，可选用替代法或闭环法。选择替代法时，需要监测注入的实际电流值。大电流注入测试等级要求见表 C-11。测试步骤及注意事项如下。

- 应在使用线性频率步长的条件下实施测试，步长不大于 ISO 11452-1 的要求；
- 应按照 ISO 11452-1 的要求，使用峰值保持。最小等幅波（CW）及调制（幅度或脉冲）驻留时间为 2 s。如可预见 DUT 的响应时间大于 2 s，应使用更长的驻留时间。对驻留时间的改变应记录在测试计划中；
- 场调制与分级及放大器的谐波含量应满足 ISO 11452-1 的要求；
- 幅度调制的频率应为 1 kHz，调制深度为 80%；
- 先使用等级Ⅱ的要求进行测试，如果发现偏离，则将强度等级降低到 DUT 能够正常工作的程度，再将强度增大到偏离再次出现。这点的强度等级应被用来检查是否满足表 C-11 中的要求。如不满足，则这点的强度等级应作为偏离的阈值写入报告中；
- 前向功率应作为强度等级特性和实测强度的参照参数；
- 选择替代法时，对 1~30 MHz 频率范围的测试，应在距离 DUT 连接器 150 mm 和 450 mm 两个探头固定位置实施。对 30~400 MHz 频率范围的测试，应在距离 DUT 连接器 450 mm 和 750 mm 两个探头固定位置实施；
- 选择闭环法时，使用 1 m 的线束，在距离 DUT 连接器 900 mm 处实施测试；
- 如果发现偏离，则将感应电流降低到 DUT 能够正常工作的程度，再将感应电流增大到偏离再次出现。这点的感应电流大小应作为偏离的阈值写入报告中；
- 应对连接到 DUT 的每个线束逐一进行测试；
- DUT 各种工作模式在测试过程中的表现应满足 EMC 试验计划的规定；

● 选用替代法时，所使用的电流监视探头，不应用来调节射频注入电流，测得的数值仅限于参考，并应记录在测试报告中。

3. 测试等级

对应表 C-11 所述的射频电流测试等级和调制条件，DUT 应符合表 C-11 的验收准则。

表 C-11 大电流注入测试等级要求

波 段	频率范围 MHz	测试电流 mA				调 制
		等级 Ⅰ	等级 Ⅱ	等级 Ⅲ	等级 Ⅳ	
1	1～400	50	75	100	200	CW，AM 80%
注：更高的测试等级由车企和零部件制造商协商确定。						

C.9 手持发射机抗扰度

C.9.1 手持发射机抗扰度测试目的

手持发射机抗扰度测试参考标准为 ISO 11452-9。用来考查 DUT 暴露在手持便携发射机（例如手机）辐射中的潜在风险，测试频率范围为 360～2700 MHz。该测试仅适用于安装在乘客舱或行李舱的特定装置。本测试不适用于金属外壳设备的金属部分，但适用于金属外壳设备的接插件位置和线束位置。

C.9.2 手持发射机抗扰度测试设备

参考标准 ISO 11452-9 的要求，此测试设备至少由如下部分组成：

● 信号发生器；
● RF 放大器；
● 定向耦合器；
● RF 功率计；
● 电波暗室（最佳）。

C.9.3 测试方法

1. 测试布置

1）测试

除非本标准另有说明，测试布置应按照 ISO 11452-9 的要求进行。对于没有线束的模块，测试布置中的线束和人工网络不适用。测试布置具体说明如下：

● 本测试将微型宽带天线置于 DUT 及其线束上方，与接地平板平行，DUT 被测面面向天线，来模拟工作在其附近的手持便携式发射机产生的电磁场；
● DUT 表面及其线束与天线之间的距离根据 DUT 与辐射源的距离和 DUT 产品类型而定，见表 C-12。该距离一般为 5 mm 或 50 mm。表 C-12 还规定了天线放置的步进长度，以确保所有 DUT 表面都完全暴露在电磁场环境中；

表 C-12 手持式发射机测试间距及天线位置 单位为 mm

DUT 表面与线束描述	天线到 DUT 的距离 H	天线位置步长
在距离 DUT 表面 50～200 mm 范围内或 DUT 线束连接器沿线束 350～500 mm 范围内，有可能存在手持无线发射机。	50	100

续表

DUT 表面与线束描述	天线到 DUT 的距离 H	天线位置步长
在距离 DUT 表面 0~50 mm 范围内或 DUT 线束连接器沿线束 300~350 mm 范围内，有可能存在手持无线发射机。	5	30

- 如果未能按照表 C-12 执行，零部件制造商应与汽车企业 EMC 部门协商确定天线到 DUT 表面的距离及天线位置步长，并应记录在零部件的测试计划中，一个 DUT 只能使用一个天线；
- DUT 应使用汽车蓄电池供电，蓄电池负极应与测试桌的接地平板相连，蓄电池应置于测试桌上或桌下；
- 测试线束长度应为 1700^{+300}_{0} mm，并且 DUT 与负载模拟器之间的整个线束应布置在接地平板上厚 50 mm的绝缘支撑上（$\varepsilon_r \leqslant 1.4$）；
- 测试桌的接地平板应足够大，测试布置边缘与接地平板边缘的距离应不小于 100 mm。接地平板边缘与其他传导结构（如暗室墙壁）的距离不小于 500 mm；
- 线缆离天线元件的距离不小于 1000 mm，在线缆上套铁氧体磁环。

2）校准

测试前，应按 ISO 11451-3—2006 要求的步骤对测试系统实施校准。校准过程中，天线的辐射单元与任何吸波材料的距离不小于 500 mm，与其他任何对象（如 DUT、接地平板、天线电缆、暗室墙壁等）的距离不小于 1000 mm。详见图 C. 18。

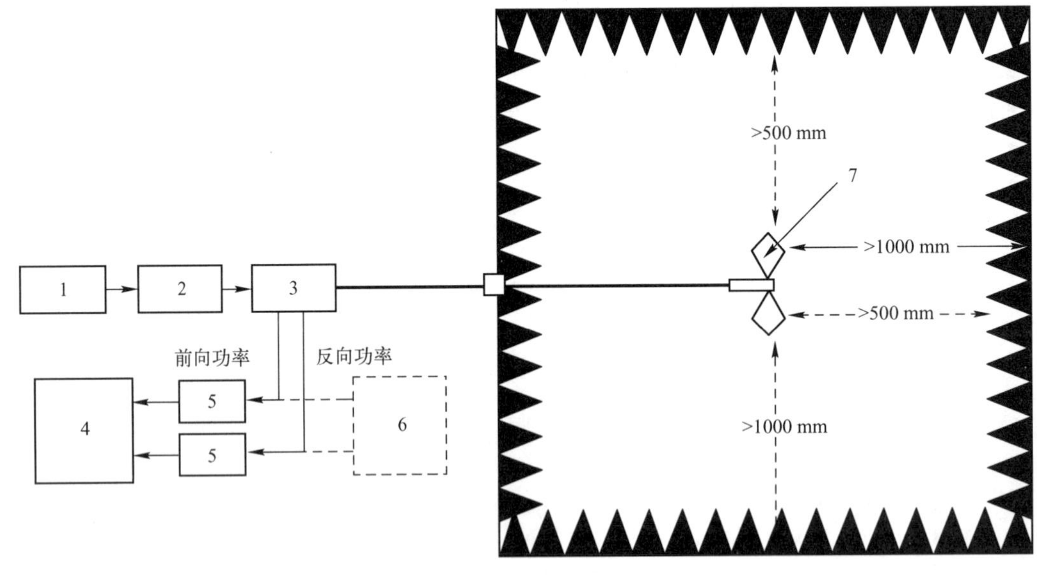

说明：

1—信号发生器；2—RF 放大器；3—定向耦合器；4—RF 功率计；

5—峰值包络功率传感器；6—频谱分析仪（可用作可选的功率传感器）；7—测试天线

图 C. 18　手持式发射机测试系统校准布置

关于校准的其他事项说明如下：

- 不要求每次测试前对天线进行校准，但实验室应定期检查天线的电压驻波比（VSWR），确保其与厂家发布的参数相比无变化；
- 校准与测试过程中使用同型号的设备。

手持发射机抗扰度测试等级要求见表C-13。校准的目的是得出表C-13中的测试强度（净功率），该净功率是由测量到的前向功率和后向功率计算得来的，见公式C-1。

$$P_{ant,NET}=A\cdot P_{meas,FWD}-\frac{1}{A}\cdot P_{meas,REFL}\quad A=\left[\frac{P_{ant,FWD}}{P_{meas,FWD}}\right] \tag{C-1}$$

其中：

$P_{ant,\ NET}$=表C-13中规定的传输给天线的净功率

$P_{meas,\ FWD}$=在定向耦合器上测得的前向功率

$P_{meas,\ REFL}$=在定向耦合器上测得的后向功率

A=线缆衰减（A<1）

2. 测试步骤

本测试应按ISO 11452-9要求的步骤进行，具体说明如下：

- 天线到DUT的测试距离及天线的位置、步进、测试正对表面与线束位置的选取方法等信息应记录在EMC测试计划中；
- 实施天线到DUT的间距为50 mm测试时，宽带天线的可用测试区域为100 mm×100 mm，步长为100 mm。实施天线到DUT的间距为5 mm测试时，可用区域为30 mm×30 mm，步长为30Vmm；
- DUT所有待测表面应划分为100 mm×100 mm或30 mm×30 mm的方格。每个方格的中心应暴露在天线的中心和振子的两个正交方向上，总共实施四次测试；
- DUT应按照表C-12中规定的距离接受辐射；
- 将天线中心置于DUT接插件上方，与线束平行。将天线中心与接插件最外端对齐。对DUT施加表C-13所要求的辐射。如果DUT有多个连接器或连接器比要求的方格宽（30 mm或100 mm），测试应重复多次；
- 先使用等级Ⅱ的要求进行测试，如果发现偏离，则将强度等级降低到DUT能够正常工作的程度，再将强度增大到偏离再次出现。这点的强度等级应被用来检查是否满足表C-13中规定的要求。如不满足，则这点的强度等级应作为偏离的阈值写入报告中。

其他事项说明如下：

- 前向功率应作为强度等级特性与实测强度之间的参照参数；
- 本测试采用脉冲调制法，需要使用峰值包络功率传感器（PEP）或频谱仪来测量前向功率，但前者为首选。如选用频谱仪，应使用零档设置将其调至单个频点，测量带宽不小于3 MHz（适用时，包括分辨率带宽或中频带宽和视频带宽）；
- 测试应在使用线性频率步长的条件下进行，步长不大于ISO 11452-1的要求；
- 应按照ISO 11452-1使用峰值保持。最小等幅波（CW）及调制（幅度或脉冲）驻留时间为2 s，如果可预见DUT的响应时间大于2 s，应使用更长的驻留时间。驻留时间的改变应记录在测试计划中；
- 调制类型及频率范围应满足ISO 11452-1的要求；

3. 测试等级

对应表C-13所述的手持发射机抗扰度测试等级、调制类型等条件．

表C-13　手持发射机抗扰度测试等级要求

波段	频率范围/MHz	测试强度(净功率)/W[a,b]		调制类型	步长/MHz
		等级Ⅰ	等级Ⅱ		
8	360～480	4.5	9.0	PM，1 8 Hz，50%	10
9	800～1000	7.0	14.0	PM，217 Hz，12.5%	10
10	1600～1950	1.5	3.0	PM，217 Hz，12.5%	20

续表

波段	频率范围/MHz	测试强度(净功率)/W[a,b]		调制类型	步长/MHz
		等级Ⅰ	等级Ⅱ		
11	1950~2200	0.75	1.5	PM, 217 Hz, 12.5%	20
12	2400~2500	0.1	0.2	PM, 1600 Hz, 50%	20
13	2500~2700	0.25	0.5	PM, 217 Hz, 12.5%	20
注 1：对于 146~174 MHz 的频段，有可能受到对讲机干扰，如果要求测试，可参考 ISO11452-9 的测试方法进行。					
a：测试强度等级仅对本标准指定的天线有效。 b：输入到天线输入端子的净功率，应在天线与其他物体 1 m 距离的条件下确定。					

C.10　低频磁场抗扰度测试

C.10.1　测试目的

低频磁场抗扰度测试参考标准为 ISO 11452-8，用来考查 DUT 处于可预见的车内电磁干扰源（如充电系统、PWM 源）和车外电磁干扰源（如交流电力线）环境时的潜在风险，测试频率范围为 50 Hz~100 kHz。

C.10.2　测试设备

参考标准 ISO 11452-8 的要求，此测试设备至少由如下 4 部分组成。

- 辐射环；
- 电流探头；
- 信号源和放大器；
- 示波器。

C.10.3　测试方法

1. 测试布置

除非本标准明确说明，应按照 ISO 11452-8 的要求进行测试布置，布置图如图 C.19 所示。具体说明如下：

- 除将所有可能连接到 DUT 的电磁传感器暴露在规定的磁场中之外，测试布置应便于 DUT 直接接受磁场照射，并使用固有共振频率高于 100 kHz、直径 120 mm 的磁场辐射环来实施测试；
- 应将 DUT 置于木桌或绝缘桌之上。负载模拟器及相关支持设备应安装在接地平板上，负载模拟器或接地平板的任意一部分与发射环的距离都不应小于 200 mm；
- 应使用汽车蓄电池或线性电源为 DUT 及所有负载模拟器中的电子器件供电。蓄电池或线性电源应置于测试桌下的地板上或测试桌附近，其负极应与接地平板相连。

2. 测试步骤

低频磁场抗扰度测试频率要求见表 C-14，测试过程中 DUT 的工作状态应与 EMC 测试计划一致。采用磁场辐射环方法实施测试前，应先按照 ISO 11452-8 所规定的步骤进行校准，再按表 C-14 中的频率要求实施测试。仅允许使用带宽足够大的电流探头监测回路电流，禁止使用分流器。其他注意事项如下：

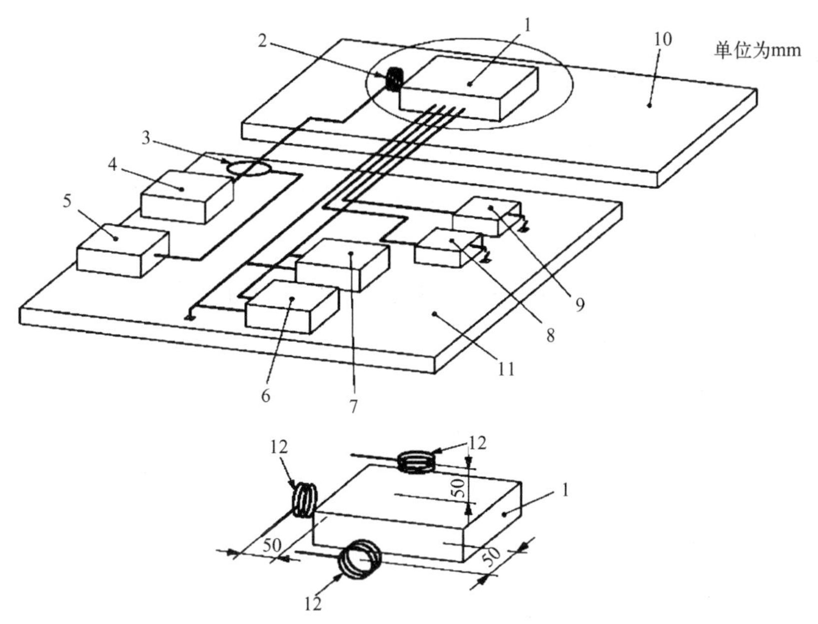

1—被测件 DUT；2—辐射环；3—电流探头；4—信号源和放大器；5—示波器；
6—电池；7—电池；8—传感器；9—执行器；
10—绝缘支架；11—接地平板（需要时）；12—三轴向位置

图 C. 19　低频磁场抗扰度辐射环法测试布置图

表 C-14　低频磁场抗扰度测试频率要求

频率范围/kHz	频率步进/kHz
0.05~1	0.05
>1~10	0.5
>10~150	5

- 将 DUT 各表面分为 100 mm×100 mm 的方格，将辐射环对准方格中心。如果 DUT 表面小于 100 mm×100 mm，则将辐射环对准 DUT 表面的中心。辐射环与 DUT 表面的距离为 50 mm，环形传感器应与 DUT 表面平行且与所有接插件轴向平行；
- 对每一个测试位置，在规定的每一个频点，向辐射环提供足够的电流，以产生符合要求等级的磁场；
- 驻留时间不少于 2 s。如果 DUT 响应时间长于 2 s，则应适当延长驻留时间，驻留时间的改变应记录在测试计划中；
- 如果发现偏离，应降低场强直到 DUT 功能恢复正常，再增大场强直到偏离再次出现，这一点的场强应记录为偏离的阈值；
- 如果 DUT 有附属的电磁传感器，当检验 DUT 是否正常工作时，需要额外将传感器暴露在磁场中。

3. 测试等级

对应表 C-15 所述的低频磁场抗扰度测试等级条件，DUT 应符合表 C-15 的验收要求。

表 C-15　磁场抗扰度测试等级要求

频率范围/kHz	测试等级/(A/m)	验收等级要求		
		A 类	B 类	C 类
0.05~150	100	I	I	I

C.11 测试分类及要求

表 C-16 列出了所有电磁兼容性能要求针对不同类别汽车电子、电气零部件的适用范围。当电子、电气零部件可归入多个类别（例如由稳压电源供电的主动电磁传感器，既属于 AS 类别，又属于 AM 类别）时，应考虑所有适用的要求。

表 C-16　部件类别及适用的测试要求

	要求种类	测试项目	部件类别									
			无源模块	感性设备	电机		有源模块					
			P	R	BM	EM	A	AS	AM	AX	AY	AW
适用要求（√）	射频发射	辐射发射	N/A	N/A	√	√	√	√	√	√	√	√
		射频传导发射（电压法）	N/A	N/A	√	√	√	√	√	√	√	N/A
		射频传导发射（电流法）	N/A	N/A	N/A	√	√	√	√	√	√	N/A
		磁场发射	N/A	N/A	√[a]	√	√		√	√	N/A	N/A
	瞬态传导	瞬态传导发射	N/A	√	√	√	N/A	N/A	N/A	√	√	N/A
	射频抗扰度	大电流注入	N/A	N/A	N/A	√	√	√	√	√	√	N/A
		辐射抗扰度	N/A	N/A	N/A	√	√	√	√	√	√	√
		手持发射机	N/A	N/A	N/A	√	√	√	√	√	√	√
		低频磁场抗扰度	N/A	N/A	N/A	N/A	N/A	N/A	√	N/A	N/A	√
	瞬态抗扰度	瞬态传导抗扰度	√	N/A	N/A	√	√	N/A	√	√	√	N/A
		瞬态耦合抗扰度	N/A	N/A	N/A	√	√	√	√	√	√	N/A
	静电放电	静电放电	√	N/A	N/A	√	√	√	√	√	√	√

注 1：无源模块 P 为一种仅由无源元件组成的无源电子模块，包括电阻、电容、电感、防反/钳位二极管、热敏电阻等。在该模块的稳定性得到分析证明的情况下，部分测试要求可以忽略。

注 2：感性负载 R 为电磁继电器、线圈和其他含有电磁线圈的产品。

注 3：电机中，BM 为直流有刷电机；EM 为电子电路控制电机。

注 4：有源模块中，A 为包含有源器件的电器模块，如模拟运放电路、开关电源、基于微处理器的控制器和显示器等；AS 为通过其他模块内的稳压电源供电而工作的模块，通常指为控制器提供输入信号的传感器；AM 为包含磁敏感元件的模块或是外部连接有磁敏感元件的模块；AX 为封装内部包含电机或电子电路控制电机的模块，或是控制外部感性装置的模块，如电机或电子电路控制的电机等；AY 为封装内包含电磁继电器的模块；AW 为无外部导线的模块，如遥控钥匙。

注 5：a 该要求仅适用于 PWM DC 有刷换向电机。

C.12 汽车电子、电气零部件的 EMC 测试参考标准

下列标准为常用的汽车零部件 EMC 测试标准（标准版本可能已经更新）。

- GB/T 18655—2010　车辆、船和内燃机，无线电骚扰特性，用于保护车载接收机的限值和测量方法。

- ■ GB/T 21437.1—2008　道路车辆，由传导和耦合引起的电骚扰，第1部分：定义和一般描述。
- ■ GB/T 21437.2—2008　道路车辆，由传导和耦合引起的电骚扰，第2部分：沿电源线的电瞬态传导。
- ■ GB/T 21437.3—2012　道路车辆，由传导和耦合引起的电骚扰，第3部分：除电源线外的导线通过容性和感性耦合的电瞬态发射。
- ■ GB/T 6113.101—2008　无线电骚扰和抗扰度测量设备和测量方法规范，第1-1部分：无线电骚扰和抗扰度测量设备。
- ■ GB/T 33014.1—2016　道路车辆，电子、电气零部件对窄带辐射电磁能的抗扰性试验方法，第1部分：一般规定。
- ■ GB/T 33014.2—2016　道路车辆，电子、电气零部件对窄带辐射电磁能的抗扰性试验方法，第2部分：电波暗室法。
- ■ GB/T 33014.3-2016　道路车辆，电子、电气零部件对窄带辐射电磁能的抗扰性试验方法，第3部分：横电磁波（TEM）小室法。
- ● GB/T 33014.4-2016　道路车辆，电子、电气零部件对窄带辐射电磁能的抗扰性试验方法，第4部分：大电流注入（BCI）法。
- ● GJB 151B-2013　军用设备和分系统，电磁发射和敏感度要求与测量
- ● ISO 11451-3：2007　Road vehicles- Vehicle test methods for electrical disturbances from narrowband radiated electromagnetic energy-Part 3：On-board transmitter simulation.
- ● ISO 11452-1：2008　Road vehicles-Component test methods for electrical disturbances from narrowband radiated electromagnetic energy-Part 1：General principles and terminology.
- ● ISO 11452-8：2008　Road vehicles-Component test methods for electrical disturbances from narrowband radiated electromagnetic energy-Part 8：Immunity to magnetic fields.
- ● ISO 11452-9：2012　Road vehicles-Component test methods for electrical disturbances from narrowband radiated electromagnetic energy-Part 9：Portable transmitters.
- ● ISO 10605：2008　Road vehicle - Test methods for electrical disturbances from electrostatic discharge.

附录 D

军用标准中的常用 EMC 测试

GJB 151A-97:《军用设备和分系统电磁发射和敏感度要求》(等同于美军标 MIL-STD-461D) 和 GJB 152A-97:《军用电子设备和分系统电磁发射和敏感度测量》(等同于美军标 MIL-STD-462D) 标准对军用产品的 EMI 和 EMS 测试做了规定。

D.1 军用产品特殊要求

对于海军设备，从控制 EMC 的角度看，线与地之间的滤波器应尽量少用，因为这类滤波器通过接地平面为结构（共模）电流提供低阻抗的通路，使这种电流可能耦合到同一接地平面的其他设备中去，因而它可能是系统、平台或装置中电磁干扰的一个主要原因。如果必须使用这类滤波器，每根导线的线与地之间的电容量对于 50 Hz 的设备，应小于 0.1 μF；对于 400 Hz 的设备，应小于 0.02 μF。对于潜艇上及飞机上直流电源设备，在用户接口处，每根导线对地滤波器的滤波器电容量不应该超过所连接负载的 0.075 μF/kV。负载小于 0.5 kW 的，滤波器电容量不应超过 0.03 μF。

D.2 国军标所对应的 EMC 测试项目

本节叙述 GJB151A 规定的主要发射和敏感度测试方法，测试项目和名称见表 D-1，测试方法适用于整个规定的频率范围。但是，特定的设备或设备类别根据其安装平台的电磁环境可在测试项目及频率范围上按 GJB151A 剪裁进行测试。各个测试项目对各平台的适用性见表 D-2。

表 D-1 军用产品 EMC 测试项目列表

项　目	名　称
CE101	25 Hz~10 kHz 电源线传导发射
CE102	10 kHz~10 MHz 电源线传导发射
CE106	10 kHz~40 GHz 天线端子传导发射
CE107	电源线尖峰信号（时域）传导发射
CS101	25 Hz~50 kHz 电源线传导敏感度
CS103	15 kHz~10 GHz 天线端子互调传导敏感度
CS104	25 Hz~20 GHz 天线端子无用信号抑制传导敏感度
CS105	25 Hz~20 GHz 天线端子交调传导敏感度
CS106	电源线尖峰信号传导敏感度
CS109	50 Hz~100 kHz 壳体电流传导敏感度
CS114	10 kHz~400 MHz 电缆束注入传导敏感度
CS115	电缆束注入脉冲激励传导敏感度
CS116	10 kHz~100 MHz 电缆和电源线阻尼正弦瞬变传导敏感度

续表

项 目	名 称
RE101	25 Hz~100 kHz 磁场辐射发射
RE102	10 kHz~18 GHz 电场辐射发射
RE103	10 kHz~40 GHz 天线谐波和乱真输出辐射发射
RS101	25 Hz~100 kHz 磁场辐射敏感度
RS103	10 kHz~40 GHz 电场辐射敏感度
RS105	瞬变电磁场辐射敏感度

表 D-2 测试项目对各平台的适用性

		水面舰艇	潜艇	陆军飞机（含航线保障设备）	海军飞机	空军飞机	空间系统（含运载火箭）	陆军地面	海军地面	空军地面
测试项目适用性	CE101	A	A	A	L					
	CE102	A	A	A	A	A	A	A	A	A
	CE106	L	L	L	L	L	L	L	L	L
	CE107			S	S	S				
	CS101	A	A	A	A	A	A	A	A	A
	CS103	S	S	S	S	S	S	S	S	S
	CS104	S	S	S	S	S	S	S	S	S
	CS105	S	S	S	S	S	S	S	S	S
	CS106	S	S	S	S	S	S	S	S	S
	CS109		L							
	CS114	A	A	A	A	A	A	A	A	A
	CS115			A	A	A	A	L		A
	CS116	A	A	L	A	A	A	L	A	A
	RE101	A	A	A	L					
	RE102	A	A	A	A	A	A	A	A	A
	RE103	L	L	L	L	L	L	L	L	L
	RS101	A	A	A	L			L	L	
	RS103	A	A	A	A	A	A	A	A	A
	RS105	L	L	L	L				L	

注：表 D-2 列出了对预安装在各军用平台或装置内、平台或装置上以及平台或装置发射出去的设备和分系统的测试项目要求。如果某种设备或分系统预期安装在多类平台或装置中，则应以其中要求最严格的那一类为准。表中填有“A”的表示该项目要求使用；填有“L”的表示该项目要求应按本标准相应条款规定加以限制；填有“S”的则表示有订购规范中对适用性和极限要求做详细规定。空白栏表示该项目要求不适用。如对于陆军设备，其 EMC 测试要求主要为 5 项（简称陆军 5 项），见表 D-3。

表 D-3 陆军五项总体要求

测 试 项 目	名 称
RE102	10 kHz~18 GHz 电场辐射发射
CE102	10 kHz~10 MHz 电源线传导发射
CS101	15 Hz~50 kHz 电源线传导发射
CS114	10 kHz~400 MHz 电缆束注入传导敏感度
RS103	10 kHz~40 GHz 电场辐射敏感度

D.3　军用标准 EMC 测试基本配置

EUT 应安装在模拟实际情况的参考接地平板上。如果实际情况未知，或需要多种形式安装，则应实用金属参考接地平板。除另有规定，参考接地平板的面积应不小于 2.25 m²，其段边不小于 760 mm。当在 EUT 安装中不存在参考接地平板时，EUT 应放在非导电平面上。

当 EUT 安装在金属参考接地平板上时，参考接地平板应不大于每方块 0.1 mΩ 的表面电阻（最小厚度：紫铜板 0.25 mm；黄铜板 0.63 mm；铝板 1 mm）。金属参考接地平板与屏蔽室之间直流搭接电阻不大于 2.5 mΩ。图 D.3 和图 D.4 所示的金属参考接地平板应以 1 m 间隔搭接到屏蔽室屏蔽壁上或地板上。金属搭接条应是实心的，长宽比不大于 5∶1。在屏蔽室外测试使用的金属参考接地板至少应为 2 m×2 m 的面积，且至少应超过测试配置边界 0.5 m。除非在单项测试方法中另有说明，GJB151A 标准中的所有测试方法都使用 LISN 来隔离电源干扰并为 EUT 提供规定的电源阻抗。LISN 电路应符合图 D.1，其阻抗特性应符合图 D.2。LISN 阻抗特性至少每年在下列条件下测量一次：

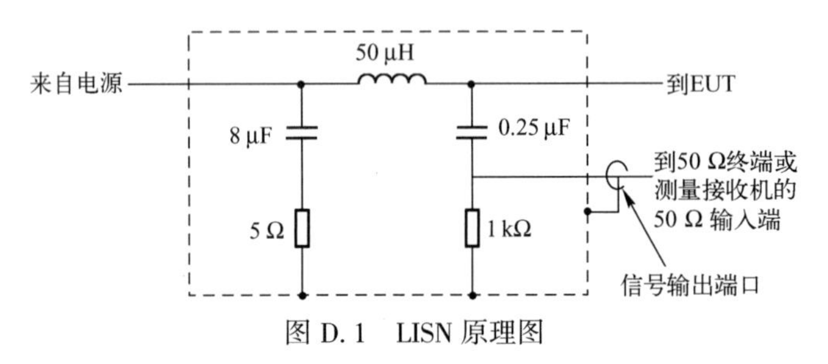

图 D.1　LISN 原理图

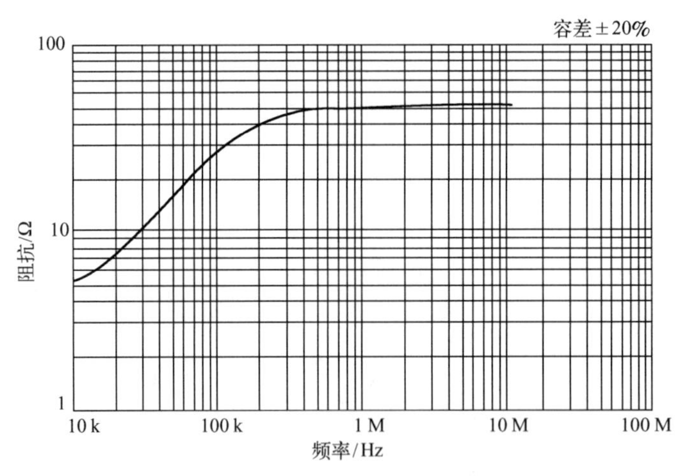

图 D.2　LISN 阻抗特性曲线

- 阻抗应在 LISN 的负载端的电源输出线与 LISN 金属外壳之间进行测试；
- LISN 的信号输出端口应接 50 Ω 电阻；
- LISN 的电源输入端应空置。

EUT 的测试配置应符合图 D.3～图 D.6 通用测试配置的要求。除非对特定的测试方法另外给出明确指示，否则整个测试器件都应保持上述配置。对通用测试配置的任何变更，都应在单相测试方法中特别加以说明。只有 EUT 设计和安装说明中有规定时，设备外壳才能直接搭接在参考接地平板上。当实际安装需要搭接条时，所用的搭接条应与实际安装规定的搭接条相同。通过电源电缆安全接地线接地的便携设备，应按照相应测试方法的规定接地。

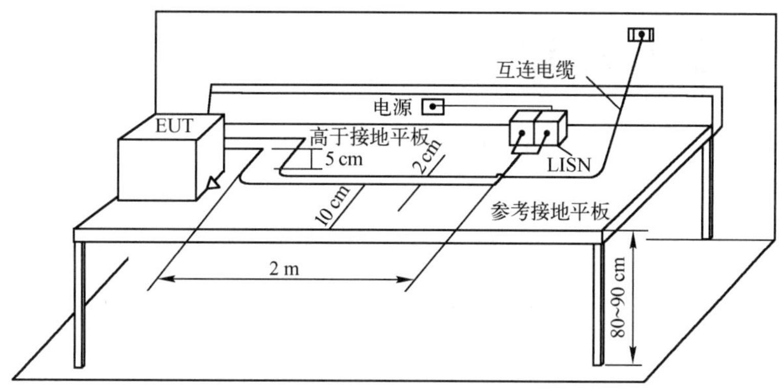

图 D.3 一般测试配置

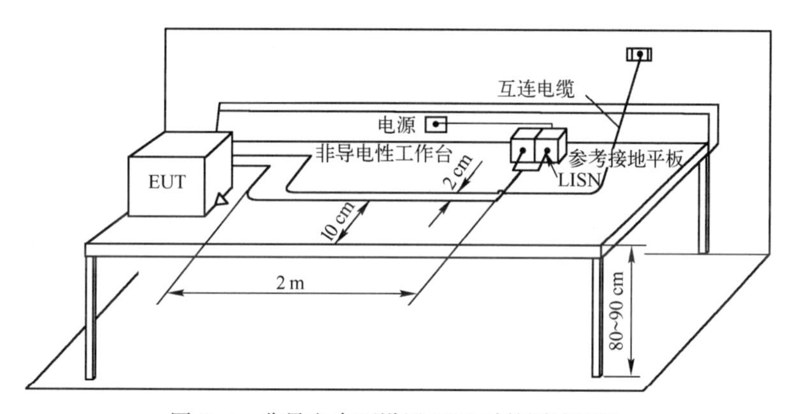

图 D.4 非导电表面设置 EUT 时的测试配置

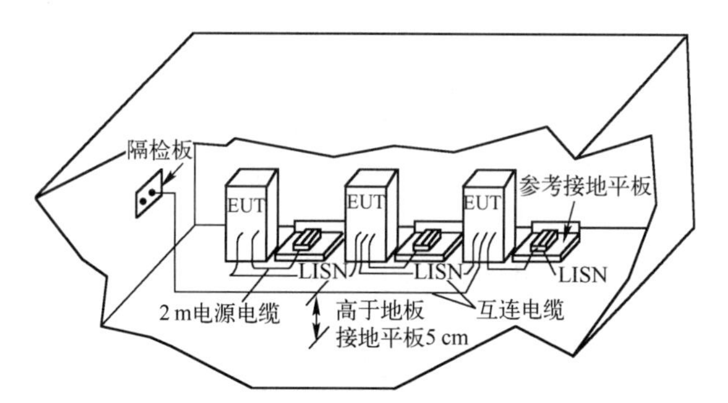

图 D.5 独立的 EUT、多个 EUT 屏蔽室测试配置

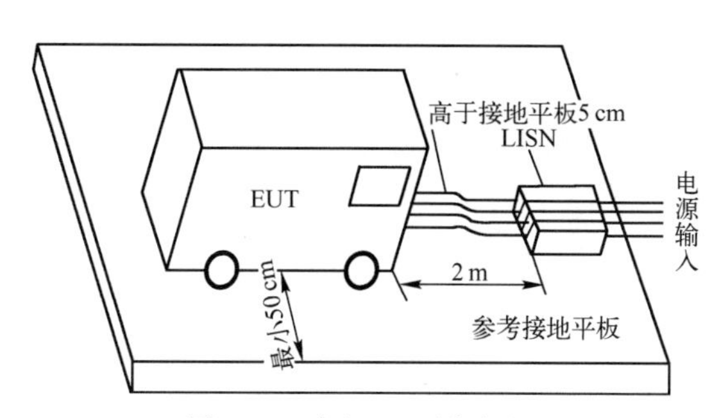

图 D.6 独立 EUT 测试配置

D.4 军用产品 EMC 测试

D.4.1 CE101（25 Hz~10 kHz 电源线传导发射）测试

1）目的

本测试方法用来测量 EUT 输入电源线（包括回线）上的传导发射。

2）测试设备

a. 测量接收机；

b. 电流探头；

c. 信号发生器；

d. 数据记录装置；

e. 示波器；

f. 电阻器；

g. LISN。

3）测试方法

按图 D.3~图 D.6 所述的一般要求，在保持 EUT 的基本测试配置的基础上，按图 D.7 所示的配置进行测试。确定 EUT 输入电源线（包括回线）的传导发射，EUT 通电预热，使其达到稳定工作状态，选择一条电源线将电流探头钳在上面。测试时，将电流探头置于距离 LISN 50 mm 处。使测量接收机在适用的频率范围内扫描。测试完一根电源线后再对其他线进行逐一测试。

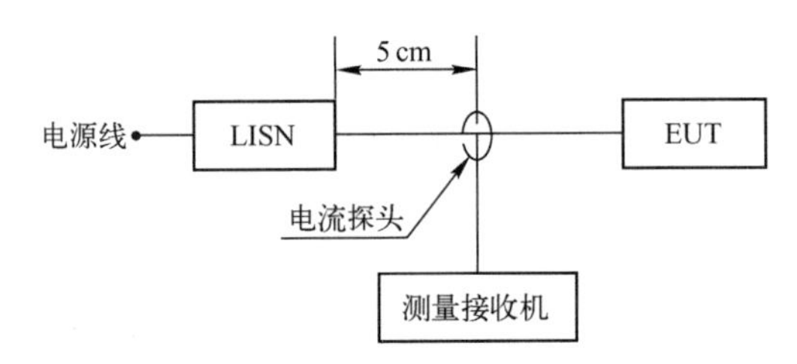

图 D.7　CE101 测试配置图

D.4.2 CE102（10 kHz~10 MHz 电源线传导发射）测试

1）目的

本测试方法用来测量 EUT 输入电源线（包括回线）上的传导发射。

2）测试设备

a. 测量接收机；

b. 数据记录装置；

c. 信号发生器；

d. 衰减器，20 dB；

e. 示波器；

f. T 型同轴连接器；

g. LISN。

3）测试方法

按图 D.3~图 D.6 所述的一般要求，保持在 EUT 的基本测试配置的基础上，按图 D.8 所示的配置进行测试，并将测试接收机接到 LISN 的信号输出端口上的 20 dB 衰减器上。确定 EUT 输入电源线（包括回线）的传导发射，EUT 通电预热，使其达到稳定工作状态，先选择一条电源线进行测试。使测量接收机在适用的频率范围内扫描。测试完一根电源线后再对其他线进行逐一测试。

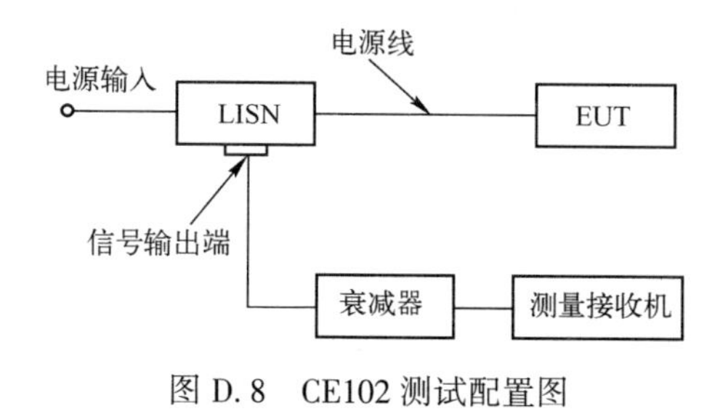

图 D.8　CE102 测试配置图

D.4.3　CE107（电源线尖峰信号（时域））传导发射

1）目的

适用于可能产生尖峰信号的设备和分系统，在时域内测量尖峰信号的幅度。

2）测试设备

a. 10 μF 穿心电容器；

b. 电流探头：10 kHz~50 MHz 频率范围内幅度均匀度±3 dB；

c. LISN；

d. 电压探头：10 kHz~50 MHz 频率范围内幅度均匀度±3 dB；

e. 记忆示波器（带宽≥50 MHz）或峰值记忆电压表（带宽≥50 MHz）。

3）测试方法

按图 D.3~图 D.6 所述的一般要求，保持在 EUT 的基本测试配置的基础上，按图 D.9 或图 D.10 所示的配置进行测试，也可采用 LISN 替代 10 μF 穿心电容或 10 μF 穿心电容和 25 μH 电感组合。电流探头或电压探头置于 10 μF 穿心电容或 10 μF 穿心电容和 25 μH 电感器附近。

（1）闭路电流尖峰测试

a. 测量布置如图 D.9 所示，电流探头靠近试样电源线 10 μF 穿心电容附近，电流探头的输出端接到记忆示波器或峰值记忆电压表上；

b. EUT 的各种工作状态每种至少重复操作五次，包括通断各种开关，读数取 EUT 各种工作状态的最大值，当可能同步时，EUT 开关的转换应调节在电源线峰值和零值处出现；

c. 由于记忆示波器或峰值记忆电压表的带宽大于尖峰电流幅度百分之五十处的宽度的倒数，电压表读数是窄带，按式（D.1）计算尖峰电波：

$$I_{\mathrm{dB\mu A}} = V_{\mathrm{dB\mu V}} - Z_{\mathrm{dB\Omega}} \tag{D.1}$$

式中，$Z_{\mathrm{dB\Omega}}$为电流探头由记忆示波器或峰值记忆电压表加载的变换阻抗，如果记忆示波器或峰值记忆电压表输入阻抗并联一个 50 Ω 电阻，则可用已知的电流探头的变换阻抗。

（2）开路电压尖峰测试

a. 测量布置如图 D.10 所示，电压探头靠近电源线 10 μF 穿心电容附近的电感器上，该电感至少是 25 μH且与 10 μF 穿心电容一起在 10 kHz 以下提供拐角或陷波，而且谐振频率高于 50 MHz，能通过 EUT 电流。电压探头的输出端接到记忆示波器或峰值电压表上；

b. 同闭路电流尖峰测试中的 b。

（3）线路阻抗稳定网络，尖峰电压或电流的测试

a. 在图 D.9 和图 D.10 上，10 μF 穿心电容和 25 μH 电感用线路阻抗稳定网络代替。当线路阻抗稳定网络端接一个 50 Ω 电阻时，能在 10 kHz~50 MHz 频率范围内提供 30~50 Ω 阻抗。电流探头位于 EUT 与线路阻抗稳定网络之间靠近线路阻抗稳定网络的电源线上测试。电压探头连接到线路阻抗稳定网络50 Ω电阻输出端上（50 Ω 电阻去掉）；

b. 同闭路电流尖峰测试中的 b。

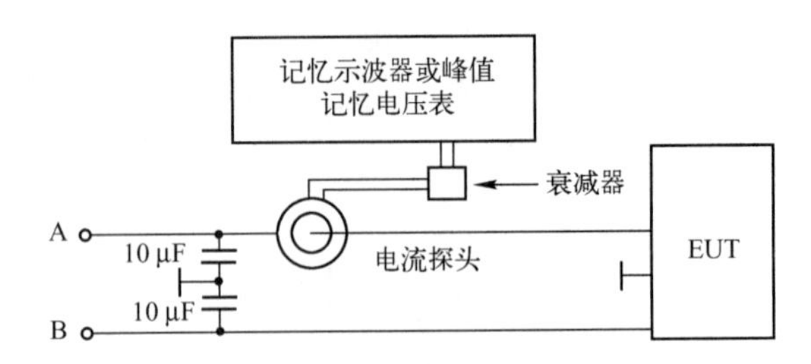

注：A、B 接屏蔽电源滤波器

图 D. 9　CE107 电源线闭路电流尖峰测试

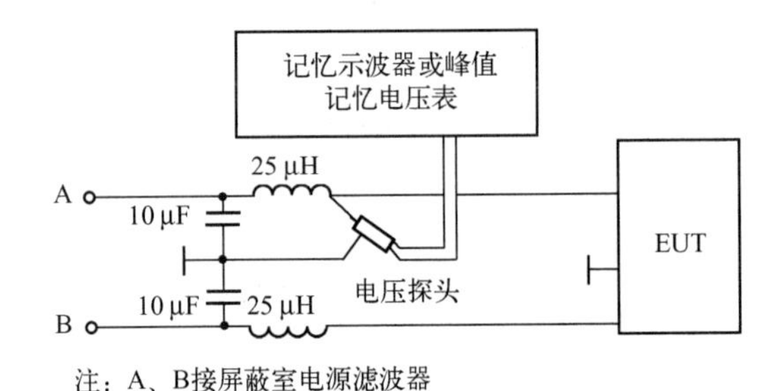

注：A、B接屏蔽室电源滤波器

图 D. 10　CE107 电源线开路电压尖峰测试

D. 4. 4　CS101（电源线传导敏感度）测试

1）目的

本测试方法用来检验 EUT 承受耦合到输入电源线上的信号的能力。

2）测试设备

a. 信号发生器；

b. 功率放大器；

c. 示波器；

d. 耦合变压器；

e. 电容器，10 μF；

f. 隔离变压器；

g. 电阻器，0. 5 Ω；

h. LISN。

3）测试方法

按图 D. 3 ~ 图 D. 6 所述的一般要求，保持在 EUT 的基本测试配置的基础上，分别按图 D. 11、图 D. 12、图 D. 13所示的配置进行测试，其中图 D. 11 所示配置对应的是 DC 或单相 AC 电源；图 D. 12 所示配置对应的是三相△型连接电源，图 D. 13 所示配置对应的是 Y 型连接电源（4 根电源线）。同时为了保护功率放大器，如果必要，可采用一个等效 EUT 的假负载和一个附加的耦合变压器，以使它的感应电压等于注入变压器的感应电压，但其相位相反。具体测试步骤如下。

a. EUT 通电预热，使其达到稳定的工作状态。进行该项测试要特别小心，因为示波器的“安全接地线”断开可能存在电击危害；

b. 将信号发生器调到最低测试频率，增加信号电平，直到电源线上达到要求的电压或功率电平为止；

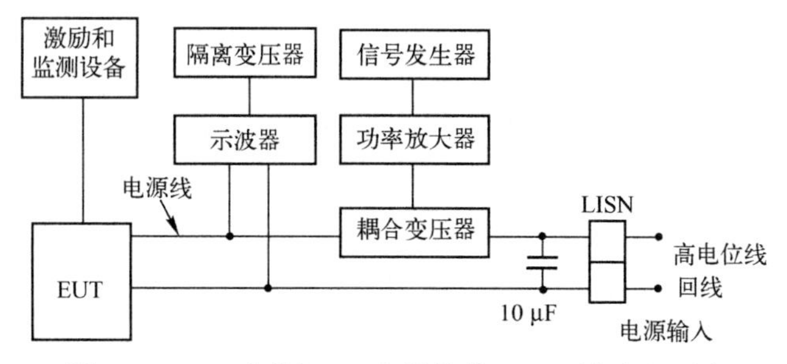

图 D.11 DC 或单相 AC 电源线的 CS101 测试配置图

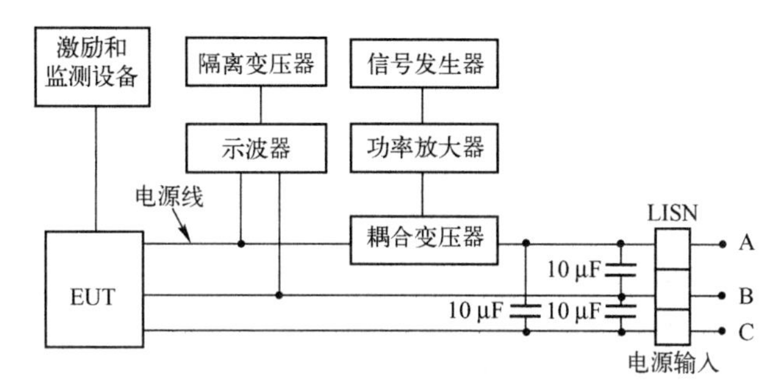

图 D.12 三相△型连接电源线的 CS101 测试配置图

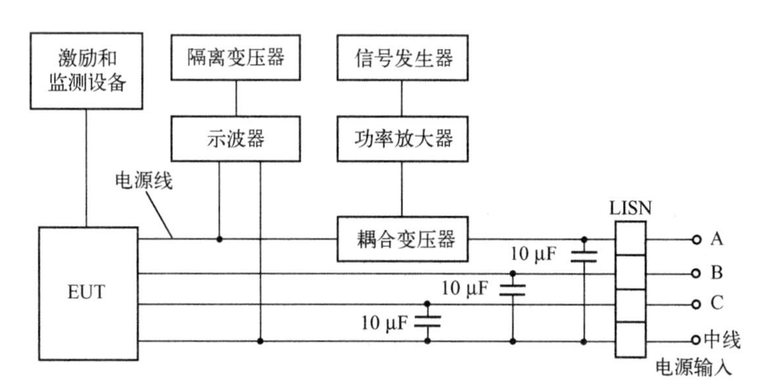

图 D.13 三相 Y 型连接电源线的 CS101 测试配置图

c. 保持要求的信号电平，以不大于标准 GJB152A 要求的扫描速率，在整个要求的频率范围内进行扫描测量；

d. 敏感度鉴定：

(1) 监测 EUT 是否敏感；

(2) 如果敏感现象产生，则进一步确定敏感度门限电平。

e. 必要时，对每根电源线重复 b~d 的测试。

对三相△型连接电源，应按下述要求进行测量：

耦合变压器所在的线	电压测量位置
A	A 到 B
B	B 到 C
C	C 到 A

对三相 Y 型连接电源（四根电源线），应按下列要求进行测量：

耦合变压器所在的线	电压测量位置
A	A 到中线
B	B 到中线
C	C 到中线

D. 4. 5　CS106（电源线尖峰信号传导敏感度）测试

1）目的

在设备、分系统所有不接地的交流和直流输入电源线上测试设备、分系统对电源线上注入的尖峰信号的敏感度。

2）测试设备

a. 尖峰信号发生器，具有以下特性：

（1）脉冲宽度：0. 15 μs、5 μs、10 μs；

（2）脉冲重复频率：3 ~ 10 PPS；

（3）电压输出：不小于 400 V（峰值）；

（4）输出控制：从 0 ~ 400 V（峰值）可调；

（5）输出频谱：25 kHz 时 160 dBμV/MHz；30 MHz 时减到 115 dBμV/MHz；

（6）相位调节：0° ~ 360°；

（7）信号源阻抗（带注入变压器）0. 06 Ω；

（8）变压器（电流容量）30 A；

（9）外同步 50 ~ 1000 Hz；

（10）外触发 0 ~ 20 PPS。

b. 10 μF 穿心电容器；

c. 100 MHz 带宽，扫描频率满足要求的任何示波器；

d. 抑制滤波器（对电源频率至少应抑制 40 dB）。

3）测试方法

按图 D. 3 ~ 图 D. 6 所述的一般要求，保持在 EUT 的基本测试配置的基础上，分别按图 D. 14 所示的配置进行测试，具体测试步骤如下。

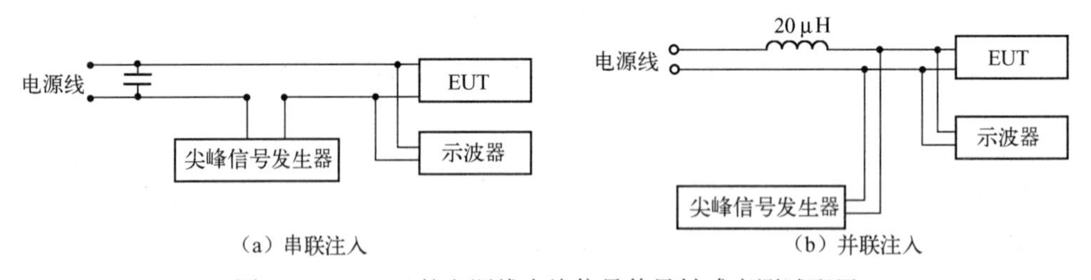

图 D. 14　CS106 的电源线尖峰信号传导敏感度测试配置

a. 对交流和直流供电的 EUT 按图 D. 14（a）进行测试配置，对直流供电的 EUT 按图 D. 14（b）进行测试配置；

b. 缓慢增加尖峰信号发生器输出电平以提供规定的尖峰电压，但不超过预先校准尖峰信号发生器的输出电平；

c. 调整同步和触发，使尖峰信号处于试样将产生最大敏感度的特定位置上；

d. 将正的、负的、单个的及重复的（6 ~ 10 PPS）尖峰信号加到试样的不接地输入端，注入时间不超过 30 min。尖峰信号应与电源同步，并调节在每隔 90°的各个相位上，其注入时间不小于 5 min。此外，还要求调节尖峰信号触发相位，使其分别在电源频率的0°~360°范围内出现。改变尖峰信号同步频率（50~1000 Hz），并注意它对设备敏感度的影响，对使用数字电路的设备，触发尖峰信号应在逻辑电路产生的任何开门时间内和产生的任何脉冲时间内出现；

e. 如果发现EUT对尖峰信号敏感，则应测定和记录它的门限电平、重复频率，在交流波形上的相位位置以及在数字门电路上出现的时间；

f. 必要时，在电源线与示波器之间插入抑制滤波器。

D.4.6　CS109（壳体电流传导敏感度）测试

1）目的

本测试方法用来检验EUT承受壳体电流的能力。

2）测试设备

a. 信号发生器；

b. 示波器或电压表；

c. 电阻器，0.5 Ω；

d. 隔离变压器。

3）测试方法

此项测试不需要将图D.3~图D.6所示的要求作为EUT测试时的基本测试配置。它的测试配置如图D.15所示，并符合如下要求。

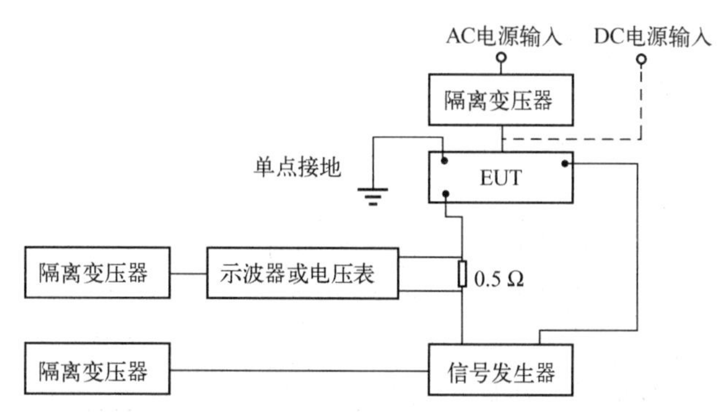

图D.15　CS109（壳体电流传导敏感度）测试配置图

a. 按图D.15所示布置EUT和测试设备（包括信号发生器、测试电流监测设备以及使EUT工作和监测EUT性能降低的设备），确保测试配置单点接地；

b. 使用隔离变压器隔离EUT和所有测试设备的交流电源，对直流电源供电的EUT，隔离变压器不适用；

c. 将EUT和测试设备放在非导电平面上，断开所有输入EUT电源线的安全接地线；

d. 在EUT上测试点的选择取决于EUT类型和最终装配或安装方法，测试点应选在跨接于穿过EUT所有面对角线的端点上；

e. 将信号发生器和电阻器接到所选择的一组测试点上。

CS109（壳体电流传导敏感度）测试方法如下。

a. EUT通电预热，使其达到稳定工作状态；

b. 将信号发生器调到要求的最低频率，再将其调到要求的电平。通过测量电阻器两端电压监测其电流；

c. 在按照适用极限值保持电流电平的同时，按本标准一般要求在50 Hz~100 kHz频率范围内进行扫描，并监测EUT是否敏感；

d. 如EUT出现敏感状况，则要确定敏感度门限电平（在该电平下，EUT刚好不出现不希望有的响应)，并确信该电平不满足 GJB 151A 要求；

e. 对 EUT 其他表面上对角线端点测试点，重复 b~d。

D. 4. 7　CS114（10 kHz~400 MHz 电缆束注入传导敏感度）测试

1）目的

本测试方法用来检验 EUT 承受耦合到与 EUT 有关电缆上的射频信号的能力。

2）测试设备

a. 测量接收机；

b. 电流注入探头；

c. 电流探头；

d. 校准装置：具有 50 Ω 特性阻抗，两端头有同轴连接器和在中心导体周围为校准注入探头提供足够空间的同轴传输线。典型的 CS114 校准装置如图 D. 16 所示；

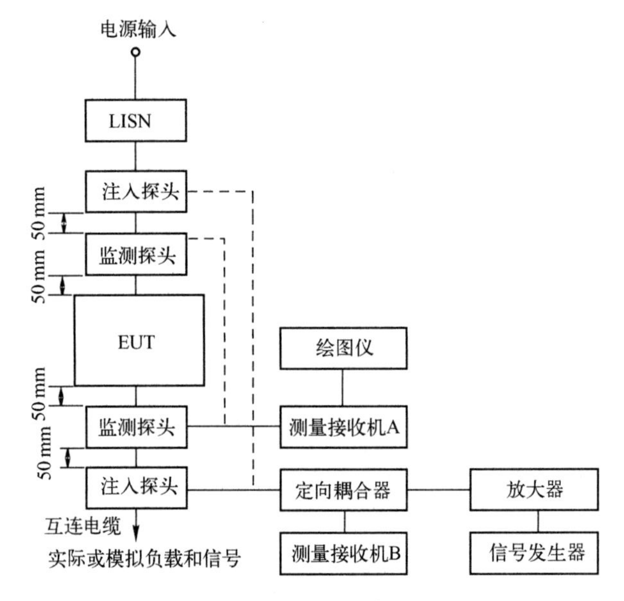

图 D. 16　CS114（10 kHz~400 MHz 电缆束注入传导敏感度）测试配置图

e. 定向耦合器；

f. 信号发生器；

g. 绘图仪；

h. 衰减器，50 Ω；

i. 同轴负载，50 Ω；

j. 功率放大器；

k. LISN。

3）测试方法

按图 D. 3~图 D. 6 所述的一般要求，保持在 EUT 的基本测试配置的基础上，分别按图 D. 16 所示的要求进行配置，并符合如下要求。

a. 将注入和监测探头钳在与 EUT 连接器连接的电缆束上；

b. 将监测探头置于距 EUT 连接器 50 mm 处，如果连接器和基座壳总长超过 50 mm，则监测探头应尽量靠近连接器的基座壳；

c. 置电流注入探头距监测探头 50 mm。

对包括有完整电源电缆（高位线与回线）的 EUT 上的每个连接器短接的每个电缆束，都要按下列步骤进行测试。对包含电源回线的电源电缆也要按下列要求进行测试。

（1）EUT 通电预热，使其达到稳定工作状态

（2）环路阻抗特性确定

a. 信号发生器调到 10 kHz，不加调制；

b. 施加约 1 mW 功率电平信号到注入探头，并分别记下测量接收机 B 指示的功率电平（考虑注入探头插入损耗折算到注入探头输出界面）和测量接收机 A 指示的感应电流电平；

c. 在 10 kHz～400 MHz 频率范围内进行扫描，并记录施加的功率电平和感应电流电平；

d. 将测量结果归一化到安培每瓦（A/W）。

（3）敏感度评估

a. 将信号发生器调到 10 kHz，用 1 kHz 占空比为 50%的脉冲进行脉冲调制；

b. 将前文中确定的入射功率电平馈入注入探头，同时监测感应电流；

c. 在 10 kHz～400 MHz 频率范围内，按本标准一般要求进行扫描测试，同时使入射功率保持在相应的校准电平或 GJB 151A 中最大电流电平上（两者选电平较低者）；

d. 在测试期间监测 EUT 是否性能降低；

e. 如 EUT 出现敏感状况，则要确定敏感度门限电平（在该电平下，EUT 刚好不出现不希望的响应），并确定该电平不满足 GJB 151A 要求；

f. 对由于安全原因具有冗余电缆的 EUT，例如多路数据总线，可使用多路电缆同时注入的方法。

D.4.8　CS115（电缆束注入脉冲激励传导敏感度）测试

1）目的

本测试方法用来检验 EUT 承受耦合到与 EUT 有关电缆上的脉冲信号的能力。

2）测试设备

a. 脉冲信号发生器，50 Ω；

b. 电流注入探头；

c. 激励电缆，2 m 长，特性阻抗 50 Ω，在 500 MHz 具有不大于 0.5 dB 的插入损耗；

d. 电流探头；

e. 校准装置：具有 50 Ω 特性阻抗，两端头有同轴连接器和在中心导体周围为校准注入探头提供足够空间的同轴传输线；

f. 示波器，50 Ω 输入阻抗；

g. 衰减器，50 Ω；

h. 同轴负载，50 Ω；

i. LISN。

3）测试方法

按图 D.3～图 D.6 所述的一般要求，保持在 EUT 的基本测试配置的基础上，按图 D.17 所示的要求进行配置，并符合如下要求。

a. 将注入和监测探头钳在与 EUT 连接器连接的电缆束上；

b. 将监测探头置于距 EUT 连接器 50 mm 处，如果连接器和基座壳总长超过 50 mm，则监测探头应尽量靠近边接器的基座壳；

c. 将注入探头置于距监测探头 50 mm 处。

测试前使 EUT 处于稳定工作状态，并对包括有完整电源电缆（高位线与回线）的 EUT 上的每个连接器短接的电缆束，都要按下列步骤进行测试，对包含电源回线的电源电缆也要按下列要求进行测试：

（1）EUT 通电预热，使其达到稳定工作状态；

（2）敏感度评估。

a. 调节脉冲信号发生器，从最小值到所需确定的幅度调整位置；

b. 以 GJB 151A 中规定的脉冲重复频率和持续时间施加测试信号；

c. 在整个测试期间监测 EUT 是否性能降低；

d. 如果 EUT 出现敏感状况，则要确定敏感度门限电平（在该电平下，EUT 刚好不出现不希望的响应），并确认该电平不满足 GJB 151A 要求；

e. 按示波器上的指示值记录下电缆中感应的峰值电流；

f. 对与 EUT 上每个连接器连接的电缆束，重复以上测试。

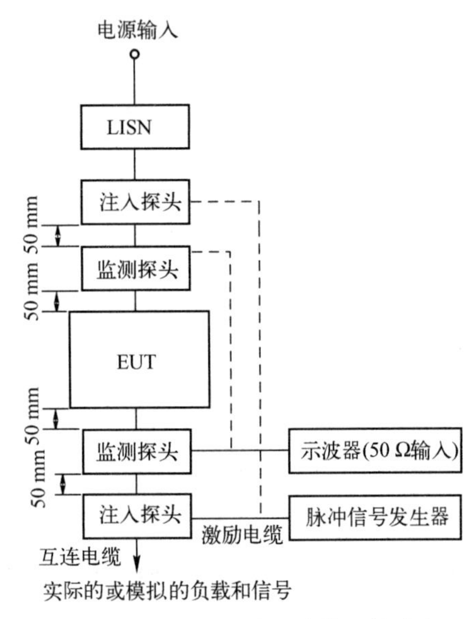

图 D. 17　CS115（电缆束注入脉冲激励传导敏感度）测试配置图

D. 4. 9　CS116（10 kHz～100 MHz 电缆和电源线阻尼正弦瞬变传导敏感度）测试

1）目的

本测试方法用来检验 EUT 承受耦合到与 EUT 有关电缆和电源线上的阻尼正弦瞬变信号的能力。

2）测试设备

a. 阻尼正弦瞬变信号发生器，输出阻抗≤100 Ω；

b. 电流注入探头；

c. 记忆示波器，输入阻抗 50 Ω；

d. 校准装置：具有 50 Ω 特性阻抗，两端头有同轴连接器和在中心导体周围为校准注入探头提供足够空间的同轴传输线；

e. 电流探头；

f. 波形记录器；

g. 衰减器；

h. 测量接收机；

i. 功率放大器；

j. 同轴负载；

k. 信号发生器；

l. 定向耦合器；

m. LISN。

3）测试方法

按图 D. 3~图 D. 6 所述的一般要求，保持在 EUT 的基本测试配置的基础上，按图 D. 18 所示的要求进行配置，并符合如下要求。

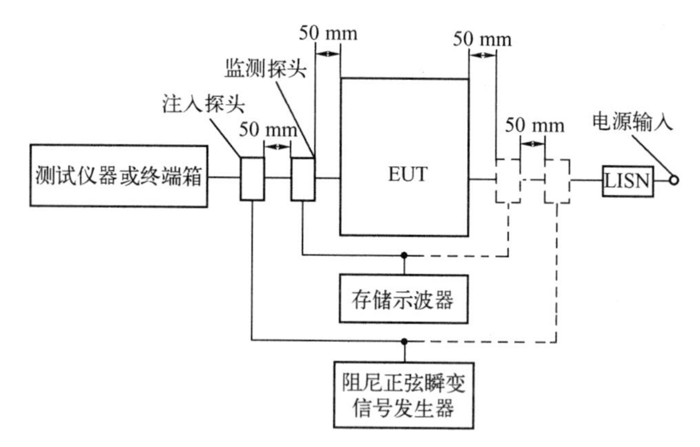

图 D. 18　CS116（10 kHz~100 MHz 电缆和电源线阻尼正弦瞬变传导敏感度）测试配置

a. 按图 D. 18 测试配置；

b. 将注入和监测探头钳在与 EUT 连接器连接的电缆束上；

c. 将监测探头置于距 EUT 连接器 50 mm 处，如果连接器和基座壳总长超过 50 mm，则监测探头应尽量靠近连接器的基座壳；

d. 将注入探头放在距监测探头 50 mm 处。

测试前使 EUT 处于稳定工作状态，并对包括有完整电源电缆（高位线与回线）的 EUT 上的每个连接器短接的每个电缆束，都要按下列步骤进行测试：

（1）EUT 通电预热，使其达到稳定工作状态；

（2）环路阻抗特性确定；

a. 按图 D. 18，信号发生器调到 10 kHz，不加调制；

b. 施加约 1 mW 功率电平信号到注入探头，并分别记下测量接收机 B 指示的功率电平（考虑注入探头插入损耗折算到注入探头输出界面）和测量接收机 A 指示的感应电流电平；

c. 在 10 kHz~100 MHz 频率范围内进行扫描，并记录施加的功率电平和感应电流电平；

d. 将测量结果归一化到安培每瓦（A/W）；

e. 标出最大和最小阻抗出现时的谐振频率。

（3）敏感度评估。

a. EUT 通电预热，使其达到稳定工作状态；

b. 当阻尼正弦瞬变信号源连接好但未被触发时，EUT 不应受影响；

c. 将阻尼正弦瞬变信号发生器调到测试频率；

d. 按顺序对 EUT 每根电缆或电源线施加测试信号，缓慢地增加阻尼正弦瞬变信号发生器的输出电平以提供规定的电流，但不超过预先校准的阻尼正弦瞬变信号发生器的输出电平，记录下获得的峰值电流；

e. 监测 EUT 是否性能降低；

f. 如果 EUT 出现敏感，则要确定敏感度门限电平（在该电平下，EUT 刚好不出现不希望的响应），并确认该电平不满足 GJB151A 要求；

g. 对 GJB151A 中规定的每一测试频率和谐振频率，重复 b~f 测试。

此外 EUT 还需要在断电的情况下重复以上测试。

D. 4. 10　RE101（25 Hz～100 kHz 磁场辐射发射）测试

1）目的

本测试方法用来检验来自 EUT 及其有关电线、电缆的磁场发射是否超过要求。

2）测试设备

a. 测量接收机；

b. 数据记录装置；

c. 环状传感器；

（1）直径：133 mm；

（2）匝数：36；

（3）导线规格：7×ϕ0. 07 mm 多股绝缘线；

（4）屏蔽：静电；

（5）修正系数：将用 dBμV 表示的测量接收机读数加上修正系数转换成 dBpT。

d. LISN。

3）测试方法

按图 D. 3～图 D. 6 所述的一般要求，保持在 EUT 的基本测试配置的基础上，按图 D. 19 所示的配置进行测试，具体测试步骤如下：

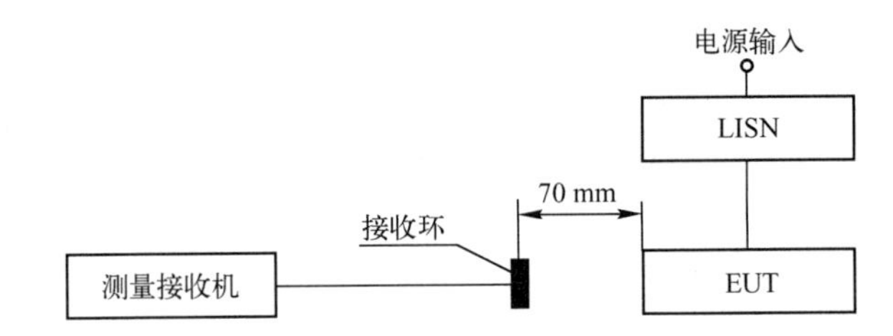

图 D. 19　RE101（25 Hz～100 kHz 磁场辐射发射）测试配置

a. EUT 通电预热，使其达到稳定工作状态；

b. 将环状传感器位于离 EUT 面或电缆 70 mm 处，并使环状传感器的平面平行于 EUT 面和电缆的轴线；

c. 采用标准规定的带宽和最小测量时间，使测量接收机在整个适用的频率范围内扫描，找出最大辐射的频率点；

d. 将测量接收机调回 c 条所确定的频率或频率范围；

e. 在沿着 EUT 一个面或沿着电缆移动环状传感器（保持 70 mm 距离）的同时，监测测量接收机的输出，d 条确定的每个频率记录下读数最大的点；

f. 在距最大辐射点 70 mm 距离处，调整环状传感器平面的方向，使测试接收机给出一个最大读数并记下此读数；

g. 将环状传感器移开并使其位于距 EUT 面或电缆 500 mm 处，记录下测试接收机上读数；

h. 在频率低于 200 Hz 时，每倍频程至少选取两个最大辐射频率点重复 d～g，对高于 200 Hz 的频率，每倍频程至少选取三个最大辐射频率点重复 d～g；

i. 对 EUT 的每个面和 EUT 的每根电缆均要重复 b～h。

D. 4. 11　RE102（10 kHz～18 GHz 电场辐射发射）测试

1）目的

本测试方法用来检验来自 EUT 及其有关电线、电缆的电场发射是否超过规定的要求。

2）测试设备

a. 测量接收机；

b. 数据记录装置；

c. 天线；

（1）10 kHz～30 MHz，具有阻抗匹配网络的 1040 mm 接杆天线：

（a）当阻抗匹配网络包括前置放大器（有源拉杆天线）时，要特别注意过载保护；

（b）使用正方形地网，每边至少 600 mm。

（2）30～200 MHz，双锥天线，顶部到顶部距离约为 1370 mm；

（3）200 MHz～18 GHz，双脊喇叭天线。

d. 信号发生器；

e. 短棒辐射器；

f. 电容器，10 pF；

g. LISN。

3）测试方法

按图 D. 3～图 D. 6 所述的一般要求，保持在 EUT 的基本测试配置的基础上，确保 EUT 产生最大辐射发射的面朝向测量天线，按图 D. 20 所示的配置进行测试，并符合如下要求。

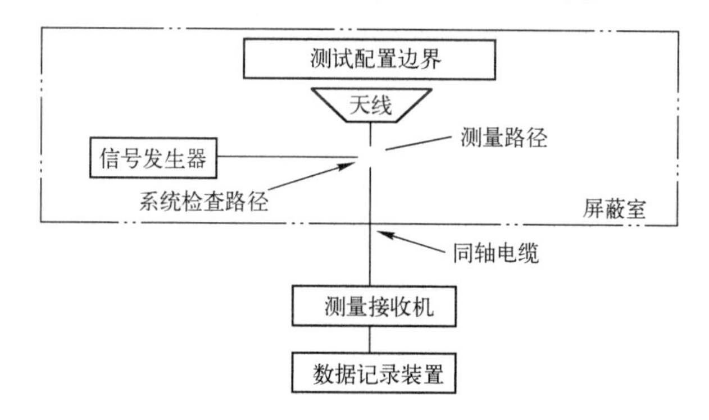

图 D. 20　RE102（10 kHz～18 GHz 电场辐射发射）测试配置

a. 对所有配置，天线应距测试配置边界的前缘 1 m；

b. 除 1040 mm 拉杆天线外，天线应高于地面接地平板 1200 mm；

c. 确保天线任何部分距屏蔽室的壁面不小于 1 m，距顶板不小于 0. 5 m；

d. 对使用测试工作台面的测试配置，对拉杆天线附加定位要求和对测试工作台接地平板的距离示于图中；

e. 对大型 EUT 在屏蔽室地板平面上的不固定安装，将 1040 mm 拉杆天线匹配网络搭接和安装在接地平板上，不用地网。

按图 D. 20 所示的测量路径，确定 EUT 及其有关电缆的辐射发射。

a. 采用本标准规定的带宽和最小测量时间，使测量接收机在整个适用的频率范围内扫描；

b. 对 30 MHz 以上的频率，天线应取水平极化和垂直极化两个方向；

c. 对以下所述确定的每个天线位置进行测试。

要求放置天线位置数量，取决于 EUT 测试边界尺寸和 EUT 包括的分机数量，同时也取决于天线的方向性图。

对低于 200 MHz 测试，用下列准则确定具体的天线位置。

a. 对小于 3 m 测试边界边缘的布置，要求天线放置一个位置，且天线应位于相应边界边缘的中垂线上；

b. 对大于 3 m 测试边界边缘的布置，按图 D. 21 中所示的间隔采用多个天线位置。用从一个边缘到另一个边缘的距离（单位为 m）除以 3 并将其上进为整数，就是天线位置数。

对从 200 MHz~1 GHz 的测试，要以足够数量的位置放置天线，以使每个 EUT 壳体的整个宽度和与 EUT 壳体端接的电线电缆 350 mm 暴露在天线 3 dB 波束宽度范围内。

对高于 1 GHz 频率的测试，要以足够数量的位置放置天线，以使每个 EUT 壳体的整个宽度和与 EUT 壳体端接的电线电缆 70 mm 暴露在天线 3 dB 波束宽度范围内。

具体测试步骤如下。

（1）测试设备通电预热，使其达到稳定工作状态；

（2）按图 D. 20 的系统检查路径，对每根天线以其最高使用频率点，对从每根天线到数据输出装置的整个测量系统进行评估。对使用无源匹配网络的拉杆天线，用每个频段的中心频率进行评估。

a. 施加一个校准信号到天线连接点处的同轴电缆上，其电平比 GJB151A 极限值减去天线系数后低6 dB；

b. 按照正常数据扫描的方法使测量接收机进行扫描，检查数据记录装置的指示电平是否在注入信号电平的± 3 dB 范围内；

c. 对 1040 mm 拉杆天线，去掉拉杆通过连接到基座的 10 pF 电容器向天线匹配网络施加信号；

d. 如果获得的读数偏差超过±3 dB，则要找出引起误差的原因并纠正。

（3）使用图 D. 20 所示的测量路径，对每根天线进行下述评定，以确认天线完好可用；

a. 在每种天线的最高使用测量频率点上使用天线或短棒辐射器辐射信号；

b. 将测量接收机调到所加信号频率上，检查接收到的信号是否适当。

EUT 通电预热，使其达到稳定工作状态。

（4）按图 D. 20 所示的测量路径，确定 EUT 及其有关电缆的辐射发射。

a. 采用标准要求的带宽和最小测量时间，使测量接收机在整个适用的频率范围内扫描；

b. 对 30 MHz 以上的频率，天线应取水平极化和垂直极化两个方向；

c. 对确定的每个天线位置进行测试。

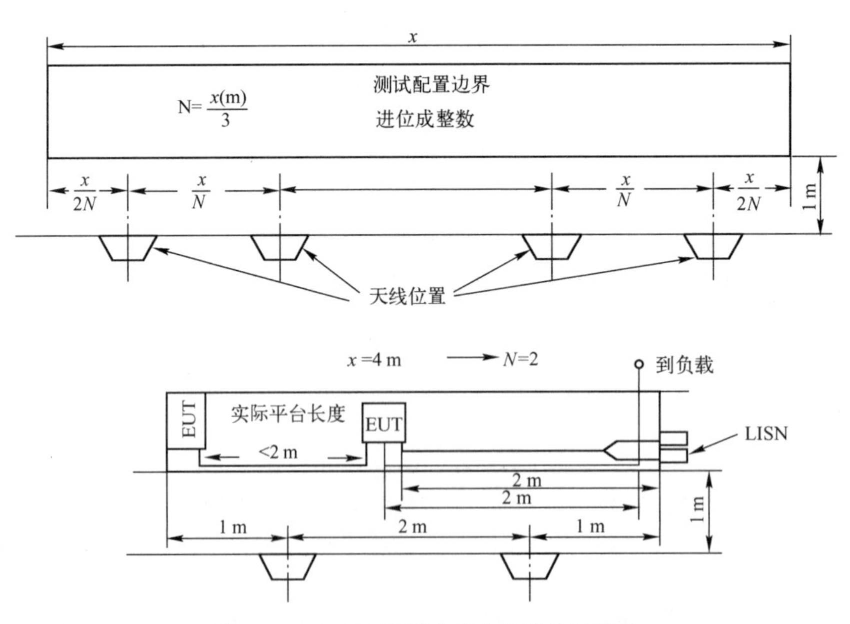

图 D. 21　RE102 测试中多个天线位置配置

D. 4. 12　RS101（25 Hz~100 kHz 磁场辐射敏感度）测试

1）目的

本测试方法用来检验 EUT 承受磁场辐射的能力。

2）测试设备

a. 信号源；

b. 辐射环：

（1）直径：120 mm；

（2）匝数：20；

（3）导线规格：ϕ1. 25 mm 漆包线；

（4）磁通密度：在距环平面 50 mm 的距离点产生的磁通密度为 9.5×10^{7}pT/A。

c. 环传感器：

（1）直径：40 mm；

（2）匝数：51；

（3）导线规格：7×ϕ0. 07 mm 多股绝缘线；

（4）屏蔽：静电；

（5）修正系数：将用 dBμV 表示的测量接收机 B 读数加上按图 RS101-1 修正系数转换成 dBpT。

d. 测量接收机或窄带电压表；

e. 电流探头；

f. LISN。

3）测试方法

按图 D. 3～图 D. 6 所述的一般要求，保持在 EUT 的基本测试配置的基础上，按图 D. 22 所示的配置进行测试，具体测试步骤如下。

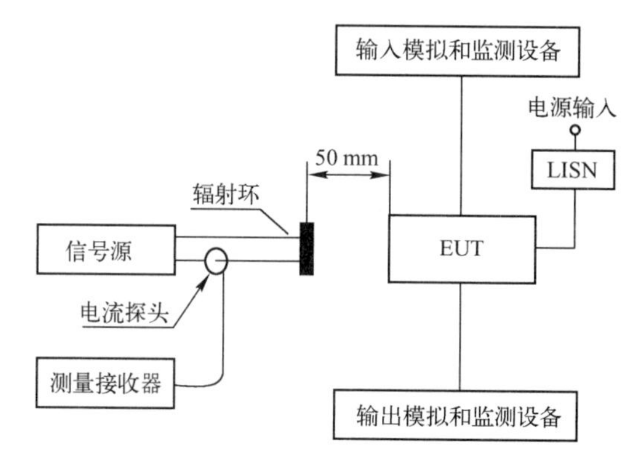

图 D. 22　RS101（25 Hz～100 kHz 磁场辐射敏感度）测试配置

（1）EUT 通电预热，使其达到稳定工作状态。

（2）选择测试频率如下：

a. 将辐射环置于离 EUT 的一个面 50 mm 处，环的平面应平行于 EUT 表面；

b. 给辐射环施加足够的电流，以产生至少大于 GJB 151A 适用极限值 10 dB 的磁场强度（但不超过 15A（183dBpT））；

c. 在 GJB 151A 规定的频率范围内进行扫描，允许扫描速率比表 3 中规定的速率快三倍；

d. 如 EUT 出现敏感，则在那些存在最大敏感指示的频率点上每倍频程选择不少于三个测试频率；

e. 改变环的位置，使环依次对准 EUT 每个面上 300 mm×300 mm 的区域和每个接口连接器，在每个位置上重复 c～d 以确定敏感的位置和频率；

f. 从 c～d 中注明敏感的全部频率数据中，按 GJB 151A 整个适用的频率范围内每倍频程选三个频率；

（3）对 f 中确定的每一频率点，施加一个能产生 GJB 151A 适用极限值电平的电流到辐射环上。在保持环面与 EUT 表面、电缆或电连接器的间距 50 mm 的同时，移动辐射环，在对 e 中确定的位置给以特别关注的情况下探测可能的敏感位置，确定敏感情况是否出现。

D. 4. 13　RS103（10 kHz~40 GHz 电场辐射敏感度）测试

1）目的

本测试方法用来检验 EUT 和有关电缆承受辐射电场的能力。

2）测试设备

a. 信号发生器；

b. 功率放大器；

c. 接收天线：

（1）1~10 GHz，双脊喇叭天线；

（2）10~40 GHz，采购单位认可的其他天线；

d. 发射天线，当采购单位认可时，也可采用 GTEM（0~18 GHz）代替；

e. 电场传感器；

f. 测量接收机；

g. 功率计；

h. 定向耦合器；

i. 衰减器；

j. 数据记录装置；

k. LISN。

3）测试方法

按图 D. 3~图 D. 6 所述的一般要求，保持在 EUT 的基本测试配置的基础上，按图 D. 23 所示的要求进行配置，并使发射天线的位置按下列要求放在距离测试配置边界 1 m 远处。

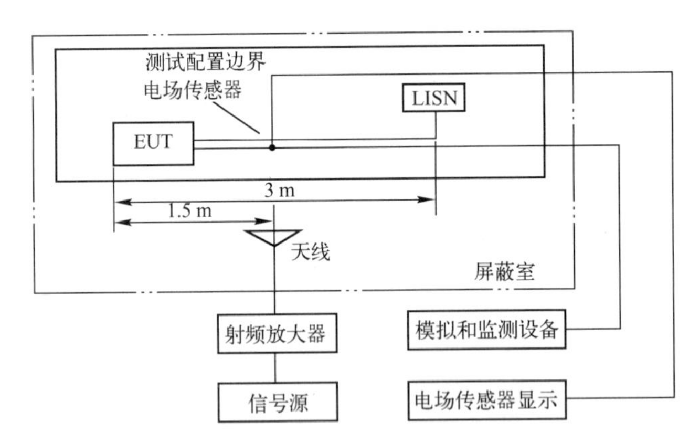

图 D. 23　RS103（10 kHz~40 GHz 电场辐射敏感度）测试配置

（1）频率在 10 kHz~200 MHz 时：

a. 测试配置边界小于或等于 3 m，天线在测试配置边界边缘的中心线上，该边界包括 EUT 所有分机壳体及本标准特殊要求中规定的 2 m 暴露的电源线和互连线，若在平台实际安装中互连线小于 2 m，也可接受；

b. 测试配置边界大于 3 m，使用多个天线位置（N），天线的位置数（N）应通过从一个边缘到另一个边缘的边界距离（单位：m）除以 3 并上取整数来确定。

（2）频率在 200 MHz 以上时，应按如下要求确定天线位置数（N）：

a. 对 200 MHz~1 GHz 的测试，应以足够数量的位置放置天线，以使每个 EUT 分机壳体的整个宽度和靠近 EUT 端接的 350 mm 的电缆和电线在天线 3 dB 波束宽度以内；

b. 对大于或等于 1 GHz 的测试，应以足够数量的位置放置天线，以使每个 EUT 分机壳体的整个宽度和靠近 EUT 端接的 70 mm 的电缆和电线在天线 3 dB 波束宽度以内。

D. 4. 14 RS105（瞬变电磁场辐射敏感度）测试

1）目的

本测试方法用来检验 EUT 壳体承受瞬变电磁场的能力。

2）测试设备

a. GTEM 小室、平行板、横电磁波小室或等效设备；

b. 高压脉冲转接器；

c. 瞬变单脉冲发生器；

d. 存储示波器：单次采样带宽至少 200 MHz，可变采样速率最高达每秒 1 千兆次（1 GSa/s）；

e. 保护装置；

f. 高压探头；

g. 电场宽带时域探头或 B 传感器和积分器或 D 传感器和积分器；

h. LISN。

3）测试方法

按下面所述保持 EUT 的基本测试配置。注意：如果该项测试使用开放的辐射系统，试验应格外小心。

a. 如图 D. 24 所示，在不超过 GTEM 可用空间情况下，将 EUT 壳体放在 GTEM 底板或接地平板上，GTEM 芯板与底板间距至少是 EUT 的三倍；

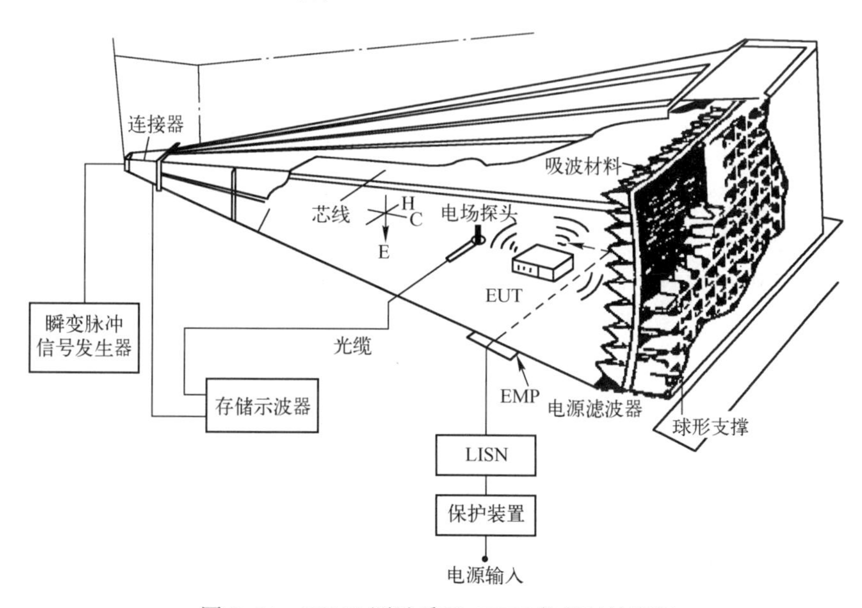

图 D. 24 RS105 测试采用 GTEM 装置时的配置

b. 将 GTEM 底板搭接到大地参考点上；

c. 当使用开放辐射系统时，如图 D. 25 所示，应将测试仪器放在屏蔽室（壳）中，并保持顶板（例如平形板装置）距最近金属地（包括天花板、建筑构架、金属空气管道及屏蔽室墙等）至少两倍 h，h 是开放辐射系统顶板与底板最大垂直距离；

d. 采用屏蔽措施保护电缆；

e. 将保护装置放在靠近电源的 EUT 电源线中以保护电源；

f. 将瞬变单脉冲发生器连接到 GTEM 高压输入端。

具体大致测试步骤如下：

a. EUT 通电预热，使其达到稳定工作状态；

b. 按规定的波形，从要求的 50%峰值电平起施加一个脉冲。缓慢增加脉冲的幅度直到达到要求的电平为止；

c. 以不大于每分钟一个脉冲的速率施加要求数量的脉冲；

d. 使用标准探头和存储示波器监测施加的脉冲；

e. 在施加每个脉冲期间和之后监测 EUT，确定 EUT 是否敏感；

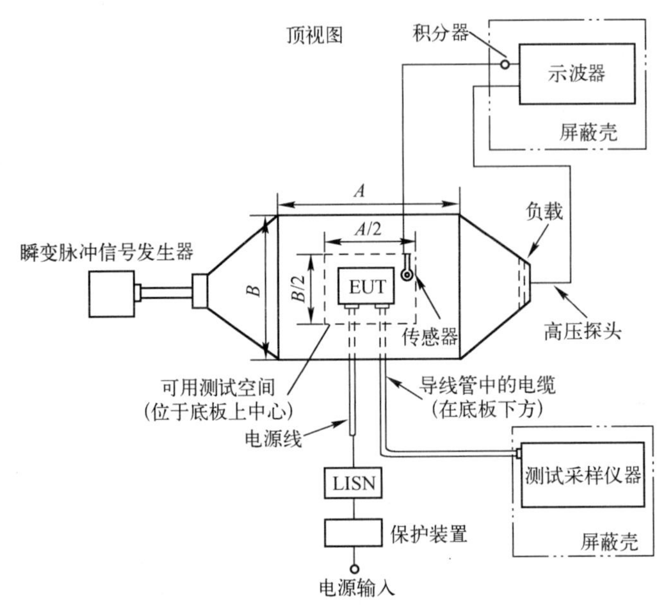

图 D. 25　RS105 测试采用平行板时的配置

f. 如果 EUT 在低于规定的峰值电平下出现误动作或故障，则中断试验并记录该电平；

g. 如果 EUT 出现敏感，则要确定敏感度门限电平（在该电平下，EUT 刚好不出现不希望有的响应），并确认该电平不满足 GJB151A 要求。

附 录 E
EMC 标准与认证

E.1 EMC 技术标准的起源

在 1934 年，国际电工委员会成立了无线电干扰特别委员会，简称 CISPR，专门研究无线电干扰问题，制定有关标准，旨在保护广播接收效果。当初只有少数国家参加该委员会，如比利时、法国、荷兰和英国等。经过多年的发展，人们对 EMC 的认识发生了深刻的变化。1989 年，欧洲共同体委员会颁发了 89/336/EEC 指令。该指令明确规定，自 1996 年 1 月 1 日起，所有电子、电器产品须经过 EMC 性能的认证，否则将禁止其在欧共体市场销售。此举在世界范围内引起较大反响，使 EMC 成为影响国际贸易的一项重要指标。随着技术的发展，CISPR 工作范围也由当初保护广播接收业务扩展到涉及保护无线电接收的所有业务。国际电工委员会 IEC 有两个专门从事 EMC 标准化工作的技术委员会：一个是CISPR，成立于 1934 年；另一个是 EMC 委员会 TC77，成立于 1981 年。CISPR 最初关心的主要是广播接收频段的无线电骚扰问题，之后在 EMC 标准化工作方面进行了不懈的努力。如今，CISPR 共有 6 个分技术委员会，其中 A 分会涉及无线电骚扰和抗扰度测量设备及测量方法；B 分会涉及工业、科学、医疗射频设备的 EMC；（分会涉及架空电力线路和高压设备的 EMC；D 分会涉及车辆、机动船和火花点火发动机驱动装置的 EMC 问题；E 分会涉及收音机和电视接收机及有关设备的 EMC；F 分会涉及家用电器、电动工具及荧光灯和照明装置的 EMC 问题。CISPR 已基本上将通常的工业和民用产品的 EMC 考虑在标准中。CISPR 还起草了通用射频骚扰限额值国际标准，这样，对那些新开发的及暂时还不能与现有 CISPR 产品标准相对应的产品，可以用射频骚扰限额值来加以限制。几年前，CISPR 将其工作频率范围扩展为 0~400 GHz，目前实际工作范围为 9 kHz~18 GHz。以前的 CISPR 标准主要涉及无线电干扰限额值及其测量方法，近年来在抗扰度方面也加强了研究，并已制定了一些标准。TC77 最初主要关心低压电网系统的 EMC 问题（9 kHz 以下频段），后来将其工作范围扩大到整个 EMC 所涉及的频率范围及产品。目前 CISPR 已制定 41 个标准；TC77 也已制定了 13 个 IEC 标准，其中 IEC61000-4 系列标准是目前国际上比较完整和系统的抗扰度基础标准。

各个国家尤其是发达国家都有自己的国家 EMC 标准。表 E-1 是各国或相关组织 EMC 标准常用编号。

表 E-1　各国或相关组织 EMC 标准编号

国家或组织	制 定 单 位	标 准 编 号
IE	CISPR	CISPR Pub. ××
IEC	TC77	IEC×××××
欧共体	CENLEC	EN×××××
美国	FCC，DOD	FCC Part××，MIL-SID. ×××
日本	VCCI	VCCI
中国	SAC	GB××××-××××等

我国的 EMC 测试及标准化工作始于 20 世纪 60 年代，当时国内的一些院所建立了相对简陋的试验室，

开展无线电干扰（骚扰）测试研究，同时参考苏联和欧美国家标准制定了我国自己的 EMC 标准和技术条件。自从 1986 年成立了全国无线电干扰标准化委员会后，我国才开始有组织有系统地对应CISPR/IEC开展国内 EMC 标准化工作。目前，全国无线电干扰标准化委员会已成立了 7 个分技术委员会，其中 6 个分会与 CISPR/A. B. C…F. G 分会相对应，S 分会是根据我国国情而成立的，它主要涉及无线电系统与非无线电系统之间的 EMC 问题。目前，我国已制定了 100 多项 EMC 国家标准。

E. 2 EMC 标准结构和分类

根据各国际标准化组织的工作程序，有关 EMC 方面的出版物具有多种形式，通常包括标准、建议、技术规范及技术报告等。标准（Standard）和建议（Recommendation）是为了重复和连续地使用，由认可的标准化组织批准的一套技术规范。这些技术规范只是推荐性的，并不带强制成分。而技术规范则是未达成一致意见或还不成熟的内容，通常未通过批准程序。技术规范规定了产品要求的特性，如性能、安全或尺寸等，并包括可用于产品的要求，如术语、符号、试验方案等。技术报告除了涉及未达成的一致意见外，其余所涉及的内容通常处于技术发展阶段，不适于作为国际标准出版。

EMC 标准是产品进行 EMC 设计的指导性文件，是实现系统效能的重要保证。尤其当产品进入国内或国际市场时，只有遵守有关的 EMC 标准，才可能被外界接受并把握市场机遇，具备竞争力。我国 EMC 标准中有 5 个标准为强制性标准，分别为：

1. GB 4824《工业、科学和医疗（ISM）射频设备 骚扰特性 限值和测量方法》
2. GB 17799. 3《电磁兼容 通用标准 居住、商业和轻工业环境中的发射》
3. GB 17799. 4《电磁兼容 通用标准 工业环境中的发射》
4. GB 14023《车辆、船和内燃机 无线电骚扰特性 用于保护车外接收机的限值和测量方法》
5. GB 4343. 1《家用电器、电动工具和类似器具的电磁兼容要求　第 1 部分：发射》

根据 2017 年 11 月 4 日国家主席习近平签署的第 78 号主席令，《中华人民共和国标准化法》自 2018 年 1 月 1 日开始实施，明确规定强制性标准是强制性遵守的标准。

大多数组织的标准体系框架采用 IEC（国际电工委员会）的标准分类方法，所有的标准分成基础标准/出版物、通用标准/出版物、产品标准/出版物。其中，产品标准又可分为系列产品标准和专用产品标准。每类标准都包括发射和抗扰度两方面的标准。

E. 2. 1 基础 EMC 标准

基础 EMC 标准规定达到 EMC 的一般和基本条件或规则，它们与涉及 EMC 问题的所有系列产品、系统或设施有关，并可适用于这些产品，但不规定产品的发射限制或抗扰度判定准则。它们是制定其他 EMC 标准（如通用标准或产品标准）的基础或引用的文件。基础标准涉及的内容包括术语、电磁现象的描述、兼容性电平的规范、骚扰发射限制的总要求、测量、试验技术和方法、试验等级、环境的描述和分类等。

E. 2. 2 通用 EMC 标准

通用 EMC 标准是在特定环境下的 EMC 标准。它规定一组最低的基本要求和测量/试验程序，可应用于该特定环境下工作的所有产品或系统，如某种产品没有系列产品标准或专用产品标准，则可使用通用 EMC 标准。通用 EMC 标准将特定环境分为两大类：

（1）居住、商业和轻工业环境。居住环境，如住宅、公寓等；商业环境，如商店、超市等零售网点，办公楼、银行等商务楼，电影院、网吧等公共娱乐场所；轻工业环境，如小型工厂、实验室等。

（2）工业环境，如大的感性负载或容性负载频繁开关的场所，大电流并伴有强磁场的场所等。

制定通用 EMC 标准必须参考基础 EMC 标准，因为它们不包含详细的测量和试验方法，以及测量和试验所需的设备等。通用 EMC 标准包含有关的发射（限制）和抗扰度（性能判定）要求及相应的测量和试验规定，仅规定了有限的几项要求和测量/试验方法，以便达到最佳的技术/经济效果，但这并不妨碍要求产品应设计成具有特定环境下对于各种电磁骚扰都能正常工作的性能。

E.2.3　产品EMC标准

产品EMC标准根据适用于产品范围的大小和产品的特性又可进一步分为系列产品EMC标准和专用产品EMC标准。

系列产品是指一组类似产品、系统或设施，可采用相同的EMC标准。系列产品EMC标准针对特定的产品类别规定了专门的EMC（包括发射和抗扰度）要求、限制和测量/试验程序。产品类标准比通用标准包含更多的特殊性和详细的性能要求，以及产品运行条件等。产品类别的范围可以很宽，也可以很窄。

系列产品EMC标准应采用基础EMC标准规定的测量/试验方法，其测试与限制或性能判定准则必须与通用EMC标准相兼容。系统产品EMC标准比通用EMC标准优先采用，系列产品标准比通用标准要包括更专业和更详细的性能判定准则。

E.2.4　专用产品EMC标准

专用产品EMC标准为特定产品、系统或设施而制定的EMC标准，根据这些产品特性必须考虑一些专门的条件，它们采用的规则和系列产品EMC标准相同。专门产品EMC标准应比系列产品EMC标准优先采用，仅在特例情况下才允许与规定的发射限值不同的限值。在决定产品的抗扰度要求时，必须考虑产品的专门功能特性，专门产品EMC标准要给出精确的性能判定准则。因此，产品标准与系列产品标准或通用标准有差异是合理的。

E.3　国际EMC标准组织

早在20世纪30年代，国际上就有多个组织开始了EMC技术研究，并发布了一些标准和规范性文件。这些组织如国际电工委员会（IEC）、国际电信联盟（ITU）、国际铁路联盟（UIC）、国际大电网会议（CIGRE）及欧洲电信标准协会（ETSI）、欧洲电工技术标准化委员会（CENELEC）、国际标准化组织（ISO）等。其中，IEC、ITU和欧洲地区的EMC标准具有重要的影响并各具特色。

E.3.1　国际电工委员会（IEC）

国际电工委员会成立于1906年，是世界上最早的国际性电工标准化机构，总部设在日内瓦。根据1976年ISO与IEC达成的协议，两组织相互独立，IEC负责有关电工、电子领域的国际标准化工作，其他领域则由ISO负责。IEC的宗旨是促进电工、电子领域中标准化及有关方面问题的国际合作。

IEC设有三个认证委员会，分别是电子元器件质量评定委员会（IECQ）、电子安全认证委员会（IECEE）、防爆电气认证委员会（IECEX），1996年还成立了合格评定委员会，专门负责制定包括体系认证工作在内的一系列认证和认可准则。

IEC对于EMC方面的国际标准化活动有着特殊重要的作用。承担这方面研究工作的主要是EMC咨询委员会（ACEC）、无线电干扰特别委员会（CISPR）和EMC技术委员会（TC77）。其中，CISPR已经出版的出版物和修正案达38个之多。TC77组织包括TC77全会和SC77A、SC77B、SC77C三个分支技术委员会。SC77A主要负责低频现象；SC77B主要负责高频现象；SC77C主要负责高空核电磁脉冲的抗扰度。TC77制定的EMC标准主要是IEC 61000系列标准。

E.3.2　国际电信联盟（International Telecommunication Union，ITU）

国际电信联盟简称电联，是国际电信领域的标准化组织，也是世界各国政府的电信主管部门之间协调电信事务方面的一个国际组织，它的发展历史已经超过130年。1865年5月17日，国际电报联盟（International Telegraph Union）在法国巴黎由 20 个欧洲国家政府组织成立，签订了一个“国际电信公约”。1906 年，27 个国家代表在德国柏林签订了一个“国际无线电报公约”，目的在于为其电报网制定标准以便互通。1932 年，70 多个国家的代表在西班牙决定把上述两个公约合并为一个“国际电信公约”，将国际电报联盟改名为国际电信联盟。

ITU 包括三大部门，即电信标准化部门（ITU-T）、无线电通信部门（ITU-R）和电信发展部门（ITU-D）。电信标准化部门由原来的 CCITT（国际电报电话咨询委员会）和 CCIR（国际无线电咨询委员会）从事标准化工作的部分合并而成。其主要职责是研究技术、操作和资费问题，制定全球性的电信标准，研究结果以建议书的形式出版。无线电通信部门研究无线电通信技术和操作，出版建议书，还行使世界无线电行政大会（WARC）、CCIR 和频率登记委员会的职能。电信发展部门由原来的电信发展局（BDT）和电信发展中心（CDT）合并而成，其职责是鼓励发展中国家参与电联的研究工作，鼓励国际合作。

ITU 的第五研究组是研究电信设备和网络的 EMC 问题的专门研究组，负责的研究领域是通信系统的 EMC 和包括人身安全的预防措施。第五研究组在研究电信系统的 EMC 方面是最有经验的标准化组织，特别是在过电压（过电流）保护方面所做的工作是最具权威性的。

E. 3. 3　欧洲电工技术标准化委员会（CENELEC）

欧洲电工技术标准化委员会成立于 1973 年，总部设在比利时的布鲁塞尔。CENELEC 是在电工领域并按照欧共体 83/189/EEC 指令开展标准化活动的组织。它负责协调各成员国在电气领域（包括 EMC）的所有标准，并负责制定欧洲标准。

1996 年，CENELEC 与 IEC 在德国签署了德瑞斯顿合作协议（Dresden Agreement），规定了双方对新标准项目要共同规划，采用并行投票制度。协议内容包括：加快出版和共同采用国际标准；保证资源的合理使用，保证标准内容的技术性是国际水平的；为适应市场需求加速标准制定程序；共同规划新项目；等等。

CENELEC 从事 EMC 工作的技术委员会为 TC210（以前为 TC110）。它负责 EMC 标准的制定或转化工作。TC210 将现有的 IEC 的相关技术委员会和 CISPR 等的 EMC 标准转化为欧洲 EMC 标准。TC210 的组织结构包括 5 个工作组，各工作组的职责范围如下所述。

WG1：负责通用标准。

WG2：负责基础标准。

WG3：负责电力设施对电话线的影响。

WG4：负责电波暗室。

WG5：负责用于民用的军用设备。

同样，TC210 将 EMC 标准分为四类，即基础 EMC 标准、通用 EMC 标准（适用于居住、商用和轻工业环境及工业环境）、产品 EMC 标准及专业产品 EMC 标准。

E. 3. 4　欧洲电信标准协会（ETSI）

ETSI 是由欧共体委员会 1988 年批准建立的一个非营利性的电信标准化组织，总部设在法国南部的尼斯。ETSI 制定的推荐性标准通常被欧共体作为欧洲法规的技术基础采用并被要求执行。ETSI 标准化领域主要是电信业，还涉及与其他组织合作的信息及广播技术领域。

ETSI 技术机构可分为四种：技术委员会和分技术委员会、ETSI 项目组、ETSI 合作项目组。技术委员会和分技术委员会是根据其研究领域和研究内容而定的，下设若干课题组；ETSI 项目组是为在一定期限内完成一项要求已十分明确的课题而组成设立的，当需要时与 ETSI 外部的组织合作从事一些相关领域的项目。

ETSI 技术机构中的 TC ERM（EMC and Radio Spectrum Matters）分机构主要负责 EMC 和无线电频谱技术方面的问题，包括研究 EMC 参数及测试方法，协调无线频谱的利用和分配，为相关无线及电磁设备的标准提供关于 EMC 和无线频率方面的专家意见。

E.4　中国的 EMC 标准体系

中国的 EMC 标准体系正在逐步完善中。参照国际上的分类方法，结合我国实际情况，也可将我国的 EMC 标准分为以下四类，即基础标准（Basic Standards）、通用标准（Generic Standards）、产品类标准（Product Family Standards）和系统间 EMC 标准（Standards of Intersystem Compatibility）。基础标准主要涉及 EMC 术语、电磁环境 EMC 测量设备规范和 EMC 测量方法等，如 GB/T 4365—95《电磁兼容术语》。通用标准主要涉及在强磁场环境下对人体的保护要求，以及无线电业务要求的信号/干扰保护比。产品类标准比较多，达 25 个之多。系统间 EMC 标准主要规定了经过协调的不同系统间的 EMC 要求。这些标准大多根据多年的研究结构规定了不同系统之间的保护距离。

我国 EMC 标准绝大多数引自国际标准。其来源包括国际无线电干扰特别委员会（CISPR）出版物、国际电工委员会（IEC）的标准及国际电信联盟（ITU）有关建议等。正是由于我国国家标准大多数引自国际标准，因此做到了与国际标准接轨，这为我国产品出口到国际市场奠定了 EMC 方面的基础。常用的 EMC 国家标准如下所述。

（1）基础类标准

基础类标准见表 E-2。

表 E-2　基础类标准

GB/T 4365　2003	电工术语 电磁兼容
GB/T 6113　2003	无线电骚扰和抗扰度测量设备和测量方法规范
GB/T 17626. 1 2006	电磁兼容 试验和测量技术 抗扰度试验总论
GB/T 17626. 22006	电磁兼容 试验和测量技术 静电放电抗扰度试验
GB/T 17626. 3　2016	电磁兼容 试验和测量技术 射频电磁场辐射抗扰度试验
GB/T 17626. 42008	电磁兼容 试验和测量技术 电快速瞬变脉冲群抗扰度试验
GB/T 17626. 52008	电磁兼容 试验和测量技术 浪涌（冲击）抗扰度试验
GB/T 17626. 62017	电磁兼容 试验和测量技术 射频场感应的传导骚扰抗扰度
GB/T 17626. 72017	电磁兼容 试验和测量技术 供电系统及相连设备谐波、谐间波的测量和测量仪器导则
GB/T 17626. 82006	电磁兼容 试验和测量技术 工频磁场抗扰度试验
GB/T 17626. 92011	电磁兼容 试验和测量技术 脉冲磁场抗扰度试验
GB/T 17626. 102017	电磁兼容 试验和测量技术 阻尼振荡磁场抗扰度试验
GB/T 17626. 112008	电磁兼容 试验和测量技术 电压暂降、短时中断和电压变化抗扰度试验
GB/T 17626. 122013	电磁兼容 试验和测量技术 振荡波抗扰度试验
GB/T 17626. 13 2006	电磁兼容 试验和测量技术 交流电源端口谐波、谐间波及电网信号的低频抗扰度试验
GB/T 17626. 14 2005	电磁兼容 试验和测量技术 电压波动抗扰度试验
GB/T 17626. 15 2011	电磁兼容 试验和测量技术 闪烁仪 功能和设计规范
GB/T 17626. 16 2007	电磁兼容 试验和测量技术 0Hz~150kHz 共模传导骚扰抗扰度试验
GB/T 17626. 17 2005	电磁兼容 试验和测量技术 直流电源输入端口纹波抗扰度试验
GB/T 17626. 18 2016	电磁兼容 试验和测量技术 阻尼振荡波抗扰度试验
GB/T 17626. 19	
GB/T 17626. 20 2014	电磁兼容 试验和测量技术 横电磁波（TEM）波导中的发射和抗扰度试验
GB/T 17626. 21 2014	电磁兼容 试验和测量技术 混波室试验方法

续表

GB/T 17626. 22 2017	电磁兼容 试验和测量技术 全电波暗室中的辐射发射和抗扰度测量
GB/T 17626. 23	
GB/T 17626. 24 2012	电磁兼容 试验和测量技术 HEMP 传导骚扰保护装置的试验方法
GB/T 17626. 27 2006	电磁兼容 试验和测量技术 三相电压不平衡抗扰度试验
GB/T 17626. 28 2006	电磁兼容 试验和测量技术 工频频率变化抗扰度试验
GB/T 17626. 29 2006	电磁兼容 试验和测量技术 直流电源输入端口电压暂降、短时中断和电压变化的抗扰度试验
GB/T 17626. 30 2012	电磁兼容 试验和测量技术 电能质量测量方法
GB/T 17626. 34 2012	电磁兼容 试验和测量技术 主电源每相电流大于 16A 的设备的电压暂降、短时中断和电压变化抗扰度试验

（2）通用类标准

通用类标准见表 E-3。

表 E-3　通用类标准

GB 8702　2014	电磁环境控制限值
GB/T 14431　1993	无线电业务要求的信号/干扰保护比和最小可用场强
GB/T 17799. 1　2017	电磁兼容 通用标准 居住 、商业和轻工业环境中的抗扰度
GB/T 17799. 2　2003	电磁兼容 通用标准 工业环境中的抗扰度试验
GB/T 17799. 3　2012	电磁兼容 通用标准 居住、商业和轻工业环境中的发射
GB/T 17799. 4　2012	电磁兼容 通用标准 工业环境中的发射
GB/T 17799. 5　2012	电磁兼容 通用标准 室内设备高空电磁脉冲（HEMP）抗扰度
GB/T 17799. 6　2017	电磁兼容 通用标准 发电厂和变电站环境中的抗扰度
GB/T 15658　2012	无线电噪声测量方法

（3）产品类（产品族）标准

产品类标准见表 E-4。

表 E-4　产品类标准

GB 4343. 1　2009	家用电器、电动工具和类似器具的电磁兼容要求 第 1 部分：发射
GB/T 4343. 2　2009	家用电器、电动工具和类似器具的电磁兼容要求 第 2 部分：抗扰度
GB/T 9254　2008	信息技术设备的无线电骚扰限值和测量方法
GB 4824　2013	工业、科学和医疗（ISM）射频设备 骚扰特性 限值和测量方法
GB/T 7343　2017	无源 EMC 滤波器件抑制特性的测量方法
GB/T 7349　2002	高压架空输电线、变电站无线电干扰测量方法
GB/T 9254　2008	信息技术设备的无线电骚扰限值和测量方法
GB/T 9383　2008	声音和电视广播接收机及有关设备抗扰度 限值和测量方法
GB 13836　2000	电视和声音信号电缆分配系统　第 2 部分：设备的电磁兼容
GB/T 13837　2012	声音和电视广播接收机及有关设备 无线电骚扰特性 限值和测量方法
GB 14023　2011	车辆、船和内燃机 无线电骚扰特性 用于保护车外接收机的限值和测量方法
GB/T 15540　2006	陆地移动通信设备电磁兼容技术要求和测量方法

续表

GB/T 15707	2017	高压交流架空输电线路无线电干扰限值
GB/T 15708	1995	交流电气化铁道电力机车运行产生的无线电辐射干扰的测量方法
GB/T 15709	1995	交流电气化铁道接触网无线电辐射干扰测量方法
GB16787	1997	30MHz~1GHz 声音和电视信号的电缆分配系统辐射测量方法和限值
GB 16788	1997	30MHz~1GHz 声音和电视信号电缆分配系统抗扰度测量方法和限值
GB/T 18268.1	2010	测量、控制和实验室用的电设备 电磁兼容性要求 第 1 部分：通用要求
GB/T 18487.2	2017	电动汽车传导充电系统　第 2 部分：非车载传导供电设备电磁兼容要求
GB/T 19954.1	2016	电磁兼容　专业用途的音频、视频、音视频和娱乐场所灯光控制设备的产品类标准　第 1 部分 发射
GB/T 19954.2	2016	电磁兼容　专业用途的音频、视频、音视频和娱乐场所灯光控制设备的产品类标准　第 2 部分 抗扰度
GB/T 20549	2006	移动通信直放机电磁兼容技术指标和测量方法
GB/T 21560.3	2008	低压直流电源　第 3 部分：电磁兼容性（EMC）
GB/T 30031	2013	工业车辆 电磁兼容性
GB/Z 35733	2017	对构成及接入智能电网设备的电磁兼容要求导则

（4）系统类标准

系统类标准见表 E-5。

表 E-5　系统类标准

GB 6364	2013	航空无线电导航台（站）电磁环境要求
GB 6830	1986	电信线路遭受强电线路危险影响的容许值
GB 7495	1987	架空电力线路与调幅广播收音台的防护间距
GB 13613	2011	对海远程无线电导航台和监测站电磁环境要求
GB 13614	2012	短波无线电收信台（站）及测向台（站）电磁环境要求
GB/T 13615	2009	地球站电磁环境保护要求
GB/T 13616	2009	数字微波接力站电磁环境保护要求
GB 13618	1992	对空情报雷达站电磁环境防护要求
GB/T 13620	2009	卫星通信地球站与地面微波站之间协调区的确定和干扰计算方法

E.5　什么是 EMC 认证

随着电气电子技术的发展，家用电器产品日益普及和电子化，广播电视、邮电通信和计算机网络的日益发达，电磁环境日益复杂和恶化，使得电气电子产品的电磁兼容性（EMC 电磁干扰 EMI 与电磁抗 EMS）问题也受到各国政府和生产企业的日益重视。电子、电器产品的电磁兼容性（EMC）是一项非常重要的质量指标。它不仅关系到产品本身的工作可靠性和使用安全性，而且还可能影响到其他设备和系统的正常工作，关系到电磁环境的保护问题。欧共体政府规定，从 1996 年 1 月 1 起，所有电气电子产品必须通过 EMC 认证，加贴 CE 标志后才能在欧共体市场上销售。此举在世界上引起广泛影响，各国政府纷纷采取措施，对电气电子产品的 EMC 性能实行强制性管理。国际上比较有影响的，如欧盟 89/336/EEC 指令（即 EMC 指令）、美国联邦通信委员会 FCC 法规等都对 EMC 认证提出了明确的要求。我国的 3C 认证也对相关产品的 EMC 性能提出了明确的要求。

E. 5. 1　CE 认证

“CE”标志是一种认证标志，被视为制造商打开并进入欧洲市场的护照。凡是贴有“CE”标志的产品就可在欧盟各成员国内销售，无须符合每个成员国的要求，从而实现了商品在欧盟成员国范围内的自由流通。在欧盟市场，“CE”标志属于强制性认证标志，不论是欧盟内部企业生产的产品，还是其他国家生产的产品，要想在欧盟市场上自由流通，就必须加贴“CE”标志，以表明该产品符合欧盟《技术协调与标准化新方法》指令的基本要求。这是欧盟法律对产品提出的一种强制性要求。

CE 是法语 Communate Europpene 的缩写，是欧洲共同体的意思。欧洲共同体后来演变成了欧洲联盟（简称欧盟）。

近年来，在欧洲经济区（欧洲联盟、欧洲自由贸易协会成员国，瑞士除外）市场上销售的商品中，CE 标志的使用越来越多。加贴 CE 标志的商品表示符合 EMC、安全、卫生、环保和消费者保护等一系列欧洲指令所要表达的要求。

在过去，欧共体国家对进口和销售的产品要求各异，根据一个国家标准制造的商品到别的国家极可能不能上市，作为消除贸易壁垒努力的一部分，CE 应运而生。因此，CE 代表欧洲统一（CONFORMITE EUROPEENNE）。事实上，CE 还是欧共体许多国家语种中的“欧共体”这一词组的缩写，原来用英语词组 EUROPEAN COMMUNITY 缩写为 EC，后因欧共体的法文是 COMMUNATE EUROPEIA，意大利文为 COMUNITA EUROPEA，葡萄牙文为 COMUNIDADE EUROPEIA，西班牙文为 COMUNIDADE EUROPE 等，故改 EC 为 CE。当然，也不妨把 CE 视为 CONFORMITY WITH EUROPEAN（DEMAND），即符合欧洲（要求）。

E. 5. 2　FCC 认证

FCC（Federal Communications Commission，美国联邦通信委员会）是 1934 年建立的美国政府的一个独立机构，直接对国会负责。FCC 通过控制无线电广播、电视、电信、卫星和电缆来协调国内和国际的通信，涉及美国 50 多个州、哥伦比亚及美国所属地区。为确保与生命财产有关的无线电和电线通信产品的电磁兼容性和安全性，FCC 的工程技术部（Office of Engineering and Technology）负责委员会的技术支持，同时负责设备认可方面的事务。许多无线电应用产品、通信产品和数字产品要进入美国市场，都要求 FCC 的认可。FCC 委员会调查和研究产品安全性的各个阶段以找出解决问题的最好方法，同时 FCC 也包括无线电装置、航空器的检测等。

根据美国联邦通信法规相关部分（CFR 47 部分）中的规定，凡进入美国的电子类产品都需要进行 EMC 认证（一些相关条款特别规定的产品除外），其中比较常见的认证方式有三种，即 Certification、DoC、Verification。这三种产品的认证方式和程序有较大的差异，不同的产品可选择的认证方式在 FCC 中有相关的规定。其认证的严格程度递减。针对这三种认证，FCC 委员会对各试验室也有相关的要求。

E. 5. 3　中国强制性产品认证（“3C”认证）

强制性产品认证制度是各国主管部门为保护广大消费者人身安全、保护动植物生命安全、保护环境、保护国家安全，依照有关法律法规实施的一种对产品是否符合国家强制标准、技术规则的合格评定制度，主要通过制定强制性产品认证的产品目录和强制性产品认证程序规定，对列入《目录》中的产品实施强制性的检测和审核。凡列入《目录》内的产品未获得指定机构的认证证书，未按规定加认证标志，不得出厂、进口、销售和在经营服务场所使用。

我国自 1978 年恢复国际标准化组织成员国地位以来，按照国际规范积极开展了建立中国产品认证制度的工作。目前已经开展了强制性产品认证、自愿性产品认证、进出口食品企业卫生注册，管理体系认证、实验室认可和认证人员注册等工作。对提高我国产品质量总体水平和在国际市场上的竞争力，维护国家经济利益、经济安全，保护人民身体健康和动植物健康安全，保护环境等都起到了积极的作用。但是，由于我国的认证认可工作开始于改革开放初期，产品质量认证、许可、注册等制度是各有关部门根据各自主管的工作分别建立起来的。各个部门开展认证工作，一方面促进了我国认证认可工作的发展，另一方面也出现了认证认可工作政出多门、各自为政、重复认证、重复收费等弊端。最为典型的是，长期以来我国强制性产品认证存在着对内、对外两套认证管理体系。原国家质量技术监督局负责对国内产品实施安全认证，原国家检验检疫局负责对进出口商品实施安全质量许可制度。这两个制度都将一部分进口商品列入了强制认证的范畴，因而导致了由两个主管部门对同一种进口产品实施两次认证，贴两个标志，执行两种标准与程序，并重复收费，中外企业对此反响强烈。多年来国内外许多企业通过不同方式和渠道，向我国有关部门反映情况，提出意见。这一问题还一度成为我国“入世”谈判的焦点。

随着我国加入世界贸易组织，为了更好地与国际市场接轨，以兑现我国加入 WTO 的承诺，国家质量监督检验检疫总局和国家认证认可监督管理委员会发布公告，我国定于 2003 年 8 月 1 日起实施“四个统一”，即“统一目录、统一标准、统一标志、统一收费”的新强制性产品认证制度，即中国强制认证（3C 认证）。

中国强制认证制度，英文名称为“China Compulsory Cer-tification”，英文缩写为“CCC”，也可简称为“3C”认证。它的实施是根据国家质量监督检验检疫局和国家认证认可监督管理委员会发布的四个主要规章性文件，即《强制性产品认证管理规定》、《强制性产品认证标志管理办法》、《第一批实施强制性产品认证的产品目录》（简称《目录》）和《实施强制性产品认证有关问题的通知》。该强制认证标志在我国实施后，过去的进口商品安全质量 CCIB 标志或长城标志 CCEE 都将被新的 3C 标志所取代，原国家出入境检验检疫局颁布并组织实施的《进口商品安全质量许可制度》和原国家质量技术监督局颁布并组织实施的《产品安全认证强制性监督管理制度》，也从 2003 年 8 月 1 日起废止。

对于“3C”标志的使用有以下要求。

（1）申请人在产品获得认证后，在证书有效期内，可以在获证产品上使用该标志。

（2）在特别情况下，申请人提出临时使用标志的申请，须出具相关认证机关的证明，申请人可在获得认证证书之前临时获准使用标志。

（3）申请人通过认证后仅可将标志使用于获证的产品上，如申请人需要在获证产品的铭牌上印刷/模压标志时，须按《CCC 强制认证标志印刷/模压控制程序》执行。

（4）申请人应始终按规定使用标志，并对标志的使用进行有效的控制，并保留使用的有关记录以备监督。

反侵权盗版声明